北京市教委项目（PXM2012_014207_000014；PXM2012_014207_000028；PX_____，PXM2011_014207_000026），北京市科委科研计划项目（Z111100066111009）资助出版

果树害虫及综合防治

师光绿　王有年　刘永杰　张铁强　编著

中国林业出版社

图书在版编目(CIP)数据

果树害虫及综合防治 / 师光禄等编著. － 北京：中国林业出版社，
2013.4(2016.1 重印)

ISBN 978-7-5038-6878-8

I. ①果… II. ①师… III. ①果树–病虫害防治 IV. ①S436.6

中国版本图书馆 CIP 数据核字(2012)第 302905 号

出版 中国林业出版社(100009 北京西城区刘海胡同 7 号)
E-mail 36132881@qq.com 电话 010－83143545
网址 lycb.forestry.gov.cn
发行 中国林业出版社
印刷 北京北林印刷厂
版次 2013 年 4 月第 1 版
印次 2016 年 1 月第 4 次
开本 787mm×1092mm 1/16
印张 25
字数 616 千字
定价 48.00 元

序

　　果树种植业在我国农业经济的发展中占有重要地位。果树害虫防治事关果品生产能力的高低和果品质量的优劣，事关广大种植者的经济收益。同时，伴随我国经济的迅猛发展和人民生活水平的不断提高，消费者迫切需求丰富多样、优质安全的果品生产。

　　我国种质资源极为丰富，自然条件适于种植各种果树。进入 21 世纪，早期丰产、密植高效、丰富多样、优质安全的果品生产格局日益形成。一方面，农业生产体制改革促进各地果树种植的格局和规模更趋多样。在果树品种的更新，外来品种的引进和推广，引入害虫随苗木、土壤、果实、接穗传入，在新的环境中迅速扩张，成为新的害虫种群，发生危害和演替规律的变化都有不同程度的新情况，不少果树害虫有加重危害的趋势，生产上呼唤果树害虫防治新方法。另一方面，在满足消费者多样化果品生产的同时，人们日益关注安全果品生产，全面实施无公害、绿色和有机果品生产，也亟需应用一系列综合防治果树虫害、减少农药污染的安全果品生产的新技术，保障人们的健康。因此，加强果树害虫的研究，大力开展果树植保工作，改进和提高防治对策和技术水平，有效地控制果树和果品的虫害，在当前更有其十分重要意义。

　　《果树害虫及综合防治》是作者在其 1994 年编著出版的《果树害虫》一书的基础上，融入这些年工作实践中新的研究成果及经验，结合国家新出台的相关农业法规、标准及农药产品现状等，重新整理编著而成。这是一部比较全面介绍果树害虫及其防治方法的著作，对开展我国果树害虫防治工作具有很好的参考价值。

　　列入该书的果树害虫包括昆虫纲 6 个目和蛛形纲 1 个目中共 62 个科 269 种害虫，介绍了其有关分布与危害、形态特征、生活习性、测报和防治等主要内容。值得提出的是对分布地区和寄主种类作了较详细的记载；形态特征描述细致并突出重点，配图清晰、真实、易为读者对图辨识虫种；生活习性部分，作者根据自身科研和生产实践的调查观察以及搜集整理国内外有关的文献资料，对大部虫作了新的补充；同样情况对防治方法作了较全面的介绍，并加强虫情测报，力求体现"预防为主，综合防治"的植保工作方针和当代对综合防治的发展要求；该书既注重了基础理论的介绍，更注重了实用技术与科研成果的推广，图文并茂。

　　总之，这是一本内容充实、实用价值大的果树害虫著作。可供农业院校、科研单位、技术管理和生产部门的专业教学、研究人员和广大植保科技工作者参阅。

中国工程院院士 郭予元

2013 年 2 月 28 日

目 录

昆虫纲 INSECTA

一、同翅目 HOMOPTERA ……………………………………………………… 1

  （一）蝉科（Cicadidae） ……………………………………………………… 1

    1　蚱　蝉 …………………………………………………………………… 1

  （二）叶蝉科 Cicadellidae ……………………………………………………… 3

    2　小绿叶蝉 ………………………………………………………………… 3

    3　葡萄斑叶蝉 ……………………………………………………………… 4

    4　桃一点斑叶蝉 …………………………………………………………… 5

    5　中华拟菱纹叶蝉 ………………………………………………………… 5

    6　凹缘菱纹叶蝉 …………………………………………………………… 7

    7　窗耳叶蝉 ………………………………………………………………… 8

    8　苹果塔叶蝉 ……………………………………………………………… 8

    9　大青叶蝉 ………………………………………………………………… 9

    10　柿血斑叶蝉 ……………………………………………………………… 10

  （三）蜡蝉科 Fulgoridae ……………………………………………………… 11

    11　斑衣蜡蝉 ………………………………………………………………… 12

  （四）广蜡蝉科 Ricanidae ……………………………………………………… 13

    12　八点广翅蜡蝉 …………………………………………………………… 13

    13　柿广翅蜡蝉 ……………………………………………………………… 14

  （五）木虱科 Psyllidae ………………………………………………………… 15

    14　中国梨木虱 ……………………………………………………………… 15

  （六）根瘤蚜科 Phylloxeridae ………………………………………………… 16

    15　梨黄粉蚜 ………………………………………………………………… 17

    16　葡萄根瘤蚜 ……………………………………………………………… 18

  （七）绵蚜科 Pemphigidae …………………………………………………… 20

    17　苹果绵蚜 ………………………………………………………………… 21

    18　苹果根绵蚜 ……………………………………………………………… 23

  （八）蚜科 Aphididae ………………………………………………………… 24

    19　绣线菊蚜 ………………………………………………………………… 24

    20　桃粉大尾蚜 ……………………………………………………………… 26

    21　板栗大蚜 ………………………………………………………………… 28

    22　苹果瘤蚜 ………………………………………………………………… 29

    23　桃　蚜 …………………………………………………………………… 30

24　梨二叉蚜 ……………………………………………… 32

25　桃瘤头蚜 ……………………………………………… 33

26　樱桃瘤蚜 ……………………………………………… 34

27　栗花翅蚜 ……………………………………………… 35

（九）硕蚧科 Margarodidae ………………………………… 36

28　草履硕蚧 ……………………………………………… 36

（十）粉蚧科 Pseudococcidae ……………………………… 37

29　柿绒粉蚧 ……………………………………………… 37

30　紫薇绒蚧 ……………………………………………… 38

31　柿粉蚧 ………………………………………………… 39

32　康氏粉蚧 ……………………………………………… 40

（十一）蜡蚧科 Coccidae …………………………………… 42

33　日本蜡蚧 ……………………………………………… 42

34　朝鲜球坚蜡蚧 ………………………………………… 46

35　枣球蜡蚧 ……………………………………………… 48

36　桃球蜡蚧 ……………………………………………… 49

37　褐盔蜡蚧 ……………………………………………… 50

38　西府球蜡蚧 …………………………………………… 51

（十二）盾蚧科 Diaspidiae ………………………………… 52

39　梨枝圆盾蚧 …………………………………………… 52

40　梨蛎盾蚧 ……………………………………………… 54

41　榆蛎盾蚧 ……………………………………………… 56

42　梨白片盾蚧 …………………………………………… 57

43　桑盾蚧 ………………………………………………… 58

二、半翅目 HEMIPTERA ……………………………………… 60

（十三）蝽科 Pentatomidae ………………………………… 60

44　斑须蝽 ………………………………………………… 60

45　麻皮蝽 ………………………………………………… 61

46　茶翅蝽 ………………………………………………… 63

47　梨　蝽 ………………………………………………… 64

（十四）网蝽科 Tingidae …………………………………… 65

48　小板网蝽 ……………………………………………… 65

49　梨冠网蝽 ……………………………………………… 66

三、鞘翅目 CLEOPTERA ……………………………………… 68

（十五）吉丁虫科 Buprestidae ……………………………… 68

50　核桃小吉丁 …………………………………………… 68

51　苹果小吉丁 …………………………………………… 69

52　六星铜吉丁 …………………………………………… 70

53　梨金缘吉丁 …………………………………………… 71

（十六）鳃金龟科 Melolonthidae …………………………… 73

54　东北大黑鳃金龟 ……………………………………… 73

55　华北大黑鳃金龟 ································ 75

56　暗黑鳃金龟 ···································· 76

57　棕色鳃金龟 ···································· 77

58　小黄鳃金龟 ···································· 78

59　阔胫绒金龟 ···································· 78

60　小云鳃金龟 ···································· 79

61　黑绒金龟 ······································ 80

（十七）丽金龟科 Rutelidae ···················· 81

62　毛喙丽金龟 ···································· 81

63　茸喙丽金龟 ···································· 82

64　斑喙丽金龟 ···································· 83

65　铜绿丽金龟 ···································· 84

66　中华弧丽金龟 ································ 85

67　苹毛丽金龟 ···································· 86

（十八）花金龟科 Cetoniidae ·················· 88

68　小青花金龟 ···································· 88

69　白星花金龟 ···································· 89

（十九）叩头虫科 Elateridae ·················· 90

70　细胸叩头虫 ···································· 91

71　沟叩头虫 ······································ 92

（二〇）天牛科 Cerambycidae ················· 93

72　星天牛 ·· 93

73　光肩星天牛 ···································· 95

74　粒肩天牛 ······································ 97

75　桃红颈天牛 ···································· 98

76　红缘亚天牛 ···································· 100

77　云斑天牛 ······································ 101

78　梨眼天牛 ······································ 102

79　顶斑瘤筒天牛 ································ 104

80　中华薄翅天牛 ································ 105

81　四点象天牛 ···································· 106

82　日本筒天牛 ···································· 107

83　家茸天牛 ······································ 108

84　桑脊虎天牛 ···································· 109

85　葡萄虎天牛 ···································· 110

（二一）叶甲科 Chrysomelidae ··············· 111

86　黄守瓜 ·· 111

87　葡萄丽叶甲 ···································· 113

88　核桃扁叶甲 ···································· 114

89　十星瓢萤叶甲 ································ 114

90　黑跗瓢萤叶甲 ································ 116

　　　91　山楂斑叶甲 ……………………………………………… 117

　（二二）卷象科 Attelabidae …………………………………… 118
　　　92　梨金象 …………………………………………………… 118
　　　93　苹果金象 ………………………………………………… 120
　　　94　杏虎象 …………………………………………………… 120
　　　95　梨虎象 …………………………………………………… 121

　（二三）象虫科 Curculionidae ………………………………… 123
　　　96　核桃长足象 ……………………………………………… 123
　　　97　核桃根象甲 ……………………………………………… 124
　　　98　栗　象 …………………………………………………… 126
　　　99　板栗雪片象 ……………………………………………… 128
　　　100　剪枝象 ………………………………………………… 129
　　　101　蓝绿象 ………………………………………………… 130
　　　102　鞍　象 ………………………………………………… 131
　　　103　大球胸象 ……………………………………………… 132
　　　104　枣飞象 ………………………………………………… 133
　　　105　大灰象 ………………………………………………… 135
　　　106　蒙古土象 ……………………………………………… 136

　（二四）小蠹科 Scolytidae ……………………………………… 137
　　　107　皱小蠹 ………………………………………………… 138
　　　108　多毛小蠹 ……………………………………………… 139
　　　109　黄须球小蠹 …………………………………………… 140

四、鳞翅目 LEPIDOPTERA ……………………………………… 141

　（二五）木蠹蛾科 Cossidae …………………………………… 141
　　　110　小木蠹蛾 ……………………………………………… 141
　　　111　芳香木蠹蛾 …………………………………………… 142

　（二六）潜蛾科 Lyonetiidae …………………………………… 144
　　　112　旋纹潜蛾 ……………………………………………… 144
　　　113　桃潜蛾 ………………………………………………… 145
　　　114　银纹潜蛾 ……………………………………………… 146

　（二七）细蛾科 Gracilariidae …………………………………… 147
　　　115　金纹细蛾 ……………………………………………… 147
　　　116　梨潜皮蛾 ……………………………………………… 149

　（二八）华蛾科 Whalleyanidae ………………………………… 150
　　　117　梨瘿华蛾 ……………………………………………… 150

　（二九）雕蛾科 Glyphipterygidae ……………………………… 151
　　　118　苹果雕蛾 ……………………………………………… 152

　（三○）蝙蝠蛾科 Hepialidae ………………………………… 153
　　　119　柳蝙蛾 ………………………………………………… 153

　（三一）银蛾科 Argyresthiidae ………………………………… 155
　　　120　苹异银蛾 ……………………………………………… 156

（三二）巢蛾科 Yponomeutidae ·· 158
　　121　淡褐巢蛾 ··· 158
　　122　苹果巢蛾 ··· 159
（三三）蛀果蛾科 Carposinidae ·· 161
　　123　桃蛀果蛾 ··· 161
（三四）举肢蛾科 Heliodinidae ·· 168
　　124　核桃举肢蛾 ··· 168
　　125　柿举肢蛾 ··· 170
（三五）麦蛾科 Gelechiidae ·· 172
　　126　桃条麦蛾 ··· 172
　　127　杏白带麦蛾 ··· 173
　　128　黑星麦蛾 ··· 175
（三六）木蛾科 Xyloryctidae ··· 176
　　129　梅木蛾 ··· 176
（三七）卷蛾科 Tortricidae ·· 177
　　130　黄斑长翅卷蛾 ··· 178
　　131　棉褐带卷蛾 ··· 179
　　132　枣镰翅小卷蛾 ··· 181
　　133　梨黄卷蛾 ··· 185
　　134　山楂黄卷蛾 ··· 186
　　135　桦黄卷蛾 ··· 187
　　136　黄色卷蛾 ··· 188
　　137　李小食心虫 ··· 189
　　138　苹小食心虫 ··· 190
　　139　梨小食心虫 ··· 193
　　140　柑橘长卷蛾 ··· 197
　　141　苹果小卷蛾 ··· 198
　　142　栗子小卷蛾 ··· 200
　　143　新褐卷蛾 ··· 201
　　144　桃褐卷蛾 ··· 202
　　145　苹褐卷蛾 ··· 203
　　146　桃白小卷蛾 ··· 205
　　147　芽白小卷蛾 ··· 206
　　148　苹白小卷蛾 ··· 208
（三八）螟蛾科 Pyralidae ··· 209
　　149　桃蛀野螟 ··· 209
　　150　缀叶丛螟 ··· 211
　　151　网锥额野螟 ··· 212
　　152　梨卷叶斑螟 ··· 213
　　153　梨云翅斑螟 ··· 214
　　154　印度谷螟 ··· 217

（三九）透翅蛾科 Aegeriidae ……………………………… 219
　　155　苹果透翅蛾 ……………………………… 219
　　156　葡萄透翅蛾 ……………………………… 220
　　157　醋栗透翅蛾 ……………………………… 221
　　158　板栗透翅蛾 ……………………………… 222
（四〇）斑蛾科 Zygaenidae ……………………………… 224
　　159　梨叶斑蛾 ……………………………… 224
　　160　桃斑蛾 ……………………………… 225
（四一）刺蛾科 Limacodidae ……………………………… 226
　　161　背刺蛾 ……………………………… 227
　　162　黄刺蛾 ……………………………… 228
　　163　褐边绿刺蛾 ……………………………… 229
　　164　双齿绿刺蛾 ……………………………… 230
　　165　漫绿刺蛾 ……………………………… 231
　　166　中国绿刺蛾 ……………………………… 232
　　167　龟形小刺蛾 ……………………………… 233
　　168　梨娜刺蛾 ……………………………… 234
　　169　枣奕刺蛾 ……………………………… 235
　　170　桑褐刺蛾 ……………………………… 236
　　171　小黑刺蛾 ……………………………… 238
　　172　扁刺蛾 ……………………………… 239
（四二）尺蛾科 Geometridae ……………………………… 240
　　173　醋栗尺蠖 ……………………………… 241
　　174　沙枣尺蠖 ……………………………… 242
　　175　油桐尺蠖 ……………………………… 243
　　176　酸枣尺蠖 ……………………………… 245
　　177　木橑尺蠖 ……………………………… 246
　　178　小蜻蜓尺蛾 ……………………………… 248
　　179　刺槐尺蛾 ……………………………… 249
　　180　柿星尺蛾 ……………………………… 250
　　181　苹烟尺蛾 ……………………………… 251
　　182　枣步曲 ……………………………… 252
　　183　梨步曲 ……………………………… 256
　　184　枣灰银尺蠖 ……………………………… 257
　　185　桑褶翅尺蛾 ……………………………… 259
（四三）舟蛾科 Notodontidae ……………………………… 260
　　186　黄二星舟蛾 ……………………………… 260
　　187　圆掌舟蛾 ……………………………… 261
　　188　苹掌舟蛾 ……………………………… 262
　　189　榆掌舟蛾 ……………………………… 264
　　190　苹蚁舟蛾 ……………………………… 265

（四四）毒蛾科 Lymantriidae ……………………………………… 266
　　191　霜茸毒蛾 …………………………………………………… 266
　　192　茸毒蛾 …………………………………………………… 267
　　193　乌桕黄毒蛾 …………………………………………… 268
　　194　折带黄毒蛾 …………………………………………… 270
　　195　缀黄毒蛾 …………………………………………………… 271
　　196　茶黄毒蛾 …………………………………………………… 272
　　197　桑毒蛾 …………………………………………………… 274
　　198　舞毒蛾 …………………………………………………… 275
　　199　栎毒蛾 …………………………………………………… 277
　　200　木毒蛾 …………………………………………………… 278
　　201　古毒蛾 …………………………………………………… 279
　　202　灰斑古毒蛾 …………………………………………… 280
　　203　角斑古毒蛾 …………………………………………… 282
　　204　旋古毒蛾 …………………………………………………… 283
　　205　盗毒蛾 …………………………………………………… 284
（四五）蓑蛾科 Psychidae ……………………………………… 285
　　206　黑肩蓑蛾 …………………………………………………… 285
　　207　白囊蓑蛾 …………………………………………………… 286
　　208　小窠蓑蛾 …………………………………………………… 287
　　209　大窠蓑蛾 …………………………………………………… 289
（四六）灯蛾科 Arctiidae ……………………………………… 290
　　210　褐点粉灯蛾 …………………………………………… 290
　　211　花布灯蛾 …………………………………………………… 291
　　212　美国白蛾 …………………………………………………… 292
　　213　黄腹斑灯蛾 …………………………………………… 295
（四七）夜蛾科 Noctuidae ……………………………………… 296
　　214　桃剑纹夜蛾 …………………………………………… 296
　　215　桑剑纹夜蛾 …………………………………………… 297
　　216　梨剑纹夜蛾 …………………………………………… 299
　　217　果剑纹夜蛾 …………………………………………… 299
　　218　枯叶夜蛾 …………………………………………………… 301
　　219　小地老虎 …………………………………………………… 302
　　220　黄地老虎 …………………………………………………… 304
　　221　果红裙扁身夜蛾 ……………………………………… 305
　　222　旋皮夜蛾 …………………………………………………… 306
　　223　棉铃实夜蛾 …………………………………………… 307
　　224　苹梢鹰夜蛾 …………………………………………… 309
　　225　桃夜蛾 …………………………………………………… 310
　　226　刻梦尼夜蛾 …………………………………………… 311
　　227　嘴壶夜蛾 …………………………………………………… 312

228　苹眉夜蛾 ……………………………………………… 313
229　枣绮夜蛾 ……………………………………………… 314
（四八）虎蛾科 Agaristidae …………………………………… 315
230　葡萄修虎蛾 …………………………………………… 316
（四九）天蛾科 Sphingidae …………………………………… 317
231　葡萄天蛾 ……………………………………………… 317
232　沙枣白眉天蛾 ………………………………………… 319
233　枣桃六点天蛾 ………………………………………… 320
234　白肩天蛾 ……………………………………………… 321
235　蓝目天蛾 ……………………………………………… 322
236　雀纹天蛾 ……………………………………………… 323
（五〇）大蚕蛾科 Saturniidae ………………………………… 324
237　绿尾大蚕蛾 …………………………………………… 325
238　柞　蚕 ………………………………………………… 326
239　银杏大蚕蛾 …………………………………………… 327
240　樟　蚕 ………………………………………………… 329
241　樗　蚕 ………………………………………………… 330
（五一）枯叶蛾科 Lasiocampidae ……………………………… 331
242　白杨毛虫 ……………………………………………… 331
243　黄斑波纹杂毛虫 ……………………………………… 333
244　杨枯叶蛾 ……………………………………………… 334
245　李枯叶蛾 ……………………………………………… 335
246　黄褐天幕毛虫 ………………………………………… 336
247　山地天幕毛虫 ………………………………………… 338
248　桦树天幕毛虫 ………………………………………… 339
249　苹毛虫 ………………………………………………… 339
250　栎黄枯叶蛾 …………………………………………… 341
（五二）带蛾科 Eupterotidae ………………………………… 342
251　中华金带蛾 …………………………………………… 342
（五三）粉蝶科 Pierididae …………………………………… 343
252　山楂粉蝶 ……………………………………………… 344
（五四）凤蝶科 Papilionidae ………………………………… 345
253　凤　蝶 ………………………………………………… 345
五、双翅目 DIPTERA …………………………………………… 347
（五五）瘿蚊科 Cecidomyiidae ………………………………… 347
254　枣瘿蚊 ………………………………………………… 347
六、膜翅目 HYMEN0PTERA ……………………………………… 349
（五六）茎蜂科 Cephidae ……………………………………… 349
255　梨茎蜂 ………………………………………………… 349
（五七）叶蜂科 Tenthredinidae ……………………………… 351
256　梨实蜂 ………………………………………………… 351

（五八）广肩小蛾科 …………………………………………………………… 352

　　257　杏仁蜂 ……………………………………………………………… 352

　　258　桃仁蜂 ……………………………………………………………… 354

（五九）瘿蜂科 ……………………………………………………………… 356

　　259　栗瘿蜂 ……………………………………………………………… 356

蛛形纲 ARACHNIDA

七、蜱螨目 ACARINA …………………………………………………………… 358

（六〇）叶螨科 Tetranychidae ……………………………………………… 358

　　260　果苔螨 ……………………………………………………………… 358

　　261　李始叶螨 …………………………………………………………… 359

　　262　苹果全爪螨 ………………………………………………………… 360

　　263　山楂叶螨 …………………………………………………………… 361

　　264　二斑叶螨 …………………………………………………………… 365

　　265　针叶小爪螨 ………………………………………………………… 366

（六一）细须螨科 Tenuipalpidae …………………………………………… 367

　　266　葡萄短须螨 ………………………………………………………… 367

　　267　柿细须螨 …………………………………………………………… 368

（六二）瘿螨科 Eriophyidae ………………………………………………… 369

　　268　梨锈瘿螨 …………………………………………………………… 369

　　269　枣丁冠瘿螨 ………………………………………………………… 370

中文名索引 …………………………………………………………………… 371

学名索引 ……………………………………………………………………… 376

主要参考文献 ………………………………………………………………… 381

昆虫纲 INSECTA

一、同翅目 HOMOPTERA

隶属昆虫纲有翅亚纲，其前后翅质地相同，所以叫同翅目。与半翅目的半鞘翅明显不同，本目种类大多为小到中型，体圆至长椭圆形。口器刺吸式并藏于由下唇形成分3节的喙内，喙基部由头的基部或前胸足基间伸出。前后翅呈均匀膜质。适于陆生，休息时翅大都斜置于身体两侧。跗节1~3节，善于行走、跳跃或固着生活，触角刚毛状、丝状或退化。多数种类为不全变态，有蜡腺，无臭腺。本目昆虫以植物汁液为食，被害部位常褪色、变黄，出现营养不良、器官萎缩或卷曲畸形、枯萎或死亡。同时在吸食时向组织内分泌含有消化酶的唾液，使植物细胞壁受到破坏后，出现白斑或变黄或变红，刺激植物组织增生，畸形生长，出现虫瘿。另外，还可传播各种植物病毒，传病造成的损失比直接危害更大。此类昆虫所排泄的物质易感染烟煤病，影响植物光合作用，使植物生长衰弱。目前世界已知同翅目昆虫约32800余种，我国已知约1500种以上，其中绝大多数为农林果树重要害虫。

（一）蝉科（Cicadidae）

中型至大型，头部具3个单眼，呈三角形排列，触角着生于复眼间前方，前足腿节膨大，下缘具刺，前后翅膜质，有很粗的翅脉，雄性多数能发音，幼虫前足腿节很大，开掘式。成虫以刺吸植物汁液和产卵方式危害，幼虫则在土中危害根部。本科世界已知种约3000左右，我国约100多种。

1　蚱　蝉

【学名】*Cryptotympana atrata*（Fabricius）

【别名】黑蚱、知了。

【分布与寄主】此虫分布于我国山西、山东、河北、河南、陕西、安徽、江苏、江西、浙江、云南、贵州、四川、福建、广东、台湾等地。其主要寄主有苹果、梨、李、桃、樱桃、山楂、枣、杏、柑橘、葡萄、板栗、柿、沙果、杨、柳、榆、槐、桑等多种果林植物。

【被害症状】以若虫生活于土中，刺吸寄主根部汁液；以成虫刺吸枝条汁液，产卵于1年生枝梢的木质部内，刺破皮层与木质部，因失水而致产卵部以上枝梢多枯死。成虫产卵以幼龄树或苗木为重。尤其近年在晋南、晋中地区发生危害更为严重。受害后树势明显衰弱，生长量、产量与品质均受很大影响。

【形态特征】 (图1)

(1)成虫:体长40～48mm,翅展122～130mm,大型黑色有光泽,局部密生金黄色细毛。复眼较大向两侧突出,灰褐色,单眼3个琥珀色,于头顶呈三角形排列。头比中胸背板基部稍宽,头的前缘及额顶各有一块黄褐色斑,中胸背板比前胸背板长,侧缘倾斜,微微突出,外片上有皱纹,两侧具黄褐色斑,中胸背板有明显且呈红褐色的"X"隆起,其前角上各具1条暗色纹。翅透明,翅脉隆起,黄褐色。前足基节隆线及腿节背面红褐色,腿节刺锐利,中、后足腿节背面及胫节红褐色,腹部各节侧缘黄褐色。背板完全盖住发音器,酱褐色,腹辨大,舌状。末端圆,边缘红褐色。

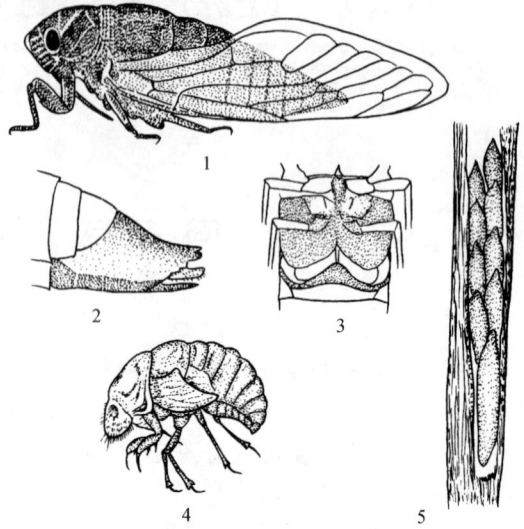

图1　蚱蝉

1. 成虫; 2. 雌成虫外生殖器官;
3. 雄成虫鸣器; 4. 老熟若虫; 5. 卵块

(2)卵:梭形,长2.5mm左右,头端比尾端稍尖,初产乳白色,渐变淡黄色。

(3)若虫:老熟体长33～38mm,黄褐色,有光泽,翅芽端伸达腹部中央,形态略似成虫。幼龄若虫前胸背板较大,前足腿节、胫节发达具齿,适于开掘,体柔软,白或黄色。近末龄时体壁变硬,前胸背板缩小,中胸背板扩大,头顶脱裂线明显可见,翅芽发达,体色加深呈淡黄褐色。前足明显特化为开掘足。

【生活史及习性】 数年发生1代,以若虫在土壤里过冬或以卵在寄主枝干内越冬。若虫可在土中寄主根际周围活动,刺吸地下组织汁液,危害数年,共蜕5次皮变为成虫。当旬平均气温达到22℃以上,雨后的傍晚,老龄若虫钻出地面,爬至树干或附近植物茎杆上脱皮羽化。羽化后静止2～3小时,即爬行或飞翔、交尾。7月中下旬开始产卵,8月为产卵盛期。以卵越冬者,翌年6月孵化为若虫,并落地入土刺吸植物根部汁液,秋后转入深层越冬。

　　成虫主要选择4～5mm粗的当年生枝条上产卵,产卵时头朝上,用产卵器刺破皮层插入木质部内,造成爪状裂口,卵产于其中,每一卵孔内有卵6～8粒,卵孔多直线排列,少数螺旋状排列,一个枝条有卵百余粒。点点的刺伤痕迹外,常露出木质碎条。被害枝失去输导水分、养分的能力,同时由于伤口失水,致使产卵处以上部分枯死。

【防治方法】

(1)结合冬、夏季修剪,及时剪除产卵枯梢,集中烧毁;树盘覆麦草、麦糠,可减轻危害;雨后在傍晚人工于树干捉老龄若虫;成虫发生期夜间点火,人工摇树使成虫飞向火光,捕杀成虫。

(2)在若虫羽化出土期,可试行树干上喷洒残效期长、高浓度的触杀剂,或在树干基部附近地面撒药粉或毒土,毒杀出土若虫。

（二）叶蝉科 Cicadellidae

身体细长，体后逐渐变细，单眼 2 个，位于头顶前缘与颜面交界线上，触角位于复眼前方或两复眼间。后足胫节有 1~2 列短刺。成虫行动活泼，能跳善飞，常为多食性害虫。通常为两性生殖，每雌一生可产卵 300 粒左右，单产或成块状产于寄主植物表皮下。成虫大多具趋光性，有转主寄生习性，主要以口器刺吸植物汁液、传播病毒或产卵危害。多为农、林害虫。本科全世界已知种类近 8500 种，我国已记载近 100 余种。

2　小绿叶蝉

【学名】*Empoasca flavescens*（Fabricius）

【别名】桃叶蝉、桃小绿叶蝉。

【分布与寄主】此虫在我国除西藏、新疆、青海、宁夏外，其他各地均有分布；国外分布于朝鲜、日本、俄罗斯、印度、斯里兰卡以及欧洲、非洲、北美等地。主要寄主有桃、苹果、梨、柑橘、葡萄、杏、李、山楂、杨梅、油桐以及单、双子叶草本植物。

【被害症状】同 P_5（第 5 页，以下用法同此）桃一点斑叶蝉。

【形态特征】（图 2）

（1）成虫：体长 3.3~3.7mm。体淡绿，头冠淡黄绿。复眼灰褐，无单眼。前胸背板与小盾板淡鲜绿色。前翅半透明黄绿色，周缘具淡绿细边。后翅透明具珍珠折光。胸、腹部腹面为淡黄绿色。腹末端淡青绿色。头冠前伸，前翅端部第 1、2 分脉在基部接近但向端部伸出，其间形成一个三角形端室，后翅具亚缘脉，仅一端室。

（2）卵：长卵形，乳白色，长径约 0.60mm，短径约 0.15mm，孵化前出现红色眼点。

（3）若虫：似成虫，老熟体长 2.5~3.5mm，体鲜绿微黄，复眼灰褐色。具翅芽，头冠与腹部各节疏生细毛。

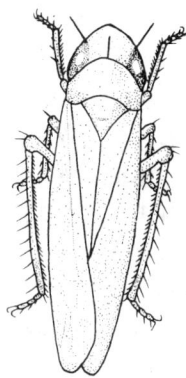

图 2　小绿叶蝉成虫

【生活史及习性】此虫年生 5~12 代，以成虫在杂草、落叶、树皮缝隙及冬季的低矮生绿色植物中过冬。长江以南天暖即活动；江西翌年 3 月上旬始产卵繁殖。北方翌春，桃、杏等寄主发芽后开始活动危害芽叶。卵散产于新梢及叶脉组织内，产卵前期 4~5 天，卵期 5~20 天，若虫期 8~19 天，非越冬成虫寿命 1 月左右。6 月虫口数量渐增，8~9 月数量最多，危害最甚。旬均温在 15~25℃时适于其生长发育，28℃ 以上虫口密度即下降；多雨或雨量大、久晴不雨均不利其繁殖。成、若虫白天活动，喜于叶背刺吸汁液与栖息，成虫常以跳助飞，但飞行力弱，可借风远传。被害叶片出现黄白色斑，严重时全叶苍白或自叶缘逐渐卷缩，秋末以末代成虫越冬。

【防治方法】秋末落叶后刮翘皮，清理果园杂草、落叶，集中烧毁或深埋；成、若虫危害期可喷药防治，尤以各代若虫孵化盛期防效更好，所用农药见 P_{10} 大青叶蝉防治方法。

3　葡萄斑叶蝉

【学名】*Erythroneura apticalis*（Nawa）

【别名】葡萄二星叶蝉、葡萄二黄斑叶蝉。

【分布与寄主】此虫在我国分布于吉林、辽宁、河北、河南、陕西、山东、湖北、湖南、安徽、江苏、江西、浙江、广西、台湾等地；国外主要分布于日本。主要寄主有葡萄、樱桃、苹果、山楂、梨、蜀葵、桃、桑树等。

【被害症状】以成、若虫在叶背吸食汁液，被害叶初现白色小点，严重时叶片苍白或焦枯，提早脱落，影响枝条成熟和花序分化。大叶型欧美杂交品系受害重，小叶型欧洲品系受害轻。

【形态特征】（图3）

（1）成虫：体长2.9～3.7mm，有红褐及黄白色两型。越冬前成虫皆为红褐色，头顶有2个明显的圆形斑点。前胸背板前缘区有数个淡褐色斑纹，斑纹大小变化，有时全消失。小盾板基缘近侧角处各有一块大型黑斑。翅透明淡黄白色，翅面具不规则的淡褐色斑纹，但其色泽深浅不一，形式多变或全缺。中胸腹面中央具黑色斑块。各足跗节端爪黑色。

（2）卵：黄白色长椭圆形，长径约0.2mm。

（3）若虫：老熟若虫体长约2mm，分红褐与黄白两色，前者尾部上举，后者尾部不上举。

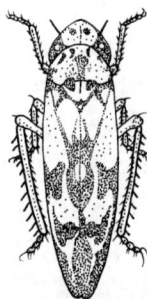

图3　葡萄斑叶蝉成虫

【生活史及习性】此虫我国北方年生2～3代，以成虫在果园附近的石缝、杂草或落叶中过冬。翌年葡萄发芽前，先在发芽早的苹果、山楂等寄主上吸食嫩叶汁液，葡萄展叶花穗出现前后再迁至葡萄上危害。卵产于叶背叶脉内或绒毛中。5月中下旬若虫孵化。第1代成虫6月上中旬出现，第2代成虫8月中旬发生最多，9～10月盛发第3代成虫。一般通风不良的果园或杂草繁生的葡萄园发生重。

【防治方法】

（1）秋季葡萄落叶后彻底清除落叶和杂草，集中烧毁，消灭越冬场所，减少虫源。葡萄生长期枝叶通风透光好发生轻。

（2）利用黄板诱杀越冬葡萄斑叶蝉成虫是一种有效的防治措施。

（3）葡萄枝上有瓢虫、草蛉、蜘蛛等天敌活动，葡萄斑叶蝉大量发生期采用高效低毒农药喷施，最大限度地保护天敌。

（4）第1代若虫盛发期为用药适期，后期各虫态混生时可结合其他害虫防治，喷布常用农药均有良好防效。若虫发生盛期喷洒10%吡虫啉可湿性粉剂2000～3000倍液，25%噻嗪酮可湿性粉剂2000倍液，5%高效氯氰菊酯乳油2000倍液，50%杀螟松乳油或40%毒死蜱乳油1500倍液防治。

4 桃一点斑叶蝉

【学名】*Erythroneura sudra*（Distant）

【别名】桃一点叶蝉。

【分布与寄主】此虫在我国分布于长江流域各地以及东北、内蒙古、河北、陕西、山东等地；在国外见于印度。寄主植物有桃、杏、苹果、樱桃、海棠、李、梅、梨、山楂、杨梅、柑橘、葡萄、月季等。

【被害症状】以成、若虫在叶片上吸食汁液，被害叶片出现失绿白斑，严重时全树叶片呈苍白色，提早脱落，树势衰弱。

【形态特征】（图4）

（1）成虫：体长3.0～3.3mm。体淡黄、黄绿或暗绿色，初羽化时略有光泽，几天后体外覆一层白色蜡质。头端圆钝，其顶端有一黑点，在其外围具一白色晕圈。复眼黑色。前翅淡白色半透明，翅脉黄绿色。后翅无色透明，翅脉暗色。雄成虫腹部背面具黑色宽带，雌成虫减小至1个黑斑。足暗色，爪黑褐色。

（2）卵：长椭圆形，长径约0.75～0.82mm，乳白色，半透明。

（3）若虫：共5龄，约12.4～20.7天。老熟若虫体长2.4～2.7mm，全体淡墨绿色，复眼紫黑色，翅芽绿色。

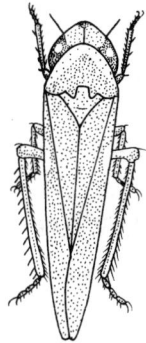

图4 桃一点斑叶蝉成虫

【生活史及习性】此虫在南京1年发生4代，福州、南昌等地1年发生6代。各地均以成虫在落叶、杂草堆中、树皮缝隙、常绿树（如松、杉、柏、柑橘、荔枝、龙眼等）叶丛中越冬。翌年桃树等寄主萌发后即迁往危害、产卵繁殖。4代区各代出现期为4月上旬至7月中旬，6月中旬至8月下旬，7月中旬至9月中旬，8月下旬至翌年5月中旬。6代区越冬成虫2月下旬产卵，各代成虫出现期为4月下旬，6月上中旬，7月，8月，9月，10月，11月后进入越冬期。江西南昌越冬成虫于3月下旬至4月上旬迁入桃园开始危害繁殖。世代重叠明显，以4、5代即8～10月危害最盛期。卵期6～29天，若虫期11～21天，成虫寿命12～33天，越冬代成虫则长达5～6个月。

成虫在天气晴朗温度升高时行动活泼，清晨、傍晚及风雨时不活动，早期吸食桃花的花萼及花瓣的汁液，出现半透明斑点，落花后转至叶片危害，秋季干燥时常群集于卷叶内，无趋光性。卵多散产于叶背主脉内，孵化后留下焦褐色长形破缝。每雌平均产卵100余粒。若虫喜群集叶片背面危害，受惊后横行爬动。

【防治方法】防治此虫应掌握3个用药关键期：即越冬成虫迁飞期；5月中下旬第1代若虫孵化盛期；7月中下旬果实采收后第2代若虫盛发期。使用农药同凹缘菱纹叶蝉，后期温度高时用毒死蜱效果更佳。

5 中华拟菱纹叶蝉

【学名】*Hishimonoides chinensis* Aufriev

【分布与寄主】此虫在我国分布于河北、河南、山东、山西、辽宁、陕西等地。主要寄主有枣、酸枣、桑树、榆树、毛泡桐、刺槐等多种植物。

【被害症状】以成、若虫刺吸寄主植物汁液，被害叶最初出现淡白色斑点，继连成片，乃至全叶苍白枯死，或形成枯焦斑点，或叶片变黄脱落。成虫产卵于幼嫩茎或 1~2 年生枝上，产卵时将寄主皮层刺破，产卵于下，破坏皮层，导致失水干枯死亡。同时，在危害叶片时，可传播病毒，比本身刺吸危害所致损失更大，在防治中必须注意。

【形态特征】（图5）

（1）成虫：雄虫体长 3.0~3.2mm，至翅端 4.0~4.2mm；雌虫体长 3.5~4.0mm，至翅端 4.5~4.8mm。复眼暗红色，头部淡黄色，头冠前缘具两个近三角形橙黄色小斑，其后具三块同色横向相连的楔形大斑；前胸背板暗褐，沿前缘呈橙黄色，小盾片亦橙黄色，二基侧角及端部各具黄褐大斑一块；前翅底色青白，沿左右翅后缘三角斑合并成暗褐菱形大斑，即菱纹，纹中有明显葫芦状白斑，斑内各具 2 个横排黑点，翅端缘暗褐；后足第一跗节内侧端部黑色。

（2）卵：长约 1.2mm，宽约 0.4mm。乳白色，如弯月，但前端较钝圆。

（3）若虫：共 5 龄。老熟若虫体长 3.5~4.0mm，翅芽长大，自腹末可辨雌雄，雌第 7 腹板似开启书本状，雄呈模糊横列双环状。

【生活史及习性】此虫我国北方 1 年发生 4 代，以卵散产在 1~2 年生枝上越冬。越冬卵于寄主萌动露芽时开始孵化，2~3 天后达孵化盛期，由于孵化期集中而且整齐，所以第 1 代若虫及成虫也相应整齐；6 月中旬，至第 2 代成虫开始与第 1 代成虫后期重叠，以后各代重叠更为明显。

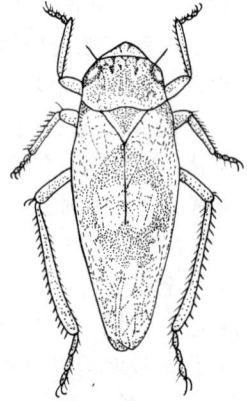

图5　中华拟菱纹叶蝉成虫

据研究报道，卵在旬均 23℃ 以下时停止孵化。第 1 代卵孵化率平均为 92.5%，卵期为 12.9 天；第 2 代卵孵化率平均为 66.8%，卵期为 11.1 天；第 3 代（局部）卵孵化率平均为 25.6%，卵期为 12.5 天；越冬代（3、4 代）卵平均孵化率为 45%，历期为 232 天左右。若虫龄期多为 5 龄，少数 4 龄或 6 龄。成虫产卵时，越冬卵散产于寄主枝条上，夏卵则可产在枝上或叶片主脉附近。枝上卵产在表皮组织下，卵痕突出，近孵化时钝端出现红色眼点。各代成虫交尾前期为 3~4 天，产卵前期为 5~6 天。第 1 代雌虫产卵量最高，平均单雌产卵 163.7 粒，以后逐代递减。成虫飞翔力不强，一般散栖于寄主枝叶上，受惊后在寄主附近上空飞绕一周，然后再落于原栖点附近，6 月极易捕到。

中华拟菱纹叶蝉的天敌包括取食卵及幼龄若虫的小花蝽（*Orius minutus* L.）和大眼蝉长蝽（*Geocoris sp.*）两种，捕食若虫的有日本大黑蚁（*Camponotus berculeanus japonicus* Mayr）、三突花蟹蛛[*Misumenops fricuspidatus*（Fabricius）]、斜纹花蟹蛛（*Synaema japonicum* Kansch）和圆花叶蛛（*Xysticus sayanus* Boes et Str）4 种。

【防治方法】

（1）冬季结合修剪，剪除有卵枝条。

（2）越冬卵孵化及第 1 代若虫和成虫发生整齐而集中，而传病又集中于第 1 代成虫，因此，此期为用药防治的关键期。常用药剂有 20% 灭扫利乳油 2000 倍液，50% 辛硫磷乳油 1500 倍液或 40% 毒死蜱乳油 1000 倍液，均有良好的防治效果。

（3）保护和利用天敌，在自然状况下，天敌对第 2 代控制效果明显。

6　凹缘菱纹叶蝉

【学名】 *Hishimonus sellatus*（Uhler）

【别名】 绿头菱纹叶蝉。

【分布与寄主】 此虫在我国分布于辽宁、河北、山西、山东、陕西、河南、河北、江苏、江西、安徽、浙江、湖北、福建、四川、广东等地；国外主要分布于朝鲜、日本、俄罗斯。寄主有枣、酸枣、无花果、蔷薇、桑、榆、刺槐、构树以及一些双子叶草本植物。

【被害症状】 此虫是一种传播枣疯病的重要媒介昆虫，危害后所表现出的症状同中华拟菱纹叶蝉。

【形态特征】（图6）

(1)成虫：雌虫体长3.0～3.3mm，至翅端3.7～4.2mm；雄虫体长2.6～3.0mm，至翅端3.8～4.0mm。体淡黄绿色。头与前胸背板等宽，中央略向前突出，前缘宽圆，在头冠区近前缘处有一浅横槽，头与前胸背板淡黄带微绿，头冠前缘具1对横纹，后缘具2个斑点，横槽后缘又有2条横纹。前胸背板前缘处有1列晦暗的小斑纹，中后区晦暗，其中散布淡黄绿色小圆点，小盾板淡黄色，中线及每侧1条斑纹为暗褐色。前翅淡白色，散生许多深黄褐色斑，翅合拢时呈菱形纹，其三角形纹的三角及前缘围以深黄褐色小斑纹，致使菱纹显著；翅端区浅黑褐色，其中有4个明显的小白圆点。胸部腹面淡黄或淡黄绿色，少数有淡黄褐色网状纹。

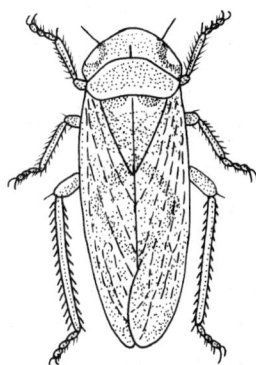

图6　凹缘菱纹叶蝉成虫

(2)卵：长0.7～0.8mm，呈香蕉形，初产卵乳白色，后变光亮透明，黄白或淡黄色，显出红色眼点，孵化前眼点变深红，卵变红色。

(3)若虫：老熟若虫体长2.2～2.7mm，浅黄色翅芽伸达第2腹节，浅黄色体上微显浅褐色斑点。胸部后缘背中线两侧各有一个褐色斑点。

【生活史及习性】 据研究报道，此虫1年发生3代，以成虫越冬，翌年4月中旬由冬寄主松、柏开始转迁至枣树等夏寄主上取食、危害、产卵与繁殖。卵产于幼嫩茎上，产卵痕迹不显，只见一被刺破的圆点稍突。卵期11～16天，5月上中旬孵化为若虫，5月中下旬为孵化盛期，越冬代成虫寿命较长，成虫自上树危害至死可一直产卵，与第1代成虫有重叠现象。若虫期25～31天共5龄。成虫活泼，具趋光性。第1代成虫5月末、6月初羽化，6月中旬为羽化盛期。羽化后经5～9天的营养补充即交尾。交尾后第2天产卵，每雌平均产卵135粒，卵期8～12天。第1代若虫孵化盛期在6月下旬至7月上旬，因越冬成虫死亡率高达90%以上，7月前田间发生量很少，7月后第1代若虫与越冬若虫发生期重叠，故数量增多。第2代成虫7月中下旬为羽化盛期。8月中下旬为第3代成虫羽化盛期，并于8月下旬开始迁往松、柏树等冬寄主上越冬。

【防治方法】

(1)清理杂草，改变生态环境，铲除病源树，选择该虫不喜食的作物间作。

(2)成、若虫危害期可在傍晚喷布1.8%阿维菌素乳油2000倍液，1%苦参碱可溶液剂

1500 倍液，80% 敌敌畏乳油 1000 倍液，或 50% 辛硫磷乳油或杀螟松乳油 1000 ~ 1500 倍液或 2.5% 溴氰菊酯 2000 倍液。

7 窗耳叶蝉

【学名】*Ledra auditura* Walker
【别名】苹果耳叶蝉、苹果耳蝉、耳蝉。
【分布与寄主】此虫在我国分布于辽宁、山西、陕西、安徽、四川、广东、河南、台湾等地；国外分布于俄罗斯、朝鲜、日本等地。寄主有苹果、山楂、梨、杜果、葡萄、槟沙果、枣、栎、柳及其他阔叶树。
【被害症状】以成、若虫刺吸枝叶汁液，削弱树势。
【形态特征】（图7）

（1）成虫：体长 14 ~ 18mm，体暗褐、常带赤色，头冠具刻点，前部散生颗粒突起，前胸背板两侧区有 1 对似耳状突，头部中域凹区薄而色浅，半透明似天窗，故名窗耳叶蝉。颜面中央具 1 条黑色纵带。复眼黑褐色，单眼暗红色。头冠中央及两侧区呈"山"形隆起。前胸背板表面具刻点。翅脉隆起。后足胫节外侧疏生强齿及纤毛。

（2）若虫：形似成虫，老熟若虫体长 10 ~ 12mm，体扁平，复眼前突，头前半黄色，后半黑色。胸细长略隆，黑褐色。腹部宽，腹背中央黄色。体腹面及足具黄绿色斑纹。中龄开始出现翅芽。
【生活史及习性】此虫年生1代，以成虫于树体上越冬。翌春寄主萌动后开始活动危害。若虫6~7月发生，成虫8~9月发生，成虫具趋光性。成、若虫均扁平，栖息枝上不易发现，尤体色与枝条色相似。危害至秋后于树体上的伤疤等处越冬。

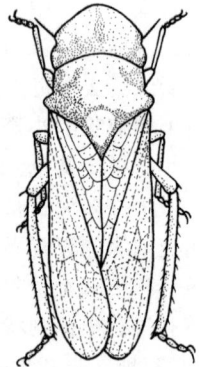
图7 窗耳叶蝉成虫

【防治方法】此虫不需单独防治，可在成、若虫危害期结合防治其他果树害虫喷用常用触杀剂等药剂，使用常规浓度均有明显防效。

8 苹果塔叶蝉

【学名】*Pyramidotettix mali* Yang
【别名】黄斑叶蝉。
【分布与寄主】苹果塔叶蝉为我国宁夏、甘肃、陕西的特有害虫，其主要寄主有苹果、沙果、槟子、海棠等多种植物。
【被害症状】以成、若虫危害寄主叶片，叶片受害后出现灰黄或明显的斑痕，状似火烤，对果树影响很大。
【形态特征】（图8）

（1）成虫：体长 3.5 ~ 3.8mm。体黄色，斑纹显著。头部向前成锥形突伸。头冠端部有 1 对灰色斑，于前缘处有 1 条黑色横带，颜面近基缘处亦有 1 条黑色横带，此二横带在雌虫中，冠部的向中间渐次窄细，面部等宽，在雄虫中则均中间间断。胸部黄色，前胸背板两侧具宽的褐色边，中部构成一黄色圆斑。胸部浅黄，足淡黄。前翅淡褐色，基半部的大黄斑略呈半圆形，翅合拢时与小盾片末端的黄色部组成 1 个黄色大斑，并饰有深褐边。第 4 端室具一新月形透明斑。前缘有 3 个黄色斑。腹部黄色。

（2）卵：长卵形，长 0.7~0.8mm，宽约 0.2mm，初产乳白色，孵化前乳黄色，鲜红色眼点明显。

（3）若虫：初龄乳白，渐呈暗白。胸、腹渐显黑褐色，腹末上翘，第 3~8 腹节背板各具 1 对乳突。翅芽从 2 龄若虫起出现。

【生活史及习性】此虫在西北地区年生 1 代。以卵在寄主 1~3 年生枝的嫩皮或芽痕隆起处越冬。翌年寄主萌发前开始孵化，落花时为盛期。若虫 5 龄共需 36~47 天。各龄若虫均活泼，受惊即横行。3 龄前很少转移危害叶，4 龄后转移危害叶不超过 3 天。6 月开始羽化，6 月中旬为盛期，交尾前期 7~11 天，产卵前期 15~27 天，7 月中旬至 8 月中旬产越冬卵，成虫能飞善跳，受惊迅速逃逸，8 月中旬后渐向艾蒿、黄蒿上转移，但不危害，8 月底绝迹。

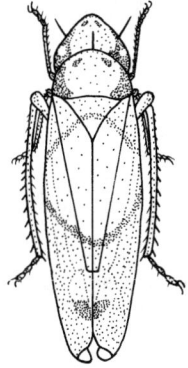

图 8　苹果塔叶蝉

【防治方法】

（1）人工捕杀：在成虫期于晴天中午或黄昏，用木棒敲打或摇动树枝，将蘸有粘水或稀胶纱布网，于树杈间来回网捕，能捕杀大量成虫，效果很好。

（2）抓住寄主落花后若虫期和成虫产卵前期，结合防治其他害虫用药。有效农药有 20% 灭扫利乳油 2000 倍液，2.5% 溴氰菊酯乳油 2000 倍液，10% 吡虫啉乳油 2000 倍液，或 48% 毒死蜱乳油 1500 倍液，均有明显的防治效果。

9　大青叶蝉

【学名】*Tettigella viridis*（Linné）

【别名】青叶跳蝉、大绿浮尘子。

【分布与寄主】此虫在我国分布于全国各地；国外分布于俄罗斯、日本、朝鲜、马来西亚、印度、加拿大以及欧洲等地。主要危害苹果、梨、李、桃、沙枣、沙果、海棠、樱桃、柑橘、葡萄、杏、梅、枣、柿、核桃、栗、山楂、楤梓、杜果等多种果树，除此以外还危害各种林木及多种禾本科单、双子叶植物。其寄主目前已知近 40 科 176 种之多。

【被害症状】成、若虫均可刺吸寄主植物的枝、梢、茎、叶。尤以成虫产卵危害更为严重。成虫于秋末将卵产于幼龄枝干皮层内，产卵时刺破表皮，严重时被害枝条遍体鳞伤，再经冬春寒冷及干旱与大风，使其大量失水，导致枝干枯死或全株死亡。因此，该虫为果树苗木及幼树的一大害虫，必须引起足够重视。

【形态特征】（图 9）

（1）成虫：体长雄虫 7~8mm，雌虫 9~10mm，体黄绿色，头部颜面淡褐色，复眼三角形，绿或黑褐色；触角窝上方、两单眼之间具黑斑 1 对。前胸背板浅黄绿色，后半部深绿色。前翅绿色带有青蓝色泽，前缘淡白，端部透明，翅脉青绿色，具狭窄淡黑色边缘，后翅烟黑色半透明。腹两侧、腹面及胸足均为橙黄色。跗爪及后足胫节内侧细条纹、刺列的每一刺基部黑色。

（2）卵：长卵形稍弯曲，长约 1.6mm，宽约 0.4mm，乳白色，表面光滑，近孵化时为黄白色。

（3）若虫：初孵灰白色，微带黄绿，头大腹小，胸、腹背面无显著条纹。3 龄后体黄绿，胸、腹背面具褐色纵列条纹，并出现翅芽。老熟若虫体长 6～7mm，形似成虫。

【生活史及习性】 大青叶蝉在我国北方及江苏均 1 年发生 3 代，以卵越冬。翌年 4 月孵化。若虫孵出约 3 天后开始由产卵寄主上移至禾本科作物上繁殖危害，5～6 月出现第 1 代成虫，7～8 月出现第 2 代成虫，9～11 月出现第 3 代成虫。第 2、3 代成虫、若虫主要危害麦类、豆类、高粱及秋菜，至 10 月中旬成虫开始迁至果树上产卵，10 月下旬为产卵盛期，并以卵态于树干、枝条皮下越冬。

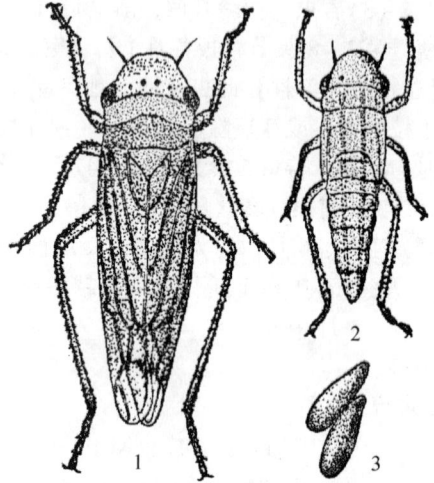

图 9　大青叶蝉

成、若虫喜栖于潮湿窝风处，有较强的趋光性，常群集于嫩绿的寄主植物上危害，第 1、2 代成虫产卵于寄主植物茎秆、叶柄、主脉、枝条组织内。每雌产卵 30～70 粒。卵期：越冬代 5 个月以上，第 1、2 代分别平均为 12 天和 11.2 天。若虫 5 龄，第 1 代若虫期平均 43.9 天，第 2、3 代分别为 24 天左右。成、若虫受惊后即斜行或横行向背阴处或与惊动所来方向相反处逃避。

【防治方法】

（1）果园和苗圃及其附近避免种秋菜和冬小麦，以免诱集成虫产卵。可在园内外适当位置种若干小块秋菜作诱杀田，及时喷药防治上树产卵。此法经济、效果也好。

（2）在成虫产卵前，在幼树主干上刷涂白剂，可阻止成虫产卵。涂白剂的配方为：生石灰 25%、食盐 3%、石硫合剂 2%、水 70%。为提高防治效果，还可加入少量杀虫剂。

（3）物理防治：利用成虫有趋光性这一习性，可设黑光灯在盛发期诱杀，重点抓住 1、2 代的防治。

（4）秋季第 3 代成、若虫集中到秋菜、冬小麦等秋播作物上危害时，可用 40% 毒死蜱乳油 1500 倍液、10% 吡虫啉可湿性粉剂 2000 倍液、20% 啶虫咪可湿性粉剂 4000 倍液、25% 噻嗪酮乳油 2000 倍液或 5% 高效氯氰菊酯乳油 2000 倍液，避免转移到果树和苗木上产卵危害。

10　柿血斑叶蝉

【学名】 *Erythroneura sp.*

【别名】 血斑浮尖子、柿斑叶蝉。

【分布与寄主】 此虫在我国分布于河北、河南、山东、山西、江苏、浙江、四川等地。寄主植物有柿、枣、李、葡萄、桑等。

【被害症状】 成虫、若虫在叶背面刺吸汁液，破坏叶绿素的形成。柿树受害严重时能造成早期落叶。近几年在产柿山区，发生普遍且严重，是造成柿树生长衰弱，产量下降的原因之一。

23.

【形态特征】（图10）

（1）成虫：体长约2.5mm，连同翅长约3.1mm。淡黄白色。复眼淡褐色。头冠向前突出呈圆锥形，有淡草绿色纵条斑两个。前胸背板前缘有淡橘黄色斑点两个，后缘有同色横纹。横纹中央和两端向前突出，在前胸背板中央显现出一个近似"山"字形斑纹。再往后（小盾板基部）有橘黄色"V"形斑。两前翅对合时形成下述橘红色斑纹：翅基部有"Y"斑纹，中央略似"W"形，紧接着是一倒梯形斑，近末端又有一个"X"形斑，这些斑纹似血丝状。翅面上散生红褐色小点。

（2）卵：长0.7~0.8mm，略弯曲，白色。

（3）若虫：共5龄，初孵若虫淡黄白色近透明，复眼红褐色，随着龄期增长体色加深，渐变为淡黄色。4~5龄有翅芽。5龄若虫体扁平，体有白色长刺毛，很明显。翅芽黄色加深，易识别。

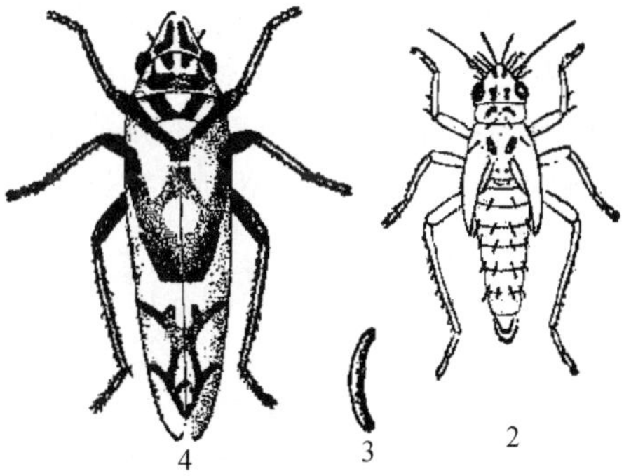

【生活史及习性】山东、河北、河南年生3代，以卵在当年生枝条皮层内越冬。翌春4月中下旬开始孵化，5月上中旬为孵化盛期，5月中下旬开始羽化；第2代若虫6月中旬开始孵化，7月上旬开始羽化；9月中旬开始出现第3代成虫，秋后产卵于当年生枝条皮层内越冬。

图10　柿血斑叶蝉
1. 成虫；2. 若虫；3. 卵

成、若虫喜在叶背栖息，常群集在叶脉两侧刺吸汁液，性活泼能横行，成虫受惊扰即飞离，非越冬卵尚有产在叶背主脉内者，均单粒散产，产卵孔外附有白色茸毛。非越冬期14天左右，发生期不整齐。

【防治方法】

（1）成虫出蛰前及时刮除翘皮，清除落叶及杂草，减少越冬虫源。加强果园管理，合理施肥灌溉，增强树势，提高树体抵抗力。科学修剪，剪除病残枝及茂密枝，调节通风透光，保持果园适当的温湿度。

（2）掌握在越冬代成虫迁入果园后，各代若虫孵化盛期及时喷洒下列药剂：2.5%溴氰菊酯乳油2000~2500倍液，10%吡虫啉可湿性粉剂2000~3000倍液，25%噻虫嗪水分散粒剂4000倍液等，均能收到较好效果。

（3）保护天敌红色食虫螨。

（三）蜡蝉科 Fulgoridae

中型或大型种类，通常体色美丽，额与颊间有隆起，且达于唇基，额常向前延伸为象鼻。触角着生于眼下，3节，基部两节膨大为球状，鞭节刚毛状。前翅端区翅脉分叉，并多横脉，形成网状，后翅臀区翅脉也呈网状。后足胫节有齿。

11　斑衣蜡蝉

【学名】*Lycorma delicatula* White

【别名】斑衣、椿皮蜡蝉、樗鸡。

【分布与寄主】斑衣蜡蝉分布于我国山西、山东、河南、河北、陕西、四川、江苏、浙江、湖北、安徽、广东、云南、台湾等地。寄主有苹果、山楂、葡萄、海棠、桃、杏、李、臭椿、香椿、洋槐、苦楝、楸、杨、榆、栎、青桐、悬铃木、女贞、合欢、珍珠梅、化香树、樱花、黄杨、大麻、大豆等多种植物。

【被害症状】以成、若虫刺吸寄主茎、叶汁液。取食时将口针刺入寄主组织颇深，所刺植物伤口常流树汁。落于茎、叶的排泄物常招蜂、蝇与煤烟病菌寄生，煤烟病使枝叶变黑，树皮破裂，影响光合作用，削弱树势，甚至干枯死亡。

【形态特征】（图11）

（1）成虫：雄虫体长 13～16mm，翅展 40～44mm，雌虫体长 17～22mm，翅展 50～52mm。体暗褐常覆白色蜡粉。体隆起，头小，前方与额相接处呈锐角，触角鲜红，位于复眼下，刚毛状，鞭节极细小，长仅为梗节的 1/2。前翅革质，长卵形，基部 2/3 淡褐，上布变异黑色斑点 20 余个，端部 1/3 黑色，脉纹白色。后翅膜质扇形，基半部红色，具黑斑 6～7 个，翅中有"▽"形的白色区。翅端与脉纹黑色。

（2）卵：长椭圆形，长径约 3mm，短径约 1.5mm，状似麦粒，背面两侧具凹入线，中部呈纵脊起，脊起之前半部具长卵形卵盖。卵粒数行成块，上覆灰色土状分泌物。

（3）若虫：略似成虫，共 4 龄。体

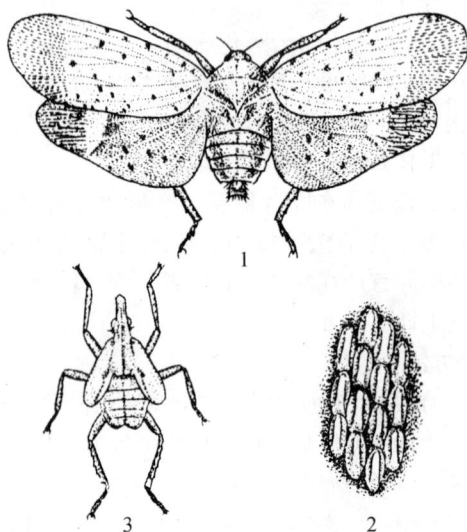

图 11　斑衣蜡蝉
1. 成虫；2. 卵；3. 幼虫

扁平，头尖长，足长，静如鸡，初孵白色，后渐黑色。1～3 龄体黑色且布许多小白斑点。4 龄体背面红色，布黑色斑纹和白点，翅芽明显见于体两侧，后足发达善跳。1 龄体长 4mm，2 龄 7mm，3 龄 10mm，4 龄 13mm。

【生活史及习性】此虫我国北方 1 年发生 1 代，以卵越冬。翌年 4 月中旬后陆续孵化并群集嫩茎和叶背危害，若虫期约 60 天，脱皮 4 次羽化为成虫。8 月中旬始交尾产卵直至 10 月下旬，卵多产于树干阳面。成、若虫常数十至百头栖息于枝干、枝叶与叶柄上，遇惊即跳离，成虫常以跳助飞或假死状，成虫寿命 4 月余，成、若虫危害时间共达 6 月之久。若 8～9 月温低、湿高常使产卵量、孵化率下降，使翌年虫口大减。反之，秋季雨少、温高易酿灾害。

【防治方法】

（1）结合管理和冬春修剪消灭越冬卵块。

（2）利用群集性，可用捕虫网捕捉成虫。果园内及附近不种椿类等喜食寄主，以减少虫源。

（3）危害期结合防治其他害虫喷施吡虫啉或有机磷与菊酯类农药，在卵孵完后以常用浓度使用均有理想防效。

（四）广蜡蝉科 Ricanidae

中至大型，头宽广，头连复眼与前胸背板宽度相近似，顶短而宽，近方形，边缘具脊线。额相当大，具强度隆起的侧脊线，很少具亚中线。唇基比额狭，三角形，通常具中脊线，无侧脊线。触角短；柄节短，颈状；梗节近球形；鞭节短。前胸背板短，后缘弧形，具中脊线。盾片大而隆起，具 3 条脊线。肩板发达。前、中足小，简单；后足转节伸达腹面，腿节大；后足胫节具 1 或更多的侧刺，端部具端刺；后足跗节第 1 节短，无端刺。前翅广大，三角形，前缘与接合缘各呈直线而相互分歧，端缘长而近直线；前缘区宽，具很多横脉；胫脉、中脉、肘脉均从基室分出，具很多增加的分枝及横脉，形成密网状；通常有些横脉连成 1~2 条横线。爪片上无颗粒；爪脉通常在中部以后愈合，其合干通至爪片末端或端部前的后缘。前翅质地较厚，近不透明，间或有半透明或透明的区域，后翅较前翅小，翅脉简化，只肘脉有较多的分枝，横脉通常较少。本科与蛾蜡蝉科种类极易混淆，均具宽大的前翅而形似蛾状，但体翅多为黑褐色，爪片上无颗粒。本科世界已记录约 400 种之多，主要分布于澳洲区、非洲区、东洋区，古北区种类较少，我国已记录 32 种之多，其中 17 种分布于秦岭以北，23 种分布于秦岭以南，7 种只记录于台湾。多数种类为果树、林木害虫。

12　八点广翅蜡蝉

【学名】*Ricania speculum* Walker

【别名】八点蜡蝉、八点光蝉。

【分布与寄主】此虫在我国分布于河南、山西、陕西、江苏、浙江、广西、广东、湖北、湖南、福建、云南、台湾等地。其寄主有枣、苹果、山楂、梨、桃、杏、李、梅、樱桃、柿、酸枣、柑橘、栗、油茶、油桐、咖啡、可可、茶、桑、栎、洋槐、杨、柳、苦楝、蜡梅、玫瑰、迎春花、桂、黄麻、苎麻、大豆等多种植物。

【被害症状】以成、若虫刺吸寄主枝叶与芽叶汁液，产卵于当年生枝条内，影响枝条生长，产卵部以上常见枯死。

【形态特征】

（1）成虫：体长 11.5~13.5mm；翅展 23.5~26.0mm，体黑褐色，被白色蜡粉。前翅宽大略呈三角形，具许多横脉，翅上具 6~7 个白色透明斑。后翅黑褐色，半透明，翅脉黑色，中室端具 1 小白色透明斑，外缘前半部具 1 列半圆形小白色透明斑于脉间，后半部无白斑。头短阔，头胸黑褐色。触角刚毛状暗褐，基部具 1 圈浅黄白色环。复眼黑褐横卵形向两侧突伸，单眼红色 1 对，位于复眼内下缘，喙黄褐伸达后足基节。

（2）卵：长椭圆形，长径约 1.2mm，短径约 0.5mm。卵顶具一圆形小突起，卵壳软、光滑。初产乳白，渐变浅黄，孵化前可见红色眼点。

（3）若虫：老熟体长 5~6mm，略似成虫，头尾钝圆，尾端具长蜡丝。头淡黄白，前、中胸腹侧板黑褐，后胸侧板白色。足浅黄褐色，后足显长于前中足，爪黑色。

【生活史及习性】此虫1年发生1代，以卵于枝条内越冬。翌年寄主萌发后陆续孵化，若虫喜于嫩枝、芽叶上刺吸危害至7月下旬开始老熟脱皮羽化，8月中旬左右为羽化盛期。羽化后经20天左右的取食边开始交配，8月下旬开始产卵，9月中旬至10月上旬为产卵盛期，10月中下旬为末期。卵产于当年生直径约5mm的枝条木质部内。产卵时将木质部用产卵器刺成丝状卵孔洞。产1粒卵于内，以此法反复交错刺孔产卵，直至1块卵产完为止。边产卵边将卵孔用分泌胶质物覆盖。每雌产卵130粒左右，卵孔排成一纵列，卵粒似相互重叠，产卵期约35天左右。成虫寿命60天左右。若虫孵化后群集于新抽的嫩枝、芽叶上刺吸危害。白天活动，善于跳跃，脱皮多在枝叶背面静止。刚羽化成虫乳白色。后色逐渐加深。

【防治方法】

(1)结合冬春修剪，彻底剪除有卵块枝条，集中处理或烧毁，减少虫源。

(2)危害期结合防治其他害虫，喷用常规农药以常用浓度均有较好效果，如药液中混配含油量为0.3%～0.5%的柴油乳剂，可明显提高防效。

13   柿广翅蜡蝉

【学名】*Ricania sublimbata* Jacobi

【分布与寄主】此虫在我国分布于东北、山东、福建、台湾、广东、湖北等地。寄主有柿、山楂、梨、桃、杏、枣、葡萄、柑橘、柚、枸杞、花椒、油橄榄、枫杨、石榴、喜树、柳、刺槐、女贞、樟树、黄杨、月季、金银花、紫荆、牡荆、苎麻、辣椒、枸骨、棕榈、法桐、金柑、芍药、番茄、瓜类、刺儿菜等40多种果树、林木、花卉、中药材、农作物、蔬菜及杂草等。

【被害症状】以成虫、若虫刺吸危害寄主嫩枝、幼叶、花蕾。若虫群集于叶背、果柄、枝梢上刺吸汁液，叶片被害后反卷、扭曲或失去光泽，严重时使叶片脱落；雌成虫除刺吸危害外，在产卵时用产卵器将寄主组织划破，伤口处常流胶，由于树体内水分由此大量流失，导致枝梢枯萎。同时在成、若虫危害时可分泌大量的蜜露，诱发煤烟病的发生。

【形态特征】

(1)成虫：体长8.5～10mm，翅展24～36mm。头胸背面黑褐色，腹面深褐色，腹部基部黄褐色，其余各节深褐色，尾器黑色，头、胸及前翅表面多被绿色蜡粉。额中脊长而明显，无侧脊，唇基具中脊；前胸背板具中脊，两边具刻点；中胸背板具中脊三条，中脊长而直，侧脊斜向内，端部相互靠近，在中部向前外方伸出一短小的外叉。前翅前缘外缘深褐色，向中域与后缘色渐变淡；前缘外方1/3处稍凹入，此处具一个三角形与半圆形淡黄褐色斑。后翅为暗黑褐色，半透明，脉纹黑色，脉纹边缘具灰白色蜡粉，翅前缘基部色浅，后缘域有2条浅色纵纹。前足胫节外侧具2刺。

(2)卵：初产为白色，后渐变绿，最后呈灰黑色，近孵化时，红色眼点明显可见。

(3)若虫：初孵体白色，善爬，腹末光滑，经数小时后，腹末分泌出棉絮状蜡丝，体色变绿并善跳。

【生活史及习性】此虫湖北1年发生2代，以卵于常绿木本植物如女贞、柑橘、黄杨、樟树、油橄榄等嫩枝条、叶柄或叶背主脉上越冬。翌年4月上旬第1代若虫开始孵化，4月中旬进入孵化高峰期，6月上旬始见第1代成虫，6月中下旬进入羽化盛期。第2代卵始见于

6月中旬，7月上旬为产卵高峰期。7月中旬始见第2代若虫孵化，7月下旬进入孵化盛期。第2代成虫始见于8月中旬，8月下旬为羽化高峰期，9月上旬开始产越冬卵，9月中旬为越冬卵发盛期。据室内饲养观察，成虫寿命为7~8天。成虫产卵期为4~6天，卵期：越冬代为190天左右，非越冬代为45天左右。若虫历期：1龄为16~18天，2龄为12~16天，3龄为7~10天，4龄为13~17天。

成虫全天均可羽化。刚羽化成虫头部白色，胸部背面略带褐色，翅白色透明，腹部背面呈淡绿色，腹面浅灰色，足灰色。腹末无棉絮状蜡丝，羽化后不久翅变为灰黑色，头、胸、腹变为灰褐色，复眼红色，全体变为深黄褐色。成虫具趋光性，极善跳，交尾多于下午5~6时进行。雌虫交配后不久即行产卵，产卵时先用产卵器绕枝梢或叶背主脉刺破表皮，将卵产于木质部中，全天以傍晚产卵最盛。卵呈块状。单雌可产卵3~7块，平均为5块，单雌抱卵量为50~130粒，平均为90粒左右。若虫全天以上午孵化最多，孵化率可达90%。初孵若虫常群集于卵块周围的叶背或枝梢，3龄后分散到嫩叶、枝梢、花蕾上吸食危害，4龄时进入危害高峰期。柿广翅蜡蝉的天敌有晋草蛉、中华草蛉、大草蛉、小花蝽、猎蝽、步甲、异色瓢虫及蜘蛛等，对柿广翅蜡蝉的种群数量具有一定的控制作用。

【防治方法】

(1)冬季或早春结合修剪及田间管理，清除杂草，将剪除的带卵枝梢携出园外，集中烧毁或深埋，以降低虫源基数。合理增施基肥，增强树势。

(2)于各代若虫孵化盛期喷洒10%吡虫啉可湿性粉剂2500倍液，40%毒死蜱乳油1000倍液，1%阿维菌素乳油2000倍液，20%灭扫利乳油2000倍液，2.5%功夫乳油2000倍液，均有防效。

(五)木虱科 Psyllidae

小型昆虫，似小蝉，能飞善跳，体长1~7mm。复眼突于两侧，单眼3个。触角10节，末端具2根刚毛。雌、雄均有4翅，前翅革质，由基部伸出1条脉纹，至中途分为3支，每支分2叉。后翅小于前翅，膜质，脉更简化。3对足略似，跗节2节，爪1对，后足基节具瘤状突，胫节基部具基刺，端部具端刺。雌性产卵器包在背、腹两生殖板内。

14　中国梨木虱

【学名】 *Psylla chinensis* Yang et Li

【别名】 梨木虱。

【分布与寄主】 此虫在我国分布于辽宁、陕西、宁夏、内蒙古、山西、山东、河北、河南、甘肃等地。主要危害梨，尤以鸭梨、蜜梨和慈梨受害最重。

【被害症状】 以成、若虫刺吸芽叶及嫩梢汁液，受害叶片出现褐色枯斑，严重时全叶变为褐色，常引起早期落叶。同时若虫可分泌大量蜜汁黏液，诱致煤病或将相邻叶黏合一起后，若虫栖居其间危害。蚜虫危害时，若虫大多钻于受蚜虫危害的卷叶内食害，新梢被害后常萎缩，发育不良。

【形态特征】(图12)

(1)成虫：冬型雄虫长2.8~3.2mm，雌虫长3.0~3.1mm。体褐色，具黑褐色斑纹，头及足较淡，前翅后缘臀区有明显褐斑。夏型雄虫长2.3~2.6mm，雌虫长2.8~2.9mm。体色多变，绿色者仅中胸背板黄色，盾片上具黄褐色带，腹端黄色；黄色者除胸背斑纹为黄褐色外，余均黄色，其他色型如头黄、头胸黄，但足为黄，腹部多为绿色，翅上无斑纹。

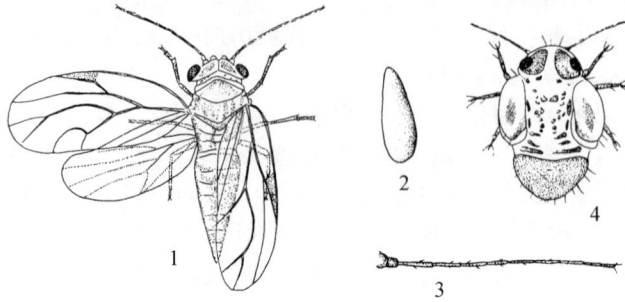

图 12   中国梨木虱
1. 成虫；2. 卵；3. 触角；4. 若虫

（2）卵：一端稍尖，具细柄，越冬成虫产卵为黄色，夏季卵均为乳白色。

（3）若虫：体扁，翅芽突出体两侧，腹 6 节以后愈合，初孵乳白或淡黄，老熟绿色，复眼红色。

【生活史及习性】 此虫我国北方 1 年发生 3～6 代，以成虫于寄主粗皮裂缝内、杂草落叶或土缝中越冬。翌年寄主萌动后开始出蛰危害、交尾、产卵。出蛰期持续 1 个月左右。盛花前半月为产卵盛期，即越冬成虫出蛰盛期正是第 1 代卵发初期，此时为用药最佳期。当成虫暴露在枝上时连续用药可彻底根治。4～5 代区各代成虫出现大致是：1 代 5 月上旬；2 代 6 月上旬；3 代 7 月上旬；4 代 8 月中旬；5 代 9 月中旬。第 1 代卵落于短果枝鳞痕处，以后各代卵多见于叶面沿叶脉的凹沟内或叶缘锯齿及叶背，散产，每雌卵量均 250 粒。9 月下旬至 10 月以成虫潜伏越冬。该虫干旱年份发生重，否则轻。

【防治方法】

（1）越冬前结合秋施基肥或冬灌，彻底清理园内枯枝、落叶和各种杂草；土壤封冻前浇冻水，可冻死部分越冬成虫；结合枝干病害的防治，萌芽前刮除各种老翘树皮，降低越冬虫源基数，以减少生长期用药。

（2）保护利用天敌：控制梨木虱效果较好的天敌昆虫有梨木虱跳小蜂和木虱跳小蜂 2 种寄生蜂，草蛉、瓢虫和小花蝽对梨木虱也有一定的控制作用。因此，天敌数量大时应控制化学药剂的使用。

（3）早期药剂防治应在成虫出蛰盛期及第 1 代卵出现初期，此时梨树尚未长叶，成虫及卵均裸露于枝上，连续使用 2 次 10% 吡虫啉可湿性粉剂 2000 倍液，防效显著，可基本控制此虫危害。或用 1.8% 阿维菌素乳油 2000 倍液、40% 毒死蜱乳油 1500 倍液、20% 螨克乳油 1000 倍液，防效均佳。以 1.8% 阿维菌素乳油 2000 倍液加 10% 吡虫啉可湿性粉剂 3000 倍液混配处理的速效性和持效性为最佳。

（六）根瘤蚜科 Phylloxeridae

各型触角短，3 节，间或 4 节，有翅型有 2 个感觉孔，圆形或长形；无翅型只有一个感觉孔，末节端部很短或不显，前翅仅 3 条斜脉，第 1、2 肘脉共柄，径分脉缺，后翅无斜脉，静止时翅平置于体背。体毛短，不明显。无翅型头、胸部之和常大于腹部。无翅型和若蚜复眼仅有 3 个小眼面。尾片宽圆，缺腹管。各型均卵生。雌、雄性蚜均若蚜型，无喙。营同寄主全周期：即蚜虫的受精卵在其寄主植物上孵化，孤雌生殖多代，发生性母、雌、雄性蚜，交配产生受精卵。单食性。寄主植物为栎属、山核桃属、葡萄、梨和柳等阔叶树，常在圆球形虫瘿中生活或裸露生活，世界目前已知 12 属 69 种，许多种分布于北美。

15　梨黄粉蚜

【学名】 *Aphanostigma jakusuiense*（Kishida）

【别名】梨黄粉虫、梨实瘤虫。

【分布与寄主】此虫在我国分布于北京、辽宁、河北、山东、安徽、江苏、河南、陕西、四川等地；国外主要分布于朝鲜、日本。此虫食性单一，目前所知只危害梨，尚无发现其他寄主植物。

【被害症状】成虫和若虫均以刺吸式口器刺吸果实汁液，常群集于果实的萼洼处危害。由于不断繁殖，果面常有堆积黄粉，此为成虫及其所产卵堆和初孵化的小若虫。果皮表面被害初期为黄色稍凹陷的小斑，以后逐渐变褐色，故称"膏药顶"。黑斑向四周扩大，并形成具龟裂的大黑斑。受害严重的果实，果内组织逐渐腐烂，终而全部脱落。

【形态特征】（图 13）

（1）成虫：体卵圆形，长约 0.8mm，全体鲜黄色，有光泽，腹部无腹管及尾片，无翅。行孤雌卵生。包括干母、普通型。性母均为雌性。喙均发达。有性型体长卵圆形，体型略小，雌 0.47mm 左右，雄 0.35mm 左右，体色鲜黄，口器退化。

（2）卵：越冬卵（孵化为干母的卵）椭圆形，长 0.25～0.40mm，淡黄色，表面光滑；产生普通型和性母的卵，体长 0.26～0.30mm，初产淡黄绿，渐变为黄绿色；产生有性型的卵，雌卵长 0.41mm，雄卵长 0.36mm，黄绿色。

（3）若虫：淡黄色，形似成虫，仅虫体较小。

【生活史及习性】梨黄粉蚜 1 年发生 10 余代，以卵在树皮裂缝或枝干上的残附物内越冬。翌年梨树开花时卵孵化，若虫先在翘皮或嫩皮处取食危害，以后转移至果实萼洼处危害，并继续产卵繁殖。

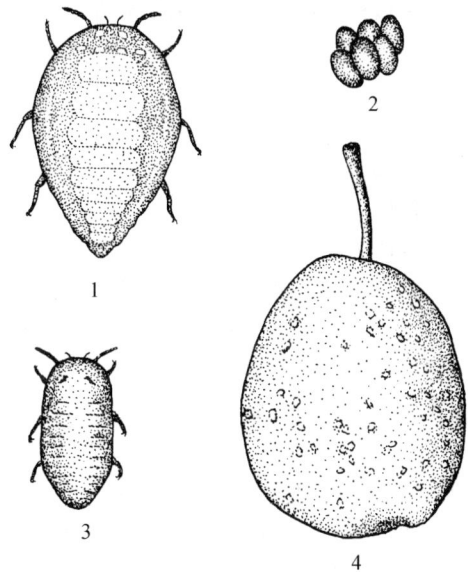

图 13　梨黄粉蚜
1. 成虫；2. 卵；3. 若虫；4. 被害状

梨黄粉蚜的生殖方式为孤雌生殖，雌蚜和性蚜都为卵生，生长期干母和普通型成虫产孤雌卵，过冬时性母型成虫孤雌产生雌、雄不同的两种卵，雌、雄蚜交配产卵，以卵过冬。普通型成虫每天最多产 10 粒卵，一生平均产卵约 150 粒；性母型成虫每天约产 3 粒，一生约产90粒，雌蚜一生只产一粒卵。

　　梨黄粉蚜喜阴忌光，多在背阴处栖息危害。套袋处理的梨果更易遭受危害，若采收较早，带有虫体的梨果，在贮藏期间仍继续危害，此时萼洼被害部逐渐变黑腐烂。成虫活动力差、传播途径主要靠梨苗输送、转移等方式。但在温暖干燥的环境中如气温为19.5～23.8℃，相对湿度为68%～78%时，活动猖獗，高温低湿或低温高湿都对梨黄粉蚜活动不利。在不同品种中受害程度也有差异，无萼片的梨果受害轻于有萼片的梨果。老树受害重于幼树，地势高处较地势低处受害率轻。

【防治方法】

　　(1)加强果园落叶后至花芽萌动前树体休眠期的管理。冬前主干涂白，用生石灰3份、食盐2.5份、水10份配制成悬浮液，用刷子涂抹主干。早春管理，结合梨树的整形修剪用刮刀除去主干、主枝处老翘皮，刮除树丫部位缝隙皱褶，刮除的深度一般以见到嫩皮为宜。

　　(2)依据梨黄粉蚜经过枝干向树冠上爬行的转移规律，5月上旬在梨树中、下部主枝3～5cm无侧枝处环涂黏虫胶。配方是机油1.5份，黄油5份，充分搅拌均匀，涂抹宽度1cm，对1龄若蚜有很好的黏杀效果。

　　(3)梨果被害时可喷施25%噻虫嗪水分散粒4000倍液、3%啶虫脒乳油1500倍液、10%吡虫啉可湿性粉剂2000倍液、40%毒死蜱乳油1500倍液混配4.5%高效氯氰菊酯乳油2000倍液效果好。

　　(4)需转运的苗木，如有此虫，可将苗木泡于水中24小时以上，再阳光曝晒，可杀死其上的虫和卵。

　　(5)选育优良无萼片的梨果品种。

16　葡萄根瘤蚜

【学名】*Viteus vitifolii*(Fitch)

【异名】*Phylloxera vitifolii* Fitch

【分布与寄主】葡萄根瘤蚜原产于北美洲东部，到10世纪末已传至亚洲、非洲、欧洲以及南美洲、北美洲、大洋洲等地的数十个国家。1860年传入法国，1892年由法国首先传至我国的山东烟台，目前我国除山东有此虫分布外，辽宁、陕西、台湾等地均局部发生危害。该虫为严格的单食性害虫，只危害葡萄。

【被害症状】葡萄根瘤蚜既可危害叶部，还可危害根部。叶部受害后，叶片背面出现许多粒状虫瘿。根部以新生须根为主，也可危害近地表的主根。须根受害后出现比米粒稍大的呈菱形的瘤状结，主根则出现较大的瘤状突起，这是美洲系葡萄品种被害后的症状。欧洲系葡萄品种主要是根部受害，症状同美洲系葡萄根部被害状，叶部一般不受害。受害根瘤经雨季后常发生溃烂，并使皮层开裂，维管束遭破坏，从而影响根部水分和养分的吸收和输导，受害部位还容易引起其他病菌的感染，引起根腐、树势衰弱，提前黄叶脱落，严重时全株枯死。

【形态特征】(图14)葡萄根瘤蚜有根瘤型、叶瘿型、有翅产性型和有性型，体均小而弱。触角3节。腹管退化，全部雌虫产卵繁殖。

　　(1)根瘤型：成虫体近卵形，长1.2～1.5mm，宽约0.75mm，黄色至黄褐色，触角及足黑褐色，触角第3节端部有感觉孔1个，顶端有刺毛2根，跗节2节。体背有许多黑色瘤状突起，各突起上具 1~2 根细毛；卵长椭圆形，长约 0.3mm，宽 0.15~0.16mm，初产淡黄色，后渐变暗黄色；若虫初孵淡黄色，后渐加深至黄褐色。复眼红色。触角 3 节直达腹末，端部具一感觉孔。

（2）叶瘿型：成虫体近圆形，长 0.9~1.0mm，黄色。体背无瘤但凹凸不平，腹末有长毛数根。余同根瘤型。卵似根瘤型卵，但色淡而明亮。若虫与根瘤型相似，仅体色较淡。

（3）有翅产性型：成虫长椭圆形，长 0.8~0.9mm，宽约 0.45mm，初孵淡黄，后变橙黄，但中、后胸红褐色。触角、足均黑色。翅 2 对，翅面有半圆形小斑点，前翅前缘有长形翅痣，后翅前缘有钩状翅针，静止时翅平置于体背。触角第 3 节端部和基部各有 1 个感觉孔，顶端有 5 根刺毛。跗节 2 节。卵长 0.36~0.50mm，宽约 0.18mm 左右，其他特征似根瘤型卵。1 龄若虫似根瘤型；2 龄若虫体较根瘤型狭长，背瘤黑色明显；3 龄若虫体侧见灰黑翅芽。

（4）有性型：有翅型所产的大卵孵化为雌蚜，小卵孵化为雄蚜。个体均小，长 0.32~0.50mm，体淡黄至黄褐，触角、足灰或黑褐色，无翅，无口器，有黑色背瘤。跗节 1 节，雄外生殖器乳突状，突出腹部末端。雌、雄交配后，产

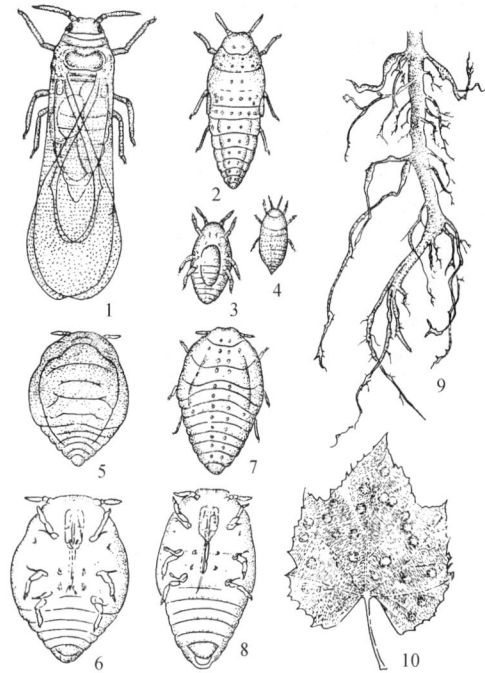

图 14　葡萄根瘤蚜

1. 有翅型雄蚜；2. 有翅型若蚜；3. 有性型雌蚜；
4. 有性型雄蚜（腹面）；5~6. 叶瘿型成虫背、腹面；
7~8. 根瘤型成虫背、腹面；9. 根部被害状；10. 叶瘿

生一长椭圆形、橄榄绿或淡黄色卵。若虫在卵中发育完成，孵化后不再脱皮。故若虫阶段不易见到。

【生活史及习性】 葡萄根瘤蚜的生活史为：根瘤型 1 年发生 5~8 代，叶瘿型 6~8 代，以有性雌、雄蚜交配，产卵越冬。我国烟台地区主要属根瘤型，年生 8 代，主要以 1 龄若虫及少量卵在 10mm 以下的土层中、2 年生以上的粗根根杈、缝隙处越冬。据文献记载，葡萄根瘤蚜只有在美洲野生葡萄、美洲系葡萄品种或以美洲葡萄作砧木的欧洲葡萄品种上才有完整的发育周期：叶瘿型→根瘤型→有翅产性型→有性型（雌×雄）→越冬卵→干母→叶瘿型。全年的发育循环一种认为是以根瘤型蚜无休止地进行孤雌生殖；另一种认为则是根瘤型→有翅产性型→有性型（雌×雄）→受精卵→根瘤型。这里分两种情况，一是有翅产性蚜所产的卵虽在地上部分，而卵孵出的有性型若蚜又可由叶部转向根部产生越冬卵。而另一则是有翅产性型若蚜在未生翅以前，尚未爬出土面就在根部产下了卵，卵孵出的有性蚜在葡萄根部发育成熟，雌、雄交配产出受精的越冬卵于葡萄根上，翌年孵化后成为第 1 代根瘤蚜的基础。

春季 4 月以后越冬若虫开始活动，以孤雌卵生繁殖多代，田间虫口密度以 5 月中旬至 6

月底，9月上旬至9月底两阶段蚜量为多。7月后雨季来临，前期被害粗根开始腐烂，此时根瘤蚜沿根和土壤缝隙爬至表层须根上危害，形成大量菱形根瘤，以7月上中旬形成的根瘤为最多。6~8月份能看到少量有翅产性型成虫飞出土面活动，约占根瘤蚜的12%~35%，但在枝条上从未发现其所产下的卵。这里应指出的是葡萄根瘤蚜可由叶瘿型直接转变为根瘤型，但根瘤型绝非转变成叶瘿型。

【发生与环境的关系】葡萄根瘤蚜的卵和若虫均有较强的耐寒能力，在 -14~-13℃时才能死亡。土温上升至13℃时开始活动，春、夏、秋三季气候温暖，月均温13~18℃、降水量平均在100~200mm时，最适宜葡萄栽培和根瘤蚜的发生与繁殖，雨量过多会影响其繁殖，虫口迅速下降，气候干旱能引起猖獗危害。疏松具有团粒结构的土壤，土内水分多，空气流通，土温比较稳定，土壤间隙大，适于根瘤型蚜的发育繁殖危害。而砂土地保水性差，土温变化大，土壤间隙小，空气阻塞不利于根瘤蚜的发育与繁殖。

【防治方法】

(1)加强检疫：明确葡萄根瘤蚜疫区与保护区，禁止从疫区调运苗木、砧木和接穗。从疫区调运苗木时，需彻底消毒处理方能调运。葡萄根瘤蚜唯一传播途径是苗木。在检疫苗木时要特别注意根系所带泥土有无蚜卵、若虫和成虫，一旦发现，立即进行药剂处理。其方法是：将苗木和枝条用50%辛硫磷乳油1500倍液或80%敌敌畏乳油1000~1500倍液浸泡1~2分钟，取出阴干，严重者可立即就地销毁。

(2)改良土壤，选择不适宜葡萄根瘤蚜发生的砂地，建立无虫的葡萄苗圃。

(3)培育抗蚜品种，选择抗蚜性强的砧木和接穗嫁接，培育健壮苗木。

(4)药剂处理土壤或苗木、砧木、接穗，用50%辛硫磷乳油500g，均匀拌入50kg细土中，每亩约250g于下午3~4时施药，然后深锄入土内；用50%辛硫磷乳油1500倍液，每10~20株苗木或接穗捆成一捆，在药剂中浸1分钟后取出阴干，然后用药剂同样处理的草袋包装待运。美国目前用六氯丁二烯处理土壤，每平方米用药15~25g，有效期至少3年以上，并能刺激根、叶生长，无残毒。

(七)绵蚜科 Pemphigidae

触角末节端部很短，大多短于该节基部，次生感觉孔大都环形，常围绕该节一环，有时横长椭圆形。无翅型复眼只有3个小眼面，罕见多个小眼面。常有四至六纵行蜡腺，分泌白色蜡粉、蜡毛。体毛多不明显。腹管缺，间或小孔状或乳头状，尾片宽圆形。喙4节，第5节不明显。雌、雄性蚜体小型，喙退化。雄蚜无翅，触角无次生感觉孔，雌蚜后足胫节不膨大，无伪感觉孔，只产1卵。前翅中脉不分叉或分为2支，后翅有1支或2支肘脉。营异寄主全周期生活，罕见同寄主全周期生活，部分营不全周期生活。第一寄主为榆属、榉属、杨属、忍冬、椿、槭、山楂、梨、黄连木、漆树科等乔木或灌木，在虫瘿或伪虫瘿中生活；第二寄主多数为草本或木本植物，少数为藓类，在根上或蚁巢中，或被蜡毛营裸露生活。世界目前已知53属266种。分布于全北区及东洋区。

17　苹果绵蚜

【学名】 *Eriosoma lanigrum*（Hausmann）

【分布与寄主】 苹果绵蚜原产于美国。后随苗木传至亚洲、非洲、欧洲、大洋洲及南、北美洲。是我国及国外检疫对象之一。该虫 1914 年首先传至我国山东威海，1951 年前后在烟台苹果产区发生普遍。我国目前已发生于辽东半岛、山东半岛、云南昆明及西藏等地区。其寄主有苹果、海棠、花红、沙果、山荆子等，在原发地还危害洋梨、李、山楂、榆、花楸和美国榆。

【被害症状】 苹果绵蚜以无翅胎生成，若虫密集于寄主背阴枝干、剪锯口、新梢、叶腋、短果枝叶群、果梗、萼洼、地下根部、地表根际及根蘖基部寄生危害，吸取树液，消耗树体营养。被害部位因受刺激形成肿瘤，以后肿瘤扩大，破裂，阻碍水分养分的输导。肿瘤处不再生长须根，失去吸收能力。肿瘤破裂后更利于此虫寄生，还易招致其他病虫侵袭，如苹果透翅蛾及腐烂病的发生。苹果根绵蚜也可危害苹果根部，但被害处变黑腐烂，不形成肿瘤，仅有白色蜡质绵絮状物。幼树受害后，树势衰弱，推迟结果，甚至死亡。

【形态特征】（图 15）

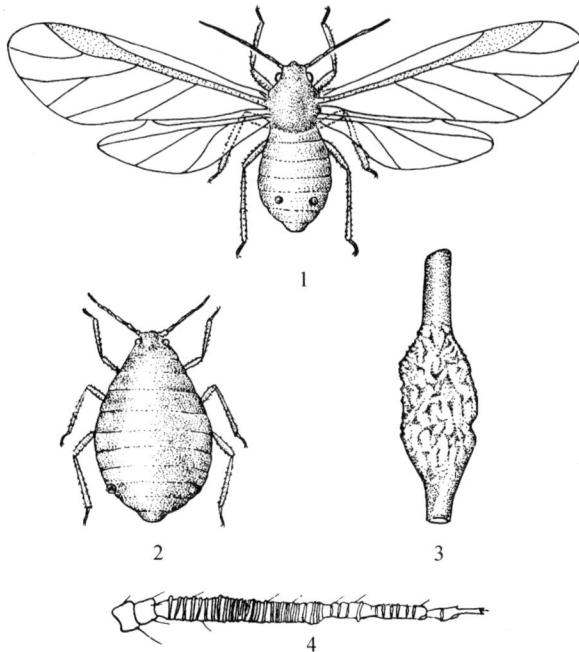

图 15　苹果绵蚜
1. 有翅胎生雌蚜；2. 无翅胎生雌蚜；
3. 被害伏；4. 有翅雌蚜触角腹面观

（1）无翅孤雌胎生蚜：体长 1.8 ~ 2.2mm，宽约 1.2mm 左右。椭圆形，体淡色，无斑纹，体表光滑，头顶骨化粗糙纹。腹部膨大，亦褐色，腹背具四条纵列的泌蜡孔，分泌白色蜡质丝状物，因而该蚜在寄主树上严重危害时如挂绵绒。腹部体侧有侧瘤，着生短毛，腹管半环形，围有毛 5 ~ 10 对，尾片有短毛 1 对，尾板毛 19 ~ 24 对。喙达后足基节。触角短粗 6 节，第 6 节基部有圆形初生感觉孔。

（2）有翅孤雌胎生蚜：体长 1.7～2.0mm，翅展 6.0～6.5mm，暗褐色，腹部淡色。触角 6 节，第 3 节最长。第 3～6 节依次有环状感觉器 17～20 个，3～5 个，3～4 个，2 个。前翅中脉分 2 叉，翅脉与翅痣均为棕色。

（3）有性蚜：体长 雌约 1.0mm，雄约 0.7mm。触角 5 节，口器退化，体淡黄褐或黄绿色。

（4）若虫：共 4 龄，末龄体长 0.65～1.45mm，黄褐至赤褐色，略呈圆筒形，喙细长，向后延伸，体被白色绵状物。

（5）卵：椭圆形，长约 0.5mm 左右，宽约 0.2mm 左右。初产橙黄色，后变褐色，表面光滑，外被白粉，精孔明显可见。

【生活史及习性】苹果绵蚜原产在美国有美国榆的地区。冬季以卵在榆树粗皮裂缝里越冬。翌年早春卵孵化为干母，在榆树上繁殖危害 2～3 代后，产生有翅蚜，迁至苹果树上危害。行孤雌胎生繁殖。至秋末产生有翅蚜，迁回榆树，产生有性蚜，雌、雄交配后产卵越冬。

在世界无美国榆树的地区，其生活习性有所改变，而以 1～2 龄的若虫在苹果树枝干的病虫伤疤或剪锯口、土表根际等处越冬，无转换寄主现象。

苹果绵蚜在青岛 1 年发生 17～18 代，大连 13 代以上。当旬均气温高达 8℃以上时，越冬若虫开始活动，4 月底至 5 月初越冬若虫变为无翅孤雌成虫，以胎生方式产生若虫，每雌可产若虫 50～180 余头，新生若虫即向当年生枝条进行扩散迁移，爬至嫩梢基部、叶腋或嫩芽处吸食汁液。5 月底至 6 月为扩散迁移盛期，同时不断繁殖危害，当旬均气温为 22～25℃时，为繁殖最盛期，约 8 天完成 1 个世代，当温度高达 26℃以上时，虫量显著下降。同时日光蜂对绵蚜的繁殖也起了有效的抑制作用。到 8 月下旬气温下降后，虫量又开始上升，9 月 1 龄若虫又向枝梢扩散危害，形成全年第二次危害高峰，到 10 月下旬以后，若虫爬至越冬部位开始越冬。

苹果绵蚜的有翅蚜在我国 1 年出现 2 次高峰，第 1 次为 5 月下旬至 6 月下旬，但数量较少。第 2 次在 9～10 月，数量较多，产生的后代为有性蚜，有性蚜喜隐蔽在较阴暗的场所，寿命也较短，有性蚜死亡率高达 60%～90%。

苹果绵蚜的远距离传播，主要靠接穗、苗木、果实及其包装物、果筐、果箱。近距离主要靠有翅成蚜的迁飞或随风雨等传播。另外，果园劳动工具、衣帽及修剪下带有苹果绵蚜的残枝、叶片均可作为传播该虫的媒介。

【防治方法】

（1）加强植物检疫，严把苗木果品质量关。严禁从苹果绵蚜疫区调进苗木、接穗及果品。加强果品市场的检疫监督力度，严把产地检疫及调运检疫关。新栽植苹果区苗木、接穗要按程序严格检查，防止将绵蚜带入新区。

（2）果树休眠期防治：在早春寄主发芽前彻底刮除老树皮、剪除被虫危害枝，树皮及虫枝应及时集中处理，此法不但防治绵蚜，对苹果腐烂病及若干在此处越冬的食心虫类或卷叶、食叶虫类及其各种螨类均有兼治作用。或喷布 5% 的柴油乳剂（柴油 500g、肥皂 40g、水 350g，先将肥皂于定量热水中溶化，再将热好的柴油注入热肥皂水中充分搅拌即成）10 倍液，可兼治各种蚧壳虫。

（3）果树生长期防治：在发生重的果园，果树发芽后可再进行 1 次刮树皮、剪虫枝。或在 5 月下旬至 6 月上旬喷布 10% 吡虫啉可湿性粉剂 2000 倍液，3% 啶虫咪乳油 2000 倍液，

40% 毒死蜱乳油 1500 倍液，20% 杀灭菊酯乳油 2000 倍液，或有机磷内吸性农药与菊酯类农药混配使用效果更佳。如发现仍有发生危害，在 6 月下旬至 7 月上旬或 8 月下旬至 9 月上旬再补喷 1 次即可控制。

（4）在秋冬和早春季节，可用 10% 吡虫啉可湿性粉剂 2000 倍液，40% 毒死蜱乳油 1500 倍液浇灌果树根部。灌根量视果树大小而定，一般以水渗透到根部为佳。灌前先将根部周围的泥土刨开，灌后覆土。

（5）枝干涂药：秋冬或春季果树发芽前，用 5 波美度石硫合剂药液重点涂抹树干基部、主干、主枝上孔洞、裂缝、剪锯口处。如有絮状物应把它浸湿，杀死内部害虫。也可用刀具在苹果树主干或主枝上，浅刮 6cm 宽的皮环，用毛刷把 10% 吡虫啉可湿性粉剂 30 ~ 50 倍药液涂抹于皮环处，每株树涂药液 5ml，涂药后用塑料布包好。4 月中旬在树干皮环上再涂 10% 吡虫啉可湿性粉剂 50 ~ 100 倍液。

18　苹果根绵蚜

【学名】*Prociphilus crataegicola*（Shinji）

【别名】山楂卷叶绵蚜、苹果卷叶绵蚜。

【分布与寄主】此虫在我国主要分布在东北、华北、西北、河南、山东、湖北等地。主要寄生在苹果、山楂、梨、海棠、沙果、山定子、花生等，主要危害苹果和山楂。

【被害症状】成虫和若虫刺吸叶和根的汁液，新叶被害后，叶缘向背面卷合，根部被害处有白色蜡质棉絮状物，被害处逐渐变黑腐烂，但不生肿瘤，可与苹果绵蚜区别。被害株树势衰弱，产量降低。

【形态特征】（图 16）

（1）无翅孤雌胎生蚜：体长 1.4 ~ 1.6mm，近卵圆形，全体污白色，被白色绵毛状蜡丝。头较小，复眼黑褐色；触角丝状 6 节、较短；喙 4 节。腹部较肥大，无复管。

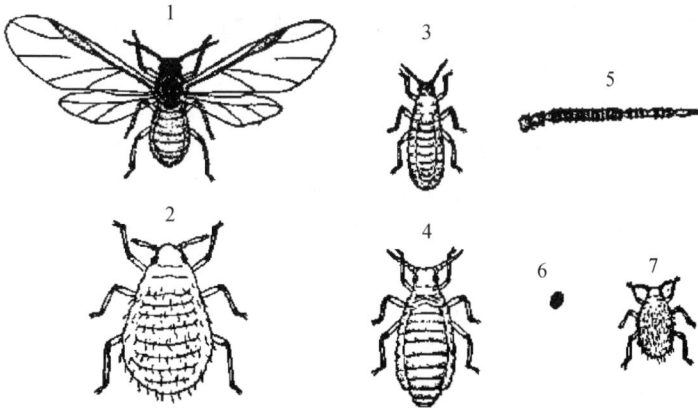

图 16　苹果根绵蚜

1. 有翅胎生蚜；2. 根部无翅胎生蚜；3. 有性雄蚜；
4. 有性雌蚜；5. 有翅胎生蚜触角；6. 越冬卵；7. 若虫

（引自：章宗江．苹果根绵蚜的初步研究．山东农业科学，1965，2：44）

（2）有翅孤雌胎生蚜：体长 1.3 ~ 1.5mm，长椭圆形。头部灰黑色，触角 6 节较长，感觉孔狭长上有纤毛；复眼黑褐色；咏 4 节。胸部发达黑褐色，翅白色半透明、翅脉淡褐色，前翅中脉不分支,可与苹果绵蚜区别。腹部灰黄绿色,后变灰褐色,被有白色蜡粉,腹管较小。

(3)卵:长卵圆形、淡黄褐色有光泽,表面附有白色绵毛。

(4)若虫:长圆形、绿苔色,体后部有白色绵毛状蜡丝。

【生活史及习性】山东烟台1年发生9代。以卵在苹果或山楂树干粗皮缝、伤口等处越冬。4月(苹果萌芽至初花期)孵化为干母,在枝条基部叶背吸取汁液,5月上旬(苹果中晚熟品种谢花时)胎生有翅蚜若虫,5月下旬大量发生有翅蚜,迁移到苹果、梨、花生上危害,6月初开始胎生无翅胎生蚜,转入地下,危害根系,繁殖后代,至10月上中旬产生有翅蚜,从土壤裂缝及树干基部爬出土面,飞到苹果、山楂树上,产生雌雄有性蚜,交尾后,11月份上旬开始产卵越冬。

【防治方法】

第一次防治适期是苹果落花后,可用防治绵蚜的药剂40%毒死蜱乳油1500倍液喷雾,或者采用5倍药液涂环防治一次。第二次用药是苹果采收后,10月下旬或11月上旬,用40%毒死蜱乳油对水1500倍液喷药一次。

涂环法:本办法只适用于苹果生长期,若树体是1~7年生的幼树,可选择树体主干表皮光滑且便于操作的部位,用兑好的5倍液体在主干上均匀地涂成一个4~5cm宽的药环,然后用旧报纸包严,最后用塑料薄膜将药环包紧。若树体是7年生以上的老树,应将表面粗皮轻轻刮去后再涂药。

(八)蚜科 Aphididae

此科种类统称蚜虫,群众称之为油汗,多数种类发生于植物的芽、嫩茎或嫩叶上。体微小柔软,头部额瘤明显或不明显,触角5~6节,间有4节,末节端部甚长,至少长于基部的一半,有时可达数倍以上,次生感觉圈圆形,间有椭圆形,眼多小眼面,有或无眼瘤,前翅中脉大部分为3支,间有2支者,前胸及腹部各节常有缘瘤。无蜡腺,有时全身被蜡粉或蜡毛。腹管大都长,圆柱形,有时膨大,少数圆锥形,间有环形。尾片指形、剑形、长或短三角形、盔形或半圆形,尾板后缘大多圆形。

蚜虫在夏秋二季均以孤雌胎生方式繁殖后代,秋冬才出现雄蚜,进行两性生殖产卵,以卵越冬,翌年春季孵化。蚜虫为多寄主的。营同寄主全周期生活或异寄主全周期生活,有时为不全周期。寄主植物多数为高等双子叶植物,或单子叶植物,包括木本与草本显花植物。单食性、寡食性或多食性,世界已发现110属左右近2280种。

19　绣线菊蚜

【学名】*Aphis citricola* Van der Goot

【别名】苹果黄蚜、苹果蚜。

【分布与寄主】此虫在我国分布于黑龙江、吉林、辽宁、河北、河南、山东、山西、内蒙古、陕西、宁夏、四川、新疆、云南、江苏、浙江、福建、湖北、台湾等地;国外分布于朝鲜、印度、巴基斯坦、斯里兰卡、澳大利亚、新西兰以及非洲、北美等地。其寄主有苹果、沙果、桃、李、杏、海棠、梨、木瓜、山楂、山荆子、楤椿、枇杷、石楠、柑橘、多种绣线菊、笑靥花、榆叶梅等多种植物。

【被害症状】 以成虫和若虫群集危害幼芽、幼枝顶端及幼叶背面。被害叶的叶尖向叶背面横卷或向下弯曲,严重时 3 寸内嫩梢和嫩叶被覆盖,影响光合作用,导致新梢生长受阻,削弱了树势。

【形态特征】(图 17)

(1)无翅孤雌胎生蚜:体长 1.6 ~ 1.7mm,宽约 0.95mm 左右。体近纺锤形,黄、黄绿或绿色。头部、复眼、口器、腹管和尾片均为黑色,口器伸达中足基节窝,触角显著比体短,基部浅黑色,无次生感觉圈。腹管圆柱形向末端渐细,尾片圆锥形,生有 10 根左右弯曲的毛,体两侧有明显的乳头状突起,尾板末端圆,有毛 12 ~ 13 根。

(2)有翅孤雌胎生蚜:体长 1.5 ~ 1.7mm,翅展约 4.5mm 左右,体近纺锤形,头、胸、口器、腹管、尾片均为黑色,腹部绿、浅绿、黄绿色,复眼暗红色,口器黑色伸达后足基节窝,触角丝状 6 节,较体短,第 3 节有圆形次生感觉圈 6 ~ 10 个,第 4 节有 2 ~ 4 个,体两侧有黑斑,并具明显的乳头状突起。尾片圆锥形,末端稍圆,有 9 ~ 13 根毛。

(3)卵:椭圆形,长径约 0.5mm 左右,初产浅黄、渐变黄褐、暗绿,孵化前漆黑色,有光泽。

(4)若虫:鲜黄色,无翅若蚜腹部较肥大、腹管短,有翅若蚜胸部发达,具翅芽、腹部正常。

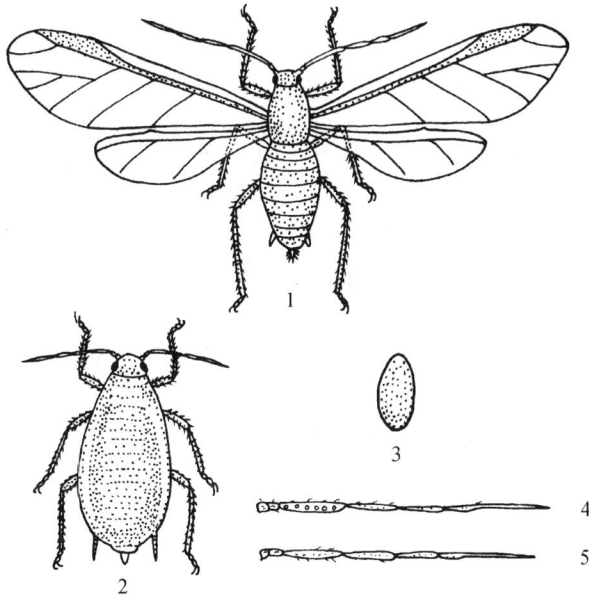

图 17　绣线菊蚜
1. 成虫;2. 无翅胎生雌蚜;3. 卵;
4. 有翅胎生雌蚜的触角;5. 无翅胎生雌蚜的触角

【生活史及习性】 绣线菊蚜属留守型蚜虫,全年留守在一种或几种近缘寄主上完成其生活周期,无固定转换寄主现象。1 年发生 10 余代,以卵于枝条的芽旁、枝杈或树皮缝等处越冬,以 2 ~ 3 年生枝条的分杈和鳞痕处的皱缝卵量为多。翌春寄主萌芽时开始孵化为干母,并群集于新芽、嫩梢、新叶的叶背开始危害,十余天后即可胎生无翅蚜虫,称之为干雌。行孤雌胎生繁殖,全年中仅秋末的最后 1 代行两性生殖。干雌以后则产生有翅和无翅的后代,有翅型则转移扩散。前期繁殖较慢，产生的多为无翅孤雌胎生蚜，5月下旬可见到有翅孤雌胎蚜。6~7月繁殖速度明显加快，虫口密度明显提高，出现枝梢、叶背、嫩芽群集蚜虫，多汁的嫩梢是蚜虫繁殖发育的有利条件。8~9月雨量较大时，虫口密度会明显下降，至10月开始产生雌、雄有性蚜，并进行交尾、产卵越冬。

【发生与环境的关系】

（1）温、湿度的影响：据有关资料报道，绣线菊蚜的发育起点温度为5℃，当温度在35℃以上持续较长时，对该蚜虫将是致命的。25℃左右为最适温度。干旱对绣线菊蚜的发育与繁殖均有利，如果夏至前后降雨充足、雨势较猛时，会使其虫口密度大大下降。

（2）食料条件的影响：绣线菊蚜具有趋嫩性，多汁的新芽、嫩梢和新叶，其发育与繁殖均快。当群体拥挤、营养条件太差时，则发生数量下降或开始向其他新的嫩梢转移分散。因此，苗圃和幼龄果树发生常比成龄树严重。绣线菊蚜对品种也具选择性，如国光、红玉受害较重，而花红等果树品种则受害较轻。

（3）天敌的影响：自然界中存在不少蚜虫的天敌，如七星瓢虫[*Coccinella septempunctata* （L）]、龟纹瓢虫[*Propylea japonica* （Thun）]、叶色草蛉（ *Chrysopa phyllochrma* Wes.）、大草蛉（ *Chrysopa septempunctata* Wes.）、中华草蛉（ *Chrysopa sinica* T.）以及一些寄生蚜和多种食蚜蝇，这些天敌对抑制蚜虫的发生具有重要作用，应加以保护。

【防治方法】

（1）冬季结合刮老树皮，进行人工刮卵，消灭越冬卵。

（2）果树休眠期结合防治蚧虫、红蜘蛛等害虫，喷洒含油量5%的柴油乳剂，杀越冬卵有较好效果。

（3）果树生长期喷布10%吡虫啉可湿性粉剂1500倍液，3%啶虫脒乳油1500倍液，0.2%苦参碱水剂1000倍液、4.5%高效氯氰菊酯乳油2000倍液、80%敌敌畏乳油1000倍液，或2.5%溴氰菊酯2000倍液混配40%毒死蜱乳油1000倍液，防效更佳；50%灭蚜松可湿性粉剂或50%避蚜雾可湿性粉剂1000倍液，对蚜虫有特效，但对其他害虫效果较差；洗衣粉500倍液或棉油皂100倍液也有一定效果。

（4）为了保护天敌，在蚜虫初发期用40%毒死蜱乳油10~20倍液涂干，方法是首先将粗皮（主干或主枝）刮至露白，然后用毛刷将药涂于其上（长度约5~10cm），并用塑料膜包扎好，1周后再涂1次，防效很好。或用10号铅丝在树的主干或侧枝上，斜向下刺孔至木质部，孔数视树体大小而定，并注入上述药液3~5ml，1周后再注1次，防效明显。

20　桃粉大尾蚜

【学名】 *Hyalopterus amygdali* Blanchard

【别名】 桃粉蚜、桃大尾蚜。

【分布与寄主】 此虫在我国分布于黑龙江、吉林、辽宁、山西、山东、河南、河北、陕西、宁夏、内蒙古、青海、江苏、安徽、浙江、福建、台湾、江西、湖北、广西、四川、云南等地；国外分布于欧洲等地。寄主有桃、杏、紫李、榆叶梅、李、梅、樱桃、山桃、山楂、梨、芦草及多种禾本科植物。

【被害症状】 以成虫及若虫群集叶片背面吸食汁液。叶片被害后向背面对合纵卷成匙状，卷叶内常有白色蜡粉，危害严重时，常引起叶色褪绿、叶片加厚变黄，皱缩或脱落，被害梢萎缩不长，甚至干枯，影响树势。

【形态特征】（图18）

（1）无翅孤雌胎生蚜体长2.3~2.5mm，宽约1.1mm左右，体狭长呈卵形，浅绿色，体被白色蜡粉。复眼红褐色，头部有骨化，胸、腹部淡色无斑纹，触角丝状6节，较体短，触角末端黑色，腹管细短黑色，尾片圆锥形黑色，较腹管长，上生弯曲毛5~6根，尾板有毛11~13根。

（2）有翅孤雌胎生蚜体长2.0~2.1mm，翅展约6.6mm左右，头、胸部暗黄色，腹部黄绿、橙绿、浅绿色。被厚白粉，复眼红褐色，触角丝状6节，较体短，第3节上有感觉孔12~40个，第4节有0~10个。各足胫节末端及附节均黑色。腹管短小，浅黑，基部收缩，尾片较长大，有毛6根。

（3）卵椭圆形，长径约0.6mm左右，初产时为黄绿色，后变黑色有光泽。

（4）若虫类似无翅孤雌胎生蚜，体小，绿色，被有白色蜡粉。

【生活史及习性】 桃粉大尾蚜属侨迁型，1年发生10余代至20代以上，以卵在冬寄主如桃、李、杏、梅等的枝条芽腋、树皮裂缝，短枝杈，剪锯口等处越冬，常数粒或数十粒堆集在一起。翌年越冬寄主萌芽时越冬卵开始孵化，约20天左右基本孵化完毕。群集芽、花蕾、嫩梢、叶背危害，并以无翅孤雌胎生蚜不断进行繁殖。产生有翅孤雌胎生蚜后，开始迁往夏寄主如芦苇草等禾木科植物上危害。5~6月繁殖危害最盛，6月以后几乎全迁于夏寄主上，并在夏寄主上繁殖危害至晚秋，又产生有翅孤雌胎生蚜迁返至冬寄主上繁殖危害，最后产生有性蚜，雌、雄交配，产卵越冬。桃粉大尾蚜常被一种蚜茧蜂所寄生，被寄生后的蚜虫，体壁变硬呈黑色，据调查，在8月底寄生率可达90%左右。

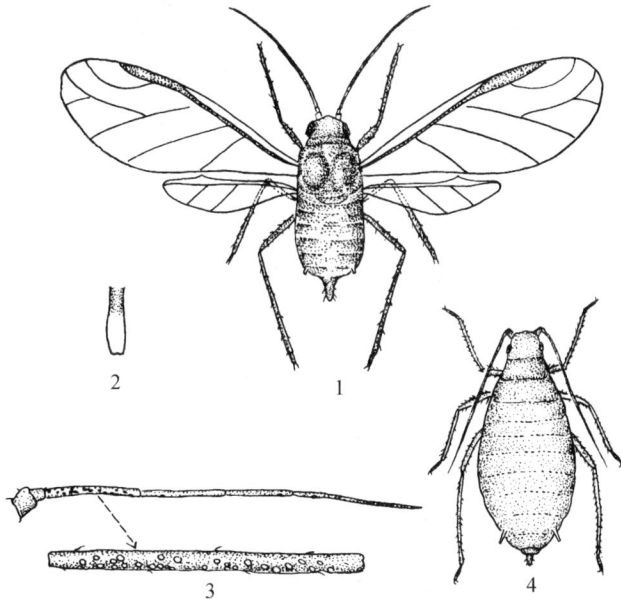

图18 桃粉大尾蚜
1. 有翅胎生雌蚜；2. 腹管；3. 触角；4. 无翅胎生雌蚜

【防治方法】 参照绣线菊蚜。另外，由于桃粉大尾蚜体被蜡粉，施用药剂时，应加适量中性肥皂或洗衣粉，以增加药剂的黏着力。

21　板栗大蚜

【学名】 *Lachnus tropicalis* (Van der Goot)

【异名】 *Pterochlorus tropicalis* Van der Goot

【别名】 栗枝大蚜、栗大蚜。

【分布与寄主】 此虫在我国分布于北京、吉林、辽宁、山东、河南、河北、江苏、江西、浙江、广州、四川、贵州、台湾等地；国外分布于日本、朝鲜、澳大利亚、马来西亚等地。主要危害板栗、橡树、白栎、柞、麻栎等多种植物。

【被害症状】 以成虫、若虫群居于新梢、嫩叶，当年生小枝表皮、叶片背面刺吸汁液，严重时可盖满新梢、嫩叶及小枝与叶片，影响新梢的生长与板栗的成熟，甚至枝条枯死不能结果。

【形态特征】 （图19）

(1) 无翅孤雌胎生蚜：体长3.1~5.0mm，宽1.8~2.2mm，活体灰黑至赫黑色，头胸较狭小而扁平，黑色。触角6节，第3~4节各有次生感觉孔2~5个。足细长，超过体长，腹部特大呈球形，腹管扁平圆锥状，尾片半圆形，上生细毛。喙长大，超过后足基节。

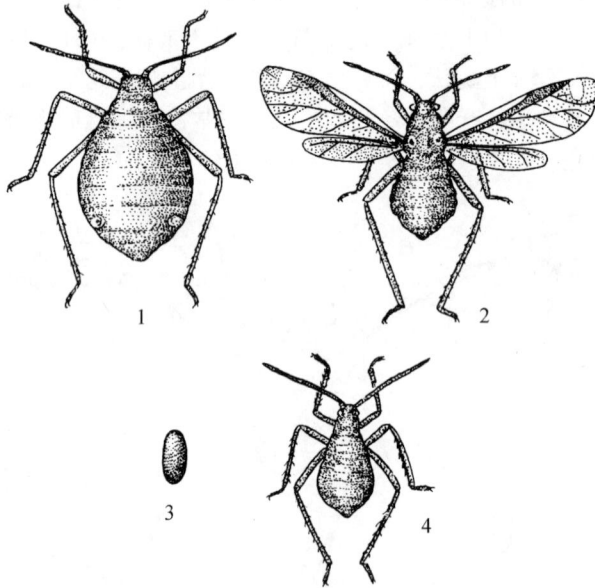

图19　板栗大蚜
1. 无翅雌蚜；2. 有翅雌蚜；3. 卵；4. 若虫

(2) 有翅孤雌胎生蚜：体长3.5~4.0mm，翅展11~13mm，翅痣狭长有二型：一种翅透明，翅脉黑色；另一种翅黑色，有两个透明斑。头、胸部黑色，腹部淡色。触角第3节有次生感觉孔9~21个，第4节有4~5个，第5~6节各1个。腹管与尾片均似无翅孤雌胎生蚜。

(3) 卵：椭圆形，长径约1.5mm左右，乌黑有光泽，上被白色粉状物。

(4) 若虫：似无翅孤雌胎生蚜，较小，初孵若虫体黄褐色，触角、口器、足均为黄色。

后体色变黑，触角、跗节及爪均为黑色，有翅若蚜胸部两侧有突出的翅芽。

【生活史及习性】据山东泰安观察，板栗大蚜1年发生10余代，以卵在枝干的背阴面越冬。越冬卵于3月下旬开始孵化。孵化盛期在3月下旬末，4月上旬为末期。越冬卵孵化率为80%左右。孵化后的若虫群集枝梢嫩芽等处危害，4月25日左右干母胎生有翅及无翅若蚜，5月上旬有翅孤雌胎生蚜迁至刺槐嫩枝、叶、花上繁殖危害，6月上旬至7月上旬蚜虫群体数量迅速增加，到7月中下旬雨季来临后蚜虫数量又渐下降。于8~9月又群集栗苞果梗处危害，常造成早期落果。10月下旬产生性蚜，雌、雄交配，产卵于枝干上，以卵过冬。常数千粒乃至上万粒，密集排列成片状。

【发生与环境的关系】温、湿度是影响种群消长的主要因素。当气温在9℃左右时卵开始孵化，14~16℃为卵孵化盛期，若早春出现寒流，对卵的孵化及若虫的成活均不利。若在卵孵盛期出现霜冻，则板栗树上的若蚜会大量死亡或甚至绝迹。板栗大蚜的繁殖、危害阶段也受温、湿度的制约。据观察研究，4~5月份平均气温为11.7~18.3℃，相对湿度为60%~67%，完成1代需15~30天，6~7月平均气温为24.7~25.8℃，相对湿度为66%~84.7%时完成1代只需7~13天。平均气温在23℃左右，湿度为70%左右为此虫繁殖最适宜的温湿度，一般7~9天即可完成1代。7月中下旬雨季来临，气温高于25℃，湿度大于80%以上时，虫口密度明显下降，繁殖受到一定的抑制。特别是急风暴雨能造成蚜虫大量死亡，使种群数量迅速下降。

【防治方法】

(1)冬季防治越冬卵：栗大蚜越冬卵集中，数百粒卵排在一起。结合刷涂白剂、清洁栗园，刮树皮，人工清除越冬卵。另外，越冬卵接近孵化期，在卵粒密集的枝干上，涂浓度较高的石硫合剂，有较好的控制孵化作用。

(2)药剂防治：栗大蚜发生初期及至整个危害时期均可以采用化学药剂防治，树冠喷药效果很好，也可采用涂干、树干注射的方式施药，但树干注射、涂干对树体损伤较大。

(3)保护天敌：注意保护和利用各种捕食性瓢虫、草蛉等天敌控制栗大蚜。有条件的(特别是密植园)可间作部分绿肥，蓄养天敌。

22　苹果瘤蚜

【学名】 *Myzus malisuctus* Matsumura

【别名】苹卷叶蚜、苹瘤额蚜。

【分布与寄主】此虫在我国分布于黑龙江、吉林、辽宁、河南、河北、山东、陕西、四川、江苏、山西、台湾等地；国外主要分布于朝鲜、日本。主要寄主有苹果、梨、海棠、沙果、山荆子等多种植物。

【被害症状】以成虫和若虫群集在新芽、嫩叶或幼果上吸取汁液，初期被害嫩叶不能正常伸展，后期被害叶皱缩，叶边缘向叶背纵卷，叶片常出现红斑，随后变为黑褐色而干枯死亡。幼果被害后，果面呈现许多略凹陷而形状不规则的红斑，受害严重的树，枝梢嫩叶全部卷曲，致使新梢的生长和花芽的形成受到阻碍。

【形态特征】(图20)

(1)无翅孤雌胎生蚜：体长1.4~1.6mm，宽约0.75mm，近纺锤形，体黄绿、暗绿或褐绿色，头浅黑色，额瘤显著，复眼暗红色，口器末端黑色伸达中足基节。触角丝状6节比体短,除第3、4节的基半部淡绿或淡褐色外,其余均为黑色。胸、腹背面均有黑色横带。腹管黑色长筒形,末端稍细,具瓦状纹;尾片黑色圆锥形,具细毛3对。

（2）有翅孤雌胎生蚜:体长约1.5mm 左右,翅展约4.0mm 左右,卵圆形。头胸部暗褐色,具明显的额瘤,生有2~3 根黑毛,口器、复眼、触角均呈黑色,口器末端可达中足基部,触节第3节有圆形感觉孔约22~26 个,第4 节约7~11 个。腹部暗绿色,背面腹管前各节均有黑色横纹;腹管长圆筒形,基半部黑色,端半部色稍淡。

（3）卵:椭圆形,长径约0.5mm 左右,黑绿至黑色有光泽。

（4）若虫:体浅绿色,形似无翅孤雌胎生蚜,翅基蚜胸部较发达,具翅芽。

【生活史及习性】苹果瘤蚜为留守型蚜虫,一年发生10 余代,以卵在枝条芽旁、剪锯口等处越冬。翌年4 月初开始孵化,4 月下旬基本孵化完毕,孵化出的幼蚜群集在嫩叶上危害。在幼果期间,可危害果实。此蚜在5~6 月危害最重,此间可产生有翅蚜迁飞扩散,从春到秋都以孤雌胎生繁殖。10~11 月产生有性蚜,雌、雄蚜交尾产卵,以卵越冬。苹果中以元帅、青香蕉、柳玉、晚沙布、醇露、鸡冠、新红玉等品种危害较重,国光、红玉、倭锦品种受害较轻。

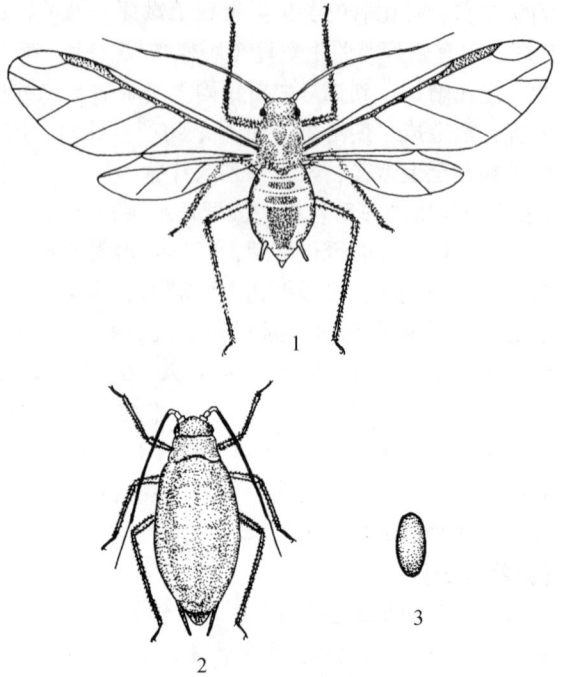

图 20 苹果瘤蚜
1. 有翅胎生雌蚜；2. 无翅胎生雌蚜；3. 卵

【防治方法】

（1）结合春季修剪,剪除被害枝梢,可杀灭越冬卵;在苹果落叶后,剪除受害枝,减少虫卵数量,可减少虫害。

（2）保护天敌:捕食性天敌有瓢虫,如七星瓢虫、龟纹瓢虫、异色瓢虫、草蛉、食蚜蝇、花蝽;寄生性天敌有蚜茧蜂、蚜小蜂等,对蚜虫有很强的抑制作用,其中瓢虫是其主要捕食类群,尤其是在我国中南部地区,麦收后麦田的瓢虫大多转移到果园,成为抑制蚜虫发生的主要因素。

（3）药剂防治:可选用阿维菌素、吡虫啉、啶虫脒、苦参碱、抗蚜威、毒死蜱、菊酯类等。防治重点是越冬卵孵化期的防治,喷药时期在苹果萌芽至展叶期。重点抓好幼树的蚜虫防治,可喷施10% 吡虫啉可湿性粉剂2000 倍液等。

23 桃 蚜

【学名】*Myzus persice*(Sulzer)
【别名】烟蚜、桃赤蚜。

【分布与寄主】此虫分布于全国及世界各地，其寄主包括桃、杏、李、梅、苹果、梨、山楂、樱桃、柿、柑橘、菠菜、芝麻、茄科、十字花科、棉花、杂草等334种植物，分属于41科。果树以核果类受害较重，特别是桃树受害更重。

【被害症状】以成虫或若虫群集在寄主叶背、嫩茎及芽上刺吸及汁液，被害叶向叶背面作不规则卷缩。大量发生时，密集于嫩梢、叶片上吸食汁液，致使嫩梢叶片全部扭曲成团，梢上冒油，阻碍了新梢生长，影响果实产量及花芽形成，大大削弱树势。同时排泄蜜露，常诱致煤病发生，还可传播病毒。

【形态特征】（图21）

（1）无翅孤雌胎生蚜：体长1.8～2.6mm，宽约1.1mm左右，体色为绿、黄绿、杏黄和红褐色，一般高温时色淡，低温时色深。复眼暗红，触角黑色呈丝状，6节，第3节色较浅，第5～6节各有感觉孔1个。额瘤显著，向内倾斜。腹背中部有一近方形的暗褐色斑纹，在其两侧有小黑斑1列。腹管较长，圆柱形，但中后部稍膨大，端部黑色，在末端处明显缢缩，有瓦状纹。尾片黑色圆锥形，中部缢缩，明显短于腹管，着生6～7根弯曲毛。

（2）有翅孤雌胎生蚜：体长1.6～2.1mm，翅展约6.6mm左右，头、胸部黑色，腹部绿、黄绿、褐至红褐色，复眼红褐色，触角第3节有9～17个次生感觉孔，第5节端部和第6节基部各有1个。额瘤、腹背斑纹、腹管及尾片等均与无翅孤雌胎生蚜相同。

（3）卵：长椭圆形，长径约0.7mm左右，初产时淡绿色，后变漆黑，略有光泽。

（4）若虫：与无翅孤雌胎生蚜相似，仅体较小，呈淡红色。翅基蚜胸部发达，具翅芽。

【生活史及习性】此虫华北地区1年发生10余代，长江以南则30～40代不等。桃蚜完成生活周期有两种类型：即侨迁型与留守型。侨迁型者以卵在桃或山桃、杏、李、梅等冬寄主的枝梢、芽腋、小枝杈及枝条缝处越冬。早春桃芽萌动至开花期越冬卵孵化，若虫危害嫩芽，各地越冬卵孵化不一，长城以南、黄河以北在3月中下旬，黄河以南、长江以北在2月下旬至3月上中旬，长江以南在2月上旬至3月上旬。在华北3月中下旬开始孤雌胎生繁殖，在桃树上一般发生3代，初夏为繁殖危害盛期。并开始产生有翅蚜迁至十字花科等寄

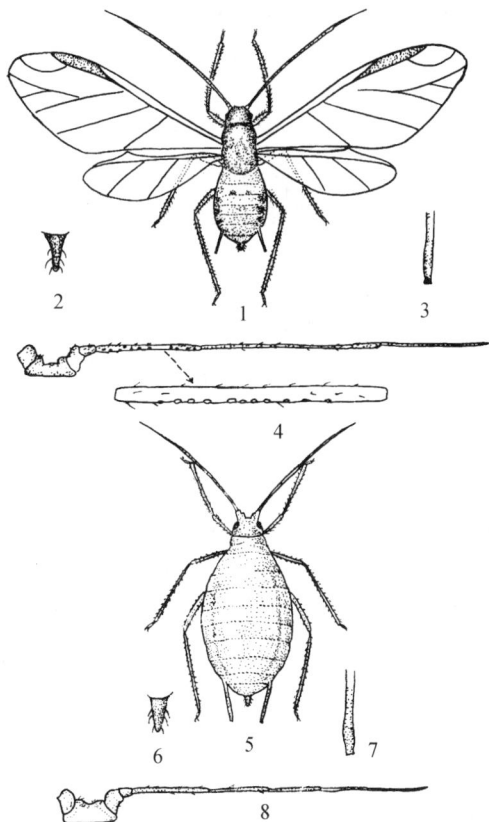

图21　桃蚜
1～4. 有翅胎生雌蚜及其触角、腹管、尾片；
5～8. 无翅胎生雌蚜及其触角、腹管、尾片

主上繁殖危害，至10月中旬产生有翅性母，迁回桃树等冬寄主上，由性母产生有性蚜，交配后，产卵越冬。留守型者则以卵或成蚜于宿根菠菜，或随蔬菜的收获带入窖中越冬。

影响桃蚜种群数量变动的主要因子有温、湿度。桃蚜在春暖早，雨水均匀的年份发生重，其发育起点温度为 4.3℃，以 15 ~ 17℃ 增殖最快，高于 28℃ 时，数量明显下降，相对湿度在 40% 以下或 80% 以上均不利桃蚜的生长繁殖；桃树新梢生长旺盛，有利于桃蚜的生长发育，反之则不利；桃蚜除有捕食与寄生性天敌(与绣线菊蚜相似)外，虫霉菌在 20℃ 以上的温度下，可以控制蚜量增长。

【防治方法】参照 P$_{26}$ 绣线菌蚜防治方法，同时注意夏寄主上的防治。

24   梨二叉蚜

【学名】*Schizaphis piricola*（Matsumura）

【别名】梨蚜。

【分布与寄主】此虫在我国分布于北京、吉林、辽宁、河北、山东、山西、河南、江苏、四川、台湾等地；国外分布于朝鲜、日本、印度等地。其寄主有梨、白梨、棠梨、杜梨及狗尾草等多种果树及其他植物。

【被害症状】春季以成虫及若虫刺吸危害梨树新梢叶片，被害叶向上纵卷成双筒状、皱缩、硬脆。先发生枯斑而后枯死脱落，对梨树的生长发育影响很大。

【形态特征】（图 22）

(1) 无翅孤雌胎生蚜：体长 1.9 ~ 2.1mm，宽约 1.1mm 左右，体绿、暗绿、黄褐色，被有白色蜡粉。体背骨化，无斑纹，有棱形网纹，背毛尖锐、长短不齐。头部额瘤不明显，口器黑色，基半部色略淡，端部伸达中足基节，复眼红褐色，触角丝状 6 节，端部黑色，第 5 节末端具感觉孔 1 个。各足腿节、胫节的端部和跗节黑色。腹管长大黑色，圆柱状，末端收缩。尾片圆锥形，侧毛 3 对。

(2) 有翅孤雌胎生蚜：体长 1.4 ~ 1.6mm，翅展 5.0mm 左右。头、胸部黑色，腹部淡色，额瘤略突出。口器黑色，端部伸达后足基节。触角丝状 6 节，淡黑色，第 3 ~ 5 节依次有感觉孔 18 ~ 27 个、7 ~ 11 个、2 ~ 6 个。复眼暗红色，前翅中脉分 2 叉，足、腹管和尾片同无翅孤雌胎生蚜。

(3) 卵：椭圆形，长径约 0.7mm 左右，初产暗绿，后变黑色有光泽。

(4) 若虫：类似无翅孤雌胎生蚜，体小，绿色，有翅若蚜胸部发达，有翅芽，腹部正常。

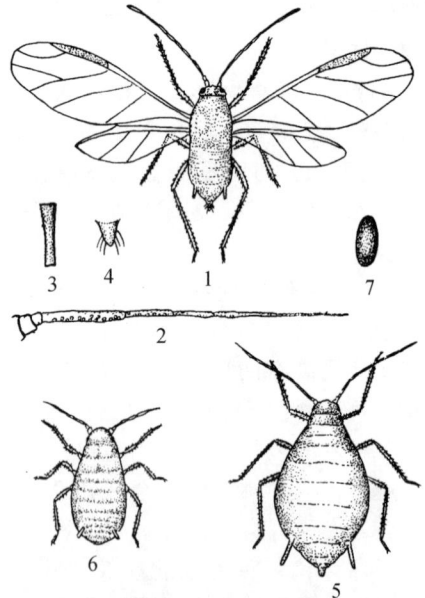

图 22   梨二叉蚜

1 ~ 4. 有翅胎生蚜及其触角、腹管、尾片；
5. 无翅胎生雌蚜；6. 无翅若蚜；7. 卵

【生活史及习性】此虫属侨迁型，1 年发生约 20 代左右。以卵在寄主芽的附近、果台、枝杈、粗皮缝隙等处越冬。当寄主花芽萌动时开始孵化，并群集于嫩芽上危害，显蕾后便钻入花序中危害花蕾与嫩叶，展叶后集中于叶片上危害，致使叶片向上纵卷成双筒状。以梢顶嫩叶受害较重,落花后大量出现卷叶,危害繁殖至落花后半月左右开始出现有翅蚜。北方果区5月份陆续产生有翅蚜,南方果区4月上中旬开始出现。随着有翅蚜的产生,便开始陆续向夏寄主迁移,至6月上旬迁移到夏寄主狗尾草上大量繁殖危害,6月中旬以后梨树上基本绝迹。秋季9~10月又产生有翅蚜由夏寄主狗尾草迁回到冬寄主梨树上繁殖危害,并产生有性蚜,雌、雄交尾产卵,以卵越冬。北方果区春、秋两季于梨树上繁殖危害,并以春季危害较重,常造成大量卷叶,引起早期落叶。秋季危害远轻于春季。卵常散产或数粒至数十粒密集于一起。

【防治方法】参照绣线菊蚜防治方法。另外,在大发生年份可结合喷药摘除被害卷叶,集中处理。用药适期在蚜卵孵化完毕,梨芽尚未开放至发芽展叶期。如发生重时,展叶期再喷1次。

25 桃瘤头蚜

【学名】*Tuberocephalus momonis*(Matsumura)

【异名】*Myzus momonis* Matsumura

【别名】桃瘤蚜。

【分布与寄主】此虫在我国分布于北京、辽宁、河北、山西、山东、河南、江苏、江西、浙江、福建、台湾等地;国外分布于朝鲜、日本等地。冬寄主为桃、樱桃、梅、梨等果树,夏寄主为艾蒿及禾本科植物。

【被害症状】以成、若虫群集叶背,吸食汁液。被害叶片两缘向叶背面纵卷,并出现肿胀扭曲的绿色相间、红色肥厚的拟虫瘿,被卷曲处的组织肥厚凹凸不平,严重时全叶卷曲甚紧似绳状,终至干枯脱落,严重影响树势和光合作用。

【形态特征】(图23)

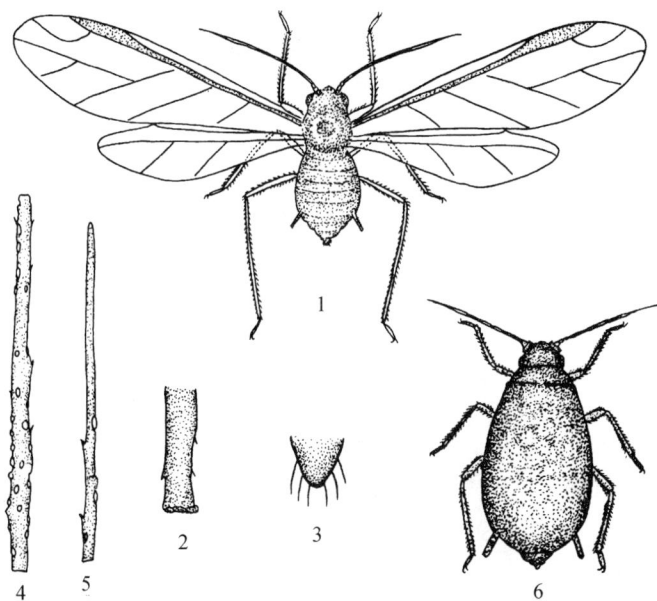

图23 桃瘤头蚜

1~5. 有翅胎生雌蚜及其腹管、尾片和触角第4、5、6节;6. 无翅胎生雌蚜

（1）无翅孤雌胎生蚜：体长1.5～1.9mm，宽约0.87mm。长卵圆形较肥大，体黄绿、淡黄、黄褐、深绿、淡黄褐、暗黄褐等多种色。头部、腿节、胫节末端及跗节均为黑色。额瘤显著，向内倾斜。复眼红褐色。触角丝状6节，基部两节粗短，第3节后半部及第6节呈覆瓦状。中胸两侧有小瘤状突起。腹背有黑色斑纹。腹管圆筒形，有黑色覆瓦状纹。尾片短小，末端尖，呈三角形，有毛6～8根。尾板有毛4根。

（2）有翅孤雌胎生蚜：体长约1.8mm左右，翅展约5.1mm左右。体灰绿、绿褐、淡黄、黄褐色。额瘤显著，向内倾斜。触角6节，略与身体等长，第3节有次生感觉孔19～30个，第4节4～10个，第5节0～2个。翅透明，翅脉黄色。腿节、胫节末端及跗节均为黑色。腹管圆筒形，中部稍膨大，具黑色覆瓦状纹。尾片圆锥状，中部缢缩，有毛5～7根，尾板具毛3～5根。

（3）卵：椭圆形，长径约0.5mm左右，紫黑色。

（4）若虫：类似无翅孤雌胎生蚜，体小，浅绿色，头部及腹管深绿色。翅基芽胸部发达，有翅芽，腹部正常不肥大。

【生活史及习性】 此虫北方果区1年发生10余代，南方30余代，均以卵在桃、樱桃、梅等冬寄主的枝梢、芽腋缝隙处越冬。翌年寄主发芽后，越冬卵孵化为干母。南方3月上旬开始孵化，3月下旬至4月上中旬发生最多，4月末产生有翅芽并陆续迁飞至夏寄主上危害，10月下旬以后重新迁返至冬寄主上繁殖危害。11月上中旬产生性蚜，雌、雄交尾后，产卵于枝梢或芽腋缝隙处越冬。在北方果区，5月才见此蚜虫危害，并产生有翅蚜迁至夏寄主上繁殖危害，10月开始迁返桃等冬寄主上危害，并产生有性蚜，雌、雄交尾、产卵越冬。

【防治方法】 药剂防治应掌握在春季花未开绽而卵已全部孵化，但尚未大量繁殖和卷叶前。花后至初夏，根据虫情可再喷药1～2次。秋后迁返桃树等冬寄主的虫口密度大时，也可喷药防治。所用药剂同防治绣线菊蚜药剂。其他防治方法参照绣线菊蚜。

26　樱桃瘤蚜

【学名】 *Myzus prunisuctus*

【别名】 樱桃瘤头蚜。

【分布与寄主】 此虫在我国分布于山东、河北等地，寄主只有樱桃。

【被害症状】 樱桃瘤蚜在叶片背面刺吸危害。受害部位呈淡绿色或稍带粉红色，边缘向叶背卷成勺状，正面隆起。到后期，叶片被害处干枯。

【形态特征】

（1）无翅孤雌胎生蚜：体长约2mm，头黑色，复眼赤褐色，中胸两侧具小瘤状突起。体深绿、黄绿、黄褐等色。

（2）有翅孤雌胎生蚜：体长1.8mm，翅展5.1mm，浅黄褐色，额瘤显著。

（3）卵：椭圆形黑色。

（4）若虫：若蚜与无翅胎生蚜相似，体较小，淡黄或浅绿色，头部和腹部深绿色，有翅若蚜胸部发达，有翅牙。

【生活史及习性】 樱桃瘤蚜1年发生多代，以卵在枝条上越冬。在樱桃花芽膨大期，越冬卵开始孵化。若虫在芽上危害，果树展叶后，蚜虫在叶背面危害，生长发育为成蚜，并行孤雌生殖。常在叶片边缘形成蚜群，被害叶出现症状。大棚揭膜后，出现有翅蚜。有翅蚜迁飞至夏寄主上危害、繁殖。到 10 月份，又产生有翅蚜，迁回樱桃树上，产生有性蚜。雌雄瘤蚜交配后，雌蚜产卵，以卵越冬。

【防治方法】

发芽前喷洒石硫合剂，在樱桃瘤蚜孵化后、虫瘿形成前喷施 10% 吡虫啉可湿性粉剂 2000 倍液。

27 栗花翅蚜

【学名】 *Nippocallis kuricola* Mats

【别名】 栗角斑蚜。

【分布与寄主】 在我国分布于辽宁、山东、河北、河南、浙江、福建、台湾。寄主为板栗。

【被害症状】 成虫、若虫群集叶背吸食汁液并排泄蜜露引起煤病，使叶发黑影响光合作用。此虫常在秋季发生，引起早期落叶。受害严重的栗园树下似降小雨，树冠下似喷油状。

【形态特征】（图 24）

(1) 无翅孤雌胎生蚜：体长 1.4mm，体暗褐色，胸腹背面两侧均有黑色斑点。

(2) 有翅孤雌胎生蚜：体长约 1.5mm，体赤褐色，翅透明，沿主脉呈淡黑色带状花纹。

(3) 卵：长约 0.4mm，呈椭圆形，黑绿色。

(4) 若虫：头、胸棕褐色，腹部紫褐色。

【生活史及习性】 1 年发生 10 余代，以卵在寄主枝杈部位越冬。翌年 4 月上旬栗树芽体萌动时，越冬卵开始孵化，若蚜初期先群集于芽体危害，以后随着芽体生长、嫩梢抽长和叶片展开，逐渐迁移到嫩梢和幼叶危害，并排泄蜜露污染叶片，导致煤污病的发生。天气干旱往往有利于其发生危害，严重时可引起早期落叶。10 月底前后出现性蚜，在枝条上交尾后，寻找适宜场所产卵越冬。

【发生与环境的关系】 干旱年份发生严重，常造成早期落叶。雨季较轻。

【防治方法】

(1) 冬春刮除老树皮或刷除越冬卵。发生量大的栗园在越冬卵全部孵化后，可喷施氯氰菊酯等 2000 ~ 3000 倍液，全年 1 ~ 2 次药即可控制危害。

(2) 板栗芽体萌动至展叶前蚜虫发生初期，树体喷布 10% 吡虫啉可湿性粉剂 2000 倍液、

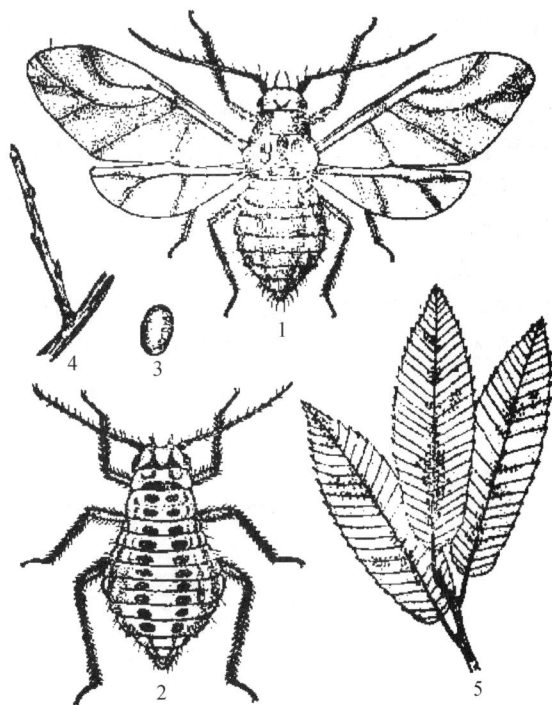

图 24 栗花翅蚜
1. 有翅胎生雌蚜；2. 无翅胎生雌蚜；3. 卵粒(放大)；
4. 产在枝上的卵；5. 被害状

2.5%敌杀死乳油2000倍液、蚜虫净3000倍液一次，即可控制全年危害。

（3）于4月上中旬越冬卵初孵期，树干涂药环或药带防治。在树干距地面约50cm处，用刮刀去除外围粗皮约20cm宽，使其成一环带，外缚废报纸、卫生纸或棉絮等，外扎塑料布，然后内注40%毒死蜱乳油5~10倍液。

（九）硕蚧科 Margarodidae

雌成虫长卵圆形，体壁具弹性，常被蜡粉，分节明显。触角丝状6~11节，多达15节，足发达。腹部有2~8对气门。单眼发达，口器正常或缺如，跗节常为1节。雄虫具单、复眼，触角7~13节，足细长，跗节1~2节。交配器短。

28　草履硕蚧

【学名】*Drosicha corpulenta*（Kuwana）

【异名】*Monophlebus corpulentus* Kuwan；*Warajicoccus corpulentus*（Kuwana）

【别名】草履蚧。

【分布与寄主】此虫在我国分布于河北、河南、山东、山西、内蒙古、西藏、陕西、辽宁、江苏、江西、福建、安徽、四川、云南等地；国外分布于日本、俄罗斯等地。寄主有苹果、桃、梨、柿、枣、无花果、柑橘、荔枝、栗、槐、柳、楝、泡桐、悬铃木等多种寄主植物。

【被害症状】以雌成虫、若虫群集于枝干、根部吸食汁液，导致树势衰弱，严重时引起落叶、落果，甚至整枝或整株干枯死亡。

【形态特征】（图25）

（1）成虫：雌体长7.8~10mm，宽4.0~5.5mm。扁平椭圆形似草鞋。体褐或红褐色，周缘淡黄、体背常隆起，肥大，腹部具横皱褶凹陷。体被稀疏微毛和薄层白色状蜡质分泌物。雄体长5.0~6.5mm，翅展约10mm。复眼较突出。翅淡黑色。触角黑色丝状10节，除1~2节外，各节均环生3圈细长毛。腹末具枝刺17根。

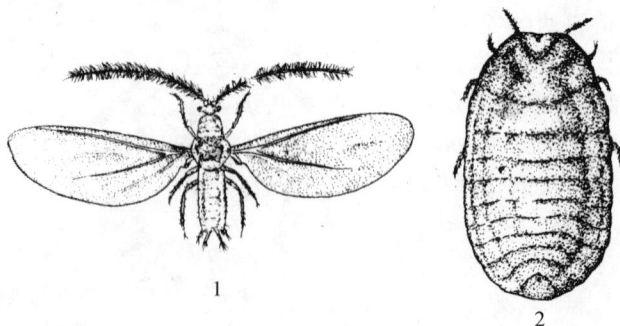

1　　　　　　　　　　2

图25　草履硕蚧
1. 雄成虫；2. 雌成虫

（2）卵：椭圆形，初产黄白渐呈黄红色，产于卵囊内，卵囊为白色绵状物，其中含卵近百粒。

（3）若虫：除体形较雌成虫小，色较深外，余皆相似。

(4)雄蛹：圆筒状，褐色，长约5.0mm，外被白色绵状物。

【生活史及习性】 此虫在我国北方1年发生1代，大多以卵在卵囊内越冬，少数以1龄若虫越冬。翌年2月上旬至3月上旬孵化，孵化后的若虫仍停留在卵囊内，寄主萌动、树液流动开始出囊上树危害。据河南许昌报道，2月底为若虫上树盛期，3月中旬基本结束。而河北昌黎报道，该若虫上树盛期为3月中旬，3月下旬基本结束。若虫上树多集中于上午10时至下午2时，顺树干向阳面爬至嫩枝、幼芽等处吸食危害，初龄若虫行动迟缓，喜群栖树杈、树洞及皮缝等隐蔽处。雄若虫脱皮3次化蛹，蛹期约10天，雌若虫则羽化为成虫。5月上中旬为羽化期，5月中旬为交尾盛期，5月中下旬雌虫开始下树入土分泌卵囊，产卵其中，每雌卵量70粒左右，以卵越夏越冬。

【防治方法】

(1)干基涂胶：根据早春若虫出土上树习性，将老树皮刮平环宽约35cm，每日早上涂黏虫胶(废机油或蓖麻油0.5kg，加热处理后，加碎松香0.5kg溶化后备用)或直接使用加热熔化后的棉油泥。缠胶带，在刮树皮处缠6cm宽胶带，缠时保持胶带平滑无褶皱与树干无缝隙，阻止若虫上树。

(2)若虫出土期树干周喷10%吡虫啉可湿性粉剂2000倍液，或10%氯氰菊酯乳油2000倍液；上树后可用2.5%溴氰菊酯乳油2000倍液或48%毒死蜱乳油1500倍液。

(3)人工挖除树冠下土中过冬虫卵，减少虫源。5月中旬下旬在树下挖坑(坑深20cm)堆草，诱使雌成虫在草堆中产卵，6月中旬把树下的草堆连同虫卵一并烧毁。

(十)粉蚧科 Pseudococcidae

体形卵圆形或长形，少数呈圆形或不对称，或近球形。体节明显，上被粉状或绵状蜡质分泌物。触角5~9节或退化为瘤状。口器发育正常，喙1~3节。足发达或退化。无腹气门，有肛叶、肛环及肛环刺毛。雄虫体纤细，头、胸、腹分明。触角3~10节，单眼4~6个，无复眼，具膜质翅1对，平衡棒具各种形式；足细长或具粗状节，腹部倒数第2节有管状腺2个，交配器短。

29 柿绒粉蚧

【学名】 *Eriococcus kaki* Kuwana

【别名】 柿绵蚧、柿毛毡蚧、柿毡蚧、柿刺粉蚧。

【分布与寄主】 此虫在我国分布于黑龙江、吉林、辽宁、河北、河南、山西、山东、陕西、安徽、广西、广东、四川、贵州等地；国外分布于日本、朝鲜等地。主要危害柿。

【被害症状】 叶表被害，出现多角形黑斑；叶柄被害，色变黑，畸形生长，遇风易脱落；果实被害，落果严重；枝干被害，树势衰弱。

【形态特征】 (图26)

(1)成虫：雌体长约1.5mm，卵形紫红色，腹缘有白色细蜡丝，老熟时被包于一白色绵状蜡囊中，尾部卵囊由白色絮状物构成。雄体长约1.2mm，紫红色。翅无色透明，介壳卵形，质地同雌蚧壳。

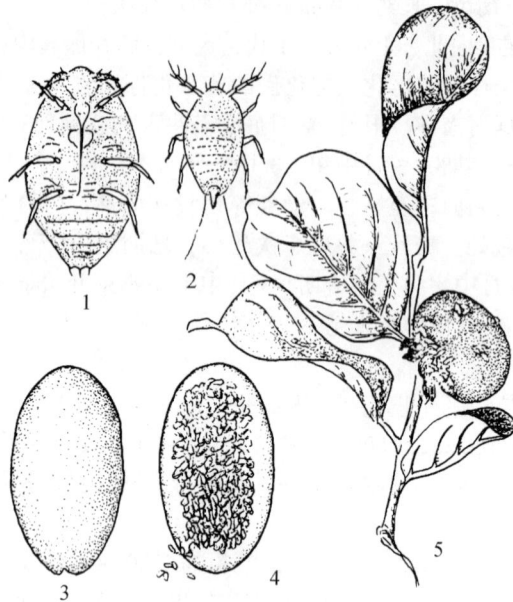

图26　柿绒粉蚧

1. 雌成虫；2. 若虫；3. 雌介壳；4. 雌成虫腹下部卵粒；5. 危害状

（2）卵：长0.3~0.4mm，卵圆形，紫红色，表面具白色蜡粉及蜡丝。

（3）若虫：卵圆形，紫红色，周身具短的刺状物。

【生活史及习性】此虫在山东1年发生4代，广西5~6代，均以若虫于2~3年生枝皮缝隙、芽鳞等处越冬。翌年寄主萌动后开始出蛰，爬至新芽、嫩梢、叶柄等处刺吸危害，以后在柿蒂、果面固着危害，同时形成蜡被，5月中下旬出现成虫交交尾产卵。每雌产卵量大小因发生时期和寄生部位有所不同，第1代平均128粒，第2代平均242.8粒；寄生于果实上的卵量平均344.5粒；叶片上为161粒；枝干上的为155.5粒。由此可见卵量多少与营养、气候有密切关系。4代区各代卵盛期分别在5月底、7月初、8月初及9月初，若虫盛期为6月中旬、7月中旬、8月中旬及9月中旬，以第3代若虫危害最重。10月中旬以初龄若虫越冬。5代区各代成虫出现期为越冬代3月上中旬，余各代成虫出现期分别为5月中下旬、6月中下旬、7月下旬、9月下旬，11月中旬出现最后1代若虫并开始越冬。卵期17~18℃时为21天，31~32℃时仅12天。枝繁、叶茂、皮薄、果大、汁多的品种受害重。

【防治方法】参照柿粉蚧。

30　紫薇绒蚧

【学名】*Eriococcus legerstroemiae* Kuwana

【别名】石榴毡蚧、紫薇绒粉蚧、袋蚧。

【分布与寄主】在我国分布于浙江、江苏、河北、辽宁、陕西、四川、山西、山东、湖北、上海和北京等地。主要危害紫薇、石榴、花石榴和含笑等园林植物。

【被害症状】孵化后的若虫，常聚集于小枝叶片主脉基部和芽腋、嫩梢等部位，刺吸汁液，减弱树势。又因分泌大量蜜露而诱发严重的煤烟病，使叶片和小枝变黑，造成叶片早落，不能正常开花，失去观赏价值。

【形态特征】（图27）

（1）成虫：雌成虫扁平，椭圆形，长2～3mm，暗紫红色。老熟时被包于白色的绒茧之中，外观如白色米粒。雄虫体长约1mm，紫红色，有翅1对。

（2）卵：为圆形，紫红色。

（3）若虫：椭圆形，紫红色，虫体边缘有刺突。

（4）雄蛹：长卵圆形，紫褐色，被包于袋状的茧内。

【生活史及习性】该虫在1年内的发生代数，因地区而异。在山东1年发生4代，上海1年发生3代，北京地区1年发生2代。以受精雌虫、若虫或卵，在枝干的裂缝内越冬。每年6月上旬至7月中旬和9月份，为其孵化盛期。

【防治方法】

（1）人工防治：结合冬季整形修剪，清除虫害危害严重、带有越冬虫态的枝条。

（2）保护和引进红点唇瓢虫等天敌昆虫。

（3）药剂防治：对发生严重地的区，除加强冬季修剪与养护外，可在早春萌芽前喷洒3～5波美度石硫合剂，杀死越冬若虫。苗木生长季节，要抓住若虫孵化期用药，可选用喷洒40%速蚧克（即速扑杀）乳油1500倍液，或48%毒死蜱乳油（乐斯本）1200倍液，或50%杀螟松乳油800倍液等。但应注意在石榴上勿用50%杀螟松，以免产生药害

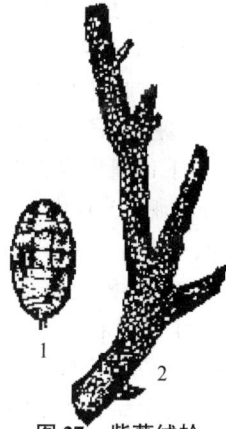

图27 紫薇绒蚧
1. 雌虫放大；2. 危害状
（迟德富，严善春. 城市绿地植物虫害及其防治，北京：中国林业出版社，2001：299）

31 柿粉蚧

【学名】 *Phenacoccus pergandei* Cockerell

【别名】 柿长绵粉蚧、苹果大拟绵蚧、柿树绵粉蚧、苹果绵粉蚧。

【分布与寄主】此虫在我国分布于河南、河北、山东、江苏、四川等地。国外分布于日本、朝鲜等地。寄主有柿、苹果、梨、无花果、枇杷、核桃、桑树等多种果树、林木植物。

【被害症状】以雌成虫与若虫危害寄主的枝、芽、叶及果台，受害部位形成淡黄或黄褐色斑点，被害严重的叶片，斑点常连成一片，出现枝、芽、果实枯死，叶片枯黄脱落，同时常导致煤烟病的大发生。

【形态特征】（图28）

（1）成虫：雌成虫体肥大，长椭圆形，长4～6mm，宽约1.5mm，紫红色，被蜡粉。触角丝状，9节，第2、3节最长，头部钝圆，眼突起，喙长，足细长，3对，爪下具齿，腹末尾瓣明显，末端生有刚毛，臀叶1对，腹节刚毛4根，共28根，腹裂1枚，刺孔群17～18对，肛不位于背末，具成列环孔及6根长环毛。雄成虫体白色，体长约2.0mm，翅展约4.5mm，触角羽状，尾部具2根2～3mm的刚毛。

（2）卵：椭圆形，长径约0.2mm，短径约0.1mm，初产卵为白色，后渐变为橙黄色，

近孵化时，卵壳上显露出两个红色眼点，卵产于白色蜡质卵囊内。

（3）若虫：扁平椭圆形，体长约0.7mm，宽约0.3mm，初孵若虫眼为红色，后渐变为黑色，体开始为淡黄，后渐变为橙黄色。

【生活史及习性】此虫四川1年发生2代，河南、山东1年发生1代。以若虫于寄主树皮隙缝或枝干树洞等处越冬。年生2代区，翌年树液流动后开始出蛰活动，3月中下旬羽化为成虫。5月中旬雌成虫开始产卵，5月中旬末至下旬初为产卵盛期，6月上旬卵开始孵化，6月上旬末中旬初进入孵化盛期，第1代若虫盛发于6月下旬末7月上旬初。第1代雌成虫盛发于7月下旬，8月下旬始见第2代卵，9月上旬为产卵盛期，9月10日第2代若虫出现，9月中旬末至下旬为第2代若虫盛发期，危害至10月陆续进入越冬。年生1代区，翌年5月出蛰转移到嫩梢、幼叶及果实上刺吸危害，5

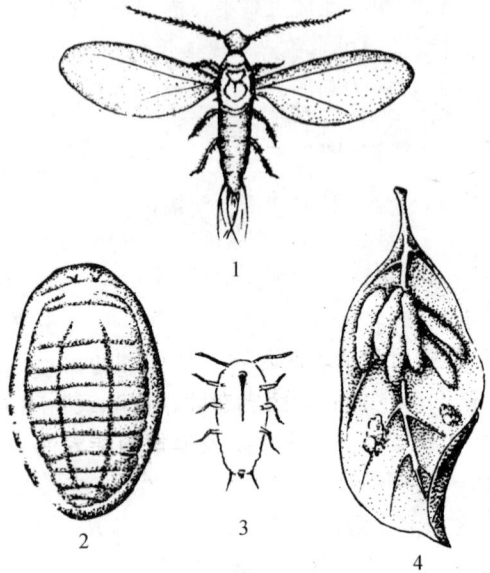

图28　柿粉蚧
1. 雌成虫；2. 雄成虫；3. 若虫；4. 柿叶的卵囊

月中旬成虫羽化出现，5月下旬转移到叶背分泌白色绵状卵囊，产卵于其中，6月中旬孵出的若虫爬出卵囊，沿叶脉与叶缘寄生危害，10~11月若虫转至越冬场所进行越冬。

据研究报道，春季日均气温达11℃时，越冬若虫开始活动，晴天中午常群集于枝头、嫩芽、幼叶及果实等处取食危害，单雌每次产卵约300~400粒，第1代卵期为20天左右，第2代卵期约5天左右。初孵若虫活动力较强，先爬于芽苞、枝头、果台及叶片上聚集食害。随着气温下降，若虫逐渐转移到枝条腹面或主干背面及树皮缝隙等处分泌蜡质覆盖身体准备越冬。

【防治方法】

（1）冬季结合清理园内杂草等管理措施，刮树皮、堵树洞，消灭越冬若虫，同前可兼治其他越冬虫源，或利用铁刷刷除越冬若虫，均有效果。

（2）越冬若虫出蛰活动前可喷布3~5波美度的石硫合剂；第1、2代若虫孵化盛期，结合防治园内卷叶、食叶或叶螨类害虫，喷洒10%吡虫啉可湿性粉剂2000倍液、25%噻嗪酮乳油2000倍液、20%灭扫利乳油、2.5%功夫乳油或2.5%溴氰菊酯乳油2000倍液，或40%毒死蜱乳油1500倍液，防效均好。

（3）加强检疫，防止带虫接穗的引入。

32　康氏粉蚧

【学名】*Pseudococcus comstocki*（Kuwana）
【别名】梨粉蚧、李粉蚧、桑粉蚧。

【分布与寄主】此虫在我国分布于东北、华北、四川等地；国外分布于日本、朝鲜、印度、斯里兰卡、英国、俄罗斯、美国等地。此虫发源于东亚，原记录于日本桑树。主要寄主有梨、苹果、桃、李、杏、樱桃、葡萄、柿、山楂、石榴、核桃、梅、枣、桑、杨、柳、桑、洋槐、榆、瓜类及蔬菜等多种植物。

【被害症状】以成、若虫刺吸寄主的幼芽、嫩枝、叶片、果实及根部汁液。嫩枝叶片被害后常肿胀，或形成虫瘿，树皮纵裂枯死，前期果实被害呈畸型。

【形态特征】（图29）

（1）成虫：雌虫体长3～5mm，扁椭圆形，体粉红色，体外被白色蜡质分泌物，体缘具17对白色蜡刺。体前端蜡丝较短，后端稍长，最末1对几与体等长。触角7或8节，足细长，后足基节具较多透明孔，触角柄节也具几个透明小孔，腹裂一个较大。肛环具内、外缘二列孔。肛环刺毛6根。雄体长约1mm，翅展约2mm，翅仅1对，透明，后翅退化为平衡棒。具尾毛。

（2）卵：椭圆形，淡橙黄色，长约0.3mm，常数十粒成块，外被薄层白色蜡粉，形成白絮状卵囊。

（3）若虫：形似雌成虫，初孵扁卵圆形，淡黄色，复眼近半球形，紫褐色。雌3龄，雄2龄。触角6～7节，粗大；口针伸达腹末。

（4）雄蛹：体长约1.2mm，淡紫色。茧长2.0～2.5mm，白色绵絮状。

【生活史及习性】此虫1年发生2～3代，以卵或受精雌成虫及若虫于被害树干、枝条粗皮缝隙、土块石缝中及其他隐蔽场所越冬。翌春寄主萌发越冬若虫开始危害，受精雌成虫稍取食后边到各种缝隙中分泌卵囊产卵。以卵越冬者开始孵化并爬至嫩组织上危害。第1代若虫盛发期为5月中下旬，成虫盛发期6月下旬至7月初，第2代若虫盛发期为7月中下旬，成虫盛发期为8月中旬至9月上旬，第3代若虫盛发期在8月下旬，成虫盛发期在9月底。雌若虫期35～50天，脱3次皮羽化为成虫。雄若虫期

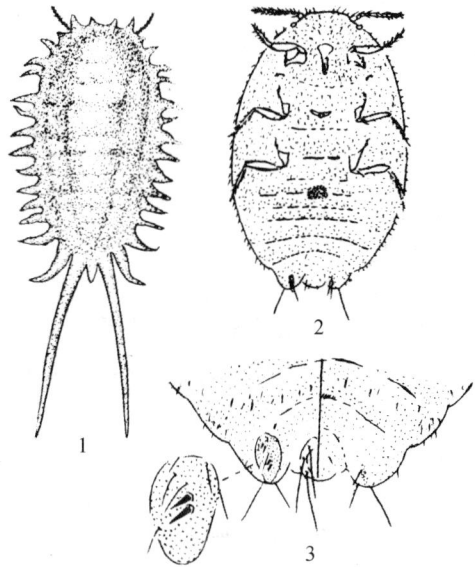

图29　康氏粉蚧
1. 成虫；2. 雌成虫（去蜡腹面观）；3. 雌成虫臀板

25～37天，脱2次皮进入化蛹期并羽化。雌雄虫羽化后即可进行交尾。交尾后雄虫死亡，雌虫经短期取食后爬至适宜场所分泌卵囊，产卵于内。第1、2代卵量每雌约380粒，第3代每雌产卵120粒左右。非越冬卵产于果实萼洼与梗洼内，越冬卵则产于树皮缝隙根际附近土石缝中。

【防治方法】

（1）冬、春刮树皮或用硬毛刷，细铁丝或钢丝刷子刷除缝隙中的卵囊及越冬成、若虫。

（2）晚秋雌虫产卵或越冬前于树干束草诱引产卵或越冬，翌春出蛰孵化前集中烧毁。

（3）若虫孵化后、泌蜡前，均匀喷布各种常规农药，使用常规浓度均有良好防效。

（4）对各种苗木、接穗、砧木应严格检疫，防止或堵绝人为传播蔓延。

（十一）蜡蚧科 Coccidae

雌虫体圆或长卵形，扁平或隆起成半球或圆球形，裸露或稍被蜡质，体壁坚硬或富有弹性。体节分节不明显。具小眼 1 对。喙短，简单。触角通常 6~8 节，有的种类则退化。足的节数正常，但很小。前、后胸气门呈喇叭状，腹部无气门。腹部末端有长短不等的臀裂。体缘生有成列的缘毛或缘刺。雄虫触节 10 节，具单眼，有翅 1 对，足发达，交配器短。

33　日本蜡蚧

【学名】*Ceroplastes japonicus* Green

【异名】*Cerostegia japonicus* De Lotto

【别名】日本龟蜡蚧、柿虱子、龟蜡蚧。

【分布与寄主】此虫在我国分布于河北、河南、山西、山东、陕西、甘肃、江苏、台湾、浙江、福建、湖北、湖南、江西、广东、广西、贵州、四川、云南等地；国外分布于俄罗斯、日本、朝鲜、菲律宾及东亚一带。危害苹果、枣、柿子、梨、李、樱桃、桃、梅、杏、柚、黎檬、柑橘、橙、洋柠檬、桑、山茶、海桐、茶、黄杨、木莲、木兰、含笑、白兰、石榴、黄角树、法桐、重阳木、无花果、枇杷、榅桲、杧果、松柳、雪松、兰花、栀子花、杉木等寄主植物达 41 科 71 属 103 种之多。其中柿子、枣受害最重。

【被害症状】日本蜡蚧主要以成、若虫寄生于寄主的枝干、茎、叶片或果实上，以刺吸式口器吸取组织汁液，被害植株生长缓慢或停止生长而成为"小老树"，在气候潮湿的情况下很容易引起腐生的煤烟病菌发生，污染叶片，严重影响叶片的光合作用，破坏叶片内的新陈代谢，引起植株部分或整株死亡。此虫在山西临汾、襄汾等地区危害枣树与柿树甚为严重，在上海、杭州、武汉等城市已成为绿化植物的严重害虫，因此需引起足够重视。

【形态特征】（图 30）

（1）成虫：雌成虫虫体宽卵圆形，黄红或紫红色，背覆白色蜡质介壳并向上隆起或强烈突起形成龟状凹纹或半球形；体腹面柔软。触角鞭状 5~7 节，第 3 节较长，有时分裂为两节。眼较明显存在，位于体边缘触角基节水平线上。口器刺吸式，喙较发达，位于前足基节之间，间或靠近中足基节。足很发达，跗节较粗，开冠毛粗，顶端膨大。气门发达，喇叭状。气门腺路由三孔腺组成。气门刺不大，圆锥状，其顶端尖锐，数目较多，在成群的气门刺中 2~3 根刺相结合，在两群气门相结合处，某些刺间生有 1~3 根细毛。体前端背部边缘有小刺分行排列，后端体缘则生有细毛亦成列分布。腹面末端有产卵孔。肛环具一列圆形孔，并生有 6 根肛环刺。肛筒边缘生有 8 根短毛，在气门附近有 2~3 个多孔腺。多孔腺在中足基节附近集成 2 小群，在腹部及后足基节附近都有分布。体腹面的二孔腺和三孔腺较致密，并在体缘形成宽带。体背面的腺体有各种结构，通常在背面成带状。管状腺在体两侧常集成狭带。体背面具小刺，腹面具细毛。受精雌成虫回枝时，虫体长约 2.0mm，宽约 1.5mm，蜡壳则圆形或椭圆形，背部向上隆起，直至产卵时呈半球形，体周边有 7 个圆突，此时虫体长约3.0mm，宽约2.0~2.5mm。雄成虫体长约1.3mm，翅展约2.2mm，体为深褐或棕褐色，头与前胸背板色较深，触角鞭状，翅白色透明，具两条明显翅脉，基部分离。

（2）卵：椭圆形，长径约0.3mm，初产时乳白色，后渐变浅黄至深红色，近孵化时为紫色。

（3）若虫：初孵化若虫体扁平，椭圆形，长约0.5mm左右，触角丝状。复眼黑色，足3对细小，腹部末端有臀裂，两侧各有1根刺毛。自若虫在叶上固定12~24小时后，背面开始出现白色蜡点，2~3天后虫体四周显示出白色蜡刺，尾部蜡刺短而缺裂，成对分布于肛板两侧。随着生长发育，蜡壳加厚，并周边伸出15个三角形的蜡芒，头部有尖而长的蜡刺3个，体两侧边及尾部各4个，相继出现雌雄形态分化，雌若虫背部微隆起，周边出现7个圆突，状似龟甲，雄若虫蜡壳长椭圆形，似星芒状。

（4）蛹：仅雄虫在介壳下化为伪蛹，裸式梭形，深褐或棕褐色。翅芽色较淡，蛹体长约1.2mm，宽约0.5mm。

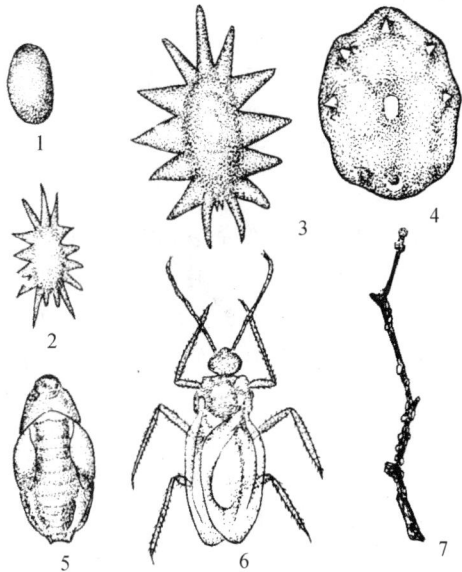

图30　日本蜡蚧
1. 卵；2. 若虫；3. 雄虫蜡壳；4. 雌虫；
5. 雄蛹；6. 雄成虫；7. 被害状

【生活史及习性】

（1）生活史：日本蜡蚧在河北、河南、山东、山西等地每年发生1代，以受精而未发育完全的雌成虫在寄主1~2年生的枝条上越冬。但以当年生枣枝上为最多。越冬雌虫于翌年3月下旬树液流动时开始发育，并继续危害寄主，随着取食，虫体迅速增大，此时为4月中旬。5月底，6月初雌成虫开始产卵，6月中旬为产卵盛期，7月中旬为产卵末期，卵期半月左右。6月起逐渐孵化为若虫，7月的上半月为孵化盛期，7月底基本孵化出壳完毕。若虫从7月底到8月初可以从外形上区分雌、雄，一般雌、雄性比为1:2~3。个别雄虫8月上旬化蛹，8月底、9月初为化蛹盛期，9月下旬化蛹基本完毕，蛹期20天左右。雄成虫始见于8月中旬末，9月下旬为羽化盛期，10月上中旬为羽化末期。雌虫在叶片上危害，一直持续到8月底，同时雌虫与雄虫交配，然后开始逐渐回枝，由叶片逐渐向1~2年生的枝条上转移。9月上中旬为回枝盛期，10月上旬绝大多数已回枝。回枝后，一直固定不动地取食、危害。随着气温的下降，树液停止流动时，该虫也进入越冬休眠期。

（2）习性：

①雌虫雌成虫交配后，转枝过冬。翌年春季再行取食危害，产卵后即死亡。雌成虫产卵时，停止取食，头胸缩小，腹部膨大，腹部各节出现白色蜡质，足离枝皮，虫体靠蜡壳固定于枝条上，蜡壳此时硬而呈灰白色。大量的卵产在虫体下，随着产卵，体腹逐渐向头胸方向收缩。据研究报道，在24小时内，产卵连续不断地进行，夜晚21~22时，气温凉爽、湿度大时是产卵的日高峰期。一头发育正常的雌虫，日产卵量为693粒。不同寄主，

日本蜡蚧产卵的量也不同，例如，每头雌虫平均产卵量在柿树上为 2983 粒，在枣树上为 1286 粒，石榴上 1032 粒，法桐为 2632 粒，重阳木为 2841 粒，大叶黄杨 1284 粒，茶上为 901 粒。据观察，日本蜡蚧开始产卵的 4～5 天卵量较多，约占总卵量的 65%～83%。卵孵盛期比较集中，7 月上半月的孵化出壳率可占到总数的 70%～80%。因此，7 月上中旬是夏季药剂防治的关键期。日本蜡蚧卵的自然孵化率也很高，一般高达 85%～93%，先产下的卵的孵化率高于后产下的卵的孵化率。

②雄虫雄虫羽化后，从蜡壳下爬出，然后飞翔、白天活跃、飞舞，并寻找雌成虫进行交配。交配前，先在雌虫周围飞翔，落下爬行，弹跳，触角来回敲打，然后摆动尾部，同时将交配器由雌成虫尾部插入，送入生殖孔，一头雄成虫可同多头雌成虫进行交配。雄成虫具趋光性，寿命 2 天左右。

③若虫孵化后，沿枝条迁至叶片上，选择固定取食位量时先在正面，后在背面，先主脉，后侧脉，然后是叶面其余部分。正面若虫数量始终大于背面虫数，二者之比约为 3～5：1，有的叶片背面若虫很少，而正面则相当多；若虫上叶速度在孵化前期比后期快得多。根据调查，6 月 20 日左右开始上叶，7 月上旬即达高峰期，7 月底数量增长变缓。因此在若虫固叶期，为有效地控制虫口，减少危害，应在上叶高峰期到达之前的 3～5 天进行一次树上用药。检查防治效果时，应以叶片正面的虫情为主，这样更具有代表性；若虫期的若虫要受到几种致死因子的作用，但由于日本蜡蚧产卵量大，孵化率高，因此若虫期树上喷药是很有必要的，否则，日本蜡蚧除几种致死因子消灭的数量之外，每年仍以上年种群数量的 27 倍递增，因此，首先应考虑压低若虫基数，然后进行后期控制。

【发生与环境的关系】

(1) 气候因子的影响：

①温度：温度是影响日本蜡蚧发生的主导因子。当翌年的平均气温在 10℃ 时，越冬雌成虫随树液的流动开始活动危害，随着气温升高到旬均气温为 22℃ 时，雌成虫开始产卵。当温度为 25～30℃ 时，若虫开始孵化，低于 20℃ 时停止孵化，卵孵化的最适温度为 26.5℃，雄若虫化蛹的温度为 23.8℃，当旬平均气温降到 23.1℃ 时蛹开始羽化，随着旬均温度降到 10℃ 以下时，雌虫开始进入越冬休眠期。

②湿度和降雨：日本蜡蚧成、若虫的自然死亡率除天敌作用外，主要与 7、8 月份的降雨量有关。据调查，降雨大而缓和时自然死亡率低，该虫适宜的相对湿度为 69%～85%，最适相对湿度为 76% 左右，此时的孵化率可达到 100%；如果刚孵化而未固定的若虫遇到急风暴雨时，自然死亡率可达到 95% 以上，因而会使日本蜡蚧的虫口密度大大下降。

③风与气流：风是日本蜡蚧传播、扩散、蔓延的主导因子，也是降低自然种群的主要原因。日本蜡蚧卵的孵化率高、卵期死亡率低，其主要原因是与该蚧卵被保护在雌成虫蜡壳下有直接的关系；若虫扩散期死亡率最高，这个时期的若虫体上无蜡壳保护，最易受到风与气流的影响，除此之外还有雨及捕食性天敌。据调查，在日本蜡蚧发生的田间、树下、地表、附近杂草、农作物等处均落有大量初孵若虫。固叶期、固枝期由于虫体被有蜡壳，具有较强的保护力，因而死亡率比较稳定；刚孵若虫如遇到一定的风力，促使叶片与叶片、枝条与枝条的相互接触和联系，这样就大大地提供了传播日本蜡蚧的机会与途径。与此同时，气流上下前后作定向对流的同时，便把刚孵化而未固定的日本蜡蚧若虫传至附近甚至较远的寄主上发生危害，雄虫可借助风力进行远距离的交配。这些都为日本蜡蚧远距离扩散、蔓延、生存提供了条件。

（2）食料条件的影响：由生物学观察，发现日本蜡蚧有较强的趋嫩寄生习性。据调查，枝龄差异对日本蜡蚧死亡率影响很大。在同等密度条件下，1年生枝条上日本蜡蚧的死亡率最小，3年生枝条上死亡率最大，2年生枝条上的死亡率居前两者中间。显然，枝龄差异主要表现在枝条韧皮部木质化程度不同，枝条老、木质化程度高，不利于日本蜡蚧刺吸，从而影响发育，枝条嫩，营养、水分明显比老枝条丰富，有利于该虫刺吸取食和发育，死亡率就低。这也是日本蜡蚧趋嫩性的本质原因。在相同的寄主上，虫口密度的大小对日本蜡蚧的死亡率也有明显的影响。虫口密度小时，蚧虫相互间很少发生寄生位置与营养方面的竞争，因而死亡率低，如果虫口密度大，相互间在空间上和食料上均发生竞争，由此导致蚧虫发育不良和死亡率高的现象。

（3）天敌的影响：据以往与近年来各地调查，发现了许多种日本蜡蚧的天敌，对日本蜡蚧的自然控制具有明显的效果。

①捕食性天敌：

瓢虫类：捕食日本蜡蚧的瓢虫有七星瓢虫［*Coccinella septempunctata*（L.）］、龟纹瓢虫［*Propylea japonica*（Thun.）］、红点瓢虫（*Chilocorus kuwanae* Silvestri）、多异瓢虫［*Adonia variegate*（Goeze）］、异色瓢虫［*Harmonia axyridis*（Pallas）］等，其中七星瓢虫数量最大，对日本蜡蚧卵与初孵若虫具有明显的控制作用，尤其在间作小麦的果园，小麦收割后，大批瓢虫迁移上树，取食蚧卵及初孵若虫。

草蛉类：草蛉类主要发生在6~9月，其幼虫和成虫均取食日本蜡蚧的卵。种类包括丽草蛉（*Chrysopa formosa* Brauer）、叶色草蛉（*Chrysopa phyllochroma* Wes.）、大草蛉（*Chrysopa septempunctata* Wes.）、中华草蛉（*Chrysopa sinica* T.）等。

②寄生性天敌：

寄生蜂类：它对日本蜡蚧控制能力大，其主要原因有二：首先，1年发生1代的日本蜡蚧要受到1年发生少则2代多则3~4代的寄生蜂的寄生。其中两次最有效，一次是对叶部固定期的3龄若虫和刚发育成的成虫的寄生，其寄生率平均在15%左右；另一次是对枝干固定期的越冬雌成虫，其寄主率可高达24%左右。其次是每种寄生蜂均属单寄生性的，即一头寄蜂可寄生多头蚧虫。寄生蜂主要种类有：长盾金小蜂（*Anysis* sp.），属金小蜂科，该小蜂1年发生2代，以初孵幼虫外寄生于日本蜡蚧雌虫腹下过冬，越冬代寄生率可达10%左右，第1代寄生率可达50%。红蜡蚧扁角跳小蜂（*Anicetus beneficus* Ishii）属跳小蜂科，该小蜂1年发生3~4代，以幼虫在日本蜡蚧雌成虫体内过冬，各代寄生率分别可达2%左右。蜡蚧扁角短尾跳小蜂（*Anicetus ongushii* Tachikawa），属跳小蜂科，1年发生3~4代，以幼虫在日本蜡蚧雌成虫体内过冬，各代寄生率分别可达2%左右。夏威夷软蚧蚜小蜂（*Coccophogus hawaiiensis* Compere），属蚜小蜂科，该小蜂1年发生3~4代，以幼虫在日本蜡蚧雌成虫体内越冬，各代寄生率可达2%左右。蜡蚧花翅跳小蜂（*Microterys speciosus* Ishii），属跳小蜂科，寄生率为1%左右。豹纹花翅蚜小蜂［*Marietta picat*（Andr'e）］，属蚜小蜂科，寄生率为1%左右。赛黄盾软蚜小蜂（*Coccophagus ishii* Compere），属蚜小蜂科，该小蜂1年发生3~4代，以幼虫在日本蜡蚧雌虫体内越冬，各代寄生率一般可达2%~3%。

霉菌类：主要有*Entomophthora flasenii*，蚧虫排泄大量的蜜露，蜜露中含有大量的水分、糖分、氨基酸等，是霉菌的良好培养基。排出的蜜露感染霉菌后，霉菌即可在这些地方生长起来。观察表明，霉菌旺盛生长之处，蚧壳体上蜡壳发生融溶，使蜡质变软，密闭虫体，使该虫窒息而死。同时霉菌的发生很容易引起烟煤病菌发生，在烟煤病菌发生高度密集的地方，对蚧虫的致死作用也较大，这一结论已被 F. S. Bodenheimer 教授（1935）所证实。

【虫情测报】自6月上旬开始，每隔5天从不同果园中，分别采集有虫枝条，观察记载雌蚧壳下方的卵、孵化若虫和自然死亡率等情况，然后计算出比例。虫害发生严重的果林，其孵化盛期（即若虫出壳率达40%左右）和末期是防治关键期，此时应及时组织喷药防治。发生轻的果园，可在该虫孵化末期喷药一次即可。

【防治方法】

（1）人工防治：通过适度修剪，剪除干枯枝与过密枝，不适宜的有虫枝条，以减少病虫枝数量，同时结合刮、刷等人工防治，可将该虫消灭95%以上，这是一种简易有效的群众性除虫灭虫方法，这项工作从11月到翌年3月均可进行；在滴水成冰的严冬，喷水于枣枝上，连喷2~3次，使枝条结满较厚冰块，再用木棍敲打树枝将冰凌振落，越冬雌成虫可随同冰凌一起振落。此法节约开支，简便易行，有一定效果。

（2）保护和利用天敌：日本蜡蚧的天敌资源十分丰富，捕食与寄生率均较高，因此，注意保护和利用天敌昆虫，使其起到控制日本蜡蚧的作用。保护和利用日本蜡蚧的天敌应注意以下几点：

①在防治日本蜡蚧及其他害虫时，应尽量错开寄生蜂羽化高峰期。

②施药时应以生物农药如苏云金杆菌、青虫菌等药剂防治为主。尽量少用或不同广谱性化学杀虫剂。

（3）化学防治：日本蜡蚧卵孵化后的5天左右为树上用药的关键期，并要求在2~3天内用完一遍，大发生年份，应在卵孵盛期和末期各喷1次。农药应选用：25%噻嗪同乳油2000倍液，20%氯氰菊酯乳油2000倍液，20%灭扫利乳油2000倍液，2.5%功夫乳油2000倍液，2.5%联苯菊酯乳油2000倍液，40%毒死蜱乳油1000~1500倍液，2.5%溴氰菊酯乳油2000倍液，40%地亚农（二嗪农）乳油1000倍液，25%喹硫磷乳油2000倍液，或50%敌敌畏乳油800倍液，防治效果均好。另外，冬季结合人工防治可喷布3~5波美度石硫合剂并加入0.3%的洗衣粉，以增加其展着力与湿润作用；或喷布3%~10%的柴油乳剂。

34 朝鲜球坚蜡蚧

【学名】*Didesmococcus koreanus* Borchs.

【别名】朝鲜球坚蚧、桃球坚蚧。

【分布与寄主】此虫在我国分布于东北、华北、江苏、江西、浙江、湖北、四川、云南等地；国外分布于朝鲜等地。寄主有李、杏、桃、梅、樱桃、山楂、苹果、梨、楹梓等多种植物。

【被害症状】以若虫和雌成虫刺吸枝干、叶片的汁液，同时排泄蜜露可诱致煤烟病发生，削弱树势，影响光合作用，重者枝条或整株干枯死亡。

【形态特征】（图31）

（1）成虫：雌成虫体近球形，后面垂直，前、侧面下部凹入。触角6节，第3节最长。足正常，跗冠毛、爪冠毛均细。初期介壳质软黄褐色，后期硬化紫色，体表皱纹不显，背面具纵列刻点3~4行或无规则，体腹部淡红色，腹面与贴枝处具白蜡粉。雄虫体长约1.5~2.0mm，翅展约5.5mm，红褐色，腹部淡黄褐，眼紫红色，触角丝状10节，上生黄白色短毛。前翅白色透明，后翅特化为平衡棒。介壳长，扁圆形，蜡质表面光滑。

（2）卵：长约 0.3mm，卵圆形，半透明，粉红色，初产白色，卵壳上有不规则纵脊并附白色蜡粉。

（3）若虫：初龄体扁，卵圆形，浅粉红色，腹末具 2 条细毛；固着后的若虫体长约 0.5mm，体背被丝状蜡质物，口器棕黄约为体长的 5 倍。越冬后若虫体浅黑褐色并具数十条黄白色条纹，上被薄层蜡质。雌性体长 2.0mm 左右，有数条紫黑色横纹；雄略瘦小，体表近尾端 1/3 处有 2 块黄色斑纹，体表中央具 1 条浅色纵隆线，向两侧伸有较显的横隆线 7~8 条。

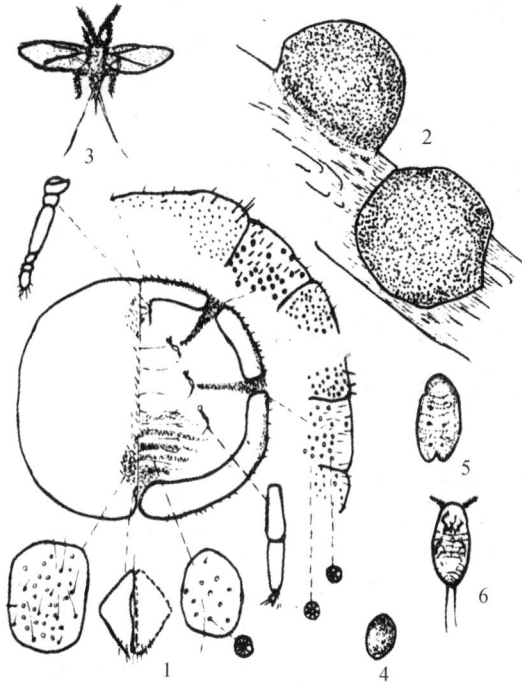

图 31　朝鲜球坚蜡蚧
1. 雌成虫；2. 雌介壳；3. 雄成虫；4. 卵；5. 雄蛹壳；6. 初孵若虫

（4）雄蛹：裸露赤褐色，体长约 1.8mm，腹末具黄褐色刺状突，茧长卵圆形，灰白色半透明。

【生活史及习性】此虫 1 年发生 1 代，以 2 龄若虫越冬。翌年春季树液流动后开始出蛰在原处活动危害，3 月下旬至 4 月上旬分化为雌雄性，4 月中旬出现雌、雄成虫，5 月上旬雌虫产卵于介壳下，5 月中旬为若虫孵化盛期。初孵若虫沿枝条迁至叶背固着危害，体背分泌极薄蜡质覆盖，到 10 月脱皮变为 2 龄，然后迁回枝条危害一段时间后即越冬。雌、雄虫皆为 3 龄，脱 2 次皮，单雌产卵 2500 粒左右，行孤雌与两性生殖，雌、雄性比为 3:1，全年以 4 月中旬至 5 月上中旬危害最盛。

【防治方法】

（1）保护天敌：七星瓢虫、黑缘红瓢虫等都是朝鲜球坚蚧的优势天敌，充分利用天敌抑制球坚蚧的发生，尽量不用或少用广谱性杀虫剂。

（2）春季雌虫膨大时人工刷除虫体。

（3）药剂防治：在发生量大、危害面积广的情况下，必须采用化学防治措施。

①防治适期：不同时期施药对朝鲜球坚蚧防治效果差异较大，药剂防治以 1 龄若虫盛孵期和越冬若虫出蛰期防治效果最理想。最好 5 月中下旬初龄若虫盛期防治，此时虫体表面尚未形成蜡层，抗药能力弱。以 2 龄若虫越冬期和雌成虫产卵期施药防治，效果均不理想，此时越冬期若虫虫体表面覆有较厚的蜡质，影响药效发挥。

②药剂选择：在防治适期喷施 25% 扑虱灵可湿性粉剂 1000 倍液。发芽前喷施 5 波美度石硫合剂。

35　枣球蜡蚧

【学名】*Eulecanium gigantea*(Shinji)

【别名】瘤坚大球蚧、枣大球蚧。

【分布与寄主】此虫在我国分布于河北、河南、山西、山东、宁夏、安徽、江苏、陕西、甘肃、辽宁、青海、内蒙古等地；国外分布于日本等地。寄主有枣、刺槐、苹果、梨、核桃、海棠、玫瑰、紫薇、酸枣、柿、山荆子、杨、紫穗槐、复叶槭等多种植物。

【被害症状】以若虫、雌成虫固着于枝干上刺吸汁液，同时排泄蜜露诱致煤污病的发生，影响光合作用，轻者削弱树势，重者出现干枝枯梢，甚至全株枯死。

【形态特征】（图 32）

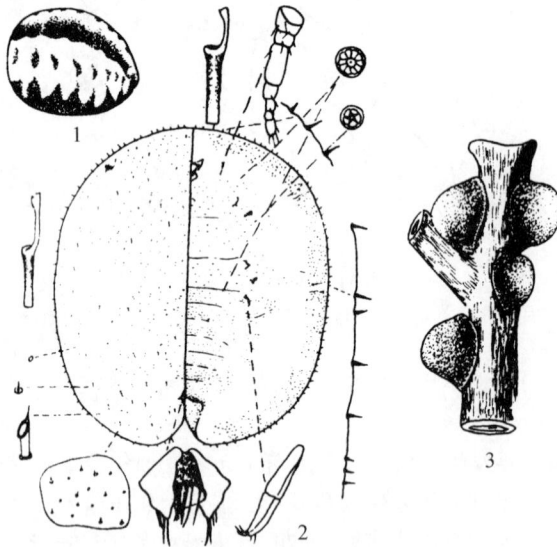

图 32　枣球蜡蚧
1. 雌成虫外观；2. 雌成虫形态特征；3. 被害状

（1）成虫：雌体长与宽均约为 18mm，高约 14mm。体背常为红褐色，具灰褐色花斑，排为中纵带 1 条，齿状边缘带 2 条。其间具 8 个斑点成列状分布。虫体多后倾，体背覆绵绒状蜡被。受精产卵后，体背常硬化而成黑褐色，虫体呈半球形，灰褐色花斑及绒毛状蜡被均被消失，除体背具个别凹点外，已呈光滑黑褐或棕褐色外壳状。雄体长约 2.0mm，宽 0.4~0.6mm，翅展约 5.0mm 左右。头部黑褐，前胸及腹部黄褐，中后胸红棕色，触角丝状，10 节，具长毛，翅 1 对透明，锥状交配器 1 根，白色尾毛 2 根。

（2）卵：长约 0.30mm，宽约 0.14mm 左右，长卵形，黄褐色，被白色蜡粉。

（3）若虫：初龄长卵形，橘色，被薄层白色蜡质，白色尾毛外露，触角丝状 9 节。2 龄前期淡黄，体缘具 14 对蜡片，背部具前后 2 个环状壳点；后期体长 1.2~1.4mm，长卵形，黄褐色。背部具前、中、后 3 个环状壳点。

（4）雄蛹：长卵形，蛹前期淡褐，眼点红色；蛹后期深褐，体被白色绵绒状蜡被。

【生活史及习性】 此虫 1 年发生 1 代，以 2 龄若虫于枝干皱缝、叶痕处群集越冬。翌年树液流动后开始活动危害，并陆续向枝上转移，4 月下旬开始羽化，5 月初交尾、产卵，卵产于母壳下。5 月下旬初孵若虫活动，若虫期从 5 月下旬至翌年 4 月。成虫羽化多集中在早晨 7~9 时，羽化后即可交尾。单雌产卵约 2500 粒，初孵若虫在寄主叶片或枝上爬行 1 天左右，即固定于叶背、嫩梢、枝干上危害。8 月陆续迁至 1~2 年生枝条上越冬。

【防治方法】 参照 P_{46} 日本蜡蚧的防治方法。

36 桃球蜡蚧

【学名】 *Eulecanium kuwanai*(Kanda)

【别名】 槐花球蚧、皱大球蚧。

【分布与寄主】 此虫在我国分布于辽宁、河北、山西、山东、宁夏等地；国外分布于日本等地。主要危害苹果、桃、杏、槟子、杨、柳、榆、槐、槭等多种寄主植物。

【被害症状】 同 P_{42} 日本蜡蚧。

【形态特征】（图 33）

（1）成虫：雌体长 5~6mm，宽 4.8~5.6mm，高约 5.5mm，产卵后介壳黄褐色，具虎皮状深褐色斑纹，背中线宽而明显，从头直延至尾，臀裂分泌有白色蜡粉，卵孵后介壳干缩。雄体细小，长约 1.5mm，赤褐，复眼突出，腹端具 2 长白色蜡丝，针状交配器浅黄色。雄蛹壳牡蛎状，灰白色，壳面具龟裂状分格，腹端臀裂明显。

（2）卵：微小，长圆形，粉红或浅黄色，数千粒堆集于母壳下。

（3）若虫：初孵卵圆形，粉红色，后渐呈灰棕色，体表分泌有蜡质。单眼红色，尾部具两根肛环刺毛。老熟若虫青灰色，背部明显龟裂状。越冬若虫浅红褐至暗褐色，扁平，背面略隆，中央有 1 条纵隆线，两侧具细横皱纹。

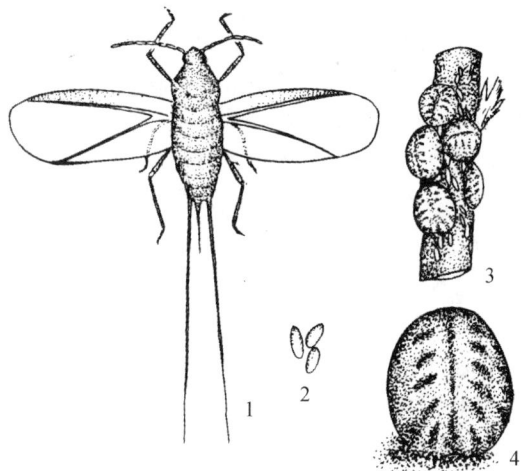

图 33 桃球蜡蚧
1. 雄成虫；2. 卵；3. 危害状；4. 雌成虫

（4）雄蛹：裸蛹，体长约 2mm，浅褐或浅紫褐色。

【生活史及习性】 此虫 1 年发生 1 代，以若虫于当年生枝上群集越冬。翌年树液流动后继续危害，4月中旬雌、雄分化，5月初雌、雄羽化并交配，5月中下旬产卵，单雌平均卵量3587粒，卵于6月初至6月中旬孵化，新孵若虫转移到树叶的叶脉处危害长达3个月，到10月脱皮变为2龄，寄主落叶前迁回1~2年生枝上越冬。该虫多行孤雌生殖，虫口密度大时行两性生殖。天敌有一种蚧小蜂和一种瓢虫。

【防治方法】 参照 P₄₆ 日本蜡蚧的防治方法。

37　褐盔蜡蚧

【学名】 *Parthenolecanium corni*(Bouché)

【别名】 水木坚蚧、扁平球坚蚧、东方盔蚧。

【分布与寄主】 此虫在我国分布于黑龙江、吉林、辽宁、内蒙古、新疆、甘肃、宁夏、青海、陕西、山西、河南、河北、山东、江苏、浙江、安徽、湖北、湖南、四川等地；国外分布于伊朗、朝鲜、美国、俄罗斯、加拿大及西欧、北非等地。主要寄主有苹果、梨、山楂、葡萄、槟沙果、桃、李、杏、核桃、酸梅、枣树、莓、文冠果、沙果、桑以及一些林木树种。

【被害症状】 以若虫和雌成虫刺吸寄主枝、叶、果实汁液，排泄蜜露诱发煤烟病，影响光合作用、削弱树势，严重时枝条干枯或全株死亡。

【形态特征】 (图34)

(1) 成虫：雌体长 6.0 ~ 6.3mm，宽 4.5 ~ 5.3mm，卵圆或近圆形，体背稍隆，黄褐或暗棕色，体缘倾斜并具放射状隆起线。体背中央有4列纵排断续的凹陷，凹陷内外形成5条隆脊，腹末具臀裂缝。

(2) 卵：长卵圆形，长径 0.20 ~ 0.25mm，短径 0.10 ~ 0.15mm，初产卵为白色半透明，后变淡黄、粉红色。

(3) 若虫：1、2龄体长 0.4 ~ 1.0mm，体扁平黄白或黄褐色。背面稍隆，中央具一条灰白色纵线。触角念珠状。腹末具1对白色长尾毛。3龄雌若虫体长 1.2 ~ 4.5mm，浅灰或灰黄色，体缘常出现皱褶，似雌成虫。

(4) 雄蛹：体长 1.2 ~ 1.7mm，暗红色，腹末具明显的"叉"字形交尾器。

【生活史及习性】 此虫1年发生1代，但葡萄1年发生2代，以2、3龄若虫于嫩枝、嫩皮、树皮裂缝、叶痕、枝杈皱褶等处越冬。当日均温达9.1℃时，越冬若虫开始移动至1~2年生枝上固定危害。4月中旬开始产卵，4月下旬为盛期，5月上旬为末期，单雌平均产卵1260粒，卵期20余天，5月始见若虫，6月为孵化盛期。初孵若虫经2~3天后由雌介壳臀裂处爬至枝叶或果实上危害，6月

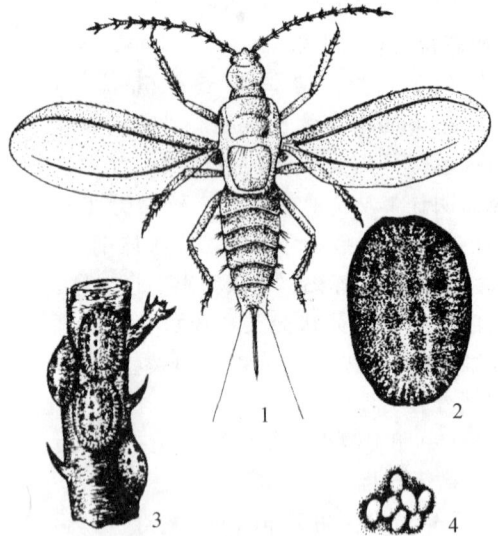

图34　褐盔蜡蚧
1. 雄成虫；2. 雌成虫；3. 危害状；4. 卵

下旬由叶、果迁至嫩枝上固定危害一直到越冬。在糖槭、葡萄上危害的若虫到1月中旬性成熟开始产卵。7月底孵出的若虫爬至嫩枝或果实上危害至9月底，并开始迁至主干或粗枝上的裂缝、翘皮下越冬。

此虫行孤雌和两性生殖，不同季节与不同的寄主部位常左右个体发育时间的长短与卵量的多少。温度与湿度左右卵发育进程。月均温18℃时，卵需经30余天才孵化，如30.5℃只需20余天。平均气温为19.5～23.4℃，相对湿度为41%～50%时孵化率最高。超过25.4℃，相对湿度低于38%，卵孵率能降低89.3%，初龄若虫经8天左右进入2龄，2龄若虫期约60余天，3龄若虫经短期活动后大多在嫩枝上固定，但少数固定在叶、果上的若虫常随叶落和摘果而亡。

【防治方法】 参照P$_{46}$日本蜡蚧。

38　西府球蜡蚧

【学名】 *Rhodococcus sariuoni* Borchs.

【别名】 苹果球蚧、沙里院球坚蚧、沙里院褐球蚧、樱桃朝球蚧。

【分布与寄主】 此虫在我国分布于东北、华北、西北等地。寄主有苹果、山楂、梨、绣线菊及桃等多种植物。

【被害症状】 同P$_{50}$褐盔蜡蚧。

【形态特征】 （图35）

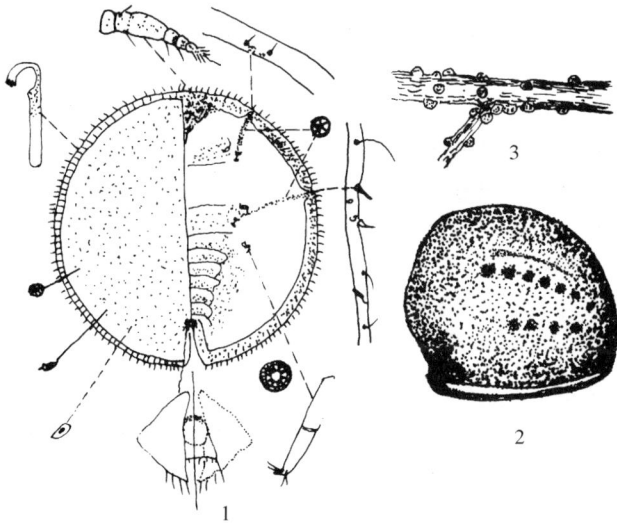

图35　西府球蜡蚧
1. 雌成虫形态特征；2. 雌成虫外观；3. 寄主上的越冬若虫

（1）成虫：雌体长4.0～7.0mm，宽4.0～4.8mm，高2.8～5.0mm，赭红或褐色，体后半部有4纵列凹点，并有若干小突点，产卵前后均呈球形。雄体长约2.0mm，宽约0.8mm，翅展约5.5mm。浅棕红色，触角10节，第4节较长，上生细毛。眼黑褐色，翅1对发达，半透明，翅脉1条分2叉。

（2）卵：椭圆形，长径约 0.5mm，短径约 0.3mm。肉色，被白色蜡粉，孵化前出现红色眼点。

（3）若虫：初龄长卵形，浅黄色，长约 0.55mm。体背中央有 1 条灰色纵线，触角与足发达，腹末两侧微突，上各生 1 根长毛，固定取食后，体色变为浅黄白色，长约 1mm，长椭圆形，扁平。背中央纵向稍隆起。越冬后若虫雌、雄分化，雌体迅速膨大呈卵圆形，深褐色，表面被薄蜡粉。雄体长椭圆形，褐色，体背微隆，表面被灰白蜡粉。

（4）雄蛹：长卵形，浅褐色长约 2mm。

【生活史及习性】 此虫 1 年发生 1 代，以 2 龄若虫于 1~2 年生枝上、芽旁及树皮缝隙处越冬。翌年寄主树液流动后开始在原处活动危害，4 月下旬至 5 月上中旬为成虫羽化期。在发生轻的年份，很少出现雄虫，行孤雌生殖。但在发生重的年份，雌雄性比可达 1∶3.5，雄虫寿命短，交配后即死亡，雌虫体继续膨大呈近球形，并排泄大量黏液，逐渐虫体变硬。5 月中旬开始产卵于介壳下，单雌产卵约 2080 粒，但多者可达 6000 粒。5 月下旬开始陆续孵化。初孵若虫自雌介壳内爬出至叶背、叶面、嫩枝上固着危害，但发育极为缓慢。到 10 月，寄主开始落叶前进入 2 龄，并陆续迁至 1~2 年生枝条、芽旁等处越冬。

【防治方法】

（1）寄主芽膨大期喷布 3~5 波美度石硫合剂或 5% 柴油乳剂，消灭越冬若虫。

（2）卵孵盛期和分散转移期喷布 10% 吡虫啉可湿性粉剂 2000 倍液或 48% 毒死蜱乳油 1500 倍液均有理想的防效。

（3）冬春结合修剪，剪除虫枝，以减少虫源。

（十二）盾蚧科 Diaspidiae

雌、雄异型。雌成虫身体被有若虫的两次脱皮及分泌物所形成的介壳所遮盖。头与前胸常愈合，中、后胸与腹部分节明显，腹末 5~8 节常愈合成一整块称为臀板。雄虫介壳由第 1 次脱皮及分泌物所组成，雄成虫触角丝状 10 节，单眼 4~6 个。翅大多存在。本科种类广布于世界各大动物区，是林木、果树、经济作物、观赏植物的主要害虫之一。

39　梨枝圆盾蚧

【学名】 *Diaspidiotus perniciosus*（Comstok）

【异名】 较多，主要有 *Aspidiotus pernicious* Comstock；*Quadraspidiotus perniciosus*（Comstock）；*Aonidia fusca* Maskell；*Hemiberlesiana perniciosa* Lindinger

【别名】 梨笠圆盾蚧、梨圆蚧。

【分布与寄主】 梨枝圆盾蚧分布于世界各地，危害寄主有苹果、山楂、梨、核桃、葡萄、樱桃、李、杏、桃、梅、柿、椴梓及许多林木观赏植物共约 230 种，为我国外检疫对象。

【被害症状】 以若虫和雌成虫寄生于枝干刺吸汁液，引起皮层木栓化以及使韧皮部、导管组织衰弱，皮层爆裂，抑制生长，引起落叶，严重时枝梢干枯或全株死亡，危害果实多集中于萼洼及梗洼处，被害部出现紫色斑点，严重时阻碍果实生长，降低果品质量。

【形态特征】 （图 36）

（1）成虫：雌体长 0.93~1.65mm，宽 0.75~1.53mm。眼足退化，口器发达，位于腹面中央，臀板极小，近三角形，稍硬化，中臀叶端圆、紧靠，内缘弯曲，具1缺刻，第2对臀叶小但发达硬化，外缘具1~2缺刻，锯齿状有或无。第3对叶不明显。介壳近圆形，灰白或灰褐且具同心轮纹。直径约1.8mm，脱皮壳黄或黄褐位于介壳中央。雄体长约0.6mm，翅展约1.32mm。黄白，眼暗紫红，触角念珠状，11节，口器退化，翅卵圆形透明，交尾器剑状，介壳长形，脱皮壳位于一端。

(2)卵：长约0.23mm，长卵形，初乳白，渐变黄至橘黄，孵化前橘红。

(3)若虫：初龄卵圆形，橙黄色，长约0.2mm，触角及喙发达，尾端具2根毛。脱皮变为2龄后，触角、足及眼均消失，外形似雌成虫。

(4)雄蛹：体橘黄，长约0.6mm左右，眼点暗紫色，触角、足正常，腹末性刺芽明显，有毛2根。

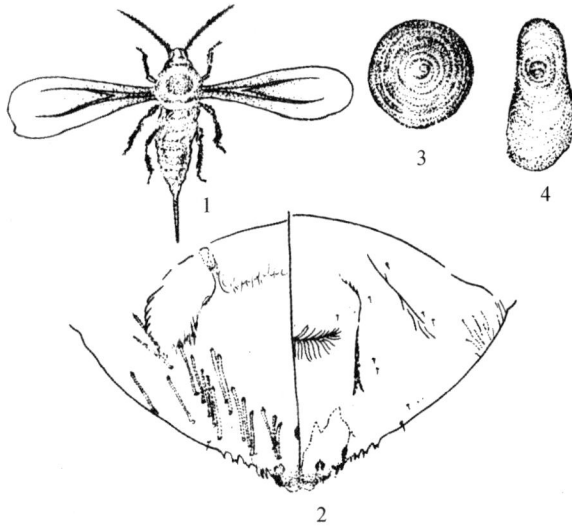

图36 梨枝圆盾蚧
1. 雄成虫；2. 雌成虫臀板；3. 雌介壳；4. 雄介壳

【**生活史及习性**】此虫南方1年发生4~5代；北方2~3代，其中梨、山楂等寄主年生2代，苹果年生3代，均以2龄若虫和少数受精雌成虫于枝干上越冬。翌春树液流动后开始继续危害，继后脱皮分化为雌雄，5月中下旬至6月上旬羽化为成虫，羽化后即行交尾。交尾后雄虫死亡，雌虫继续取食至6月中旬开始卵胎生产仔，至7月上中旬结束，每雌胎生若虫百余头。产仔期约20天，6月底前后为产仔盛期。第1代成虫羽化期为7月下旬至8月中旬，产仔盛期在9月上中旬。产仔期约38天。3代区各代若虫出现期为：第1代5~7月；第2代7月下旬至9月；第3代8月底至9月上旬。由于越冬虫态各异，以雌虫越冬者5月中旬左右产仔，以若虫越冬则6月中旬左右产仔，相差月余，加之产仔期均在30天左右，由此造成以后世代重叠，从5月中旬至10月均可在田间见到成、若虫发生危害。至秋末以2龄若虫及少数受精雌成虫越冬。此虫行两性生殖，据国外(Maskimova)报道，当每平方厘米有虫149头时，死亡率达86.5%。高温、干旱季节，固着不久的初龄若虫常大量死亡。同寄主不同部位、不同品种间受害轻重有明显差异。据报道，此虫天敌有瓢虫与寄生蜂等数十种。

【防治方法】

(1)加强检疫：对向外地调运的苗木、接穗严加检查，防止此虫随苗木传播蔓延。

(2)越冬期防治：梨圆蚧在梨树上常点片严重发生，因此可采用人工刷擦越冬若虫的方法。梨圆蚧在苹果树上发生分散普遍，不易进行人工刷擦，可在早春3月中下旬越冬若虫开始危害以前，喷化学农药防治，也可在发芽前用5波美度石硫合剂。由于苹果树发生的梨圆蚧世代重叠严重，越冬期防治非常重要。

(3)生长期防治：在若虫爬行前，用粘虫胶涂干粘住害蚧，使其与寄主植物隔离且不得移动而饥饿、风干死亡。若虫分散转移期分泌蜡壳之前药剂防治较为有利，为提高杀虫效果，药液里最好加入0.1%～0.2%的洗衣粉。常用药剂有10%吡虫啉可湿性粉剂2000倍液，20%灭扫利乳油2000倍液等。

(4)注意保护和引放天敌：果园害蚧的天敌有日本方头甲、瓢虫等，尤以红点唇瓢虫为主；梨圆蚧的寄生蜂有13种之多。在无人为作用条件下，害蚧不会对果树构成危害。在梨圆蚧若虫爬行期不喷杀虫剂，为保护寄生蜂改喷洗衣粉300倍液和0.3波美度石硫合剂，既保护了寄生蜂，又有效地防治了梨圆蚧。

40   梨蛎盾蚧

【学名】 *Lepidosaphes pyrorum* Tang

【分布与寄主】 在我国分布于山西同川等地，主要危害梨。

【被害症状】 以雌成虫和若虫刺吸枝叶、果实汁液，同时排泄蜜露可诱致煤烟病发生，枝叶受害后出现焦枯和失绿角斑，果实受害部常凹陷。严重时影响光合作用，出现树势衰弱，或枝条干枯以致全株枯死。

【形态特征】 (图37)

(1)成虫：雌体长1.30～1.45mm，宽0.60～0.65mm。体纺锤形，头端狭，腹端宽，腹末钝圆。各腹节两侧略有叶状突起，触角具2根毛，前胸气门腺4～7个。阴门周腺5群，前群9～16个，前侧群20～23个，后侧群15～21个。亚缘疤只见第6腹节。臀板宽大，臀叶2对，臀背缘管大，每侧排列为1、2、2、1。雌介壳黄褐色，脱皮壳橘色，突出于头端。雄体长约0.45mm，翅展约1mm，淡紫色，触角与足黄白色，前翅白色透明，交配器针状较长。雄介壳长形，壳点1个，余均似雌介壳，但长仅为雌介壳1/3大。

(2)卵：卵圆形，橘黄色，长径0.21～0.27mm。

(3)若虫：初孵扁卵圆形，浅黄白色，体长0.28～0.37mm。触角与足正常，固定取食后，体背分泌白色蜡质，同时足与触角退化。以后发育的形状，质地均似雌介壳。

【生活史及习性】 此虫在山西同川1年发生1代，以卵于雌介壳下越冬。翌年5月上旬开始孵化，5月中旬为盛期，6月初为末期。6月上旬已有大批若虫固定于枝干、叶片及梨果上危害。雌若虫历期约40天脱2次皮，雄若虫历期约20天脱1次皮，然后化蛹。雌、雄成虫于7月中旬前后羽化，羽化当日即可交尾，交尾后雄虫死亡，雌虫继续取食危害。至8月中旬开始产卵，8月下旬为盛期，卵产于雌介壳下，以卵越冬。产完卵的母体即干缩死亡。单雌卵量100～210粒，产卵历期约15天。8月中旬至10月初均可见到产卵。据研究报道，该虫的天敌除瓢虫与草蛉外，还有桑盾蚧黄金蚜小蜂[*Aphytis proclis*(Walker)]和牡蛎蚧蚜小蜂(*Physus testaceus* Masi)两种寄生性小蜂，其寄主率分别为20%和15%。

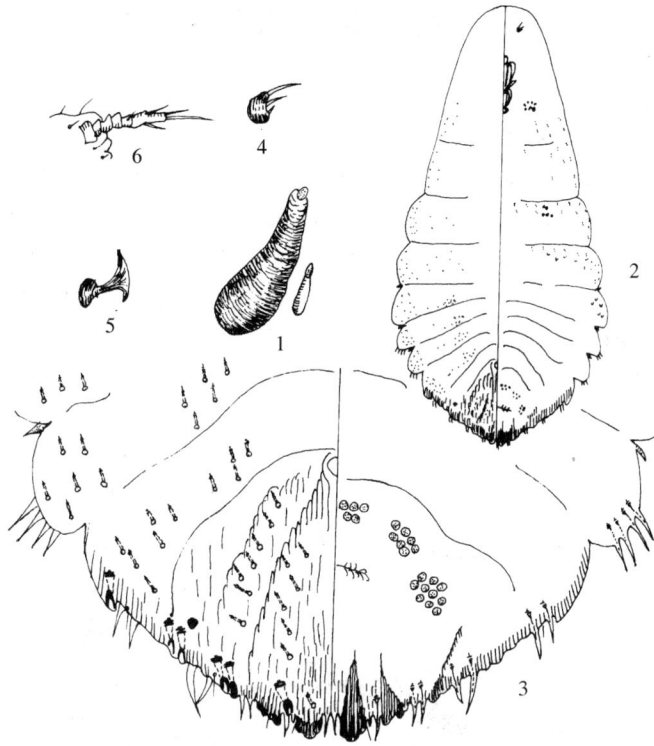

图 37　梨蛎盾蚧
1. 雌、雄成虫介壳；2. 雌虫特征；3. 雌虫臀板；
4、5. 雌虫触角及气门；6. 若虫触角

【防治方法】

(1)人工防治：结合冬季和早春修剪管理，剪除虫口密度大的枝条，对结果枝可用硬刷或钢丝刷、破麻袋片刷或破鞋擦除有虫枝上的越冬卵。并将剪下的枝条集中烧毁。

(2)化学防治：

①卵孵盛期和若虫分散转移期喷布农药，为提高防效，在第 1 次喷药后 10 天左右，应再补喷 1 次。喷药时应在药剂中加入 0.2% 左右的中性洗衣粉，以提高虫体对药剂的吸附能力。常用药剂有 25% 噻嗪酮乳油 2000 倍液，或 2.5% 敌杀死或功夫乳油或 20% 灭扫利或来福灵乳油或杀灭菊酯乳油 2000 倍液，或 10% 氯氰菊酯或联苯菊酯乳油 2000 倍液；有机磷农药如 40% 毒死蜱乳油或 50% 杀螟硫磷乳油 1500 倍液。

②危害期结合防治蚜虫、螨类等吸汁性害虫，采用涂茎或注药法防治。涂茎时先将涂干处环割粗皮，用 40% 毒死蜱乳油 10～20 倍液环涂 1 周，宽 10～15cm，隔 1 周再补涂 1 次，涂药环处束塑料薄膜防效更佳。或用车条于枝干上刺孔到木质部，向下倾斜 45°角，孔数以树龄大小定。注入上述药液 1～3ml/孔。如效果不佳 10 天后再补注 1 次。

(3)保护天敌：有条件的地方可引放天敌。

(4)加强对苗木、砧木、接穗调运的检疫，防止人为扩展蔓延。

41　榆蛎盾蚧

【学名】 *Lepidosaphes ulmi* L.

【别名】 榆牡蛎蚧、苹果牡蛎蚧。

【分布与寄主】 此虫在我国分布于东北、山西、山东、河南、河北、江苏、江西、广东、广西、湖北、湖南、新疆、浙江、安徽、福建、四川、云南、台湾等地；国外分布于亚洲、欧洲、南北美洲、大洋洲等地区。寄主有苹果、梨、李、山楂、杏、桃、海棠、山荆子、梅、樱桃、醋栗、核桃、柑橘、茶、榅桲、杨、柳、椴、玫瑰等多种植物。

【被害症状】 同 P_{54} 梨蛎盾蚧。

【形态特征】 （图38）

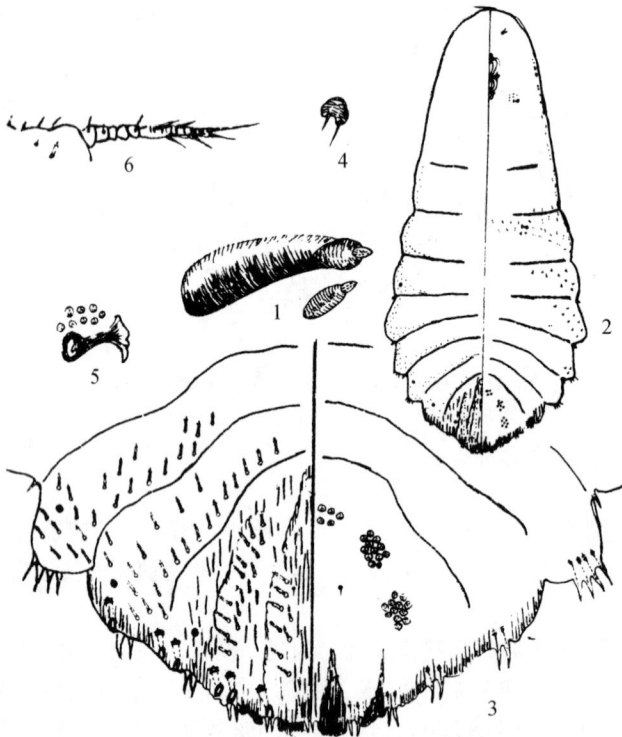

图38　榆蛎盾蚧

1. 雌、雄成虫介壳；2. 雌虫特征；3. 雌虫臀板；
4、5. 雌虫触角及气门；6. 若虫触角

　　（1）成虫：本种雌性成虫极似梨蛎盾蚧，其主要区别点在本种第7腹节无背腺或仅1～2个，而梨蛎盾蚧第7腹节背腺有8～22个。雄虫体长约0.5mm，翅展约1.3mm，浅紫色，胸部浅褐，触角和足淡黄，被细毛。前翅发达，白色透明，交配器针状较长。

　　（2）卵：椭圆形白色，长径0.27～0.37mm。

　　（3）若虫：扁平椭圆形，初龄体长0.33～0.40mm，淡黄白，头、尾色较深，触角与足正常，固定后体背分泌白色蜡粉，脱1次皮后足与触角退化。体黄色，形状与颜色均似雌

成虫介壳。

【生活史及习性】此虫 1 年发生 1 代，以卵于雌介壳内越冬，翌年 5 月下旬至 6 月中旬陆续孵化，并分散转移至枝干、叶片与果实上固着危害，以枝干为多，7 月下旬前后开始羽化，8 月中旬开始产卵，以卵于雌介壳下越冬。每雌产卵 40 ~ 150 粒，大多为 70 ~ 80 粒。若虫期 30 ~ 40 天，伪蛹期 8 ~ 10 天，卵期约 290 天。

【防治方法】参照 P$_{55}$ 梨蛎盾蚧的防治方法。

42　梨白片盾蚧

【学名】*Lopholeucaspis japonica*（Cock.）

【别名】日本长白蚧、杨白片盾蚧。

【分布与寄主】此虫在我国分布于山西、山东、河北、河南、广东、广西、湖北、湖南、四川、安徽、浙江、福建等地，主要危害苹果、梨、枣、李、樱桃、山楂、梅、柿、核桃、柑橘、板栗、刺梅等多种林木果树。

【被害症状】同 P$_{39}$ 梨枝圆盾蚧。

【形态特征】（图 39）

（1）成虫：雌体长约 1.2mm，纺锤形，淡紫色，体节明显，体两侧各具 1 列圆锥状小齿突，触角短，1 节，具 4 长毛。口器发达，前胸气门腺 6 ~ 7 个，臀板宽圆，臀叶 2 对，中叶发达，宽锥状。第 2 对似中叶对，但小。臀棘细长，端呈刷状。阴门周腺 5 群，前群约 6 个，前侧群约 8 个，后侧群约 11 个。雌介壳纺锤形暗棕色，长 1.68 ~ 1.80mm，其上具厚层不透明白蜡，脱皮壳 1 个，位于头端。介壳直或略弯。雄体长约 1mm，紫褐色，触角淡紫色，翅白色透明，性刺黄色，雄介壳长形白色，脱皮壳在头端突出。

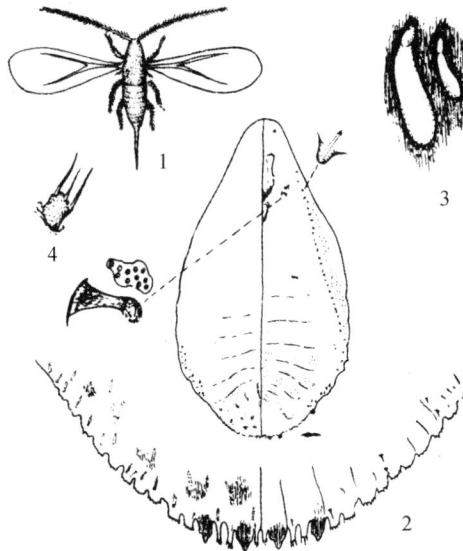

图 39　梨白片盾蚧
1. 雄成虫；2. 雌成虫及其臀板；
3. 雌（大）、雄（小）介壳；4. 雌成虫触角

(2)卵：椭圆形，淡紫色，长约0.23mm。

(3)若虫：初孵体细长淡紫色，长约0.3mm左右，触角、足及喙均发达，尾端具2根毛。脱皮进入2龄后，触角、足、眼均退化，外形似雌虫。

(4)雄蛹：淡紫裸蛹，长约0.75mm。触角与足均正常，性刺芽明显，腹末具毛2根。

【生活史及习性】 此虫南方1年发生3代，北方2代，均以若虫于枝干上越冬。3代区的各代若虫始发期分别为5月上旬、7月上旬和8月下旬，盛期分别为5月下旬、7月下旬至8月上旬，9月中旬至10月上旬。2代区的各代若虫始发期分别为5月下旬、8月底，盛发期分别为6月上旬和9月。10月末以若虫于介壳下越冬。单雌产卵第1代平均约30粒，第2、3代约45粒以上。

【防治方法】 参照P_{55}梨蛎盾蚧的防治方法。

43   桑盾蚧

【学名】 *Pseudaulacaspis pentagona*(Targioni-Tozzetti)

【别名】 桑白蚧。

【分布与寄主】 此虫分布于世界各地，寄主有桃、苹果、梨、山楂、杏、李、梅、柿、樱桃、茶、核桃、银杏、葡萄、醋栗、柑橘、枇杷、核桃、酸橙、番木瓜等约120多个属的植物。

【被害症状】 以若虫和雌成虫群集固着于枝干上刺吸危害，严重时叶片与果实上均有分布危害，常密集重叠于枝上，形成凸凹不平。轻者树势衰弱，叶片枯黄，重者枝干或全株死亡。

【形态特征】 (图40)

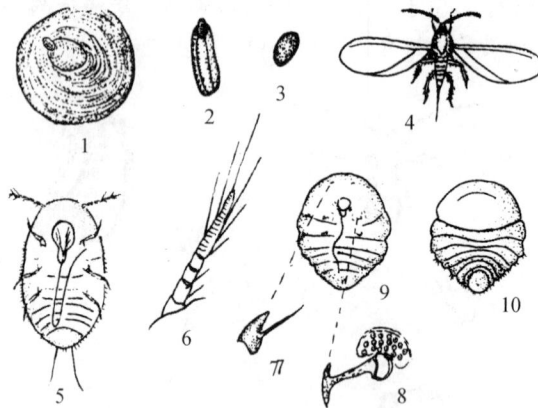

图40   桑盾蚧

1. 雌介壳; 2. 雄介壳; 3. 卵; 4. 雄成虫; 5. 若虫;
6. 触角(若虫); 7. 触角(成虫); 8. 气门;
9. 成虫腹面; 10. 成虫背面

(1)成虫：雌体长0.8~1.3mm，宽0.7~1.1mm。淡黄至橘红，臀板区红或红褐色。扁平宽卵圆形，臀板尖削，臀叶3对，中臀叶较大，近三角形且显著骨化，外侧缘具锯齿状缺刻，内侧缘常具1缺刻。第2、3对臀叶均分为大、小2叶，且较小而不显，臀棘发达刺状，管状腺具硬化环，背腺较大，呈4列。阴门周腺5群，前群15~23个，前侧群23~44个，后侧群21~53个。前气门腺平均13个，后气门腺平均4个。介壳灰白或白色，长约2mm左右，脱皮壳橘黄色，位于介壳近中部，介壳常显螺纹。雄体长约0.65mm，橘红，眼黑色，触角念珠状10节。前翅卵形，被细毛，介壳红，长约1.3mm，背面有纵脊3条，壳点黄褐，位于前端。

（2）卵：椭圆形，长径0.25~0.30mm，初产浅红，渐变浅黄褐，孵化前为橘红色。

（3）若虫：初孵扁椭圆浅黄褐色，眼、足、触角正常，脱皮进入2龄时眼、足、触角及腹末尾毛均退化。

（4）雄蛹：橙黄色裸蛹，长约0.65mm。

【生活史及习性】此虫在南方1年发生3~5代，在北方2代，各地均以受精雌成虫越冬，翌年树液流动后开始危害。2代区危害至4月下旬开始产卵，4月底5月初为盛期，5月上旬为末期，单雌卵量平均135粒。卵期10天左右，5月上旬开始孵化，5月中旬为盛期，下旬为末期。6月中旬开始羽化，6月下旬为盛期。第2代7月下旬为卵盛期，7月底为卵孵盛期，8月末为羽化盛期。交尾后雄虫死亡，雌虫继续危害至秋后开始越冬。3代区各代若虫发生期：第1代4~5月，第2代6~7月，第3代8~9月。第1代若虫期约45天，第2代约35天。据在山西省太谷县调查，越冬代雌成虫死亡率为1.2%~15.7%，第1代为25.7%。据报道，桑盾蚧褐黄蚜小蜂对该虫的自然寄生率可达35%。

【防治方法】

（1）人工防治：在桑盾蚧越冬休眠期时清理果园，用硬毛刷或细钢刷，刷掉密集在枝干上越冬的雌成虫，结合整形修剪，剪除被蚧虫严重危害的枝条，将过度郁闭的衰弱枝条集中烧毁，可大大降低虫口基数。另外，在第1代若虫发生盛期，趁虫体未分泌蜡质时，同样可以用此类方法进行防治。还可以在树液流动初期，用2~3倍的40%毒死蜱乳油制成药泥，在地面以上至分枝处，刮除老树皮，涂抹一圈(20cm)，再用塑料薄膜包裹，可使桑盾蚧在吸食汁液时死亡。

（2）化学防治：在1代若蚧孵化盛期，使用48%乐斯本乳油1000倍液，进行一次性防治，不仅效果好，而且对树体安全。用药时要确定最佳的防治时期，仔细观察卵孵化情况，大连地区一般在5月下旬至6月初为卵孵化盛期，即为最佳防治时期，此时大多数若蚧已经孵化，虫体小，抗药力差，身无蜡质，喷药容易达到效果。在喷药过程中一定要保证不留死角，要保证树体上下以及枝干全布采用淋洗式喷雾，并在药液中添加适量的中性洗衣粉，增加药剂的渗透性，以达到更好的防效。

（3）保护和利用自然天敌。

二、半翅目 HEMIPTERA

通称蝽象，俗称"臭板虫"。多呈扁平，体小至大型，口器刺吸式，自头前端伸出，远离前足基节，喙常为4节，也有3节或1节者，触角3~5节，多为丝状，单眼2个或缺。前胸背板发达常呈不规则六边形，小盾片发达，多呈三角形，前翅基半部革质，端半部膜质，革翅部又常分为革区、爪区、缘区及楔区各部分。后翅膜质。静止时翅平腹于腹部之上，前翅膜质部常相互重迭。有些种类翅退化或无翅。多数种类在后胸侧板靠近中足基节处常有一臭腺孔。无尾须。世界已知约30000种，我国已知1150余种。其中，蝽科、网蝽科、盲蝽科都包含有重要果树害虫。

（十三）蝽科 Pentatomidae

体小至大型，常扁平而宽，体色多样，头小，三角形，触角4~5节，单眼常2个，喙4节，小盾片发达，三角形，至少超过爪片长度。翅发达，常伸越腹末。半鞘翅分革区、爪区与膜区。爪区末端尖，翅收拢时不在小盾片后形成缘缝。膜区上具多数纵脉，多由一基横脉上分出。多为植食性。本科世界已知种约2000余种，我国约400余种。

44　斑须蝽

【学名】*Dolycoris baccarium*（L.）

【别名】黄褐蝽、斑角蝽。

【分布与寄主】此虫在我国分布于全国各地；国外分布于朝鲜、日本、蒙古、俄罗斯、土耳其、巴基斯坦、印度、叙利亚、阿拉伯、北美等地。寄主有苹果、梨、桃、山楂、梅、杨梅、水杨梅、草莓、禾谷类、豆类、蔬菜类等多种植物。

【被害症状】同 P_{61} 麻皮蝽。

【形态特征】（图41）

（1）成虫：体长 8.0~13.5mm，宽 5.0~6.5mm。椭圆形，体色多变，常为黄褐或紫褐色，被白色绒毛及黑色刻点。头中叶稍短于侧叶。触角黑色丝状5节，但第1、3、4节基部及末端与第5节基部黄色，形成黄黑相间，故称斑须蝽。复眼红褐，单眼位于复眼后侧。喙常黄褐至黑褐色，伸达后足基节处。前胸背板前侧缘淡黄，后部紫色，末端黄白色，小盾片末端亦黄白色。前翅革区紫色，膜区超过腹末端，常透明呈黄褐。小盾片三角形，末端

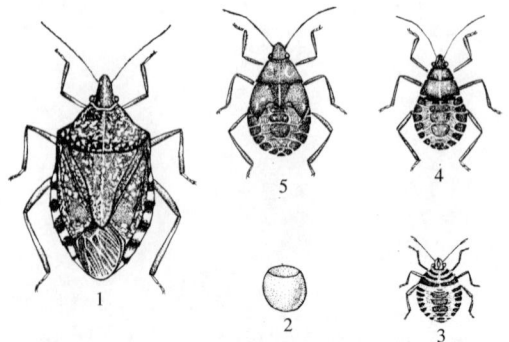

图41　斑须蝽
1. 成虫；2. 卵；3~5. 若虫

浑圆。两底角区各具一黄白色点。足黄褐或褐色，腿、胫节密布黑色刻点，跗节常褐色。侧接缘外露，黄、黑相间。腹部腹面黄褐色具黑色刻点。

(2)卵：柱状，橘黄色，常 20 粒左右成块状顺序排列。卵盖中央略凹。

(3)若虫：末龄体长约 8.7mm。暗褐且被刻点与绒毛。触角黑色 4 节。腹背中部具纵列臭腺 3 对，呈淡黄色小点，其周围黑色。足黄褐密被绒毛，胫节末端、跗节黑色。

【生活史及习性】斑须蝽发生代数因地而异。东北 1 年发生 1~2 代，华北 2~3 代，江西等南方地区 3~4 代，均以成虫于杂草丛中、枯枝落叶、树粗皮缝、作物根茬、根际及岩缝等各种缝隙孔洞中越冬。翌春寄主萌发后出蛰危害。在果园内，尤其间作或靠近麦类及蔬菜的果园，从春到秋均可危害，嗜好刺吸果实汁液。3 代区：第 1 代卵发生期为 5 月中旬至 6 月；第 2 代为 7~8 月；第 3 代为 9 月。4 代区：第 1 代卵发生期为 3 月底至 5 月上旬末；第 2 代为 6 月上旬至 7 月中旬；第 3 代 7 月上旬末至 9 月初；第 4 代 8 月下旬至 10 月上旬。3 代区在 10 月中旬以后开始越冬，4 代区在 11 月下旬以后开始越冬。各代卵期平均 10 余天，若虫期约 35 天。成、若虫受惊时分泌臭液。

【防治方法】对斑须蝽应采用综合治理或兼治措施，即发生程度在中等偏重以上年份，采用农业、物理、生物、化学相协调的综合防治措施，做到安全、经济、有效；偏轻发生年份及世代，可在防治其他害虫时兼治。

(1)成虫发生期进行黑光灯诱杀：利用成虫趋光性诱杀成虫。在成虫发生期，特别是发生盛期，用 20W 黑光灯诱杀，灯下放一水盆，及时捞虫。摘除卵块和尚未迁移扩散的低龄若虫，可减轻田间受害程度。

(2)开展生物防治：保护利用天敌。每亩释放黑足蝽沟卵蜂 1000~1500 头，可提高自然寄生率 6%~15%；使用生物制剂或特异性杀虫剂(灭幼脲，保幼激素)防治，可减少对天敌的杀伤。

(3)药剂防治：80% 敌敌畏乳油 1000 倍液或 2.5% 溴氰菊酯乳油、4.5% 高效氯氰菊酯乳油 2000 倍液喷雾，效果良好，若在成虫产卵前连片防治效果更好。

45 麻皮蝽

【学名】*Erthesina full*(Thunberg)

【别名】黄斑蝽、麻蝽象、麻纹蝽

【分布与寄主】此虫在我国分布于北起内蒙古、辽宁，西至陕西、四川、云南，南迄广东、海南，东达沿海各地及台湾，但黄河以南密度较大；国外分布于日本、印度、缅甸、斯里兰卡及安达曼群岛等地。寄主有苹果、枣、沙果、李、山楂、梅、桃、杏、石榴、柿、海棠、板栗、龙眼、柑橘、杨、柳、榆等几十种果树及林木植物。

【被害症状】以若虫、成虫刺吸枝干、茎、叶及果实汁液，枝干受害后出现干枯枝条；茎、叶受害后则出现黄褐色斑点，严重时叶片提前脱落；果实被害后，常出现畸型或猴头果，被害部位常木栓化，失去食用价值，对产量及品质均有很大损失。

【形态特征】(图 42)

(1)成虫：体长 20.0~25.0mm，宽 10.0~11.5mm。体黑褐密布黑色刻点及细碎不规则黄斑。头部狭长，侧叶与中叶末端约等长，侧叶末端狭尖。触角 5 节黑色，第 1 节短而粗大，第 5 节基部 1/3 为浅黄色。喙浅黄 4 节，末节黑色，达第 3 腹节后缘。头部前端至小盾片有 1 条黄色细中纵线。前胸背板前缘及前侧缘具黄色窄边。胸部腹板黄白色，密布黑色刻点。各腿节基部 2/3 浅黄，两侧及端部黑褐，各胫节黑色，中段具淡绿色环斑，腹部侧接缘各节中间具小黄斑，腹面黄白，节间黑色，两侧散生黑色刻点，气门黑色，腹面中央具一纵沟，长达第 5 腹节。

(2)卵：灰白块生略呈柱状，顶端有盖，周缘具刺毛。

(3)若虫：各龄均扁洋梨形，前尖削后浑圆，老龄体长约 19mm，似成虫，自头端至小盾片具一黄红色细中纵线。体侧缘具淡黄狭边。腹部 3~6 节的节间中央各具 1 块黑褐色隆起斑，斑块周缘淡黄色，上具橙黄或红色臭腺孔各 1 对。腹侧缘各节有一黑褐色斑。喙黑褐伸达第 3 腹节后缘。

【生活史及习性】此虫河北、山西 1 年发生 1 代，江西 2 代，均以成虫于枯枝落叶下、草丛中、树皮裂缝、梯田堰坝缝、围墙缝等处越冬。翌春寄主萌芽后开始出蛰活动危害。山西太谷 5 月中下旬开始交尾产卵，6 月上旬为产卵盛期，此时可见到若虫，7~8 月羽化为成虫。据江西南昌报道：越冬成虫 3 月下旬开始出现，4 月下旬至 7 月中旬产卵，第 1 代若虫 5 月上旬至 7 月下旬孵化，6 月下旬至 8 月中旬初羽化；第 2

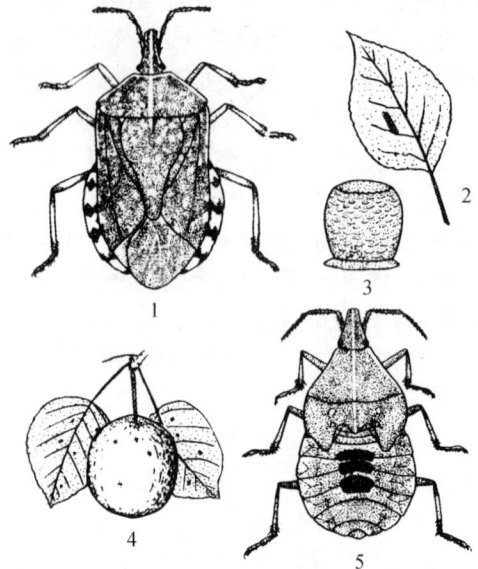

图 42 麻皮蝽
1. 成虫；2. 产于叶背的卵块；
3. 卵；4. 成虫危害状；5. 若虫

代 7 月下旬初至 9 月上旬孵化，8 月底至 10 月中旬羽化。均危害至秋末陆续越冬。

成虫飞翔力强，喜于树体上部栖息危害，交配多在上午，长达约 3 小时。具假死性，受惊扰时均分泌臭液，但早晚低温时常假死坠地，正午高温时则逃飞。有弱趋光性和群集性，初龄若虫常群集叶背，2、3 龄才分散活动，卵多成块产于叶背，每块约 12 粒。

【防治方法】

(1)冬、春越冬成虫出蛰活动前，清理园内枯枝落叶、杂草，刮粗皮、堵树洞，结合平田整地，集中处理，消灭部分越冬成虫。结合其他管理，摘除卵块和初孵群集若虫。

(2)在成、若虫危害期，利用假死性，在早晚进行人工振树捕杀，尤其在成虫产卵前振落捕杀，效果更好，同时还可防治具假死性的其他害虫如象甲类、叶甲类和金龟子类等。

(3)危害严重的果园，在产卵或危害前可采用果实套袋防治法。此项防治措施可结合疏花疏果进行，制袋可用农膜或废报纸，规格为 16cm×14cm，用缝纫机缝或模压。

(4)冬季在果园内及附近无人居住的房屋内进行药物熏杀，选用 50% 辛硫磷乳油或 80% 敌敌畏乳油及其他烟雾杀虫剂均可，与锯末等 1:3 混合点燃熏烟，每立方米用药 5~10g，将屋内门窗关闭 24 小时以上为宜。消灭越冬成虫是一简便、效果好的方法。

(5)越冬成虫出蛰完毕和若虫孵化盛期或卵高峰期用药喷树，防效很好。使用的药剂有：10% 吡虫啉可湿性粉剂 2000 倍液、2.5% 敌杀死乳油或功夫乳油 2000 倍液，或 20% 灭扫利乳油 2000 倍液、5% 氯氰菊酯乳油 2000 倍液，或杀螟松乳油 1500 倍液，或 40% 乐斯苯乳油 1500 倍液，均有良好防效。若虫期可用灭幼脲 1500 倍液，对成虫若虫均有较好的杀灭效果，且保护天敌。

46　茶翅蝽

【学名】*Halyomorpha halys*(Staal)

【别名】茶色蝽、臭木蝽。

【分布与寄主】此虫在我国除新疆、宁夏、青海、西藏尚未发现外，其余各地均有分布；国外分布于日本、越南、缅甸、印度、斯里兰卡、印度尼西亚等地。寄主有苹果、梨、山楂、桃、无花果、石榴、柿、柑橘以及多种林木、经济作物和蔬菜植物。

【被害症状】以成、若虫刺吸叶片、嫩梢及果实汁液，叶片，嫩梢被害后，常引起树势衰弱。幼果被害呈畸型，受害处常变硬，味苦。失去食用价值。

【形态特征】(图 43)

(1)成虫：体长 12～16mm，宽 6.5～9.0mm，卵圆略扁平，浅黄，黄褐、茶褐等色，具黑或紫绿色刻点。翅常呈茶色，基部色较深。触角 5 节黄褐色。前胸背板前缘具 4 个黄褐色小点。小盾片基部有 5 个小黄点成横列。腹部侧接缘各节间具一黑斑。腹部腹面浅黄白色，爪黑色。

(2)卵：柱状，高约 1mm，卵盖周缘具刺，孵化前黑褐色。卵常平行排列成块状。

(3)若虫：似成虫，初龄长约 1.5mm，近圆形，无翅，各腹节两侧节间各具一尖削黑斑，共 8 对。胸背两侧具刺突，腹背中部具 5 个长形纵列黑斑，斑中两侧各具一黄褐色圆形小点。喙黑色。

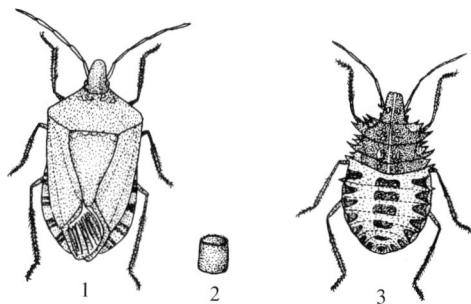

图 43　茶翅蝽
1. 成虫；2. 卵；3. 若虫

【生活史及习性】此虫北方 1 年发生 1 代，南方 2 代，均以成虫在屋角、树洞、岩石缝、枯枝落叶、石块下越冬。1 代区：越冬成虫 5 月陆续出蛰活动，5 月下旬至 6 月陆续产卵，6 月可见初孵若虫，脱 3 次皮于 8 月羽化为成虫。危害至 10 月陆续越冬。2 代区 3 月下旬开始活动，4 月上中旬开始产卵，第 1 代若虫于 4 月底至 6 月中旬孵出，6 月中旬至 8 月上旬羽化，7 月上旬至 9 月中旬产卵；第 2 代于 7 月中旬至 9 月下旬孵化，9 月上旬至 10 月中旬羽化，11 月中旬以后陆续越冬。成虫日间活动，飞翔力较强，常随时转换寄主危害，卵多块生于叶背，常 20～30 粒平行排列，初龄若虫群集危害，数日后逐渐分散危害，受惊时常分泌臭液。

【防治方法】

(1)果实套袋：套袋是减少茶翅蝽对果实危害的有效措施之一。注意根据不同果树的特性选择不同的果袋。最好选用大型果袋，使果实在袋中悬空生长，果与袋之间要有 2cm 的空隙，以防茶翅蝽隔袋危害。

(2)人工捕杀：由于茶翅蝽发生期不整齐，药剂防治比较困难，因而人工捕捉成虫和收集卵块是一种较好的防治措施。具体方法：早春季节，可采取堵树洞、刮老翘树皮等措施消灭越冬成虫；4~6月可摘除有卵块或若虫团的叶片，并集中销毁；秋季(9月份)，可在傍晚时分捕杀屋舍向阳墙面上准备越冬的成虫；9月中下旬，可在果园内或果园附近的树上、墙上等处挂瓦楞纸箱、编织袋等折叠物，诱集成虫在其内越冬，然后集中烧毁。

(3)生物防治：平腹小蜂、蝽象沟卵蜂等寄生蜂对茶翅蝽卵的自然寄生率较高，是茶翅蝽的天敌。5月下旬是茶翅蝽的产卵高峰期，也是寄生蜂的盛发期。此时可收集寄生蜂卵块放在容器中(上盖纱布)，待寄生蜂羽化后，将蜂放回梨园，以提高自然寄生率。

(4)化学防治：

①药物熏杀越冬成虫：冬季，在果园内及果园附近无人居住的房屋内进行药物熏杀。具体方法：将50%辛硫磷乳油或80%敌敌畏乳油杀虫剂与锯末按1∶3的比例混合点燃，每立方米空间用药5~10g，熏杀时须将门窗关闭24小时以上。

②毒饵诱杀：利用茶翅蝽喜食甜食的特点，可配制毒饵诱杀。具体方法：取蜂蜜20份、20%灭扫利乳油1份、水20份混合制成毒饵，涂抹在果树2~3年生的枝条上，以幼果期时雨天使用效果最好。

③产卵前防治：可在5月上旬对果园外围树木喷药封锁，阻止成虫迁飞入园产卵。

④盛发期防治：在6月若虫高峰期和8月成虫盛发期，可选用25%灭幼脲3号2000倍液、40%乐斯本2000倍液、20%灭扫利乳油2000倍液、10%高效氯氰菊酯乳油2000倍液喷雾防治。对连片果园及周围的林木同时喷药防治，可有效提高防治效果。

47　梨　蝽

【学名】*Urochela luteovaria* Distant

【分布与寄主】此虫在我国分布于东北、华北、西北、河南、山东、安徽、云南等地。寄主有梨、苹果、杏、桃、樱桃、李等多种植物。

【被害症状】类似 P_{61} 麻皮蝽。

【形态特征】(图44)

(1)成虫：体长11~16mm，宽约4.5mm左右，体扁椭圆灰褐色，腹部腹面黑绿色。头暗褐，背中具褐色纵纹两条。喙达中胸腹板。复眼黑色。体表被褐色刻点；腹缘黑、黄色相间。前胸背板前缘具"人"字形褐色纹。雌虫腹末浑圆，雄则尖。

(2)卵：椭圆形，淡黄或淡绿，顶端具刺突3根，常20粒左右堆产。

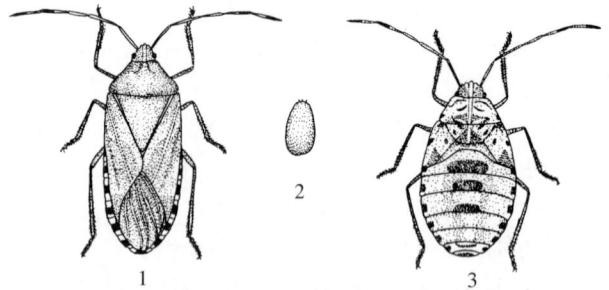

图44　梨蝽
1. 成虫；2. 卵；3. 若虫

(3)若虫：似成虫，卵圆形，无翅。前胸背板两侧是褐色斑块，腹部棕黄色，各节两侧均具褐色斑块，腹背中央具长方形褐色斑块。

【生活史及习性】此虫1年发生1代，以2龄若虫于枝干粗皮缝中越冬。翌年寄主萌动时出蛰，并分散于枝梢，嫩芽上危害，尔后转害枝条、幼果。6月上旬出现成虫，并继续危害。8月下旬左右交尾产卵，卵产于枝干粗皮裂缝、枝杈、萼洼等处，9月上旬可见到若虫，经短期活动危害后潜伏越冬。卵期约 10 天。成虫寿命约 4.5 个月。

梨蝽的成、若虫在高温下多群聚于枝干或主、侧枝的背阴处静止不动，气温凉爽后又分散于枝梢上危害。成、若虫具群集树干避风习性及成虫具群集危害习性，并具集中寄主树干交配、产卵的特点，均利于用药防治。成虫危害至秋末落叶后死亡。

【防治方法】 参照 P$_{62}$麻皮蝽的防治方法。另外在危害期，可利用其群集习性进行人工捕杀或药剂封闭。

(十四) 网蝽科 Tingidae

体微小至小型，体色多变，常为灰色，亦有黄褐、褐或黑色。体扁，头小，无单眼。触角 4 节，第 4 节端部略膨大；喙短，不伸达后足基节，前胸背板延伸盖住小盾片，形状奇异，有网状花纹。两侧特化成侧背板，侧背板常向两侧突出于背板上方。前翅无革片与膜片之分，均具网状花纹。足正常，跗节两节无爪垫。

48 小板网蝽

【学名】 *Monosteira unicostata*(Mulsant et Rey)

【分布与寄主】 此虫在我国分布于新疆、甘肃、内蒙古、宁夏等地；国外分布于俄罗斯、葡萄牙、西班牙、法国、意大利、匈牙利、捷克、斯洛伐克、希腊、南斯拉夫、阿尔巴尼亚、阿尔及利亚、罗马尼亚、保加利亚、叙利亚、意大利以及非洲其他一些地区。寄主有梨、山楂、李、樱桃、扁桃、杨、柳等多种植物。

【被害症状】 类似梨冠网蝽。

【形态特征】 (图 45)

(1) 成虫：体长 1.9～2.5mm，宽 0.8～1.1mm。头、胸灰褐，头刺黄白。触角淡黄褐 4 节，第 3 节特长，第 4 节膨大。复眼红褐色。前胸背板两侧向上隆起，具网状刻点，足与前翅黄褐色，前翅与小盾片具网状纹，合扰后中部出现"X"形灰色斑纹。腹部腹面红褐色。

(2) 卵：长椭圆形，初产乳白，卵壳具网纹。

(3) 若虫：初孵乳白色，渐变浅黄。老熟若虫体长 1.6～1.9mm，黄灰或浅灰色，头具 4 刺突。翅芽伸达第 7 腹节，前后端灰褐，中段灰黄色。腹部第 4、7、

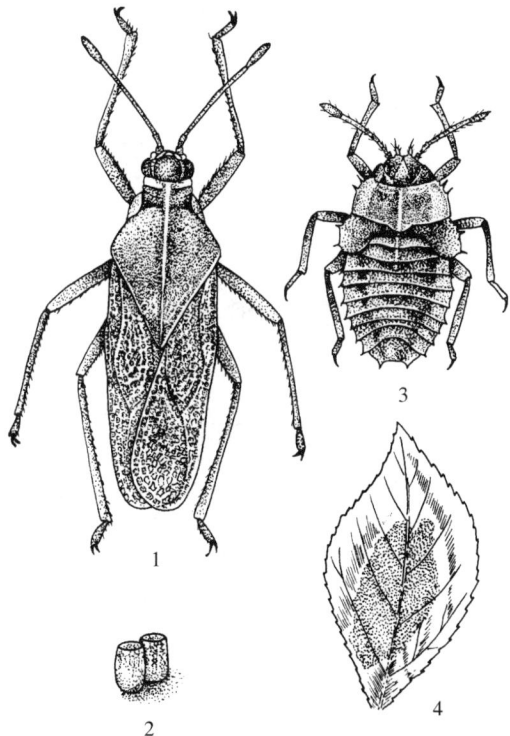

图 45 小板网蝽
1. 成虫；2. 卵；3. 若虫；4. 被害状

10 节背中各具一黑斑。腹部体缘凹凸明显。

【生活史及习性】 此虫 1 年发生 5 代，以成虫于树皮缝隙、落叶内越冬。翌年树液流动后活动，当旬均温达 13℃时均上树危害，约 13 天后交尾，产卵，卵散产于叶背主脉两侧叶肉内，单雌卵量 11.4 粒。卵期第 1 代 1 周左右，余各代 4~5 天。若虫共 3 龄。

【防治方法】 参照 P$_{50}$ 梨冠网蝽防治方法。

49 梨冠网蝽

【学名】 *Stephanitis nashi* Esaki et Takeya

【别名】 梨网蝽、梨花网蝽、梨军配虫

【分布与寄主】 此虫在我国分布于河北、东北、河南、山西、山东、陕西、湖北、湖南、安徽、江苏、浙江、福建、广东、广西、四川、台湾、江西等地；国外分布于日本、朝鲜等地。主要寄主有梨、苹果、花红、槟沙果、沙果、海棠、山楂、桃、李、杏、樱桃、榅桲等多种植物。

【被害症状】 以成虫、若虫于寄主叶背刺吸危害，被害叶常出现苍白或黄白色斑，并于叶背分泌黏液及排泄物，使叶背或叶片出现黄灰或褐色锈斑，并招致煤烟病发生，引起早期落叶。

【形态特征】（图 46）

（1）成虫：体长 2.85~3.37mm，体扁暗褐色，头小红褐色。触角丝状浅黄褐色，4 节，其中第 3 节特长，第 4 节端部呈扁球状。复眼暗褐色，前胸背板向后延伸呈三角形，盖住中胸，两侧缘及背中央各具一耳状突。表面具与前翅类似的网纹。前翅中央具一纵隆起，翅脉网纹状，两翅合拢时，翅面黑褐色斑纹常呈"X"形。

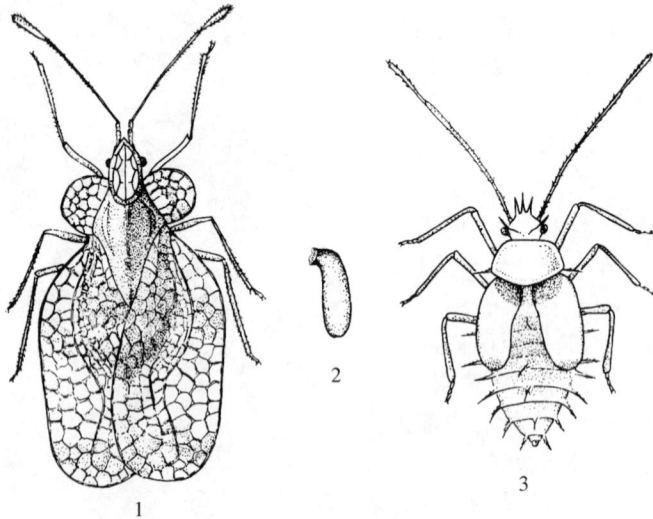

图 46 梨冠网蝽
1. 成虫；2. 卵；3. 若虫

（2）卵：长椭圆淡黄色，透明，初产淡绿色。

（3）若虫：初龄乳白近透明，后变浅绿至深褐色。3 龄翅芽明显可见，腹两侧及后缘有

一圈黄褐色刺状突,并群集叶背危害。老熟若虫头部、胸部、腹部均具刺突,头部5根,前方3根,中部两侧各1根,胸部两侧各1根,腹部各节两侧与背面各具1根。

【生活史及习性】梨冠网蝽在山西、河北1年发生3~4代,河南、陕西1年发生4代,长江流域1年发生4~5代,各地均以成虫于枯枝落叶、枝干翘皮、土、石块下、杂草丛中越冬。北方果区4月上旬逐渐上树,并先集中于树冠底部叶背危害,以后逐渐向全树扩散,喜中午活动交尾,卵产于叶背靠近叶脉两侧的组织内,每次产卵1粒,常数粒乃至数十粒相邻产入组织内。单雌卵量平均40粒,卵期约15天。各代发生不整齐,5月份后各种虫态同时出现。一年中7~8月危害最烈。8月中下旬全部羽化为成虫,成虫寿命(除越冬代)约25天,若虫期约20天。成虫随寄主落叶进入越冬状态。

【防治方法】

　　(1)农业防治:晚秋和早春,结合防治其他害虫,彻底清理园内及附近的落叶、杂草,集中处理,树冠、行间平整耙实及刮树皮涂白,或结合深翻措施和树干束草,消灭越冬虫源。

　　(2)生物防治:释放军配盲蝽防治。根据害虫虫口密度确定释放比例,虫口密度达到每百叶10头时,按益害比为1:52比例投放,若达到每百叶30头时,益害比以1:24最好。

　　(3)药剂防治:越冬成虫出蛰上树,第1代卵孵化完毕,但第1代成虫仅个别羽化时,可结合卷叶虫的防治,喷布1.8%阿维菌素乳油4000倍液、40%毒死蜱乳油2000倍液、2.5%功夫乳油2000倍液、10%吡虫啉可湿性粉剂3000倍液,均有明显防效。

三、鞘翅目 CLEOPTERA

体躯坚硬、前翅骨化、合拢或愈合后盖住胸、腹背面及褶叠的后翅，头壳坚硬，有些种类头顶与额前伸。触角 10 或 11 节，形状有线状、锯状、锤状、膝状、栉齿状或鳃片状。口器咀嚼式，复眼圆，椭圆或肾形，没有单眼。在发达的前胸后面常露出三角形的中胸小盾片。前翅特化为鞘翅，其表面光滑、或被毛、鳞片、刻点、线条或颗粒。后翅膜质，常发达且折叠于鞘翅下，也有后翅很短或无后翅种类。腹部由 10 节组成，一般可见 5～8 节。足的形态多变异，跗节数目因种而异。本目世界已知 33 万种，我国约 7000 种。其中，天牛科、吉丁虫科、鳃金龟科、花金龟科、叶甲科、象甲科、小蠹虫科，都包含有重要的果树害虫。

（十五）吉丁虫科 Buprestidae

体小至大型，成虫具美丽的金属光泽，常为蓝、绿、青、紫、古铜等色。头嵌在前胸，触角锯齿状。前胸与中胸无关节，不能活动。后侧角没有刺，腹板具扁平的突起嵌在中胸腹板上，腹部 1、2 节腹板愈合。鞘翅发达，盖住腹全部。幼虫体扁而白色，分节明显。前胸扁而膨大，口器发达。腹节 9 节，圆或扁。成虫白天活动。幼虫生活于形成层部分，常食入木质部化蛹，孔道底部常成云纹状细纹，羽化时常啮破树皮成扁圆孔。本科世界已知约 10000 种。大多种类常为林木果树害虫。

50   核桃小吉丁

【学名】 *Agrilus lewisiellus* Kere

【别名】 核桃小吉丁虫。

【分布与寄主】 此虫在我国分布于山西、山东、河北、河南、陕西、甘肃、内蒙古等地。主要危害核桃。

【被害症状】 以幼虫蛀入枝干，于皮层下蛀食，虫道每隔一段具 1 个半圆形裂口，并由此流出树液，干后呈白色蜡质物附于裂口上。被害处树皮呈黑褐色，剖皮后可见螺旋形虫道。枝干由此虫被害常使发育受阻、叶变枯黄或提早脱落，翌春被害枝条大部枯死。受害轻的小树或幼龄枝条，虽不枯死，但被害处常膨大。

【形态特征】 （图 47）

（1）成虫：体长 4～7mm，体黑色具金属光泽，头小且中央具纵沟，复眼大，黑色。触角锯齿状。头、胸背面及鞘翅上密布刻点，排列为不规则条纹。前胸背板中间隆起，两边稍延长。

（2）卵：扁椭圆形，长 1.4～1.5mm，初白色，后变黑色。

（3）幼虫：老熟体长约 17mm，乳白扁平状。头黑褐色，明显缩入前胸内，前胸膨大，中、后胸较小，腹部10节略似，腹端具1对褐色尾刺。

（4）蛹：体黄褐约5mm，近羽化时为黑色。

【生活史及习性】此虫1年发生1代，以老熟幼虫在受害枝条的木质部蛹室内越冬。翌年4月中旬核桃展叶期开始化蛹，盛期在4月底至5月初，6月底结束。蛹期约25天左右。成虫期为5月上旬至7月上旬，盛期为5月下旬至6月初，成虫羽化出室后经13天左右的取食后开始产卵，卵出现期一般为6月上旬至7月下旬。成虫寿命约40天左右，卵期约10天左右。6月中旬至8月上旬为幼虫孵化期，幼虫期达8个月左右。成虫羽化后在蛹室内停留约15天左右。成虫喜白天活动，产卵需较高的温度与强光，卵散产于叶痕附近及叶痕上，间或产在大树粗枝的光皮和幼树干上。以膛外枝、叶痕处卵较多。7~8月被害枝的

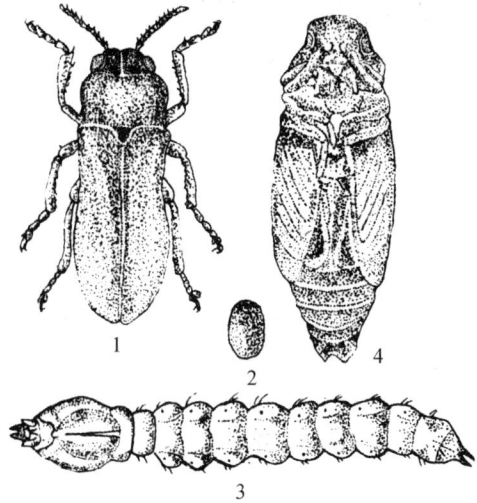

图47　核桃小吉丁
1. 成虫；2. 卵；3. 幼虫；4. 蛹

叶片发黄脱落，翌年不发芽而枯死。幼虫可危害1~6年生枝条，但以2~3年受害较重。受害活枝中很少有幼虫越冬，即使有也几乎越冬后死亡。自8月下旬后，老熟幼虫多食入干枯枝中的木质部内做蛹室过冬。至10月底幼虫全部进入越冬。

【防治方法】参照P_{53}六星铜吉丁防治方法。

51　苹果小吉丁

【学名】*Agrilus mali* Matsumara

【别名】苹果小吉丁虫。

【分布与寄主】此虫在我国分布于东北、华北、山东、陕西、甘肃、宁夏、山西等地。寄主有苹果、沙果、海棠、山楂、香果、樱桃、李、桃、柳等多种植物。

【被害症状】幼虫于枝干皮层内纵横蛀食，虫道内充满褐色虫粪，蛀道裂孔处常流红褐色或黄褐色汁液。被害部皮层枯死变黑褐色，或凹陷干裂。红褐汁液常干涸成黄白色胶滴。幼龄幼虫串食蛀道如纺线，老龄时危害后呈现隧道为回旋式的椭圆形近封闭的圈，圈长约5~15cm，宽2~4cm。在幼枝上的隧道多为15~20cm的狭长带。蛹室一般为船形。

【形态特征】（图48）

（1）成虫：体长6~10mm，体紫铜色具金属光泽，密被小刻点。头短阔，触角锯齿状11节，复眼肾形。前胸长方形，前胸腹板中央有1突起伸向后方，与中胸愈合，前翅基部明显凹陷且与前胸等宽，后端尖削。腹背6节亮蓝色，腹面可见5节，第1、2节愈合。

（2）卵：椭圆形，长约1mm，黄褐色。

（3）幼虫：体长约19mm，乳白色，扁而细长，无足，头小褐色，大部缩入宽大的前胸内，中、后胸特小，盾片与腹板中央各具一下陷纵纹。腹部11节，以第7节近端部特宽，

以后各节均逐节缩小，末节端部具 2 个褐色骨化尾刺。

（4）蛹：纺锤形，体长约 8mm，黄至黑褐色。

【生活史及习性】 此虫在东北、华北北部 3 年发生 2 代，辽宁、河北、甘肃、陕西 1 年发生 1 代，以幼龄幼虫、老熟幼虫或个别以蛹越冬。翌春树液流动后继续危害，5 月下旬至 6 月中旬是危害严重期，5 月中旬开始化蛹，6 月上旬至 7 月上旬为化蛹盛期，蛹期约 11 天，5 月下旬始见成虫羽化，羽化后约 9 天才咬一直径约 2mm 的半圆形羽化孔爬出枝干。

成虫喜光，中午气温较高时常绕树冠飞迁，早、晚或阴雨天常栖息于枝叶背面不动，成虫需经 16 小时左右的取食后才开始产卵。卵多散产于缝隙及芽侧处。单雌产卵约 45 粒，成虫寿命约 25 天，卵期约 11.5 天。成虫羽化盛期为 6 月下旬至 7 月中旬，但 8 月底至 9 月在园内仍可见到成虫。成虫产卵盛期在 7 月下旬至 8 月上旬，幼虫孵化后蛀入表皮危害，秋后进入越冬。

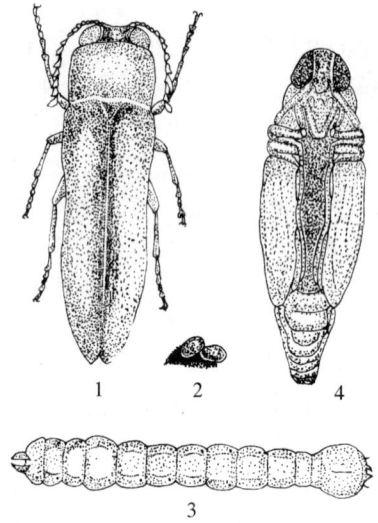

图 48　苹果小吉丁
1. 成虫；2. 卵；3. 幼虫；4. 蛹

【防治方法】

（1）春秋修剪时，要将有虫枯枝及时剪除烧毁，消灭虫源。将苹果小吉丁虫枯枝死树登记造册，砍伐后集中烧毁，严防虫害木被挪作他用。成虫羽化前锯掉并烧毁被害枯枝死树。

（2）加强监测工作，强化检疫工作力度，防止新疫区发生。对带虫砧木、苗子或接穗应在 25 ～ 26℃，每立方米用 16g 的氰化钠室内密闭约 1 小时，作熏蒸处理。

（3）幼虫期防治：春季发芽前或秋季落叶期，在被害表皮处涂煤敌液（煤油 1000g 混入 50g 80% 敌敌畏乳油即成），防效在 90% 以上。

（4）成虫期防治：成虫羽化出穴初、盛期结合防治其他害虫，可喷布 80% 敌敌畏乳油或 2.5% 功夫乳油 2000 倍液混配 50% 杀螟松乳油 1500 倍液，对初孵幼虫、卵及成虫均有明显的防效。

52　六星铜吉丁

【学名】 *Chrysobothris affinis* Fabr.

【别名】 六星吉丁虫。

【分布与寄主】 此虫在我国分布于东北、内蒙古、河北、山西、山东、陕西、甘肃、新疆等地；国外主要分布于俄罗斯、土耳其以及欧洲中南部。寄主有苹果、栎类、梨、桃、杏、枣、樱桃、核桃、柑橘、栗、杨、五角枫、唐槭等多种林木果树植物。

【被害症状】 以幼虫于韧皮部内蛀食，虫道弯曲不规则，充满褐色虫类或蛀屑，在木质部蛀食作蛹室化蛹。被害枝干外表不易看出，但很快干枯死亡，此后，树皮常自行脱落。

【形态特征】（图 49）

（1）成虫：体长 10 ～ 13mm，体黑但有铜红色金属光泽，头部铜绿色，中央有细纵隆线，复眼突出黑褐色；触角紫褐锯齿状。前胸具数条横纹。鞘翅上各有 3 个金黄色的星坑，星坑圆形，凹陷较深；每鞘翅上具略显的隆脊 3 条。

(2)幼虫：体长 15~20mm，头黑色较小，前胸膨大呈椭圆形，上具细小淡褐色点，后方具 3 条分歧的纵沟，中后胸渐小，第 1~8 腹节圆筒形，末两节呈锥状。

(3)蛹：体长约 11mm，椭圆形，尾端尖而端圆，复眼暗褐。

【生活史及习性】此虫 1 年发生 1 代，以幼虫于隧道内越冬。翌春气温回升后活动危害，至老熟后，深入木质部做蛹室化蛹。羽化后爬出蛹室，并取食嫩枝皮及叶片。成虫 7 月可见，卵散产于树干下部或衰弱树体上。幼虫孵化后蛀入皮下危害，秋后以幼虫越冬。

【防治方法】

(1)加强栽培管理，增强树势，合理规划树种，保证果木的健壮生长。

(2)秋后或翌春成虫羽化前，剪除被害枝以减少虫源。成虫发生早期开始于早晨振落捕杀成虫。

(3)成虫发生期结合防治其他害虫喷洒 2.5% 功夫乳油 2000 倍液，80% 敌敌畏乳油 800 倍液，50% 杀螟松乳油 1500 倍液均有良好防效。

(4)严格履行苗木检疫，禁止调运带虫苗木，以防止其扩散蔓延。

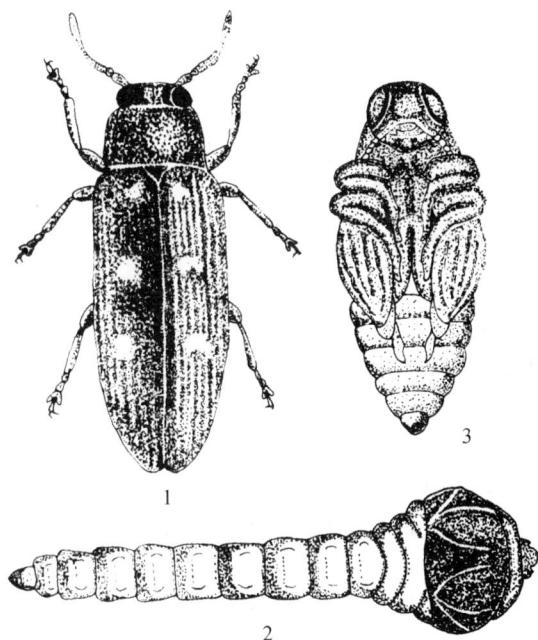

图49　六星铜吉丁
1. 成虫；2. 幼虫；3. 蛹

53　梨金缘吉丁

【学名】*Lampra limbata* Gebler

【别名】金缘吉丁虫。

【分布与寄主】此虫在我国分布于东北、华北、华东、西北、河南、山西、湖北、安徽、江西，及长江流域等地；国外分布于俄罗斯、日本、蒙古等地。寄主有梨、苹果、沙果、杏、桃、山楂、槟沙果等多种果树植物。

【被害症状】幼龄幼虫先蛀食绿色皮层，被食部位的皮层组织颜色变深。韧皮部被害后，外表常变黑似腐烂病斑。幼虫于皮下取食时，蛀道内充满褐色虫粪与木屑，蛀道初期呈片状，后扩大为螺纹或迂回状，细枝被害常渗有汁液，被害处后期皮层纵裂或韧皮部与木质部分离，如蛀道形成环状，被害枝或树常致干枯死亡，化蛹时便蛀入木质部内造船形蛹室。

【形态特征】(图50)

(1)成虫：体长 13~18mm，体翠绿色，具金色金属光泽。体扁，纺锤状，密布刻点。

触角黑色锯齿状。复眼肾形褐色，头顶中央具倒"Y"形纵纹。前胸背面具 5 条蓝色纵纹，中央一条粗而显。鞘翅具 10 余条纵沟，纵列黑蓝色斑略隆，翅端锯齿状。前胸背板和鞘翅两侧缘具金红色纹带，故称金缘。雌虫腹末端浑圆，雄则深凹。

（2）卵：扁椭圆形，长约 2mm，初乳白、后渐变黄褐色。

（3）幼虫：老熟体长约 33mm，体扁平黄白色，无足，头小黄褐色，胴部前节宽大，体狭长，末节浑圆，前胸背中央具一深色倒"V"字形凹纹，腹中央有一纵列凹纹，各腹节两侧各具一弧形凹纹。

（4）蛹：体长约 17mm，初乳白，后渐变黄，羽化前蓝绿色略有光泽。复眼黑色。

【生活史及习性】此虫每年发生代数因地而异。江西 1 年发生 1 代，湖北、江苏 1 年发生 1 代或 2 年 1 代，河南、山西 2 年 1 代，陕西 3 年 1 代。以大小不同龄期的幼虫于被害枝、干皮层下或木质部处越冬，幼龄幼虫多于形成层处，老龄幼虫已潜入木质部处越冬。翌春树液流动后，幼虫继续危害。3 月下旬开始化蛹，蛹期约 30 天。5 月

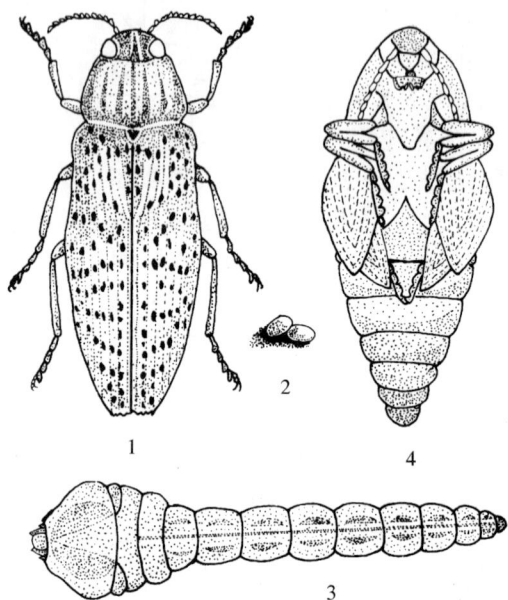

图 50　梨金缘吉丁
1. 成虫；2. 卵；3. 幼虫；4. 蛹

上旬至 8 月中旬田间均可见到成虫，盛期期为 5 月中下旬。产卵前期约 10 天左右，卵散产于树皮缝隙处，单雌卵量约 30 粒。成虫寿命 30 天左右。5 月中下旬为产卵盛期，卵期约 10 天，6 月初为孵化盛期。成虫多白天且气温较高的中午活动，早晚温低时常静伏叶上，遇振动下坠或假死落地。此虫危害程度与树势和品种有关。树势衰弱，枝叶不茂、枝干裸露，则利于成虫栖息与产卵，受害重。适口性好的品种受害重。秋后以各龄期的幼虫于被害处越冬。

【防治方法】

（1）人工防治：在 3 月底以前锯掉死树、死枝，刮除主干、主枝上的粗皮，及时烧毁，以减少虫源。5 月下旬至 6 月中旬蛹羽化期，利用成虫的假死性，于清晨露水未干时振树捕杀，每隔 3 天进行 1 次。

（2）5 月上旬成虫即将出洞时用 40% 毒死蜱乳油 20 倍液涂抹主干和树枝，15 天后涂抹第 2 次。虫口数较大的树涂药后将树干捆草绳，注意一圈紧挨一圈，效果更好。在害虫发生严重年份，成虫出树后产卵前树上喷洒 20% 速灭杀丁乳油 2000 倍液，必要时隔 15 天后再喷 1 次。幼虫危害处易于识别，6 月上旬开始经常巡查，发现后及时用 80% 敌敌畏乳油 5～10 倍液或煤油 20 倍液直接涂抹被害处表皮，效果较好。

(十六)鳃金龟科 Melolonthidae

体中至大型，间或小型，卵圆或长椭圆形，体色有褐、黑、绿、蓝多种色泽，口器位于唇基上，背面不可见，触角鳃叶状，常 8～10 节。鞘翅常具纵肋 4～9 条，间或完全消失，臀板裸露，后翅多发达能飞翔，偶见有失去飞翔能力的种类。腹末 1 对气门裸露。足短壮或细长，前足胫节外缘有 1～3 齿，内缘多具 1 距，中、后足胫节各具端距 2 个。爪对称具齿。

54 东北大黑鳃金龟

【学名】 *Holotrichia diomphalia*(Bates)

【别名】 大黑鳃金龟、朝鲜黑金龟。

【分布与寄主】 此虫在我国分布于东北、内蒙古、河北、甘肃、山西等地；国外分布于日本、蒙古、俄罗斯等地。寄主有苹果、梨、桃、杏、栗、李、杨等32科94种植物。

【被害症状】 以成虫取食寄主的芽、叶和花，间或啃食果实。以幼虫食害寄主根部幼嫩组织。果苗受害损失严重。被害叶呈不规则缺刻或仅残留叶脉；果被害后，果实呈不规则孔洞，易被病害感染变黑变腐；幼苗常被环剥，严重时寄主根部出现断根、或缺苗、断垄或削弱树势。

【形态特征】 (图51)

(1)成虫：体长 16.2～21.0mm，宽 8.2～11.0mm。长椭圆黑色，有光泽。触角10节，鳃片部明显长于后6节之和，前胸背板及鞘翅均被刻点。鞘翅具明显纵肋，两鞘翅合拢处缝肋特显。前足胫节外缘具齿3个，内缘具1棘与第2齿相对。中、后足胫节末端具棘2个。双爪式爪的中部具垂直分裂的棘1个，每爪具一锐齿。胸腹面具黄色绒毛。雌末节腹中隆起，雄则凹陷。

(2)卵：乳白卵圆形，长约 3.0mm，宽约 1.5mm。孵化前呈球形，有光泽，略透明。

(3)幼虫：共3龄，老熟体长约 31mm，头宽约5mm，头部红褐色有光泽，前顶毛每侧3根成一纵行。胸、腹部污白色，肛门3裂，臀节腹面散生钩状毛群。

(4)蛹：初黄白，后变橙黄至红褐色，长约20mm，尾端具1对突起。

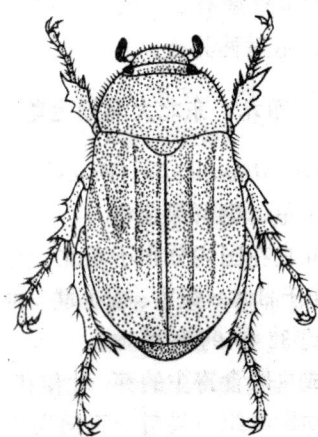

图51 东北大黑鳃金龟成虫

【生活史及习性】 此虫在东北及华北2年发生1代，以成虫或幼虫越冬，偶有蛹越冬者。出土临界温度为日均气温12℃，10cm深土温为13℃，适温为日均气温12.4～18℃，10cm深土温为13.8～22.5℃。2年发生1代区：如辽宁凤城于4月末至5月上中旬越冬成虫开始出土。盛期在5月中下旬至6月初，末期可延续至8月下旬。全年均可见到成虫。成虫出土高峰在20～21时。成虫有趋光性和假死性。成虫先交配，后取食。产卵前期约8.5天左右。卵散产于 1.5~17.5cm 的土中，一般深度多在 10~15cm。单雌卵量约 187 粒，卵期约 18.5 天。卵盛期为 6~7 月，卵孵盛期在 7 月中下旬。幼虫危害至秋末越冬。翌年 4 月上旬。深层越冬幼虫上迁至耕作层危害。6 月下旬老熟幼虫下迁至 20~38cm 的深层土中作土室化蛹。蛹期约 22 天左右，化蛹盛期为 7 月底至 8 月中旬。羽化后的成虫不出土，仍于原土室内潜伏越冬，如蛹室破坏可另造土室。2 年完成 1 代区，成虫与幼虫有交替盛发的规律。据报道，此虫若春季幼虫危害寄主幼苗地下部组织重，则成虫危害寄主地上部就轻，反之则重。因此，在成虫危害盛发年，集中消灭成虫在分散产卵前，而在幼虫盛发危害年，则集中消灭幼虫在危害前。1 年发生 1 代区，成虫始出土期为 4 月中旬，盛期为 5 月中旬至 7 月下旬。成虫产卵盛期为 6 月上旬至 7 月下旬。幼虫盛发期为 6 月下旬至 8 月中旬。以幼虫或蛹越冬者于翌年 5、6 月羽化出土。成虫寿命 3~5 个月。幼虫终生于土中活动。幼虫活动危害的最适土温为 26.2℃（据河南报道）。最适湿度为 10.2%~25.7%。此虫以杂草丛生、有机质含量多的地块或荒坡发生重。地块平而湿润、土层深厚、施用末腐熟的秸秆肥或厩粪、排水良好的地块发生严重。田边地堰的虫口密度多于田心。

【防治方法】

（1）人工防治：利用成虫趋光和假死习性。成虫发生期采用黑光灯诱杀或振树捕杀。可兼治其他具趋光性和假死性害虫。

（2）农业防治：开荒垦地，破坏蛴螬生活环境；灌水轮作，消灭幼龄幼虫，捕捉浮出水面成虫。水旱轮作可防治幼虫危害；结合中耕除草，清除田边、地堰杂草，夏闲地块深耕深耙。尤其当幼虫（或称蛴螬）在地表土层中活动时适期进行秋耕和春耕，深耕同时捡拾幼虫。不施用未腐熟的秸秆肥。

（3）化学防治：

①成虫发生期的防治。可结合防治其他害虫进行防治。喷洒 2.5% 功夫乳油或敌杀死乳油 2000 倍液，对各类鞘翅目昆虫防效均好；50% 辛硫磷乳油 600~800 倍，防效明显；或 90% 敌百虫 1000 倍液、50% 杀螟丹可湿性粉剂、40% 毒死蜱乳油 1000 倍液、10% 联苯菊酯乳油 2000 倍液等药剂，对多种鞘翅目害虫均有良好防效。同时可兼治其他食叶、食花及其刺吸式害虫。

②成虫出土前或潜土期防治。可于地面施用 25% 辛硫磷胶囊剂 0.3~0.4kg/亩加土适量做成毒土，均匀撒于地面并浅耙，或 5% 辛硫磷颗粒剂 2.5kg/亩，做成毒土均匀撒于地面后立即浅耙，以免光解，并能提高防效。

③幼虫期的防治。可结合防治金针虫、拟地甲、蝼蛄以及其他地下害虫进行。采用措施有：

a. 药剂拌种：此法简易有效，可保护种子和幼苗免遭地下害虫的危害。常规农药有 25% 辛硫磷微胶囊剂 0.5kg 拌 250kg 种子，残效期约 2 个月，保苗率为 90% 以上；50% 辛硫磷乳油 0.5kg 加水 25kg，拌种 400~500kg，均有良好的保苗防虫效果。

b. 药剂土壤处理：可采用喷洒药液、施用毒土和颗粒剂于地表、播种沟或与肥料混合使用，但以颗粒剂效果较好。常规农药有：5% 辛硫磷颗粒剂 2.5kg/亩。

c. 施用辛硫磷毒谷，每亩 1kg，煮至半熟，拌入 50% 辛硫磷乳油 0.25kg，随种子混播于穴内，亦可用豆饼、甘薯干、香油饼磨碎代用。如播后仍发现危害时，可在危害处补撒毒饵，撒后宜用锄浅耕，效果更好。此种撒施方法对蝼蛄、蟋蟀效果更佳，对其他地下害虫均有效。

55 华北大黑鳃金龟

【学名】 *Holotrichia oblita*(Faldermann)

【别名】 朝鲜黑金龟。

【分布与寄主】 此虫在我国分布于辽宁、内蒙古、宁夏、甘肃、河北、河南、陕西、山西、山东、江苏、江西、安徽、浙江、四川等地；国外分布于日本、俄罗斯等地。寄主有蔷薇科果树、核桃、花椒及各种林木、经济作物30余种。

【被害症状】 类似 P$_{73}$ 东北大黑鳃金龟。

【形态特征】 (图52)

(1)成虫：体长17~21mm，宽8.4~11.0mm。长椭圆形，初羽化为红褐色，后渐变黑色，有光泽。胸部腹面被黄色长毛。唇基横长，近似半月形，前、侧缘上卷，前缘中间凹入，触角鳃片状10节，棒状部3节。前胸背板密布刻点。鞘翅表面微皱，肩凸显，密布刻点，上具3条纵隆线，两翅会合处纵隆线宽。前胫外缘具3齿，各爪具爪1对，爪下具1齿，后足第1跗节短于第2节。各腹节中央界限消失，臀板相当隆起，末端较圆尖，两侧上方各具一圆形小坑。末前腹板中间具明显的三角形凹坑。雌臀板较长，末端浑圆，末前腹板中间无三角形凹坑。

(2)卵：椭圆、乳白、光滑，孵化前黄白色。

(3)幼虫：老熟体长35~45mm，3龄幼虫头宽5.4mm，

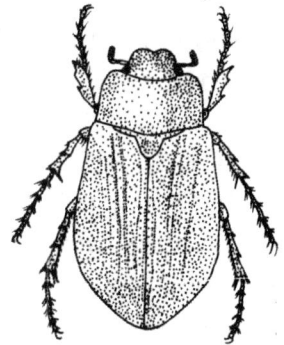

图52 华北大黑鳃金龟成虫

体乳白疏生刚毛，头部红褐色具光泽；前顶刚毛每侧3根(冠缝则2根，额缝侧1根)，臀节腹面无刺毛列，只具钩状刚毛。肛门孔三裂。

(4)蛹：长20~24mm，宽11~12mm，椭圆形，腹末具1对角状突。初乳白，渐变淡黄至红褐色。

【生活史及习性】 此虫2年发生1代，以成虫和幼虫越冬。翌年4月下旬越冬成虫开始出土，5月中下旬为出土盛期，7、8月为末期，成虫出土后寿命约3~4个月，产卵前期7~10天。6、7月为产卵盛期。卵散产于5~10cm土中，单雌卵量约40粒，卵期15~20天，7月中下旬为孵化盛期，并于耕作层危害，脱皮进入2、3龄，秋末幼虫深入25~60cm的土层下造室越冬。翌年4月上中旬越冬幼虫升至耕作层危害，5月中旬至6月上旬为取食危害高峰期，食害至7~9月，老熟幼虫陆续化蛹，化蛹盛期为8月中旬前后。幼虫期约1年左右，1龄幼虫期约26天，2龄幼虫期约29天，3龄幼虫期约310天。蛹期约20天左右。8月上旬始见羽化，8月下旬至9月初为羽化高峰期。羽化后的成虫当年不出土即于土室中过冬。

成虫白天潜伏土中，黄昏开始出土活动、取食、交配、产卵，黎明前返回土内，具趋光和假死习性，但雌虫趋光性极差，成虫趋黑光灯高峰日比田间自然出土高峰日迟10天左右，因此不宜用黑光灯作预测成虫防治适期，因此时田间大批成虫已经分散产卵了。成虫活动与交配的适温为25℃左右。幼虫活动最适土温15℃左右，最适土壤含水量为20%左右，因此耕作层范围内过干或过湿对幼虫均不利。初孵幼虫先取食腐殖质，以后取食寄主

地下部组织，3 龄食量最大，各龄的初期与末期食量较小。幼虫具假死性，上下活动力较强。

【防治方法】参照 P$_{74}$ 东北大黑鳃金龟防治方法。

56　暗黑鳃金龟

【学名】*Holotrichia parallela* Motschulsky

【异名】*Holotrichia morosa* Waterhouse

【别名】大褐金龟子、褐黑金龟子。

【分布与寄主】此虫在我国分布于东北、甘肃、青海、河南、山东、河北、山西、陕西、江苏、四川、湖北、湖南、浙江等地；国外分布于朝鲜、俄罗斯远东地区、日本等地。寄主有苹果、梨、核桃、桑、杨、柳、榆、花生、大豆等多种植物。

【被害症状】类似 P$_{73}$ 东北大黑鳃金龟。

【形态特征】（图 53）

（1）成虫：长卵形，体长 16～22mm. 宽 7.8～11.1mm，初羽化红棕色，渐变红褐至黑色，有灰蓝色闪光（可别于华北大黑鳃金龟）。头阔大，唇基前缘中央内弯上卷，刻点大。触角红褐色 10 节。前胸背侧中央呈锐角外突，刻点大而深，前缘被黄褐色毛。小盾片短阔半圆形。鞘翅刻点粗大，4 条纵隆显著，肩瘤突出，缝肋较宽且隆，前足胫节外缘具 3 齿，内侧生一棘刺，后足胫节细长，端侧具 2 个端距。臀板长，几乎不隆起，雄虫后端尖，雌则浑圆。

（2）卵：初乳白，长卵形，后膨大，近球形。长2.6～3.2mm，宽 1.62～2.48mm。

（3）幼虫：老熟体长 35～45mm，头宽5.6～6.1mm。头前顶毛 1 根，位于冠缝侧，后顶毛各 1 根。臀节腹面无刺毛列，但具钩状刚毛，肛门孔三裂。

（4）蛹：体长约 18mm，宽约 8mm，浅黄或杏黄。腹末具 1 对角状突起。

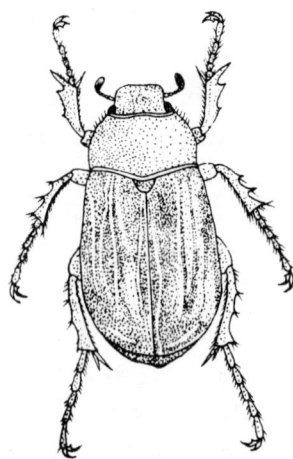

图 53　暗黑鳃金龟成虫

【生活史及习性】此虫 1 年发生 1 代（东北 2 年 1 代），以老熟幼虫或个别当年羽化尚未出土的成虫越冬。成虫于翌年 4 月上旬出土活动，6 月上旬至 7 月上旬为活动盛期，9 月下旬绝迹。越冬幼虫则于翌年 5 月中旬至 6 月中旬化蛹，蛹期约 20 余天。7 月中下旬至 8 月上旬为羽化出土高峰期，产卵前期约 8 天左右，产卵期为 7 月中旬至 8 月中旬，卵期 8～10 天，单雌平均卵量 57 粒左右，成虫寿命约 70 天左右。幼虫共 3 龄历经 315 天左右。7 月下旬卵孵幼虫危害至秋末，深入 15～40cm 的土中越冬。

成虫活动适宜气温为 26.5℃左右，相对湿度在 80% 以上，具群集食叶习性。白天潜伏，黄昏活动、取食、交配、产卵。具趋光性和假死性。有多次交尾习性。卵分批散产于 5～10cm土中。

【防治方法】参照 P$_{74}$ 东北大黑鳃金龟防治方法。

57   棕色鳃金龟

【学名】 *Holotrichia titanis* Reitter

【分布与寄主】 此虫在我国分布于东北、河北、河南、陕西、山西、山东、浙江等地；国外主要分布于朝鲜、俄罗斯远东地区。寄主有苹果、梨、杏、樱桃、葡萄、桑、榆等多种植物。

【被害症状】 类似 P$_{73}$ 东北大黑鳃金龟。

【形态特征】 （图54）

（1）成虫：体长21.2~25.4mm，宽11~14mm，棕黄至茶褐色，略显丝绒状闪光，腹面光亮。头小，唇基短宽。前缘中央凹缺，密布刻点。触角鳃叶状，10节，鳃叶部特阔。鞘翅长而薄，纵隆线4条，肩瘤显著。前胸背板、鞘翅均密布刻点。前胸背中央具一光滑纵隆线，小盾片三角形，光滑或具少数刻点。胸腹面具黄白色长毛，足棕褐具光泽。前足胫节外缘3齿，内具一棘刺，相对于第2齿。腹部阔圆具光泽，臀板扇形。

（2）卵：初产乳白色卵圆形，后呈球形。长2.8~4.5mm，宽2.0~2.2mm。

（3）幼虫：老熟体长45~55mm，头宽约6.1mm。头部前顶刚毛每侧2根(冠缝侧1根，额缝上侧1根)。臀节腹面复

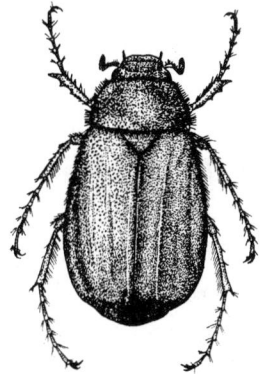

图54   棕色鳃金龟成虫

毛区中央有2纵列刺毛列，每列具20根左右的短锥状刺，少数整齐，多数不整齐，常具副列。刺毛列长度远超出复毛区的前缘，肛门孔三裂。

（4）蛹：黄白色，体长23.5~25.5mm，宽12.5~14.5mm，腹末端具2尾刺，刺端黑色，蛹背中央自胸部至腹末具一较体色为深的纵隆线。

【生活史及习性】 此虫在陕西2年发生1代，东北、华北3年1代，均以成虫或幼虫于35cm左右深的土中越冬。越冬成虫3月中旬出土，4月中下旬产卵，5月中下旬孵化，于耕作层危害至秋末，以2龄或3龄幼虫潜入深土中越冬；翌春3月中旬，越冬幼虫上迁至耕作层危害，6月末老熟，潜至30cm深处筑蛹室化蛹，蛹期月余，7月底8月初羽化为成虫，并静伏原室越冬，到第3年3月中旬才出土活动。

成虫具假死性，白天潜伏，黄昏活动、交尾与产卵。卵散产于15~20cm的湿土中，单雌平均卵量30粒左右。成虫产卵前期10~20天，产卵期15天左右，卵期25天左右。幼虫共3龄，幼虫期约406~745天。土温高于10.3℃时成虫出土活动，低于此温便停止出土。春、秋气温适宜、土壤湿润，幼虫则迁至表层危害；土表温高、干燥，幼虫即向下转移。土壤含水量为15%~20%，土温为12~25℃适于卵与幼虫的发育。表土过干或过湿，土温过高或过低均影响卵的孵化率及初龄幼虫的存活率。

【防治方法】 参照 P$_{74}$ 东北大黑鳃金龟防治方法。

58　小黄鳃金龟

【学名】 *Metabolus flavescens* Brenske

【分布与寄主】 此虫在我国分布于山西、山东、河北、河南、陕西、浙江、江苏等地。寄主有苹果、梨、山楂、核桃、海棠等多种植物。

【被害症状】 以成虫食害寄主叶片后，常呈不规则孔洞或缺刻，严重时仅残留主叶脉与叶柄，尤以核桃叶受害更重。

【形态特征】 （图55）

(1)成虫：体长 11.0～13.6mm，宽 5.3～7.4mm。体狭长黄褐色，被匀密短毛。头部黑褐色，唇基前缘平直上翻，复眼黑色，触角鳃叶状9节，棒状部3节较短。前胸背板具粗大刻点，侧缘钝角外扩，锯齿状，具长纤毛，后缘弧形外扩，近小盾片处特显。小盾片三角形，鞘翅侧缘平行，缝肋明显隆起。纵肋（或纵隆线）I明显。肩瘤显著，密被均匀的圆形刻点。胸、腹及腿节具细长毛。臀板圆三角形。前足胫节外缘两齿，跗第5节，爪1对，爪下具小棘刺。

(2)卵：长卵圆形，长 1.6～1.7mm，初产晶体状，渐变白至灰白色。

(3)幼虫：老熟体长 18～20mm，体乳白，头部黄至淡黄褐色。头部前顶刚毛每侧2根，后顶刚毛每侧1根；肛腹片后部钩状刚毛群中间的刺毛列，2列呈长椭圆形整列。肛门孔三裂。

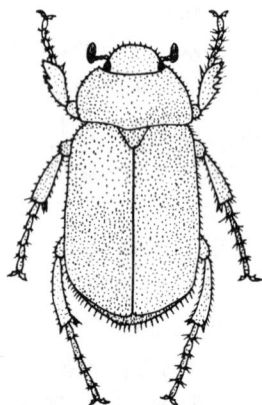

图55　小黄鳃金龟成虫

(4)蛹：长卵圆形裸蛹，长 13.5～14.3mm。淡黄至黄褐色，尾节近方形，末端凹弧状。

【生活史及习性】 此虫1年发生1代，以幼虫越冬。翌春4月升至耕作层活动危害，5月老熟化蛹，6月上半月为蛹化盛期，蛹期约20天左右，6月上旬末可见到成虫，6月下旬至7月上旬成虫大量出现。7月初卵出现，卵期约10天左右。7月中旬孵出初龄幼虫。幼虫共3龄，幼虫期约10.5个月左右，秋末以3龄幼虫深入80cm左右的土层中越冬。

成虫白天潜伏于5cm土层内，黄昏后出土上树取食危害并进行交配，交配后继续危害至日出前，陆续潜入寄主干基周围土中。成虫具假死性和较弱的趋光性。雌虫交配后10余天开始产卵于3cm以内的土层中。尤喜产于有机质含量高，寄主根际土壤疏松的地方。幼虫孵化后多集中分布于寄主距干周150cm范围内食害各种植物幼根。翌年老熟幼虫多在5cm左右的土层内做蛹室化蛹，羽化后的成虫稍作停息便出土活动危害。

【防治方法】 参照东北大黑鳃金龟。试验研究表明：25%辛硫磷胶囊剂800～1000倍液，或50%辛硫磷乳油1000倍液、2.5%敌杀死乳油2000倍液，对成虫防效均达90%以上。

59　阔胫绒金龟

【学名】 *Maladera verticalis* Fairmaire

【分布与寄主】 此虫在我国分布于辽宁、河北、陕西、山东、山西、黑龙江、吉林等地；国外分布于朝鲜等地。寄主有苹果、梨、杨、柳、榆、大豆、花生等多种植物。

【被害症状】类似 P₇₃东北大黑鳃金龟。

【形态特征】（图56）

（1）成虫：体长 7～8mm，宽 4.5～5.0mm。似黑绒金龟，但体色红褐色，有光泽。复眼大，黑色。唇基前狭后宽，前缘上卷近弧形，刻点多。触角鳃叶状，10 节，棒状部 3 节。前胸背板前狭后宽，侧缘外弯，前角锐，后角钝。小盾片三角形，端尖。鞘翅纵隆线明显、点刻深显，其后侧缘具较显折角。前足胫节外缘 2 齿，后足胫节扁宽，端距在胫端两侧，外缘具棘刺群。爪一对具齿。臀板三角形，雄虫后角短圆，雌狭长。

（2）卵：初产椭圆形，后膨大为球形。长 1.1～1.25mm，宽 0.7～0.9mm。

（3）幼虫：似黑绒金龟，但末节比黑绒金龟略宽而肥。长约 19mm。

（4）蛹：体长约 9mm，初淡黄白色，后渐变黄褐色。有尾角 1 对。

【生活史及习性】此虫 1 年发生 1 代，以幼虫于深土层中越冬。翌春上升至表土耕作层危害。5 月下旬开始化蛹，6 月中下旬为化蛹盛期。6 月下旬成虫羽化出土，7 月上中旬为成虫交尾与产卵期，也是取食危害高峰期。8 月中旬以后成虫逐渐减少，9 月上旬开始陆续深入深土层中越冬。

成虫白天潜伏，傍晚出土活动、交尾、产卵。间或白天也危害。具明显的趋光性和假死性。卵散产或块产于土中。

图56　阔胫绒金龟成虫

卵期约 12.5 天。单雌卵量约 20 粒。卵孵化率高。幼虫活泼，多集中于 5～13cm 土中危害。幼虫期约 300 天，越冬深度约 40～60cm。蛹期约 20 余天。成虫寿命 40～60 天。

【防治方法】参照 P₇₄东北大黑鳃金龟防治方法。

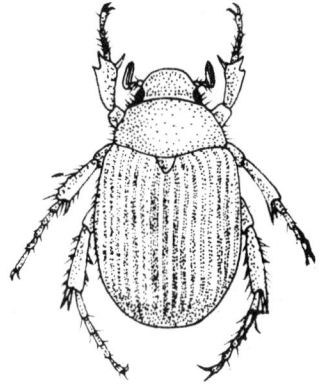

60　小云鳃金龟

【学名】*Polyphylla gracilicornis* Blanchard

【别名】小云斑鳃金龟。

【分布与寄主】此虫在我国分布于内蒙古、宁夏、河北、山西、陕西、甘肃、青海、河南、四川等地。寄主有各种蔷薇科果树及林木幼苗和农作物。

【被害症状】类似 P₇₃东北大黑鳃金龟。

【形态特征】（图57）

（1）成虫：体长 26.0～28.5mm，宽 13.4～14.2mm。长椭圆形，茶褐或深褐色，光亮。头小暗褐色且具刻点和皱纹，密被淡褐色毛。唇基阔，前缘中央微内凹，外缘上翻。额中段阔，额部刻点粗大皱褶，后头平滑，两侧具短白毛及长褐色。触角鳃叶状 10 节，棒状部雄 7 节、雌 6 节。复眼球状茶褐色。前胸背板短阔黑色，表面具浅刻点及黄白色细毛，且高凸处常光滑无刻点。小盾片三角形，前缘内弯，两侧密被白毛。鞘翅褐色，

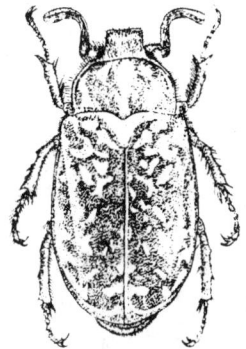

图57　小云鳃金龟成虫

密布不规则的呈云斑状白或黄白色毛，肩瘤突。臀板三角形，先端钝，表面密布细刻点和绒毛，胸、腹被长黄毛。前足胫节外缘雄具 1 ~ 2 齿，雌具 3 齿，末端均具 2 显著棘刺。

（2）卵：乳白椭圆形，长约 3.58mm。

（3）幼虫：老熟体长 37 ~ 57mm，臀节腹面后部腹毛区钩状毛群中间的刺毛列，每列多由 10 ~ 11 根短锥状刺毛组成，且相互平行。也有前后两端有 2 根明显靠近。刺毛列排列整齐无副列。

（4）蛹：体长约 32mm，橙黄色。头小下弯。触角雄大雌小，翅芽显著。

【生活史及习性】此虫在青海 4 年 1 代，以幼虫于土层深处越冬。翌春 4 月，幼虫由深层向耕作层上迁，并开始危害寄主根部组织。该虫发生极不整齐，活动、危害期间，土中具各龄幼虫。9 月下旬幼虫开始下迁。秋末则进入越冬。幼虫共 3 龄，幼虫期约 1400 天，1、2 龄各 350 天左右，3 龄约 700 天。以 3 龄幼虫危害最重。老熟后（约 5 月下旬）于 8 ~ 15cm 深处作蛹室化蛹，蛹期约 35 天左右。成虫羽化后，白天潜伏土下，黄昏以后出土在田间飞翔、活动、危害、交尾，雌虫交尾后 4 ~ 5 天开始散产卵于 10 ~ 12cm 的土中，单雌卵量约 15 粒左右，卵期约 23 天。成虫具趋光性。

【防治方法】参照 P_{74} 东北大黑鳃金龟防治方法。

61   黑绒金龟

【学名】*Serica orientalis* Motschulsky

【异名】*Maladera orientalis* Motschulskt

【别名】黑绒鳃金龟、东方金龟子、天鹅绒金龟。

【分布与寄主】此虫在我国分布于东北、内蒙古、甘肃、河北、山西、山东、河南、宁夏、安徽、湖北、江苏、江西、台湾等地；国外分布于朝鲜、日本、俄罗斯等地。寄主有蔷薇科果树、柿、葡萄、桑、杨、柳、榆，各种农作物及十字花科等 40 多科约 150 种植物。

【被害症状】类似 P_{73} 东北大黑鳃金龟。

【形态特征】（图 58）

（1）成虫：体长 7 ~ 8mm，宽 4.5 ~ 5.0mm，卵圆形，体黑至黑褐色，具天鹅绒闪光。头黑，唇基具光泽。前缘上卷，具刻点及皱纹。触角黄褐色 9 ~ 19 节，棒状部 3 节。前胸背板短阔。小盾片盾形，密布细刻点及短毛。鞘翅具 9 条刻点沟，外缘具稀疏刺毛。前足胫节外缘具 2 齿，后足胫节端两侧各具 1 端距，跗端具有齿爪 1 对。臀板三角形，密布刻点，胸腹板黑褐具刻点且被绒毛，腹部每腹板具毛 1 列。

（2）卵：初产为卵圆乳白色，后膨大呈球状。

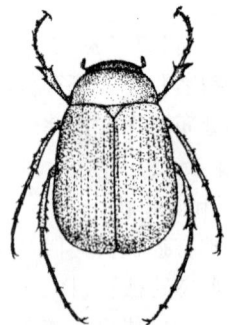

图 58   黑绒金龟成虫

（3）幼虫：体长 14 ~ 16mm。肛腹片复毛区满布略弯的刺状刚毛，其前缘双峰式，峰尖向前止于肛腹片后部的中间，腹毛区中间的裸区呈楔状，将腹毛区分为二，刺毛列位于腹毛区后缘，呈横弧状弯曲，由 14 ~ 26 根锥状直刺组成，中间明显中断。

（4）蛹：体长约 8mm，初黄色，后变黑褐色。

【生活史及习性】此虫 1 年发生 1 代，以成虫或幼虫于土中越冬。3 月下旬至 4 月上旬开始出土，4月中旬为出土盛期，5月下旬为交尾盛期，6月上旬为产卵盛期，6月中下旬卵大量孵化，危害约80天左右老熟、化蛹，9月下旬羽化为成虫，成虫不出土在羽化原处越冬。以幼虫越冬者，翌年4月化蛹、羽化出土。成虫于6～7月交尾、产卵。卵孵后在耕作层内危害至秋末下迁，以幼虫越冬，翌春化蛹羽化为成虫。

成虫出土活动时间与温度有关，早春温低时活动能力差且多在正午前后取食危害，很少飞行，早晚均潜伏土中。5、6月，成虫则白天潜伏，黄昏后开始出土活动、危害，并可远距离迁飞，常具群集危害幼果树、林木的嫩梢及顶芽的习性，并交尾产卵。卵多堆产于被害植株根部附近5～10cm土中，每堆卵约8粒左右，单雌平均卵量40粒左右，卵期约9.5天。成虫危害期可达3月余。另外成虫具趋光性和假死性。幼虫孵化后先于植物幼嫩根部危害，后转至地下部组织食害，但危害性不大。幼虫期(末越冬者)约76天左右。老熟后深入约35cm土层处做土室化蛹，蛹期约19天左右。发生早的则羽化为成虫，以成虫越冬。发生晚的则以幼虫越冬。此虫主要以成虫危害，常将叶片食成不规则缺刻或孔洞，严重时常将叶、芽、花食光，尤其对刚定植的果苗、幼树威胁更大。

【防治方法】

(1)黑绒金龟成虫发生盛期用90%晶体敌百虫800倍液喷雾防治效果良好。但喷雾时应注意避开大樱桃花期，以免对花产生药害。

(2)90%晶体敌百虫鲜菜毒饵诱杀。毒饵配法为：90%晶体敌百虫1kg加少量水溶化后，拌50kg红根鲜菠菜(菠菜切成5cm长的小段)。在成虫发生期每株幼树用0.25～0.5kg毒饵，均匀撒在树基部1m直径范围内。敌百虫鲜菜毒饵诱杀效果优于树上喷药，且诱饵法属局部、土表施药，利于保护天敌，可在生产中推广应用。

(十七)丽金龟科 Rutelidae

中型大小，与鳃金龟科相似，多为美丽色彩的种类，有古铜、翠绿、铜绿、墨绿、金紫等强烈金属光泽。不少种类体色单调，呈蓝、绿、褐、黄、赤、棕、黑等色，或具深色条纹与斑点。体多卵圆形，背面、腹面弧形隆起。触角9～10节，棒状部3节。小盾片显著。臀板大而外露，胸下被绒毛，腹气门6对，前3对位于侧膜处，后3对位于腹板上端。后足胫节端距2个，爪各具1对，但不对称。本科种类遍及全世界，目前世界已知2500余种，我国近300种。本科许多种类对林木、果树、绿化观赏树、灌木、树苗及农作物常造成危害，其幼虫即蛴螬对多种苗木及农作物根部危害重大，甚至常致毁灭性损害。

62 毛喙丽金龟

【学名】*Adoretus hirsutus* Ohaus

【分布与寄主】此虫在我国分布于山西、山东、河北、河南、陕西、甘肃、福建等地。寄主有蔷薇科果树、葡萄、林木、豆类及杂草等植物。

【被害症状】类似P_{73}东北大黑鳃金龟。

【形态特征】(图59)

(1)成虫：体长7.4～11.9mm，宽4.5～5.3mm，体小卵圆形，黄褐至淡褐色，被灰白细长针状毛，光泽弱。头阔，唇基长大、红褐半圆形，边缘上卷；复眼圆大黑褐色。上唇

"喙"部无纵脊。触角 10 节，棒状部细长，褐色。前胸背板甚短阔，侧缘圆弧形，前侧角近直角，略前伸，后侧角斜圆。小盾片三角形，略低于翅面，鞘翅具刻点和 4 条纵肋。臀板隆拱，密被更长毛，腹侧端圆弧形，不呈纵脊。足弱，前足胫节外缘 3 齿，内缘距正常，跗节部短于胫节，后足胫节粗状膨大，略似纺锤形。

（2）卵：椭圆乳白色，长约 1.8mm。

（3）幼虫：体长 16 ~ 18mm，头部黄褐色，头前顶毛每侧 2 根，均在冠缝侧，后顶毛各 1 根。肛腹片上满布钩状毛，后部较多，排列不匀，前部中间具裸区，无刺毛列。肛门裂缝呈横裂缝状。

（4）蛹：体长 9.0 ~ 12.5mm，浅黄色，腹末呈三角形，尖削，具深褐色毛，雄性蛹在三角形中央具棒球形瘤突，雌性蛹无。

【生活史及习性】此虫 1 年发生 1 代，以 3 龄幼虫于深土层中越冬，翌春 4 月升至耕作层危害寄主地下部组织，5、6 月陆续老熟化蛹，蛹期约 20 天左右。6 月出现成虫，7 月前半月为成虫盛发期。以后逐渐减少，8 月底以后基本消失。成虫白天潜伏土层中，黄昏便陆续出土活动、取食危害、交配、产卵，日出前陆续返回土层内栖息。

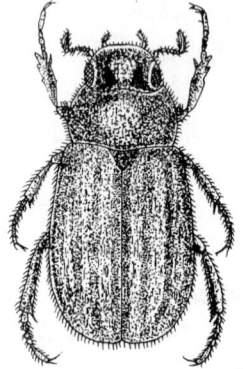

图 59　毛喙丽金龟成虫

成虫具假死性和弱的趋光性。交配后继续危害 1 周左右便开始产卵，产卵高峰在 7 月中旬至 8 月上旬，卵散产于幼虫喜食的寄主周围 3 ~ 5cm 的土层中以及适于幼虫生活的河滩地、沙壤地中，产卵后不久成虫即死亡。卵期约 15 天左右，单雌卵量均 30 余粒。幼虫孵化后危害寄主地下部组织。秋末以 3 龄幼虫深入深土层中越冬。

【防治方法】参照 P$_{74}$ 东北大黑鳃金龟防治方法。

63　茸喙丽金龟

【学名】*Adoretus puberulus* Motschulsky

【分布与寄主】此虫在我国分布于山西、河北、河南、陕西、甘肃等地。寄主有苹果、山楂、梨、葡萄等多种植物。

【被害症状】类似 P$_{73}$ 东北大黑鳃金龟。

【形态特征】（图 60）

（1）成虫：体长 10.2 ~ 13.5mm，体宽 5.0 ~ 6.3mm。长椭圆形，后部微阔。全体深褐色，密被刻点，头黑褐，复眼大、黑色，腹面棕褐色。头大、头面微隆拱，唇基半圆形，前缘圆弧形上卷。上唇"喙"部有纵脊。触角鳃叶状 10 节，棒状部雄明显长大于雌。前胸背板短阔，周缘边框完整，前侧角前伸呈锐角，侧缘圆形，后侧角弧形，小盾片三角形，边缘光滑无毛，与鞘翅相平。鞘翅可见 4 条纵隆线，以纵肋Ⅲ最显。肩瘤突。臀板短阔，隆突，毛长而密。足粗壮，前足胫节外缘 3 齿，上齿小，内缘齿短，雄者与中齿相对，雌者与基中齿间凹相对，前中足大爪分叉，后足大爪不分叉。

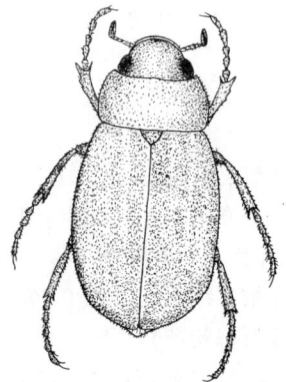

图 60　茸喙丽金龟成虫

(2)卵：椭圆灰白色，长径约 2mm。

(3)幼虫：老熟体长 20～25mm，体灰褐色，头、前胸背板与胸足均黄褐色。

(4)蛹：黄褐色裸蛹，体长 11～15mm。

【生活史及习性】此虫 1 年发生 1 代，以幼虫越冬。翌春 4 月陆续上升至耕作层危害寄主地下部组织，5 月中旬陆续老熟化蛹。蛹期约 14 天左右，6 月上旬田间始见成虫，6 月中下旬至 7 月上旬成虫大量发生危害，8 月以后逐渐减少。成虫羽化后，白天潜伏土中，黄昏开始出土活动，取食危害、交配、产卵。交配与产卵前期约 10 天左右，卵散产于寄主附近土中。午夜后陆续潜返土中。

成虫具趋光性和假死性。成虫产卵盛期为 6 月下旬至 7 月中旬，卵期约 2 周左右，孵化盛期为 7 月中下旬，成虫寿命约 27 天左右，幼虫孵化后危害地下部组织，秋末于深土层中以 3 龄幼虫越冬。

【防治方法】参照 P$_{74}$东北大黑鳃金龟防治方法。

64　斑喙丽金龟

【学名】*Adoretus tenuimaculatus* Waterhouse

【分布与寄主】此虫在我国分布于辽宁、河北、山西、山东、河南、陕西、江苏、江西、浙江、安徽、湖北、湖南、福建、台湾、广西、四川、云南等地；国外分布于朝鲜、日本、越南、老挝、柬埔寨、印度尼西亚、缅甸、夏威夷等地。寄主有葡萄、梨、苹果、柿、枣、桃、杏、板栗、樱桃、核桃、杨、榆、槐、桐、栎、茶、大豆等多种植物。以丘陵地区发生较重。

【被害症状】类似 P$_{73}$东北大黑鳃金龟。

【形态特征】(图 61)

(1)成虫：体椭圆形，褐或棕褐色。体长 10.0～10.5mm，宽 4.6～5.4mm。全体密被乳白至黄褐色披针形鳞片或绒毛，光泽较暗淡，貌似茶色。眼大、头大、唇基近半圆形，前缘上卷，头顶隆拱，上唇"喙"部具中纵脊。触角鳃叶状 10 节，棒状部雄长、雌短，均由 3 节组成。前胸背板短阔，前缘弧形内弯，侧缘弧形外扩，后侧角钝。小盾片三角形，鞘翅具 3 条纵肋。鞘翅上具较明显的白斑，端凸及其侧下有紧挨的鳞片组成的白斑大小各一。腹面栗褐色、密被鳞毛。前足胫节外缘 3 齿，内侧具一内缘距，后足胫节外缘具一齿突。臀板短阔三角形。

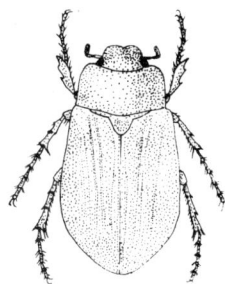

图 61　斑喙丽金龟成虫

(2)卵：长卵圆形乳白色，长径 1.7～1.9mm。

(3)幼虫：老熟体长 19～21mm，头部黄褐色，头部前顶刚毛每侧 4 根，成 1 列，额中每侧及额前缘刚毛各 2 根。尾节腹面钩状毛稀少，散生不规则。

(4)蛹：长卵圆形裸蛹，长 9.8～11.7mm，前圆后尖，初乳白，后渐变浅黄至黄褐色。

【生活史及习性】此虫北方 1 年发生 1 代，南方 2 代，均以幼虫于土中越冬，翌春上升至表土层活动危害，1 代区老熟幼虫于 5 月化蛹，6 月初发生大量成虫并进行危害，并交尾产卵。7 月以后逐渐减少。2 代区老熟幼虫 4 月中旬至 6 月上旬化蛹，5 月出现越冬代成虫，盛期为 6 月，并陆续交尾产卵。6 月中旬至 7 月中旬为第 1 代幼虫期，7 月下旬至 8 月初化蛹，8 月为第 1 代成虫盛发期，8 月中旬第 2 代卵出现，8 月中下旬第 2 代幼虫陆续孵化，

10 月下旬开始越冬。

　　成虫白天潜伏于土中，黄昏爬出并迁至寄主上取食危害，阴雨天和风对成虫活动影响很大。天晴少风时不潜土而栖息于叶、枝阴蔽处，阴天、雨时则可日夜取食。食量较大，有假死和群集危害习性，卵散产于寄主根际附近的土中，单雌卵量约 30 粒左右，产卵期约 20 天，成虫产卵后 3～5 天死亡。幼虫孵化后取食嫩根或根冠部位及腐殖质，稍大后则可危害苗木根部组织。化蛹深度一般为 10～15cm。

【防治方法】参照 P₇₄东北大黑鳃金龟防治方法。

65　铜绿丽金龟

【学名】*Anomala corpulenta* Motschulsky

【分布与寄主】此虫在我国分布于东北、内蒙古、宁夏、甘肃、河北、河南、山西、山东、陕西、江苏、江西、安徽、浙江、湖北、湖南、四川等地；国外分布于蒙古、朝鲜、日本等地。寄主有苹果、沙果、花红、海棠、杜梨、梨、桃、杏、樱桃、核桃、板栗、栎、杨、柳、榆、槐、柏、桐、茶、松、杉等多种植物。

【被害症状】类似 P₇₃东北大黑鳃金龟。

【形态特征】(图 62)

　　(1)成虫：体长 15～22mm，宽 8.3～12.0mm。长卵圆，背腹扁圆，体背铜绿具金属光泽，头、前胸背板、小盾片色较深，鞘翅色较浅，唇基前缘、前胸背板两侧呈浅褐色条斑。前胸背板发达，前缘弧形内弯，侧缘弧形外弯，前角锐，后角钝。臀板三角形黄褐色，常具 1～3 个形状多变的铜绿或古铜色斑纹。腹面乳白、乳黄或黄褐色。头、前胸、鞘翅密布刻点。小盾片半圆，鞘翅背面具 2 纵隆线，缝肋显，唇基短阔梯形。前缘上卷。触角鳃叶状 9 节，黄褐色。前足胫节外缘具 2 齿，内侧具内缘距。胸下密被绒毛，腹部每腹板具毛 1 排。前、中足爪，一个分叉，一个不分叉，后足爪不分叉。

　　(2)卵：初产椭圆形，后近圆球形，乳白，卵壳表面光滑。

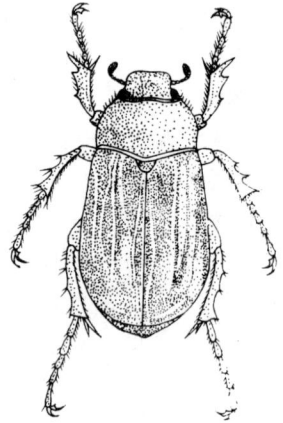

图 62　铜绿丽金龟成虫

　　(3)幼：虫老熟体长约 32mm，头宽约 5mm，体乳白，头黄褐色近圆形，前顶刚毛每侧各为 8 根，成一纵列；后顶刚毛每侧 4 根斜列。额中侧毛每侧 4 根。肛腹片后部复毛区的刺毛列，每列各由 13～19 根长针状刺组成，刺毛列的刺尖常相遇。刺毛列前端不达复毛区的前部边缘。

　　(4)蛹：体长约 20mm，宽约 10mm，椭圆形，裸蛹，土黄色，雄末节腹面中央具 4 个乳头状突起，雌则平滑，无此突起。

【生活史及习性】此虫 1 年发生 1 代，以 3 龄幼虫越冬。翌春 4 月迁至耕作层活动危害，5 月老熟化蛹，5 月下旬至 6 月中旬为化蛹盛期，预蛹期 12 天，蛹期约 9 天。5 月底成虫出现，6、7 月为发生最盛期，是全年危害最严重期，8 月下旬渐退，9 月上旬成虫绝迹。成虫高峰期开始产卵，6 月中旬至 7 月上旬末为产卵盛期。成虫产卵前期约 10 天左右，卵期约 10 天。7 月为卵孵盛期。幼虫危害至秋末即下迁至 30～70cm 的土层内越冬。

成虫羽化出土迟早与5、6月温湿度的变化有密切关系，此间雨量充沛，出土则早，盛发期提前。成虫白天潜伏，黄昏出土活动、危害，交尾后仍取食，午夜以后逐渐潜返土中。成虫活动适温为25℃以上，相对湿度为70%～80%，低温与降雨天，成虫很少活动，闷热无雨夜间活动最盛。成虫食性杂，食量大，具假死性与趋光性，具一生多次交尾习性，卵散产于寄主根际附近5～6cm的土层内，单雌卵量40粒左右，卵孵化最适温度为25℃，相对湿度为75%左右。成虫寿命为1月余。秋后10cm内土温降至10℃时，幼虫下迁，春季10cm内土温升至8℃以上时，向表层上迁。幼虫共3龄，幼虫期，1龄25天左右，2龄约23.1天，以3龄幼虫于土内越冬。此虫以3龄幼虫食量最大，危害最烈，亦即春、秋两季危害最严重，老熟后多在5～10cm土层内做蛹室化蛹。

【防治方法】

(1)生物防治：利用天敌(各种益鸟、步行虫)捕食成虫和幼虫；利用性信息素诱捕成虫。

(2)人工防治：利用成虫的假死性，早晚振落捕杀成虫。

(3)灯光诱杀成虫：利用成虫的趋光性，当成虫大量发生时，利用黑光灯大量诱杀成虫。

(4)利用趋化性诱杀成虫，利用成虫对糖醋液和酸菜汤有明显的趋性进行诱杀。

(5)化学防治：成虫发生期树冠喷布50%杀螟硫磷乳油1500倍液，喷布石灰过量式波尔多液，对成虫有一定的驱避作用。也可表土层施药，在树盘内或园边杂草内施50%辛硫磷乳油1000倍液，施后浅锄入土，可毒杀大量潜伏在土中的成虫。

66 中华弧丽金龟

【学名】 *Popillia quadriguttata* Fabricius

【别名】 四纹丽金龟。

【分布与寄主】 此虫在我国分布于东北、青海、宁夏、甘肃、内蒙古、山西、山东、河北、河南、陕西、江苏、安徽、浙江、广东、广西、贵州、福建、湖北、台湾等地；国外分布于朝鲜、越南等地。寄主有蔷薇科果树、葡萄、柿、枣、杨、榆、农作物等19科30种以上的植物。

【被害症状】 类似 P_{73} 东北大黑鳃金龟。

【形态特征】 (图63)

(1)成虫：体长7.5～12mm，宽4.5～6.5mm。头、前胸背板、小盾片、胸、腹部腹面、三对足均为青铜色，有闪光。鞘翅浅褐或草黄色，周缘呈深褐或墨绿色，臀板基部有两个白色毛斑，腹部1～5腹板侧端毛聚成白斑。唇基梯形，前缘上卷。额部刻点挤密，点间横皱，头顶刻点细密。触角鳃叶状9节、红褐色。前胸背板密被刻点，圆拱形隆起，前缘内弯，两角前伸，侧缘弧状外弯，后缘外扩，中央呈弧状内陷。小盾片三角形。鞘翅背面具6条相平行的刻点沟，臀板隆凸，密布锯齿形横纹，中胸腹板短阔，末端圆钝。前胫节外缘具2齿，内侧有一刺突。爪成对但不对称，前、中足内爪大分叉，

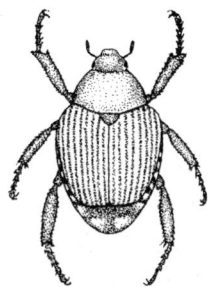

图63 中华弧丽金龟成虫

后足外爪大不分叉。

　　(2)卵：乳白椭圆形，长约 1.46mm，宽约 0.95mm。

　　(3)幼虫：老熟乳白色，体长 12～18mm，头宽 2.9～3.1mm。头前顶刚毛每侧 5～6 根，排成 1 纵列，后顶刚毛每侧 5～6 根，其中 5 根成 1 斜列。肛背片后部细凹缝口阔大，臀节腹面复毛区中央的刺毛列呈"八"字形叉开，每侧由 5～8 根，多数为 6～7 根锥状刺毛组成，肛门孔呈横裂缝状。

　　(4)蛹：黄褐色，长约 12.6mm，宽约 6.2mm，各腹节侧缘均具锥状突起，尾节近三角形，端部双突，上生褐色绒毛。

【生活史及习性】此虫发生较整齐，1 年发生 1 代，以 3 龄幼虫于 30～70cm 的深土层内越冬，翌春 4 月，当 20cm 深土层旬均土温达 9.5℃时，开始陆续上迁。至 4 月下旬 10cm 深土层旬均土温达 14.2℃左右时，幼虫全部迁至耕作层危害。6 月上中旬，大批幼虫老熟于 5～8cm 深土中做蛹室化蛹，预蛹期约 9 天左右，蛹期约 13 天左右，最长可达 21 天。化蛹始期为 6 月中旬，盛期为 6 月末至 7 月上旬，成虫羽化始期为 6 月下旬，盛期为 7 月上旬，末期为 7 月中旬，8 月中旬成虫消失。成虫寿命：雄虫 15～29 天，雌虫 24～31 天。

　　雌虫出土后，活动 2～3 日始取食，经一段时间补充营养后方才交尾，并多在上午进行，行多次交尾，分批产卵，卵散产于 2～5cm 土层内；单雌卵量 20～65 粒，多数为 45 粒左右，产卵盛期在成虫盛发期后 15 天左右，卵期约 13 天左右。初孵幼虫多以土中腐殖质及寄主幼嫩根冠为食，8 月中旬前后大部分进入 3 龄，食量大增。当旬平均土温为 9.7℃时，即开始下迁，当降至 7.8℃时，几乎全部下迁越冬，越冬深度在东北地区入土深度为 60～70cm，陕西为 30cm 左右。

　　成虫白天活动，夜间潜伏土中，少数则静伏于叶片间。成虫活动最适气温为 20.0～25.0℃。飞翔力较强，具假死性，无趋光性。盛发期常群集危害。成虫羽化后常在蛹室内静伏 2～3 天后，才逐渐出土、活动、危害。当 10cm 深平均土温达 20℃，平均气温为 17.8℃，相对湿度在 80% 以上时成虫开始出土。日出土高峰期为 9～15 时。

　　此虫在酸碱度为 6.54～7 之间的地块、地势低湿但又排水良好、腐殖质含量高、沟边、田边与杂草丛生的荒地、坡耕疏松沙质地块常发生重。

【防治方法】参照 P74 东北大黑鳃金龟防治方法。

67　苹毛丽金龟

【学名】*Proagopertha lucidula* Faldermann

【别名】苹毛金龟子、犹茶金龟子。

【分布与寄主】此虫在我国分布于东北、华北、山东、河南、内蒙古、河北、江苏、安徽、四川、陕西等地；国外分布于俄罗斯等地。寄主有蔷薇科果树、葡萄、杨、柳、榆、槐等多种植物。

【被害症状】类似东北大黑鳃金龟。

【形态特征】(图 64)

　　(1)成虫：体长 8.9～12.5mm，宽 5.5～7.5mm。体卵圆形，背腹较扁平。除鞘翅光滑无毛且半透明外，余各部皆被淡黄灰绒毛，尤以腹面绒毛长而多。唇基长大，前缘略上卷。复眼黑色，触角鳃叶状 9 节，棒状部 3 节组成，且雄显大于雌。前胸背板、小盾片绿色带紫色闪光。前胸背板多刻点，密被绒毛，前缘内弯，侧缘弧状外弯，后缘中央后弯。鞘翅茶褐或黄褐色，间或具绿色闪光及刻点列，肩瘤明显。臀板短阔三角形，表面粗糙，密布具长毛的刻点，体下绒毛厚密。前足胫节外缘具 2 齿，前、中足爪各一对不等大，大爪端分叉，小叉不分叉，后足胫节喇叭状，有刺列。跗节 5 节，端生一对不分叉的爪；第 5 跗节内侧具一齿状突；中足基节间具大而长短各异的中胸腹突。腹节分节明显，有光泽，具白毛。

（2）卵：卵圆形，初产乳白色，光滑，后渐变黄呈圆球状。

（3）幼虫：老熟体长 14 ~ 19mm，头宽 2.8 ~ 3.6mm，全体被黄褐色细毛，体乳白，头黄褐。头部前顶刚毛每侧 7 ~ 8 根，呈纵列状；后顶刚毛每侧约 10 根，呈簇状，额中侧毛每侧 2 根较长。臀节复毛区中央有刺毛列 2 列，近于平行，每列前段为短锥状刺毛 6 ~ 12 根，后段长针状刺毛 6 ~ 10 根，相互交错，刺毛裂两侧及肛裂前缘为钩状刚毛，刺毛列前缘伸出钩状刚毛区。

（4）蛹：裸蛹，长 12.5 ~ 14.0mm，长卵形，初黄白，渐变黄褐色，羽化前为暗红褐色，尾部半圆形，无尾角。

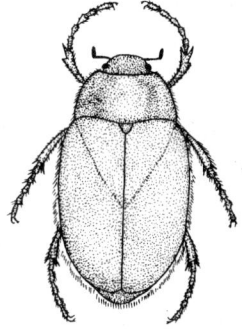

图 64　苹毛丽金龟成虫

【生活史及习性】此虫 1 年发生 1 代，以成虫于 40 ~ 50cm 深土层中越冬。翌春当旬均气温在 9 ~ 10℃，最高气温在 16℃ 以上，相对成虫出土活动危害，1 年中成虫出现两次高峰期：第 1 次在 4 月中旬末，占出土总虫数的 30%；第 2 次在 5 月上旬末，占出土总虫数的 65% 以上。常在雨后有大量成虫出现。5 月下旬以后成虫逐渐消失。4 月下旬开始产卵，5 月上旬为产卵盛期，5 月中旬进入末期。卵期长短与气温成反比，在平均气温为 18.6 ~ 22.5℃ 的情况下，卵期为 35 ~ 17 天。幼虫于 5 月中旬前后开始孵化，幼虫共 3 龄，经 55 ~ 69 天，脱皮 2 次后于 8 月化蛹。化蛹前老熟幼虫下潜到 100cm 深处作蛹室化蛹，预蛹期 1 周左右，8 月中旬末为化蛹盛期，蛹期 16 ~ 19 天，9 月上旬左右羽化，成虫羽化后当年不出土，即于羽化室中过冬。

成虫白天活动、危害，夜间潜伏土中。成虫出现活动和危害与温、湿度有关，当地表温度为 12℃，平均气温 10℃ 以上，相对湿度在 85% 以上时，成虫便大批出现和活动危害。气温达 20℃ 左右时，刚出现的成虫常在向阳处沿地表成群飞舞或在地面寻找配偶，气温下降后又潜返土中。最低气温为 8℃、平均气温达 20℃ 以上时成虫不再下树。在气温低于 18℃ 时，成虫的假死性表现非常明显，稍遇振动即收足坠落地面，气温高于 22℃ 时，假死性极不明显，即使坠落也在中途展翅飞逃。成虫喜食花器、嫩叶、嫩芽及种实，并可随寄主植物物候迟早而转移危害。成虫具群集危害习性，同一成虫可在同一植株上连续数日取食危害。

成虫取食花蕾时，先将花瓣咬成孔洞，然后取食花丝与花柱，对已展开的花及嫩叶则沿花瓣、嫩叶边缘蚕食，将花丝、花药、柱头、嫩叶一并吃光。对较老叶片则于叶背剥食叶肉，残留叶脉，食痕呈网眼状。取食多在白天温度升高后进行。炎热的中午多潜伏叶背栖息。成虫交尾多集中于午前。交尾后需取食补充营养后才开始产卵。卵散产于植被稀疏、土质疏松的表土层中。单雌平均卵量 28 粒左右。成虫发生期约 50 天左右。

【防治方法】

（1）路边柳树上苹毛丽金龟大发生期间喷一遍 50% 辛硫磷乳油 1000 倍液，可消灭大量苹毛丽金龟，樱桃园内虫量大为减少。樱桃园在制定防治措施时，应以在苹毛丽金龟入园之前消灭为原则，时刻监测周围柳树上苹毛丽金龟发生量及其迁移动向，及时喷药，害虫一旦入园后应立即向周围杂草、杂树施药。

（2）组织人工捕捉，同时用榆树药枝诱杀，振击樱桃树，向树下假死苹毛丽金龟喷药进行防治。

（十八）花金龟科 Cetoniidae

体小至大型，大多体色华丽、多花斑或绒斑。体背面扁而广，中胸后侧片露出于前胸与鞘翅之间，背面可见，体光亮或具粉末状薄层。上唇膜质，隐伏不显，下颚具毛。唇基近半圆形、近铲形或各种角突状，唇基基部于复恨之前强度内凹，背面可见触角基部。触角鳃叶状 10 节，棒状部由 3 节组成，基节较大，间或种类扩大为板状。前胸背板近梯形或椭圆形，前狭后宽，侧缘弧形或微弯曲，后缘具有中凹或呈弧形或舌状向后延伸。小盾片三角形，末端尖或窄圆形。鞘翅近长方形，侧缘于基部之后多少明显内凹，间或种类具花斑及明显纵肋。臀板外露，近三角形，间或种类具角突。中足基节之间，通常具各式中胸腹突。足粗状，爪成对称简单。本科种类的成虫多白天活动，常以果树花、果及其他部分危害，幼虫栖居于土中，以腐殖质为食。有些种类的成虫对苹果、桃等酒醋味及栎等多种树木的汁液有较强的趋性。

68   小青花金龟

【学名】*Oxycetonia jucunda* Faldermann

【别名】小青花潜。

【分布与寄主】此虫在我国除新疆没有记载外，全国各地均有分布；国外广布于俄罗斯、朝鲜、日本、尼泊尔、孟加拉国、印度、美国等地。寄主有苹果、梨、海棠、桃、杏、葡萄、山楂、柑橘、梅、栗、楯椁、葱、榆、杨等多种植物。

【被害症状】成虫食害寄主的花蕾和花，危害严重时，常群集于花序上，将花瓣、雄蕊和雌蕊吃光，致使果树只开花不结果，直接影响产量。

【形态特征】（图 65）

（1）成虫：体长 11 ~ 16mm，宽 6 ~ 9mm。体稍狭长。体表绿、黑、浅红或古铜色，散布众多形状不同白绒斑。头部黑褐色、密布长茸毛，唇基较大，密布刻点，前缘中凹较深，前胸背板由前向后外扩，前端两侧各具一白斑，满布黄色细毛及小刻点，小盾片狭小，顶端圆，基部小刻点。鞘翅狭长，被稀疏弧形刻点和浅黄色长茸毛，具银色斑纹，缝肋左右各具 3 个，鞘翅侧缘 3 个较大，中胸腹突向前突出，先端浑圆。前足胫节外缘具 3 齿，中齿对面具一内方齿，足、体腹面均黑色，密布黄褐色毛。臀板短阔，密布粗大横皱纹，近基部具 4 个横列银白绒斑。

（2）卵：球状白色，后渐变淡黄。

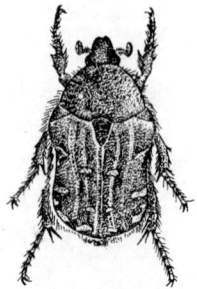

图 65   小青花金龟成虫

（3）幼虫：老熟体长 32 ~ 36mm，头宽 2.9 ~ 3.2mm。头部暗褐色，上颚黑褐色，腹部乳白色，肛腹片后部密被长、短刺状刚毛，复毛区由尖细直刺毛组成刺毛列。两列对称平行，前端接近，后端分开。每列各由 18 ~ 22 根刺毛组成。其前缘伸达肛腹片后部的 1/2 处。初龄幼虫头部橙色，腹部浅黄色。

（4）蛹：裸蛹，长约14mm左右，初淡黄白色，后变橙黄色。

【生活史及习性】 此虫1年发生1代，以成虫或幼虫于土中越冬。以幼虫越冬者，翌春解冻后陆续化蛹、羽化。当旬均气温为11.3℃、土温为12.8℃时，成虫陆续出土，此时正值苹果、梨初花期。当苹果、山楂、梨等果树盛花期，小青花金龟成虫大量出土活动危害，出土时期较苹毛丽金龟为迟。5月至6月上旬为产卵期，发生早的于8～9月幼虫老熟化蛹，羽化出土危害至秋末入土越冬。发生晚的则以幼虫、蛹或羽化后未来得及出土的成虫越冬。

成虫白天活动，尤以晴天无风和气温较高的上午10时至下午4时为成虫取食、飞翔最烈期，同时也是交尾盛期。如遇风雨天气，则栖息于花丛或草丛中不大活动，日落后潜返土中，并进行产卵。春季常群集花上食害花瓣和花蕊，亦食害芽与嫩叶，当大葱花盛开期则群集其上危害。成虫也喜食成熟的有伤果实。危害至8月底绝迹。成虫寿命90天左右。

【防治方法】

（1）人工防治：可利用成虫假死性，人工振落捕杀大量成虫。

（2）生物防治：保护园林绿地中的步甲、刺猬、杜鹃、喜鹊、寄生蜂等天敌；防治成虫可喷施白僵菌、乳状菌等生物药剂，对土中幼虫可用病原线虫防治。

（3）化学防治：用5%辛硫磷颗粒剂，掺细土200倍，撒于地面，或翻入地下；用50%辛硫磷乳油1500倍液，打洞淋灌花木根部，防治幼虫，也可用药剂喷洒地面以杀死成虫。

69　白星花金龟

【学名】 *Potosia*（*Liocola*）*brevitarsis*（Lewis）

【别名】 白星金龟子、白纹铜花金龟。

【分布与寄主】 此虫在我国分布于东北、内蒙古、山西、山东、河北、河南、陕西、安徽、江苏、江西、浙江、西藏、湖北、四川、福建、青海、云南、台湾等地；国外分布于日本、朝鲜、俄罗斯等地。寄主有苹果、梨、李、桃、杏、樱桃、葡萄、海棠、柑橘、柳、榆、栎、甜瓜、玉米、高粱等多种植物。

【被害症状】 成虫不仅能咬食幼嫩的叶、芽、花，还能蛀食果食，尤其是具病虫危害后的果食，将果食咬成大洞后，数十头成虫将群集危害此受伤果实，被害果实常易受细菌等病原菌感染变腐脱落，对果树产量与果实质量均受到很大影响。

【形态特征】（图66）

（1）成虫：体长17～24mm，宽9～14mm。椭圆形，背面较扁平，体壁厚而硬，黑紫铜色略有绿紫色金属光泽。体表具刻点及若干不规则白色绒斑。头部较窄，两侧在复眼前有明显陷入，头部中央隆起。唇基前缘上卷，中央部分凹陷，复眼大而明显，黄铜色带有黑色斑纹。触角10节，棒状部3节，雄虫棒状部较雌虫长，前胸背板前窄后宽呈梯形，前缘内弯，侧缘外突，后缘外弯但中央部分又内弯。小盾片长三角形，除基角有少量刻点外，甚平滑，顶角钝，鞘翅阔长形，侧缘前方内弯，中部具弧形纵隆线1条。肩部阔、肩瘤显著，后缘圆弧形。前足

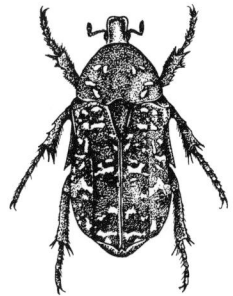

图66　白星花金龟成虫

胫节外侧有3锐齿，内侧生1棘刺，跗节5节，爪1对。腹部腹板具白毛，腹部枣红色有光泽，分节明显。雄虫腹板中央部分凹平，雌虫不凹平。臀板短阔，裸露鞘翅外，密布绒毛。

（2）卵：乳白色光滑，卵圆形，长约1.8mm。

（3）幼虫：老熟体长约35mm，头宽4.1～4.7mm。前顶毛每侧4根成1纵列，后头毛每侧4根，臀节腹面密布短与长的锥刺，刺毛列为一长椭圆形，每列由18～20根锥刺组成，肛门孔横列状。

（4）蛹：裸蛹，体长约21.5mm，无尾角，末端齐圆，有边褶，雄蛹尾节腹面中央有一横长方形的三叠状突，雌则平坦，在尾节中央前方有一细纹。

【生活史及习性】此虫1年发生1代，以2或3龄幼虫越冬，翌年5、6月幼虫老熟后在约20cm左右的土层中做土室于内化蛹，蛹期约30天。6、7月为成虫盛发期，9月底逐渐绝迹，成虫寿命约40～90天。6月底、7月初开始产卵，卵散产于腐殖质多的土中及粪堆等处，偶见多粒产在一起者，卵期约12天左右，幼虫孵化后以腐殖质为食料，亦可取食危害植物地下部组织，幼虫期约270天左右。

成虫白天活动、取食危害，交尾常集中于上午8时至下午4时。单雌卵量约25粒。成虫具假死性，对果醋及糖醋液趋性强。幼虫以背部着地行走。无土室的幼虫或蛹不能化蛹或羽化。

【防治方法】

（1）农业防治：①将果园内的枯枝落叶清扫干净并集中烧毁，尽量减少白星花金龟的越冬场所。深翻树间园土、减少越冬虫源。同一园区，尽量选种同一品种，实施统防统治。大力推广果实套袋技术。②避免施用未腐熟的厩肥、鸡粪等，施用腐熟的有机肥，能减轻白星花金龟对作物的危害。③白星花金龟发生严重的园区内，适当推迟灌溉时间或灌水时采用大水漫灌等措施，可控制白星花金龟的严重发生。

（2）物理防治：①糖醋液诱杀成虫。在成虫发生盛期，将白酒、红糖、食醋、水、90%敌百虫晶体按1∶3∶6∶9∶1的比例，配成糖醋液，放在树行间诱杀害虫。②细口瓶诱杀。利用白星花金龟成虫群集危害的特性，把细口瓶挂在果树上，适宜高度为1～1.5m，瓶内放入2～3个白星花金龟成虫，诱到半瓶以上时，倒出来集中消毁。一般情况下，每株果树上挂2个。③厩肥诱杀。利用白星花金龟的趋腐性，在发生严重的果园四周，放置腐烂秸秆、树叶、鸡粪、大粪、腐烂果菜皮等有机肥若干堆，每堆内再倒入100～150g食用醋，50g白酒，定期向内灌水，每10～15天翻查一次粪堆，可捕杀到大量白星花金龟成虫、幼虫、卵及其他害虫，有效地减轻危害。

（3）化学防治：①药剂处理粪肥。在沤制圈肥、厩肥等有机质的时候，可浇入50%辛硫磷乳油按1000倍配成的药水，每15～30天浇1次，可杀死粪肥中的大量幼虫。②药剂处理土壤。于4月下旬至5月上旬，成虫羽化盛期前用3%辛硫磷颗粒剂或3%米乐尔颗粒剂2～6kg，混细干土50kg，均匀地撒在地表，深耕耙20cm，可杀死即将羽化的蛹及幼虫，也可兼治其他地下害虫。③药剂喷雾。在白星花金龟成虫危害盛期，用50%辛硫磷乳油1000倍液，80%敌百虫可溶性粉剂1000倍液，40%乐斯本乳油1500倍液，20%甲氰菊酯乳油1500倍液，50%辛硫磷与5%高效氯氰菊酯各1000倍混合喷雾防治。

（十九）叩头虫科 Elateridae

小至大型，成虫体长形，背面略扁，体色多黄褐至黑色，体被细毛或光亮无毛。头小，紧镶在前胸上。前胸背板后侧角突成锐角。前胸腹板中间具一尖锐刺，插入中胸腹板沟槽中；前胸大而能活动，成虫仰卧时，能借前胸的弹动而跃起。触角为锯齿状、栉齿状或丝状，其形状和节数因雌、雄而异。跗节5节，简单或某节腹面分2叶，后足基节短，可盖住腿节。幼虫细长，筒形略扁，体壁坚硬而光滑，体呈黄或红褐色，有铁丝虫或钢丝虫与金针虫之称。前口式，上唇退化，头壳前缘凹凸不平。3对胸足大小相似，腹部气门2孔式。生活于土中，取食已播的种子、作物的根、茎等，是重要的地下害虫。幼虫期很长，约2年以上完成1代。蛹期很短，仅3周左右。

70 细胸叩头虫

【学名】*Agriotes fuscicollis* Miwa

【别名】细胸金针虫、叩头虫、钢丝虫。

【分布与寄主】此虫在我国分布于东北、内蒙古、宁夏、甘肃、陕西、山西、山东、河南、河北等地的沿湖、沿江、沿河冲积地、过水地、低地及水浇地。寄主有林木、果树、蔬菜及其各种农作物等多种植物。

【被害症状】以幼虫危害寄主地下部组织及播下的种子，对肉质的块根、块茎可蛀入内部危害，对各种种子刚发出的芽、或刚出土幼苗的根和嫩茎进行危害，造成缺苗、断垄现象。

【形态特征】（图67）

（1）成虫：体长8~9mm，宽约2.5mm，体形细长，背面扁平，栗褐色，被黄褐色细短毛，头胸部黑褐色，鞘翅、触角及足棕红色。头顶隆凸，密被较粗刻点。触角第1节较粗长，第2~3节球形，余各节略呈锯齿状，末节呈圆锥形。前胸背板略呈圆形，长大于宽，后缘角伸向后方，突出如刺，具深密刻点。小盾片略似心脏状，密被细毛。鞘翅长约为头胸部的2倍，每翅具9行深细刻点。

（2）卵：乳白色，近圆形。

（3）幼虫：老熟幼虫体长23~32mm，宽1.3~1.5mm，体细长，圆筒形，浅金黄色。头部扁平，口器深褐色，第1胸节较第2、3胸节之和稍短。第1~8腹节略等长，尾节圆锥形不分叉，背面具4条褐色纵纹，近前缘两侧各有褐色圆斑1个。

（4）蛹：体长8~9mm，初为乳白色，后变黄色。

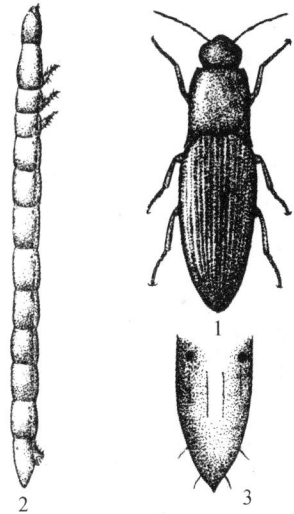

图67　细胸叩头虫
1.成虫；2~3.幼虫及幼虫尾部

【生活史及习性】此虫在东北约需3年完成1代，多以幼虫于土中越冬，内蒙古河套平原6月发现有蛹，蛹多在7~10cm的深土层中。6月中下旬出现成虫，成虫极为活泼，常栖息于植株或麦穗上取食，对禾本科草类刚腐熟发酵时发出的气味有趋性。成虫交尾后将卵散产于3~9cm的土层中，6月下旬至7月中旬为产卵盛期，在黑龙江克山地区，卵历期为8~21天，卵孵化率约为70%左右。幼虫活动最适土温为7~11℃（沟叩头虫为15~17℃），故早春活动较沟叩头虫早，而秋末越冬较沟叩头虫迟。在河北4月平均气温为0℃时，即上升至土表层中危害，一般10cm深的土温为7~12℃时危害严重，土温升达17℃时即逐渐停止危害。夏季高温与冬季低温均向深层转移越夏或越冬。与沟叩头虫相比要求较高的湿度，因而沿江沿湖地块、水地、低洼下湿地、保水能力强的粘土地均发生重。

【防治方法】

(1)药剂处理土壤：每亩用5%辛硫磷粉剂2.5kg左右，播种时散于种子下面，可兼治其他地下害虫，对作物安全，对天敌杀伤轻微。或用4%地亚农粉剂2～3.5kg，将其均匀地撒于地面，并立即耕翻，或随播种时撒药于播种沟或穴内，但药量应酌情减少，并勿与种子直接接触，以免药害。

(2)药剂拌种：可用50%辛硫磷乳油0.5kg，拌种子50～100kg，需水20kg，将药液喷于种子上，边喷边拌，然后堆闷3～4小时，翻动一次再闷6～7小时，摊晒7～8成干即可播种。此法不仅无药害，效果好，且能促使苗木生长健壮。

(3)苗圃地精耕细作，以便通过机械损伤或将虫体翻于土面被鸟类捕食。此外，加强苗圃管理，避免施用未腐熟的草粪等以抑制金针虫繁殖。

71 沟叩头虫

【学名】 *Pleonomus canaliculatus* Faldemann

【别名】 沟金针虫黄蚰蜒。

【分布与寄主】 此虫在我国分布于辽宁、内蒙古、甘肃、青海、河北、河南、山西、山东、湖北、安徽、陕西、江苏等地。主要以幼虫危害果树，作物幼苗地下部组织，成虫尚无发现取食危害。

【被害症状】 类似P$_{91}$细胸叩头虫。

【形态特征】（图68）

(1)成虫：雄体长14～18mm，宽约4mm；雌体长16～17mm，宽约5mm。栗褐色，雌雄体形差异大，雄瘦狭，背面扁平，雌则阔壮，背面拱隆。全体被金灰色细毛，头部扁平，头顶呈三角形凹陷，头部刻点相当粗密深刻，触角近锯齿状，雌虫触角11节，约为前胸长度的2倍，雄虫触角较细长，12节，长及鞘翅末端。雌虫前胸较发达，背面呈半球状隆起，后缘角突出外方；鞘翅长约为前胸长度的4倍，后翅退化；雄虫鞘翅长约为前胸长度的5倍。足浅褐色，雄虫足较细长。

(2)卵：近椭圆形，长径约0.7mm，短径约0.6mm，乳白色。

(3)幼虫：老熟体长25～30mm，体扁平，金黄色，被同色细毛。头部扁平，口器及前头部暗褐色，上唇前缘呈三齿状突起，由胸背至第8腹节背面正中有一明显的细纵沟，尾节黄褐色，其背面稍呈凹陷，且密布粗刻点，两侧隆起；侧缘各具3个锯齿状突起；尾端分叉，其内侧各具一小齿。

(4)蛹：长纺锤形，乳白色，雌蛹长16～22mm，宽约4.5mm，雄蛹长15～19mm，宽约3.5mm，雌蛹触角

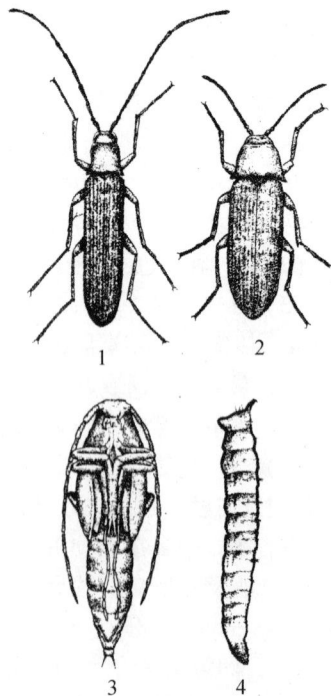

图68 沟叩头虫
1. 雄成虫；2. 雌成虫；3. 蛹；4. 幼虫

长达后胸后缘，雄蛹触角长达第8腹节。前胸背板隆起，前缘有1对剑状细刺，后缘角突出部的尖端各有一枚剑状刺，其两侧有小刺列；中胸较后胸稍短，背面中央呈半球状隆起，翅基左右不相接，由中胸两侧向腹面伸出。腿节与胫节几乎相并，与体成直角，跗节与体平行；后足除跗节外大部隐于翅下。腹末端纵裂，向两侧形成角状突出，向外略弯，尖端具黑褐色细齿。

【生活史及习性】此虫约2~3年完成1代，以幼虫或成虫于土中越冬。河南南部越冬成虫于2月下旬开始出蛰，3月中旬至4月中旬为活动盛期。成虫白天多潜伏于表土内，夜间交配产卵。雌虫无飞翔能力，单雌产卵32~166粒；雄虫善飞，有趋光性。成虫于4月下旬开始死亡，卵于5月上旬开始孵化，卵历期33~59天。初孵幼虫体长约2mm，在食料充足的条件下，当年体长可达15mm，到第3年8月下旬，老熟幼虫于16~20cm深的土层内作土室化蛹，蛹历期12~20天，9月中旬开始羽化，当年羽化的成虫不出土，于原蛹室内越冬。

北京当3月中旬10cm深的土温平均为6.7℃时，幼虫开始活动；3月下旬土温达9.2℃时开始危害，4月上中旬土温为15.1~16.1℃时危害最烈。5月上旬土温为19.1~23.3℃时，幼虫则渐趋13~17cm深土层栖息；6月10cm土温升达28℃，最高达35℃以上时，此虫下迁至深土层越夏。9月下旬至10月上旬，土温降至18℃左右时，幼虫又上升至表土层活动。10月下旬土温持续下降后，幼虫开始下移越冬，11月下旬10cm深土温平均为1.5℃时，此虫多于27~33cm的土层内越冬。

【防治方法】参照P$_{92}$细胸叩头虫防治方法。

（二〇）天牛科 Cerambycidae

成虫体躯粗大，长圆筒形，少数卵圆形，色泽一般鲜明，常被各种绒毛、刺瘤及隆脊等，有时绒毛组成各种花斑。复眼肾形，常分上下两叶，间或完整为椭圆或近圆形，触角位于额的突起（称触角基瘤）上，使触角可自由转动，触角细长，常为体长的2~5倍，间或有短于虫体的，只伸达前胸背板后端，一般11节，少数12节。前胸背板两侧具边缘或不具边缘。鞘翅质地常坚硬，端缘圆形，平截或斜凹切，少数鞘翅短缩。各足胫节末端均具两个距，跗节隐5节，显4节，爪呈单齿式，少数附齿式。

幼虫体粗肥，呈长圆形略扁，少数体细长。头横宽或长椭圆形，常缩入前胸背板，触角很小，2或3节，第2节上有一尖而透明的突起，上颚有的粗短，切口呈凿形，有的细长，切口呈斜凹。前胸背板两侧和中央具条纹，背板的刻纹、粗糙颗粒及毛被认为是分类上的重要特征。足发达、退化或全缺。腹部10节，前6~7节背面和腹面具卵形步泡突，第9节背面发达，有时具1对尾突；肛门开口于末节的后端，1~3裂。

卵具圆柱形、椭圆形、扁圆形、卵形、梭形等形状，一般狭长。

蛹为裸蛹，体形状及头、胸附器的比例与成虫相似。

本科世界已知种类约25000种以上，我国已知种类为2000种左右。

72　星天牛

【学名】*Anoplophora chinensis*(Forster)
【别名】柑橘星天牛、银星天牛。

【分布与寄主】此虫在我国分布于北起吉林、辽宁，西至甘肃、陕西、四川、云南，南迄广东，东达沿海各地和台湾；国外分布于日本、朝鲜、缅甸等地。寄主有苹果、梨、柑橘、无花果、樱桃、枇杷、花红、核桃、栎、桑树、杨、柳、榆、槐、红椿、楸、梧桐、相思树、悬铃木、母生等多种果树林木植物。

【被害症状】成虫啃食细枝嫩芽，幼虫蛀食树干韧皮部与木质部，形成不规则的扁平虫道，其中充满虫粪，隧道方向不定，有向根部蛀食习性，隧道外常蛀通气排粪孔。

【形态特征】（图69）

（1）成虫：体长 19～39mm，宽 6.0～13.5mm，体漆黑略有金属光泽，鞘翅具小形白色毛斑。头部和身体腹面被银灰色和部分蓝灰色细毛，但不形成斑纹。触角丝状11节，第1、2节黑色，其余各节基部1/3有淡蓝色毛环，其余部分黑色。雌虫超过身体1～2节，雄虫超过4～5节。中瘤明显，两侧具尖锐粗大的侧刺突。鞘翅基部具黑色小颗粒。小盾片及足的跗节被淡青色细毛。

（2）卵：长椭圆形，长 5～6mm，宽 2.2～2.4mm，初产乳白色，以后渐变为浅黄白色，近孵化时为黄褐色。

（3）幼虫：老熟体长 38～62mm，乳白至淡黄色，头长形褐色，中部前方较宽，后方缢入，额缝不明显，上颚较狭长，单眼1对，

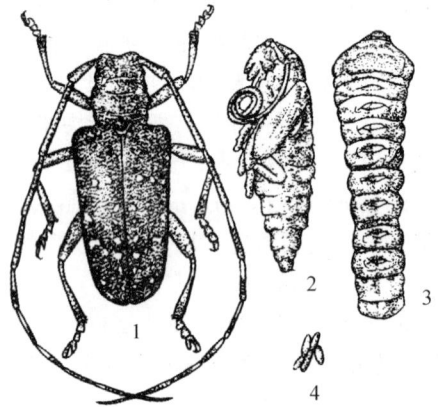

图69　星天牛
1. 成虫；2. 蛹；3. 幼虫；4. 卵

棕褐色；触角小，3节，第2节横宽，第3节近方形。前胸略扁，背板骨化区呈"凸"字形，凸字形纹上方有两个飞鸟形纹，气孔9对，深褐色，主腹片两侧各具一块密布微刺突的卵圆形区。

（4）蛹：纺锤形，长 30～38mm，初蛹淡黄色，裸蛹，老熟时呈黑褐色。

【生活史及习性】此虫南方年生1代，北方2～3年完成1代，以幼虫于被害寄主木质部内越冬。越冬幼虫于翌年3月以后开始活动，并蛀成长3.5～4.0cm，宽1.8～2.3cm的蛹室和直通表皮的圆形羽化孔，虫体逐渐缩小，不取食，伏于蛹室内，当温度稳定到15℃以上时开始化蛹，蛹期各地不一，约10～40天，5月开始羽化，5月底6月初为成虫羽化出孔高峰期，成虫羽化后在蛹室内停留4～8天，待身体变硬后才脱出羽化孔，并啃食寄主幼嫩枝梢树皮作补充营养，10～15天后才交尾，成虫整天均可交尾，但以无风的上午8时至下午5时为多。雌雄虫可多次交尾，交尾后3～4天开始产卵，6月上旬至8月上旬为产卵期，7月上旬为产卵高峰期，以树干基部向上10cm以内为多，占76%；10cm到1m内为18%，并与树干胸径有关，以胸径6～15cm为多，而7～9cm占50%。产卵前先在树皮上咬深约2mm，长约8mm的"T"或"八"字形刻槽，再将产卵管插入刻槽一边的树皮夹缝中产卵1粒，然后分泌一种胶状物质封口，单雌卵量23～32粒，最多可达71粒。成虫寿命一般45天左右，卵期9～15天，幼虫于6月中旬孵化，7月中下旬为孵化盛期，幼虫孵化后即由产卵处蛀入，向下蛀入形成层间，月余后开始向木质部蛀入，蛀至木质部2～3cm深度边转向上蛀，蛀道加宽，并开有通气孔，从中排出粪便。10月初，幼虫大多转头向下蛀食，危害至

秋末于蛀道内越冬。幼虫共 6 龄。2 年 1 代者幼虫第 3 年春化蛹。

【防治方法】

（1）树干 1m 范围内涂白（石灰石 10:硫磺粉 1:水 40），可防治成虫产卵。

（2）成虫盛发期捕杀成虫。在主干基部，发现成虫产卵刻槽后，可用小铁锤对准刻槽锤击其中的卵和小幼虫。

（3）利用蛀姬蜂、肿腿蜂、啮小蜂等天敌来防治光肩星天牛，花绒坚甲对控制天牛的危害也有较好作用，啄木鸟也可控制天牛危害。

（4）在有黄色泡沫状流胶的刻槽处涂 80% 敌敌畏乳油 10～30 倍液，可毒杀卵和初孵幼虫。用钢丝或细铁丝由新鲜通气排粪孔插入，掏出基中木屑与粪便，然后塞入 1～2 个 40% 毒死蜱乳油或 80% 敌敌畏乳油 10～30 倍液的药棉球，或注入 80% 敌敌畏乳剂 800 倍液，并将蛀孔用湿泥封好，有较好的防治效果。

73　光肩星天牛

【学名】 *Anoplophora glabripennis*（Motschulsky）

【别名】 柳星天牛、光肩天牛。

【分布与寄主】 此虫在我国分布于辽宁、内蒙古、宁夏、甘肃、河北、河南、山西、山东、江苏、江西、安徽、陕西、四川、湖北、浙江、福建、广西等地；国外分布于朝鲜、日本等地。寄主有苹果、梨、李、樱桃、梅、桑、樱花、杨、柳、榆、糖槭、苦楝、法桐等多种植物。

【被害症状】 成虫啃食寄主叶片及嫩枝的皮层，幼虫于枝内蛀食，轻者削弱树势，重者枝条常遭风折或枯死。

【形态特征】（图 70）

（1）成虫：雌体长 22～35mm，宽 8～12mm，雄体长 20～29mm，宽 7～10mm。体黑色具金属光泽，黑中常带紫铜色，间或微带绿色，鞘翅白色毛斑大小与排列似星天牛，但不规则，间或不清楚；基部光滑不具颗粒，表面刻点较密，有微细皱纹；肩部刻点较粗大。触角较星天牛略长。前胸背板侧刺突较长，尖锐；胸面无毛斑，中瘤不显突。中胸腹板凸片上瘤突不发达。

（2）卵：长 5.5～7.0mm，乳白色长椭圆形，两端略弯曲，孵化前变为黄色。

（3）幼虫：老熟体长 50～60mm，头宽约 5mm，头为褐色，体带黄色，头盖 1/2 缩入胸腔中，其前端为黑褐色。触角淡褐色，粗短 3 节，第 2 节长宽近相等。唇基及上唇淡黄褐色，唇基呈梯形，上唇呈半圆形，其边缘具黄褐色细毛，上颚前端黑色，基部黑褐色，下颚须黑色 3 节，下颚叶较短，不超过下颚须第 2 节的顶端，下唇须 2 节，其色同下颚须，前胸大而长，其背板后半部色较深，呈凸字形。中胸最短，其腹面和后胸背腹面各具步泡突 1个，步泡突中央各具一横沟，腹部背面可见 9 节，第 10 节变为乳状突，1～7 腹节背腹各具一步泡突，背面步泡突中央具横沟 2 条，腹面为 1 条。

（4）蛹：体长 30～37mm，宽约 11mm 左右，附肢色较浅，触角前端卷曲呈环形，置于前、中足及翅上，前胸背板两侧各具侧刺突 1 个。背面中央具一压痕，翅芽达第 4 腹节前缘，有由黄褐色绒毛形成的毛块各 1 块，第 6 节上绒毛较少，第 8 节背板下具一向上生的刺状突起，腹面呈尾足状，其下面及后面有若干黑褐色小刺。

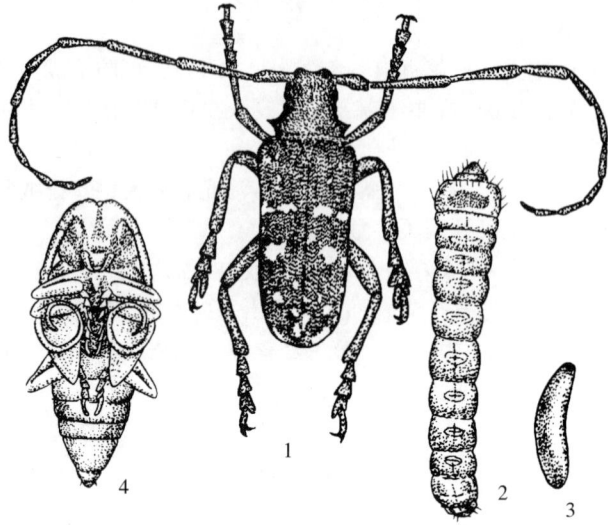

图 70　光肩星天牛
1. 成虫；2. 幼虫；3. 卵；4. 蛹

　　【生活史及习性】 此虫在辽宁、河南、山东、江苏 1 年发生 1 代或 2 年 1 代。在辽宁以 1~3 龄幼虫越冬，翌年 3 月下旬开始活动取食，4 月底 5 月初开始于隧道上部作蛹室。蛹室椭圆形，略向树干外部倾斜。蛹室做好后进入预蛹期，约 30 天左右，于 6 月中下旬为化蛹盛期。蛹期平均 19.6 天。成虫羽化后于蛹室内停留约 1 周左右，然后咬 1cm 左右的羽化孔飞出。成虫于 6 月上旬出现，6 月中旬 7 月上旬为飞出盛期，成虫飞出羽化孔后，从早晨 6 时至下午 6 时活动，以 8~12 时活动最盛，晴天成虫于果园内活动频繁，阴雨天则栖息于树冠内。当气温上升至 33℃ 以上时则静伏于丛枝内或阴暗处。成虫补食营养后的 2~3 天交尾，以 8~14 时为多，成虫一生交尾数次，产卵多在 12~14 时为多。产卵前，成虫爬至枝干上咬一椭圆形刻槽，然后把产卵器插入韧皮部与木质部间产卵，每一刻槽产卵 1 粒，产卵后分泌胶状物堵住产卵孔，单雌卵量 32 粒左右，刻槽分布于根际至直径为 4cm 处的树枝上，但主要集中于枝权和有萌生枝条的地方，树皮刻槽仅 80% 产卵，20% 为空槽，空槽无胶状物堵孔，极易区别。刻槽大小为 0.7~1cm。刻槽处有胶状物时常腐坏变色。

　　成虫飞翔力弱，容易捕捉。无趋光性，成虫寿命：雌虫平均 42.5 天，雄虫平均 20.6 天。卵期在 6 月中旬至 7 月下旬，一般为 11 天，9~10 月产的卵直到翌年才孵化。有的幼虫孵化后在卵壳内越冬。幼虫孵出后取食腐坏的韧皮部，并排出褐色粪便，2 龄幼虫则取食旁侧健状树皮和木质部，并将粪便与蛀屑由产卵孔中排出。3~4 龄幼虫于树皮下取食约 4cm² 左右后，便开始深入木质部，由产卵孔排出白色木丝，起初隧道横向稍有弯曲，然后向上。隧道随虫体增大而变大，隧道最长约 15cm，最短约 3.5cm。木质部内的隧道为栖息场所，取食主要在韧皮部与木质部间。被害树干的树皮常陷成一掌状。立地条件好，生长旺盛的树木，天牛卵及初龄幼虫极易死亡，故受害轻，反之被害重。

【防治方法】

　　(1)清除果园或林地周围的被害木，由冬季修枝改为夏季修枝，以降低相对湿度，改变孵化条件，提高初孵幼虫的自然死亡率。

（2）用50％辛硫磷或杀螟松乳油150倍液涂树皮刻槽处，可杀死其中卵或初孵幼虫。也可参考星天牛防治方法。

74　粒肩天牛

【学名】*Apriona germari*（Hope）

【别名】桑天牛、桑干黑天牛。

【分布与寄主】此虫在我国分布于辽宁、河北、河南、山西、山东、江苏、江西、湖北、四川、福建、广东、广西、台湾等地；国外分布于日本、老挝、越南、缅甸、印度、朝鲜等地。寄主有苹果、梨、海棠、樱桃、枇杷、无花果、花红、柑橘、桑、榆、柳、柞、楮、槐、朴、构、沙果等多种植物。

【被害症状】成虫啃食嫩枝皮层及芽叶。幼虫蛀食枝干木质部，隧道内无粪便与木屑。轻者削弱树势，重者全株枯死。

【形态特征】（图71）

（1）成虫：体长26～51mm，宽8～16mm。体和鞘翅黑色，被黄褐色绒毛，腹面棕黄色，间或青棕色，头顶隆起，中央有1纵沟。前唇基棕红色。触角自第3节起各节基部约1/3被灰白色绒毛，触角11节，比体稍长。鞘翅中缝、侧缘、端缘具一青灰色狭边。前胸近方形，背面具横皱纹，两侧各具刺状突1枚。鞘翅基部密生颗粒状小黑点。足黑色，密生灰白短毛。雌虫腹末2节下弯。

（2）卵：长椭圆形，长6～7mm，前端较细，略弯曲，黄白色。

（3）幼虫：圆筒形，老熟体长45～60mm，乳白色。头小，隐入前胸内，上下唇淡黄色，上颚黑褐色。前胸特大，前胸背板后半部密生赤褐色颗粒状小点，向前伸展成3对尖叶状纹。胴部13节，无足。后胸至第7腹节背面各具扁圆形突起，其上密生赤褐色粒点，

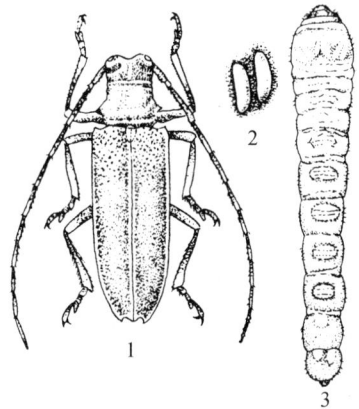

图71　粒肩天牛
1. 成虫；2. 卵；3. 幼虫

前胸至第7腹节腹面也具突起，中有横沟分为2片。前胸和第1～8腹节侧方又各生椭圆形气孔1对。

（4）蛹：长30～50mm，纺锤形，初淡黄后变黄褐色，触角后披，末端卷曲。翅芽达第3腹节，腹部第1～6节背面两侧各具1对刚毛区，尾端较尖削，轮生刚毛。

【生活史及习性】此虫广东1年发生1代，北方2～3年1代，以幼虫于被害枝干蛀道内越冬。2～3年1代区，幼虫经2～3个冬天后，于下年4月底至5月初开始化蛹，5月中旬为化蛹盛期，6月底结束，个别于7月结束。成虫6月初出现，6月中下旬至7月中旬大量发生，8月中旬逐渐消失。成虫于6月中旬至8月上旬产卵，卵期为8～15天，6月下旬至8月中旬卵孵化。蛹期26～29天，成虫羽化后于蛹室内静伏5～7天；成虫自羽化孔钻出后寿命长达40天左右，产卵期延续20天左右，产卵前成虫昼夜取食，啃食嫩梢树皮，被害处呈不规则条块状，伤疤四周残留绒毛状纤维物。成虫具假死性，取食10～15天后，交配

产卵。2～4年生枝条产卵较多或5～35mm粗的枝上落卵多，以直径为10～15mm的枝条上卵的密度最大，约占80%。产卵前先用上颚咬破皮层与木质部，咬成"U"字形刻槽后，卵产于其中，每一刻槽产卵1粒，产后用粘液封闭槽口，槽深达木质部，长12～20mm。成虫产卵多在夜间进行，白天取食，单雌每晚产3～4粒卵，一生卵量为120粒左右。产卵刻槽高度依寄主大小而异，一般主干侧枝均有。

初孵幼虫先向上蛀食1cm左右，尔后回头沿枝干木质部的一边向下蛀食，逐渐深入髓部，如植株矮小，下蛀可达根际。幼虫在蛀道内每隔一定距离向外咬一圆形排泄孔，排泄孔径随幼虫增长而扩大，孔间距则由上向下逐渐增长。小幼虫粪便红褐色细绳状，大幼虫粪便为锯屑状，幼虫一生蛀道全长为92～214mm，排泄孔数为15～19个。幼虫取食期间，多在下部排泄孔处。越冬期间由于蛀道底部常有积水，常向上移至由下往上数的第3孔上方，并在头上方常有木屑。幼虫老熟后沿蛀道上移，超过1～3个排泄孔，先咬羽化孔向外达树皮边缘，使树皮出现臃肿或断裂，常见树液外流。此后幼虫返至距蛀道底约9.5cm的位置作化蛹室，化蛹其中，蛹室长4～5cm，宽2～3cm，蛹室距羽化孔7～12cm，羽化孔圆形，直径为1.4cm。

【防治方法】

(1)保护利用天敌资源，如啄木鸟、桑天牛长尾啮小蜂等。

(2)在成虫发生期的清晨，树上人工捕杀成虫，或摇动树干振落成虫后人工捕杀。结合修剪除掉虫枝，集中处理。

(3)先将有虫枝干最下排泄孔的粪便清理干净，将40%毒死蜱乳油5倍液注入排泄孔，或用脱脂棉团沾透药液，塞入最后排泄孔，对1～2年生幼虫有很强的杀伤力。

(4)成虫产卵前，利用成虫取食嫩叶、嫩枝补充营养的特点，在成虫发生期喷药消灭。喷施50%辛硫磷乳油1500倍液，48%噻虫啉悬浮剂6000倍液，15%吡虫啉微胶囊干悬剂1500倍液。

75　桃红颈天牛

【学名】 *Aromia bungii*(Faldermann)

【别名】 红颈天牛。

【分布与寄主】 此虫在我国分布遍及全国各地；国外分布于俄罗斯、朝鲜、日本等地。寄主有桃、杏、梨、梅、樱桃、苹果、梨、柳等多种果树及林木植物。

【被害症状】 幼虫危害枝干，喜于韧皮部与木质部间蛀食，并形成不规则隧道，蛀孔外排出大量红褐色虫粪及碎屑，堆满树干基部地面。危害轻者树势衰弱，重者树干全部蛀空而死。

【形态特征】 (图72)

(1)成虫：体长26～37m，宽8～10mm，体亮黑色，前胸背面棕红色或全黑色，有光泽，背面有瘤突4个，两侧各具刺突1个。雄虫前胸腹面密布刻点，触角长出虫体约1/2。雌虫前胸腹面无刻点，但密布横皱，触角稍长于虫体。身体两侧各具一分泌腺，平时具一种恶臭味，受惊或被捕捉时射出具恶臭味的白色液体。鞘翅表面光滑，基部较前胸为宽，后端狭窄。

(2)卵：长椭圆形，乳白色，长6～7mm，光滑略有光泽。

(3)幼虫：老熟体长42～52mm，乳白色，前胸较宽广，体前半部各节呈扁长方形，后半部稍呈圆筒形，体两侧密生黄棕色细毛，前胸背板前半部横列4个黄褐色斑块，背面的2个各呈横长方形，前缘中央有凹缺，后半部背面淡色，有纵皱纹，位于两侧的黄褐色斑块略呈三角形，胴部各节的背面及腹面都稍微隆起，并具横皱纹。

（4）蛹：体长25~36mm，初为乳白色，后渐变为黄褐色，前胸两侧各具1刺突。

【生活史及习性】此虫2~3年发生1代，以幼龄幼虫（第1年）和老熟幼虫（第2年）越冬。除成虫阶段在树上活动外，其余各虫态均在树干内，成虫5~8月出现。成虫羽化后在树干蛀道中停留3~5天后外出活动，雌虫遇惊忧后即行飞逃，雄虫则多逃避或自树上坠下。成虫外出活动2~3天后开始交尾产卵。可多次交尾，卵产于枝干树皮缝隙内，近地面35cm以内树干产卵最多。产卵期1周左右，卵期8天左右。初孵幼虫向下蛀食韧皮部，秋末在被害皮层下越冬。翌年春季幼虫活动继续向下蛀食至木质部，形成短浅的椭圆形蛀道，蛀道不规则，危害至秋末即在此隧道内越冬。第3年继续向木质部深处蛀害，幼虫老熟后于蛀道内作蛹室化蛹，蛹室在蛀道末端，老熟幼虫化蛹前，先做羽化孔，但孔外韧皮部仍保持完好。幼虫危害时，由上向下，在木质部蛀成弯曲不规则蛀道，蛀道可下达主干土面下8~10cm处，常在干周蛀孔外堆积大量红褐色粪屑。

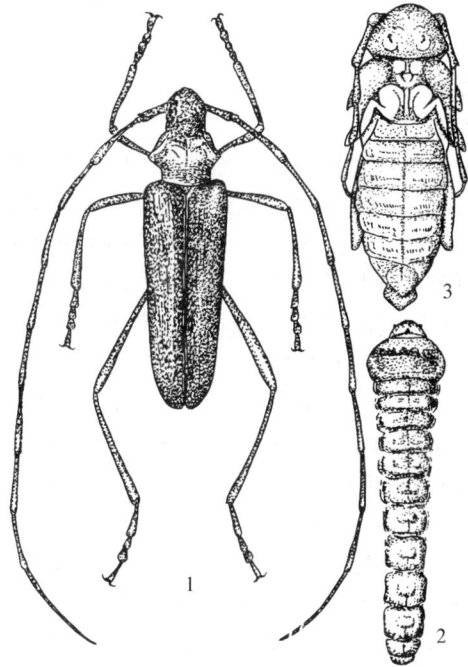

图72　桃红颈天牛
1. 成虫（雄）；2. 幼虫；3. 蛹

【防治方法】

（1）根据红颈天牛喜欢产卵于老树树皮裂缝及粗糙部位，而幼树和树干光洁部位不产或很少产卵的特点，应加强树干管理，保持树干的光洁。除进行肥水管理外，还要对高龄树干刮除粗糙树皮及翘皮，防止树皮裂缝。

（2）人工捕杀：6月下旬至7月上旬是成虫的发生期，可利用成虫喜欢中午活动的习性进行人工捕杀。7~8月在树干及大枝上寻找有虫粪处，发现有新鲜虫粪，用小刀撬开排粪孔周围皮层，向上或向下寻找幼虫。蛀入树干内的幼虫，用镊子或钢丝先掏尽粪渣，然后用带钩针状的钢丝（用12或14号钢丝制作），逐渐向蛀孔内插入，并反复抽动，可将幼虫刺死或钩出。

（3）防治成虫产卵：在6月上中旬成虫发生、产卵前，在树干和大枝上涂白。涂白剂可用生石灰10份、硫磺1份、食盐0.2份、动物油0.2份、水40份调和而成，防止成虫产卵。

（4）成虫产卵盛期或幼虫孵化期，用80%敌敌畏乳油，或50%辛硫磷乳油、50%杀螟松乳油、40%毒死蜱乳油，稀释成50~100倍液，点滴虫孔或粗皮缝隙，防效均好。

（5）经常检查树干，发现虫粪时，用铁丝钩杀树皮下的小幼虫，或将蛀道内木屑与粪便掏出，注射 5～10 倍的上述药液（见第 4 条），将蛀孔用泥封好，或塞入 1～2 个沾药液棉球，均有良好的防治效果。

76　红缘亚天牛

【学名】*Asias halodendri*（Pallas）

【别名】红缘天牛。

【分布与寄主】此虫在我国分布于东北、内蒙古、河北、河南、山东、山西、江苏、浙江、甘肃、江西、陕西等地；国外分布于俄罗斯、朝鲜、蒙古等地。寄主有苹果、梨、枣、葡萄、酸枣、杨、柳、榆、刺槐等多种果林植物。

【被害症状】幼虫于枝干皮层，木质部内蛀食，被害枝干外表不易看出，没有通气排粪孔，被害寄主轻者树势衰弱，重者干枯。

【形态特征】（图 73）

（1）成虫：体长 11.0～19.5mm，宽 3.5～6.0mm，体狭长黑色，头部短，刻点稠密，被灰白色细长竖毛，头部具深而浓密的毛。触角细长，雌虫触角与体长约等，雄虫则为体长 2 倍，雌虫触角以第 3 节最长，雄虫则以第 11 节最长。前胸宽稍大于长，背面刻点稠密，排成网纹状。小盾片等边三角形，鞘翅狭长，两侧平行，基部有 1 对朱红色斑，外缘具一条朱红色窄条，翅面刻点较胸部小，向后渐次细密，基部刻点间呈皱褶状，中部呈细网状；翅面被黑褐色短毛，基部斑点上的毛灰白而长。腹面布有刻点及灰白色细长柔毛。前胸腹板及中胸腹板的刻点粗而稠密。

（2）卵：扁豆形，灰褐色，表面土黄色，形似溅于树上的泥点。

（3）幼虫：老熟体长约 22mm 左右，乳白色，前胸背板前方骨化部分深褐色，分为四段，上生较粗的褐色刚毛，后方非骨化部分呈"山"字形。第 1～7 腹节背腹面有椭圆形步泡突。

（4）蛹：体长 15～20mm，初乳白渐变黄褐，羽化前黑褐色，触角自末端迂回于腹面。

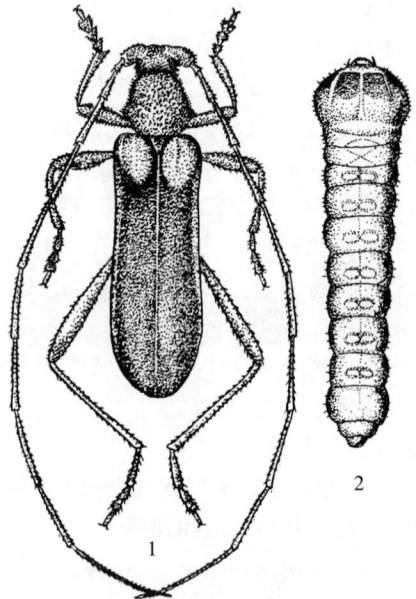

图 73　红缘亚天牛
1. 成虫；2. 幼虫

【生活史及习性】此虫河南 1 年发生 1 代，以幼虫越冬，翌年 2 月底 3 月初出蛰活动，于皮层下木质部钻蛀扁宽的虫道，4 月中下旬开始化蛹，5 月中旬成虫羽化。成虫羽化后自羽化孔爬出，并取食枣花补充营养，继后于酸枣或枣树上群集交尾，然后飞至 2cm 左右的衰弱枝上或因修剪而干死的伤疤或活树伤皮处产卵，有时果园石块上也可见到卵粒。卵的孵化与产卵部位有密切关系，产在干枯木段或枝梢的卵易孵化，产在活树上的孵难孵化，因产在活树上的卵，在孵化时，产卵处的树皮变黑，并向外渗出一种黄褐色或其他色泽的液体将卵浸泡，致使卵发育不良，难于孵化。幼虫孵化后先蛀入皮下，于韧皮部与木质部间危害，尔后进入木质部的髓部危害，9～10月幼虫在木质部深处或接近髓心部越冬。此虫对生长衰弱的果园树木危害较为严重。

【防治方法】

(1)加强果园管理，增强树势，可减轻此虫的危害。

(2)成虫发生期结合防治果园其他害虫，可喷施50%辛硫磷乳油，80%敌敌畏乳油1000倍液，或各类菊酯类农药，均有明显的防治效果。

(3)彻底清除采伐后的碎枝断梢，处理不完的可集中起来，深埋或待成虫羽化后喷药处理由其中新羽化出的成虫。

77　云斑天牛

【学名】 *Batocera horsfieldi*(Hope)

【分布与寄主】 此虫在我国几乎分布于全国各地；国外分布于越南、印度、日本等地。寄主有苹果、梨、核桃、板栗、枇杷、无花果、杨、栎、桑、柳、榆、泡桐、油橄榄、女贞、悬铃木、山毛榉、桤木等多种果树与林木植物。

【被害症状】 成虫取食嫩枝皮层及叶片，幼虫蛀食树干，由皮层逐渐深入木质部，蛀成斜向或纵向隧道，蛀道内充满木屑与粪便，轻者树势衰弱，重者整株干枯死亡。还会导致木蠹蛾，木腐菌寄生。

【形态特征】（图74）

(1)成虫：体长34～61mm，宽9～15mm，黑褐色至黑色，密被灰白色和灰褐色绒毛。唇基和上唇琥珀色，上唇中部生有横列的四丛向下方略弯的褐色长毛。雄虫触角超过体长约1/3，雌虫触角略比体长，各节下方生有稀疏的细刺；第1～3节黑色具光泽并有刻点和瘤突，其余黑褐色，第3节长约为第1节的2倍。前胸背板中央有1对白色或浅黄色肾形斑纹；侧刺突大而尖削。小盾片近半圆形。鞘翅上具白色或浅黄色绒毛组成的云片状斑纹，列成2～3纵行，鞘翅基部1/4处分布有大小不等的瘤状颗粒，肩刺大而尖端略斜向后方，翅末端的内端角短刺状。

(2)卵：长径6～10mm，短径3～4mm，长椭圆形，稍弯，一端略细，初产乳白色，后渐变黄白色。

(3)幼虫：体长70～80mm，淡黄白色，粗肥多皱。头部除上颚、中缝及额的一部分为黑色外，余皆淡棕色。上唇、下唇着生许多棕色毛。触角小，前胸背板方形橙黄色，上具黑色刻点，前方近中线处有2个黄白色小点，小点上各生1根刚毛。后胸和1～7腹节背腹面具步泡突呈"口"字形。气门9对，生于前胸和第1～8腹节。

(4)蛹：体长40～70mm，淡黄白色。头部

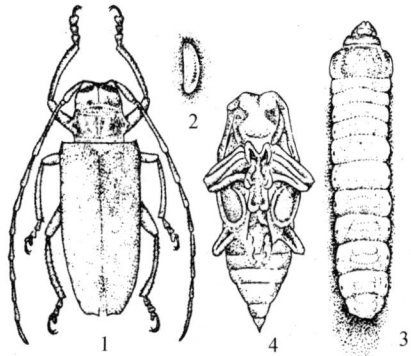

图74　云斑天牛
1.成虫；2.卵；3.幼虫；4.蛹

和胸部背面生有稀疏的棕色刚毛，腹部 1~6 节背中央两侧密生棕色刚毛，末端锥状，尖端斜向后上方。

【生活史及习性】此虫 2~3 年完成 1 代，以成虫或幼虫于隧道内越冬，5 月越冬成虫咬一圆形羽化孔外出，尤其在连续晴天，气温较高时外出更多。成虫爬出羽化孔后，在孔口或其附近停息片刻，然后爬向树冠。成虫昼夜均可取食，早晚活动最盛，有趋光性。成虫自羽化出孔至死亡均可交尾。卵多产在距地面 2m 以内的树干上，产卵前，雌虫选择适当部位，咬一指头大小的圆形或椭圆形中央有小孔的刻槽，将 1 卵产于刻槽上方，然后分泌粘液将刻槽周围的木屑粘合在孔口处，使之不易发现。单雌卵量 40 粒左右，卵粒分批成熟分批产下，每批可产 10 粒左右。卵多产在胸径 10~20cm 的树干。刻槽产卵多在气温高时进行，每刻一槽与产一粒卵需 8~9 分钟。卵期 10~15 天，初孵幼虫于韧皮部蛀食，受害处变黑，树皮膨胀裂破，流出体液，排出木屑虫粪。2 年 1 代者，第 1 年以幼虫越冬，翌年继续危害，幼虫期约 13 个月，第 2 年 8 月中旬老熟于虫道顶端作椭圆形蛹室化蛹，蛹期 1 个月左右，9 月中下旬成虫羽化，在蛹室内越冬。幼虫发育晚者，于第 3 年春老熟化蛹羽化。

【防治方法】

(1)人工捕杀成虫：成虫发生盛期，要经常检查，利用成虫有趋光性、不喜飞翔、行动慢、受惊后发出声音的特点，傍晚持灯诱杀，或早晨人工捕捉。

(2)杀灭卵和初孵幼虫：成虫产卵期，检查成虫产卵刻槽或流黑水的地方，寻找卵粒，用刀挖或用锤子等物将卵砸死。于卵孵化盛期，在产卵刻槽处涂抹 50% 辛硫磷乳油 5~10 倍药液，以杀死初孵化出的幼虫。

(3)消灭危害盛期幼虫：在幼虫蛀干危害期，发现树干上有粪屑排出时，用刀将皮剥开挖出幼虫；或从发现的虫孔注入 50% 敌敌畏乳油 100 倍液，而后用泥将洞口封闭，也可用药泥或浸药棉球堵塞、封严虫孔，毒杀干内害虫。用铁丝插入虫道内刺死幼虫，或用铁丝先将虫道内虫粪勾出，再用磷化铝毒签塞入云班天牛侵入孔，用泥封死，对成虫、幼虫熏杀效果显著。

(4)树干涂药：冬季或产卵前，用石灰 5kg、硫磺 0.5kg、食盐 0.25kg、水 20kg 拌匀后，涂刷树干基部，以防成虫产卵，也可杀灭幼虫。

78 梨眼天牛

【学名】*Bacchisa fortunei*(Thomson)

【别名】梨绿天牛、玻璃天牛。

【分布与寄主】此虫在我国分布于东北、山西、陕西、山东、江苏、江西、浙江、安微、福建、台湾等地；国外分布于朝鲜、日本等地。寄主有苹果、梨、梅、杏、桃、李、海棠、石楠、野山楂、槟沙果、山里红等多种林木果树植物。

【被害症状】成虫取食叶片，幼虫多于 2~5 年生枝干的皮层，木质部内蛀食，常由排粪孔不断排出烟丝状粪屑，并附于排粪孔外的枝条上，常将其下部的树皮腐蚀。被害枝条发育不良，树势衰弱，影响产量与品质。

【形态特征】(图75)

(1)成虫：体长 8~10mm，宽 3~4mm，体小略呈圆筒形，橙黄或橙红色。鞘翅呈金属蓝色或紫色，后胸两侧各有紫色大斑点。全体密被长细毛或短毛，头部密布粗细不等的刻点。复眼上下完全分开成 2 对。触角丝状 11 节，基节数节淡棕黄色，每节末端棕黑色。雄虫触角与体等长，雌虫略短，腹面被缨毛，雌虫较长而密；柄节密布刻点，端区具片状小颗粒。额宽大于长，密布刻点，粗细不等。前胸背板宽大于长，前、后各具一条横沟，两沟之间的中区隆凸，似瘤突，两侧各具一小瘤突，中部瘤突具粗刻点，鞘翅末端圆形，翅上密布粗细刻点。雌虫腹部末节较长，中央具一条纵沟。

（2）卵：长约 2mm，宽约 1mm，长椭圆略弯曲，初乳白后变黄白色。

（3）幼虫：老熟体长 18～21mm，体呈长筒形，背部略扁平，前端大，向后渐细，无足，淡黄至黄色。头大部缩在前胸内，外露部分黄褐色。上颚大，黑褐色。前胸大，前胸背板方形，前胸盾骨化，呈梯形。后胸和第 1～7 腹节背面及中、后胸和第 1～7 腹节的腹面均具步泡突。

（4）蛹：体长 8～11mm，稍扁略呈纺锤形。初乳白，后渐变黄色，羽化前体色似成虫。触角由两侧伸至第 2 腹节后弯向腹面。体背中央有一细纵沟。足短，后足腿、胫节几乎全被鞘翅覆盖。

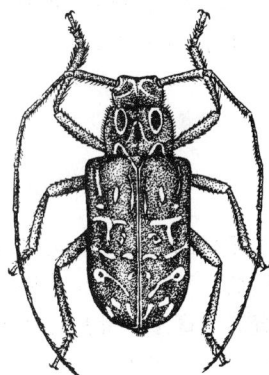

图 75　梨眼天牛成虫

【生活史及习性】此虫 2 年完成 1 代，以幼虫于被害枝隧道内越冬。第 1 年以低龄幼虫越冬，翌春树液流动后，越冬幼虫开始活动继续危害，至 10 月末，幼虫停止取食，于近蛀道端越冬。第 3 年春季以老熟幼虫越冬者不再食害，开始化蛹，部分未老熟者则继续取食危害一段时间，尔后陆续化蛹。化蛹期为 4 月中旬至 5 月下旬，4 月下旬至 5 月上旬为化蛹盛期，蛹期 15～20 天。5 月上旬成虫开始羽化出孔，5 月中旬至 6 月上旬为羽化盛期，6 月中旬为末期。成虫羽化后，先于隧道内停息 3 天左右，然后从隧道顶端一侧咬一圆形羽化孔出孔。成虫出孔后先栖息于枝上，然后活动并开始取食叶片、叶柄、叶脉、叶缘和嫩枝的皮以补充营养。

成虫喜白天活动，飞行力弱，风雨天一般不活动。交尾多在上午 9 时左右和下午 5 时左右，交配后 3 天左右开始产卵，成虫产卵多选择直径为 15～25mm 粗的枝条，或以 2～3 年生枝条为主，产卵部位多于枝条背光的光滑处，产卵前先将树皮咬成"≡≡"形伤痕，然后产 1 粒卵于伤痕下部的本质部与韧皮部之间，外表留小圆孔，极易识别。同一枝上可产卵数粒，单雌卵量约 20 粒左右，成虫寿命 10～30 天。卵期 10～15 天。

初孵幼虫先于韧皮部附近取食，到 2 龄后开始蛀入木质部，深达髓部，并多顺枝条生长方向蛀食，间或向枝条基部取食者。幼虫常有出蛀道啃食皮层的习性，常由蛀孔不断排出烟丝状粪屑，并粘于蛀孔外不易脱落。随虫体增长排粪孔（或称蛀孔）不断扩大，烟丝状粪屑也变粗加长，幼虫一生蛀食隧道长达 6～9cm，取食皮层面积达 5cm² 左右。粪屑常附于蛀道反方向，其长度与蛀道约等，越冬前或化蛹前常用粪屑封闭排粪孔和虫体前方的部分蛀道，生活期间蛀道内无粪屑。

【防治方法】

（1）防治成虫：成虫羽化期结合防治果树其他害虫，喷施 50% 辛硫磷乳油 1500 倍液或各种菊酯类等药剂的常规浓度，对成虫均有良好的防治效果。

（2）防治虫卵：在枝条产卵伤痕处，用煤油 10 份配 50% 辛硫磷乳油或 80% 敌敌畏乳油 1 份的药液，涂抹产卵部位，效果很好。

（3）防治幼虫：

①捕杀幼虫：利用幼虫有出蛀道啃食皮层的习性，于早晚在有新鲜粪屑的蛀道口，用铁丝钩出粪屑及其中的幼虫，或用粗铁丝直接刺入蛀道，以刺杀其中幼虫。

②毒杀幼虫：卵孵化初期，结合防治果园其他害虫，喷洒50%辛硫磷乳油或各种菊酯类农药的常规浓度，毒杀初孵幼虫均有一定效果。或用沾80%敌敌畏乳油20倍液的小棉球，由排粪孔塞入蛀道内，然后用泥土封口，可毒杀其中幼虫。

（4）严格检疫、杜绝扩散：对带虫苗木不经处理不能外运，新建果园的苗木应严格检疫，防治有虫苗木植入。初发生的果园应及时将有虫枝条剪除烧掉或深埋或及时毒杀其中幼虫，以杜绝扩展与漫延。

79 顶斑瘤筒天牛

【学名】*Linda fraterna*（Chevrolat）

【别名】苹枝天牛、苹果枝天牛。

【分布与寄主】此虫在我国分布于辽宁、河北、河南、山西、山东、江苏、江西、浙江、福建、广东、广西、四川、云南、台湾等地。寄主有苹果、梨、桃、杏、梅、樱桃、楹梓、悬钩子、李等多种林木果树植物。

【被害症状】成虫可食害枝条皮层及叶，幼虫在枝条内蛀食，隔一定距离咬一圆孔，排出黄褐色颗粒状粪便，虫道直而无虫粪，被害枝梢枯黄，越冬前在枝顶端以丝状木屑堵塞。被害枝梢枯萎，影响新梢生长。

【形态特征】（图76）

（1）成虫：体长11～17mm，宽2～4mm，长圆筒形。头、前胸背板、小盾片和体腹面橙黄色，触角、鞘翅和足黑色，触角第4～6节基部橙黄色。头顶两侧各具一明显的黑斑，间或相连接。触角基瘤黑斑较明显。后胸腹板两侧部分黑色，前胸背板两侧中后方各具一瘤状突起。鞘翅刻点细密呈纵行，额广阔略凸，具细密刻点。足短，后足腿节不超过腹部第2节。

（2）卵：体长约2mm左右，乳白长椭圆形。

（3）幼虫：老熟体长28～30mm，口器黑褐色，头部褐色，大部缩入前胸内。前胸背板淡褐色，两侧各具一斜向的沟纹，似倒"八"字形，前端平滑，后端密被深褐色粒状突起，体橙黄色。腹部第1～7腹节背、腹面具椭圆形步泡突。

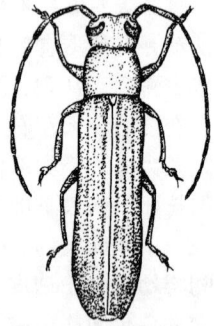

图76 顶斑瘤筒天牛成虫

（4）蛹：体长11～17mm，初蛹淡黄色，近羽化时触角、复眼、翅芽和足为黑色。

【生活史及习性】此虫1年发生1代，以老熟幼虫于被害枝条内越冬。翌年4月越冬幼虫化蛹，蛹期15～20天。成虫羽化后仍停留枝内，5月上旬始见出枝成虫，5月下旬至6月上旬为成虫出枝盛期。成虫白天活动、取食、交尾、产卵。卵散产于当年生新梢皮层内。成虫对产卵部位有明显的选择性。据调查，短于50mm和直径大于8mm的枝条产卵少。产卵前，先用上颚将新梢皮层咬一环沟，再由环沟向枝条上方咬一纵沟，将卵产于纵沟一侧。5月底6月初开始产卵，6月中旬为产卵盛期。卵期11天左右，6月幼虫开始孵化，初孵幼虫先在环沟上部蛀食幼嫩的木质部，不久即蛀入髓部，并向下蛀害，隔一段距离向外咬一圆形排泄孔，排出黄褐色粪屑。被害枝条呈中空筒状。被害部以上的叶片变黄、枯萎、枝条干枯。危害至秋末，幼虫老熟于蛀道内越冬。

【防治方法】

（1）成虫发生期结合防治园内其他害虫，可喷洒50%辛硫磷乳油，或杀螟松乳油等有机磷农药的常规浓度或菊酯类农药的常规浓度，对成虫和初孵幼虫均有良好的防治效果。成虫盛发期效果更佳。成虫盛发期可采用塑料布铺地振落捕杀成虫。

（2）结合冬春修剪，剪除衰弱、枯死枝条，集中处理消灭其中虫源，或加强施肥管理，增强树势，减少危害。

80　中华薄翅天牛

【学名】 *Megopis sinica*（White）

【别名】 薄翅锯天牛、薄翅天牛。

【分布与寄主】 此虫在我国分布于东北、陕西、河北、河南、山东、山西、江苏、浙江、福建、安徽、江西、四川、广西、贵州、云南、台湾等地；国外分布于朝鲜、日本、越南、缅甸等地。寄主有苹果、桃、枣、板栗、柿、杨、柳、榆、桑、杉、松、白蜡、栎、苦楝、油桐等多种林木果树植物。

【被害症状】 以幼虫于枝干皮层，木质部内蛀食，隧道较宽不规则，其中充满木屑与粪便，被害寄主轻者树势衰弱，重者干枯死亡。

【形态特征】（图77）

（1）成虫：体长30～52mm，宽8.5～14.5mm，全体暗褐至赤褐色。头部具细密的颗粒状刻点，上具棕黄色长毛。上颚黑色，前额中央凹陷，后头较长，自前至后在中央有一纵沟。雄虫触角几与体长相当或略长，第1～5节极粗糙，下沿具齿状突起。雌虫触角短，仅达鞘翅2/3处。前胸背板前窄后宽呈梯形，表面密布颗粒状刻点及灰黄色短毛。鞘翅宽于前胸，向后渐收缩，上面密生小刻点，各鞘翅具明显的纵隆线1对，于鞘翅基部会合。小盾片近圆形。雌腹末伸出很长的伪产卵管。

（2）卵：长约4mm，乳白长椭圆形。

（3）幼虫：老熟体长60～70mm，乳白或淡黄色，较粗短。头黄褐色，大部缩入前胸内，上颚与口器周围黑色。前胸背板淡黄色，中央有一条平滑纵线，两边有凹陷斜纹1对。第1～7腹节背面及胸部第3节至腹部第7节腹面各节具椭圆形步泡突，上生小颗粒状突起。

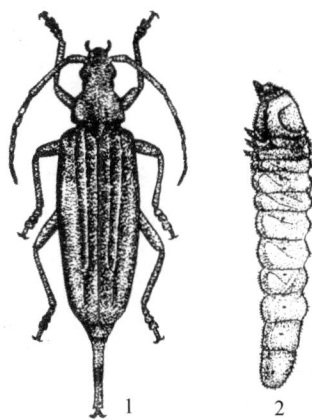

图77　中华薄翅天牛
1. 成虫；2. 幼虫

（4）蛹：体长30～54mm，初乳白，后渐变黄褐色。

【生活史及习性】 此虫2～3年完成1代，以幼虫于隧道内越冬。成虫于6～8月出现，啃食树皮作为补充营养。成虫喜于衰弱、枯老、距地面2m高处的树皮伤口及被病虫侵害的地方产卵，卵均散产于伤口或缝隙内。单雌卵量200粒左右。幼虫孵化后蛀入树皮及木质部危害，以后逐渐向上、下蛀食。幼虫老熟后蛀向靠近树皮处做蛹室化蛹，蛹室椭圆形，隧道内常塞以木屑于其中化蛹。成虫羽化后咬破树皮成椭圆形的羽化孔外出。

【防治方法】

（1）及时清除园内枯枝、病虫枝、衰弱枝，或药剂封闭伤口枝条，集中处理，消灭其中卵或幼虫，减少成虫产卵。

（2）加强园内管理，增强树势，减少树体伤口并堵塞树体腐烂孔洞，并用泥土封闭保护，以减少成虫产卵。

（3）可在 6~8 月成虫发生期捕杀成虫。

（4）产卵盛期后刮粗翘皮，消灭其中卵及初龄幼虫。

（5）成虫羽化盛期结合防治其他害虫，可喷施菊酯类农药及 50% 辛硫磷乳油、敌敌畏乳油 1000 倍液，防效均好。

81　四点象天牛

【学名】 *Mesos myops*（Dalman）

【别名】 黄斑眼纹天牛。

【分布与寄主】 此虫在我国分布于东北、华北、河南、安徽、四川、广东、台湾等地；国外主要分布于北欧各国及俄罗斯、日本、朝鲜等地。寄主有 15 属 30 余种植物，主要危害苹果、核桃、楸、杨、柳、柏、栎等果树林木。

【被害症状】 成虫取食枝干嫩皮，幼虫于枝干皮层、韧皮部与木质部之间蛀食危害，粪便排于隧道内。被害寄主轻者树势衰弱，重者干枯死亡。

【形态特征】（图 78）

（1）成虫：体长 8~15mm，宽 6~7mm，体形短阔黑色，被灰色短绒毛，并杂有许多火黄色或金黄色毛斑。头部具刻点及颗粒，额极阔，复眼很小，分上下两叶。触角雄超出体长 1/3，雌与体等长。前胸背板中区具丝绒般黑色毛斑 4 个，前后各 2 个，前 2 个斑长，后 2 个斑短。每一黑斑两侧镶有相当宽的火黄色或金黄色毛斑。前胸背板具刻点及小颗粒，中央后方及两侧具瘤状突起，侧面近前缘处有一瘤突。鞘翅上饰有许多火黄色和黑色斑点，每翅中段的灰色毛较淡，在此淡色区的上缘和下缘中央，各具一较大的不规则黑斑，其他较小的黑斑大致圆形，黄斑分布遍及全翅。小盾片中央金黄色，两侧色较深。体腹面及足有灰白色长毛。

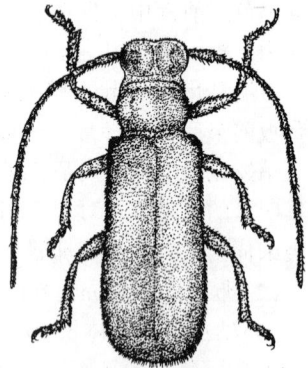

图 78　四点象天牛成虫

（2）卵：乳白椭圆形，表面光滑，长径 2.0~2.5mm，短径 0.6~0.8mm。

（3）幼虫：老熟体长 25mm 左右，长圆筒形，稍扁，无足。体乳白色至淡黄白色，头部及前胸背板黄褐色。头部大部缩入前胸，头部前端与口器黑褐色，腹部第 1~7 节背面及腹面均具粗糙的步泡突。

（4）蛹：体长 10~14mm。乳黄色，头部弯向前胸下方，触角向体背伸展至中胸，然后弯向腹面并卷曲成发条状、端部达前足，胸腹背面有小刺突，腹部9节，第7节最长，第9节末端具发达的臀棘。

【生活史及习性】此虫在东北2年完成1代，以幼虫或成虫越冬。越冬成虫5月初开始活动，多在晴天中午取食寄主嫩皮，并陆续交尾产卵，5月中下旬为产卵盛期。卵大多产在高度不超过2.5m的主干及侧枝的树皮裂缝、枝节、死节、枝干变软的树皮上。产卵前将树皮咬成刻槽，产卵于其中，并于刻槽上覆以褐色胶质物。单雌卵量30余粒，卵期约15天。5月末、6月初孵化幼虫在树皮下韧皮部和边材之间钻蛀隧道危害，蛀道不规则，粪便与木屑留于隧道内。秋末以幼虫于蛀道内越冬。越冬幼虫于翌年危害至7月下旬以后开始老熟化蛹，8月上旬出现成虫，由于补充营养及产卵期较长，发生虫态不整齐。新成虫在落叶层下或寄生树干裂缝内越冬。

【防治方法】参照P_{106}中华薄翅天牛防治方法。

82　日本筒天牛

【学名】*Oberea japonica*（Thunberg）

【别名】苹果天牛。

【分布与寄主】此虫在我国分布于东北、山西、山东、河北、河南、湖北、云南、台湾等地；国外分布于朝鲜、日本等地。寄主有苹果、桃、杏、李、梅、樱桃、楤梓、桑、山楂等多种林木果树植物。

【被害症状】以幼虫先于皮下蛀食，尔后蛀入木质部，直达髓部向下蛀食，隔一定距离向外咬一圆形排粪孔，随虫体增长排粪孔间距离和孔的直径逐渐加大。隧道内壁光滑呈筒形，将髓与内层木质部全食光，间或可将木质部全蛀光，仅残留韧皮部，蛀道内无虫粪与木屑，排出的粪屑似烟丝状，新鲜粪屑黄白色，后变黄褐至深褐色。

【形态特征】（图79）

（1）成虫：体长16～20mm，宽2～3mm，体狭长，橙黄色，头、触角、腹部末节黑色，鞘翅基部橙黄色，侧区深棕色，其余熏烟色，体腹面黄色。体被黄色，灰白或深棕色绒毛，头部、鞘翅中区绒毛灰白色，头部被毛较密。触角丝状11节。雄虫触角与体等长，额近方形，雌虫触角短于体长，额横阔。头部刻点不大但深，杂有极密的微小刻点。前胸背板方形或宽略大于长，中区隆突，中央隐约可见一条光亮纵纹，鞘翅刻点排成纵行，向后渐小，分布不规则，雄虫腹末中央有1浅洼。

（2）卵：长4～5mm，长椭圆形，浅黄色。

（3）幼虫：老熟体长26～32mm，圆筒形，黄白色。头小，大都缩入前胸内。前胸粗大，中、后胸短小，第1～7腹节依次渐大，8～10腹节又依次渐小，腹末较尖细，前胸盾黄褐色较硬化，中央具细沟1条，中部两侧各具一凹纹，呈倒"八"字形。后胸与第1～7腹节的背、腹面各具步泡突，背面者为横长椭圆形，中部具十字形凹沟而形成4个圆突，腹面为一近圆形突起，中部具1横沟。气门长圆形，围气门片黄褐色。无足。

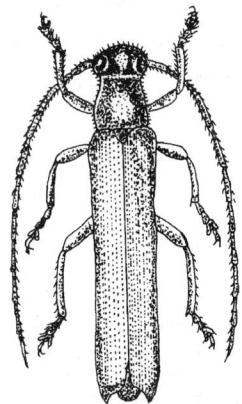

图79　日本筒天牛成虫

（4）蛹：体长 17～21mm，初浅黄色，羽化前头部，触角和翅芽色变深、复眼黑色。头顶具突起 1 对。

【生活史及习性】此虫 2 年完成 1 代，以幼虫于被害枝内越冬。第 1～2 年以幼虫越冬，第 3 年于 4 月化蛹，5～6 月出现成虫。成虫白天活动，出枝后经一段时间的补充营养，便开始交尾、产卵。6 月成虫产卵于当年生的皮层下，产卵前先在嫩枝上端咬两条近环状伤痕，两环相距 1.5cm 左右，将卵产于环状伤痕之间的皮下，每处产卵 1 粒。初孵幼虫先于皮下蛀食，很快深入木质部，尔后直达髓部并向下蛀害，同时每蛀一定距离向外蛀一近圆形排粪孔，随虫体增长排粪孔间距离及孔径逐渐扩大。幼虫一生蛀害隧道，长达 50cm 左右，大部幼虫可蛀至 2 年生枝条内。被害枝条叶片变黄脱落或枯萎，逐渐枝叶干枯死亡，幼虫危害至秋末越冬，翌春树液流动后再次出蛰危害至老熟，于秋末越冬。

【防治方法】参照 P$_{105}$ 顶斑瘤筒天牛防治方法。

83　家茸天牛

【学名】 *Trichoferus campestris*（Faldermann）

【别名】北方家天牛。

【分布与寄主】此虫在我国分布于东北、内蒙古、甘肃、青海、新疆、陕西、河北、河南、山西、山东、安徽、浙江、四川、湖北等地；国外分布于日本、朝鲜、俄罗斯、蒙古等地。寄主有苹果、梨、枣、杨、柳、榆、槐、柚、桑、椿、桦、云杉、白蜡、梧桐等多种果树林木植物。

【被害症状】以幼虫蛀食于韧皮部与木质部之间，蛀道扁宽不规则，粪便充满其中，没有通气排粪孔。

【形态特征】（图 80）

（1）成虫：体长 9～22mm，宽 2.8～7.0mm，体黑褐至棕褐色，密被灰褐色细毛，小盾片及肩部毛浅黄而浓密，头较短，复眼黑色，触角基瘤微突。雄虫触角长达鞘翅端，雌虫稍短，雄虫额中央具 1 条细纵沟，雌虫则无。前胸背板宽大于长，两侧缘弧形，无侧刺突；胸面刻点粗密，间生细小刻点，雌虫无此细刻点。小盾片短，舌形。鞘翅两侧近平行，翅面具中等刻点，端部刻点较细。

（2）卵：长椭圆形，一头较钝，另一端稍尖，黄白色，近孵化为黄灰色。

（3）幼虫：老熟体长 18～22mm，头部黑褐色，体黄白色。前胸背板前方骨化部分褐色，近前缘有一黄褐色横带，分为 4 段，后方非骨化部分白色，似"山"字形。腹部第 1～7 腹节背、腹面具 1 对椭圆形步泡突，其间略凹陷。

图 80　家茸天牛成虫

（4）蛹：体长 15～19m，初黄白，渐变黄褐色，羽化前褐色。

【生活史及习性】此虫 1 年发生 1 代，以幼虫于被害枝干内越冬，翌春树液流动后出蛰活动危害，4 月下旬至 5 月上旬幼虫陆续老熟，并于隧道内的端部化蛹、5 月下旬至 6 月上旬成虫羽化出枝，成虫夜间活动，不需补充营养，有趋光性；成虫喜于田间生长树的衰弱枝干

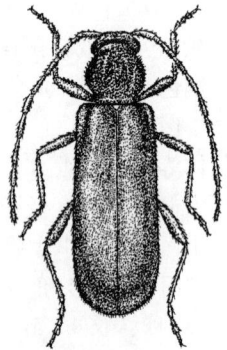

上产卵，且散产于各种缝隙内，卵期 10 天左右。幼虫孵化后即蛀入木质部与韧皮部之间，蛀成不规则的扁宽隧道，幼虫危害至 11 月开始越冬。

【防治方法】参照 P$_{101}$ 红缘亚天牛防治方法。

84　桑脊虎天牛

【学名】*Xylotrechus chinensis* Chevrolat

【别名】桑虎天牛。

【分布与寄主】此虫在我国分布于辽宁、陕西、河北、山东、江苏、浙江、安徽、湖北、四川、广东、台湾等地；国外分布于日本、朝鲜等地。寄主有苹果、梨、葡萄、柑橘、桑等多种林木果树植物。

【被害症状】以幼虫于形成层内外迂回取食，形成不规则的狭窄虫道，其中充满虫粪，幼龄幼虫蛀食时，树干表面留有烟油状的斑迹。随虫龄增大时，由上向下蛀食韧皮部与木质部，虫道由浅入深逐渐加宽，每隔一段距离向外蛀一小米粒大小的通气孔，分布不规则。在寄主生长期间，虫粪常被树液稀释成粥状，由排粪孔（或通气孔）排出，成条状，堆积在树干表面，似蚯蚓粪，极易识别。

【形态特征】（图 81）

（1）成虫：体长 14 ~ 28mm，宽 5 ~ 8mm，体背黄褐色，腹部褐色，间或棕红色。头大部分红色，触角棕褐色。鞘翅黄褐色，基缘黑色，前半部为 3 黄 3 黑条纹交互形成的斜条斑，后端有一黑色横带。前胸背板近球形，具黄、赤、褐及黑色横条斑。雌虫前胸背板前缘鲜黄色，腹部末端尖，裸露鞘翅外，雄则灰黄或褐色，腹末被鞘翅覆盖。腿节黑褐色，胫节、跗节棕色。小盾片与体腹面各节后缘被黄绒毛。后胸前侧片各具一个黄毛斑。额中央具两条斜脊，向前方合并为尖角形。头顶至前额具一条纵脊线。

（2）卵：长径约 3mm，短径约 1.2mm，乳白长椭圆形。

（3）幼虫：老熟体长约 30mm 左右，浅黄色。头小，大部缩入前胸内，前胸大，近前缘有 4 个褐色斑纹，2 个横列于背面，2 个位于侧面。第 1 ~ 7 腹节背、腹面具步泡突。

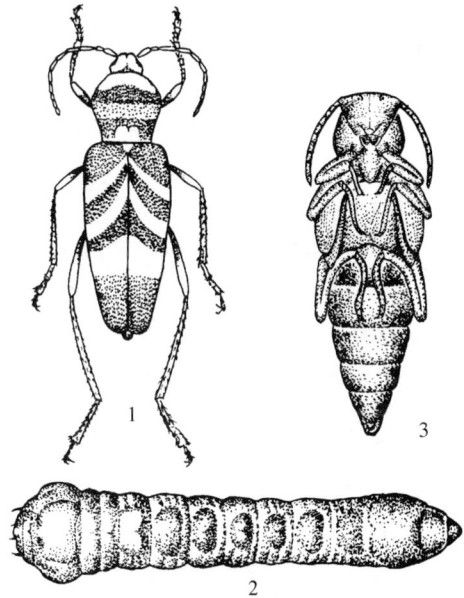

图 81　桑脊虎天牛
1. 成虫；2. 幼虫；3. 蛹

（4）蛹：纺锤形，体长约 25mm 左右，初乳白后渐变浅黄色，羽化前深黄色，复眼褐色。

【生活史及习性】此虫辽宁 1 ~ 2 年完成 1 代，以幼虫越冬。翌春树液流动后开始活动。以老熟幼虫越冬者于 5 月上旬至 6 月上旬化蛹。6 月上旬成虫出孔，6 月下旬至 7 月上旬为出孔高峰期，出孔后随即交尾产卵。雌雄虫均可多次交尾，交尾后即产卵，每次产卵 1 粒，每日可产 10 粒左右，单雌平均卵量为 110 粒左右。产卵前不咬任何刻槽，卵散产在树干粗皮缝隙及裂口内。成虫期不补充营养，只需补充水分。飞翔力强，无假死性和趋光性，雄成虫寿命平均 25 天左右，雌则 19 天左右。卵期约 11 天左右。阴、雨、风天气不产卵，常栖息于叶背，侧枝下面或根际萌生的枝丛中。

幼虫孵化后蛀食危害至 11 月上旬越冬，翌年树液流动后出蛰继续危害。幼虫期脱皮 5～6 次，自 7 月下旬至 8 月成虫羽化，完成 1 个世代约经 14 个月左右，这一代成虫产卵孵化的幼虫需经 2 个冬季，约 22 个月才能完成 1 个世代。完成两个世代的发育，前后需 3 年左右时间。世代重叠明显，各龄幼虫终年可见，成虫、卵、幼虫、蛹可同时存在。一龄幼虫适于枯死或半枯死的组织内生活，否则不能完成发育。幼虫脱皮前不食不动，整个虫体被浸于坑道内充积的树液中，状如死虫，完成脱皮后仍恢复正常活力，此时坑道外渗出大量树液，极易识别。

【防治方法】 参照 P₁₀₃ 梨眼天牛防治方法。

85　葡萄虎天牛

【学名】 *Xylotrechus pyrrhoderus* Bates
【别名】 葡萄枝天牛、脊虎天牛、虎斑天牛、斑天牛、天牛。
【分布与寄主】 分布北起我国吉林、内蒙古，南至福建、广东、广西，东与朝鲜北境邻接并滨海岸，西向自山西、陕西折入四川，止于东经 103°附近。幼虫钻蛀葡萄茎蔓。
【被害症状】 幼虫于枝内蛀食，粪便与木屑均充塞于隧道内，不排出树体外，故不易发现，有时将枝横向切断，枝头断落，影响树势。
【形态特征】 （图 82）

（1）成虫：体狭长末端稍尖；体大部黑色，前胸和中、后胸腹板及小盾片深红色；触角及足略带黑褐色。头部粗糙布有深而密的刻点，触角丝状，11 节，短小，仅伸至鞘翅基部，除第 2 节外以末端 4 节最短小。前胸背板球形，长略大于宽，布有颗粒状刻点。小盾片半圆形，后端有少量黄毛。鞘翅黑色，密被极细的刻点和茸毛，基部有"X"形黄白色斑纹，近末端有 1 黄白色横带；端缘平直，外缘角极尖锐呈刺状。后胸腹板和第 1、2 腹节后缘均生有黄白色茸毛，形成 3 条黄白色横纹，有时腹节者中部不甚明显。雄后足腿节向后伸展超过腹部末端；雌伸展至腹部末端，很少超过。后足第 1 跗节略长于其余 4 节之长度。

（2）卵：椭圆形长 1mm 左右，一端稍尖。乳白色。

（3）幼虫：体长 17mm，淡黄白色，疏生细毛。头小，无足；前胸宽大，背板淡褐色，后缘有"山"

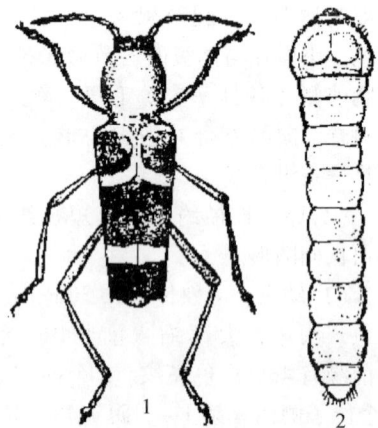

图 82　葡萄虎天牛
1. 成虫；2. 幼虫

字形细凹纹；胴部第 2 ~ 10 节背、腹面板布泡突。

(4)蛹：长 10 ~ 15mm，初淡黄白后色逐深，羽化前与成虫相似。

【生活史及习性】一年发生 1 代，以低龄幼虫于被害枝内越冬。初孵幼虫多从芽部蛀入茎内，粪便排于隧道内而不排出茎外，故不易发现，秋后以低龄幼虫越冬。落叶后在节的附近，被害处表皮变黑易于识别。

【防治方法】

(1)农业防治：结合修剪，剪除有虫枝。主蔓内幼虫可用细铁丝刺杀。

(2)药剂防治：主蔓内注入 40% 毒死蜱乳油 1000 倍液，毒杀幼虫。成虫发生期喷 80% 敌敌畏乳油 1000 倍液。

(二一)叶甲科 Chrysomelidae

小至中型，体圆、椭圆或圆柱形，成虫体色多具金属光泽。跗节隐 5 节。头为亚前口式，唇基不与额愈合，其前部明显分为前唇基，前缘平直。前足基节横行或椎形突起，基节窝闭式或开放。触角丝状或近念珠状，通常 11 节，鞘翅盖住腹端，膜翅发达，有一定飞翔能力。雄虫腹末节端缘多呈三叶状或中央具圆形、三角形凹窝，前、中足第 1 跗节较膨阔。雌虫腹端圆形拱凸，跗节正常。

86　黄守瓜

【学名】*Aulacophora femoralis*(Motschulsky)

【分布与寄主】此虫在我国分布于河北、陕西、山西、山东、江苏、浙江、湖北、江西、湖南、福建、广东、广西、四川、贵州、云南、台湾等地；国外分布于朝鲜、日本、越南、俄罗斯等地。寄主有苹果、梨、桃、柑橘、瓜类等多种植物。

【被害症状】成虫食害叶片成环状或半环状，残留下表皮，被害叶片逐渐变圆形或半圆形孔洞。幼虫主害瓜类的根或蛀入根内，致瓜苗发育不良或枯死，或蛀入瓜果内引起腐烂。

【形态特征】(图 83)

(1)成虫：体长 6 ~ 8mm，宽 3.5 ~ 4.2mm。体橙黄或橙红色，间或带棕色，复眼、上唇、后胸及腹部腹面黑色，腹末节大部橙黄色。头顶较平，触角丝状，11 节，约伸达翅中部，基节粗、第 2 节短小，第 3 节比以下各节略长。前胸背板宽大于长，两侧边中部前稍膨宽，表面中域无明显刻点，中央具一弯曲凹沟，两端达边缘，鞘翅中部之后稍膨阔，翅面刻点细密。雌虫腹部较尖，尖端露出鞘翅外，末节腹片末端呈三角形凹陷，雄虫腹部较钝，末节腹面有一匙形构造。

(2)卵：黄色球形，底径约 0.8mm，孵化前变为灰白色。表面密被多角形网纹。

(3)幼虫：老熟体长 11.5 ~ 13.0mm，体黄白色，前胸盾板黄色，腹末节臀板长椭圆形向后伸突，上具褐色环状纹，并具纵行凹纹 4 条。

(4)蛹：体长约 9mm，纺锤形，乳白带淡黄色，翅芽达第 5 腹节，各腹节背面疏生褐色刚毛。腹末端有巨刺 2 个。

【生活史及习性】此虫北方 1 年发生 1 代，南方 2 ~ 3 代，各地均以成虫在避风向阳的土缝内，落叶或土石块下，杂草丛中越冬，越冬深度约 6cm 左右。翌年春季土温回升至 6℃以上开始出蛰活动，首先迁至果树、麦、菜上取食危害，瓜苗出土后迁到瓜上危害。1 年发生 1 代区，越冬成虫产卵初期为 5 月下旬，盛期 6 月初，末期 8 月。幼虫危害期在 6 ~ 8 月，7 月危害最烈，8 月羽化为成虫，危害各类寄主至秋末后转而越冬。年生 2 代区，第 1 代成虫在 7 月上中旬羽化，第 2 代卵均见于 7 月中下旬，以第 2 代成虫于秋末越冬。

此虫喜在温暖的晴天活动取食，阴雨天活动迟缓，成虫具假死性。春季温度达到 6℃ 时开始活动，10℃ 时全部出蛰。成虫耐高温但不耐低温，在零下 8℃ 时经 12 小时即死亡，24℃ 为最适温度。在 41℃ 下受热 1 小时后死亡率低于 18%。成虫出蛰后便可交尾，交尾后 1 ~ 2 天开始产卵。雌成虫产卵与温、湿度有关：20℃ 以上开始产卵，24℃ 为产卵盛期，此间温、湿度越大，产卵量愈多。成虫产卵对土壤有一定的选择性，壤土最多，粘土次之，砂土最少。卵的孵化与温、湿度有关，在 25℃ 条件下，相对湿度为 75% 时不能孵化，为 90% 时孵化率为 15%、100% 时的孵化率为 100%。当日均温度为 15℃ 时，卵期为 28 天，16℃ 时 25 天，20℃ 时 16.3 天，29℃ 时 9 天，35℃ 时 8.5 天。水浸 144 小时后仍有 75% 的卵可孵化，45℃ 高温下受热 1 小时，孵化率仍达 44%。

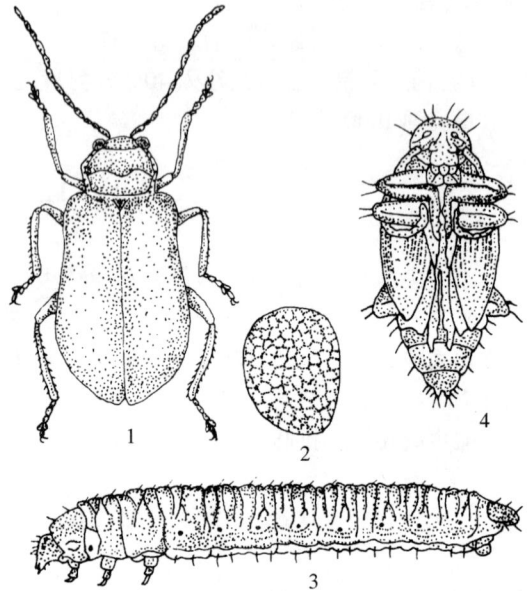

图 83 黄守瓜
1. 成虫；2. 卵；3. 幼虫；4. 蛹

幼虫孵化后即钻入土内取食寄主支根、主根，3 龄后即蛀食根茎，老熟后即在危害部位附近作土茧化蛹，愈近植株，密度愈大，蛹期 12 天左右。幼虫成活化蛹率和成虫羽化率均与壤土、黏土有关。

【防治方法】

(1)毒杀成虫：早春成虫出蛰后至瓜苗定植前或瓜苗定植后到 4 ~ 5 片真叶前喷药防治，使用农药如各种菊酯类农药或 50% 敌敌畏乳油，常规浓度均有良好的防治效果。

(2)防治成虫产卵：成虫产卵期，覆盖地膜，或早晨露水未干时于被害寄主上撒草木灰、石灰粉可防止成虫产卵。

(3)果园内及附近田块不种或避免种植瓜类可减少发生，利用瓜类和其他作物套种，可减少虫口基数或减轻危害。因为成虫尽管属多食性，但越冬前未能取食 30 天左右的瓜类植物，越冬期间则不能存活。

(4)药物防治：幼虫危害时可用 80% 敌百虫可湿性粉剂 1000 倍液，50% 辛硫磷乳油 1000 倍液，或 40% 乐斯本乳油 1000 倍液，或烟草水 30 倍液点灌瓜根。防治成虫要掌握在盛发期，用 90% 敌百虫 1000 倍液，或用 50% 辛硫磷乳油 1000 倍液，或 20% 杀灭菊酯乳油 2000 倍液，或 2.5% 溴氰菊酯乳油 2000 倍液，或 80% 敌百虫可湿性粉剂 1000 倍液，或 80% 敌敌畏乳油 1000 倍液等交替喷雾 2 ~ 3 次。注意喷药时要重点喷在被危害的植株上。

87　葡萄丽叶甲

【学名】*Acrothinum gaschkevitschii*(Motschulsky)

【别名】葡萄金绿叶甲、毛叶甲。

【分布与寄主】此虫在我国分布于华北、浙江、江西、福建等地；国外分布于日本等地。寄主有葡萄、梨、野葡萄等植物。

【被害症状】以成虫取食寄主的芽、叶、花蕾。食叶成孔洞与缺刻，常出现叶片枯黄、干死，幼虫于土中危害寄主地下部组织。

【形态特征】(图84)

（1）成虫：体长 4.5~6.8mm，宽 3.0~4.5mm。体卵形，背面隆起，具强烈金属光泽，体腹面密布粗大刻点，头部刻点粗大，头顶中央具一纵沟纹。头与前胸背板被灰白色半竖立柔毛，鞘翅具稀疏粗硬的淡色竖毛。头、胸、小盾片绿或铜绿色，鞘翅紫色或紫铜色。触角约达体长之半，前胸柱状，前角向前

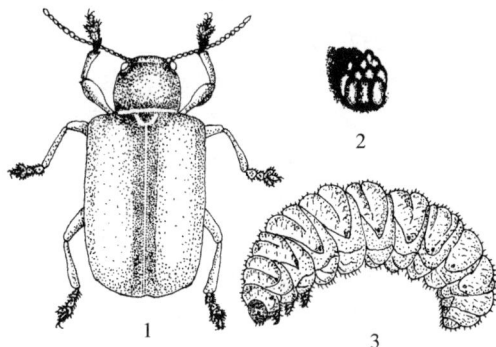

图84　葡萄丽叶甲
1. 成虫；2. 卵；3. 幼虫

突出。小盾片舌状，鞘翅基部较前胸宽很大，基部隆起，下面具1条较深的横凹，足粗状，胫节外侧具纵脊和沟。

（2）卵：黄色长椭圆形。

（3）幼虫：老熟体长约10mm体乳白、疏生细毛，略弯曲，头部黄褐色，口器黑褐色。胸足发达3对。气门黄褐色。

（4）蛹：体长约7mm，椭圆形，淡黄色。羽化前变为绿色。

【生活史及习性】此虫1年发生1代，以成虫于土中越冬。间或有以幼虫越冬者。翌春寄主萌动时越冬成虫出蛰危害幼叶、嫩芽和花蕾，而后取食叶片。6~8月陆续产卵，卵期10天左右，发生早的10月中旬开始老熟并做土室化蛹于其中，羽化后不出土即转入越冬。发生迟的则以老熟幼虫越冬，翌年春季才行化蛹，羽化出土危害繁殖。故此虫发生期不整齐。

成虫白天取食、交尾和产卵，具假死性，早晚低温时尤为明显；卵成块状产于叶面、枯叶或根部。

幼虫孵化后入土生活，危害寄主地下部组织。

【防治方法】

（1）防治成虫：成虫发生期早晚振树捕杀，或喷洒80%敌敌畏乳油，或50%辛硫磷乳油，或20%敌杀死乳油等常规浓度均有良好防效。秋末或初春深翻土地，将越冬成虫或幼虫深埋。

（2）防治幼虫：结合防治各种地下害虫，于幼虫期施用5%辛硫磷颗粒剂每亩2kg，或6%敌百虫粉每亩3kg处理土壤，有较好的效果。

88　核桃扁叶甲

【学名】*Gastrolina depressa* Baly

【分布与寄主】此虫在我国分布于东北、华北、陕西、甘肃、河北、河南、湖北、湖南、浙江、福建、广东、广西；国外分布于朝鲜、日本、俄罗斯等地。寄主有核桃、枫杨等。

【被害症状】以成、幼虫危害寄主叶片，食成网状，残留叶脉而枯焦，削弱树势。

【形态特征】（图85）

(1) 成虫：体长 5 ~ 8mm，宽约 3.5mm。体长方形，背面扁平。体色有青蓝、紫黑、黑蓝、金绿带蓝等色。有光泽。头、鞘翅蓝黑，前胸背板棕黄，触角、足均为黑色。头小、深嵌入胸部；头顶平，额中央低凹，刻点粗密。触角短，丝状。鞘翅刻点粗密，纵列成沟，并具纵棱纹各 3 条。小盾片光亮，刻点微细。各足跗节端末两侧呈齿状突出。

(2) 卵：短柱形黄绿色，顶端略细。

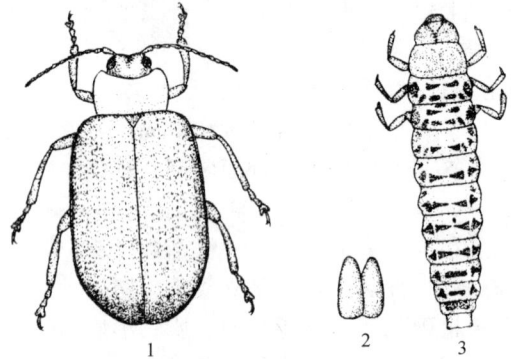

图85　核桃扁叶甲
1. 成虫；2. 卵；3. 幼虫背面观

(3) 幼虫：老熟体长约 9mm，初龄黑色，老熟后淡灰色。头部暗褐，前胸盾发达淡红色，各体节具褐色斑点与毛瘤，胸足 3 对暗褐，腹末有伪足状突起。

(4) 蛹：体长约 7mm，黑色，胸部具灰白色纹，第 2、3 腹节两侧为黄白色，背面中央灰褐色。腹末附有幼虫脱的皮。

【生活史及习性】此虫 1 年发生 1 代，以成虫在落叶、杂草等地面被物中越冬。翌年 5 月开始活动，上树危害、交尾、产卵。卵 20 ~ 30 粒成块状产于叶背。孵化后群集叶背取食。残留叶脉。6 月中下旬陆续化蛹；羽化后进行短期取食后；于秋末在落叶等地面被物中越冬。

【防治方法】

(1) 消灭越冬成虫：秋后或早春成虫出蛰前清除落叶、杂草等地被物，集中处理，消灭其中越冬成虫。

(2) 成虫、幼虫危害期防治：可喷洒 50% 辛硫磷乳油 1500 倍液、杀螟松乳油 1500 倍液，或 20% 敌杀死 2000 倍液，均有良好效果。

(3) 苗圃或幼树发生时，可采用人工捕杀成虫和幼虫。

89　十星瓢萤叶甲

【学名】*Oides decempunctata* (Billberg)

【别名】葡萄十星叶甲、葡萄金花虫。

【分布与寄主】此虫在我国分布于吉林、甘肃、河北、山西、陕西、山东、河南、江苏、安徽、浙江、江西、湖南、福建、广西、广东、四川、贵州等地；国外分布于朝鲜、越南等地。寄主有葡萄、野葡萄、柚、爬山虎等多种植物。

【被害症状】以成虫、幼虫取食寄主的芽、叶、食叶成孔洞与缺刻、残留一层绒毛或叶脉，严重时常将叶片食光、残留主脉。

【形态特征】（图86）

（1）成虫：体长9～14mm，宽7.0～9.8mm，体卵形，似瓢虫，黄褐色。头小，大部隐于前胸下。触角端末3～4节黑褐色，前胸背板宽略小于长的2.5倍，前角略向前伸突，略圆，表面具较细刻点，小盾片三角形，光亮无刻点，鞘翅刻点密细，每鞘翅具5个近圆形黑斑，排列顺序2—2—1；后胸腹板外侧，腹部每节两侧各具一黑斑，间或消失，足淡黄。雄虫腹末节顶端3叶状，中叶横阔，雌虫顶端微凹。

（2）卵：椭圆形，初产淡绿色，后变黄褐至褐色，表面具不规则小突起。

（3）幼虫：老熟体长约13mm，体扁，土黄色，除前胸外，体背各节均具黑斑。头小黄褐色，胸足3对较小，除尾节外各节具突起，顶端黑褐色。

（4）蛹：金黄色，腹部两侧具齿状突起。

【生活史及习性】此虫在我国大部地区1年发生1代，少数地区年生2代，均以卵于枯枝落叶，根际附近土中越冬。也有以成虫于各种缝隙内越冬者，1代区：5月下旬开始孵化，6月上旬为盛期，6月底化蛹，7月上中旬羽化，8月上旬至9月中旬产卵。2代区：越冬卵4月中旬孵化，5月下旬化蛹，6月中旬羽化为第1代成虫，8月上旬产第2代卵，8月中旬出现第2代幼虫，9月上旬化蛹，9月下旬出现第2代成虫，并行交尾产卵，以卵越冬。

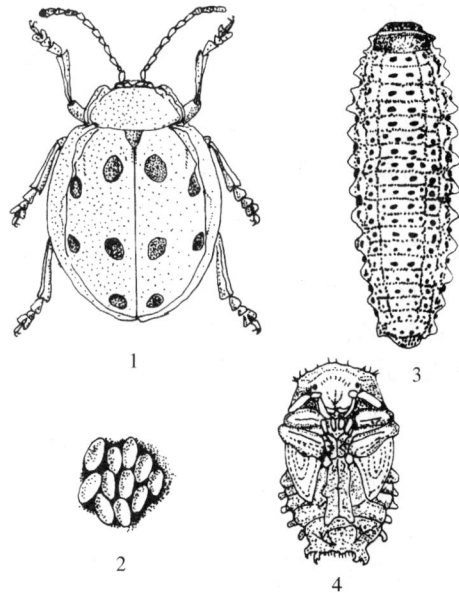

图86　十星瓢萤叶甲
1. 成虫；2. 卵；3. 幼虫；4. 蛹

幼虫孵化后沿干基上爬，先危害附近芽叶，后渐向上转移危害，3龄后分散危害，多在早晚于叶面取食，白天潜伏，具假死性。幼虫老熟后落入土中做土茧化蛹，蛹期10天左右。

成虫羽化后在蛹室内停留近1日后出土，多在6～10时出土。成虫白天活动，惊扰后分泌黄色belong臭味粘液，并假死落地，羽化后经6～8天开始交尾，交尾后1周产卵，卵多成块产于落叶、枯枝、杂草上，单雌产卵约800粒左右，成虫寿命约80天左右。直到9月才陆续死亡。

【防治方法】

（1）晚秋早春结合修剪，清理园内杂草、枯枝落叶，集中深埋或烧毁，同时深翻将土缝中越冬卵深埋，消灭越冬卵。

（2）成虫、幼虫发生期结合防治其他害虫可喷雾80%敌敌畏乳油，或50%辛硫磷乳油

1500 倍液、20% 敌杀死乳油 2000 倍液，均具良好的杀伤效果。

（3）利用成、幼虫具假死性，地面铺塑料布，振落成、幼虫，小幼虫具群集习性，应特别注意捕杀下部叶片的小幼虫。

90　黑跗瓢萤叶甲

【学名】*Oides tarsta*（Baly）

【分布与寄主】此虫在我国分布于河北、陕西、四川、云南、贵州、江苏、浙江、湖北、江西、湖南、广西、广东、福建等地。寄主有葡萄与野葡萄。

【被害症状】以成虫、幼虫取食寄主叶片，幼虫喜食枝蔓中部叶片，成虫食量更大，在管理粗放的葡萄园，单株受害率可达 100%。

【形态特征】

（1）成虫：体长约 13mm，宽约 9mm，雄虫略小于雌虫，体卵圆形，形似瓢虫。体黄或黄褐色，触角端末 4 节，间或 5～6 节，后胸腹板、腹间两侧及足跗节黑褐或黑色，上唇前缘凹缺较深，近基部具一横列长毛，头部额区稍隆起，复眼大而突出。触角丝状，11 节，第 1 节粗阔，第 2 节短小，第 3 节约为第 2 节的 2 倍，第 4 节略等于第 3 节。头顶具明显细刻点，中央具一浅纵沟，前胸背板宽远大于长，具细小密集刻点，两侧各具一小黑斑，间或消失，四周边框较细，侧缘向前略狭，前角稍圆或突出。小盾片三角形，无刻点。鞘翅缘褶小于翅宽的 1/4，翅面刻点清楚、明显、密而细，但较背板的为粗。腹部可见 5 节，雄虫腹部末端 3 叶状，中叶后缘微凹或较直，表面稍低洼，具较密细毛，中叶前方显凹洼。爪双齿式。

（2）卵：椭圆形，长约 1.5mm，宽约 1.1mm，初产时卵为绿色，数小时后变为灰绿色，近孵化时呈土黄或黄褐色，卵壳表面具近等边的六角形刻纹。

（3）幼虫：共 3 龄。老熟体长 1.8～2.4mm。体黄色，体表具排列规则的瘤突与刚毛，瘤突尖端黑色，体侧瘤突呈三角形。头壳宽，头部具触角 1 对。前胸背板骨化，略凹陷。中胸至腹节具横皱。腹部稍扁，共 9 节，末节具骨化板。气门胸部 2 对，腹部 8 对。胸足发达，黄色，胫节与跗节相接处黑色，爪黑色，少数个体爪黄色，跗节末端黑色。

（4）蛹：体长约 9.5mm，宽约 6mm，黄色，体表具刚毛。小盾片三角形，翅痕明显，腹部末节端部具锥状瘤突 1 对。

【生活史及习性】此虫贵州 1 年发生 1 代，江西年生 2 代，各地均以成虫于枯枝落叶、根基附近土中、向阳灌木丛、土石隙缝处、寄主附近的屋檐、墙缝内越冬。年生 1 代区于翌年 4 月，当气温上升到 8℃ 以上时，成虫开始活动，并迁到葡萄植株上开始取食危害。气温低于 8℃ 时，则聚集于叶背处不食也不动，气温上升到 15℃ 以上时活动频繁。4 月下旬成虫开始产卵，卵期为 30～50 天。幼虫孵出后取食叶片，危害 30 天左右卵开始老熟入土，于土中做一土室，于其中化蛹，一般前蛹期 8～10 天，蛹期 10～13 天。成虫于 8 月上旬开始羽化，8 月中旬到 9 月中旬为成虫盛发期，10 月仍有成虫羽化。成虫危害到 10 月下旬当气温低于 18℃ 时，成虫停止取食，寻找适当场所开始蛰伏过冬。

成虫具假死性，飞翔力弱，越冬成虫取食的同时进行交尾，雌、雄成虫均可多次交尾，交尾后的 15 天开始产卵，产卵历期长达 60 天左右，单雌产卵量为 650 粒左右，雌虫产卵时，将产卵器伸入剪口内，几十粒卵产于一起。在自然条件下，当气温为 14～20℃ 时，卵期为 50 天。初孵幼虫忌光。幼虫日平均取食量均小于成虫。成虫寿命为 300 天左右。

【防治方法】

(1)冬季或早春清理葡萄园内的枯枝落叶,并集中烧毁。结合平地除草、耙平葡萄园,消灭或镇压土缝内的越冬成虫。

(2)于 4 月中旬,当气温上升到 80℃以上时,可结合防治其他害虫于园内喷 80% 敌敌畏乳油 1000 倍液,防治效果可达 90% 以上。

(3)成虫出蛰活动于葡萄植株上取食时,可利用假死性与早晚低温期间进行人工振树,捕杀成虫。

(4)幼虫孵化初盛期喷药防治,效果明显。常可兼治其他害虫,常用农药有 20% 灭扫利乳油 2000 倍液,2.5% 敌杀死乳油 2000 倍液等。

91　山楂斑叶甲

【学名】 *Paropsodes soriculata* Swartz

【别名】 梨斑叶甲。

【分布与寄主】 此虫在我国分布于辽宁、内蒙古、山西、山东、云南、贵州、四川、湖北、江西、浙江、福建、广西等地;国外分布于日本、俄罗斯、朝鲜、越南、缅甸、印度等地。寄主有梨、杜梨、山楂等多种植物。

【被害症状】 以成虫、幼虫取食叶片嫩叶,幼树受害更为严重。

【形态特征】

(1)成虫:体长 6.5～9.0mm,宽 5.0～6.0mm。体近椭圆形,体背相当拱凸,有光泽及斑点,酷似瓢虫。头小,刻点细密。触角丝状,11 节,向后伸到前胸基部,第 1 节最长,第 3 节稍长于第 2 节,端末 5 节略宽扁,9～11 节色较深。前胸背板横宽,宽约为其长的 3 倍,侧边弧形,向前渐收缩,前角突出,前缘凹进很深,表面密被刻点,两侧较细,两侧缘中央各具一小凹点。小盾片光滑无刻点。鞘翅刻点明显,略呈纵行,外缘刻点显粗,鞘翅边缘微上翘。腹部 5 节,跗节 4 节,爪双齿式。此虫色泽变异很大,可分 6 种色型:①全体黑色,每鞘翅具 6 个黄斑,肩角 1 个黄斑的中央具一小黑斑;②背面黑色,前胸具 2 个棕红色斑,鞘翅具 4 个,后 2 个于两侧相接;③棕红,但头胸黑色,鞘翅肩后中央具一长形黑斑;④全体棕红色,头部黑斑 2 个,前胸背板 3 个,每鞘翅 16 个;⑤背面棕红色,黑斑头顶 2 个,前胸背板 3 个,每鞘翅 16 个,触角端部,腹面和足黑色,触角基部与跗节暗棕红色;⑥体色,头胸部黑斑同④,但每鞘翅具 11 个黑斑。各种色型均有雌雄两性。

(2)卵:圆柱状,长约 2.0mm,宽约 0.6mm,初产卵为粉红色,略透明,近孵化时变为暗红色。

(3)幼虫:初孵深黑色,老熟棕红色,头背中央具一"Y"形凹陷,头与前胸背板黑色,较硬,间有个体前胸背板两侧各具一橙黄色圆形突起。除前胸与腹末 2 节外,胴部各节背中央具 1 对长方形对称的灰黑色斑,每节背斑分 2 亚节,每节均具灰褐色骨化片数枚,排列整齐。肛门上方具"Y"形翻缩腺。

(4)蛹:体长 8～9mm,近圆形,初化蛹淡黄色,后期浅黄色。腹背中央具 1 条淡色阔带。腹部可见 9 节,各节呈梯形。侧缘具黑色瘤状突起,其上被毛。尾部上翘,具刚毛数根,翅足均为肉黄色。

【生活史及习性】此虫在山东沂蒙山区 1 年发生 2 代，以成虫于杂草丛、石土块下及孔洞树洞等处越冬，翌年 4 月中旬前后越冬成虫开始出蛰活动，杜梨发芽不久，经大量补充营养的成虫开始交尾与产卵。4 月下旬为产卵盛期，卵期 8 ~ 15 天，4 月下旬到 5 月上旬为卵孵化期。第 1 代幼虫取食 25 天左右，危害到 5 月中下旬老熟入土结茧化蛹，蛹期 7 ~ 9 天。第 1 代成虫发生于 5 月下旬到 6 月上旬。6 月以后世代重叠，各虫态均可见到。6 月为第 2 代幼虫期。7 月份为第 2 代成虫期，危害不久即开始越夏与过冬。

成虫白天活动取食，有假死性。越冬成虫出蛰后取食嫩叶或叶缘，危害至 7 月上旬不再取食，开始静伏越夏、过冬，属专性滞育昆虫。越冬代成虫寿命达 270 天左右。越冬代成虫存活率仅 5% 左右，成虫以越冬代及第 1 代危害最重。卵产于叶背。卵块斜立呈"八"字形，每卵块有卵约 30 粒左右。卵块周围有雌虫分泌的一圈橘红色粘环。单雌产卵量为 140 ~ 150 粒。成虫产卵期为 7 天以上，行多次产卵。幼虫共 3 龄，1 龄历期 5 ~ 8 天，2 龄 8 ~ 12 天，3 龄 8 ~ 10 天。初孵幼虫群集叶背取食叶肉，残留网状叶脉。2 龄以后则分散取食。3 龄幼虫食量大增，可将叶片全部吃光，但其危害仍轻于成虫。成虫体色变化在种的保存上有何意义需进一步研究。

【防治方法】

(1)冬季或早春，于越冬成虫出蛰前清理枯枝杂草、堵树洞、清除园内土石块，消灭越冬成虫。

(2)结合防治园内其他害虫，于成虫产卵盛期或卵孵初盛期喷雾 50% 辛硫磷乳油 1000 倍液，或 2.5% 功夫乳油、敌杀死乳油 2000 倍液，或于幼虫初孵期喷 20% 杀灭菊酯 2000 倍液，效果均好。

(二二) 卷象科 Attelabidae

小至中型，不覆鳞片，体色艳丽具金属光泽，喙或头基部延长，上唇消失，下颚须 4 节；外咽缝愈合。触角末端呈疏松棒状。喙长，上颚扁平，外缘具齿，腹板 1 ~ 2 节愈合；或喙短，上颚外缘无齿，腹板 1 ~ 4 节愈合。雌虫可切叶卷筒，卵产于卷筒内，幼虫以筒巢为食或蛀果危害。世界已知约 300 种，我国记载 100 余种。

92　梨金象

【学名】 *Byctiscus betulae* L.

【别名】梨卷叶象甲、杨卷叶象鼻虫。

【分布与寄主】此虫在我国分布于东北、河南、江西等地；国外分布于俄罗斯等地。寄主有苹果、梨、山楂、杨、桦等多种果树林木植物。

【被害症状】以成虫食害寄主新芽、嫩叶，长叶后，成虫即卷叶产卵危害。幼虫孵化后即于卷叶内食害，使叶片逐渐干枯脱落，发生严重时，树上常挂满虫卷，造成树势衰弱，影响寄主及果实的正常生长发育。

【形态特征】（图 87）

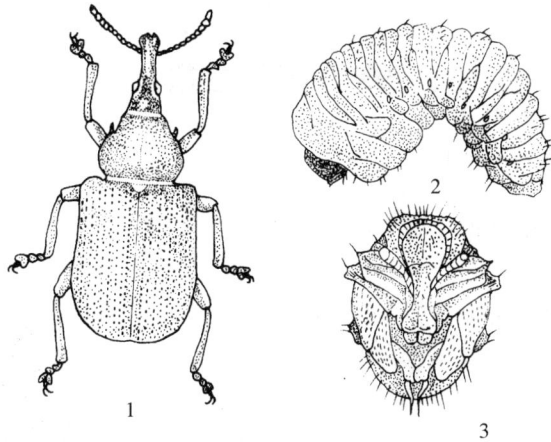

图87　梨金象

1. 成虫；2. 幼虫；3. 蛹

(1)成虫：体长6mm左右(头管除外)，头向前方延长成象鼻状。有两种型，一种为青蓝色，微具光泽；一种豆绿色，具金属光泽。体被绒毛，头长方形，额部两复眼间深凹，复眼大，微凸出，略呈圆形。触角黑色，11节，棍棒状前3节密生黄棕色绒毛，前胸背板长不大于宽，侧缘呈球面状隆起，前缘较后缘为窄，前后缘均具横皱褶，中央具一横纵沟，鞘翅长方形，上具成行粗刻点。雄虫头管较粗而弯，前胸背板宽大呈球状隆起，两侧备具一前伸的锐刺；雌虫头管细而直，前胸背板显较雄虫为窄小，微隆起，两侧无刺突。

(2)卵：长约1.1mm，椭圆乳白色。

(3)幼虫：老熟体长7~8mm，乳白色，微弯。

(4)蛹：体长7~8mm，略呈椭圆形，初乳白色，羽化前变灰褐色。

【生活史及习性】此虫1年发生1代，以成虫于地被物或表土层中越冬。翌年梨树发芽时越冬成虫出蛰活动，梨树展叶后，成虫卷叶产卵危害。卵经6~7天孵化，老熟后脱出卷叶，潜入5cm左右的土层中做蛹室化蛹，8月上中旬羽化为成虫，8月下旬至9月中旬部分成虫从土中钻出啃食叶肉补充营养，秋末便潜入枯枝落叶层下或表土层中越冬；部分羽化后不出土，即于土内越冬。

成虫不善飞翔，具假死性，最初危害幼芽和嫩芽，经补充营养后进入产卵阶段，产卵前先于枝梢上选择相距较近的叶丛，然后将其叶柄或嫩枝咬伤，使叶片萎缩后，雌虫先卷其中一叶成叶卷，再将其余叶片逐层叠卷成筒卷，在最初卷叶中产3~4粒卵，叶卷成后，卵即被包于其中，每片卷叶的接头处都以雌虫所分泌的粘液而粘合。幼虫孵化后于叶卷内取食叶肉，使叶片逐渐干枯而脱落。

【防治方法】

(1)人工防治：晚秋和早春于成虫出蛰前清理地面枯叶杂草、深翻果园，消灭成虫；成虫卷叶产卵期，每隔5天拣摘树上和落地叶卷，集中烧毁，消灭叶卷中的卵和幼虫，利用成虫假死性于清晨振落捕杀。

(2)化学防治：在成虫出蛰后产卵前的补充营养阶段，喷洒50%辛硫磷乳油，或杀螟松乳油、90%敌百虫1000倍液、2.5%敌杀死乳油2000倍液毒杀成虫。

93 苹果金象

【学名】*Byctiscus princeps*(Solsky)

【别名】苹果卷叶象。

【分布与寄主】此虫在我国分布于东北、河北等地；国外分布于朝鲜、日本等地。寄主有苹果、梨、杏、海棠、杨、榆等果树林木植物，常与梨金象混生。

【被害症状】同 P_{118} 梨金象。

【形态特征】(图88)

(1)成虫：体长 5.0 ~ 7.2mm，宽 2.6 ~ 3.7mm。体绿色发金光。足的背缘、头管、前胸背板两侧和体腹面的一部分均具红色金光的片状斑，鞘翅背面有 4 个红色金光的斑点。体被绒毛，头长方形，具细密刻点。额窄、略洼，眼圆形较隆。头管于触角基部前方弯曲，先端扩大，触角 11 节，呈棍棒状，前胸背板宽大于长，两侧较圆，前缘较后缘为窄，后缘具波纹状横皱褶，中央具细纵沟。小盾片略呈三角形，后方表面显著凹入，表面具深而密的刻点列。尾部末端尖圆形。雄虫头管较长且稍细，前胸背板两侧各具一前伸的刺突。雌虫头管较短且稍粗，前胸背板两侧无刺突。

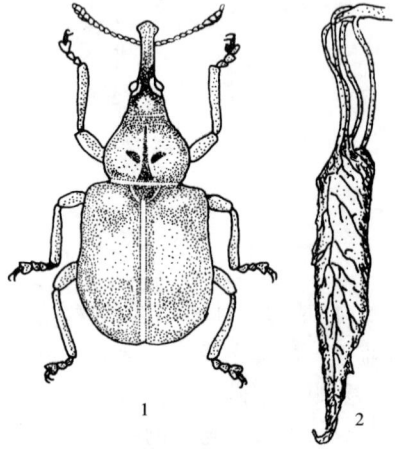

图88 苹果金象
1. 成虫；2. 被害状

(2)卵：长约1mm，乳白色。

(3)幼虫：体长约7mm，乳白色，微弯曲。

(4)蛹：体长约8mm，椭圆黄白色，以后体色渐深。

【生活史及习性】此虫 1 年发生 1 代，以成虫于地被物或土中越冬，寄主萌发后成虫出蛰危害，经补充营养后进入产卵阶段，产卵时先将叶柄或嫩枝咬伤，使叶萎蔫后，雌虫开始卷叶，并于最初卷叶中产 3 ~ 4 粒卵，然后再将叶层层卷起成筒状。幼虫孵化后即在叶卷内危害，被害叶逐渐枯黄脱落，幼虫老熟后脱出叶卷，入土化蛹，约 8 月上中旬羽化为成虫，成虫出土后上树取食危害，秋末潜入枯枝落叶，土缝内越冬。

【防治方法】参照 P_{119} 梨金象防治方法。

94 杏虎象

【学名】*Rhynchites faldermanni* Schoenherr

【别名】桃象甲。

【分布与寄主】此虫在我国分布于东北、内蒙古、河北、山西、陕西等地；国外分布于俄罗斯等地。寄主有杏、桃、樱桃、苹果、梨、李、梅、枇杷等多种植物。

【被害症状】同 P_{121} 梨虎象。

【形态特征】（图89）

　　（1）成虫：体长 4.9～6.8mm，宽 2.3～3.4mm。体椭圆，红色有绿色反光的金属光泽。喙端部，触角和足端部深红色，间或有蓝紫色光泽。头长等于或略短于基部的宽度，密布大小刻点和细毛，眼小、略隆、喙长略等于头胸之和，基半部中隆线粗，侧隆线细，位于二列纵刻点间，端半部具纵皱刻点；触角着生于喙中间附近，前胸宽大于长，背面刻点明显，具"小"字形凹陷，小盾片倒梯形，鞘翅略呈长方形，各具 8 条纵刻点列。臀板外露，端部圆。足细长，腿节棒状，胫节细长，爪分离，有齿爪。雄虫前胸腹板前区较宽，基节前外侧有叶状小齿突；雌虫前胸腹板很短，无齿状突起。

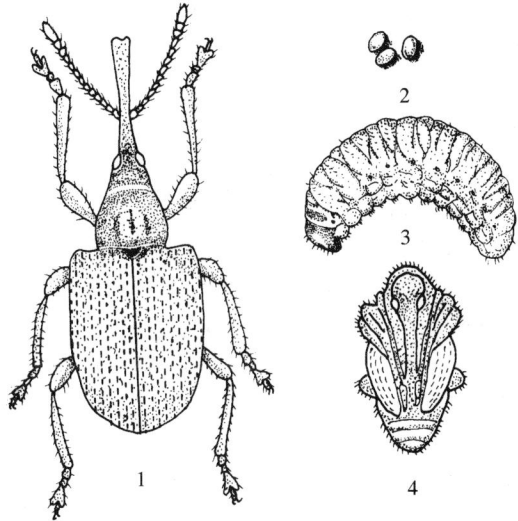

图89　杏虎象
1. 成虫；2. 卵；3. 幼虫；4. 蛹

　　（2）卵：椭圆形乳白色，表面光滑微有光泽。

　　（3）幼虫：老熟体长约 9mm，乳白至淡黄白色，体表具横皱，略弯曲。

　　（4）蛹：体长约 5mm，椭圆形，密被细毛，初化蛹乳白色，羽化前红褐色。

【生活史及习性】此虫 1 年发生 1 代，以成虫于土中越冬。翌年桃、杏开花时成虫出蛰危害，5 月中旬前后开始交尾、产卵，单雌卵量约 60 粒，卵期 1 周左右。幼虫孵化后即于果内蛀食，幼虫共 3 龄，约 20 余天老熟脱果落土结茧化蛹。蛹期 30 余天，羽化后部分可出土危害，但不产卵，秋末于粗皮缝隙、土缝中越冬，部分则于蛹室内越冬。

　　成虫出土早迟与地势、土壤湿度有关，春旱则出土少并推迟，温暖向阳地块，湿度适宜则出土早。成虫具假死性。产卵时先将幼果咬一小孔，产 1～2 粒卵于其中，再以分泌的黏液封口，干后呈黑褐色斑点，然后咬伤果柄。被害果不久脱落，脱果晚的则由于果实膨大，则产卵与幼虫危害处凹陷，果实呈畸形。成虫寿命长，产卵期持续 40 天左右，故发生期不整齐。

【防治方法】参照 P_{122} 梨虎象防治方法。

95　梨虎象

【学名】*Rhynchites foveipennis* Fairmaire

【别名】梨象甲、梨虎、朝鲜梨象甲。

【分布与寄主】此虫在我国分布于东北、内蒙古、河北、山西、陕西、山东、浙江、福建、四川、云南、贵州等地；国外分布于朝鲜等地。寄主有梨、苹果、花红、山楂、杏、桃等多种果树植物。

【被害症状】以成虫咬食嫩芽，啃食果皮果肉，使果面呈不规则斑块。成虫产卵前咬伤果柄基部，然后于果实上咬一小孔，随即转身将卵产于孔内，并分泌粘液，将孔口封好，干后呈黑褐色斑点。果实长大后，被害部则凹陷，幼虫蛀入果实内食害，使果实皱缩。被害果由于果柄被成虫咬伤，故易脱落。

【形态特征】（图90）

（1）成虫：体长 7.7 ~ 9.5mm，宽 4.2 ~ 4.6mm，体背红紫色发金属光泽，略带绿或蓝色反光，腹面深紫铜色，头部向前延伸成似象鼻状的头管，雌虫头管直，触角着生于头管中部；雄虫头管尖端向下弯曲，触角着生于头管端部 1/3 处。头管中央有纵脊延伸至复眼前，前胸背面具明显凹陷，呈"小"字形，雄虫前足两侧有 1 对瘤状突起。头部背面、前胸均密布刻点，鞘翅上刻点粗大，略呈 9 纵行。

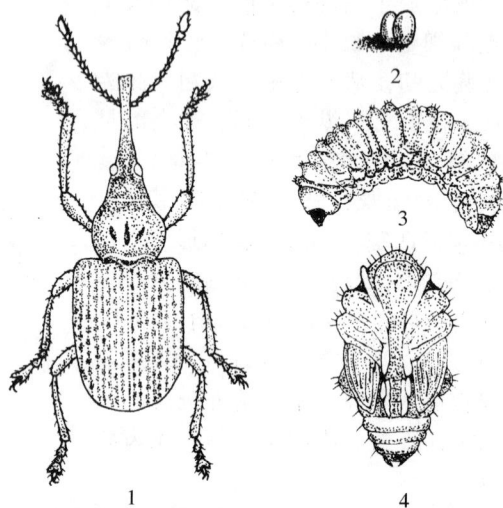

图90　梨虎象
1. 成虫；2. 卵；3. 幼虫；4. 蛹

（2）卵：长约1.5mm，椭圆形，表面光滑，初产乳白色，后渐变乳黄色。

（3）幼虫：老熟体长约12mm 左右，体乳白色；头小，大部缩入前胸；体 12 节，表面多横皱，每体节中部具一横沟，将各节背面分成前后两部分，无胸足。腹部每节后半部生不整齐横毛。

（4）蛹：裸蛹，乳白色，后渐变黄褐色，体长约9mm。

【生活史及习性】此虫年生1代，以成虫潜伏于蛹室内越冬。部分个体2年发生1代，第1年以幼虫越冬，翌年羽化后不出土继续越冬，第3年春季出土。

越冬成虫于梨花期开始出土，梨果拇指大时为出土高峰期。6月下旬至7月上中旬为产卵盛期，单雌卵量约80粒左右，卵期1周左右，幼虫孵化后，约经20天左右老熟、脱果入土，在 3 ~ 6cm 深处经 1 个月左右化蛹，8月中旬至10月上旬为化蛹期，蛹期约50天左右，9月下旬陆续羽化为成虫，当年不出土于蛹室内越冬。

成虫出土时间很长，华北地区从4月下旬至7月上旬均有成虫出土，5月下旬至6月中旬为出土盛期。成虫出土时如有透雨可大批集中出土。成虫出土后先于寄主树冠下部较低枝条上食害幼果，取食10日后才开始产卵，此时活动范围扩大于整个树冠。成虫寿命长，产卵期长达2个月左右，因而发生不整齐。成虫有假死性，早晚气温低时，受惊扰即假死落地。幼虫孵化后即于果内蛀食。

【防治方法】

（1）人工防治：成虫出土期清晨或傍晚振树，下铺布单或塑料布捕杀成虫，尤以在降雨之后，成虫出土集中期为主，及时拣拾落果，集中处理，消灭其中幼虫。

（2）化学防治：成虫发生期喷洒 50% 辛硫磷乳油，或 80% 敌敌畏乳油 1000 倍液，或 2.5% 敌杀死乳油 2000 倍液，每隔 15 天左右喷 1 次，一般不少于 2 次，尤以成虫出土期遇到降雨后防效更好。成虫出土盛期也可在地面撒 5% 辛硫磷粉剂，每亩 3kg 左右，可取得良好防效。

（二三）象虫科 Curculionidae

小至大型。喙显著，由额和颊向前延伸而形成；触角膝状，柄节延长，末端 3 节呈棒状；体色暗、粗糙或具鲜明光泽。身体坚硬。跗节 5 节，腹部可见 5 节，头与前胸骨片相互愈合，多数种类体被覆鳞片。幼虫体柔软，肥壮而弯曲，光滑或具皱纹，头部发达，无足。成虫、幼虫均为植食性。目前世界已知种类 6 万余种，我国达 6000 种。

96　核桃长足象

【学名】*Alcidodes juglans* Chao

【别名】果实象。

【分布与寄主】此虫在我国分布于陕西、四川、云南等地。寄主有核桃。

【被害症状】以成虫蛀果或取食芽、嫩枝、叶柄，受害果被蛀成 3~4mm 近圆形的孔，严重时每果虫孔多达数个至数 10 个，并流出褐色汁液，以致种仁发育不良。芽、嫩枝、叶柄受害后，影响树势和翌年开花结果。初孵幼虫次日开始取食果皮，4~5 日内蛀入果内，但不转果危害。幼虫在内果皮骨质化前主要取食种仁，向外排出黑褐色粪便，造成 30% 左右的早期落果；在内果皮骨质化后主要取食中果皮，以致果实外面留有条状下凹呈水浸状的黑褐色虫疤，造成种仁不饱满。

【形态特征】（图 91）

（1）成虫：体长 9.5~11mm，宽 4.4~4.8mm。体长椭圆形，墨黑色略有光泽，雌虫略大于雄虫，触角位于头管中部，头管长 4.6~5.0mm，雄虫触角位于头管前端 1/3，头管长 3.4~4.0mm。体被十分稀且分裂成 2~5 叉的白色鳞片。鞘翅被较密鳞片，基部宽于前胸，肩突出，盖住前胸基部，端部钝圆，背面弓形，鞘翅上各具 10 条刻点沟，散布方刻点，行间 3、5（除端部外）及 4 和 7 的基部较阔隆，基部散布较显的颗粒。触角膝状，11 节，柄节粗短，密布灰白色绒毛。前胸宽大于长，圆锥状，散布小刻点，背面颗粒大而密。小盾片方形，中间有沟。腿节膨大，各具一齿，齿端又分两小齿，胫节外缘顶端具一钩状齿，内缘有 2 个直刺。

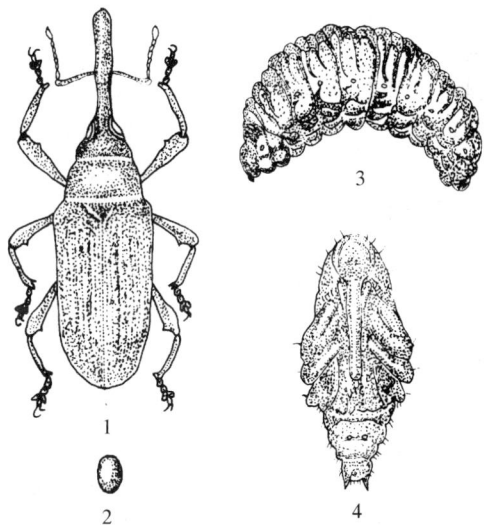

图 91　核桃长足象
1. 成虫；2. 卵；3. 幼虫；4. 蛹

（2）卵：长 1.2~1.4mm，初产卵为乳白或浅黄，半透明，后变黄褐至褐色。

（3）幼虫：老熟体长 9~14mm，乳白色，头黄褐或褐色，胴部弯成镰刀状，气门明显。

（4）蛹：体长 13mm 左右，黄褐色，胸、腹背面散生许多小刺，腹末具 1 对褐色臀刺。

【生活史及习性】 此虫 1 年发生 1 代，以成虫于树干基部粗皮缝隙中越冬。翌年日均气温为 10℃左右时，出蛰上树取食，以补充营养，5 月上旬为出蛰危害盛期，此时当日均气温为 16℃左右时开始产卵，5 月下旬为产卵盛期，8 月下旬为末期。5 月中旬即开始孵化，6 月上旬为盛期，幼虫危害老熟后于 6 月中旬开始于树上和落果中化蛹，6 月下旬末为化蛹盛期。6 月下旬至 7 月上旬为成虫羽化盛期，羽化后上树危害至秋末越冬。

成虫喜光，多于阳面取食，因之树冠阳面受害重于阴面，上部重于下部，果实阳面蛀孔比阴面多 3 倍左右。晴天取食大于阴雨天，夜间很少取食。一般果实受害重于芽、嫩枝、叶柄。成虫飞翔力不强，具假死性。越冬成虫随气温上升活动增强，随海拔上升，出蛰期推迟。越冬成虫补充营养后开始交尾，行多次交尾，每次历时 100 分钟左右，多在下午 1 ~ 4 时进行。交尾后 1 ~ 2 天内产卵，产卵前先于果面咬一直径约 3.0mm，深 2.5mm 的椭圆形孔，将 1 粒卵产于孔内，用果屑封口，成虫产卵期平均达 62 天，单雌平均卵量为 120 粒左右，卵期平均 5 天左右，成虫产卵后于 10 月左右死亡。

幼虫孵化后即蛀果危害，幼虫期 20 天左右。幼虫发生期长达 100 余天，直到核桃采收时仍有部分幼虫于果内。老熟幼虫化蛹率达 85% 左右，蛹期 6 ~ 7 天。羽化率达 80%，羽化孔直径 6 ~ 7mm，当年羽化成虫继续上树危害，但不交配产卵。雌雄性比接近 1:1。

【防治方法】

(1)核桃采收后及时整形修剪，垦复树盘，增强树势，结合刮树皮，刮除根茎粗皮，消灭其中越冬成虫。

(2)化学防治参照 P$_{131}$蓝绿象。

97　核桃根象甲

【学名】 *Dyscerus juglans* Chao.

【别名】 核桃黄斑象甲、核桃横沟象。

【分布与寄主】 该虫在我国主要分布于陕西、河南、云南、四川等地，在陕西商州调查，有虫株率达 50%，株虫口最多达 100 头，危害后，轻者树势衰弱，产量下降，重者整株枯死。

【被害症状】 幼虫刚开始危害时，根颈皮层不开裂，开裂后虫粪和树液流出，根颈部有大豆粒大小的成虫羽化孔，受害严重时，皮层内多数虫道相连充满黑褐色粪粒及木屑，被害树皮层纵裂，并流出褐色汁液。由于该虫在核桃树根颈部皮层中串食，破坏了树体的疏导组织，阻碍了水分和养分的正常运输，致使树势衰弱，核桃减产，甚至树体死亡。

【形态特征】 (图 92)

(1)成虫：全体黑色，体长 12 ~ 15mm，体宽 5 ~ 6 mm。头管长为体长的 1/3，触角着生在头管前端，膝状。胸背密布不规则的点刻。翅鞘点刻排列整齐，翅鞘的一半处各着生 3 ~ 4 丛棕褐色绒毛，近末端处着生 6 ~ 7 根棕褐色绒毛，翅鞘末端具弧形凹陷。两足中间有明显的橘红色绒毛，跗节顶端着生尖锐的刺钩一对。

(2)卵：椭圆形，长 1.6 ~ 2mm，宽 1 ~ 1.3mm，初产黄白色，逐渐变为黄色至黄褐色。

(3)幼虫：体长 14 ~ 18mm。体型弯曲肥胖，多皱褶，黄白色，头部棕褐色，口器黑褐色。

(4)蛹：黄白色，体长 14 ~ 17mm，末端有两根黑褐色刚毛。

【生活史及习性】 在河南、陕西、四川等省均 2 年发生 1 代，跨 3 个年头。以幼虫在根皮部或以成虫在向阳杂草或表土层内越冬。在河南和陕西省幼虫经过 2 个冬天后，第三年的 5 月中下旬开始化蛹，可一直延续到 8 月上旬，化蛹盛期在 6 月中旬。蛹期 11～24 天，平均 17 天。自 6 月中旬成虫开始羽化，8 月中旬羽化结束，7 月中旬为羽化盛期。成虫羽化后在蛹室内停留 10～15 天，然后咬破皮层，再停 2～3 天后从羽化孔爬出，上树取食叶片、嫩枝，也可取食根部皮层作补充营养。成虫爬行较快，飞翔力差，有假死性和弱趋光性。8 月上旬成虫开始产卵，8 月中旬达盛期，10 月上旬结束，成虫开始越冬。翌年 5 月中旬再开始产卵，直到 8 月上旬产卵结束后，成虫逐渐死亡。卵多产于根部的裂缝和嫩根皮中，雌成虫产卵前先用头管咬成 1.5mm 直径大小的圆洞，而后产卵于内，再转身用头管将卵送入洞内深外，最后用碎

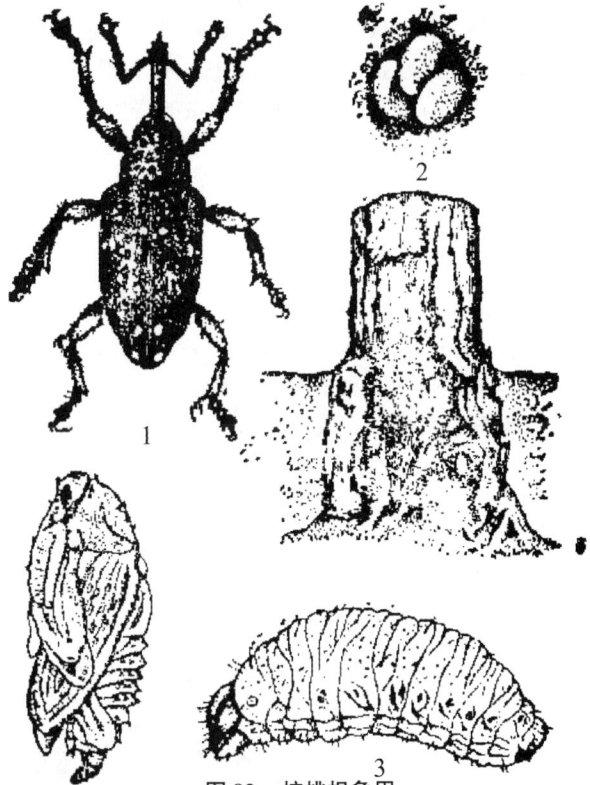

图 92　核桃根象甲
1. 成虫；2. 卵；3. 幼虫；4. 蛹；5. 被害状
[引自：北京农业大学. 果树昆虫学（下册）.
北京：农业出版社，1990：340.]

木屑覆盖洞口。1 头雌虫最多可产卵 111 粒，平均 60 粒。卵期 11～34 天，平均 22 天，当年产的卵 8 月下旬开始孵化，10 月下旬孵化结束。幼虫孵化后蛀入皮层，生活期约为 23 个月。90% 的幼虫集中在表土下 5～20cm 深的根部危害皮层，少数可沿主根向下深达 45cm。距树干基部 140cm 远的侧根也普遍受害，部分幼虫在表土上层沿皮层危害，但这部分幼虫多被寄生蝇寄生。幼虫钻蛀的虫道弯曲交错，充满黑褐色粪粒和木屑。严重时根皮被环剥。危害至 11 月后进入越冬状态。成虫翌年所产的卵于 6 月下旬开始孵化，8 月上旬孵化结束，幼虫危害至 11 月即开始越冬。

【防治方法】

（1）挖土晾墒：在秋季把树干基部土壤挖开凉墒，降低根部温湿度，造成不利于幼虫越冬的环境，使其幼虫死亡。

（2）灌尿毒杀：冬季大寒时，在树根部灌入人尿，杀虫率达 100%，灌入人粪尿，杀虫率达 56%，加少量石灰（250g/株），杀虫率达 67%。

（3）阻止成虫产卵：根据成虫有在根部产卵的习性，可在产卵前，挖开树干基部的土层，用石灰泥浆封住根颈部，防止成虫产卵。此法简便易行，效果很好。

（4）药剂防治幼虫：在春季幼虫开始活动危害时，挖开树干基部的土壤，撬开根部老皮，灌注 80% 敌敌畏乳油 100 倍液，或 50% 杀螟松乳油 200 倍液，或 50% 辛硫磷乳油 200

倍液；然后封土，防治幼虫，效果良好。

　　(5) 药剂防治成虫：在夏季 6~7 月成虫盛发期，用 50% 辛硫磷乳油 1000 倍液，也可用每毫升含孢子 2 亿个的白僵菌液在树冠和根颈部喷雾，以防治成虫。

　　(6) 注意保护天敌：寄蝇对幼虫的寄生率可达 18%，蛹和幼虫有 7% 被小黄蚁取食，伯劳鸟可捕食成虫。白僵菌对蛹的自然感染率达 9.1%，对这些天敌应注意保护利用。

98　栗　象

【学名】 *Curculio davidi* Fairmaire
【异名】 *Curculio dentipes* Roelofs
【别名】 栗实象、栗实象虫、栗实象鼻虫。
【分布与寄主】 此虫在我国分布于东北、华北、华中、华东、陕西、四川、山西、甘肃、河南、江苏、浙江、安徽、江西、广东、福建等地。寄主有栗、梨果、栎类和榛子等植物。
【被害症状】 以成虫食害嫩枝、嫩叶和幼果。据辽宁义县、北镇一带报道，6~7 月成虫食害梨果。以幼虫食害栗、橡、榛的子叶，严重时常在短期内将种子被食一空，并诱致菌类寄生，以致采收后难以贮存运销。
【形态特征】 (图 93)

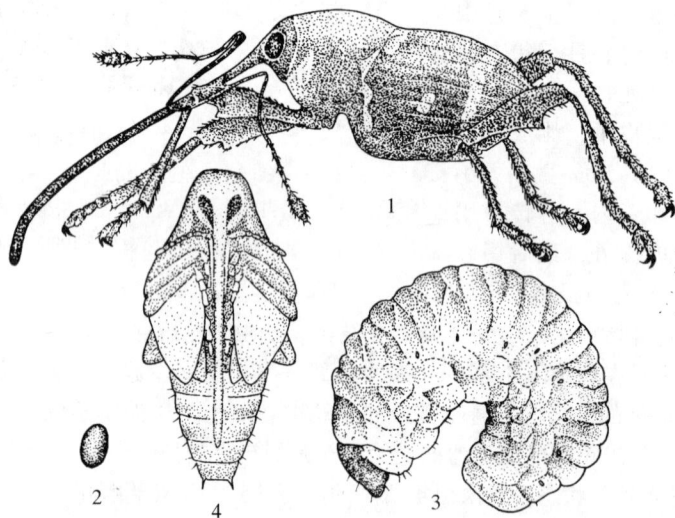

图 93　栗象
1. 成虫；2. 卵；3. 幼虫；4. 蛹

　　(1) 成虫：体卵圆形，全体黑褐至暗黑色，不发光，被灰白色鳞片。雌虫体长 7~9mm。头管圆柱形，前端向下弯曲，黑色有光泽，长于雌体长，为 8~12mm。触角着生于头管基部 1/3 处，柄节等于索节头 5 节之和；雄虫体长 5~8mm，头管长 4~5mm，触角着生于头管基部 1/2 处，柄节长为索节之和。复眼圆形黑色，触角 11 节，静止时藏于触角沟内。前胸与头部连接处，前胸背板基部两侧，鞘翅上各有一由白色鳞片组成的白斑。前胸背板密布刻点。鞘翅长是宽的 1.5 倍，其上有刻点 10 条。前胸及鞘翅的刻点上均被有无色略透明的鳞片。鞘翅前缘近肩角处有一白色横条，臀角处有一略成钩形的白色斑纹；翅长 2/5 处有一白色横条，横条和白斑均为白色鳞片所构成；翅的外缘有白色毛。腹部及足均覆有白色鳞片。腿节内缘近下方有一枚齿，跗节3节，爪1对。

(2)卵：椭圆形，长约1.3mm，表面光滑。初产时白色透明，近孵化时呈乳浊色且一端透明。

(3)幼虫：呈镰刀形弯曲，老熟体长8.5~12mm，乳白色至淡黄色，多横皱，无足。头部黄褐至赤褐色，口器黑褐色，疏生短毛，气门明显，具8对。

(4)蛹：体长7~11mm，头管伸向腹部下方，初乳白色，渐变灰白色，羽化前灰黑色。

【生活史及习性】

(1)生活史：此虫2年发生1代，以老熟幼虫于土中越冬。据东北研究报道，该虫于第3年6~7月在土内化蛹，成虫于7月上旬羽化，10月上旬仍可见到有成虫羽化的现象。7月下旬开始产卵。辽宁义县、北镇一带成虫6~7月危害梨果实，产卵于榛实内，河北、河南、山东越冬幼虫6~7月化蛹，蛹期15天左右，8月即离板栗成熟前1月余方出土。成虫盛发期为9月上中旬，8月中下旬开始产卵，卵期13天左右。幼虫于果内危害10~30天后老熟，脱果入土越冬，9月下旬为脱果初期，10月中旬左右为盛期，11月上旬为末期。

(2)习性：成虫羽化出土后，先取食花密，后危害板栗、榛等寄主的子叶、嫩枝皮，喜在茅栗上活动取食，被害板栗子叶表面呈不规则缺刻。补充营养1周左右后，即在球苞、叶上交尾，每次交尾长达5小时之多，并行多次交尾。交尾后次日即可产卵，产卵时，雌虫用头管在板栗球苞中咬一小洞，洞深达子叶表层，约30分左右拔出头管，然后将产卵管插入其中，1次产卵少则1粒，多则3粒，雌虫一生卵量为10粒左右，最多18粒，产卵部位多集中于果实基部。成虫白天活动，日落后多停息于栗叶重叠处。有假死性，但趋光性不强。雄虫寿命平均为12天，雌虫为15.8天。由于该虫发生期长，因而产卵期持续时间可达40天左右。初孵幼虫仅在子叶表层取食，幼虫共6龄，1~2龄食量小，被害虫道宽约为3mm左右，3~4龄时，食量明显增大，虫道宽为8mm左右，并在其中充满粉末状虫粪。果实采收后，幼虫仍在果实内危害。发育成熟后，在果皮上咬一直径为2~3mm的圆孔，脱果入土作1cm左右的长圆形土室越冬。入土深度为10~15mm。

管理粗放，杂草丛生的栗园，采收不及时或不彻底的、散落于种子内的幼虫发育老熟后均可就地入土。在栗园附近晒场堆果，均会造成入土幼虫高度集中；成虫喜在刺束短而稀疏，球肉薄的品种上取食产卵。如刺束长达21mm或硬性密生的品种如密刺、早盔、焦杂，被害率为5.5%~16.98%；而刺束长10mm，分布稀疏可见苞肉的薄壳、珍珠蒲，充良乡等品种的被害率高达31.76%~68.76%；成熟早的品种比成熟晚的品种受害轻。如江苏8月底9月初的早熟品种如处暑红的被害率为5%以下，而10月上旬的晚熟品种如重阳红为44.27%~60.36%。

【防治方法】

(1)成虫出土后，每隔10天喷1次有机磷或菊酯类农药，直到采收果实，共进行2~3次，可阻止栗象产卵危害。

(2)推广针刺长、密生、丰产、质佳、早熟的抗虫、优良品种。

(3)加强栗园管理，保持林地清洁，及时采收果实，防止种子散落林地；对堆放栗苞的晒场，于6月上旬深翻15cm，破坏土室，消灭此虫于化蛹前；少量种子可用重于种子2~3倍60~65℃的热水浸泡10分钟，然后捞出晒干，杀死其中幼虫。

99　板栗雪片象

【学名】*Niphades castanea* Chao

【分布与寄主】目前仅知在陕西的镇安、柞水，河南的新县有分布。近年来在湖北大悟县也有发现。

【被害症状】成虫取食栗苞、幼芽和嫩叶。幼虫蛀入栗实基座进行危害，切断水分和养分的供应，造成栗苞提前脱落。

【形态特征】（图94）

（1）成虫：体长9～11mm，全体布有浅褐色短毛。头管粗短而弯曲，黑色，约为体长的1/4。触角着生在头管近末端。胸部黑色稍有光泽。前胸背板有许多瘤突。翅鞘浅黑褐色，前部有许多铁锈色与白色相间的小点，后部有1白色带纹。翅鞘上有不连续突起的黑色瘤点多列，靠两翅交界处的两列较为明显。腹部黑色，稍有光泽。

（2）卵：浅米黄色，圆形，直径约0.9mm。

（3）幼虫：老熟时体长约10mm，白色弯曲多皱纹，头褐色。

（4）蛹：体长约1cm，黄白色，裸蛹。

【生活史及习性】据陕西镇安和河南新县初步观察，1年发生1代。以老熟幼虫在脱落的栗苞或土壤中越冬。翌年4月上旬开始化蛹，4月中旬为化蛹盛期，一直延续到5月下旬。4月下旬开始羽化，5月上旬为羽化盛期，羽化期不整齐，可延续到8月下旬。成虫羽化后先在栗苞中停留一段时间，咬破腐朽栗苞爬出。飞翔能力较差，只能作短距离飞翔，有假死性，遇惊动落地。上树后先取食栗苞、幼芽和嫩叶，多由树冠下部沿枝条爬行。交尾呈"一"字形。产卵前用头管将小栗苞柄基咬一小洞，将卵产在洞口，再用头管推到洞内，从外边只见伤痕，看不到卵。产卵历6小时。每栗苞只产1粒卵。成虫寿命有的长

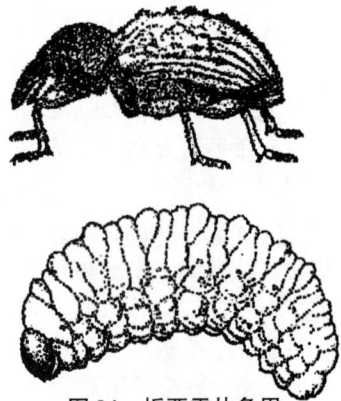

图94　板栗雪片象甲

1. 成虫；2. 卵；3. 幼虫

［引自：北京农业大学. 果树昆虫学（下册）.

北京：农业出版社，1990：352.］

达140天。成虫自6月中旬开始产卵，6月下旬至7月上旬为产卵盛期，卵期一般15～25天。

初孵化幼虫先顺栗苞柄钻食栗苞，虫道弯曲，内充满黑色虫粪，到果实灌浆后，幼虫逐渐侵入栗实危害，入果早的多引起早期落果（多在7月中下旬），幼虫将果肉食空，将果肉包皮咬成棉絮状，并在落果内越冬。入果迟的幼虫多随果实采收时带走，一部分幼虫脱果后被消灭，有的钻入土中，作土室越冬。一般山地、荒坡地受害重。

【防治方法】

（1）栽培抗虫品种。可利用我国丰富的板栗资源选育球苞大，苍刺稠密、坚硬，且高产优质的抗虫品种。

（2）改善栗园条件。清除园地板栗以外的寄主植物，特别是不能与茅栗混栽；捡拾落地

残留栗苞集中烧毁或深埋，提高栗园"卫生"条件；冬季垦复改土，深翻10～20cm，捣毁越冬幼虫土室，减少虫源。

（3）地面封锁和树冠喷药。7月下旬至8月上旬成虫出土之际，用农药对地面实行封锁，可喷洒5%辛硫磷乳油、50%杀螟松乳油500～1000倍液、80%敌敌畏乳油800倍液等药剂；8月中旬成虫上树补充营养和交尾产卵期间，可向树冠喷布90%晶体敌百虫1000倍液、20%杀灭菊酯2000倍液等药液；树体较大时，亦可按20%杀灭菊酯：柴油为1∶20的比例用烟雾剂进行防治，效果都很好。

（4）人工捕杀成虫。利用成虫的假死性，于早晨露水未干时，在树下铺设塑料薄膜或床单，轻击树枝，兜杀成虫。

（5）及时采收。栗果成熟后及时采收，尽量做到干净、彻底，不使幼虫在栗园内脱果入土越冬。

（6）温水浸种：将新采收的栗实在50～55℃的温水中浸泡15～30分钟（或在90℃热水中浸10～30秒），杀虫率可达90%以上。要严格把握水温和处理时间。处理后的栗实晾干后即可沙藏，不影响发芽。

（7）药杀脱果入土幼虫：栗实脱粒场所进行土壤药剂处理，以消灭脱果入土越冬幼虫。通常用3%～5%辛硫磷颗粒剂，1m² 用50～100g混合10倍细土撒施并翻耕，在幼虫化蛹前均可进行。

（8）栗实熏蒸：将新脱粒的栗实放在密闭条件下（容器、封闭室或塑料帐篷内），用药剂熏蒸。药剂处理方法如下：①溴甲烷。1m³ 栗实用药60g，处理4小时。②二硫化碳。1m³ 栗实用30ml，处理20小时。③56%磷化铝片剂。1m³ 栗苞用药21g，1m³ 栗实用药18g，处理24小时。

100　剪枝象

【学名】*Cryllorhynobites ursulus* Roelofs

【别名】剪枝象鼻虫、锯枝虫。

【分布与寄主】在我国分布于河南、山东、河北、辽宁等地，主要危害板栗。

【被害症状】成虫产卵前选一适当枝，在距栗苞2～6mm嫩枝处咬断，仅留部分表皮，使枝条倒悬树上，然后爬到栗苞产卵1～2粒，产卵后再爬回原剪断处把整枝咬断，致使枝条落地，造成板栗减产。幼虫孵化后，从刻槽处沿总苞皮层向果柄处取食，最后可将果肉全部吃空，内充满虫粪。取食30余天后幼虫老熟，在栗实上咬一圆孔，随即脱出，钻入土中越冬。

【形态特征】（图95）

（1）成虫：成虫体长6.5～8.2mm，体蓝黑色，有光泽，密被银灰色茸毛。头管与鞘翅长度相等。鞘翅上各有10行点刻纵沟。雄虫前侧面有尖刺，雌虫无。腹部腹面为银灰色。

（2）卵：卵为椭圆型，初产卵时乳白色，后变为淡

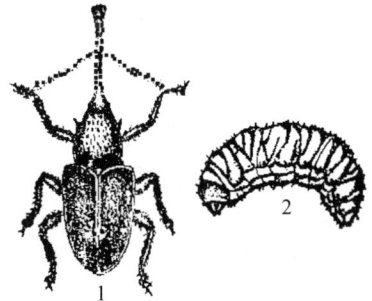

图95　剪枝象
1. 成虫；2. 幼虫
[引自：北京农业大学. 果树昆虫学（下册）. 北京：农业出版社，1990：351.]

黄色。

(3)幼虫：幼虫体乳白色，弯曲有皱纹。

(4)蛹：乳白色。

【生活史及习性】每年发生1代，以幼虫在土中过冬。翌年5月开始化蛹，6月上旬成虫出土，下旬为盛期。成虫白天活动，常在树冠下部取食嫩苞，夜晚静栖，有假死性，受惊即落下。产卵前先选一适当果枝，在距苞2~5cm处咬断果枝，仅留一部分表皮不掉，使果枝倒悬，然后爬到栗苞上，头管向下，腹部翘起，向栗苞内咬一产卵槽，随即调转身体，将卵产于槽内，再用头管把卵顶至槽底，以果屑堵塞孔洞，最后将相连的果枝皮层咬掉。每一雌虫一生可剪断40多个果枝。幼虫孵化后，从刻槽处沿总苞皮层向果柄处取食，最后可将果肉全部吃空，内充满虫粪。取食30余天后幼虫老熟，在栗实上咬一圆孔，随即脱出，钻入土中筑室越冬。

【防治方法】

(1)成虫产卵危害期(6~7月)，拾净落地果枝，每10天进行一次，集中烧毁或深埋。

(2)成虫发生期，利用其假死性，猛摇树枝，使成虫振落，集中消灭。

(3)平地栗园。可在早春解冻后，翻耕土壤，消灭土中幼虫。

101 蓝绿象

【学名】*Hypomeces squamosus* Fabricius

【别名】绿鳞象甲。

【分布与寄主】此虫在我国分布于河南、江苏、江西、安徽、浙江、广西、广东、四川、福建、云南、台湾等地；国外分布于缅甸、泰国、老挝、越南、柬埔寨、马来西亚西部、新加坡、印度、印度尼西亚、菲律宾等地。寄主有油茶、板栗、枣、柑橘类等近百种果树、林木和农作物。

【被害症状】以成虫取食寄主嫩枝、芽、叶，能将叶食尽。严重危害时还啃食树皮，影响树势生长或全树枯死。

【形态特征】(图96)

(1)成虫：体长2.8~5.1mm，纺锤形，越冬成虫出土前紫褐色，出土取食后体上圆形刻点呈紫铜色，青绿色，闪闪发光，体被淡黄色绒毛。头连同头管与前胸等长，额及头管背面平坦，梯形，中间有一深沟。触角粗短，复眼黑色椭圆形，特别突出。前胸背板具纵皱，小盾片三角形。鞘翅末端缢缩，上有10列刻点，腿节中间特别膨大，雄虫前足基节后的2个尖状突起明显。

(2)卵：体长约1.3mm，椭圆形灰白色。

(3)幼虫：老熟体长10~16mm，乳白至淡黄色，头黄褐色，体稍弯，多横皱，气门明显，橙黄色，前胸及腹部第8节气门特别大。

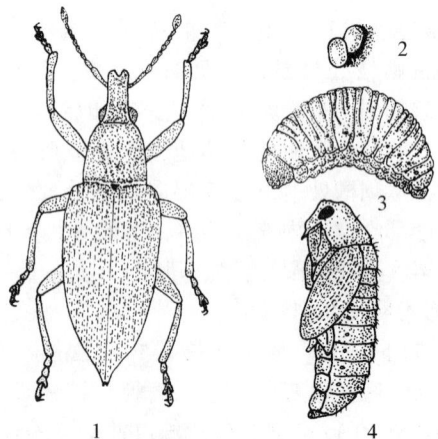

图96 蓝绿象
1. 成虫；2. 卵；3. 幼虫；4. 蛹

（4）蛹：体长 12～16mm，乳白色至淡黄色。

【生活史及习性】 此虫 1 年发生 1 代，以成虫或老熟幼虫于土中越冬，寄主萌动露绿后，越冬幼虫化蛹、羽化，一并同越冬成虫出蛰活动，白天取食幼芽、嫩叶及嫩枝补充营养，夜间及阴雨天潜伏于杂草或落叶下。成虫具假死性，5 月成虫于土中产卵，6 月出现幼虫，并取食林木杂草的根，7 月底 8 月初老熟后，部分幼虫在 5cm 左右的土层中做土室化蛹，9 月羽化为成虫，但不出土即于土室内越冬，部分幼虫则在土室内越冬。

【防治方法】

（1）人工防治：冬前或早春结合防治其他害虫，深翻树盘，将越冬成虫或幼虫深埋；利用假死性，在成虫补充营养阶段，清晨振落捕杀。

（2）化学防治：成虫盛发期于早晨或黄昏喷洒 50% 辛硫磷乳油、杀螟松乳油 1000 倍液，或 80% 敌敌畏乳油 800 倍液，或 2.5% 敌杀死 2000 倍液，效果均好。

102　鞍　象

【学名】 *Neomyllocerus hedini*（Marshall）

【别名】 核桃鞍象。

【分布与寄主】 此虫在我国分布于陕西、湖北、湖南、江西、四川、云南、贵州、广西、广东等地；国外分布于越南等地。寄主有苹果、核桃、桃、棠梨等多种果树林木植物。

【被害症状】 以成虫啃食寄主幼芽和叶片，严重时把全叶吃光，只剩主脉，直接影响核桃的抽梢和生长，影响果树开花结果。有的被害寄主于秋季才发新叶和秋梢，成虫危害期长达数月。

【形态特征】（图 97）

（1）成虫：体长 4.0～4.5mm，宽 1.7～1.9mm。体长椭圆形，体壁黑色或红褐色，密布金绿色圆形鳞片和暗褐色毛状鳞片，全体具金属光泽。前胸与鞘翅上具不规则的黑色或暗褐色斑点，触角茶褐色，着生于喙端部，长约为体长的 2/3，端部膨大，柄节端逐变粗，长约为触角近一半长。复眼长圆形、黑色、突出有光泽。前胸前半端两侧略圆，其后缩窄，近端部突然放宽，背面鞍形，表面刻点被鳞片遮蔽。小盾片长略大于宽，被灰色鳞片。鞘翅将腹部完全覆盖，肩明显，两侧平行，向后略放宽，中后部最宽，端部分别变圆，鞘翅上有 10 条纵横刻点沟，刻点密，行间平，各有 1 行直立灰色长毛。足细长，暗褐至黑色，被灰白色毛状鳞片，腿节具小而尖

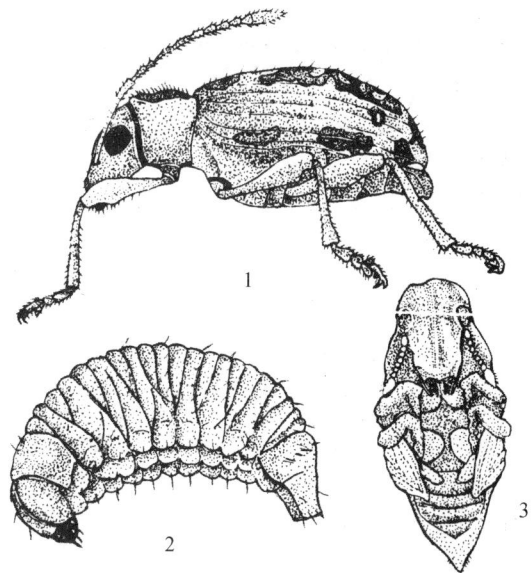

图 97　鞍象
1. 成虫；2. 幼虫；3. 蛹

的齿。

（2）卵：椭圆形，长径约0.3mm，表面光滑，乳白色，半透明。

（3）幼虫：老熟体长4~6mm，宽约1.4mm，全体乳白色，头部黄褐至茶褐色，体多皱纹并具稀疏而短的刚毛。

（4）蛹：体长3.5~5.5mm，宽1.5~2.0mm，略比成虫短胖，乳白色，上生稀疏刺毛。

【生活史及习性】此虫1年发生1代，以幼虫于地表6~13cm的土层内做椭圆形蛹室越冬。翌春3月底4月初开始化蛹，蛹期25天左右，羽化后于蛹室内停留4天左右后出土，5月上旬成虫出土活动，6~7月为成虫危害盛期，6月中旬开始产卵，7月上旬至8月上旬为产卵盛期，卵散产于草根附近土中，产卵处距地表3~10cm，单雌卵量为18~27粒。卵期15~20天，6月底7月初出现幼虫，此虫各虫态重叠，即于7月份在土中可同时采到卵、幼虫、蛹、成虫及上年未化蛹的幼虫，有的在8月化蛹后变为成虫，能正常生活下去；9月有个别蛹羽化为成虫，出土后很快死亡，8月底9月初孵化的幼虫，经两年才完成一个世代。

成虫出土迟早与当年雨季来临的迟早有关，雨季来得早则出土早，反之则迟，成虫出土前的体色为酱紫色，褐色或泥土色，在地表草丛内活动3~5天后变为绿色，同时出现黑褐色斑纹。天晴、温度高，成虫活泼，常于叶正面活动取食，雨季或晚上则潜伏叶背。初出土成虫经15~25天的补充营养后，才行交尾产卵，幼虫孵化后在土壤中以腐殖质和细小草根为食。

【防治方法】

（1）人工防治：7~8月，在果园及时翻耕除草，除可直接杀死部分幼虫，蛹及成虫外，被翻耕出的卵、幼虫、蛹，还可被太阳晒死。

（2）化学防治：参照P$_{131}$蓝绿象化学防治法。

103　大球胸象

【学名】 *Piazomias validus* Motschulsky

【分布与寄主】此虫在我国分布于山西、山东、河北、河南、陕西、安徽等地。寄主有苹果、枣、桑、杨等多种果树林木植物。

【被害症状】同P$_{130}$蓝绿象。

【形态特征】（图98）

（1）成虫：体长8.8~13mm，宽3.2~4.8mm，雌体肥胖，雄则瘦长，体黑色略有光泽，被浅绿或石灰色鳞片，杂有金黄色鳞片。头部略凸隆，喙短粗，长大于宽。触角膝状，柄节长，眼凸隆。前胸球形，宽大于长，中间最宽，表面密布颗粒，鞘翅卵形，两侧略凸，行纹细，线形，行间扁，行间3、5和7~10密被鳞片，鳞片间散有带毛颗粒，后胸前侧片与后胸腹板愈合。足被较长的毛。腹部3~5节密布白毛，几乎无鳞片。雌虫前胸不呈球形，两侧略隆，鞘翅宽卵形，两侧较凸隆。

（2）卵：长椭圆乳黄色，表面光滑透明，长约1mm。

（3）幼虫：老熟体长约10mm左右，初孵乳黄色，2龄后呈白色，头由黄变黑，无足，虫体各节具许多皱纹。

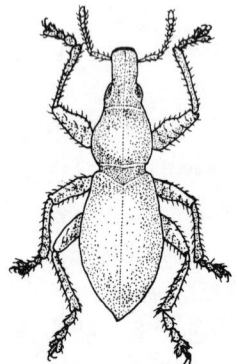

图98　大球胸象成虫

（4）蛹：体长约 10mm 左右，浅黄色。

【生活史及习性】 此虫 1 年发生 1 代，以幼虫于土中越冬；翌年 4 ~ 5 月份做土室化蛹，5 月中旬始见成虫出土，5 月底 6 月初为出土盛期，成虫出土后经 10 余天取食即开始交尾，交尾后 2 天左右开始产卵，卵期 1 周左右。幼虫孵化后落地入土，成虫 7 月中旬前后陆续死亡。

成虫出土时间较集中，15cm 深处地温为 24 ~ 25℃时，3 ~ 5 天则可大量出土。成虫喜食寄主嫩叶。交尾时间约 30 分钟左右，卵产于寄主粗皮缝隙、卷叶团内，偶见土石块下。单雌卵量 150 粒左右。幼虫主害寄主嫩根、嫩茎，入土深度，秋季 20cm 左右，冬季则 35cm 左右，发生量与降雨大小有关，降雨大发生重，反之则轻。

【防治方法】 参照 P$_{131}$ 蓝绿象防治方法。

104　枣飞象

【学名】 *Scythropus yasumatsui* Kono et Morimoto

【别名】 食芽象甲、枣芽象甲。

【分布与寄主】 此虫在我国分布于山西、河南、陕西、山东、河北、辽宁、江苏等地。是枣树重要害虫，在山西晋中、吕梁枣产区严重危害枣树，除此之外，还危害苹果、梨、核桃、杨树、泡桐、香柏等多种果树和林木。

【被害症状】 以成虫危害寄主的嫩芽、幼叶，严重时可将枣芽全部吃光，追成二次发芽，大量消耗树体营养，推迟枣树开花结果。芽受害后尖端光秃，呈灰色，手触之发脆。被害芽长期不能萌发，再次萌发的新芽，枣节生长短。如幼叶已展开，则将叶尖咬成半圆形或锯齿形缺刻或食去叶尖。

【形态特征】（图 99）

（1）成虫：体长 4.0 ~ 4.7mm，宽 1.7 ~ 2.0mm。体椭圆形，体壁褐色。头黑色，触角和足红褐色，密被卵形白色和褐色鳞片。头、喙背面和前胸两侧均被覆相当稀的直立的暗褐色鳞片状毛，毛的端部扩大，顶端略凹。前胸中部、鞘翅行间被覆卧毛，鞘翅近端部褐色鳞片形成模糊的横带。头宽喙短，喙宽略大于长，背面扁平，中沟短或不明显。触角柄节不超过眼后缘，索节 1 大于第 2 节的两倍，第 3 ~ 7 节球形、棒梭形。眼略突出。前胸宽略大于长，两侧略圆，前、后缘略相等，截断形。小盾片后缘截断形。鞘翅长是宽的 2 倍，中间之后最宽，端部钝圆，行纹细，刻点分离，行间扁。鞘翅上纵刻点列 9 ~ 10 条和模糊的褐色晕斑。腹部腹面可见 5

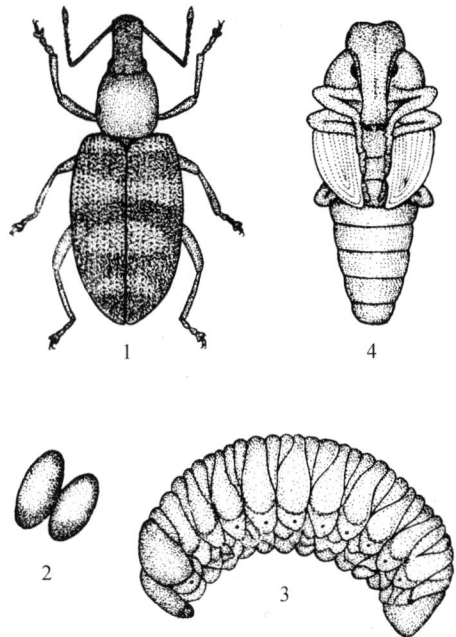

图 99　枣飞象
1. 成虫；2. 卵；3. 幼虫；4. 蛹

节。足的腿节无棘，前足胫节外缘直，端部内缘弯，爪合生。

（2）卵：长卵圆形，长径 0.6 ~ 0.75mm，短径 0.25 ~ 0.35mm。表面光滑有光泽，初产时为乳白色，数小时后变为淡黄红色，近孵化时变为灰褐色或黑褐色。堆生。

（3）幼虫：老熟体长 4 ~ 5mm。头部淡褐色，前胸背面淡黄色，胴部乳白色。无足型。体肥胖，略弯曲，各节多横皱，疏生白色细毛。

（4）蛹：纺锤形，体长 4.0 ~ 5.5mm，化蛹初期为乳白色，以后渐变淡黄褐色，近羽化时变为红褐色。

【生活史及习性】

（1）生活史：此虫 1 年发生 1 代，以幼虫在树冠下 5 ~ 30cm 的土层中越冬。3 月下旬越冬幼虫开始向上转移。山西晋中、吕梁枣产区越冬幼虫于翌年 4 月上旬开始化蛹，4 月中旬进入化蛹盛期，4 月下旬为末期，蛹期半个月左右，成虫于 4 月下旬羽化，4 月底、5 月初为羽化盛期，成虫羽化后一般经 5 天左右随即出土上树危害，5 月上旬枣飞象危害枣芽最烈，因此，此时是树上喷药防治的关键期。6 月上旬为羽化末期。成虫寿命：雌最长 63 天，最短 31 天，平均 38.5 天；雄最长 47 天，最短 26 天，平均 32.8 天。成虫上树后即开始交尾，交尾后 2 ~ 7 天产卵，产卵初期为 5 月上旬，5 月中下旬为产卵盛期，6 月上旬为末期。卵期 10 天左右。幼虫于 5 月中旬出现，孵化后即落地入土危害植物的地下部分，秋后在湿土层内做近圆形土室越冬。

（2）习性：成虫羽化后首先停栖在蛹室中不活动，经 4 ~ 7 天后以蛹室的顶部作一直立的羽化孔爬到地面，待中午气温升高后即开始上树危害。枣飞象多沿树干爬行上树，12 ~ 14 时气温较高时，可飞行上树。成虫的取食活动与气温有关，在羽化初期，气温较低，因而喜欢在中午上树取食危害，早晚则多在地面潜伏。随着气温逐渐升高，成虫多在早晚活动，取食危害，而中午则静止不动。上树成虫首先取食萌发的嫩芽，严重时能将嫩芽基部的绿色部分全部吃光，使之形成一个凹穴。被害芽尖端光秃，呈灰色，长时间不能萌发。再次萌发的新芽，枣吊短，延迟开花结果，仅能结少量晚枣，且品质差。枣叶的幼叶伸展后，成虫既食害嫩叶，又食害嫩芽，危害嫩叶后，将叶片咬成半圆形或齿状形缺刻。嫩芽被害后，芽叶干枯发脆。成虫有多次交尾习性，最多达 4 次。枣飞象有很强的假死性，受惊时则从树上坠落到地面，因此，可用振树的方法进行虫口调查或防治。

枣飞象雌成虫产卵时多在白天进行，产卵高峰在上午 10 ~ 12 时与下午 14 ~ 16 时，卵成堆产于枣树嫩芽、叶面、枣股、翘皮下及枝痕裂缝内。每雌一生卵量约为百余粒。卵的自然孵化率平均为 91.6%。不同年龄的枝条上有不同的落卵量，根据调查表明：3 年生枝条上落卵最多，占总落卵量的 43.16%，4 ~ 5 年生枝条上的落卵量次之，占 35.50%，2 年生枝条上的落卵量占 20.85%，1 年生枝条上仅占 0.48%。

幼虫孵化后坠落于地面，潜入土中，取食植物的地下部分。秋后下迁至 30cm 左右深处越冬。第二年春季气温回升后，再上迁至 20cm 以上土层中活动，但主要位于 13cm 以上的土层中，约占总幼虫数的 90% 以上。幼虫老熟后多在 5cm 以上的土层中作土室化蛹，蛹主要分布在 0 ~ 3cm 的土层中，约占总蛹数的 92.3%，最深不超过 10cm。蛹在田间的自然死亡率为 11.76%。

枣飞象发生程度与枣园类型有很大关系，据在山西晋中地区的枣林区调查，间作小麦的枣园其虫口密度是间作大秋作物的 28.1 倍；荒地、多杂草的枣园，其虫口密度是间作大秋作物的 7 倍，水浇枣园的枣芽被害率高达 87.2%，旱地枣园的枣芽被害率仅为 3%~4%。枣树品种不同，其受害程度也不同。根据山西晋中调查，木枣上成虫的虫口密度是芽枣上的 2.1 倍，木枣枣芽的被害率是芽枣的 2.97 倍。

【虫情测报】从 4 月下旬开始，逐日进行成虫羽化出土情况调查，由于成虫体小，体色与树皮颜色相近，不易发现，在进行虫情调查时可采用以下方法：

（1）早晨或傍晚在树冠下放一块塑料布，然后用木锤振树，将成虫振落于塑料布上，统计单位面积的虫口密度。

（2）调查枣芽被害率。

（3）调查地面单位面积上成虫的蛹室羽化孔数。

【防治方法】

（1）振树法防治成虫：在成虫盛发期，利用成虫受惊坠落于地面的习性，同木锤进行人工振树，同时结合树冠下喷杀虫药剂，被振落的成虫因接触药剂而死。虫口密度大时，应在成虫初盛期和盛期各防治 1 次。常用药剂有 50% 辛硫磷乳油 1000 倍液。使用其法应在早晨日出之前或傍晚日落之后进行，否则会因白天气温高，空气湿度小，被振落的成虫掉至空中尚未接触地面时就会展翅飞跑掉，从而不能与药剂接触，达不到防治目的。

（2）树上喷药防治成虫：在成虫盛发期于树上喷药，使用农药有：2.5% 溴氰菊酯乳油 2000 倍液，或 20% 杀灭菊酯乳油 2000 倍液，50% 辛硫磷乳油 1500 倍液，或 80% 敌敌畏乳油 1000 倍液防效均好。

105　大灰象

【学名】*Sympiezomias velatus*（Chevrolat）

【分布与寄主】此虫在我国分布于东北、河北、河南、山西、山东、陕西、湖北、内蒙古、安徽、北京等地；国外分布于日本等地。寄主有核桃、板栗等约 41 科 70 属 101 种植物。

【被害症状】成虫常聚集嫩枝尖端危害嫩芽，花蕾及叶片，常将叶片咬成缺刻，或将整叶全部吃光，加上排泄粪便于叶部，使叶变黑发霉。

【形态特征】（图 100）

（1）成虫：体长 7.3~12.1mm，宽 3.2~5.2mm。黑色，全体密被灰白色鳞毛。前胸背板中央黑褐色，两侧及鞘翅上斑纹褐色。头部较宽，复眼黑色，卵圆形，头管粗阔，表面具 3 条纵沟，中央一沟黑色，先端呈三角形凹入，边缘生有长刚毛，触角柄节较长，末端 3 节膨大，呈棍棒状。前胸背板中央具一细纵沟，小盾片半圆形，鞘翅上各具一近环状的褐色斑纹和 10 条刻点列，后翅退化，腿节膨大，前胫节内缘具一列齿状突起。雄虫胸部狭长，鞘翅末端不缢缩，钝圆锥形，雌虫胸部膨大，鞘翅末端缢缩，较尖锐。

（2）卵：长椭圆形，长约 1mm，初产卵白色，近孵化时乳黄色。

（3）幼虫：老熟体长 14mm，乳白色，头部黄褐色，第 9 节末端稍扁，肛门孔暗色。

（4）蛹：体长约 10mm。长椭圆乳黄色，复眼褐色，头管下垂达前胸，上颚较大，头顶及腹背疏生刺毛，尾端向腹面弯曲，末端两侧各具一刺。

【生活史及习性】据河北唐山、献县、阜平县调查，此虫 1 年发生 1 代，以幼虫和成虫越冬，4 月中下旬越冬成虫出土活动危害，5 月中下旬至 6 月上旬为出土危害盛期，6 月下旬为末期，5 月下旬可见到卵，卵盛期为 6 月上旬至下旬，卵期约 1 周，幼虫孵化后即坠入土中生活，幼虫老熟后做土室化蛹，部分羽化的成虫于蛹室内越冬，部分则以幼虫越冬，翌春继续取食至 5 月下旬开始陆续化蛹、羽化、出土上树危害。

成虫出土后，经 10 天左右的取食补充营养即开始交尾产卵，成虫后翅退化，不能飞翔，因而蔓延速度很慢，成虫具假死性，平均寿命约 70 天，产卵历期平均为 50 天，成虫交尾时间长，行多次交尾，卵多产于叶片尖端及其两边折起或两叶重叠处，单雌平均卵量 500 粒。

发生与环境的关系此虫发生早晚与数量均和土壤湿度或降雨有关，干旱年份，成虫发生期较晚且发生量少，降雨后的 1 周左右，成虫会大量出土，特别在历年发生严重的地区，更为如此。

此虫发生数量还与土质有关，沙土地、山坡岗地发生较多，因此处土质松软、土质酸含量丰富，适宜成、幼虫生存。土质粘重，板结黑土地，低洼易积水与植被疏松地区发生轻。

旬均气温达 18.3℃，土温达 21.1℃，5cm 土壤温度达 22.6℃ 时，成虫开始出土，5 日内平均气温达

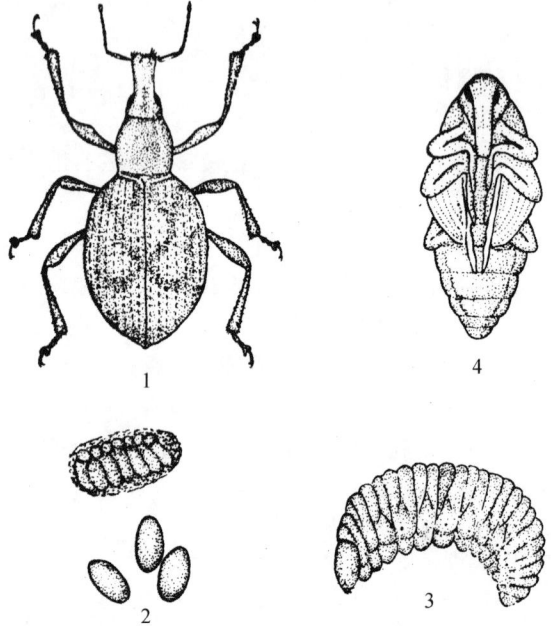

图 100　大灰象
1. 成虫；2. 卵及卵块；3. 幼虫；4. 蛹

19℃以上时进入出土盛期，地表温达 25℃ 左右时，为成虫发生最适温度。成虫在 6 ~ 7 月活动时间多在上午 10 时前和下午 5 时后，大暑前后多离开地表潜伏叶背或枝干阴凉处。

【防治方法】参照 P₁₃₁蓝绿象防治方法。

106　蒙古土象

【学名】*Xylinophorus mongolicus* Faust
【别名】蒙古象、蒙古灰象甲。
【分布与寄主】此虫在我国分布于东北、内蒙古、山东、山西、河北、河南等地；国外分布于蒙古、朝鲜、俄罗斯等地。寄主有枣、苹果、核桃、槟沙果、樱桃以及桑、松、杨等近 36 科 74 属近 84 种植物。
【被害症状】同 P₁₃₀蓝绿象。
【形态特征】（图 101）
（1）成虫：体长 4.4 ~ 5.8mm，卵圆形，被白或褐色鳞片，复眼圆形黑色，微突，头管近方形，表面具一纵沟，先端较凹，边缘有刚毛。触角红褐色，柄节特长，静止时置于触

角沟中，末端 3 节呈棍棒状，极粗，前胸背板宽大于长。两侧凸圆，前端略缩缢，后缘具边，小盾片半圆形，鞘翅卵形，末端稍尖，表面密被黄褐色绒毛，其间杂有褐色毛斑，形成不规则斑纹，并具 10 条刻点列。前足胫节内缘具钝齿 1 列。

（2）卵：长 0.8mm 左右，卵形乳白色，后渐变黑褐至黑色。

（3）幼虫：老熟体长约 7mm 左右，乳白，上颚褐色具 2 齿，内唇前缘具 4 对齿状长突起，中央具 3 对齿状小突起，其侧后方的两个三角形褐色纹于基部连在一起，并延长呈舌形，下颚须及下唇须 2 节。

（4）蛹：体长约 6mm 左右，乳黄色。复眼灰色，头管下垂，先端达于前足跗节基部，触角斜向伸至前足腿节基部后侧。后足为鞘翅覆盖，鞘翅尖端达于后足跗节基部，头部及腹部背面生有褐色刺毛。

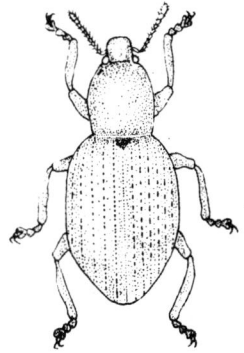

图 101　蒙古象成虫

【生活史及习性】此虫 2 年发生 1 代，以成虫或幼虫于土中过冬，翌年 4 月中旬左右成虫出土活动，5 月上旬产卵于表土中，5 月下旬初孵幼虫出现，9 月底 10 月初幼虫开始造土室休眠，经越冬后继续取食，6 月中旬开始化蛹，7 月上旬羽化为成虫，但不出土，在原蛹室内化蛹，翌年 4 月才出土交尾产卵。

成虫有群栖与假死性，随温度逐渐升高，成虫活动亦日趋活跃。早晨或阴雨天、盛夏高温时常由石块、土缝中爬出，潜伏于枝叶阴凉处。成虫羽化多集中在上午，出土后经 10 余天补充营养才开始交尾，交尾后 10 天左右产卵，产卵多在午前与傍晚。卵散产，产卵期平均 41 天，单雌平均卵量 281 粒，卵期 15 天左右。卵孵化通常于上午 10 时以前和下午 4 时以后，幼虫孵化后潜入土中取食植物根系至 9 月上旬，开始深移做土室越冬，翌年幼虫危害至 7 月上旬左右，深入 35cm 左右的土中做蛹室化蛹，蛹期 12～20 天，化蛹时间多在午前进行。

【防治方法】

（1）成虫出土前地面撒毒土毒杀成虫，可用 1% 辛硫磷粉剂或乙敌粉每亩 3kg 加细土 20kg 配成毒土撒施，余参照 P131 蓝绿象。

（2）化学防治方法：参照 P131 蓝绿象防治方法。

（二四）小蠹科 Scolytidae

小型种类，长椭圆或圆柱形，体长 0.8～10mm，体色暗淡，褐黄至漆黑色，体被丝状、短鬃毛或鳞片状刚毛，头狭于前胸，头部无喙，复眼长椭圆形，肾形或完全分作两半。触角着生于头两侧的眼与上颚之间，顶端 3～4 节呈锤状，上颚粗状，弯曲具齿，胸部稍狭于鞘翅。刻纹：前面粗糙或针状，后面具刻点，或前后均具刻点。中胸腹板大，后胸腹板长。鞘翅长圆筒形。足胫节横断面扁平，外缘具齿列，或无刺列但有端距。卵白色微具光泽，幼虫无足乳白色，腹部背面无步泡突，但背片具 3 条褶，幼虫 5 龄。蛹前胸背板及腹板上的刚毛，瘤及其他外长物可为种或族的分类依据。本科世界已知 3000 余种，我国估计为 500 种以上。

107　皱小囊

【学名】 *Scolytus rugulosus* Ratzeburg

【分布与寄主】 此虫在我国分布于新疆。国外分布于美国、俄罗斯、土耳其、秘鲁、法国、阿根廷、智利等地。寄主有苹果、梨、桃、樱桃、海棠、杏、李、扁桃、酸梅及其他蔷薇科果树。

【被害症状】 以成虫先于树的表皮蛀成约1mm的小孔，成虫由此蛀入后，于韧皮部与木质部间营造母坑道，并于母坑道两侧产卵，孵化后的幼虫则向四周蛀食危害形成放射状的子坑道。受害果树常引起流胶、水分蒸发、造成韧皮部与木质部分离，使养分、水分的代谢机能受阻，轻者结果率下降，重者则树枝干枯或全株枯死。

【形态特征】

（1）成虫：体长2.3～2.8mm。额部微突，额面具纵向条状皱纹，额毛疏短；前胸背板表面具深大刻点，且两侧与前缘的刻点常相接成列。鞘翅刻点沟凹陷不显，沟间部狭窄，备具刻点1列。沟中、沟间刻点排列紧凑，圆且深大。沟间刻点中生一茸毛，于翅面上排为纵列。前胃板的板状部宽阔，齿大而尖，但无特别密集的丘齿。

（2）卵：椭圆或卵圆形，乳白色，孵化前乳黄色。

（3）幼虫：肥胖乳白色，略向腹部弯曲，无足。

（4）蛹：初化蛹为乳白色，后逐渐变深。

【生活史及习性】 此虫我国新疆年生2代，以幼虫于子坑道内越冬。越冬幼虫翌年3月中旬继续取食危害，4月初开始陆续老熟，并进入化蛹，越冬代蛹期最短5天，最长29天，平均15天左右。4月下旬为化蛹盛期，并始见越冬代成虫；5月中旬为化蛹末期，此间成虫进入盛发期，6月上旬为越冬成虫羽化末期。第1代卵于4月下旬发生，卵盛期为5月中下旬，6月中旬为第1代卵末期。第1代卵期为6～8天，平均为7天。5月上旬始见第1代幼虫，5月下旬幼虫盛发，6月底为孵化末期。第1代幼虫历期最短44天，最长57天，平均不足50天。6月上旬为化蛹初期，7月上旬为化蛹盛期，8月上旬为末期。第1代蛹期最短为4天，最长为16天，平均为9天左右。第1代成虫始见于6月中旬，盛发期为7月中下旬，8月底仍有成虫羽化。6月下旬发生第2代卵，7月底8月初为第2代卵发盛期，9月上旬为末期。第2代卵期5～6天，平均5.4天。幼虫始发于7月上旬，8月上中旬为第2代幼虫盛发期，并于寄主内危害到秋末即进入越冬。

成虫喜侵害树龄老，栽培条件差，水肥不充足，管理粗放，树势衰弱，或有其他病虫危害的树枝，树势强状，水肥供应充足，管理精细的果园基本不受害。成虫产卵前，先将树皮咬一产卵孔，将卵单粒产于其中，或先蛀浅长的单母坑，并于坑两侧咬成较整齐的产卵穴，然后将卵单粒产于穴内。穴的直径约0.4mm，穴距0.2～0.3mm，单母坑道长为0.4～23mm。坑向通常与树干或树枝相平行，间或弯曲成弓状或钩状等。幼虫孵出后，背着母坑道向外蛀食。子坑道较母坑道细长，初期子坑道与母坑道垂直且相互平行，而后向外扩散并出现个别的交错症状。子坑道随幼虫发育长大而由狭变阔，子坑道长10～36mm，始端宽0.33mm左右，末端宽约1～1.5mm，幼虫老熟后于子坑道末端化蛹，成虫羽化后先于化蛹端咬一羽化孔，然后由此孔脱出。

【防治方法】

(1)加强园内管理，定期进行合理中耕，适时浇水，合理施肥，冬春结合修剪和防治其他园内病虫害，将受害树枝，衰老树枝剪除或更新，并将虫病枝条集中烧掉，消灭其中各种病虫害。改进栽培管理方法，增强树势。

(2)于成虫发生期，可利用苹果或桃树枝条各 4 根，长 2m，直径为 2～3cm，埋入土长 25cm，诱集成虫，具明显效果。

(3)于幼虫发生危害时期可结合修剪，将枯死的树干及时浸水，药剂处理或直接作为燃料，据研究，在自然条件下浸水 1 周后，幼虫死土率可达 86.21%，若浸水 10 天，则可死亡 100%。

(4)成虫羽化期每隔 2 周于树体上喷药 1 次，连喷 3 次有一定的防治效果；或用高浓度触杀剂涂刷树干毒杀成虫，常用农药有 2.5% 敌杀死乳油或 2.5% 功夫乳油 2000 倍液喷洒，涂刷为 2000 倍液；20% 灭扫利乳油或 5% 氯氰菊酯乳油 2000 倍液喷洒，涂刷为 1500～2000 倍液；或与 50% 辛硫磷乳油 200 倍液单用或混用，此法可兼治其他枝干性害虫。

108 多毛小蠹

【学名】 *Scolytus seulensis* Murayama

【别名】 桃小蠹。

【分布与寄主】 此虫在我国分布于东北、甘肃、宁夏、山东、山西、河北、河南、陕西、江苏等地；国外分布于朝鲜等地。寄主有桃、杏、李、樱桃、梨等多种植物。

【被害症状】 此虫喜于衰弱枝干的皮层蛀孔，筑坑道于韧皮部与边材间。母坑道单纵坑，长约 40mm 左右，交配室位于母坑道下端，子坑道密集，其长约 5mm 左右，水平伸出，然后向上下方伸展，蛹室位于子坑道尽头。幼虫于子坑道内蛀食。常造成枝干枯死。

【形态特征】（图 102）

(1)成虫：体长 2.7～4.5mm。体黑色，鞘翅暗褐色，有光泽。头部短小，似缩入前胸，触角锤状，前胸背板长略小于宽，鞘翅长与两鞘翅合宽近相等，鞘翅刻点沟浅，成纵列，沟间具稀疏竖立的黄色刚毛列。雄虫第 7 背板无 1 对大刚毛，此特征可别于脐腹小蠹。第 2 腹板中部有一瘤。

(2)卵：近椭圆乳白色，长约 1mm 左右。

(3)幼虫：老熟体长约 4.5mm 左右，肥胖象虫型，略向腹面弯曲，体乳白色，头小黄褐色，口器深褐色。

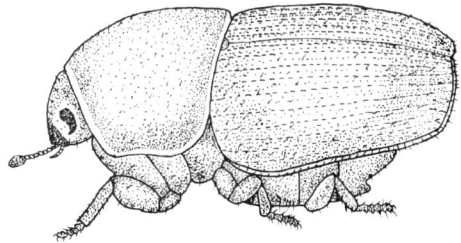

图 102　多毛小蠹成虫

(4)蛹：体长 4mm 左右，离蛹，初乳白色，后渐变黄褐色，羽化前形似成虫。

【生活史及习性】 此虫 1 年发生 1 代，以幼虫于子坑道内越冬。翌年春季老熟后于子坑道端蛀圆筒形蛹室化蛹。6 月于坑道内羽化后，咬一圆形羽化孔爬出，活动数日后开始交尾产卵，并选择衰弱的枝干开始钻蛀皮层并深入边材，于韧皮部与边材间蛀食成纵向母坑道，并将卵产于母坑道两侧。孵化后的虫体边在母坑道两侧蛀食子坑道，初期被害症状是各子坑道相互不交错，近乎平行，似"非"字，以后随虫体增大，子坑道边出现交错排列或弯曲折叠，危害至秋末以幼虫于子坑道端部越冬。

【防治方法】

（1）加强园林经营综合管理，增强树势，可减轻发生与危害。

（2）结合修剪和日常经营管理，彻底清除有虫枝，衰弱枝，风折枝，集中处理，效果很好，同时还应加强食叶性害虫的防治。

（3）成虫出现前，田间应设置半枯死或残枝，诱集成虫产卵，并将有卵枯枝集中烧毁，或于饵木上喷洒50%辛硫磷乳油1000倍液，毒杀已诱集到的成虫或卵。

109   黄须球小蠹

【学名】 *Sphaerotrypes coimbatorensis* Stebbing

【分布与寄主】 此虫在我国分布于陕西、山西、河北、河南、东北、安徽、湖南、四川等地；国外分布于印度等地。寄主有核桃、核桃、枫杨等多种植物。

【被害症状】 以成、幼虫蛀食于韧皮部与边材间危害，被害坑道位于韧皮部与边材间，并深嵌于边材上。母坑道单纵坑，长约4cm左右，子坑道自母坑道两侧水平伸出，宽阔规律，蛹室位于端部。成虫羽化外迁后，树皮上留有圆大的羽化孔，同一穴内的成虫羽化孔围成一个完整的椭圆。

【形态特征】（图103）

（1）成虫：体长2.5~3.8mm，体短阔，背面隆起呈半球形，头部咽片亚颏区内有2束黄色刚毛，直达唇基，前胸背板粗糙，生有大小刻点，刻点中心生伏倒的三叉毛，其间杂生小鳞片。鞘翅上具有规则的沟间约8~10列，其上生2、3列小颗瘤及尖形小鳞片。

（2）卵：长约1mm近圆形，乳白近透明，孵化前乳黄色。

（3）幼虫：老熟体长2.7~3.5mm。乳白，背面凸隆，头小淡褐色，口器棕褐色。胸足退化。腹部9节，肛门附近具3突。

（4）蛹：体长2.7~3.6mm，离蛹，初乳白后变褐色。

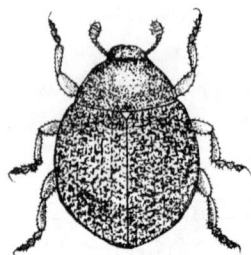

图103   黄须球小蠹成虫

【生活史及习性】 此虫1年发生1代，以成虫于寄主1年生枝条的顶部或叶芽基部蛀孔越冬。翌年4月上旬成虫出蛰转害，大多于健康枝上，少数于半枯枝条芽基部咬筑补充营养坑道，取食危害坑道深达2~5mm，或蛀食新芽，芽被枯死后，随及转害新芽。此间是成虫1年中第1次严重危害期。4月中旬雌成虫蛀入半枯枝筑交配室，在雄成虫进入交尾后，雌虫一边蛀食母坑道一边产卵于母坑道两侧，母坑道沿形成层向上蛀食长约30mm的单纵坑道。雌虫挖掘坑道，雄虫搬运木屑。成虫交尾产卵盛期为5月上旬，末期5月中下旬。单雌平均卵量28粒左右，卵期约13天左右。4月下旬为卵孵初期，5月中旬至6月初为盛期，7月上旬左右仍见幼虫孵化。幼虫孵化后则向母坑道两侧蛀食横向似"非"字的子坑道。6月上旬幼虫老熟于子坑道末端化蛹室内化蛹，6月中下旬为盛期，7月中旬为末期。蛹期约1月。6月中旬出现成虫，盛期为7月上中旬，末期7月下旬。成虫白天羽化出孔，当年羽化的新成虫再钻入新芽基部取食危害。秋末于最后1个芽的蛀孔中越冬。

【防治方法】 参照P$_{109}$多毛小蠹防治方法。

四、鳞翅目 LEPIDOPTERA

包括所有的蛾类与蝶类，体型有大有小，颜色变化很大，有的非常美丽，具明显的两性型。全体密被扁平细微的鳞片，组成不同的斑纹。触角有不同程度的变化，常见有线状、梳状、双栉齿状或棒状。复眼发达，单眼2个或无。口器虹吸式，前胸小，呈颈状。前胸两侧有小突起，中胸大，具盾片和小盾片，后胸背板小，足细长，常被鳞片与毛丛，有些种类前足胫节内缘有一前胫突，中、后足胫节端有胫距。跗节5节。翅2对或无，翅膜质，被覆有毛、鳞片、偶有香鳞与腺鳞。幼虫大多数种类头部属下口式，口器咀嚼式，身体圆锥形、柔软。

鳞翅目主要以幼虫危害，绝大多数为植食性，其危害方式也极不相同，有食叶、卷叶、潜叶、蛀茎、蛀根、蛀果等多种危害方式。

鳞翅目世界已知14万多种，我国已知种类目前尚无明确报道。其中不少为果树重要害虫，尤以蛀果蛾科、卷蛾科、夜蛾科、天蛾科、尺蛾科、枯叶蛾科、舟蛾科、巢蛾科、毒蛾科、蓑蛾科、螟蛾科等科包括有重要果树害虫。

（二五）木蠹蛾科 Cossidae

中到大型，喙通常退化，下唇须小或无，触角丝状，双栉齿或单栉齿状，胫节距小或退化。腹部粗而长。前翅具副室，R_4与R_5脉共柄，后翅臀脉3根；前、后翅的中室内有中脉的主干和分叉；雌蛾的翅僵多达9根。成虫昼伏夜出。幼虫体肥伴，通常白色、黄色或红色。头小，额区小，头与前胸盾角质化强，上颚发达，钻蛀树干，为果树、林木的重要蛀干害虫。

110 小木蠹蛾

【学名】*Holcocerus insularis* S.

【分布与寄主】此虫为我国山楂树上新发生的一种蛀干性害虫。在我国辽宁各山楂产区普遍发生。

【被害症状】以幼虫蛀食寄主枝干髓部，尤以老树，弱树受害更重。初孵幼虫先蛀食韧皮部，然后深入木质部。蛀孔为椭圆形。随虫龄增大时，幼虫边向木质部深处蛀食。形成不规则隧道，并相互连接，蛀孔外排有虫粪，孔口周围堆满用丝连接的虫粪与木屑，干基也堆积木屑与虫粪。

【形态特征】

（1）成虫：体长20~30mm，展翅30~50mm。全身灰褐色，复眼红褐色，触角线状或丝状。前翅密布黑褐色短线纹，中室到外缘一带颜色较深，亚缘线顶端近前缘处呈"Y"字形，断续向后缘延伸为一波形黑线。后翅暗灰褐色。

（2）卵：初产卵乳白色，后渐变为暗褐色。椭圆形，长 1.3mm 左右，宽 0.8mm 左右。卵壳上具纵行隆脊，脊间具许多横行刻纹。

（3）幼虫：老熟体长 25～42mm，体背红或紫红色，具光泽，体腹黄色，头深褐色。前胸背板红褐色，中间具"◇"型白斑，两侧各具一"B"型深褐色斑。腹足趾钩单序环状，臀足趾钩单序横带式。

（4）蛹：体长 17～30mm，黄褐色，雌蛹第 2～6 腹节背面的具刺列 2 行，第 7～8 腹节上具刺列 1 行；雄蛹第 2～7 腹节背面均具刺列 2 行，第 8～9 腹节各具刺列 1 行。前刺列粗状。雌蛹生殖孔开于第 8 腹节，雄蛹则位于第 9 腹节。腹末端向腹面弯曲，腹部末端肛孔外围具 3 对齿突，腹面一对较粗大。

【生活史及习性】据辽宁果科所报道，此虫在辽宁鞍山地区山楂园内 3 年完成 1 代，可跨越 4 个年度。以幼虫于被害树的枝干内越冬。第 4 年 4 月上旬，越冬幼虫出蛰后继续危害到 6 月上旬开始陆续老熟，并于被害枝干中化蛹。6 月下旬进入化蛹盛期。成虫于 7 月上旬始见，7 月中下旬为成虫发生盛期。成虫具趋光性，羽化后于当日夜间即可交尾，次日开始产卵，卵成块状产于衰弱树的剪锯口，老翘皮及枝干裂缝条，每卵块含卵约 32～170 粒，平均为 100 粒左右。卵期为 17 天左右。8 月中下旬田间可见初孵幼虫。幼虫危害至 10 月下旬后边开始蛰伏越冬。幼虫老熟后于距韧皮部较近的隧道内用木屑作椭圆形蛹室，头部朝向羽化孔化蛹，蛹期 17～26 天，平均 21.9 天。羽化前由于蛹腹摆动使蛹体从蛹室移出羽化孔，外露一半，成虫顶破蛹壳而出。

【防治方法】参照 P$_{155}$柳蝙蛾防治法。

111　芳香木蠹蛾

【学名】*Cossus cossus* Linnaeus

【别名】杨木蠹蛾。

【分布与寄主】分布于上海、山东、东北、华北、西北等。寄主有杨、柳、榆、槐树、白蜡、栎、核桃、苹果、香椿、梨等。

【被害症状】幼虫孵化后，蛀入皮下取食韧皮部和形成层，以后蛀入木质部，向上向下穿凿不规则虫道。被害处可有十几条幼虫，蛀孔堆有虫粪，幼虫受惊后能分泌一种特异香味。受害轻者使树势衰弱，受害重者，可使几十年生大核桃树死亡。

【形态特征】（图 104）

（1）成虫：全体灰褐色，腹背略暗。体长 30mm 左右，翅展 56～80mm，雌蛾大于雄蛾。触角栉齿状，复眼黑褐色。前翅灰白色，前缘灰褐色，密布褐色波状横纹，由后缘角至前缘有一条粗大明显的波纹。

（2）卵：近卵圆形，初产时白色，孵化前暗褐色。长 1.5mm，宽 1.0mm，卵表有纵行隆基，脊间具横行刻纹。

（3）幼虫：扁圆筒形，初孵化时体长 3～4mm，末龄体长 56～80mm，胸部背面红色或紫茄色，具有光泽，腹面成黄或淡红色。头部紫黑色，有不规则的细纹，前胸背板生有大型紫褐色斑纹 1 对。中胸背板半骨化。胸足 3 对，黄褐色。腹部第 3～6 节生 4 对腹足，趾钩单序环状，趾钩数 76 个左右。臀足趾钩单序横带，趾钩数 36 个左右。气门 9 对，椭圆形，前胸气门较大。臀板骨化，黄褐色。

（4）蛹：体长 30～40mm，暗褐色，中足越出第三腹节后缘，第一腹节背面无刺列，第2～6 腹节背面均具两行刺列，前列刺较粗，刺列长过气门，达背侧线；后列刺细，刺列不达气门。肛孔外围有齿突 3 对，腹面 1 对较粗大，雌蛹比雄蛹粗壮。

（5）茧：长圆筒形，略弯曲。长 50～70mm，宽 17～20mm，由入土老熟幼虫化蛹前吐丝结缀土粒构成，极致密。伪茧扁圆形，长约 40mm，宽约 30mm，厚 15mm，由末龄幼虫脱孔入土后至结缀蛹茧前吐丝构成，质地轻薄。

【生活史及习性】

华北地区两年发生 1 代，以幼虫在被害树木的木质部或土里过冬。在土里过冬的老熟幼虫于翌年 4～5 月化蛹，5～6 月成虫羽化外出，成虫有趋光性，产卵于树皮裂缝或根际处，卵成块状，50～60 个为一块。5～6 月幼虫孵化，常 10 余头小幼虫群集钻入树皮蛀食危害，在树木裂缝处排出均匀细小的褐色木屑。幼虫先在树皮下蛀食，长大后便蛀入木质部。10 月下旬幼虫在木质部的隧道里过冬，翌年 4 月继续危害，一般向上蛀食者多。第二年 9 月下旬至 10 月上旬，老熟幼虫爬出隧道到树木附近根际处，以及杂草丛生的土梗、土坡等向阳干燥的土壤里结茧过冬。

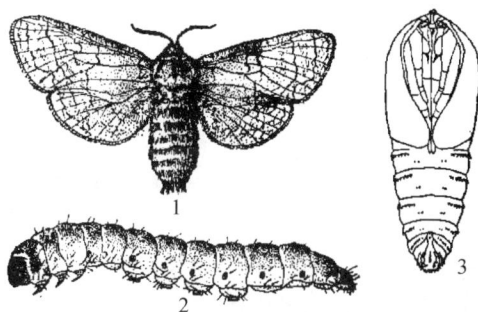

图 104　芳香木蠹蛾

1. 成虫；2. 幼虫；3. 蛹

［引自：北京农业大学. 果树昆虫学（下册）.
北京：农业出版社，1990：347.］

【防治方法】

（1）农业防治：及时伐除被害枯死树木，消灭树干内幼虫。树干刮除老皮，刷白涂剂，防止成虫产卵。5～6 月，用石块敲打产卵痕处或用刀子挖除卵块销毁。也可用铁丝穿入蛀道刺杀幼虫。伐除虫源树并及时烧毁，结合秋季整形修剪，锯掉有虫枝烧毁。

（2）物理防治：利用成虫的趋光性，用灯光诱杀。

（3）药剂防治：①喷雾防治。对尚未蛀入树干内的初孵幼虫，可用 2.5% 溴氰菊酯乳油，或 20% 杀灭菊酯乳油 2000 倍液喷雾毒杀，效果均好。②毒杀树干内幼虫。对已蛀入树干内的幼虫，可用注射器将农药注入虫孔。生产上常用 80% 敌敌畏乳油 100～500 倍液、80% 敌百虫粉剂 20～30 倍液等农药。药液注入虫孔后，应用泥土堵上，以提高药效。③熏杀根、干幼虫。用磷化铝片剂堵塞虫孔，熏杀根、干内幼虫，将磷化铝片剂（每片 3.3g）1/20 或 1/30 片（即每虫孔 0.11g 或 0.165g），填入树干或根部木蠹蛾虫孔内，外敷黏泥，熏杀根、干内幼虫（同时可杀天牛幼虫），杀虫率均能达到 90% 以上。

（4）生物防治：以 1 亿～8 亿孢子/g 白僵菌液喷杀芳香木蠹蛾幼虫，也可用白僵菌黏膏涂在幼虫排粪孔或用喷注器对蛀孔喷注 $5 \times 10^8 \sim 5 \times 10^9$ 孢子/ml 白僵菌液，防治效果达 95% 以上。此外，注意保护和利用啄木鸟等天敌。

（二六）潜蛾科 Lyonetiidae

　　微小至小型蛾类，翅展多在 10mm 以下。外形很似细蛾科，主要区别在于触角第 1 节阔，形成眼罩。头部粗糙或光滑，颜面光滑且强烈倾斜，单眼缺，下唇须正常或短，前伸或下垂；下颚须与舌退化或极短；触角与翅近长或等长。中胸两侧于前翅基部下方有长丛毛。后足胫节被覆长或短的毛。前翅披针形，顶角尖，有时上翘或下弯，脉序不完全，中室细长，顶端常有数条脉于基部合为一支，后翅线形，翅脉更少，无中室，有长缘毛，Sc 脉短，Rs 直达翅顶。卵扁平。幼虫扁或呈圆筒形，有腹足，趾钩单序，头侧单眼各 6 个，分为 2 组，幼虫多潜入叶片上、下表皮组织内危害，由叶面所显潜痕作为分类依据。幼虫老熟后，由潜痕内钻出，于叶片或枝干上做茧化蛹。

112　旋纹潜蛾

【学名】*Leucoptera scitella* Zeller

【分布与寄主】此虫在我国分布于东北、华北、华东、西北等地；国外分布于欧洲等地。寄主有苹果、梨、沙果、海棠、山楂等多种果树植物。

【被害症状】以幼虫潜叶危害，行螺纹状串食叶肉，残留表皮，粪便排于隧道中，被害处由叶正面看多呈圆形褐斑，极似苹果轮斑病，严重时一片叶上有虫斑数 10 处，常引起早期落叶，非越冬幼虫老熟后主要于叶上吐丝作"Z"字形丝幕，两端系于叶面上，化蛹于其中。

【形态特征】（图 105）

　　（1）成虫：体长约 2.3mm 左右，翅展约 6mm 左右，体、前翅及足银白色。头顶具一丛竖立的银白色毛，触角丝状稍褐，几于体等长，眼罩大，唇须缺。前翅近端部 2/5 大部橘黄色，其前缘及翅端共有 7 条褐色纹，顶端第 3～4 条呈放射状，1～2 条之间为银白色，3～4、4～5 条间为白或橘黄色，在第 2 和第 3 条短褐纹下具一银白色小斑点，翅端下方有 2 个大而深紫色斑。前翅前半部具长而浅灰黄或灰白色缘毛，后翅披针，浅褐色，缘毛白色。

　　（2）卵：扁平椭圆形，长约 0.3mm，浅绿至灰白色，近半透明，具光泽。

　　（3）幼虫：体长约 5mm，黄白微

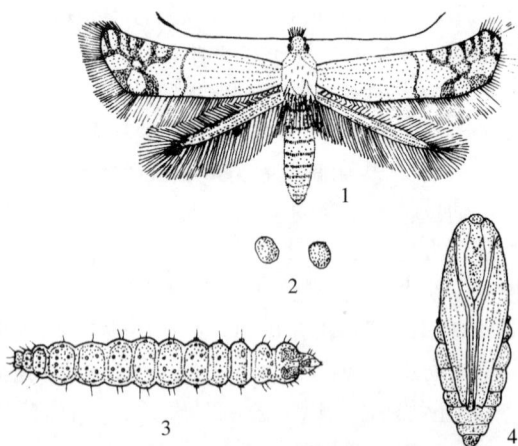

图 105　旋纹潜蛾
1. 成虫；2. 卵；3. 幼虫；4. 蛹

绿稍扁平。头大褐色，胴部节间较细，略呈念珠状。前胸盾具细长褐色斑 2 块。后胸与第 1、2 腹节两侧各具一棒状小突起，上生一刚毛。

(4)蛹：体长约3mm，纺锤形，稍扁平，初淡黄褐后变浅褐色，羽化前黑褐色。

【生活史及习性】此虫在山西、河北1年发生3~4代，陕西、山东4代，河南4~5代。均以蛹于枝干皮缝和叶背结茧越冬。4月中旬至5月陆续羽化。成虫于晴天活动，日光下显出银色闪光，羽化后即可交尾，次日产卵，卵散产于叶背，单雌卵量平均30粒。成虫寿命约8天左右，幼虫孵化后蛀入叶肉危害。5月上中旬始见被害叶，老熟后爬出并吐丝下垂到下面叶片即于叶背结茧化蛹，羽化后继续繁殖危害，每年以7~8月危害最重，9~10月最后1代幼虫老熟，并陆续脱叶吐丝下垂于枝干皮缝和叶背结茧化蛹越冬。此虫卵期10天左右，幼虫期约25天左右，前蛹期3天左右，蛹期：越冬者230天左右，非越冬者15天左右。

【防治方法】

（1）果树休眠期防治：冬前或早春结合修剪，刮树皮、清理果园，集中处理园中残枝落叶及修剪下的枝条与刮下的树皮，集中烧毁，可消灭部分越冬蛹；喷洒5%柴油乳剂或矿物油乳剂可杀越冬蛹。

（2）果树生长期防治：各代成虫盛发期可喷洒50%辛硫磷乳油、5%氟铃脲乳油、20%虫酰肼乳油、50%敌敌畏乳油1000倍液，或2.5%敌杀死等菊酯类乳油2000倍液对成虫、初龄幼虫均有良好的防效。

113　桃潜蛾

【学名】_Lyonetia clerkella_ Linnaeus

【分布与寄主】此虫在我国分布于东北、华北、华中、西北、西南、台湾等地；国外分布于日本等地。寄主有桃、李、杏、苹果、樱桃、山楂、梨、稠李等多种植物。

【被害症状】以幼虫于叶肉内蛀食，初害症状似同心圆状，继而扩大呈线状弯曲隧道，粪便排于其中。大发生时一叶上常有数头幼虫被害，使受害叶片出现圆孔或早期脱落，幼虫老熟后由隧道内钻出，于叶背结茧化蛹。

【形态特征】（图106）

（1）成虫：体长约3mm，翅展约7mm。体与前翅银白色，前翅狭长，先端尖，有长缘毛，中室端具一椭圆形黄褐色斑，端部具4对斜形黄褐色纹，尖端具一黑点及一撮黑色尖的毛丛；后翅灰色，缘毛长。

（2）卵：圆形乳白色。

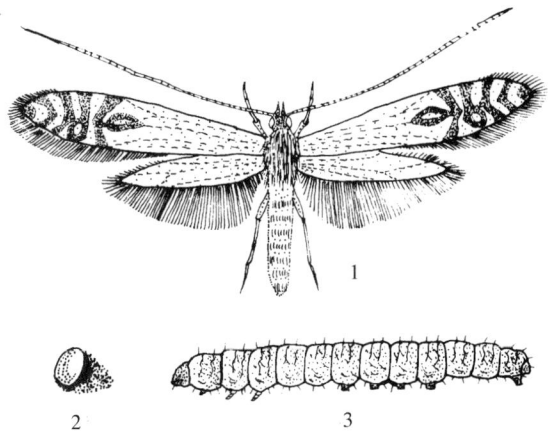

图106　桃潜蛾
1. 成虫；2. 卵；3. 幼虫

（3）幼虫：老熟体长约6mm，胸部淡黄色，体略扁，头小浅褐色。具黑褐色胸足3对。

（4）蛹：体长约3.5mm，全体淡绿色，头端钝。

（5）茧：长椭圆形，白色，两端有长丝黏于叶上。

【生活史及习性】此虫1年发生7~8代，以蛹在被害叶上结一白色绿茧越冬。翌年桃树展叶后成虫羽化。5月上中旬发生第1代成虫，以后每月发生1代，最后1代于11月上旬发生。以末代蛹越冬。

　　成虫羽化后白天潜伏不活动，夜间活动、交尾、产卵。卵散产于叶表皮内。幼虫孵化后于叶肉内潜食危害，初期被害叶呈同心螺纹，而后乱串为不规则的隧道，并均将粪便充塞其中。同心螺纹处常出现枯斑，其余被害处常呈线状枯条，大发生时受害叶片早期枯黄脱落。幼虫老熟后多由隧道内爬出至叶背结茧化蛹，亦有少数在叶内吐丝结白色薄茧化蛹或于枝干上化蛹。

【防治方法】

　　(1)清理越冬场所：桃潜蛾越冬场所较多，应充分利用冬闲季节，认真而全面清理该虫越冬场所，减少田间虫口基数，控制来年第一代虫口发生量。对受害比较严重的桃园，冬季修剪适当加重修剪量，对树上病虫枝、枯枝、僵枝彻底剪除。用刮刀或其他器具刮除老树皮，有该虫越冬痕迹的地方更需认真刮净，刮后涂刷石硫合剂浆液，刮除的树皮集中处理。冬季对桃园土壤实行深翻，清扫落叶，清除田边地头杂草。

　　(2)铺盖地膜：于4月下旬至5月上旬，在桃园畦面铺盖地膜，不仅可以隔绝该虫部分化蛹场所，而且能改善土壤温、湿度环境，利于桃树健康生长。

　　(3)药剂防治：必须抓住第1、2代成虫盛发期及时全面喷药防治，以压低前两代桃潜蛾的种群数量，从而控制全年发生总量，达到防治目的。①利用性诱剂监测桃潜蛾成虫的发生动态，当成虫发生达到高峰时即可进行喷药防治。②选择有效、安全、低毒农药。可喷洒25%灭幼脲三号悬浮剂1500倍液，1%甲维盐乳油1500倍液，1.8%阿维菌素乳油3000倍液，50%辛硫磷乳油1000倍液，对卵及初孵幼虫均有特效。幼虫孵化高峰期可用2.5%敌杀死乳油或功夫菊酯乳油2000倍液，1.2%苦参碱·烟碱乳油1500倍防效均好。灭幼脲3号悬浮剂与氯氰菊酯乳油混用或与敌敌畏乳油混用都有较好效果。在桃潜蛾发生的区域内，一定要群策群治，才能收到良好防治效果。

114　银纹潜蛾

【学名】 *Lyonetia prunifoliella* Hübner

【分布与寄主】 此虫在我国分布于东北、华北、华东、西北等地；国外分布于日本等地。寄主有苹果、海棠、沙果、三叶海棠等多种植物。

【被害症状】 以幼虫于寄主叶肉内蛀食危害，初龄幼虫蛀食成线状隧道，随幼虫龄期增大，被害处呈不规则的圆形或椭圆形斑，叶背被害处有黑褐色如细黑丝的虫粪，尔后被害处渐变枯黄，早期脱落。

【形态特征】 (图107)

　　(1)成虫：体长约4mm，翅展约10mm，体银白色略有光泽，头顶丛毛银白色，触角淡褐色，基部具眼罩。前翅狭长，顶端具一褐色圆斑，圆斑后面的顶角处有一枯黄色斑。橘黄色斑与前缘间有5条放射状灰褐色纹，与后缘间有3条相同的纹，其中第2条特别宽。后翅披针形，缘毛较前翅长，均为灰褐色，以上为夏型成虫。冬型成虫前翅前半部有波浪状黑色粗大斑纹，约前翅宽的2/5，翅末端顶角上橘黄色斑不明显。

　　(2)卵：长约0.4mm，乳白色，扁球形。

　　(3)幼虫：老熟体长约5mm，头小，淡绿色，单眼灰黑色，上唇与上颚褐色。胸足发达3对，腹足退化，极小。

（4）蛹：体长约5mm，初为浅绿色。头顶具1对角状突，触角长出尾端，眼暗赤色。羽化前复眼紫黑色，头胸及翅芽银白色。

【生活史及习性】 此虫在华北地区1年发生5代，以成虫于落叶、杂草、土石缝隙等处越冬。翌春5月上旬开始活动，5月中下旬产卵，卵散产于叶内或叶背茸毛下。各代成虫发生期大体为：6月中下旬；7月中旬左右；7月下旬至8月中旬；8月下旬至9月上旬；9月中旬至10月下旬。卵期约1周左右，孵化后的幼虫即蛀入叶肉内危害，虫粪排出叶表皮外。约危害10天左右即老熟，咬破表皮爬出，并吐丝下垂至下部叶背结白茧化蛹。蛹期8天左右。成虫羽化后于日间活动，夜间交尾产卵，无趋光性，成虫寿命：夏型约1周左右，冬型约35周左右。

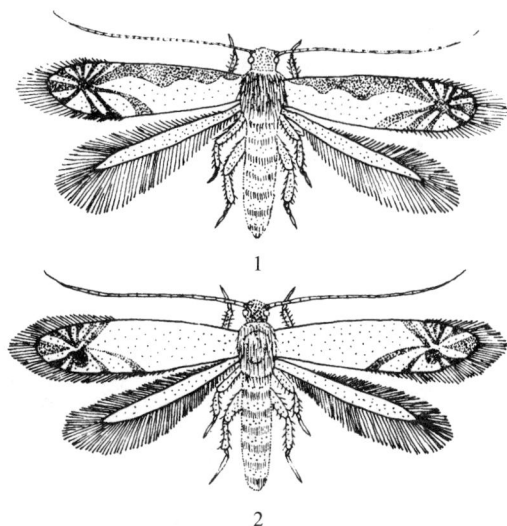

图 107　银纹潜蛾
1. 冬型成虫；2. 夏型成虫

【防治方法】

（1）秋末或冬季清理园内外枯枝落叶及杂草、土石块，集中处理，可消灭其中越冬成虫。

（2）成虫发生期防治参照 P$_{146}$桃潜蛾防治方法。

（二七）细蛾科 Gracilariidae

小型蛾类。一般呈灰或褐色，具银白或金黄色等光泽，无单眼及眼罩；触角不短于翅长，下唇须向前或向上卷曲。前翅细长，中室占翅长的2/3～4/3；Sc脉短，其他脉退化或减化，R$_5$脉止于前缘，A脉基部不分叉；后翅矛头状，无中室。静止时，成虫以前、中足将体前部撑起，翅倾斜呈屋脊状，翅端贴于物体表面，形如坐势。此虫世界已知种1000余种，分布于世界各地。

115　金纹细蛾

【学名】 *Lithocolletis ringoniella* Mattsumura

【别名】 苹果细蛾。

【分布与寄主】 此虫在我国分布于辽宁、山东、山西、河北、河南、陕西、安徽等地；国外分布于日本等地。寄主有苹果、梨、樱桃、李、海棠等多种果树植物。

【被害症状】 以幼虫潜食叶肉，初孵幼虫咬破叶片下表皮蛀入叶内。进入叶片后，于表皮层下串食叶肉，残留表皮，外观呈泡囊状。泡囊约黄豆粒大小，幼虫潜伏其中。幼虫粪便排于泡囊状的圆斑内，并吐丝连缀虫粪，叶正面被害部位呈黄褐色网眼状虫疤。一泡囊中仅具一头幼虫，严重时一个叶片上有泡囊10余个，造成叶片枯黄皱缩，早期脱落，对树势及正常生育影响较大。

【形态特征】（图108）

（1）成虫：体长约 2.8mm，翅展约 7.5mm，头部银白色，胸部及前翅均为金褐色。头顶端具 2 丛金色鳞毛、前翅狭长，翅端部前后缘各具 3 条白、黑相间的爪状纹，尖端均指向外。前翅基部具 2 条银白色纵带，一条沿前缘、端部向下弯曲而尖锐；一条于中室内、端部向上弯曲而尖。后翅尖细，灰色，缘毛甚长。

（2）卵：扁椭圆形，乳白色，半透明，有光泽。

（3）幼虫：老熟体长约 6mm，稍扁，呈细纺锤形，黄色，头扁平，口器淡褐色。初龄幼虫体扁平，胸足发达，腹足 3 对，臀足发达，体黄绿色。

（4）蛹：体长约 4mm，黄绿色，复眼红色，头部两侧具 1 对角状突起。触角比身体长。

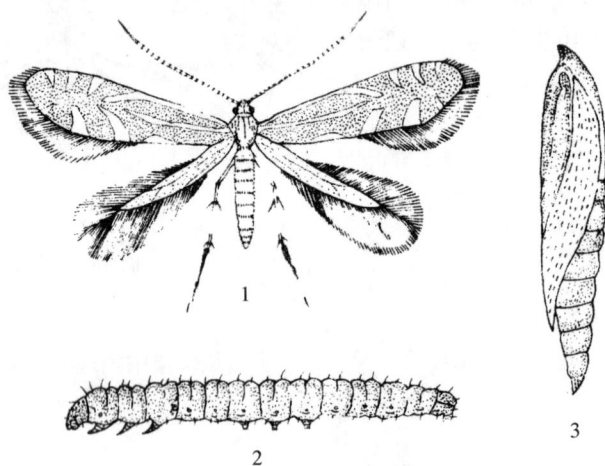

图 108　金纹细蛾
1. 成虫；2. 幼虫；3. 蛹

【生活史及习性】此虫 1 年发生 4~5 代，以蛹于被害落叶中越冬。翌春寄主萌动时越冬成虫羽化，当旬均气温为 11℃ 左右时进入羽化盛期；第 1 代成虫发生盛期在 5 月下旬至 6 月上旬，卵盛期在 6 月上旬；第 2 代成虫发生盛期在 7 月上旬，卵盛期在 7 月下旬初，第 3 代成虫发生盛期在 8 月中旬，卵盛期在 8 月下旬初；第 4 代成虫发生盛期在 9 月中旬，卵盛期在 9 月下旬初；最后一代幼虫发生于 9 月下旬末至 10 月中旬，危害至秋末以蛹越冬，翌年 4 月中旬才羽化为第 5 代（即越冬代）成虫。

成虫羽化后喜于早晨或傍晚于树干周围活动飞翔，交配、产卵。卵多散产于幼嫩叶片背面绒毛下，单雌卵量为 45 粒左右，成虫寿命 1 周左右，卵期 5 天左右。越冬代成虫多集中在发芽早的树种或品种上产卵。因此不同品种受第 1 代幼虫危害轻重有差异，以后各代成虫产卵于不同品种间，无明显差异。此虫发生一般春季轻，秋季渐趋严重。

【防治方法】

（1）人工防治：消灭越冬虫源，晚秋或早春 4 月前彻底清扫落叶并及时烧毁，消灭叶内越冬蛹。5 月中旬以前，及时铲除苹果树根部萌芽，然后集中深埋，消灭第 1 代金纹细蛾的卵、幼虫和蛹。

（2）性诱剂诱杀：金蚊细蛾雌性性诱剂可诱集金纹细蛾雄成虫、干扰交尾、降低有效卵基数、抑制繁殖系数，实现控制虫口密度的目的，很有推广价值。雌性诱芯的安置方法为：在第 1、2 代成虫盛发期，取口径 20cm 的水盆，用略长于水盆口径的细铁丝横穿 1 枚诱芯置于盆口上方中央并固定好，使诱芯下沿与水盆口面齐平，以防止因降雨水盆水满而浸泡诱芯。做好以后，即将诱盆悬挂在果树当中，或搭一个三角形支架，将盆放于支架上。高度以诱芯距地面1~1.5m为宜。安置好水盆后，向盆内加入清水，水内加0.2%的洗衣粉。加水量为水面离诱芯下沿1~1.5cm。每隔20~30m放1盆。每天17时前将盆摆放好，第2天早上将诱到的成虫捞出，并将水补足到原水面。

（3）化学防治：第1、2代幼虫发生期比较整齐，是全年防治的关键时期。在卵盛期至低龄幼虫发生期，可选用20%杀铃脲悬浮剂5000倍液、25%灭幼脲3号1500倍液、1.8%阿维菌素3000倍液、2.5%氯氰菊酯2000倍液、1.2%苦参碱·烟碱乳油1500倍液。

（4）生物防治：幼虫发生期，在果园内释放金纹细蛾跳小蜂。避免使用有机磷类和菊酯类等对天敌杀伤力强的化学农药，控制金纹细蛾的猖獗发生。

116　梨潜皮蛾

【学名】*Acrocercops astanrola* Meyrack

【别名】串皮虫、梨潜皮细蛾、梨皮潜蛾、潜皮蛾。

【分布与寄主】在我国辽宁、河北、河南、山东、山西、陕西、江苏等省及京津地区均有发生。梨潜皮蛾寄主植物有25种，包括苹果、梨、核桃、板栗、沙果、海棠等多种果树，其中以苹果、梨受害最重。

【被害症状】以幼虫潜入枝条表皮层下串食危害，偶尔也危害果，留下弯曲的线状虫道，虫道内塞满虫粪，稍鼓起，虫量大时很多虫道串通连片，造成表皮破裂翘起，长达10~20cm。梨潜皮蛾的翘皮下常潜藏黄粉虫和潜叶蛾等害虫。

【形态特征】（图109）

（1）成虫：体长4~5mm，翅展11mm左右，白色具有褐色花纹的小蛾。头部白色，复眼红褐色，触角丝状，长达前翅末端，基部第二节具黑环。胸部背面白色，布有褐色鳞片。前翅狭长白色，具7条褐色横带；后翅狭长灰褐色；前后翅均有极长的缘毛。腹部背面灰黄色，腹面白色。

（2）卵：椭圆形，长约0.8mm，水青色半透明，背面稍隆起具网状花纹，腹部扁平。

（3）幼虫：共8龄，前期幼虫（1~6龄）体扁平，头部三角形。体乳白色，胸

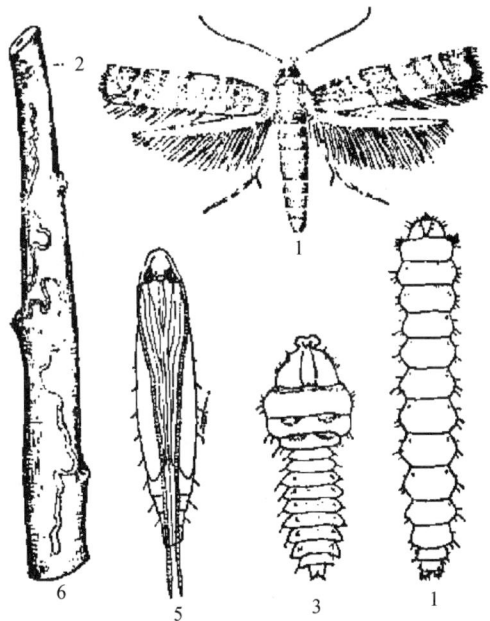

图109　梨潜皮蛾

成虫；2. 卵；3. 前期幼虫；4. 后期幼虫；5. 蛹；6. 被害状

[引自：北京农业大学. 果树昆虫学（下册）.

北京：农业出版社，1990：117.]

部3节特别宽阔，前胸前缘有数排细密横刻纹，中后胸背腹板的前缘均有2个黄褐色半圆形斑。腹部纺锤形，第一节显著收缩，各腹节向两侧突出呈齿状，胸腹足退化。后期幼虫

(7~8龄)体长7~9mm,体近圆筒形,略扁。头壳褐色近半圆形,中后胸背腹面前缘具小刺数列,胸足3对,无腹足,各节腹面中央较骨化。

(4)蛹:体长5~6mm,离蛹,由淡黄色变为深黄色,近羽化时有黑褐色花纹。复眼为橙红至红褐色。触角超过腹末。雌蛹翅芽长,超过腹部第6节,后足长达第10节以上。

【生活史及习性】

此虫在东北每年发生1代,其他地区每年发生2代,以幼虫在被害枝条表皮下虫道内作茧越冬。春季树体萌动时开始活动,在华北地区5月幼虫老熟,并在潜皮下作茧化蛹,蛹期约20天,6月中下旬羽化成虫并产卵,成虫寿命为5~7天,卵期5~7天,7月第1代幼虫危害,8月出现第1代成虫,第2代幼虫9月发生,11月准备过冬。成虫在夜间羽化并在夜间交尾和产卵,卵散产,产在表皮光滑无毛的幼嫩枝条上。以1~3年生枝上为多。初孵幼虫以汁液为食,随幼虫龄期增加,虫体增大造成的虫道加宽,幼虫体扁平白色。顺虫道用手摸时幼虫所在部位稍高,可以感觉到幼虫的所在。老幼虫在虫道内作一肾形、红褐色蛹室化蛹,成虫羽化时将蛹皮带出虫道外约1/2~1/3。成虫羽化期阴雨、湿度大,成虫寿命长,产卵多,孵化率高。低洼地、靠近水源,果园生长旺盛,枝多茂密,危害重,而干旱年份则轻。梨幼树壮树上的梨潜皮蛾幼虫发育快,个体大。在苹果枝条上的梨潜皮蛾幼虫较在梨枝条上的化蛹、成虫羽化均提早约5天。高温干旱对梨潜皮蛾发育不利。

【防治方法】

(1)苗木接穗熏蒸:将带虫苗木或接穗用溴甲烷熏蒸。在冬季室温8~9℃时,每立方米投药45g,密闭6小时。

(2)捕杀幼虫和蛹:在虫口密度较小的果园,在幼虫危害期顺虫道细看,发现鼓高处和虫道的断头处大多有幼虫,可用手压死。6~7月幼虫在蛹处表皮翘起,易找见,可用手压死。

(3)在虫口密度大的果园,在成虫羽化期喷药以杀死成虫,可喷20%灭扫利乳油、20%杀灭菊酯乳油2000倍液或喷80%敌敌畏乳油1000倍液等。幼虫危害期可喷40%毒死蜱乳油1500倍液杀死幼虫。

(二八)华蛾科 Whalleyanidae

117　梨瘿华蛾

【学名】 *Sinitinea pyrigalla* Yang

【别名】 梨瘤蛾、梨枝瘿蛾,俗称糖葫芦、梨疙瘩、梨狗子等。

【分布与寄主】 此虫分布较普遍,局部地区危害也相当严重。

【被害症状】 此虫仅危害梨。以幼虫蛀入枝梢危害,被害枝梢形成小瘤,幼虫居于其中咬食,由于多年危害的结果,木瘤接连成串,形似糖葫芦。在修剪差或小树多的果园里,危害尤显严重。常影响新梢发育和树冠的成形。受幼虫危害的新梢,未形成木瘤之前,蛀孔附近总有一片叶呈现枯黄,易识别。

【形态特征】 (图110)

(1)成虫:体长5~8mm,翅展12~17mm,体灰黄至灰褐色,具银色光泽。复眼黑色,下唇须灰黄,端节外侧有褐斑。在前边2/3处有一狭三角形灰白色大斑,斑的中部和内外两侧各有1黑色纵条纹,另有两块竖鳞组成的黑斑,一个位于中室端部,一个位于中部的臀脉上。缘毛灰色。后翅灰褐色，无斑纹，缘毛长。足灰褐色，跗节端有白环，后足胫节密生灰黄色毛。

(2)卵：圆筒形，高 0.5mm，直径 0.3mm 左右，初产橙黄色，近孵化时变为棕褐色，表面有纵纹。

(3)幼虫：老熟时体长 7～8mm，全体淡黄白色，头部小，胴部肥大，头及前胸背板黑色。全体布黄白色细毛，以头、前胸和尾端体节上的毛稍长而多。

(4)蛹：长 5～6mm，初为淡褐色，将近羽化时头及胸部变为黑色，能明显看出发达的触角和翅伸长到腹部末端，腹末有两个向腹面的突起。

【生活史及习性】 1 年发生 1 代，以蛹在被害瘤内越冬，梨芽萌动时成虫开始羽化，花芽开绽前为羽化盛期，羽化后成虫早晨静伏于小枝上，在晴天无风的午后即开始活动，傍晚比较活跃，绕树飞翔交尾产卵，卵产于粗皮、芽和木瘤缝隙内以及枝条皮缝等处，卵散产，但也有数粒在一起的，每雌约产卵 90 粒。卵期较长约为 18～20 天。新梢长出后卵开始孵化，出孵幼虫很活泼，寻找新抽生的幼嫩枝梢蛀入危害，被害部逐渐膨大成瘤，幼虫则在瘤内纵横串食，排泄物也存于瘤内。每个瘤内有幼虫 1～4 头，幼虫在瘤内危害至 9 月中下旬老熟，化蛹以前从瘤中向外咬一羽化孔，然后化蛹过冬。

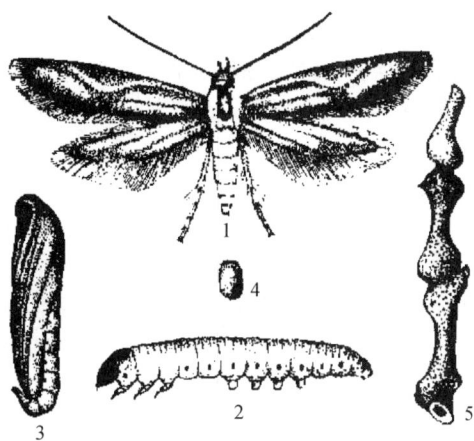

图 110　梨瘿华蛾
1. 成虫；2. 幼虫；3. 蛹；4. 卵；5. 被害状

梨瘿华蛾卵的孵化与梨树新梢生长物候关系非常密切，梨新梢抽生期也正是其幼虫蛀入危害期，故新梢的生长，树冠的形成加大均受到严重的影响。

梨瘿华蛾的蛹有 1 种寄生蜂，寄生率很高，常能控制其发生。

【防治方法】

(1)人工防治：彻底剪除被害虫瘤有良好效果，注意仅剪除里面有越冬蛹的 1 年生枝虫瘤即可，旧虫瘤可逐年剪除，以免枝条损失过多影响树势。另外要把剪下木瘤全部烧净，否则成虫羽化仍可飞往果园危害。

(2)化学防治：成虫发生期，如果虫量较大可喷洒 40% 毒死蜱乳油 1000 倍液 1～2 次，可收到良好效果，或选用 20% 氯氰菊酯乳油 1500～2000 倍液、2.5% 敌杀死油乳 1500～2000 倍液，同时可兼治其他虫害。在成虫大量产卵后及幼虫初孵期喷洒 25% 灭幼脲 3 号悬浮剂 2000 倍液，或 1.8% 齐螨素乳油 3000 倍液。

(二九)雕蛾科 Glyphipterygidae

小型蛾类，成虫喜于阳光下飞翔，具金属光泽。单眼大而明显，下颚须退化或消失，下唇须上翘出头顶。前翅 R_1 出自中室基部，R_4、R_5 分离或共柄，R_5 止于顶角或外缘，Cu_2 出自中室下角附近；2A 基部分叉；后翅基部有横脉，如较前翅窄，则 A 脉减少，如宽则 A

脉为 3 支，$Sc + R_1$ 与 Rs 分离，M_3 和 Cu_1 常共柄或同出一点。前翅有宽、窄翅两类，有时与某些科易混淆。其中宽翅与卷蛾亚科的区别为后翅具斑纹，与小卷蛾亚科的区别为后翅无栉毛；窄翅与菜蛾科的区别为下颚须退化；与举肢蛾科的区别为后足胫节无环生的刺。

118　苹果雕蛾

【学名】*Anthophila pariana* Clerck

【别名】苹果雕翅蛾。

【分布与寄主】此虫在我国分布于山西、陕西、吉林、甘肃等地；国外分布于日本、俄罗斯以及欧洲、北美等地。寄主有苹果、山楂、沙果、山荆子、海棠等多种果树植物。

【被害症状】以幼虫卷叶危害，多将叶片向上纵卷呈饺子状，于卷叶内食害上表皮和叶肉，或将 2~3 片嫩叶缀连一起成卷叶团于内取食，常将叶片食成纱网状、孔洞或缺刻，粪便黏附于丝上。

【形态特征】（图 111）

（1）成虫：体长 5~6mm，翅展 11~13mm，翅宽约 2.5mm，触角丝状，有黑白相间的环纹，唇须密布鳞片状毛，第 3 节向上举，末端钝，前翅黄褐色，翅的 1/3 处有由前缘伸向后缘的狭条纹，其内侧呈黑褐色，外侧呈白色。2/3 处有白色宽条纹，两侧呈黑褐色，外缘及缘毛皆呈黑褐色。后翅灰褐色，腹面银白色，足的胫节、跗节上有黑色、白色相间的环纹，中、后足的胫节上有明显的环状毛刺。

（2）卵：近圆形略扁，初产乳白色，后变浅黄色，卵壳上具许多不规则刺突。

（3）幼虫：老熟体长约 10mm，淡黄绿色，头部黄褐色，每侧单眼 5 个，黑色呈弧形排列，胴部各节毛瘤黑色，中、后胸、第 1~8 腹节背面各有 6 个，中、后胸排成一横列，第 1~8 腹节排成"∴∴"形。腹足细长，趾钩单序环 18~20 个，臀足趾钩单序缺环 16 个左右，无臀栉。

（4）蛹：体长约 5.5mm，初黄白，后渐变黄褐色，翅芽暗褐色。第 3~5 腹节背面前缘各有一横列小刺，腹末背面有 1 对钩刺。

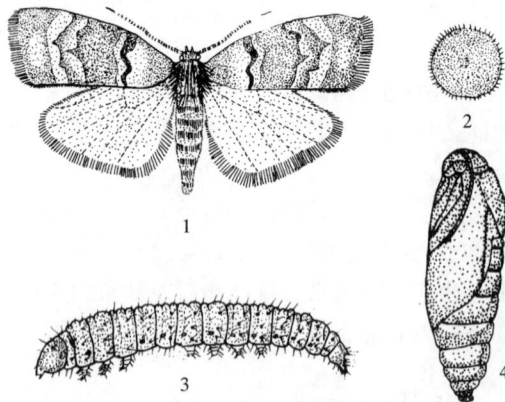

图 111　苹果雕蛾
1. 成虫；2. 卵；3. 幼虫；4. 蛹

【生活史及习性】此虫 1 年发生 3~4 代，以蛹或成虫于杂草、枯枝落叶、树皮缝隙、干基部土缝中越冬。

以蛹越冬者，翌年寄主萌动露绿时羽化为成虫，4 月下旬至 5 月上旬为第 1 代幼虫盛发期，老熟幼虫于叶背做茧化蛹，蛹期 10 天左右，成虫产卵于叶面上，卵期 5 ~ 6 天，幼虫危害期约半月左右，6 月上中旬为第 2 代幼虫盛发期，7 月中旬为第 3 代幼虫盛发期，8 月上中旬为第 4 代幼虫盛发期。8 月下旬以后幼虫陆续老熟化蛹进入越冬。

以成虫越冬者，翌年气温回升至 15℃ 时开始活动、交尾、产卵；4 月中旬为产卵盛期，卵期约 10 天。4 月下旬卵开始孵化，5 月上旬为盛期，幼虫期约 20 天左右，危害至 5 月中旬幼虫陆续老熟化蛹，5 月下旬为化蛹盛期，蛹期约 8 天，5 月底始见成虫羽化，6 月上中旬为第 1 代成虫羽化盛期，成虫寿命 6 天左右，5 月下旬始见第 2 代卵，6 月上中旬为第 2 代卵盛期，卵期 8 ~ 11 天，6 月中下旬为孵化盛期，7 月上旬开始结茧化蛹，7 月中旬左右为化蛹盛期，蛹期 1 周左右。7 月中旬可见第 2 代成虫，7 月下旬为羽化盛期，第 3 代幼虫 7 月下旬开始孵化，8 月中旬开始化蛹，8 月下旬始见第 3 代成虫，羽化后的成虫寻找适当场所开始越冬。

以蛹越冬者 1 年发生 4 代，以成虫越冬者 1 年发生 3 代。

成虫昼伏夜出，傍晚围绕树冠飞翔。卵散产于叶上，以主脉附近较多，幼虫活泼，有转叶危害习性，老熟后于卷叶内或转至新叶、果的梗洼内结茧化蛹。羽化时蛹体常脱出茧外。

【防治方法】

(1)人工防治：果树落叶后至成虫羽化或活动前，清理烧掉园内及附近的杂草、枯枝落叶，消灭其中越冬蛹或成虫。

(2)化学防治：幼虫对药剂较为敏感，常用农药的常用浓度均有良好的防治效果。

(三〇)蝙蝠蛾科 Hepialidae

中等大小、体粗状、多毛、色暗或鲜艳。头小，触角短小，念珠状，比较原始，口器退化，上唇、上颚与下颚只留有痕迹，无喙管，下唇须小，1 节。胸部大。足没有距。翅狭长，后翅狭小。没有翅缰。翅轭小，放于后翅上方，前后翅脉序相同，M 的主干完整，前翅有一部分 1A 脉存在。其 Cu_2 脉只在前、后翅上保留有一部分。雄虫第 9 节背板短，腹部发达粗大，两侧向后突出成角状。阳茎消失。雌性生殖器也极特化。成虫性懒惰，只在黄昏时活动，飞翔时左右摇摆。

幼虫粗状有皱纹，白色、黄色或色暗，毛疣上生有毛。单眼每侧 6 个，排成两列，腹足 5 对，趾钩环式。幼虫期大多蛀食植物的根、茎、枝和干，为园林植物的主要害虫。有些种可作为药材，如"冬虫夏草"则是柳蝙蛾幼虫被真菌寄生的混合体。卵圆球形，飞翔时散产并落于地面。此科世界已知 200 种左右，我国记录有 11 种。

119　柳蝙蛾

【学名】 *Phassus excrescens* Butler

【别名】 柳蝙蝠蛾、蝙蝠蛾。

【分布与寄主】 此虫在我国分布于吉林、辽宁、黑龙江、湖南、安徽等地；国外分布于日本、俄罗斯等地。寄主有苹果、梨、桃、葡萄、核桃、板栗、枇杷、文冠果、栎、银杏、

柳、刺槐、桐、椿树、赪桐、白桦、枫杨、卫茅、丁香、鼠李、连翘、接骨木、啤酒花、
线麻、玉米、茄子及多种药用植物。

【被害症状】以幼虫在枝干或枝条内钻蛀坑道，并排出大量粪便与木屑堆积孔外，轻者则削
弱树势，重时易于风折或枯死。

【形态特征】（图112）

（1）成虫：体长 35～44mm，翅展 66～
70mm。体茶褐色，但变化较大，初羽化的
成虫绿褐色，后变为粉褐色，半日后变为
茶褐色。触角短，线状。后翅狭小，乌褐
色，无明显斑纹。腹部长大。前翅前缘有 7
枚近环形的斑纹，无粉点，翅中央有一个
深褐色略带暗绿色的较大三角形斑，斑纹
外缘由并列的模糊不清的括弧形斑组成的
宽带，直达后缘。前足及中足发达，爪较
长，借以攀缘物体。雄蛾后足腿节背面密
生橙黄色刷状长毛，雌蛾则否。

（2）卵：圆形，直径 0.6～0.7mm，初
产时乳白色，稍后变成黑色，微具光泽。

（3）幼虫：老熟体长 42～60mm，头部
脱皮时红褐色，以后变为深褐色，各体节

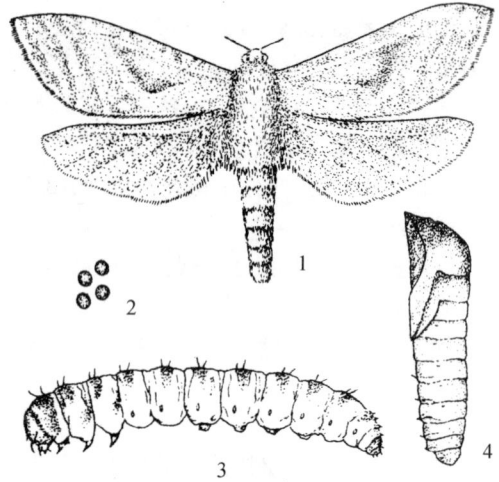

图112　柳蝙蛾
1. 成虫；2. 卵；3. 幼虫；4. 蛹

有硬化的黄褐色毛片，前胸盾淡褐至黄褐
色，气门黄褐色，围气门片暗黑色，胸足 3 对，腹足俱全。

（4）蛹：雌蛹体长 30～60mm，平均为 29.2mm。雄蛹体长 29～48mm，平均为 35.6mm。
体圆筒形，黄褐色，头顶深褐色，中央隆起，形成一条纵脊，两侧生有数根刚毛。触角上
方中央有 4 个角状突起。腹部背面第 3～7 节有向后着生的倒刺两列，腹面第 4～6 节生有波
纹状向后着生的倒刺 1 列，第 7 节有 2 列，但后列的中央间断，第 8 节有中央间断的倒刺，
多形成突起状。雌蛹腹部较硬，生殖孔着生于第 8 节和第 9 节中央，形成一条纵缝，雄蛹
腹部较软，生殖孔着生于第 9 腹节中央，两侧有 1 指状突起。

【生活史及习性】

（1）生活史：此虫北方果林区大多 1 年发生 1 代，少数 2 年发生 1 代，以卵在地面越
冬，或以幼虫在树干基部和胸径处的髓部越冬。翌年 5 月中旬越冬卵开始孵化。6 月上旬转
向果、林或杂草等茎中食害。8 月上旬开始化蛹，9 月下旬化蛹结束。8 月下旬为羽化初期，
9 月中旬为羽化盛期，10 月中旬为末期。成虫羽化后即开始交尾产卵，每头雌虫平均可产
卵 2738 粒。产卵历期 10 天左右，成虫寿命：雌虫为 8～13 天，雄虫为 7～13 天。卵期：由
于以卵越冬，所以卵期较长，平均 241（239～243）天。

（2）习性：幼虫敏捷活泼，受惊扰便急忙后退或吐丝下垂。幼虫可直接钻蛀幼苗或枝干
或由叶腋蛀入，蛀入部位的作物；其幼苗或枝干的直径为 1.5（0.8～2.2）cm，距地高为 153
（24～246）cm。幼虫蛀入枝干后，大多向下钻蛀，坑道内壁光滑，幼虫经常啃食坑道口周
围的边材，坑道口常呈现环形凹陷，故易于风折。幼虫往往边蛀食，边用口器将咬下的木
屑送出，粘于坑道口上的丝网上。丝网粘满木屑，或连缀成木屑包。初孵化的幼虫，先取

食枯枝落叶下层下面的腐殖质，2、3龄以后，开始转向2年生树苗或大树嫩条或杂草上。在自然条件下很少转移，侵入杂草中的幼虫因茎较细，多由7月下旬开始转到附近的大树上。幼虫在不同寄主上的发育速度不同，所以幼虫期间的蜕皮次数及各龄幼虫所历时间也有差异，尤其1年1代和2年1代的幼虫相差更为悬殊。发育快的个体大，一般先羽化。发育慢的当年就停止发育，在坑道先端做一薄的木屑塞封闭坑道口，并用木屑和新吐出的白丝做成筒状长茧，头部向上在其中休眠越冬。整个幼虫期间较长，历时3~4个月。

化蛹期老熟幼虫停止取食，不再爬出坑道口活动，并在近坑道口处吐丝做一个白色薄膜封闭坑道，然后在坑道底头部向上化蛹，近羽化时蛹变成棕褐色。由于体节生有倒刺，蛹在坑道中借腹部的蠕动，可上下活动自如。中午常见蠕动至坑道口的蛹体，受惊扰后便迅速退入坑道中。

成虫多集中于午后羽化，成虫昼伏夜出，具趋光性，成虫能在2m多高的空中交尾，交尾时间最短14小时20分，最长达45小时零6分。据研究报道，有的成虫交尾后即产卵，有的边交尾边产卵，有的不交尾就产卵。产卵无固定场所。产下的卵没有粘着性，散落在地面或其他被物上。未经交尾产下的卵经3天左右后，表面逐渐干瘪、皱缩死亡。

【防治方法】

(1)5月中旬至6月上旬是初孵幼虫在地表活动和转移上树前期，是抓紧地面防治和树干基部喷药防治的关键期，50%辛硫磷乳油0.5kg加水100kg地面喷散；25%辛硫磷微胶囊剂每次每亩0.5kg，50%或80%敌百虫可湿性粉剂1000倍，50%敌敌畏乳油1000倍，50%杀螟硫磷乳油1000倍液，40%毒死蜱乳油1000倍液均匀地喷散于地面，每隔10天左右施药1次，连用2~3次，防效良好。

(2)成虫羽化期每天下午16~18时捕捉刚羽化的成虫，防效甚好。

(3)选用抗虫品种并及时剪伐被害严重的林木或枝条，消灭其中幼虫。苗木出圃前严格履行检疫，以控制幼虫随苗传播。粗大枝干不宜剪伐时，可用棉球醮二硫化碳，或80%敌敌畏乳油，2.5%溴氰菊酯乳油，20%杀灭菊酯乳油，2.5%功夫乳油，20%甲氰菊酯(灭扫利)乳油等药剂稀释20~50倍液，在2、3龄幼虫转入树干初期(6月中旬至7月中旬)点孔、塞入蛀孔或堵孔，然后用湿泥封孔毒杀幼虫。

(4)保护和利用天敌。在幼虫和蛹期均有不同种类的天敌，如白僵菌，赤胸步甲(*Calathus halensis*)、蠼螋(*Forficula rubusta*)、蚕饰腹寄蝇(*Crossocosmia zebina*)，应加以保护。

(三一)银蛾科 Argyresthiidae

小型蛾类，前翅具金银色金属光泽的斑纹，故称银蛾。头顶有丛毛，面部光滑，舌发达。触角为前翅长的3/5~3/4，有眼罩，无单眼，下唇须向前或向上接近头顶，一般小而下垂；下颚须退化。前翅披针形，有副室和翅痣，脉不及翅全长的1/2，R_1起自中室中点以前，R_4、R_5有时共柄，Rs脉止于外缘，M_2和M_3分开、共柄或愈合。后翅比前翅更狭，M_1和M_2合并或有长共柄而与Rs远离，M_3和Cu_1分开、共柄或愈合。成虫静止时头向下，紧贴物体表面，而腹部末端向上翘，形成一斜角。雄蛾外生殖器爪形突退化；尾突形成一块瓣，上附毛或鳞状毛片，抱器瓣半圆形，椭圆形，基腹弧"W"形，永不呈"V"或"Y"形。雌蛾外生殖器后表皮突长过前表皮突，后阴片上有刺，导管端片与囊导管之间有几丁质环，囊突呈双角形，表面有刺突。

120　苹异银蛾

【学名】*Argyresthia assimilia* Moriuti

【分布与寄主】据报道，苹异银蛾主要分布于我国的陕西、甘肃等地；国外广布于日本等地。主要危害苹果，另外也有危害楸子的报道。

【被害症状】苹异银蛾危害苹果时，以初龄幼虫由萼洼或果实其他部位蛀入果实危害，入果孔常流出透明泪珠状果胶，以后逐渐干涸，呈白色蜡粉状，入果孔愈合成小黑点状，周围稍凹陷，果皮微带绿色晕圈，孔口无虫粪，幼虫入果后直达果心蛀食种子，并排粪便于其中。

【形态特征】（图113）

（1）成虫：体长 4～6mm，翅展 14～16mm。头部淡黄白色，前翅狭长，灰褐色具淡紫色光泽，前缘有黄白色与黑褐色相间的小点或短线，前翅端的一个黄白色小点特大而显著，后缘基半部有一淡黄白色宽纵条斑，近臀角处有一褐色大斑。后翅灰褐色，基部较宽阔，前缘自1/3以后显著向内弯曲，翅狭长而尖，缘毛淡灰褐色。雄性外生殖器的背兜侧突片状，内侧有19～27枚扇状刚毛，颚形突末端有 4～12 根稍弯曲的长针刺，抱器瓣近椭圆形，阳茎长约为抱器瓣长的 2.5 倍。

（2）卵：长 0.4～0.5mm，高 0.2mm，长椭圆形，横卧式，卵面有蜂窝状刻纹，初产时淡肉红色，将孵化时一端呈灰褐色。

（3）幼虫：初孵化淡橘黄色，头褐色，老熟体长 7～9mm，头褐色，身体背面绛红色，腹面

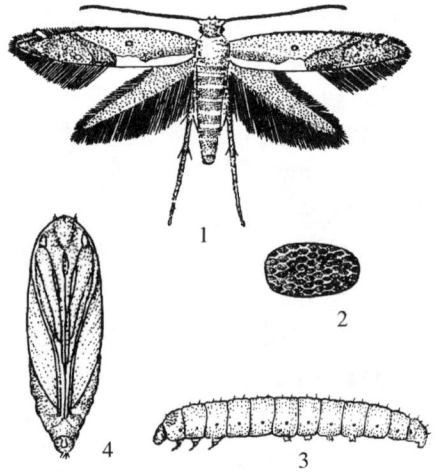

图113　苹异银蛾
1. 成虫；2. 卵；3. 幼虫；4. 蛹

淡灰绿色，胸足暗褐色，前胸背板淡黄褐色，近中央裂缝处暗褐色，臀板褐色，第9腹节背面有 2 长形褐色骨化区。肛足基部外侧亦有褐色骨化带环绕，腹足趾钩单序环状，臀足趾钩单序横带式。前胸侧毛组 3 根。

（4）蛹：长 4～5mm，长椭圆形黄褐色，羽化前显出暗黑色花纹。蛹外茧白色梭形，内层茧致密，外层茧纱网状。

【生活史及习性】

（1）生活史：据陕西省凤县观察，苹异银蛾 1 年发生 1 代，以蛹化茧在树冠下、堆果场和果库等表土层中越冬。翌年 5 月下旬末，当小国光苹果拇指大时，成虫开始羽化出土，羽化盛期在 6 月上中旬，直到 8 月上旬田间仍可见到个别成虫；6 月上旬出现卵粒，产卵盛期在 7 月上中旬，末期在 8 月中旬。6 月上旬末可见初孵幼虫，幼虫入果盛期在 7 月份，末期为 8 月底，8 月中旬幼虫开始脱果入土化蛹，脱果盛期在 8 月下旬至 9 月中旬，在果实采收时还有部分幼虫未完成发育而被带进果库，直到 11 月中旬还有少量幼虫脱果。在室温为 18～20℃，相对湿度在 80% 以上条件下，成虫平均寿命为 18 天，产卵前期 8～20 天，田间

幼虫期25~45天，卵期8~14天，蛹期约280天。

（2）习性：苹异银蛾成虫多在上午羽化出土，飞翔力不强，喜阴湿环境，白天多停息在树冠下部主干枝叶及地面上，受惊时作短距离飞迁。停止时，头顶、前足和中足接触物体，腹部向后上方斜举呈45度角，后足举起贴在腹部两侧，有时腹部作上下摆动。成虫毋需取食补充营养，对糖醋液无趋性，对黑光灯有弱趋性。雌、雄性比为1:1.2，雌虫有多次交配习性，卵多散产于果实萼洼处，每果落卵为1~10粒，每雌产卵量为50余粒。土壤含水量为5%~15%时，成虫可正常羽化，含水量低于5%时，常因化蛹茧壳变硬而使已羽化的成虫无法破茧，死于其中。6月份若久旱无雨，对成虫显然羽化不利。室内温度为18℃，相对湿度在90%条件下，成虫可正常产卵；气温为18~25℃，相对湿度为60%~80%，成虫可正常生活，但产卵量明显减少。当气温在32~33℃时，成虫寿命仅1~2天，超过34℃时，成虫寿命小于24小时。因此夏季高温干旱是限制此虫分布的主要因素。据研究报道，该虫多广布于海拔为1000~1500m的山区。

幼虫多在清晨孵化，初孵幼虫多在果实萼洼处蛀入，入果当日或次日，由入果孔口流出透明泪珠状果胶，以后干涸，呈白色蜡粉状，入果孔愈合成小黑点状，周围稍凹陷，果皮微带绿色晕圈。一般每头幼虫蛀食2粒种子即可完成发育，危害严重时，一果可达数十个入果孔，但最终只有4~5头幼虫完成发育而脱果，一般以1~3头为多。幼虫老熟后向外蛀一脱果孔道，吐丝下垂入土化蛹。据调查，脱果孔以萼洼和梗洼附近最多，约占70%，个别还有从果梗中脱出的，脱果孔直径约1mm，孔外无虫粪，有的幼虫常将脱果孔周围的果肉食掉少许，仅残留果皮，因而孔周围有一圈枯黄色斑，脱果幼虫入土0~3cm深处最多。

据研究报道，一般树冠下部果实受害重于树冠上部。品种以金冠、红元帅、大国光受害最重，红玉最轻，小园光前期轻，后期重。

【防治方法】 根据苹异银蛾在土壤中越冬和树上蛀果的习性，防治此虫应以树下为主，树上为辅，结合园内、园外防治，人工与化学防治等一系列防治措施，以控制苹异银蛾的危害。

（1）加强检疫工作，防治扩散蔓延，如发现带虫物品或果实，应及时处理，集中消灭。

（2）农药土壤处理：在成虫出土前，可用50%地亚农乳油，或25%辛硫磷微胶囊剂每亩0.5kg处理土壤阻杀出土成虫效果好，上述农药残效期长，可达2个月。

（3）深翻埋茧：根据苹异银蛾越冬蛹集中在树冠下土壤中过冬的习性，在成虫羽化出土前，可结合秋春开沟施肥，把树冠下3~10cm的表土填入沟内或在有条件的地方，组织人员深翻树盘，使羽化成虫无法出土。

（4）树上喷药防治：树上喷药应掌握在成虫羽化产卵盛期和卵孵高峰期进行。选用农药有50%辛硫磷乳油1000倍液，或50%杀螟松乳油1000倍液，或2.5%敌杀死乳油2000倍液，或2.5%功夫乳油2000倍液，对卵和初孵幼虫均有良好的防治效果。

（5）摘除和捡拾虫果：在有劳力的条件下从蛀果期开始，每10天摘拾一次虫果，并将所摘拾的虫果及时集中深埋，这是消灭苹异银蛾虫源不可忽视的一种很有效的办法。

（6）套袋防治法：在苹异银蛾产卵前，抓紧果实套袋，在果实成熟前一周去袋，有理想的防治效果。

（三二）巢蛾科 Yponomeutidae

小至中型，因幼虫常群居枝上吐丝结网如巢而得名。成虫无单眼及眼罩，触角基部有毛丛；唇须或长或短。前翅狭或阔，有翅痣，副室有或无，R_1 出自中室中点或不及；R_2 和 R_3 分离或同出一点，R_4 和 R_5 分开或共柄，间或合并。M_1、M_2 间或同出一点，M_3 和 Cu_1 分离，但基部十分靠近，同出一点，共柄或愈合，A 脉基部有长分叉，后翅长椭圆形至披针形。$Sc + R_1$ 长，与中室间常有小横脉，M_3 与 Cu_1 共柄或愈合，M_1 和 M_2 基部靠近，M_1 与 Rs 接近平行。腹部背板生有刺。

121　淡褐巢蛾

【学名】*Swammerdamia pyrella* de Villers

【别名】淡褐小巢蛾、梨潜叶巢蛾、苹果小巢蛾。

【分布与寄主】此虫在我国分布于东北、华北、西北等地；国外分布于日本以及欧洲等地。寄主有苹果、梨、山楂、樱桃、沙果等多种植物。

【被害症状】以幼虫危害寄主幼芽、嫩叶、花蕾、叶片，早春幼龄幼虫吐丝缠缀芽、叶、花蕾于内危害，展叶后幼虫则吐丝张网，栖息于网上，危害时常取食上表皮与叶肉，残留下表皮和叶脉呈纱网状，被害叶片枯黄。

【形态特征】（图114）

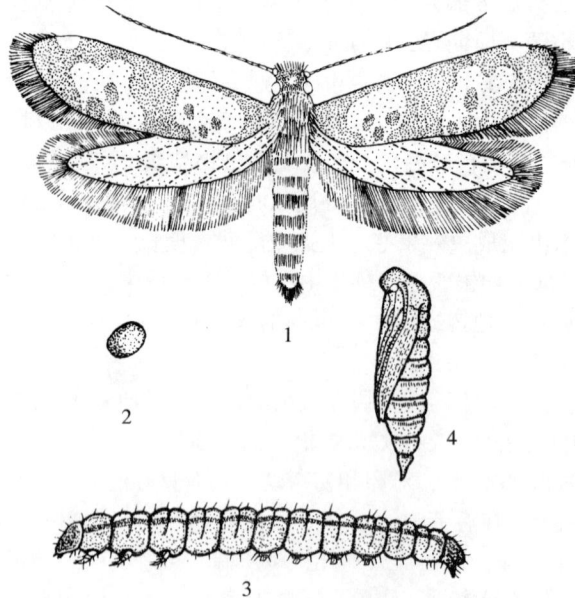

图114　淡褐巢蛾
1. 成虫；2. 卵；3. 幼虫；4. 蛹

（1）成虫：体长约5mm，翅展约13mm，头部密被淡黄色鳞毛，唇须短小，白色，具褐斑下垂；触角丝状，为褐白相间的环纹，复眼球状黑色，前翅灰褐色，夹杂许多白斑点，从前缘中部斜向后缘有一条色泽较深的褐色斑，前缘近顶角有一白斑点。后翅浅灰褐，缘毛长且呈浅褐色。

（2）卵：扁椭圆形，长约0.6mm，淡绿色半透明。

（3）幼虫：老熟体长约10mm。头、尾端稍细，头淡褐色，胴部背面中央具一黄色纵条纹，两侧备具一枣红色纵条纹。体淡黄色，体毛长，胸足为黑白相间的环状节，爪黑色，腹足趾钩缺环式，臀板无骨化，无臀节。

（4）蛹：体长约5.5mm，纺锤形，黄褐色，臀棘四根，两侧两根较长且向腹面弯曲，中间两根较短且向背面弯曲，茧白色丝状纺锤形。

【生活史及习性】 此虫1年发生3代，以幼龄幼虫在剪锯口、枝叉处、贴叶枝或芽鳞等处结小白茧过冬，或以蛹在杂草、落叶、土壤缝隙等处越冬。以幼龄幼虫越冬者，翌年寄主萌动露绿时开始出蛰在芽鳞片与枝条接触处吐丝结网，由嫩芽顶部蛀食危害，4月下旬幼虫老熟后于被害叶上吐丝结白色茧化蛹其中，5月上中旬为化蛹盛期，越冬代成虫始见5月中旬，5月下旬为盛期；第1代成虫发生期在7月上旬至8月中旬，7月中下旬为盛期，第2代则在8月下旬至9月，盛期在9月上中旬。第3代幼龄幼虫自秋末开始转入越冬。以蛹越冬者，翌年5月成虫羽化，5月中旬为羽化盛期，6月下旬至7月上旬为第1代成虫发生期，8月为第2代；第3代幼虫危害至9月下旬或10月上旬后老熟下树，于杂草、落叶、土缝处结茧化蛹越冬。

成虫昼伏夜出，趋光性强，卵散产于叶正面叶脉凹陷处或产于叶片背面的光滑处，产卵期半月左右，卵期约13天左右，幼虫孵化后边开始取食危害上表皮与叶肉，越冬代幼虫出蛰后则爬至花芽、叶芽、叶腋间吐丝结网，蛀食危害，一头幼虫可危害数个嫩芽或花蕾，是苹果花芽期的重要害虫，芽被害后常有蛀孔，引起伤流，使花芽不能开花结果，叶芽不能正常伸长。幼虫活泼，受惊扰即吐丝下垂，老熟后于被害处化蛹，蛹期约13天左右，成虫寿命约4天左右。

【防治方法】

（1）果树休眠期防治：清扫果园枯枝落叶、杂草、彻底刮除老翘皮、粗皮，消灭越冬幼虫或蛹；或用80%敌敌畏乳油200倍液涂抹剪锯口、枝叉、皮缝等处，消灭其中幼虫。

（2）花芽期药剂防治：喷药期应早于卷叶虫的防治时期，因幼虫对药剂敏感，可使用各种有机磷或菊酯类农药的常规浓度，防治效果均在90%以上。

122　苹果巢蛾

【学名】 *Yponomeuta padella* L.

【异名】 *Hyponomeuta malinella* Zeller

【别名】 苹果巢虫、网虫、苹叶巢蛾、苹巢蛾。

【分布与寄主】 此虫在我国分布于东北、河北、山东、内蒙古、山西、陕西、宁夏、青海、甘肃、新疆等地；国外分布于日本、朝鲜以及地中海、欧洲、北美等地。寄主有苹果、沙果、海棠、山楂、山荆子、梨、樱桃等多种果树林木植物。

【被害症状】 初龄幼虫潜食嫩叶及花瓣。大龄幼虫则暴食叶片，大发生年份，可将叶片全部吃光，仅残留枯黄的碎片，被虫巢网挂于树上，如火烧一样，不仅直接造成当年果实干枯脱落，而且阻碍当年花芽的分化，影响翌年结果。

【形态特征】（图 115）

（1）成虫：体长 9 ~ 11mm，翅展 19 ~ 22mm，唇须白色下垂；头顶、颜面密布白色鳞毛。体白色有丝织光泽。复眼黑色，丝状触角黑白相间。胸部背面有 5 个黑点，每一肩板上有 2 个黑点。前翅有 30 ~ 40 个小黑点，排列成行，近前缘有 1 列，后缘有 2 列，翅端也有分布。后翅灰褐色。

（2）卵：扁椭圆形，卵面有纵行的沟纹，卵常 40 ~ 50 粒作鱼鳞状排列。初产卵块奶油黄色，2 ~ 3 天后呈紫红色，最后变为灰褐色，卵上覆盖红褐色胶状物成卵鞘。

（3）幼虫：老熟体长约 18mm，细长灰褐色，微绿。头、前胸盾、胸足、臀板及腹足、臀足外侧均为黑色；腹部各节背面有 1 对黑斑横列，上生黑色刚毛，附近具黑色毛瘤数个。腹足趾钩多行环状。外环趾钩较大。

（4）蛹：长 8 ~ 12mm，纺锤形，初蛹黄绿色，以后渐变棕黄色，羽化前橙黄色。腹末背面有 8 根刺毛。

【生活史及习性】 此虫 1 年发生 1 代，以第 1 龄幼虫于卵鞘下越夏、越冬。苹果花芽开放至花序分离时开始出鞘危害，成群将嫩叶缠住，潜入嫩叶尖部食害，幼虫蜕皮 4 次，共 5 龄，各龄期约 8 天左右。幼虫危害约 40 天左右便开始化蛹，蛹期约 11 天，6 月中旬为羽化盛期，下旬为产卵盛期，7 月上旬为末期，卵期约 13 天。幼虫孵化后即在卵鞘下越夏、越冬。第 1 龄幼虫历期长达 9 ~ 10 月。

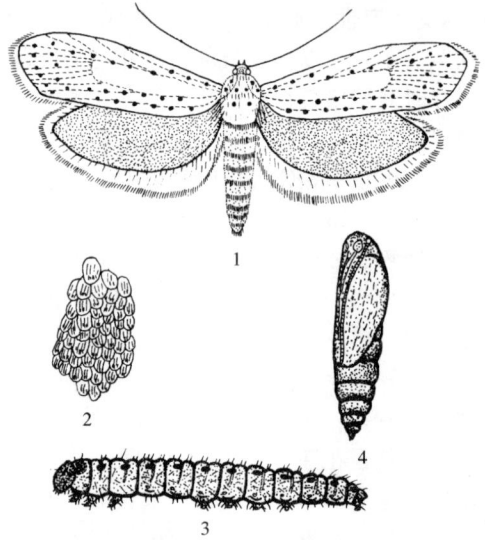

图 115　苹果巢蛾
1. 成虫；2. 卵；3. 幼虫；4. 蛹

成虫昼伏夜出，夜间进行交尾与产卵，行动较敏捷，有假死性，卵产于 2 年生表皮光滑的枝条上，而又以枝条下面靠近花芽叶芽附近较多，当年或多年生枝条几乎不产卵，单雌卵量 120 粒左右。越冬幼虫在日均温为 10℃ 以上达 4 天以上时，开始破鞘而出，可结合物候期预报发生期。

【防治方法】

（1）在苹果巢蛾产卵后、孵化前，人工剪除带有卵块的枝条并销毁，压低翌年的发生基数；在幼虫危害期，可剪除网巢枝叶，集中放入纱网中烧毁；另外根据幼虫在网巢中化蛹的特点，可集中将网巢内的蛹杀死。

（2）利用性诱剂诱杀成虫是一项有效的控制技术。诱捕器悬挂高度 2m 以上、间距 40m，并结合剪除带虫卵苹果枝，是一种有效的防治方法。

（3）苹果巢蛾在卵期至幼虫期均有不同种类的天敌，其中巢蛾多胚跳小蜂是卵期的主要天敌，可以采集已寄生卵进行越冬保护或室内进行扩繁来增加寄主蜂的种群数量，在第 2 年苹果巢蛾卵期进行释放。初步研究表明，利用这种寄生蜂防治苹果巢蛾幼虫，能起到一定的防控效果。

(三三)蛀果蛾科 Carposinidae

中、小型蛾类。头顶有粗毛,单眼退化,口吻发达。雄蛾的下唇须向上举,雌蛾的下唇须则向前伸,前翅翅脉发达,彼此分离,前翅 Cu$_2$ 脉出自中室下角或接近下角。后翅无 M$_1$ 及 M$_2$ 脉,Cu 脉基部有长的梳状毛。R$_5$ 止于外缘。后翅的 Rs 通向翅顶。幼虫趾钩环式,单序,多钻蛀果实,取食果实之肉及果心之种子。

123　桃蛀果蛾

【学名】*Carposina niponensis* Walsingham

【别名】桃小食心虫。

【分布与寄主】桃蛀果蛾为世界性害虫,分布于北纬31°以北,东经102°以东的我国北部及西北部苹果、梨及枣产区;国外分布于日本、朝鲜、俄罗斯等地。其寄主植物目前已知有10余种,分属于鼠李科和蔷薇科,前者包括枣、酸枣;后者包括各种苹果、梨、桃、山楂、杏、梅、花红、海棠、李、木瓜、榅桲等。其中以苹果、枣、桃、山楂、梨、花红受害最重。

【被害症状】桃蛀果蛾危害苹果时,以初龄幼虫由萼洼或果面等处钻入果实危害,被害果实的症状表现在入果孔针眼大,蛀果1~2天后,便从入果孔处流出泪珠状的胶质点,遇太阳凉晒后不久就干涸,并在入果孔处留下一小片白色蜡质膜,随着果实的生长变大,入果孔愈合成一个小黑点,周围的果皮略呈凹陷。幼虫入果后首先在皮下潜食果肉,因而果面上常呈现凹陷的潜痕,使果实变形,造成畸形的"猴头果"。随着幼虫的发育,食量逐渐增大,并在果内纵横潜食,深入果心,取食果心周围果肉及种子,同时排粪便于果实内及果心种子周围,造成所谓"豆沙馅",因此人们常惯称"桃小食心虫"。使果实被害后失去食用价值,并造成严重的经济损失。幼虫在果内发育至老熟时从果内脱出,在初咬穿的脱果孔处,常积有新鲜虫粪。近几年来,许多果园食心虫回升,在一些地区苹果的虫果率为50%左右,枣的虫果率达40%~60%,严重的高达70%以上。因此,桃蛀果蛾的防治已成为北方枣果区和苹果产区最为突出且急待解决的重要问题。

【形态特征】(图116)

(1)成虫:雌体长7~8mm,翅展16~18mm,雄体长5~6mm,翅展13~15mm,全体灰白或浅灰褐色。复眼红褐至深褐色。触角丝状,雄虫各节腹面两侧有纤毛。下唇须:雄虫短而向上弯曲,雌虫则长而直伸。前翅前缘中部有一蓝黑色近似三角形的大斑,基部和中部有7族黄褐或蓝褐色的斜立鳞片。前翅缘毛灰褐色,后翅缘毛浅灰色,但翅面灰色。

(2)卵:初产淡红色,后渐变深红色,形似椭圆形或桶形,以底部黏附于果实上,卵顶部四周处环生2~3圈"Y"形刺状毛长物,卵壳上具有不规则的略呈椭圆形刻纹。

(3)幼虫:老熟体长12~16mm,全体桃红色,腹面较淡,幼龄幼虫体色黄白或白色,但头部皆黄褐色,颅侧区有深色云状斑纹。前胸盾黄褐至深褐色,前胸侧毛组具2毛,第8腹节的气门较其他各节的气门更靠近背中线,臀板黄褐或粉红色,上有明显的深色斑纹,腹足趾钩排成单序环10~24个,臀足趾钩9~14个,无臀栉(肛门上面梳齿状的骨片,呈棕褐或褐色,用以弹去粪便)。利用臀栉的有无与前胸侧毛组的刚毛数这两个特征,可以把

桃蛀果蛾、苹果蠹蛾与苹小食心虫、白小食心虫、梨小食心虫区分开来。苹果蠹蛾和白小
食心虫、梨小食心虫、苹小食心虫的前胸侧毛组均为 3 根；而桃蛀果蛾为 2 根；苹果蠹蛾，
桃蛀果蛾均无臀栉，而苹小食心虫、梨小食心虫、白小食心虫均有臀栉。

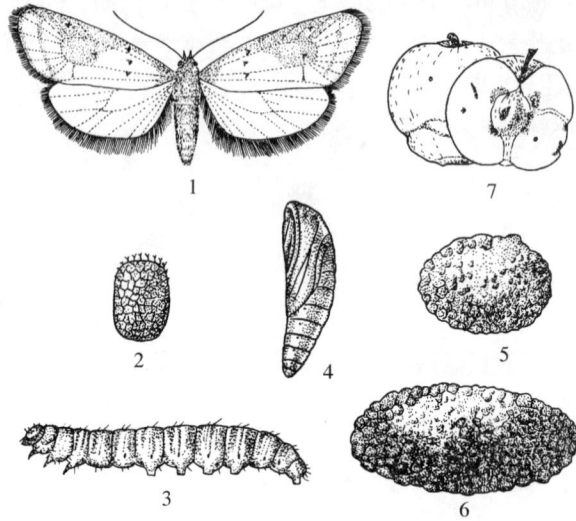

图 116　桃蛀果蛾
1. 成虫；2. 卵；3. 幼虫；4. 蛹；5. 冬茧；6. 夏茧；7. 被害状

（4）蛹：体长 6.5～8.6mm，黄白至黄褐色，羽化前灰褐色，体壁光滑无刺。翅、足及
触角端部不紧贴蛹体而游离，后足端至少达第 5 腹节后缘，并明显超出翅端很多。

（5）茧：明显分为两种：冬茧为扁圆形的"越冬茧"，其长为 5～6mm，宽为 2～3mm，
为幼虫吐丝缀合土粒形成，质地十分紧密；夏茧为纺锤形的"蛹化茧"，长 12～14mm，质地
疏松，常一端留有羽化孔。

【生活史及习性】

（1）生活史：桃蛀果蛾在辽宁苹果产区 1 年发生 1～2 代各占 50%。山西北部 1 年发生
完整的 1 代和部分发生第 2 代；在山西南部、陕西、河北年多发生 2 代（约占 70% 左右），
甚至在山东青岛有 1 年发生 3 代的记载。在甘肃天水一带 1 年仅发生 1 代，在河南、南京、
浙江等地 1 年发生 3 代。但在枣林区，上述地区以 1 年发生 1 代为主，仅少数发生第 2 代。
各地均以老熟幼虫主要在 3～13cm 深的土内作扁圆形的"越冬茧"过冬。部分未脱果的老熟
幼虫在果内或堆果场和果库中越冬。"越冬茧"于第 2 年 5 月上旬至 7 月上中旬破茧出土，
越冬幼虫出土期能持续 2 个月或更长，这就成为各地以后各虫态发生时期不整齐，出现世
代重叠的重要原因之一。出土后的幼虫在树干基部近土壤、石块下、草根旁或其他隐蔽场
所作"化蛹茧"化蛹。

越冬代幼虫从出土至化蛹和羽化所需时间为 11～20 天，平均为 15.5 天。一般前蛹期
1～3 天，蛹期 13 天左右。越冬代成虫一般在 5 月下旬至 6 月中旬陆续发生，一直延续到 7
月中下旬或 8 月初才结束。产卵前期 1～3 天，卵期为 7～10 天，大多数为 8 天。

田间卵发生在 6 月上中旬，第 1、2 代卵期相接，一直延续到 9 月中下旬，发生期长达
90～100 天左右。通常第 1 代卵盛期在 7 月，第 2 代卵盛期在 8 月中旬左右，第 1 代卵期为
1 周左右，第 2 代卵期 4～9 天不等。

幼虫孵化后进入果内危害。田间最早在 6 月中下旬可以发现个别被害果，7 月初明显增多，7 月中旬左右蛀果危害最烈。幼虫在果内危害 14～34 天不等，平均 22～24 天。7 月初至 9 月上旬幼虫陆续老熟后脱果落地。脱果晚的便直接入土做"越冬茧"过冬，仅发生 1 代，大部分脱果早的则在树冠周基处的土石块或缝隙下结"化蛹茧"化蛹，蛹期 8～12 天不等，于 7 月中旬至 9 月下旬羽化为成虫，继续发生下一代，这代幼虫在果内危害至 8 月中下旬开始脱果，一直延续到 10 月陆续入土结"越冬茧"过冬。当中、晚熟品种的果实被采收时，仍有一部分幼虫尚未脱果，而随果带入堆果场或果库中才脱果，也有极少数幼虫仍在果实内越冬，从而有随果品调运而形成传播的机会，因而给防治工作带来了很大困难。

（2）习性：幼虫在果内完成发育后，往外咬一圆孔，脱出果外，直接落地作"蛹化茧"化蛹或作"越冬茧"过冬。桃蛀果蛾的脱果幼虫具有背光的习性，脱果幼虫在果园的分布规律随地形、土壤质地、果园管理情况以及耕作制度的不同而有差异。在平地无间作，土壤细疏平整，地形不复杂而无杂草的地块，脱果幼虫喜欢向树干方向爬去，多集中于树冠下距树干 0～1m 范围内的土中结成"化蛹茧"发生第 2 代或结成"越冬茧"过冬，且以树干基部背阴面的虫口密度最大。如树冠下地形复杂，杂草丛生，间作有其他作物，土石块多的地块，脱果幼虫即就地入土结茧越冬，冬茧多分散于树冠外围土里，山地果园，地形更复杂的地方，冬茧的分布则更为分散，这就增加了山地果园消灭越冬幼虫的困难，在平地果园越冬茧垂直分布在树冠下 3～13cm 深的土层中。据调查，冬茧分布在 0～3cm 深的土中占58%，3～7cm 为 26%，7～10cm 为 10%，10～13cm 为 5%，13cm 以下分布很少。桃蛀果蛾在枣园的分布情况与苹果产区的分布基本上一致。在用药剂处理土壤防治越冬幼虫时，必须了解冬茧的分布范围及其规律，对指导树下防治工作具有重要的意义。此外，由于越冬幼虫的脱果时期延续很长及果实带虫的情况，所以越冬幼虫所在的场所不仅限于果园内，凡堆放过果品或枣果的地方，都可能有越冬幼虫，特别是大量堆果场所，果品收购站等地，因此在这些地方消灭脱果的越冬幼虫，应作为防治措施的一个重要环节。

成虫羽化多在下午 6 时以后，以傍晚 7～9 时为最多，成虫飞翔力不强，白天静伏于枝条或叶片的背面和杂草丛中，日落以后稍见活动，深夜最为活泼，对灯光和糖醋液均无趋性。但趋异性极强，成虫于夜间 11 时至凌晨 4 时之间进行交配，交配时间达半小时以上，交配后即行产卵，或羽化后经 1～3 天即开始产卵。雌、雄性比为 1:1。越冬代成虫每头雌虫平均产卵为 44.3 粒，最少为 27.9 粒，最多为 110 粒左右。第 1 代成虫平均产卵为 60.1粒，最少为 40.3 粒，最多为 227 粒。桃蛀果蛾成虫产卵时多选择在凹陷，背阴的缝隙及多毛的部位。据记载，卵大部分散产在苹果果实的萼凹处，约占 90% 左右，少部分产在梗凹里，极少数产在果实胴部和果柄上，在枣树上，卵大部分产在叶片背面基部，约占 72.6%，小部分产在果实上，约占 25.5%，果实上的卵主要落在梗凹及伤痕处。成虫寿命在 21～27℃ 下，平均为 4～6 天。

卵多在早晨孵化，以 4 时以前为最多。幼虫孵化后，先在果面爬行 30 分钟至数小时，然后选择适当部位咬破果皮，将皮屑堆放于蛀孔周围，并不吞食，故用胃毒剂防治无效，幼虫蛀入果 2～3 天后，蛀孔流出白色的粘液，粘液干涸后在入果孔处留下一点白色蜡质物，随着果实的膨大，入果孔愈合成针头大的小点，其中心为白色（干涸物质），周围有一圈红色，小点的四周有半径为 1mm 左右的绿色部分，其外缘部分很快就变为红色，并略微凹陷，所以显得入果孔及绿色部分稍稍突起，绿色部分逐渐变红。

幼虫蛀果后，一般先在果皮下潜食，果面可见浅褐色的潜痕，不久就直接食至果心危害种子，同时排粪便于其中。幼虫老熟后多在果实下部接近果顶部分咬一脱果孔，将要脱果的幼虫，有的先作一脱果孔而在孔口留下一层薄膜，有的直接作通后，吐丝将孔口缠住，而后又转入果心，大部分一个果实只有一头幼虫，亦发现个别果实内有二头幼虫的，脱果孔四周一般为红色。脱果的幼虫直接落地，寻找适当的隐蔽场所入土作"化蛹茧"或"越冬茧"。被害果提早变红，容易脱落，因此，有一部分幼虫等在果落后才脱果。

【发生与环境的关系】

影响桃蛀果蛾的发生与消长的生态因子很多，其中温、湿度和光照对其分布与种群数量消长影响极大。

(1)土壤温、湿度、降雨对幼虫出土的影响：各年越冬幼虫出土的数量消长，差异较大，从各年越冬幼虫出土所需要的土温、土湿来看，当5cm土温在19℃以上即可满足幼虫出土的需要，但幼虫出土高峰到来的早晚及次数受降雨及灌溉的影响极大，特别在黄土高原或山地地带，各年春季降水量差异较大，在雨量分布不均而雨期集中的情况下，出土的高峰往往随降雨的情况而出现若干次。在长期缺雨的情况下，则将推迟幼虫大量出土的时期，甚至当年不出土，在河南灵宝寺河山发现越冬茧有隔年滞育现象。据测定，在土温20℃，5cm深土层内含水量为10%以上时，则可顺利出土；含水量为5%时，即可推迟出土期30天以上，然而即使干旱50天，如能得到降雨或灌溉，仍能出土；当土温高于25℃，土壤含水量低于5%时，出土就会受到抑制，当土壤含水量低于3%或土壤相对湿度低于30%时，越冬幼虫几乎全部不能出土，即使有个别出土者，一般也不能做夏茧化蛹。

(2)温度、湿度对成虫繁殖力和孵化率的影响：据室内温、湿度的多种组合测定表明，温度在21~27℃，相对湿度为75%以上时，越冬代成虫的生殖力最高，温度在30℃，相对湿度为70%时，对生殖力不利，温度高达33℃时即不能生殖。卵孵化的最适温度为21~27℃，相对湿度75%~95%。温度为30℃，相对湿度为50%时，卵孵化率只有1.9%。因此，夏季平均气温超过30℃是限制桃蛀果蛾发生的重要原因。久雨和暴雨也会抑制成虫产卵。

(3)光照对发生世代的影响：光照周期的季节性变化是导致幼虫滞育的主要因素。实践证明，幼虫蛀果后的前10天，对光照变化最敏感。在此期间，如果温度为25℃，每日光照短于13小时，老熟幼虫全部进入滞育，15小时下则大部分不滞育，而17小时以上时又有半数以幼虫进入滞育，由此表明，桃蛀果蛾既不同于长日照型昆虫，又不同于短日照型昆虫，而是属于中间型。光周期的季节变化是比较稳定的，为什么同一地区各年滞育有差异呢？这是因为光周期显然与温度有密切的关系。幼虫在果内发育期间，温度下降时，临界光周期增长，温度上升时，临界光周期缩短。据测定，温度为25℃时，临界光周期为14小时20分钟；20℃时，则上升为14小时40分钟；30℃时，则下降为13小时30分钟。根据光周期对滞育的影响，可以推算出各地的临界光周期，估计第2代发生的数量。据报道，在北方果区，一般7月25日前脱果的，全部不滞育，继续发生第2代；8月上旬脱果的，约有20%的幼虫滞育；8月中旬脱果的，有50%以上的滞育；8月下旬脱果的全部滞育。要打破幼虫的滞育，需要把幼虫暴露于温度在5~15℃之间的环境中2个月。由此可见，在自然条件下，幼虫发育期间，光周斯的季节性变化是诱致第1代幼虫滞育的主导生态因子。这是研究对进一步了解桃蛀果蛾种群数量变动规律有着重要的意义。

(4)食料条件的影响：桃蛀果蛾的寄主比较复杂，越冬代成虫和第1代成虫在不同的树种和同树种不同的品种之间的果实着卵数和受害程度各有差异。例如越冬代成虫在苹果树上，以金冠品种上产卵最多，红玉、倭锦、元帅和赤阳等中熟品种次之，但在国光、白龙等晚熟品种上很少产卵或不产卵。据报道，第1代幼虫在金冠品种上平均蛀果率高达60%左右，存活率为63%，受害率为88.4%，而蛀食国光品种的第1代幼虫的成活率为29.3%，受害率为27.5%。其成活率比金冠品种下降40%以上。同时在"国光"上发育的幼虫期最长，其幼虫的滞育率也较其他品种为高。因此，树上喷药防治第1代卵和初孵幼虫时，应以金冠、红玉、元帅、倭锦等品种为主，对国光、白龙、伏花等品种可酌情少喷或不进行喷药。第1代成虫产卵则以国光、白龙等晚熟品种上为多，在金冠、红玉、元帅等中熟品种上产卵少。因此，树上喷药防治第2代卵和初孵幼虫时，对国光、白龙等晚熟品种应进行重点防治。在梨树上，鸭梨的受害率为10%，白梨的受害率只有2.5%。了解桃蛀果蛾在不同树种和不同品种上各代的落卵量、蛀果率、成活率、受害率和幼虫发育速度的差异，有助于我们研究不同品种上的防治对策，合理使用农药、降低防治投入资金。

(5)天敌的影响：根据近几年各地对桃蛀果蛾的天敌资源调查中了解到，已经有10多种天敌对桃蛀果蛾的卵、幼虫均有理想的控制效果，其中有两种寄生蜂和一种寄生真菌具有较大的控制作用。

甲腹茧蜂(*Chelonus* sp.)：1年发生2代，以幼虫在桃蛀果蛀的越冬幼虫体内过冬。桃蛀果蛾"越冬茧"被寄主后，其体明显比正常发育的"越冬茧"要小3mm左右，翌年"越冬茧"结"化蛹茧"时，甲腹茧蜂幼虫老熟，在"化蛹茧"内结一白色丝茧化蛹。甲腹茧蜂的羽化高峰比桃蛀果蛾推迟2~3天，将其卵产在桃蛀果蛾卵内，寄主卵孵化时，该茧蜂的卵也孵化，后滞育至寄生幼虫4龄时发育加快。越冬代寄生率只有2%，第2代寄生率可达34%~50%。

中国齿腿寄蜂(*Pristomerus chinensis* Ashmead)：可寄生于许多鳞翅目幼虫，例如桃蛀果蛾，梨小食心虫[*Grapholitha molesta*(Busck)]，芽白小卷蛾(*Spilonota lechriaspis* Meyr)。该寄蜂1年发生4代，以蛹在"越冬茧"内过冬，翌年4~5月成虫羽化产卵于寄主幼虫体内，老熟后在寄主幼虫体外结茧化蛹。据报道，该寄蜂在一些地区的寄生率高达20%~30%。

真菌(*Pascilomyces fumosoroseus*)：寄生于"化蛹茧"上。据研究报道，该菌在某些年份寄生率可高达85%左右。除此之外，脱果幼虫常会被蚂蚁、步行虫和一些猎蝽所捕食。但如何有效地繁殖，保护和利用上述各类天敌，尚需我们继续努力，作进一步的研究。

【虫情测报】

(1)预测方法：

①越冬基数的调查：选择有代表性的果园和有代表性的品种与植株，最好选红元帅、黄元帅、红星等品种，然后在园内中部5点取样，每点一株。调查时，在树干周围0~30cm、30~60cm，60~90cm的同心圆内，分东、西、南、北4个方位，直线挖取深10cm，长宽各30cm的样点12个，分别过筛淘土，捞出"越冬茧"，查清数量，以便有重点的进行药剂处理土壤。

②越冬幼虫出土观察：在果园中选择上年危害严重的果树5~10株，在其树冠下采用盖瓦片法或笼罩法观察幼虫出土情况，具体观察方法如下：

a. 盖瓦片法：将树冠下的地面清除干净，然后在每个树冠下放24块瓦片，瓦片排列分3层绕树下呈梅花状放置。从5月上旬开始，每隔1天观察1次，从发现幼虫或夏茧时，应每天上午定时观察记载。

b. 人工埋茧法(或笼罩法)：以树干为中心，在半径为1.5m内，分不同深度在土壤中埋"越冬茧"1000粒，3cm深处埋60%；6cm深处埋22%；9cm深处埋11%；12cm深埋7%，然后将埋"越冬茧"范围处罩笼，每日上午定时观察记载。

　　c. 温、湿度系数推算法：可根据5月中旬温、湿度系数，推算幼虫出土期(Y)。

$$Y = 13.51 - 4.64R/T$$

其中，R为旬降水量，T为旬平均温，预测日期以5月20日为0，5月21日为1……，5月29日为9，始期13天后为盛期。

　　③成虫发生期观察：使用由中国科学院动物研究所合成的、用天然橡胶为载体而制成的桃蛀果蛾性信息素诱芯预测成虫的发生情况。方法是在果园内选择5~6株果树，每隔30~50m，距地面1.5m的树冠处，悬挂一个性诱盆，将桃蛀果蛾诱芯挂于盆中央，盆中倒入0.1%的洗衣粉水，水面距诱芯1cm，桃蛀果蛾出土时，将性诱盆挂出，每天上午检查一次诱芯盆中所诱到的桃蛀果蛾，记下此数，然后将其捞除，一直观察到桃蛀果蛾盛期结束。性诱芯应1~2个月更换一次，盆内蒸发掉的水分应及时增补。也可用虫胶纸性诱捕器代替诱盆。一般平地果园挂3~5个诱捕器，山地果园可在不同地段挂6~10个诱捕器。

　　④卵的调查：在悬挂诱捕器的果园中，当诱到第1头成虫时，随即在挂诱捕器树的邻近处，选定红元帅、黄元帅或其他桃蛀果蛾喜欢产卵的品种树5~10株作定树定果调查，每株树分东、西、南、北、中取5枝条，用布条或塑料条标记固定。将调查果疏成单果或双果，每株调查50~100个果，总共调查500~1000个果。每隔一天用手持扩大镜检查果实萼洼、梗洼、果面、果梗等处的着卵数，然后记载并杀死所发现的卵。另外，也可在田间进行随机调查，即在一般防治园中，每百株果树随机选择5~10株桃蛀果蛾喜欢产卵的品种，每株按上梢、内膛、外围和下垂枝四个部位，调查50~100个果，共调查500~1000个果。

　　⑤虫果率调查：对主栽品种，选定受害轻、重程度不同的果园3~5处，在每处果园中，按5点取样法，每点调查3~5株树，每株随机检查各部位果实50~100个，统计虫果率与好果率。此项工作从桃蛀果蛾的幼虫蛀果盛期至果实采收，落果虫果率需每隔10天调查一次。采收果实时，在检查落果的同株上，调查采收果的虫果率，要求调查全树果实，也可在堆果场随机取样2000~4000个果，统计虫果与好果。

　　(2)预报方法：

　　①发生趋势预报：可根据上年虫果率和果实产量，结合当年农业气象条件预测其发生量。如上年虫果率较高，果实产量也较高，当年6月中旬至7月雨量多，地下10cm左右的土壤含水量为10%时，桃蛀果蛾的越冬幼虫即可顺利出土，预计当年发生重，应切实做好防治准备工作。如果上年果实产量低，虫果率仅1%左右，而当年5~6月又遇到干旱，地下10cm左右的土壤含水量低于5%时，预计桃蛀果蛾发生轻。

　　②地面防治适时预报：当土壤含水量达到10%左右(或6月中下旬至7月降雨或浇水后)，越冬幼虫连续3天出土，并数量有所增加时，7天后即为防治适时。

　　③树上防治适期预测：当诱捕器诱到第1头成虫时，应立即发出预报，要求作好树上喷药防治准备，并开始进行田间查卵工作。当诱蛾数量增多，同时田间第2次调查卵量继续上升，卵果率达到0.5%(座果少的树)至1%(座果多的树)时，应立即进行第1次树上喷药。当成虫数量连续激增，同时个别果"流眼泪"时，应进行突击防治，即在1~2天内打完药。然后根据第1次药剂防治效果和药后成虫数量消长情况，确定是否喷第2次药。如果上年虫果率较低(1%左右)，而当年1%卵果率出现的时期又迟于历年第1代卵发生盛期，

可考虑不喷药防治，采取在第1代幼虫脱果前，进行彻底摘除虫果的防治措施。

④经济允许卵果率指标：根据果上虫卵数与果实被害损失率的关系，考虑了防治成本、产量水平、果品价格、损失率等综合因素，组建了桃蛀果蛾经济允许卵果率指标的静态模型：

经济允许卵果率指标（防治指标）＝［防治用药成本／（亩产量×单价×果实损失率）］×100

根据这一计算模型，可以知道不同品种、不同产量、不同时期，实施某一化学防治措施的经济允许卵果率指标，在服过去不分时期不分树种和品种而统一采用1%卵果率经济指标的缺点。

【防治方法】 根据桃蛀果蛾在树上蛀果危害和在土壤中越冬等特点，防治桃蛀果蛾要抓好树下防治与树上防治相结合，园内与园外防治相结合，化学防治与人工防治相结合等一系列综合防治措施，全面控制桃蛀果蛾的危害。

（1）狠抓树下防治，消灭越冬出土幼虫。

①挖茧：根据桃蛀果蛾"越冬茧"集中在根茬土壤里的习性，每年冬季或早春，在5月中旬以前进行。挖围绕树干半径为90cm的范围，深12cm的土壤，然后筛出所挖土中的桃蛀果蛾的"越冬茧"，并集中处理。如果条件不足，也可缩小取土量，仅挖取贴进根茎的土壤或刮除土表以下树皮上的"越冬茧"亦可。

②扬土晒茧：根据桃蛀果蛾"越冬茧"暴露到土表上，很快就变硬，使越冬幼虫不能再破茧而出的特点，每年冬季和早春，翻动一下树冠下及树干周围的土壤，将虫茧翻到土表，或把根际附近土壤和"越冬茧"挖出撒开，使"越冬茧"暴露在地表面，风吹日晒失水干燥而死，这种方法称为扬土晒茧防治法。

③培土压茧：将树冠以外的土取下，培于树干四周。树围按树冠大小为准，一般为100cm，培土约30cm厚，可使土中幼虫或蛹100%窒息死亡。培土时间应在越冬幼虫出土盛期，一般在6月上中旬，具体时间应根据测报而定，与地面撒药时间一致。

④深翻埋茧：根据桃蛀果蛾"越冬茧"集中在根际土壤里的习性，在越冬幼虫出土前夕，或化蛹期，可结合秋季开沟施肥，把树冠下3~10cm表土填入沟内，使"越冬茧"无法破茧、出土和化蛹或羽化。

⑤拾毁落果：第1代桃蛀果蛾入幼果后常引起落果，果实脱果时桃蛀果蛾幼虫往往仍未脱果，若能见到落果就开始经常进行拾捡落果，及时深埋处理，就能消灭大量第1代幼虫，此项工作尤以7月中旬至8月中旬更为重要。

⑥农药土壤处理：在越冬幼虫出土前夕，可用50%地亚农乳油，或25%辛硫磷胶囊剂微胶囊剂每亩0.5kg，杀死"越冬茧"出土的幼虫和"化蛹茧"中的蛹；50%辛硫磷乳油每亩1kg，在越冬幼虫出土初期和盛期分两次喷施，喷药方法有两种：一是将原液稀释30倍，喷到50kg预先备好的细土中，让其吸附，然后将药土撒在树盘地面上，或将原液稀释100倍，直接喷雾到树盘，喷药前后都应及时中耕锄草，将药剂翻覆于土中。

⑦病原线虫处理：广东省昆虫研究所和郑州果树所合作，将昆虫病原线虫（*Neoaplectana faeltion agriotos*）施入土壤，每平方米施入46万~91万条，每亩约2亿条，在秋季对脱果入土幼虫有98%效果，在春季对出土幼虫有83%~93%效果。该线虫可在土壤中扩散5~8m，要求土壤温度22~28℃，土壤含水量10%~16%，利用人工培养基可以大量繁殖，每亩2亿条成本只有0.4元。

（2）树上喷药防治蛀果：树上喷药应掌握在成虫羽化产卵和卵的孵化期进行，主要针对

1、2代落卵和初孵幼虫期，时间应根据当年测报确定，一般应在第1代和第2代成虫蛾高峰出现后5~7天和3~7天分别进行。因桃蛀果蛾的卵有90%左右落在多绒毛的萼凹处，9%左右落在梗洼处，1%左右产在胴部或果柄上，因此喷药时要细致周密，保证质量，保证药量，最好由树冠下部往树冠顶部喷，这样可使药液的雾点既能喷到萼凹部，雾点沉落后又能落到梗凹和果面上。消灭虫卵和初孵幼虫，可选用50%辛硫磷乳油1000倍液，或40%毒死蜱乳油1000倍液，可杀死蛀果2~3天内的初龄幼虫。但残效期仅1~3天。

50%杀螟硫磷乳油1000倍液，但对高粱、玉米有药害，因此，使用时要因地制宜；或50%辛硫磷乳油1000倍液，20%蔬果磷乳油1000倍液倍液等均有良好的防治效果。20%杀灭菊酯乳油(速灭杀丁)、10%二氯苯醚菊酯乳油(除虫精)、2.5%溴氰菊酯乳油(敌杀死)2000倍液等各类菊酯类农药可触杀初孵幼虫，并兼有一定的杀卵作用。

防治桃蛀果蛾第1代卵或初孵幼虫时，应以金冠、红玉、元帅等中熟品种为主要对象。国光、白龙等品种由于着卵很少，根据虫情测报可少喷或不进行喷药。防治第2代时，应以国光等晚熟品种为主要对象。喷药时必须在采收果实的前1个月进行。拟除虫菊酯类制剂防治效果好，但为广谱性杀虫剂，对天敌毒力强，故不宜连续使用，即在一年内不应连续使用2次以上。

(3)摘除虫果：在有条件的地方，从蛀果期开始，每10天左右摘除一次虫果，并将所摘虫果及时处理，这也是消灭虫源的一种方法，不可忽视。

(4)园外防治：由于果实采收时仍有一部分幼虫未脱果而被带入堆果场或果库，因此，堆果场所和果库也应做好防治工作。具体做法是：先将堆果场用石碾镇压后，再铺3~5cm厚的细砂土，然后，将刚采收回的果实堆放其上，这样可将脱果幼虫诱集到细砂土中，集中处理消灭其中的脱果幼虫。

(5)加强其他果树上的防治：桃蛀果蛾除危害苹果、梨、枣等树种外，还危害其他多种果树的果实，如山楂、桃、李、海棠等，特别在枣、桃、山楂等树上，危害相当严重。为全面控制桃蛀果蛾的危害，有必要对其他果树加强管理，了解在这些果树上的发生危害规律，并进行必要的防治工作。

(6)套袋防治法：果树开花前后，抓紧疏花疏果，一律留单果，并在桃蛀果蛾产卵期前套袋，果子成熟前7天去袋，有较好的效果。

(三四)举肢蛾科 Heliodinidae

小型蛾类。成虫静止时后足向上高举，竖立在体的两侧。成虫喜在光照叶片上作旋转运动。此类蛾头部光滑，眼小，触角线状与翅近等长；唇须小或中等，有时下垂或细长，光滑，末端尖而上弯；下颚须退化。翅狭长而尖，披针形，中室在M脉之下多开放，脉序常退化。后足胫节和跗节有呈环状的刺。本科世界已知约400种。

124　核桃举肢蛾

【学名】*Atrijuglans hetaohai* Yang

【别名】核桃黑。

【分布与寄主】此虫在我国分布于河北、河南、山西、陕西、甘肃、四川、贵州等核桃产区，尤其在太行山区、燕山山脉、晋东南、晋中、晋北、陕西关中、陕南等核桃产区危害更重。寄主为核桃。

【被害症状】 核桃举肢蛾以幼龄幼虫蛀入核桃果内，蛀孔外出现白色胶珠，后变琥珀色。随着幼虫的生长，纵横穿食危害，隧道内充满虫粪，被害果皮皱缩，逐渐变黑，并开始凹陷，核桃仁发育不良，出现干瘪而黑。有的幼虫直接危害核桃仁，使核桃仁变质，失去食用价值。有的蛀食果柄间的维管束，引起早期落果。

【形态特征】（图117）

（1）成虫：体长4～8mm，翅展12～14mm。体黑色，有金属光泽，头部褐色被银灰色大鳞片，下唇须银白色，细长，向上卷曲，超过头顶，触角浅褐色密被白毛、小盾片被白鳞片。前翅基部1/3处有椭圆形白斑，2/3处有月牙形或三角形白斑，其他部分均为黑色，缘毛黑褐色。后翅披针形，缘毛长于翅宽。体腹面银白色。

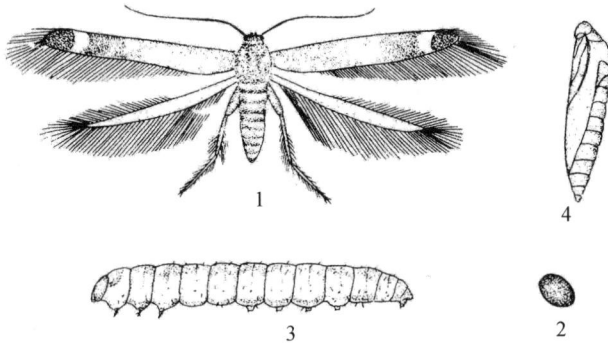

图117　核桃举肢蛾
1. 成虫；2. 卵；3. 幼虫；4. 蛹

（2）卵：椭圆形，长0.3～0.4mm，初产时乳白色，渐变为黄白色、黄色、浅红色，孵化前为红褐色。

（3）幼虫：老熟体长7.5～9.0mm，头部黄褐至暗褐色，胴部淡黄褐色，背面稍带红，前胸盾和胸足黄褐色，腹足趾钩单序环状，臀足趾钩单序横带，幼龄幼虫乳白色，头部黄褐色。

（4）蛹：体长约4～7mm，纺锤形，黄褐色。茧椭圆形，褐色，长8～10mm，常附草末及细土粒。

【生活史及习性】

（1）生活史：核桃举肢蛾1年发生1～2代，均以老熟幼虫于表土结茧越冬，3cm左右的深土层中较多，亦有在干基部皮缝中越冬者。1代区的越冬幼虫于6月上旬至7月下旬化蛹，盛期在6月下旬，蛹期1周左右。成虫发生期在6月中旬至8月上旬，盛期在6月下旬至7月上旬。幼虫于6月中旬开始危害，危害30～45天后老熟脱果，脱果期在7月中旬至9月初，盛期在8月上旬，并潜入土中、杂草、枯枝落叶下、石砾和树根枯皮中越冬。2代区的越冬代成虫于5月初至6月中旬出现，盛期在5月底至6月初。第1代幼虫于5月中旬开始蛀果，危害25天左右老熟脱果化蛹。第2代幼虫于7月中旬开始蛀果，8月中旬前后开始脱果。盛期在8月下旬至9月上旬为越冬幼虫脱果盛期，至核桃采收时有80%左右的幼虫脱果结茧越冬。

(2)习性：成虫羽化出土的早晚及发生轻重受气候条件的影响较大，多雨潮湿年份，成虫羽化发生早且危害重，成虫多在下午羽化，趋光性弱，多在树冠下部叶背活动、交尾。产卵多在下午18~20时。卵多散产在两果相接处，其次是萼洼、梗洼、叶柄、叶腋和叶片上。成虫寿命1周左右，每雌能产卵35粒左右，卵期5天左右。幼虫孵化后在果面爬行1~3小时，寻找适当部位蛀入果内并直达种仁，此时果实外表无明显症状，但造成大量落果。一果内常有数头幼虫危害，第2代主要于青皮下危害，很少落果。

【防治方法】

(1)树冠下垦复、耕种，清园，将举肢蛾控制在出土之前。每年核桃采收后至翌年5月，对树冠下进行垦复扩盘，深度在15cm以上，范围稍大于树冠正投影面积。这样不仅可以疏松土壤、蓄水保墒，促进树体生长，更重要的是使举肢蛾的越冬幼虫翻至土壤深层不能化蛹羽化。对不便垦复、杂草丛生、深沟坡脚的核桃树，应铲除草皮，清除枯枝落叶，集中深埋或烧掉。

(2)摘拾黑果，集中深埋，减少当年和来年危害。于每年6月下旬至8月上旬核桃黑蛋果出现季节，对树上、树下黑果及时摘拾。还可在核桃黑果的重发区设点，按一定价格收购黑果。对摘拾或收购的黑果都及时集中销毁或深埋(深度30cm以上)。摘拾黑果，必须连续3年，防治效果可达90%以上。

(3)对历年集中连片重发核桃园，可树冠喷药应急防治，以保证当年核桃产量。树冠喷药时间以当地小麦即将开镰收割时为第1次喷药时间，以后每隔10天喷药1次，共喷2~3次。药剂可选用2.5%敌杀死乳油4000倍液，或50%辛硫磷乳油1500~2000倍液，或40%毒死蜱乳油1000倍液，或20%灭扫利乳油2000倍液。注意树冠上、下、内、外的果实要着药均匀，喷后当时若下大雨，雨后应及时补喷。

(4)核桃果实采后去青皮时，要妥善处置脱掉的核桃皮。核桃皮里面有部分核桃举肢蛾幼虫，应远离核桃树放置，及时将收集到的核桃皮进行深埋、销毁。

125 柿举肢蛾

【学名】*Stathmopoda massinissa* Meyrick

【异名】*Kakuvoria flavofasciata* Nagano

【别名】柿蒂虫、柿实蛾、柿食心虫。

【分布与寄主】此虫在我国分布于华北、华中、河南、山东、山西、陕西、安徽、江苏等柿产区，尤其在山西、河北、陕西柿产区受害较重；国外主要分布于日本等地。寄主有柿子、君迁子等多种植物。

【被害症状】以幼虫蛀食柿和君迁子的果实或嫩梢，造成柿果早期发红、变软、脱落。被害果群众常称为"柿红"、"旦柿"，"黄脸柿"。

【形态特征】(图118)

(1)成虫：雌体长约7mm，翅展15~17mm。雄体长约5.5mm，翅展14~15mm，头部黄褐色，略有金属光泽，复眼红褐色，胸、腹部及前、后翅均呈紫褐色，唯胸部中央黄褐色，前翅近顶端处有一条由前缘斜向外缘的黄色带状纹，足和腹部末端黄褐色。

(2)卵：乳白色，近椭圆形，长径约0.50mm，短径约0.36mm，卵壳表面具细微纵纹，上部有白色短毛。

（3）幼虫：老熟体长约 10mm 左右，头部黄褐色，前胸背板及臀板暗褐色，胴部各节背面呈浅暗紫色。中、后胸背面有"X"形皱纹，中部具 1 横列毛瘤，毛瘤上各生一白色细长毛。胸足浅黄色。

（4）蛹：体长约 7mm 左右，全体褐色。茧污白色，椭圆形，长约 7.5mm 左右。

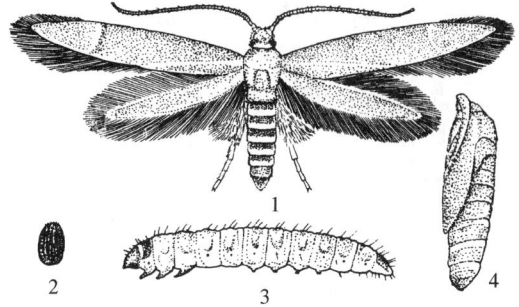

图 118　柿举肢蛾
1. 成虫；2. 卵；3. 幼虫；4. 蛹

【生活史及习性】

（1）生活史：此虫 1 年发生 2 代，以老熟幼虫于树皮缝隙里或树干基部近土里结茧越冬。翌年 4 月中下旬开始化蛹，5 月上旬为化蛹盛期，同时出现成虫，5 月中旬为羽化盛期，5 月下旬第 1 代幼虫开始危害幼果，6 月下旬至 7 月上旬幼虫老熟，并在被害果内或树皮裂缝下化蛹，蛹期 10 天左右。第 1 代成虫于 7 月上旬至下旬羽化，盛期在 7 月中旬。第 2 代幼虫于 7 月中旬开始危害，8 ~ 9 月危害最重。幼虫老熟后陆续脱果越冬。

（2）习性：柿举肢蛾成虫昼伏于叶背或其他阴暗场所，夜间活动、交配与产卵。卵多产在果梗与果蒂缝隙处。每雌产卵 10 ~ 40 粒。卵期 5 ~ 7 天。第 1 代幼虫孵化后多由果梗蛀入果内危害，粪便排于蛀孔处。幼果被害后由青皮渐变灰白，最后变黑干枯，有的幼虫先蛀食嫩梢后转害幼果。幼虫有转移习性，一头幼虫能蛀食 4 ~ 6 个幼果。转果时多由果蒂部咬脱果孔爬出，老熟后多于最后被害果内结茧化蛹，少数在粗皮缝隙内，由于幼虫吐丝缠绕果柄，故被害果不易脱落。第 2 代幼虫主要在柿蒂下取食果肉，蛀孔处常附有丝和虫粪，被害果提前变红、变软、脱落。一头幼虫可危害 1 ~ 2 个果。

【防治方法】

（1）农业防治：

①刨树盘：由于越冬幼虫有相当一部分于柿树根部附近 5 ~ 10cm 深的土块缝隙中越冬，在入冬前对柿树树盘下的土壤全部耕翻或挖翻 1 次，有条件的施入农家肥并冬前浇灌。实践证明，如果刨翻彻底，可将 50% 左右的越冬茧冻杀。要求刨翻土层深度达到 30cm。

②刮树皮及涂白：在冬季用刮皮刀将多年生枝干部位的粗裂、老翘皮及柿树主干老树皮刮掉，集中烧毁，刮树皮时必须刮彻底，一般刮到树皮光滑为止，这样越冬茧无寄生之地，降低了来年虫害的越冬基数。刮皮后最好将配制好的药液或涂白剂涂抹于树干及刮过皮的部位，涂白剂可用生石灰、石硫合剂原液 1 份，水 10 份，食盐及植物油少许配制而成。

③摘虫果：在每年的 6 月下旬和 8 月中下旬分两期摘除受到害虫侵蚀的柿果销毁。这是因为一头柿举肢蛾幼虫不只蛀食一个柿果，一般要蛀食 4 ~ 6 个柿子，如果及时摘除虫柿，也可降低损失。这个环节要求：a. 每期至少连摘 2 ~ 3 遍。b. 摘虫果时必须连柿蒂一起摘下来。c. 要掌握好时间，摘得彻底，第一代摘除得好，可以减轻第二代的危害，当年摘得彻底可以减轻第二年虫口的密度。

④树干绑草：幼虫开始越冬前，于树干绑草，最好在刮过粗皮的树干及主枝上绑草诱

集越冬幼虫，清园或清树盘时取下烧掉，以减少虫源。

⑤清园：对生长在平整地段且柿树集中的柿园，在落叶后彻底清除园内的枯枝、病柿果、病梢、落叶及杂草等易携带病虫的残体。清园时应注意先树上后树下，将清除物集中烧毁。此法还为柿园补充了钾肥。

⑥堆土堆：根据羽化成虫出土力弱的特点，在越冬成虫羽化前(4月下旬)，在树根颈附近堆25cm高土堆，灭羽化成虫。

(2)化学防治：化学防治包括地面喷药和树上施药。

①地面施药：在越冬代羽化初期5月上旬开始施药，10天后再施1次。施药前应将树冠下杂草等物清除干净。之后在树冠下地面上喷洒药剂，以便杀死越冬幼虫、蛹及刚羽化的成虫。药剂一般用25%辛硫磷微胶囊剂兑水300~400倍。用量每亩用药液0.5kg，兑150~200kg水喷洒。如果地面施药处理好，就不需树上喷药；否则，可通过查虫卵，当有虫卵柿子率达到1%时，开始进行树上喷药。

②树上喷药：在各代卵孵化始期至末期喷药杀虫、卵及初孵幼虫，间隔10~15天，连续喷2~3次，一般用2.5%溴氰菊酯乳油2500~3000倍液喷雾。

(三五)麦蛾科 Gelechiidae

小型蛾类。头平滑或有竖立毛丛，口器发达，触角第1节上有刺毛排成梳状，下颚须退化或消失，下唇须细长，向上弯曲，伸过头顶末端尖。后足胫节有粗毛。前翅广，披针形，后翅外缘凸出又凹回，似菜刀，前、后翅通到翅端的2条翅脉，基部均合为1条，成叉状，前后翅后面从基部出来的翅脉(即臀脉)均只1条。翅后缘均有长缘毛。全世界已知约400属4000余种。

126　桃条麦蛾

【学名】*Anarsia lineatella* Zeller

【分布与寄主】此虫在我国分布于华北、西北等地；国外分布于欧洲、地中海、北美洲等地。寄主有桃、杏、李、梅等果树植物。

【被害症状】以幼虫蛀食嫩芽、新梢及幼果。嫩芽被害后，在蛀孔处留下虫丝和虫粪，花芽开绽和开放后，幼虫又转害花蕊和子房。新梢被害后，症状似梨小被害，但蛀孔处流胶量远比梨小多。后期幼虫多直接危害幼果。

【形态特征】(图119)

(1)成虫：体长约6.5mm，翅展约13mm。头部具平滑灰褐色磷毛，唇须第2节膨大，有长鳞毛，第3节细而尖且前伸。前翅灰色，有黑褐色或白色不规则条状纹。后翅浅褐色，缘毛长。

(2)卵：长形橙黄色，长约0.5mm。

(3)幼虫：老熟体长约9.5mm。前胸背板，胸足及臀板均黑色，体背红棕色，腹面灰白色，臀栉红棕色，腹足趾钩双序双横带。

(4)蛹：体长约5.5mm，黄褐色，体壁光滑无刺，体被细毛，端部具钩刺24根。

【生活史及习性】此虫1年发生3~4代，以幼龄幼虫于寄主枝梢的冬芽中越冬。翌春冬芽膨大后出蛰转芽危害。被害花芽、嫩芽失去开放能力。5月中旬至6月中旬为第1代幼虫危害期，前期主要蛀食新梢，蛀孔上部逐渐萎蔫下垂、枯焦。后期则蛀果危害；6月下旬至7月下旬为第2代幼虫危害期，全部蛀果危害；8月为第3代幼虫危害期，除蛀果危害外，还加害秋梢；第4代幼虫于秋末开始蛀芽越冬。

成虫具较强的趋化性，羽化后2~3天即可产卵，卵散产于果面，间或嫩枝上。平均气温25℃时，卵期为6天。幼虫老熟后于嫩叶间、树皮下，树根际土中或桃果内化蛹，越冬化蛹期约12天，以后各代蛹期均为5~8天。

【防治方法】

（1）检疫防治：严格检疫措施，防止带虫接穗引进和调运。

（2）农业防治：结合修剪、刮树皮、堵树洞、摘拾虫果，消灭越冬或被害果内的虫源。

（3）化学防治：参照梨小食心虫防治法。

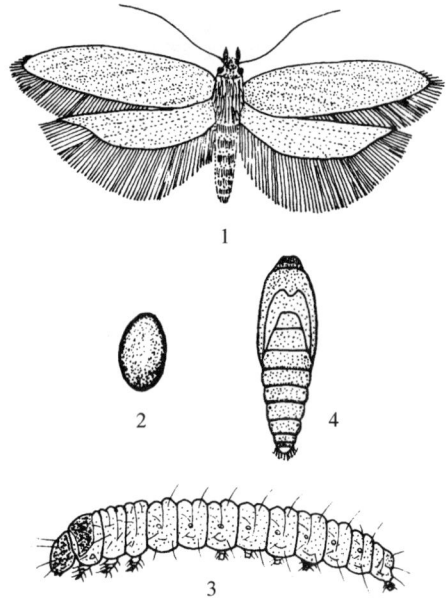

图119　桃条麦蛾
1. 成虫；2. 卵；3. 幼虫；4. 蛹

127　杏白带麦蛾

【学名】*Recurvaria syrictis* Meyrick

【分布与寄主】此虫在我国分布于山西、河北、北京、陕西等地。寄主有杏、苹果、李、桃、樱桃、栒沙果等多种植物。

【被害症状】以幼虫食害寄主叶片，初龄幼虫于卷叶虫类危害的叶片处食害叶片呈针眼状筛孔，留一层表皮；3龄后幼虫则吐丝缀叶将相近两叶粘于一起，幼虫于两叶间食害表皮与叶肉，形成不规则斑痕，虫粪留于被害处的边缘，发生严重时仅残留表皮与叶脉。

【形态特征】（图120）

（1）成虫：体长约4mm，翅展约8mm。头与胸的背面银白色，腹部呈灰色；下唇须白色，前伸；复眼黑色球形；触角线状，节间黑白相间，翅肩片黑褐色，前翅灰黑色，披针形，散生银白色鳞片，并且以翅端与前缘较多；后缘从翅基到端部具一银白色带，约为翅宽的2/5，带前缘呈曲线状，静止时，成虫体背形成"{}"状白斑。缘毛较长，灰黄至灰色。前翅反面深灰色，后翅灰白色，顶角尖削，外缘微凹，酷似菜刀形，缘毛较长，灰色。足灰白色，胫节外侧具2条黑褐色纵斑；跗节端部白色，余为褐色。

（2）卵：长椭圆形，长径约0.4mm，短径约0.2mm. 淡黄绿色，卵经5~7天后变为黄褐色，卵四周显红或紫红色，中部淡褐色，孵化前于卵壳上可见黑褐色头壳与臀板，间或可见弯曲的虫体。

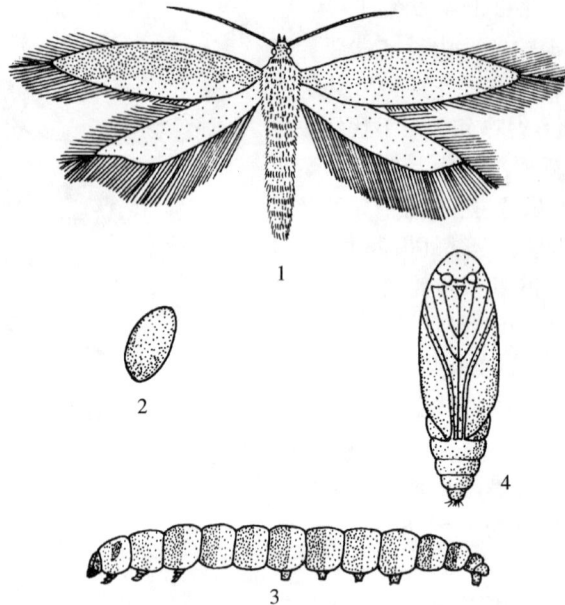

图 120　杏白带麦蛾
1. 卵；2. 幼虫；3. 蛹；4. 成虫

（3）幼虫：老熟体长约 5mm 左右，长纺锤形，体扁，头部与体躯为黄褐色。前胸盾褐或棕褐色，略似月牙，中央具一白色细纵线。中胸到腹末各体节基部约 1/2 为暗红或淡紫红色，端部分为黄白色，貌似"环圈"，极显。腹足趾钩与臀足趾钩均双序，各为 26 个左右和 18 个左右。初孵幼虫体长约 0.8mm，体扁淡褐色，头及臀板黑色，胸足与前胸背板暗褐色；2 龄体长约 2.0mm 左右，体为黄色，头与前胸背板、胸足与臀板均为黄褐色；3 龄体长约 3.3mm，体为黄褐色。各腹节间黄白色，基部各节具褐绿色环纹。4 龄幼虫体长约 4.5mm，体为黄褐色，各腹节基部紫红色。

（4）蛹：体长约 4.0mm. 纺锤形。淡黄至黄褐色，头端圆钝，尾端突削，具 6 根刺毛。触角、翅芽与后足均伸达第 5 腹节后缘。茧白色，质地疏松，可透视见蛹体，茧长约 6mm，椭圆形。

【生活史及习性】 此虫山西晋中 1 年发生 2 代，以蛹于树皮隙缝、树杈粗翘皮、剪锯口或树洞等处越冬。翌年春季越冬蛹出蛰活动，于 4 月下旬前后开始羽化，5 月为羽化盛期，6 月初仍可见到越冬代成虫。5 月中旬左右田间初见成虫产卵，5 月下旬到 6 月上旬为成虫产卵盛期，6 月中旬为末期，越冬代成虫寿命为 5~8 天。卵期平均为 15 天左右，6 月初始见第 1 代幼虫，6 月下旬为孵化盛期，7 月中旬为末期。第 1 代幼虫历期最短为 38 天，最长为 41 天，平均为 40 天左右。危害到 7 月上旬开始化蛹，7 月中旬前后为第 1 代蛹化盛期，7 月下旬为末期。蛹期最长 16 天，最短 8 天，平均为 10 天左右。雄蛹历期短于雌蛹历期。第 1 代成虫于 7 月中旬出现，7 月下旬前后成虫盛发，8 月上旬仍可见到第 1 代成虫。成虫寿命为 4 天左右，产卵前期 2 天左右。第 2 代卵始见于 7 月中旬，卵盛发期为 7 月底到 8 月初，第 2 代卵期平均为 8 天左右。第 2 代幼虫始见于 7 月下旬，盛发期为 8 月中旬左右，9 月下旬仍可见到孵化的幼虫。第 2 代幼虫危害历期最短 42 天，最长 58 天，平均 51 天左右，危害到老熟后边寻找适当场所进入预蛹期，经一天后化蛹，并以蛹越冬。越冬代蛹期为 7~8

个月。

　　成虫性活泼,多夜间活动。成虫羽化多于上午 10 时至下午 16 时进行。雄虫比雌虫提早 5 天左右,且各代雄虫常多于雌虫。成虫羽化后不久即可交尾,交尾后 1~3 日开始产卵。第 1 代卵散产于枝条顶端 1~3 片嫩叶背面近叶柄处主脉的两侧,少数产于芽腋间、叶缘及叶端处,间或芽鳞与叶柄等处均可见到卵粒。初孵幼虫食量小。幼虫较喜害枝条下部 4~5 片叶上危害,并有转叶危害习性,一生可转害 4~5 个叶片。幼虫性活泼,受扰后迅速逃避或吐丝下垂。第 1 代幼虫老熟后多于贴叶下、间或树皮下或剪锯口及树洞内化蛹。第 2 代蛹多见于剪锯口、树皮缝隙中,间或贴叶上或树杈处。

【防治方法】参照黑星麦蛾。

128　黑星麦蛾

【学名】*Telphusa chloroderces* Meyrich

【别名】苹果黑星麦蛾、黑星卷叶麦蛾。

【分布与寄主】此虫在我国分布于吉林、辽宁、河北、山西、河南、陕西、山东、江苏等地。寄主有苹果、梨、樱桃、李、杏、桃、海棠、沙果、山荆子等多种果树林木植物。

【被害症状】以幼虫多潜入尚未伸展的嫩叶上危害,并在嫩叶、枝梢上吐丝缀叶作巢,群集危害,危害严重时,常数头幼虫,将数片叶卷成团于内食害叶肉,甚至将叶食光,仅剩叶脉与表皮,叶片枯黄,影响果树正常的生长发育。

【形态特征】(图 121)

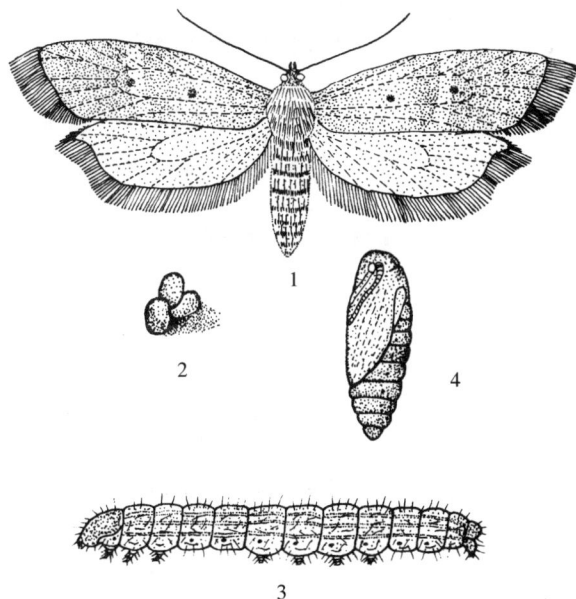

图 121　黑星麦蛾
1. 成虫; 2. 卵; 3. 幼虫; 4. 蛹

　　(1)成虫:体长约 5.5mm,翅展约 16mm,头顶、颜面具黑色鳞片,体及后翅灰褐色。胸背面及前翅黑褐色,有闪光。前翅长方形,靠近前缘 1/3 处有一浅黑褐色的斑纹,翅中央中室内有 2 个星状黑斑(有的内侧斑点分为 2 个)。

(2)卵：长径约 0.5mm，椭圆浅黄色，发亮光。

(3)幼虫：老熟体长约 10.5mm，细长，头及前胸背板黑褐色，臀板及臀足褐色。胴部背面有 1 条乳黄色纵带和 6 条褐或紫红色纵带相间隔，腹面有 2 条乳黄色纵带，腹足趾钩双序单横带。

(4)蛹：体长约 6mm，红褐色，第 7 腹节后缘有乳黄色并列的刺突。第 6 腹节腹面中部具 2 突起。

【生活史及习性】此虫 1 年发生 3 代，以蛹于杂草，地被物等处越冬。翌年寄主萌动时成虫羽化，卵单粒或几粒堆产于新梢顶端未伸展的叶柄基部，第 1 代幼虫于 4 月中旬发生，低龄幼虫潜伏于未伸展的嫩叶上危害，稍大即吐丝卷叶成巢，以食叶肉为主，5 月下旬幼虫老熟于缀叶内化蛹，蛹期 10 天左右，6 月上中旬发生第 1 代成虫，7 月中下旬发生第 2 代成虫。成虫活泼，昼伏，黄昏飞翔于枝间交尾、产卵。幼虫活泼，受惊有吐丝下垂习性。

【防治方法】

(1)休眠期防治：冬季清扫园内及附近落叶和杂草，消灭越冬蛹。春季结合修剪、刮树皮清除虫苞和虫茧。

(2)药剂防治：春季幼虫危害初期，结合防治其他食叶害虫，可喷施 50% 辛硫磷乳油，或杀螟松乳油、敌敌畏乳油 1000 倍液，均有良好的防治效果。使用 2.5% 敌杀死乳油、功夫乳油等菊酯类农药，用常规浓度防效很好。

(3)加强果园管理，增强树势，发生数量少时，可于第 1 代幼虫危害期，人工摘除被害虫巢，消灭其中幼虫。

(三六)木蛾科 Xyloryctidae

小型蛾类，头平滑但具鳞毛，缺单眼，触角线状或栉齿状，下唇须长而上弯，末节短，下颚须退化。翅宽阔，前翅长方形，R_4、R_5 共柄，R_5 止于外缘。本科世界已知 1000 余种。

129　梅木蛾

【学名】 *Odites issikii* Takahashi

【别名】 五点木蛾。

【分布与寄主】此虫在我国分布于辽宁、河北、陕西等地；国外主要分布于日本等地。寄主有苹果、梨、桃、李、杏、樱桃、梅、葡萄等多种果树植物。

【被害症状】以幼虫将叶缘切开，然后纵褶成虫卷，幼虫潜于虫卷内食其两端叶成缺刻，被害叶片呈破碎小片，且挂满虫卷。

【形态特征】(图 122)

(1)成虫：体长约 8mm，翅展约 22mm，复眼黑色，唇须灰色，上翘超过头顶，第 2 节外侧具黑斑。前翅浅灰褐色，在翅基 1/3 处有一近圆形黑斑，与胸部黑斑构成明显的 5 个大黑斑。外缘内侧自顶角至臀角有一系列 7~8 枚小黑斑点。中室与外缘间还具分散小黑斑点。后翅浅灰色。

(2)卵：长圆形，长径约 0.5mm，初产乳黄色，卵面具细密的突起花纹。

（3）幼虫：老熟体长约 15mm。头与前胸背板红褐色，胴部黄绿色。

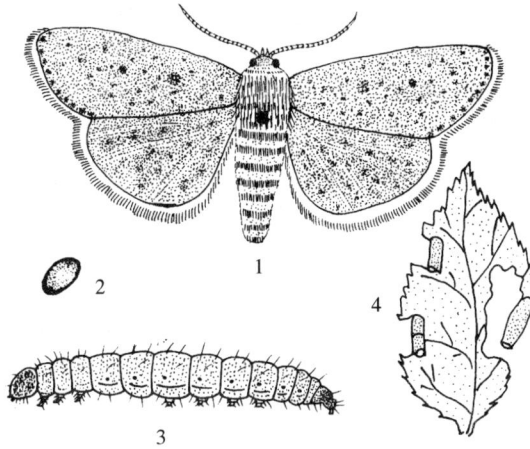

图 122　梅木蛾
1. 成虫；2. 卵；3. 幼虫；4. 被害状

（4）蛹：体长约 8mm，红褐色。头顶具一表面凹凸不平的球形突起。臀棘横阔，两侧各具一倒钩形刺状突，并生许多细刚毛。

【生活史及习性】此虫在陕西关中 1 年发生 3 代，以幼龄幼虫于树皮缝隙、翘皮下结茧越冬。翌春寄主萌动露绿后出蛰危害，5 月中旬开始化蛹，5 月下旬始见越冬代成虫，6 月中旬左右为盛期，6 月下旬为末期；第 1 代幼虫危害期在 6 月上旬至 7 月中旬，第 1 代成虫于 7 月上旬至 8 月初发生；第 2 代成虫发生在 9 月上旬至 10 月上旬。

成虫多于夜间 8～10 时羽化，24 小时后开始交尾，交尾后 3 天左右陆续产卵，卵散产于叶背主脉两侧，间或在叶痕、芽痕、叶面均可找到卵。单雌卵量 70 余粒，成虫寿命约 5 天左右。成虫有趋光性。卵期约 10 天，幼虫孵化后于寄主叶片正面或背面筑"一"字形隧道，幼虫然后潜于该隧道取食两端的叶组织，2、3 龄幼虫则于叶缘卷边危害，幼虫白天潜伏于虫苞中不活动，夜间才取食危害。幼虫老熟后于叶筒中化蛹。

【防治方法】参照棉褐带卷蛾

（三七）卷蛾科 Tortricidae

小至中型。头部一般具有相当粗糙的鳞片，间或有长毛，单眼明显，触角长约为前翅长的 1/3～2/3。下颚须退化或消失，下属须第 2 节鳞片发达，第 2 节短小，末端钝，前翅多呈长方形，少数狭长，静止时保持屋脊状、或钟罩状，有些种类雄蛾的前翅前缘基部向上褶叠。其中包括一些发散气味的香鳞毛丛，被称为前缘褶。后翅呈阔卵圆形。老熟幼虫圆柱形，体色变化很大，有绿、黄、粉红、紫色等多种体色。具臀栉。本科世界已知约 3500 种。

130　黄斑长翅卷蛾

【学名】*Acleris fimbriana* Thnuberg

【别名】黄斑卷叶蛾、桃黄斑卷叶蛾。

【分布与寄主】此虫在我国分布于东北、华北、华东、西北各地。国外分布于日本、俄罗斯以及欧洲等地。寄主有苹果、海棠、桃、山荆子、杜梨、槟沙果、杏、李、梨等多种果树林木植物。

【被害症状】黄斑长翅卷蛾初龄幼虫首先食害花芽，钻入芽内或花芽基部蛀食，果树展叶后，幼虫常吐丝连结几张叶片于内啃食叶肉，或蚕食叶片仅留叶脉，有时常将叶簇卷曲成团，有时也啃食果皮。

【形态特征】（图123）

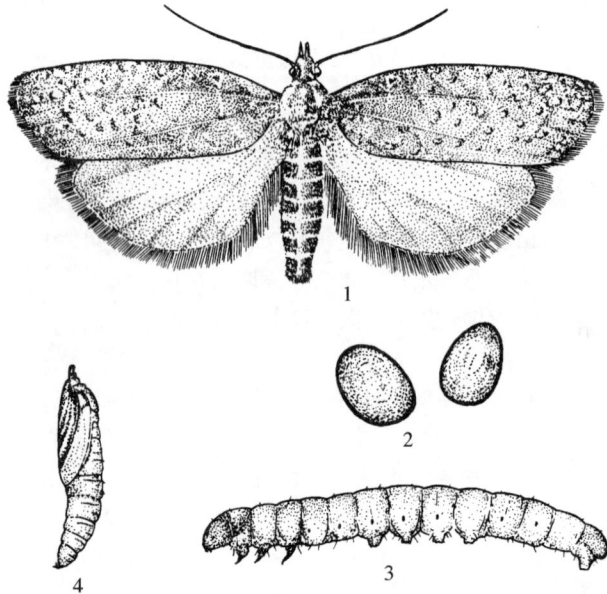

图 123　黄斑长翅卷蛾
1. 成虫；2. 卵；3. 幼虫；4. 蛹

　　（1）成虫：体长 7～9mm，翅展：夏型 15～20mm，冬型 17～22mm。夏型的头、胸和前翅呈金黄色，翅面上散生银白色鳞片，后翅灰白色，缘毛黄白色。冬型的头、胸和前翅呈深褐色或暗灰色，微带淡红，翅面散生黑色鳞片。后翅较前翅色淡。

　　（2）卵：扁平椭圆形，第 1 代卵初产白色，后变淡黄，近孵化时红色。以后各代卵初产淡绿，次日为黄绿，近孵化时为橘黄，卵壳上有花纹。

　　（3）幼虫：共 5 龄、老熟体长约 22mm 左右，黄绿色，头、前胸背板及胸足淡绿褐色。初龄幼虫体乳白色，头、前胸背板及胸足黑褐色。

　　（4）蛹：体长 9～11mm，暗褐色，头顶具一向背弯曲的角状突起，基部两侧具一个小瘤状突起，臀棘分两叉向前方弯曲。

【生活史及习性】

（1）生活史：黄斑长翅卷蛾在我国东北、华北地区 1 年生 3 ~ 4 代，以冬型成虫在果园杂草、落叶、向阳的砖石缝隙等处越冬。翌年 3 月上旬苹果花芽萌动时开始活动，3 月下旬进入发生盛期。各代卵盛期大体为：第 1 代 4 月上旬，第 2 代 6 月中旬，第 3 代 8 月上旬，第 4 代 9 月上旬。成虫各代盛发期在 6 月上旬，8 月上旬，9 月上旬，10 月中旬。成虫产卵前期为 1 ~ 2 天，成虫寿命：冬型约 150 天，夏型约 10 天左右，卵期：第 1 代 20 天左右，其余各代 5 天左右，幼虫期平均 24 天左右。黄斑长翅卷蛾第 1 代各虫态发生较整齐，以后各世代相互重叠。因此药剂防治应在第 1、2 代卵孵化盛期效果最佳。

（2）习性：成虫白天活动，一般活动适温为 20 ~ 30℃，因此春秋多在 10 ~ 18 时，夏季则在 4 ~ 12 时和 19 ~ 24 时活动，夏型成虫对黑光灯、糖醋液有一定趋性，抗寒力强，成虫羽化后当日交尾。卵散产，越冬代成虫的卵产在枝条上，少数产在芽的两侧和基部。其余各代卵产在叶片上，每雌产卵约 80 余粒，黄斑长翅卷蛾幼虫有转叶危害习性，喜欢危害中、上部幼嫩叶片，幼虫老熟化蛹时，常转移至新叶作茧化蛹，蛹期 13 天左右。

【防治方法】

（1）消灭越冬幼虫：冬季结合修剪，剪除病虫枝，扫除枯枝落叶及杂草，集中深埋或烧毁。

（2）依据卷叶蛾卷叶便于查找的特点，在各代幼虫危害期，人工摘除卷叶，杀死其中幼虫。

（3）依据成虫有趋化性的特点，利用黄斑卷叶蛾诱芯或糖醋液做一些水碗诱捕器诱杀成虫，可减少虫口密度。糖醋液配制方法为红糖 2 份 + 醋 8 份 + 酒 1 份 + 水 10 份。

（4）药剂防治：关键期为第 1、2 代卵孵化盛期，一般杀虫剂即可取得较好的防治效果，可选用灭幼脲 3 号 1500 倍液、菊酯类药 2000 倍液或 40% 乐斯本乳油 1000 倍液，注意喷药细致周到。2 龄以后幼虫潜藏于虫苞内，防治难度较大，一般杀虫剂效果不理想。

131　棉褐带卷蛾

【学名】 *Adoxophyes orana* Fisher von Roslerstamm

【别名】 苹小卷叶蛾、苹果小卷蛾、棉小卷叶蛾、网纹褐卷叶蛾、远东褐带卷叶蛾、桑斜纹卷叶蛾、茶小卷叶蛾、苹卷叶蛾。

【分布与寄主】 此虫在我国除西北、云南、西藏外，全国各地均有分布；国外分布于印度、日本以及欧洲等地。寄主有苹果、梨、棉花、茶、柑橘、蔷薇、杨、柳、桦、悬钩子、樱桃、忍冬等多种果树、林木及农作物等植物。

【被害症状】 以幼虫取食危害嫩芽、幼叶、花蕾。幼虫稍大后，常吐丝缀连叶片，卷成虫苞，潜居其中食害叶肉呈纱网状或孔洞，常常啃食贴叶果和相贴果的果皮及果肉，被害果面常呈不规则的小凹疤，多雨时常引起腐烂脱落。

【形态特征】（图 124）

（1）成虫：体长 6 ~ 8mm，翅展 13 ~ 23mm，体棕黄色，前翅基斑褐色，中带上半部狭窄，下半部向外倾突然增宽，下半部中央色浅，余部色深，似倾斜的"h"形。后翅及腹部为淡黄褐色。雄虫前翅前缘基部具前缘褶，后翅淡黄褐色。缘毛灰黄色。

（2）卵：扁平椭圆形。淡黄色。数十粒排成鱼鳞状卵块。

（3）幼虫：体长 13 ~ 17mm。体色浅绿至翠绿色。头部淡黄绿色。头壳侧后缘处单眼区上方有一栗棕色斑纹。前胸背板淡黄或淡黄褐色。胸足淡黄或黄褐色。臀板淡黄，臀栉 6 ~ 8 刺。

（4）蛹：体长9～10mm。体较细长，黄褐色。腹部第2～7节背面各有两横列刺突，后列小而密，臀棘8根。

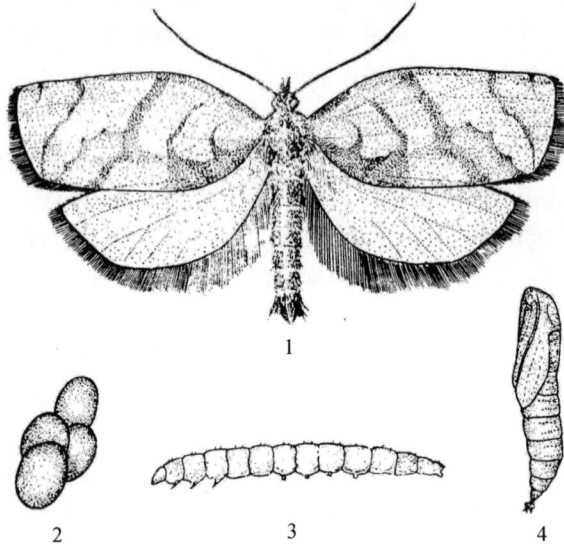

图124　棉褐带卷蛾
1. 成虫；2. 卵；3. 幼虫；4. 蛹

【生活史及习性】

（1）生活史：此虫在东北、华北1年发生3代，宁夏1年发生2代，山东1年发生3～4代，黄河古道地区1年发生4代，各地均以幼龄幼虫在粗皮裂缝，剪锯口缝隙及枝上粘贴的枯叶下越冬，少数在侧芽和腋芽上结白色薄茧越冬。果树发芽时开始出蛰，金冠品种盛花期为出蛰盛期，国光品种初花期为出蛰末期，前后持续25天左右。出蛰幼虫顺枝干爬至幼芽、嫩叶、花蕾上危害，展叶后边缀叶危害。各代成虫发生期大体为：3代区越冬代从5月下旬至6月下旬，盛期在6月上中旬；第1代从7月上旬至8月上旬，盛发期在7月中下旬；第2代从8月上旬至9月下旬，盛发期在9月上中旬。各代卵期：第1代为10.2天，第2代为6.7天，第3代为6.8天。幼虫期平均为18.7～26天。蛹期为6～9天。4代区越冬代从5月上旬至5月中旬，盛发期在5月上旬末、中旬初；第1代从6月下旬至7月上旬，盛发期在6月下旬末、7月上旬初；第2代从8月上旬至中旬，盛发期在8月上旬末至中旬初；第3代盛发期在10月上旬。各代卵期：第1代为11天，第2代5.5天，第3代7.5天，第4代12天。幼虫期平均为25天左右，蛹期为7天左右。卵量为21～207粒不等。产卵前期4～6天。

（2）习性：棉褐带卷蛾幼虫在树体上各部位越冬虫量多少，因树龄大小而异。结果大树以主枝和主干的粗皮缝隙内居多，而幼树则以剪锯口、枯叶与小枝贴合处为多。幼虫活泼，受惊后吐丝下垂，并有转移危害的习性，当营养不良时，即向新梢嫩叶上转移危害。因此，在新梢最上面的卷叶多为有虫叶苞，下部卷叶多为无虫叶苞，幼虫老熟化蛹前，常转移至新叶结虫苞，在其中化蛹。

成虫昼伏夜出，有趋光性，对果汁、果醋和糖酯液有很强的趋性，雄蛾对雌性激素反应敏感，卵多产在叶面和果皮上，呈鱼鳞状排列。成虫产卵和卵的孵化受湿度影响较大，天气干旱时，成虫产卵量及卵的孵化率均明显下降。因此在多雨年份发生危害重。

【虫情测报】

(1)越冬幼虫出蛰期测报：选择上年发生较重的果园，固定早熟和晚熟品种的果树各2株，每株各选1~2个侧枝，上下部涂以黄油，固定调查范围，从4月上旬开始，每隔1~2天，调查一次固定范围内的越冬幼虫出现的数量，记载虫数后，将虫处死，一般当越冬幼虫大量出现而尚未卷叶时为药剂防治适期。或者当越冬幼虫已经活动，但尚未出蛰时，是利用敌敌畏"封闭"防治的关键期，当出蛰率累计达30%以上时，是施药防治的另一个关键期。

(2)成虫盛发期测报：利用黑光灯、性诱盆或糖醋盆进行诱捕，从5月上旬开始，每日统计所捕成虫数，当捕蛾量骤增时，说明成虫进入羽化盛期。羽化盛期加产卵前期和卵期天数，即为卵孵化盛期。此时为施药防治幼虫的关键期。

【防治方法】

(1)保护和利用天敌：果树卷叶蛾天敌种类很多，主要有拟澳赤眼蜂(*Trichogramma confusum* Viggiani)、卷叶蛾肿腿蜂(*Goniozus japonicus*)、松毛虫赤眼蜂(*Trichogramma dendrolimi* Matsumura)、舞毒蛾黑瘤姬蜂[*Coccygomimus disparis*(Viereck)]、松毛虫埃姬蜂[*Itoplectis alternans spectabilis*(Matsumura)]、卷叶蛾甲腹茧蜂(*Ascogaster* sp.)、卷叶蛾绒茧蜂(*Apanteles* sp.)以及一些食虫虻、蜘蛛等，这些天敌对果树卷叶蛾类均有较好的控制作用，应注意保护。在有条件的地区，可在卵盛期释放赤眼蜂，每株树放蜂1000头，放蜂3~4次，间隔3~5天。

(2)人工防治：早春结合防治叶螨、食心虫等果树害虫，彻底刮除老翘皮，清理树体，药泥、涂白剂或石硫合剂和敌敌畏"封闭"出蛰前的越冬幼虫，刮下的老翘皮及树上粘贴的枯叶集中处理。春季结合疏花疏果，摘除虫苞，消灭其中幼虫，如寄生性天敌发生较多时，可将虫苞饲养于笼中，待天敌羽化释放后，再将害虫处死；在各代成虫发生期，利用黑光灯、糖醋液、性诱剂诱捕成虫。

(3)化学防治：药杀越冬幼虫和第1代初孵幼虫，减少前期虫口密度，避免后期果实受害。据调查，有40%的越冬幼虫在剪锯口处越冬，因此，在出蛰初期可用90%敌百虫200倍液或50%敌敌畏乳油200~500倍液涂抹剪锯口，消灭其中越冬幼虫，即封闭出蛰前的越冬幼虫。当幼虫出蛰率达30%或第1代卵孵化盛期时为用药关键期。常用的药剂有40%毒死蜱乳油1500倍液、5%氟铃脲乳油1500倍液、50%杀螟松乳油1000倍液、2.5%敌杀死乳油2000倍液、10%氯氰菊酯乳油2000倍液、50%辛硫磷乳油1000倍液以及杀螟杆菌(细菌含量62亿/g)600倍液均有良好的防治效果。90%敌百虫1000倍液和80%敌敌畏乳油1500倍液防效也好，但在开花至6月下旬以前不宜使用，容易加重生理性落花、落果、落叶。灭幼脲1号施用浓度为5~10mg/L，可使幼虫和蛹发育畸型，使成虫不能交尾繁殖。另外杀螟硫磷、敌百虫和敌敌畏对高粱有严重药害，使用时切勿随风飘落在高粱上。

132　枣镰翅小卷蛾

【学名】 *Ancylis sativa* Liu

【异名】 *Cerostoma sasakii* Matsumura

【别名】 枣黏虫、枣小蛾、枣实菜蛾。

【分布与寄主】 此虫在我国分布于河北、河南、山西、山东、陕西、江苏、浙江、湖北、湖南、安徽等地，是枣树和酸枣树的重要害虫之一。

【被害症状】以幼虫危害枣树的芽、叶、花和果实。枣树展叶时幼虫吐丝缠缀嫩叶，躲在其中食害叶肉，轻则将叶片吃成大小缺刻，重则将叶片吃光。花期幼虫食害花，咬断花柄，造成枣花枯死。幼果期蛀食幼果，造成大量落果。枣果膨大后，吐丝将叶和果实粘在一起，在粘叶下面蛀果成孔洞，雨后进水造成果实腐烂和未熟先落，严重影响产量与质量。

【形态特征】（图125）

（1）成虫：体长5~7mm，翅展13~15mm，全体灰褐黄色，触角褐黄色，长约3mm，复眼暗绿色。下唇须下垂，第2节鳞毛长大，第3节小，部分隐藏在第2节鳞毛中。前翅褐黄色，前缘有黑白相间的钩状纹10余条，在前几条的下方，有斜向翅顶角的银色线3条，最下的一条最长并与近外缘的一条银色线汇合，翅面中央有黑褐色纵线纹3条，其他斑纹不明显，R_1脉出自中室中部，R_4、R_5脉位于顶角两旁。后翅灰色，Rs脉与M_1脉基部强烈靠近，M_3脉和Cu_1脉合并。雌、雄外形相似，主要区别点为腹部及其末端的外生殖器。雌蛾一般腹部细长，腹面灰黑色，最后一节端部由着生长毛的一对抱握器组成，呈细筒状。雌性外生殖器的产卵瓣扁平，囊突两枚，呈三角形，下凹；雄性外生殖器的抱握器瓣狭长，抱器腹有突出钝角，尾突发达，多毛而下垂，阳茎圆柱形，内有阳茎针多枚。

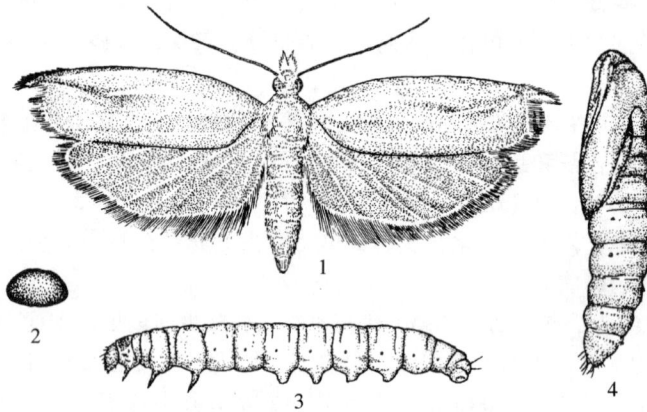

图125　枣镰翅小卷蛾
1. 成虫；2. 卵；3. 幼虫；4. 蛹

（2）卵：椭圆形或扁圆形，长约0.57~0.68mm，表面具有网状纹。初产时乳白色，后变为淡黄色、黄色、杏黄色，以后逐渐转红，最后出现一圈一圈的红色而变为橘红至棕红色。

（3）幼虫：共5龄。初孵幼虫体长1.5mm。头部黄褐色，胴部黄白色，逐渐取食变成绿色。老熟幼虫体长10~15mm，头部淡褐色，有黑褐色花斑，胴部转为黄白色，前胸背板和肛上板均褐色，亦有黑褐色花斑点，前胸背板分为2片，两侧与前足之间各有赤褐色斑2个，腹末节背有"山"形赤褐色斑纹。具臀栉3~6刺，以4~5刺为多。趾钩呈双序环，臀足为双序带。

（4）蛹：纺锤形，长7mm左右，在白色薄茧中。初时绿色，逐渐变为黄褐，羽化前为深褐色。腹部各节前后缘各有一列锯齿状刺突，前面一排粗大，后面一排细小，起止达气门线。尾端有8根臀刺呈长毛状，末端弯曲。

【生活史及习性】

(1)生活史:此虫每年发生代数因地而异,河北、山东、山西1年发生3代,河南、江苏1年发生4代,浙江1年发生5代,世代重叠明显,均以蛹在枣树主干的粗皮裂缝,树洞内及树干基部根周或根际表土内越冬,少数也可在落叶、落果中越冬。

在山西枣产区越冬代成虫于翌年3月中下旬开始羽化,4月中旬进入羽化盛期,5月上旬为末期。第1代成虫发生的初、盛、末期分别为6月上旬;6月中下旬;7月上旬;第2代成虫的初、盛、末期分别在7月中旬;7月下旬至8月上旬;8月中旬和下旬。越冬代、第1代和第2代卵分别出现在4月上旬、6月上旬和7月下旬。越冬代,第1代和第2代幼虫孵化期分别为4月中下旬,6月上旬及7月末。越冬代,第1代及第2代蛹分别出现于5月下旬、7月上旬和9月末。

(2)习性:成虫白天潜伏在枣叶背面或在枣树下的低矮作物或杂草上,黎明和傍晚活动,性诱能力强,对黑光灯趋性强,但趋化性差。各代成虫在1日之内均以上午8~10时和下午16~20时羽化最多,形成两次明显的羽化高峰,夜间22时至凌晨6时和中午12~14时均羽化较少。这可能是与温度过低和过高有关。羽化率为90%、95%以上。成虫集中于早晨5~8时进行交配,雌雄行多次交配,雌蛾平均1.48次,雄蛾3次。雌、雄成虫交配形状呈"一"字形,雌蛾翅端覆盖在雄蛾翅上面。

越冬代成虫卵多产于1~2年生枝条和枣股上,第1代,第2代成虫的卵则多产于叶正面中脉两侧。卵多散产,偶尔也有3~5粒产在一起的。每雌产卵量:越冬代平均40粒左右;第1代60粒左右,第2代75粒左右。卵初产时为乳白色,后变为黄白至橘红色,中央出现红点,红点外第1轮为乳白圈,第2轮为细红圈,最后一轮是白色圈,近孵化时中央和近中央处出现黑点。

第1代幼虫在卵壳内孵化后,随即以口器咬破卵壳爬出,先在枝条上爬行半小时左右即危害幼嫩枣芽,使被害芽枯死再萌发二次芽。枣树展叶后,吐丝缠卷嫩叶食害边缘,此后用丝将叶缘粘起,包成饺子形,再转叶危害,故群众有"饺子虫"之称。虫体稍大有转移危害的习性,在一生中可造成2~3个饺子形包,幼虫老熟后即在卷叶内做茧化蛹。第2代幼虫除吐丝缀连枣叶外,主要危害花蕾、花及幼果,造成大量幼果脱落,直接影响当年产量。第3代幼虫的发生期正是枣果着色期,除危害叶外,还可危害枣果的果皮或果肉,造成落果。幼虫非常活泼,能吐丝下垂,随风飘迁。

【发生与环境的关系】 越冬代成虫发生早晚,往往受早春温度、湿度的影响。据河北调查,每年3月上旬气温达12.5℃以上,4月下旬以后,平均气温达16℃左右,对越冬代成虫羽化比较适宜,如果低于16℃则推迟羽化。在山西晋中、吕梁枣产区,越冬代成虫发生历期长达2个月,第1代、第2代仅有1个月,原因是越冬代发生期气温较低,候均温为9.33℃,成虫历期也相应延长,而第1代和第2代候均温分别为21.49℃和24.4℃,故成虫历期较短。产卵最适温度为25℃,此时产卵期长,产卵量大;气温在30℃以上时不适宜产卵,因而落卵量少。另外年降水量较大,5~7月阴雨连绵,天气湿热,此虫容易大发生。

枣镰翅小卷蛾的寄生天敌有松毛虫赤眼蜂、卷叶蛾小姬蜂,白僵菌在某些年份对越冬蛹的寄主率高达40%~50%。

【虫情测报】

(1)成虫发生期预测:应用山西农业大学和上海有机化学研究所共同研制的枣镰翅小卷蛾信性息素诱芯于3月上中旬开始在枣园设置诱捕器。方法是在枣园内选择5~6株树,距地面 1.5m 的树冠处，悬挂一个性诱盆(口径为 16cm)。用细铁丝穿一个诱芯，横置盆上中央部位，碗内放 0.1% 洗衣粉水溶液，诱芯距水面 1cm。每天下午 4 ~ 5 时检查诱蛾数量，根据每日诱蛾量就可准确地推算出各代成虫的始、盛、末期。根据成虫发生期就可以有计划地开展防治工作。

(2)幼虫发生期预测：根据山西农业大学和河北农业大学在山西省太谷县和河北省唐县的研究结果表明，此虫田间诱蛾高峰与田间卵孵化高峰的期距平均为 17 天左右，因此越冬代成虫诱蛾高峰日加上"期距"时间就到田间卵孵化高峰期，即幼虫发生高峰期和田间枣林喷药最佳适时。也可以根据成虫出现的高峰日，加上产卵前期和卵期，即为卵孵化高峰期和田间枣林用药关键期。

(3)发生量测报：经相关统计，各代成虫发生量和落卵量与幼虫发生量呈线性相关，相关系数通过 0.01 的置信度检验。说明此虫蛾量和卵量是幼虫发生量的一个可信指标。根据每年调查的幼虫发生量、诱蛾量、落卵量数据，利用多元回归统计方法求得幼虫发生量预测式为：

$$Y = 0.708 + 11.520X_1 + 0.086X_2 \pm 4.5$$

式中：Y 为每代幼虫发生量，X_1 为成虫发生量，X_2 为落卵量。根据每代成虫发生量和落卵量对枣黏虫幼虫发生量进行预测。

【防治方法】

(1)人工防治：

①秋季树干束草诱杀越冬蛹：此项防治工作应在 8 月下旬第 3 代枣黏虫老熟幼虫下树化蛹前，在枣树主干上部或主、侧枝基部围草诱集老熟幼虫潜伏化蛹越冬。等冬闲时，取下束草集中处理。如果在束草内喷撒白僵菌粉或稀释液，则可大大提高蛹的寄生率，降低翌年枣镰翅小卷蛾的越冬基数。此法可代替冬季刮树皮。

②冬闲刮树皮，堵树洞消灭越冬蛹：在冬、春季节，利用枣黏虫以蛹在树体粗皮缝隙、树洞中越冬的习性，进行人工彻底刮树皮，堵树洞，消灭其中越冬蛹。各地实际证明，如果此项防治工作做的彻底、细致、周到，可直接消灭越冬蛹的 80% ~ 90%；如果只处理主干，不处理主枝，侧枝，防治效果也可达 50% ~ 60%。枣树刮皮时应注意以下两点：

a. 由于枣树粗皮较厚，裂缝多而深，害虫潜藏的多，刮树皮时应重刮，深刮，要刮到红色内皮为止，但不能露出白色嫩皮，以免损伤树势，遭受冻害。前一二年刮过主干树皮的，当年应重点刮主枝、侧枝。

b. 刮树皮时先在树干周围铺塑料布，把刮下的树皮和其中的害虫集中烧毁或深埋。刮树皮应每隔二年进行一次，最好是开展大面积刮皮联防的群众运动，以扩大防治效果。

(2)枣树生长期开展生物防治：为了减少药害和残毒，有利于保护传粉昆虫(蜜蜂)和害虫天敌。适时地采用释放赤眼蜂，喷布微生物农药和使用性引诱剂诱杀等生物防治手段是比较理想的。

①利用赤眼蜂防治枣黏虫：在第 2 代、第 3 代枣黏虫产卵期，每株枣树释放人工繁殖的松毛虫赤眼蜂 3000 ~ 5000 头，可以收到较好的防治效果，田间卵的最低寄生率为 65%，最高寄生率为 95%，平均为 85.5%。若能在枣镰翅小卷蛾产卵初期、初盛期和盛期以不同蜂量放蜂一次，防治效果更为理想。

②利用性信息素诱芯防治枣黏虫：

a. 迷向防治迷向防治就是将足够量的人工合成的枣镰翅小卷蛾性信息素撒布到枣园空

间，破坏雌雄之间的化学通讯联系，使雄虫失去了对配偶的选择能力，不能交配，从而控制下一代虫口的发生量。

b. 大量诱捕主要是利用枣镰翅小卷蛾性信息素的诱捕器来大量消灭其雄虫而使雌虫失去配偶，从而降低交配率、压低虫口密度，以达到控制危害的目的。在虫口密度低的情况下，大量诱捕法防治效果更为明显。

③微生物农药防治：在花期、幼果期和果实膨大期，喷洒微生物农药如青虫菌、杀螟杆菌或"7216"菌剂 100 ~ 200 倍液，防治幼虫效果达 70% ~ 90% 。

（3）化学防治：首先必须做好虫情测报，掌握在各代幼虫孵化盛期进行喷药。重点在第1 代成虫初、盛期即枣树发芽初、盛期进行喷药，是消灭此虫的关键期。常用药剂有：40% 毒死蜱乳油 1000 倍液；50% 杀螟硫磷乳油 1000 倍液，但对高粱、玉米有药害，因此使用时要因地制宜；50% 辛硫磷乳油 1000 倍液、20% 蔬果磷乳油 1000 倍液、20% 杀灭菊酯乳油 2000 倍液、2.5% 溴氰菊酯乳油 2000 倍液均有良好的防治效果。

133　梨黄卷蛾

【学名】*Archips breviplicana* Walsingham

【别名】苹果纹卷叶蛾、短褶卷叶蛾。

【分布与寄主】此虫在我国分布于东北、华北等地；国外分布于俄罗斯、朝鲜、日本等地。寄主有苹果、梨、樱桃、桑、赤杨等多种果树、林木植物。

【被害症状】以幼虫危害寄主的芽、叶及果实表面，幼虫稍大后常危害贴叶果与相贴果；啃食果皮，蛀食浅层果肉，造成伤疤及小虫眼，被害果遇到多雨季节容易腐烂脱落。

【形态特征】（图 126）

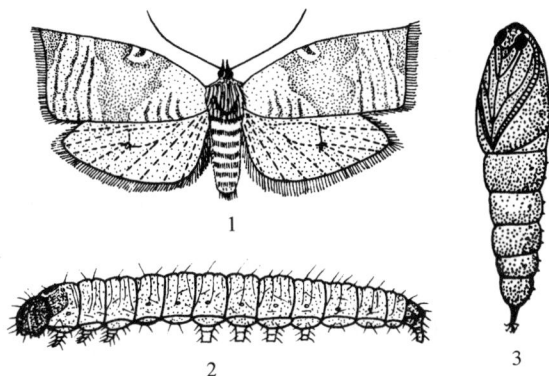

图 126　梨黄卷蛾
1. 成虫；2. 卵；3. 幼虫；4. 蛹

（1）成虫：体长：雄虫 9 ~ 11mm，雌虫 11 ~ 13mm，翅展：雄虫 18 ~ 25mm，雌虫 23 ~ 30mm。腹部第 2 ~ 3 节背面各有一对背穴。雄虫头部及前胸为褐色，前缘褶短于前缘的1/4，前翅黄褐色，斑纹黑褐色，基斑、中横带与端纹清楚；雌虫前翅顶角突出更明显，后翅较雄虫的灰黄色更深些。触角丝状，复眼球形黑褐色。

（2）幼虫：体长 23mm 左右，头部暗褐至茶褐色，体灰绿色或深绿色，背面色较深。前胸盾左右分开，前方色淡，后方黑褐色。前胸黑褐色，中后足淡黄褐色，沿尾缘和腹缘有黑褐色带。臀板色同体色。

（3）蛹：体长9～13mm，头胸部及腹背面黑褐色，腹部腹面黄褐色，腹背各节前缘有黑色横皱，各腹节有2横列刺，前列较粗大。尾端尖细，臀棘8根。

【生活史及习性】此虫1年发生2～3代，以幼虫于枝干粗皮缝隙中、枯枝落叶、杂草等处越冬。翌年春季寄主萌动露绿时出蛰危害，常缠缀芽叶、潜于其中食害，叶展后便卷叶危害，老熟后多于卷叶内化蛹。成虫于6月和8月发生，果树座果后，幼虫便可危害贴叶果和相贴果的果面，一般秋季果实受害较多。秋后末代幼虫经过一段时间的取食后，潜入枝干皮缝中和残附物下越冬。

【防治方法】

（1）冬季或早春清理果园枯枝落叶和杂草，结合刮树皮、堵树洞，消灭越冬幼虫。

（2）摘除虫苞或卷叶团消灭其中幼虫和蛹。

（3）注意保护、利用天敌和卵期释放天敌。

（4）越冬幼虫出蛰盛期和第1代卵孵化盛期施药防治，所用药剂参阅棉褐带卷蛾防治用药。

134　山楂黄卷蛾

【学名】*Archips crataegana* Hübner

【别名】山楂卷叶蛾。

【分布与寄主】此虫在我国分布于东北、华北、华东等地；国外分布于日本、俄罗斯以及欧洲、小亚细亚、非洲等地。寄主有梨、苹果、山楂、樱桃、柑橘、杨、柳、榆、桦、桑等多种果树林木植物。

【被害症状】似 P[179]棉褐带卷蛾。

【形态特征】（图127）

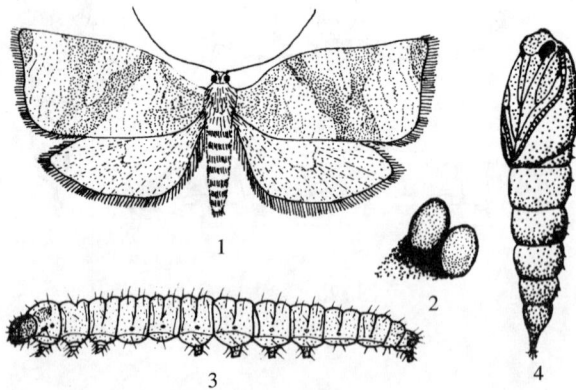

图127　山楂黄卷蛾
1. 成虫；2. 卵；3. 幼虫；4. 蛹

（1）成虫：雌：体长11～13mm，翅展23～29mm，雄：体长9～11mm，翅展18～24mm，成虫与桦黄卷蛾外形极似，主要区别是颜色深且斑纹不太清楚，体黑褐色，前翅棕褐色，翅基及后缘呈蓝灰色，各斑纹红褐色，基斑为指状，中横带上窄下宽，端纹沿外缘向臀角伸展，顶角除棕色外，有一块蓝灰色斑。下唇须发达前伸，复眼球形，褐至黑褐色。

（2）卵：扁椭圆形，初乳白色，后渐变灰黄色。

（3）幼虫：老熟体长约25mm，暗绿至暗黑色，头部、前胸背板、肛上板黑色有光泽，毛片黑色。胸足黑色，腹足浅黄绿色。胴部腹面浅黄色。

（4）蛹：体长10~13mm，黑褐色，腹面黄褐色，尾端尖长，臀刺8根。

【生活史及习性】此虫1年发生1代，以卵于枝条、树干上越冬。翌春寄主萌动露绿时开始孵化，初孵幼虫有吐丝下垂分散转移习性，初龄幼虫常蛀食花芽、花蕾及新芽，被害芽大部枯死，被害花不能结果。幼虫长大后便卷缀芽叶于内危害，老熟后的幼虫于卷叶团内化蛹，6月上旬始见成虫，成虫羽化后不久边开始交尾、产卵。卵成块产于枝干皮缝中，以卵越冬。

【防治方法】参照P₁₈₁棉褐带卷蛾防治方法。

135　栲黄卷蛾

【学名】*Archips xylosteana* L.

【别名】角纹卷叶蛾、梨叶卷叶蛾。

【分布与寄主】此虫在我国分布于东北、华北、中南和华中等地；国外分布于日本、朝鲜、俄罗斯以及欧洲、小亚细亚等地。寄主有苹果、梨、杏、李、杨梅、金丝桃等多种果林植物。

【被害症状】以幼虫危害嫩芽、花蕾，或将叶片卷成筒状栖居其中危害，幼虫有转移危害习性。

【形态特征】（图128）

（1）成虫：翅展：雄虫17~20mm，雌虫21~27mm。腹部第2、3节背面各具一对背穴。头部、前胸为橘黄色；腹部灰褐色，末端具金黄色长毛。前翅棕黄色，有深褐色斑；基斑指形，出自后缘基部，中横带上窄下宽，于近中室外侧有黑褐斑，端纹自前缘斜向后角，下窄上宽，顶角有一黑褐斑。后翅浅褐色，顶角黄色。雄虫前缘褶超过前翅1/2。

（2）卵：扁椭圆形，褐色。

（3）幼虫：老熟体长18mm，灰绿色，头部黑色，前胸背板褐黄色，镶有黑褐色边，胸足1~4节黑褐色，第5节黄褐色，毛片及肛上板褐色，臀栉8个刺。

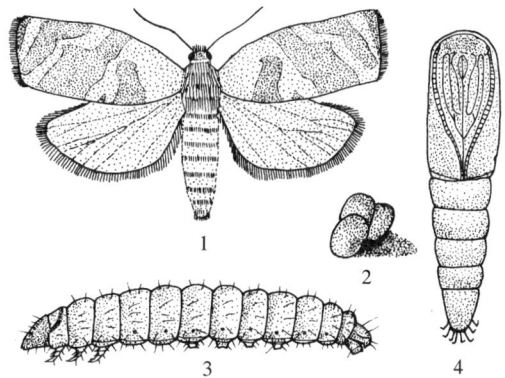

图128　栲黄卷蛾
1. 成虫；2. 卵；3. 幼虫；4. 蛹

（4）蛹：长约12mm，黄褐色，臀棘8根，中央4根较分散，末端弯曲度较小。

【生活史及习性】此虫华北、东北1年发生1代，以卵块于枝条缝隙处越冬。翌春寄主萌动露绿时越冬卵块孵化，于嫩芽、花蕾上危害，6月中旬幼虫陆续老熟化蛹，7月上旬出现成虫。成虫产卵于枝条缝隙处，单雌卵量 250 粒左右。以卵越冬。

【防治方法】参照 P₁₈₁ 棉褐带卷蛾防治方法。

136　黄色卷蛾

【学名】*Choristoneura longicellana* Walsingham

【别名】苹大卷叶蛾、苹果卷蛾、苹梢卷叶蛾、苹黄褐卷叶蛾、苹果大卷叶蛾。

【分布与寄主】此虫在我国分布于黑龙江、吉林、辽宁、河北、山西、河南、山东、安徽、江苏、陕西、湖北等地；国外分布于朝鲜、日本、俄罗斯等地。寄主有苹果、梨、山楂、樱桃、杏、柿、鼠李、柳、栎、山槐等多种果树林木植物。

【被害症状】黄色卷蛾以幼龄幼虫咬食新芽、嫩叶、花蕾，被害症状同棉褐带卷蛾相似，但幼虫在 2 龄后既卷叶侵食叶肉，又啃食果实表皮和萼洼，食害面积较棉褐带卷蛾更大。影响果树正常生长及果实质量。

【形态特征】（图 129）

（1）成虫：体长 10 ~ 13mm，翅展：雄蛾 19 ~ 25mm，雌蛾 23 ~ 29mm。雄头部有浅黄褐色长鳞毛，前翅近方形，前缘褶长，基部具一段缺少；全翅呈浅黄褐色，有深色基斑和中横带，在近基部后缘上有 1 个黑色斑点，中室占全翅长的 4/5。雌前翅延长呈长方形，前缘突出，在近顶角处凹陷，顶角凸出，中室占全翅的 2/3 ~ 3/4，后翅灰褐色，顶角黄色。

（2）卵：约 1mm 左右，扁平椭圆形，黄绿色，卵块数十粒排列成鱼鳞状，近孵化前呈褐色。

（3）幼虫：老熟体长 23 ~ 25mm，黄绿色，头部和前胸背板与胸足均为黄褐色，头壳上具褐色斑纹，单眼区

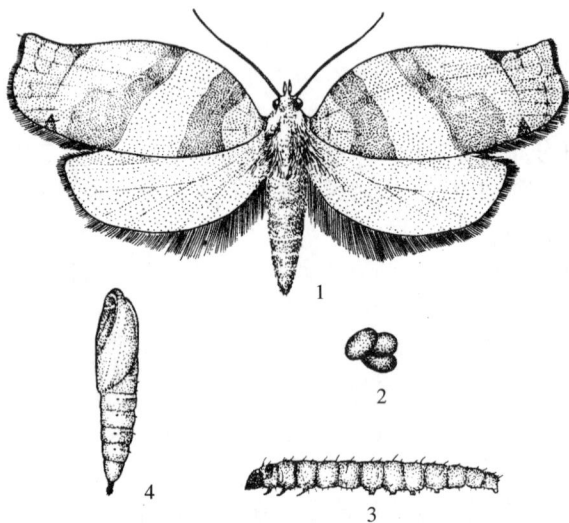

图 129　黄色卷蛾
1. 成虫；2. 卵；3. 幼虫；4. 蛹

黑色，侧后部的斑纹最明显，呈"山"字形。前胸背板沿侧缘及后缘褐色，后缘中线两侧各有一深褐色斑，胸足跗节或胫节褐色，臀栉 5 棘。

（4）蛹：体长 10 ~ 13mm，红褐色，胸部背面黑褐色，腹部略带绿色，背中线明显呈绿色，第 7 ~ 10 腹节的节间色暗黑，尾端具 8 个臀棘。

【生活史及习性】此虫辽宁、河北、陕西等地 1 年发生 2 代，以幼龄幼虫在粗皮缝隙，剪锯口四周或附着于枝干部位的枯叶内结白色丝茧过冬。翌年寄主开始萌动露绿时出蛰活动，并爬至新芽、嫩叶、花蕾等处取食，幼虫稍大后缀叶于内危害，幼虫活泼，稍受惊扰即吐丝下垂。幼虫老熟后，于卷叶内化蛹，蛹期 1 周左右。陕西关中地区越冬代成虫于 6 月上旬出现，6 月中旬为羽化盛期，6 月下旬进入末期，第 1 代成虫发生在 8 月上旬至 9 月上旬，8 月中旬为盛期。

成虫有趋光性和趋化性，昼伏夜出，羽化当日即可交尾、产卵。卵多产于叶片上，卵期 5 ~ 8 天，初孵幼虫能吐丝下垂，随风飘荡分散危害。初龄幼虫多于叶背取食叶肉，2 龄幼虫开始卷叶危害，并可危害贴叶果和相贴果的果皮和果肉。第 2 代幼虫孵化后，危害一段时间后于 10 月寻找适当场所结茧越冬。在雨水频繁的季节，常被赤眼蜂等天敌寄生和被捕食。应注意保护和利用天敌。

【防治方法】参阅 P$_{181}$棉褐带卷蛾防治方法。

137　李小食心虫

【学名】*Grapholitha funebrana* Treitscheke

【别名】李小蠹蛾。

【分布与寄主】此虫在我国分布于东北、华北、西北等地；国外分布于欧洲等地。寄主有李、杏、樱桃、桃、郁李等多种植物。其中以李受害最重。

【被害症状】以幼虫蛀果危害，蛀果前常在果面上吐丝结网，栖于网下开始啃食果皮蛀入果内，早期入果孔为黑色，数日后即有虫粪排出。豆粒大的果实极易大量脱落，以后被害果在入果孔流出大量水珠状果胶滴。入果后蛀食果仁或纵横串食，并串到果柄附近咬坏输导系统，小果变紫红色，呈"红糖馅"不堪食用。有的果园虫果率竟达 80% ~ 90%，造成增产不增收。

【形态特征】（图 130）

（1）成虫：体长 4.5 ~ 7.0mm，翅展 11 ~ 14mm。体背面灰褐色，头部鳞片灰黄色，复眼褐色，唇须背面灰白色，其余部分灰褐色而杂有许多白点，向上举。前翅长方形，烟灰色，没有明显斑纹，前缘有 18 组不很明显的白色钩状纹；后翅梯形，淡烟灰色。本种与梨小食心虫很近似，其主要区别在于：本种前翅较狭长，前翅颜色淡，为烟灰色；前缘白色钩状纹不明显，有 18 组，而梨小食心虫则明显，有 10 组；梨小食心虫前翅中室端部附近有一明显斑点，本种则无。

（2）卵：扁椭圆形，长径 0.6 ~ 0.7mm。初产卵为乳白色半透明，后变为淡黄色。

（3）幼虫：老熟体长约 12mm，头宽约 0.9mm，玫瑰红或桃红色，腹面体色较浅。头部黄褐色。前胸背板浅黄或黄褐色，臀板淡黄褐或玫瑰红色，上有 20 多个深褐色小斑点。腹足趾钩粗短，为不规则双序，而梨小食心虫细长且为单序。臀栉 5 ~ 7 齿。

（4）蛹：体长 6 ~ 7mm，初为淡黄褐色，后变褐色，其外被污白色茧，长约 10mm，纺锤形。

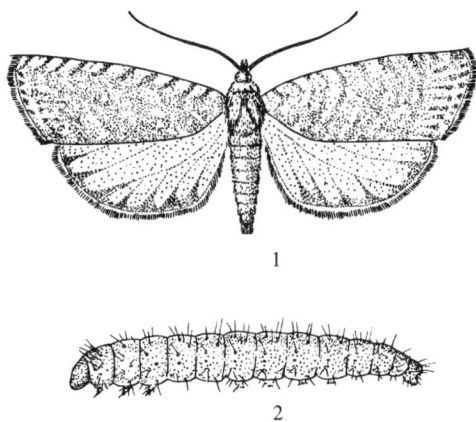

图 130　李小食心虫
1. 成虫；2. 幼虫

【生活史及习性】

(1)生活史：此虫在黑龙江、吉林、辽宁、河北等省区1年发生2代，少数3代，均以老熟幼虫在树冠下距树干35~65cm范围内的0.5~5cm.深的表土内或草根附近、土石块下做茧越冬，以0.5~3.0cm处最多，极少数在树干基部树皮裂缝中越冬。越冬幼虫翌年4月下旬至5月上旬化蛹，越冬代成虫于5月中旬开始出现，5月中下旬为羽化盛期。成虫羽化后经1~2天后开始交尾产卵，卵期1周左右，幼虫约经10天左右即老熟脱果，并顺枝条爬至主干，潜入粗皮缝隙内，或寻找草根、石块下、或钻入浅土层内作茧，经3~4天化蛹，蛹期1周左右。6月中下旬第1代成虫出现，第2代幼虫期约20天，第2代成虫于7月下旬至8月上旬出现，9月中旬采收前，老熟幼虫脱果越冬。

(2)习性：成虫昼伏夜出，有趋光性和趋化性，白天栖息在树下附近的草丛或土块缝隙等隐蔽场所，黄昏时在树冠周围交尾产卵，卵散产在果面上，间或产在叶片上。幼虫孵化后，先在果面上爬行数分钟乃至3小时左右，当寻找到适当部位后即蛀入果内。幼虫危害时多直接蛀入果仁，被害果极易脱落。幼虫蛀食果实2~3天后，在被害果尚未脱落前，即行转果危害，尤其当2~3个果生长靠近时，幼虫更易迁果危害。但随果落地的小幼虫，由于落地虫果很快干枯，多数不能完成幼虫期。第2代幼虫蛀后，不能危害果仁，只蛀食果肉，果实被害后常表现出"流泪"现象，一般每头幼虫只危害1个果实，受害果不脱落。第3代幼虫大部分由果梗基部蛀入，被害果表面无明显症状，但比好果提前成熟和脱落。

雌蛾能分泌性信息素，产卵最低温度为15℃，最适温度为24~26℃，卵量平均为50多粒。

【防治方法】 根据李小食心虫的越冬习性，应以树下防治为主，树上防治为辅，结合其他环节的防治办法，可提高防治效果。

(1)树干基部培土：在越冬代成虫羽化出土前，在树盘干基周围50~70cm地面培以10cm厚的土堆，并予踩紧踏实，使羽化后的成虫不能出土，其法还可防治其他在树干周围越冬的害虫，如桃蛀果蛾越冬幼虫，同时结合整地、除草、刮树皮消灭越冬虫源。但要注意及时撒土、松土，以免果树翻根。

(2)地面施药：在越冬代成虫羽化前(李树落花后)或第1代幼虫脱果前(5月下旬)在树盘下喷布50%辛硫磷乳油每亩0.5kg左右，或80%敌敌畏乳油800~1000倍液、90%敌百虫500倍液、2.5%溴氰菊酯乳油2000倍液，喷后用耙子耙匀，以便药土混合均匀，提高杀虫效果。

(3)树上用药：在卵盛期可喷布40%毒死蜱乳油1000倍液、50%辛硫磷乳油2000倍液对卵有特效，80%敌敌畏乳油1000倍液、90%敌百虫1000倍液、2.5%溴氰菊酯乳油2000倍液、20%灭扫利乳油2000倍液，对初孵幼虫有良好的防治效果。由于越冬代成虫发生期长达1个月，一般应喷两次，重点保果。

(4)诱杀成虫：使用灯光诱杀或糖醋液诱杀，对成虫均有良好的杀伤效果。

138　苹小食心虫

【学名】 *Grapholitha inopinata* Heinrich

【别名】 苹果小食心虫、东北小食心虫、苹果小蛀蛾、苹果小果蠹蛾。

【分布与寄主】 此虫在我国分布于东北、华北、西北等地；国外分布于朝鲜、日本等地。寄主有苹果、梨、沙果、山楂、海棠、榅桲、山荆子、花红、桃、李等多种果树植物。

【被害症状】苹小食心虫主要以幼虫蛀食果实，多从果实胴部蛀入，并局限于果皮下浅层危害，很少深入果心，蛀果后2～3天，虫疤上出现2～3个排粪小孔，并在其四周出现红色小圈，蛀入孔3～4天流出第1次果胶，7～14天后再流第2次果胶。虫疤近圆形，直径8～12mm，表面褐色，稍凹陷并干裂，排粪小孔外常堆有少许呈褐色的虫粪。虫疤长期不变质腐烂，故果农常称之为"干疤"。危害严重时，虫果易早落。苹小食心虫幼虫危害小型果实如海棠、山楂、山荆子时可蛀食果心。"干疤"是苹小食心虫典型的不同于其他食心虫危害的症状之一，很容易区分和识别。

【形态特征】（图131）

（1）成虫：体长4.5～5.0mm，翅展10～11mm。雌雄蛾形态差异极小。全体暗褐色，有紫色光泽，头部鳞片灰色，触角背面暗褐色，每节端部白色；唇须灰色，略向上翘。前翅前缘具有7～9组大小不等的白色钩状纹，翅面上有许多白色鳞片形成白色斑点，近外缘处的白色斑点排列整齐。外缘显著斜走。静止时，两前翅合拢后外缘所成之角约90°或小于90°。肛上纹不明显，有四块黑色斑，顶角还有一较大的黑斑，缘毛灰褐色。后翅比前翅色浅，腹部和足浅灰褐色。

（2）卵：扁椭圆形，中央隆起，周缘扁平，表面间或有明显而不规则的细皱纹。初产乳白色，后变淡黄色，半透明，有光泽，近孵化时为淡黄褐色。

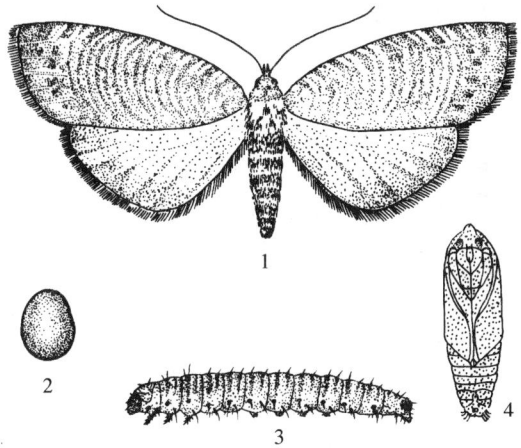

图131　苹小食心虫
1. 成虫；2. 卵；3. 幼虫；4. 蛹

（3）幼虫：老熟体长6.5～9.0mm，全体非骨化区淡黄或淡红色。头部淡黄褐色，前胸盾淡黄褐色，前胸侧毛组3毛，各体节背面有两条桃红色横纹，前面一条粗大，后面一条细小。臀板淡褐色，具不规则的深色斑纹，臀栉深褐色4～6齿，腹足趾钩单序环15～34不等，大多25个左右，臀足趾钩10～29个，多为15～20个。

（4）蛹：体长4.5～5.6mm，黄褐色或黄色，第1腹节背面无刺，第2～7腹节背面前缘和后缘各有成列小刺，第3～7腹节前缘的小刺成片，第8～10腹节只有一列较大的刺。腹末具8根钩状刺毛。茧为长椭圆形，灰白色。

【生活史及习性】

（1）生活史：苹小食心虫在苹果树上1年发生2代，以老熟幼虫在枝干、根颈部的粗皮缝隙处和剪锯口四周死皮裂缝内以及吊枝绳、果筐等处结茧越冬。越冬幼虫于翌年5月开始化蛹，蛹期20天左右，6月上中旬出现越冬代成虫。成虫羽化后1～3天开始交尾产卵，每雌产卵45粒左右，卵期1周左右。幼虫孵化后在果内危害约经18～30天后，最早在7月上中旬脱果。大部分于7月下旬至8月上旬脱果化蛹。再经半月左右的蛹期后，羽化为第1代成虫。第2代卵初期为7月下旬，盛期在8月，卵期为3～5天，在果内危害20余天后老熟脱果。脱果盛期在9月上旬，幼虫脱果后即爬至越冬场所结茧越冬。山东半岛发生危害要提前一旬左右。

苹小食心虫在梨树上1年发生1代，只有少数可发生2代。越冬幼虫于6月下旬至7月上旬化蛹，盛期在7月上中旬。蛹期在温度25℃的条件下为13天左右。成虫发生初期为7月上旬，盛期在7月中下旬。卵期5天左右，幼虫在果内危害32天左右后老熟，于8月上旬开始脱果，盛期在9月上中旬。

(2)习性：老熟幼虫在树体上越冬虫数的多少与果实成熟期和采收期的早晚有关，成熟愈晚的品种，其越冬虫数越多；成熟愈早的品种，越冬虫数越少，有的甚至没有越冬幼虫，如红魁、黄魁等品种。老熟幼虫在树体上的越冬部位与树龄有关，在大树、老龄树上，越冬幼虫多在树体上部枝条的剪锯口，梨潜皮蛾幼虫危害的爆皮下(约占63.5%～85.7%)越冬；在龄期小、小树上，多在树体下部主干的老翘皮下(约占90%以上)越冬。因此，刮树皮防治越冬幼虫时，应根据品种和树龄确定防治目标，这样可节省劳力和提高除虫的效果。

成虫昼伏夜出，黄昏活动较盛，对苹果醋、糖蜜、糖醋液、茴香油和黄樟油均有趋性，但趋光性不强。成虫喜将卵散产在光滑的果面上，大多卵均落在果实的胴部，萼洼、梗洼处卵很少。因此，在施用杀卵药剂时，应重点放在果面上。在梨树上，成虫卵主要产在果实上，少数产在叶片上。

初孵幼虫在果面卵壳附近爬行20分钟左右后，咬破并蚕食果皮，约近1小时后，开始在适当的部位蛀入果内，幼虫在果内历期因种而异。据研究观察，在红玉果实中为20.9天，在国光内为28.9天。幼虫向四周扩展，很少深入果心。在梨树上，苹小食心虫幼虫蛀果期因品种不同而异。最早是酥梨和鸭梨，7月上旬开始，蛀果率约7%，7月下旬蛀果率约31%；其次为红梨，约比酥梨，鸭梨迟一旬左右，8月上旬蛀果率约37%；当晚期花盖梨(约8月中旬)蛀果率为28%时，酥梨、鸭梨、秋白梨蛀果率已均达71%。因此梨树上进行虫情测报和药剂防治时，不能单纯依靠卵果率作为防治指标，还应根据不同品种的蛀果期，分别进行测报与防治。

【发生与环境的关系】

(1)温、湿度的影响：苹小食心虫的发生与温度和湿度有密切的关系，据测定，当温度为21～29℃，相对湿度在75%～95%时，有利于成虫产卵，当温度低于17℃或高于35℃时，不利于成虫产卵，成虫产卵的最适温度为25～29℃，相对湿度为95%。

卵孵化的最适温度范围在19～29℃，相对湿度在75%～98%，此时卵的孵化率在90%以上。当温度低于14℃或高于34℃时对卵有明显的致死作用，特别是相对湿度低于50%，此时卵全部不能孵化。但温度提高到36℃，相对湿度为100%时，产在山荆子上的卵仍能全部孵化，说明在高湿条件下，卵对高温的抵抗力是较强的。

幼虫在25℃时的成活率最高，为62.5%，29℃时成活率为57.1%，21℃时成活率为48%，17℃以下和34℃以上时的幼虫成活率明显降低。温度在17℃和34℃，相对湿度为50%的条件下，越冬代蛹的成活率明显下降，但第1代蛹只稍有下降。

(2)光照的影响：据报道，在辽南苹果产区，苹小食心虫第1代幼虫在7月15～20日脱果的，发生滞育的仅占0.5%，8月1日脱果的，滞育率增加到40%，8月6～10日脱果的，滞育率为78.8%，8月底脱果的，滞育率100%。试验证明，温度在25℃的条件下，如果每日光照大于15小时，苹小食心虫幼虫全部或几乎全部不进入滞育虫态，如果每日光照小于13小时，则全部进入滞育虫态。由此可见，幼虫发育期间的温度对滞育有一定的影响，但不是主导因素，光照时数则是左右发生世代的重要条件。

(3)天敌的影响：苹小食心虫的天敌主要有 *Phaedrotonus* sp. 和 *Mesochorus* sp. 等两种姬蜂，另外还有步甲、蜘蛛和蚂蚁等。

【虫情测报】

(1)成虫羽化期调查：在苹小食心虫发生的地区，应重点预测两代成虫的发生与消长，具体方法有：

①田间笼罩养越冬茧：在苹小食心虫发生前，在田间仔细挖取完好无损的越冬茧200~500头，放于底部铺湿沙，中间垫锯末，上面放草纸的罐头瓶中。罐头瓶应置于盛水瓷盆中，水面不能超过瓶的2/3，然后用纱笼罩好在树冠下，逐日调查羽化蛾的数量，直到羽化结束。

②糖醋液诱蛾法：使用苹果醋、糖蜜、茴香油或黄樟油诱集成虫，方法是在越冬代成虫羽化前，选择上年苹小食心虫发生严重的地块，按五点抽样法设置诱蛾盆，隔天早晨检查记录落盆蛾数，当发生第1头成虫后，应每天调查记载，直到结束，同时应每隔5天更换一次诱液。从成虫开始羽化分别向后推算11天或9天，即为越冬代和第1代成虫的羽化盛期。同时应根据当时气候条件予以订正。

(2)卵发生期调查：当越冬代成虫累计羽化率达25%，第1代达30%时，即为成虫羽化盛期。从越冬代和第1代成虫羽化盛期，分别向后推9天和6天，即为第1代和第2代卵孵盛期。上述推算的结果还应配合田间查卵予以订正。从5月下旬开始，每3天查卵1次，随机抽查3~5株树，每株抽查100~150个果，当卵果率达到0.5%~1%时，即需喷药防治。在梨树上，除卵果率作为防治指标外，还应根据不同品种的蛀果期作出准确的测报。

【防治方法】

(1)消灭越冬幼虫：早春果树发芽前，结合刮治腐烂病，彻底刮除老皮、翘皮下的越冬幼虫，处理吊树用的支竿和草绳，集中处理或烧毁。树下的枯枝落叶和杂草也应清除烧掉。

(2)诱杀脱果幼虫：幼虫脱果前，在树干、侧枝、剪锯口处绑麻袋片或束草，收集脱果幼虫，集中消灭。果实采收期，在堆果上铺盖麻袋和草袋，待幼虫潜入后，集中消灭。

(3)摘除虫果：在苹小食心虫发生不重的果园，可结合疏果，摘除虫果和拣拾虫果，集中处理，这是经济有效的防治办法。

(4)树上喷药防治蛀果：越冬代成虫发生期和第1代成虫发生期喷布50%辛硫磷乳油1500倍液，或50%杀螟松乳油1000倍液。第1代和第2代卵盛期各喷1次，以50%辛硫磷乳油1500倍和50%杀螟松乳油防治最佳。成虫发生期如果使用上述两种药，那么第1代与第2代卵盛期应改用2.5%溴氰菊酯乳油或2.5%功夫乳油2000倍液，防治效果也很理想。

(5)利用成虫的趋化性：可利用糖醋液(清水10份、红糖0.5份、醋1份或果醋1份、清水1份、红糖少许，混合后溶化均匀再加入几滴八角茴香油)诱集成虫，同时可作为预测成虫发生期的手段(如前所述)。

(6)套袋法防治：请参考 P168桃蛀果蛾防治法之6。

139　梨小食心虫

【学名】 *Grapholitha molesta* Busck
【别名】 东方蛀果蛾、梨食卷叶蛾、梨姬食心虫、东方果蠹蛾。
【分布与寄主】 梨小食心虫在我国除西藏未见报道外广布于全国各地，尤以东北、华北、华东、西北各桃、梨等果产区发生最普遍；在国外分布于亚洲、欧洲、美洲以及澳大利亚等地，为世界性害虫。其寄主可根据幼虫在不同植物上的不同危害部位可分为：①危害桃、苹果、李、杏、海棠、樱桃、杨梅等寄主的新梢；②危害梨、苹果、李、梅、杏、枣、木瓜、樱桃、山楂、榅桲、枇杷等寄主的果实；③危害枇杷等寄主的幼苗或嫩枝的枝干。尤以梨、桃混植果园此虫发生更为严重。

【被害症状】 梨小食心虫以幼虫蛀食桃、杏、苹果等寄主的新梢和梨、桃、苹果等寄主的果实。危害新梢时，以初孵幼虫从梢端 2 ~ 3 片叶子的基部蛀入梢中并向下食害髓部，蛀孔处不久边向蛀孔外流出树胶，并有粒状虫粪，被害梢先端凋萎，继而数叶下垂，最后新梢变黑枯死，危害果实时，幼虫多从果实两端或两果相接处蛀入，被害蛀入孔较小，入果后直达果心，并食害种子，但不纵横串食。虫道内有丝线，脱果孔粗大，孔口有虫粪和丝网，受害早的梨果，蛀孔变为青绿色，稍凹陷；受害晚的则无此症状，但孔外有虫粪，数日后蛀入孔或脱果孔周围由于菌类侵入或遇雨季而引起变黑腐烂(故有"黑膏药"之称)。桃果被害时，幼虫多从梗洼处蛀入，向果心食害，蛀道内有虫粪。梨小食心虫危害苹果的症状与桃蛀果蛾危害的症状相似，但从幼虫有无臀栉来区别，即前者有，后者则无。

【形态特征】（图 132）

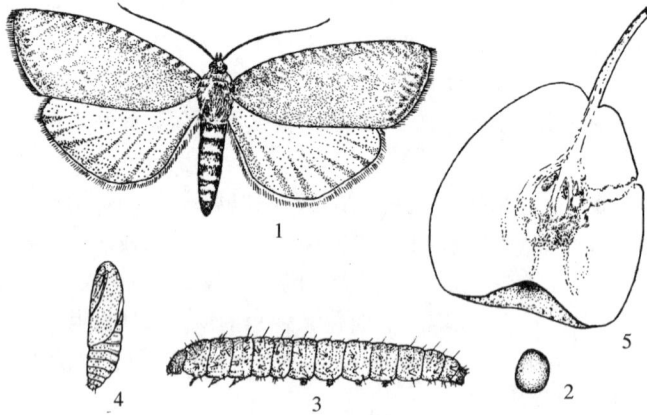

图 132　梨小食心虫
1. 成虫；2. 卵；3. 幼虫；4. 蛹；5. 被害状

（1）成虫：体长 4.6 ~ 6.0mm，翅展 10.6 ~ 15.0mm。全体灰褐色，无光泽。前翅灰褐色，无紫色光泽(苹小食心虫全体带紫色光泽)。头部具有灰褐色鳞片；触角丝状，下唇须灰褐色向上翘。前翅混杂白色鳞片，中室外缘附近有一个白斑点是本种显著特征。肛上纹不明显，有 2 条竖带，4 条黑褐色横纹。前翅前缘约有 10 组白色钩状纹，近外缘有 10 余个小黑点。后翅暗褐色，基部较淡，缘毛黄褐色。与苹小食心虫的另外一个区别为前翅外缘不很倾斜。静止时两翅合拢，两外缘构成钝角，而苹小食心虫两外缘构成锐角。各足跗节末端灰白色。腹部灰褐色。

（2）卵：扁椭圆形，体长 0.6mm 左右，半透明，中部隆起，初孵乳白色，后淡黄白色。

（3）幼虫：老熟体长 10 ~ 13mm，初孵化时白色，头与前胸盾黑色。数日后非骨化部分淡黄白色或粉红色。头部黄褐色，前胸背板浅黄白色或黄褐色，臀板浅黄褐色或粉红色，上有深褐色斑点。腹部末端具臀栉 4 ~ 7 刺，用以弹去粪粒，可据此特征与桃蛀果蛾幼虫

（无臀栉）相区别。腹部背面每节无桃红色横纹，可与苹小食心虫幼虫相区别。前胸侧毛组3毛，腹足趾钩单序环。

（4）蛹：体长6～7mm，纺锤形，黄褐色，复眼黑色。第3～7腹节背面有2行刺突，第8至第10腹节各有一行较大的刺突，腹部末端有8根钩刺。茧长10mm左右，扁椭圆形，丝质白色。

【生活史及习性】

（1）生活史：梨小食心虫1年发生的代数因地区不同而有明显差异，华北及辽南等地1年发生3～4代，黄河故道及陕西关中地区1年发生4～5代，南方各省1年发生约6～7代。各地均以老熟幼虫主要在树体翘皮裂缝中结茧越冬或在树干基部接近土面的根际处或地表面土中越冬，或在果实仓库、堆果场及其果品包装点、包装器材等处越冬。但以梨树和桃树老翘皮下（主干约占55%，主枝约占38%）越冬为主。

1年发生3～4代的桃、梨混种地区；越冬幼虫最早于4月上中旬化蛹，越冬代成虫一般出现在4月中旬至6月中旬。这一代成虫卵主要产在桃树新梢上，卵盛期为4月下旬至5月。

第1代成虫大部分发生于5月，主要危害桃梢。成虫发生于6月中旬至8月上旬，卵大多产在桃树上，少部分产在梨树上，卵盛期在6月至7月上旬。

第2代幼虫大部分发生于7月，主要危害桃梢，也有少部分危害桃果及早熟品种的梨果。成虫发生于7月中旬左右至8月下旬，卵主要产在梨树上，少数落在桃树上，卵盛期在7月中旬至8月上旬。

第3代幼虫大部分发生于7月底、8月初。主要危害梨果。成虫发生于8月中旬至9月下旬，卵主要产在梨树上，卵盛期在8月下旬左右。第4代幼虫大部分发生于8月下旬至10月，完全危害果实，10月中旬陆续脱果越冬。

根据上述梨小食心虫发生时期可知：①梨小食心虫各代发生不整齐，世代明显重叠；②各虫态发育历期：成虫寿命为5天左右，卵期4～7天，幼虫期15～26天，蛹期为10～15天，前蛹期3～4天；③从桃及梨上卵量的全年消长来看：桃梢着卵从4月下旬开始至9月，全年中以6月着卵量最大。梨果上一般自6月开始着卵直至果实采收，但以8月下旬着卵最多；④在1年发生3～4代的地区，春夏季发生的世代（第1代和第2代幼虫）主要蛀食桃梢，夏秋季发生的世代（第2代和第3代幼虫）一部分危害新梢，一部分危害果实。第4代是局部世代，主要加害采收后的梨果，往往在当年不能完成发育。

（2）习性：梨小食心虫的越冬场所复杂，越冬茧的密度在各品种间差异很大，一般早熟品种受害早；采收早，因而树干上冬茧相对少，主要集中在中、晚熟且受害严重的品种上。幼树在主干分权处较多；大树则以树皮粗糙及其剪锯口或树洞处为多，因此刮树皮时应作为重点处理。

梨小食心虫成虫白天多静伏在叶、枝和杂草等处，黄昏后活动，对糖醋液、果汁、黑光灯及异性有强烈的趋性。产卵前需要取食花蜜补充营养，夜间产卵，散产，前期喜产于桃、杏等上部嫩梢和幼树上，以产在上部嫩梢第3～7片叶的背面近主脉处为多，后期喜产于梨果胴部和肩部，尤其是两果靠拢处和桃、杏的果沟附近。品种以味甜、皮薄、质细的酥梨、鸭梨、慈梨、秋白梨、今春秋、明月梨等品种落卵最多，受害最重，品质差，石细胞多的品种受害则轻。每雌产卵70～80粒。幼虫具有转梢，转果危害习性。危害桃梢时，多至梢顶嫩叶的基部蛀入梢内，并向下蛀食，当蛀到硬化部分，又从蛀孔爬出，转至他梢危害，被害蛀道长 7~30mm，1 头幼虫可危害 2~3 个新梢，幼虫老熟后在桃树枝干翘皮裂缝等处化蛹。产于果实上的卵孵化后，幼虫先在果面爬行，然后由萼洼或梗洼处蛀入果心，排粪便于果内，蛀孔周围变黑腐烂，形成黑疤。幼虫老熟后爬出果外，在树干基部翘皮缝隙间作茧化蛹或就地在果内化蛹。幼虫的蛀入率高达 100%，成活率在 70% 以上，危害梨果蛀入率为 40%~50%，一般 1 果内只有 1 头幼虫。

【发生与环境的关系】

（1）温度：梨小食心虫在平均温度 10℃ 以上开始化蛹。成虫活动产卵的适宜温度为 21.5~23.5℃，在越冬代成虫产卵期，晚上 8 时温度低于 18℃ 时产卵量减少，高于 19℃ 产卵量增多，在适宜的温度范围内，梨小食心虫发育天数随温度的升高而缩短。

（2）湿度：梨小食心虫成虫活动交尾要求 70% 以上的相对湿度，因此在雨水多的年份，湿度高对成虫繁殖有利，产卵量大，危害严重。

（3）光照：幼虫脱果后，在适宜的温度范围内，是否化蛹，主要决定于幼虫生活期的光照长度，在每日 14 小时以上的光照条件下发育的幼虫几乎全不滞育，当光照在 11~13 小时的情况下，可使 90% 以上的幼虫进入滞育。

（4）天敌的影响：梨小食心虫有多种天敌，常见的种类有：松毛虫赤眼蜂，寄生于卵，中国齿腿姬蜂，寄主于幼虫，第 1、2 代幼虫寄生率可达 30% 左右。其他天敌尚有食心虫纵条小茧蜂（*Microdus* sp.）、梨小食心虫白茧蜂（*Phanerotoma planifrons*）、长距茧蜂（*Macrocentrus anoylivorus*）、食心虫扁股小蜂（*Elasmus* sp.）、黑青金小蜂（*Dibrachys cavus*）、黄眶离缘姬蜂、纯唇姬蜂（*Eriborus* sp.）、黑胸茧蜂（*Bracon nigrorufum*）、卷叶蛾赛寄蝇等。

【虫情预测】

（1）成虫发生期测报：

①使用糖醋液诱集：红糖 1 份、醋 4 份、果酒 0.5 份、水 10 份混合，放于碗中，傍晚挂到田间，逐日记载诱蛾数，夏季糖醋液容易变质，因而可改用红糖 2 份、果酒 1 份、醋 2 份混合，不兑水，用鸡蛋大小的棉球浸糖醋液挂在水碗上面，碗内盛满 0.1% 洗衣粉水。

②使用性信息素诱集：在果园内选 5~6 株果树，间隔 30~50m，距离地面 1.5mm 的树荫处，各悬挂一个性诱剂诱捕器（或口径为 16cm 的瓷碗），用细铁丝穿一根诱芯（聚乙烯管为载体含性诱剂 0.5mg）横置碗上中央部位，碗内盛 0.1% 洗衣粉水（诱芯距水面 1cm），然后把其挂于果园中，当成虫连续出现且数量猛增时，表明已进入羽化盛期。

③使用黑光灯诱集：根据梨小食心虫成虫有较强的趋光性，可用灯光诱集，调查成虫羽化盛期。

（2）产卵期和幼虫孵化期测报：

①田间查卵法：选择果园主栽培品种 2~3 个，每品种固定 5~10 株，每株在上部、内部、外部共查梨果 100~200 个，记载有卵果数，然后把卵除掉。一般从 6 月开始，卵果出现前，隔天查一次，卵果出现后每天查一次。当卵果率为 0.5%~1% 左右需及时喷药防治。

②由成虫期推测：梨小食心虫成虫盛发期后 3~5 日即为产卵盛期，成虫盛发后 1 周即为幼虫孵化盛期。此时即为果园用药适时。

【防治方法】

（1）农业防治法：建立新果园时，尽可能避免桃、梨、苹果、杏、李、山楂、樱桃、枇杷混栽或近距离栽培；在已混栽的果园内，应重点防治梨小食心虫的主要寄主植物。做到合理配置树种，合理防治。

（2）人工防治法：

①消灭越冬幼虫：早春发芽前，进行刮树皮，刮下的树皮集中烧毁；耕翻树旁及根际，压死土内越冬幼虫；越冬幼虫脱果前，在主枝主干上束草诱杀脱果越冬的幼虫；清理果箱、果筐、堆果场的越冬幼虫。

②剪除受害梢、摘掉或拾捡被害果：4～6月及时剪除被害的虫梢，8月前后经常检查被害果，及时摘除或拾捡，并集中深埋。

③利用人工合成的梨小食心虫性外激素的诱芯和粘虫胶，制成诱捕器诱杀雄成虫，减少雌雄交配机会，从而达到杀虫的目的。也可悬挂带诱芯的糖醋液盆，诱芯距液面1.5cm。每6亩悬挂诱捕器5～10个，每个诱捕器悬挂诱芯2个，距地面1.5m，最好每个月更换1次诱芯。

④黑光灯捕杀：梨小食心虫成虫对黑光灯有一定的趋性，每45亩安装1盏黑光杀虫灯，可捕杀大量成虫，降低虫口密度。

（3）生物防治：梨小食心虫产卵初盛期，释放松毛虫赤眼蜂，每5天放一次，每次每亩3万头左右，可有效地防治第1、2代卵，田间寄生率可达70%～80%。此外，白僵菌和杀螟杆菌对防治初孵幼虫及越冬幼虫均有一定效果。

（4）化学防治：应掌握各代成虫盛发期和产卵孵化高峰期或当卵果率达到防治指标时，及时喷药，定会收到良好的防治效果。常用的药剂有：50%杀螟松乳油1000倍液、50%辛硫磷乳油1500倍液、40%毒死蜱乳油1500倍液、2.5%溴氰菊酯乳油2000倍液、90%敌百虫乳油1000倍液、20%杀灭菊酯2000倍液、20%甲氰菊酯乳油2000倍液。喷药应在果实采收前1个月进行。

（5）套袋防治法：危害果实的卵多产在果萼洼处或两果挨处，套袋即可防止成虫产卵于果面上。套袋前必须严格喷施1遍杀虫杀菌剂，最好边喷药边套袋，喷药后必须在4天之内套完。一定要做到全园每果必套。注意把袋口绑严，防治幼虫从袋口钻入危害。

140　柑橘长卷蛾

【学名】*Homona coffearia* Meyrick

【别名】褐带长卷蛾。

【分布与寄主】此虫在我国分布于华北、华东、华南及南方各地；国外分布于印度、印度尼西亚、斯里兰卡等地。寄主有苹果、梨、桃、李、梅、柑橘、荔枝、石榴、枇杷、柿、银杏等多种果树林木植物。

【被害症状】似 P_{179} 棉褐带卷蛾。

【形态特征】（图133）

（1）成虫：体长：雄6～8mm，雌9～11mm；翅展：雄16～20mm，雌25～30mm。全体暗褐色，头顶具浓黑褐色鳞片，触角丝状，复眼球形黑褐色。唇须向上弯曲，伸达至复眼前缘。前翅暗褐色，有黑褐色宽中横带由前缘斜向后缘，顶角也常呈深褐色。后翅淡黄色。雌蛾翅甚长，雄蛾较短，仅遮盖腹部。雄蛾具短而宽的前缘褶。

（2）卵：扁椭圆形，浅黄色，常数十粒作鱼鳞状排列。

（3）幼虫：老熟体长约22mm，头部褐色，体浅绿至暗绿色。前胸盾及后缘黑色；前胸侧下方具2个褐色椭圆形斑。

(4)蛹：长约 11mm，黄褐至茶褐色。体疏生刚毛，第 2～8 腹节背面具 2 横列小刺；臀棘 8 根。

【生活史及习性】此虫华北 1 年发生 4 代，南方各地 6 代，均以幼龄幼虫于卷叶内或枝干皮缝中及杂草落叶中越冬。翌春寄主萌动露绿时出蛰危害，老熟后多于卷叶团中化蛹，华北各代成虫发生期为 5 月上旬前后、6～7 月、8 月、9～10 月。

成虫昼伏夜出，有趋光性，羽化后不久即交尾产卵，卵多堆产于叶背。幼虫孵化后分散转移，吐丝下垂随风飘荡传播，并缀合嫩叶成巢栖居其中危害，低龄时蛀入新梢内危害，并可蛀食幼果。稍大后则卷缀数叶成巢，白天潜伏巢内，夜出危害，常将贴叶果或相贴果的果皮或果肉危害成残缺。并以末代幼龄幼虫越冬。

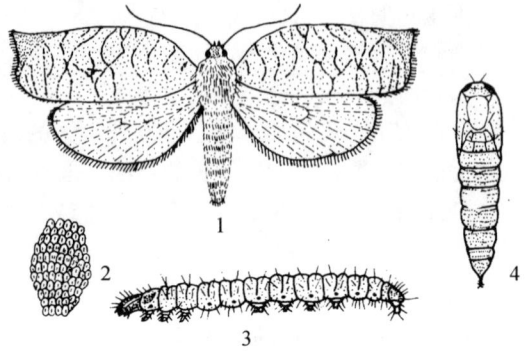

图 133　柑橘长卷蛾
1. 成虫；2. 卵；3. 幼虫；4. 蛹

【防治方法】参照 P_{181} 棉褐带卷蛾防治方法。

141　苹果小卷蛾

【学名】*Laspeyresia pomonella* L.

【别名】苹果蠹蛾。

【分布与寄主】此虫在我国仅发生于新疆，是我国检疫对象；在国外除亚洲一些地区，几乎世界各地凡是苹果产地均有分布。主要寄主有苹果、沙果、梨、杏、桃、榅桲以及许多蔷薇科野生种类的果实。

【被害症状】以幼虫钻蛀果实危害，从胴部蛀入后深入果心食害种子，亦串食果内，严重发生时，果实外部大小虫孔累累，果内幼虫虫龄不等。苹果和沙果被害后，蛀孔外部常成串缀连褐色虫粪。香梨被蛀后所排出的虫粪为黑色。杏被害后，杏内常留有黄褐色虫粪。幼虫蛀果后，不仅降低果品质量，常造成大量落果。一头幼虫可蛀食 2 个或 2 个以上的果实。

【形态特征】（图 134）

(1)成虫：体长约 8mm，翅展 19～20mm。全体灰褐色，带紫色光泽。前翅臀角处有深褐色大圆斑，内有 3 条青铜色条纹，其间显出 4～5 条褐色横纹。翅基部淡褐色，中部色更浅，均布有褐色斜行的波状纹。雄蛾前翅反面中室后缘有一黑褐色条斑，后翅正面中部有一个深褐色的长毛刷，仅有 1 根较粗的翅僵。雌蛾无斑及长毛刷，有 4 根较细的翅僵。

(2)卵：椭圆形，极扁平，长径 1.1～1.2mm。初产卵半透明，后中部变黄并显出一红圈。

(3)幼虫：老熟体长 14～18mm。淡红至红色。前胸侧毛组 3 毛，无臀栉，腹足趾钩单序缺环，雄幼虫第 5 腹节背面之内可见 1 一对紫红色睾丸。

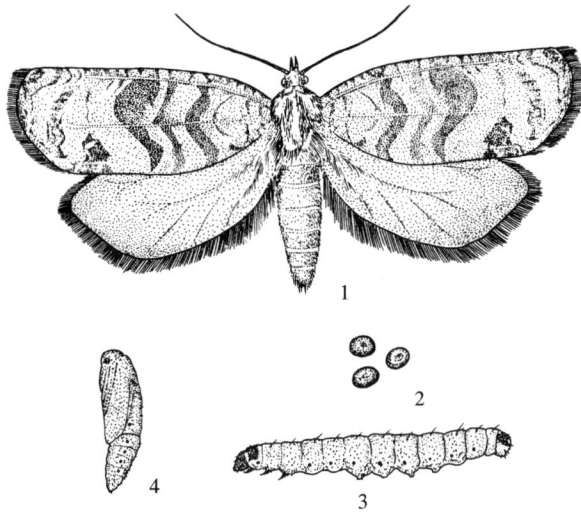

图 134　苹果小卷蛾
1. 成虫；2. 幼虫；3. 蛹

（4）蛹：体长 7～10mm。第 2～7 腹节背面各有 2 排整齐的刺，前排粗大，后排细小。第 8～10 节背面则为一排。肛孔两侧各有 2 根钩状毛，腹末背面有刚毛 2 根，腹面 4 根。

【生活史及习性】

（1）生活史：此虫新疆南部的库尔勒 1 年发生 3 代，北部的石河子、伊犁 1 年完成 2 个完整的世代和 1 个不完整的第三代。各地均以老熟幼虫在树皮下和干基部土中结茧越冬。第 1 代危害期在 5 月下旬至 7 月下旬，第 2 代危害期在 7 月中旬至 9 月上旬。而在伊犁完成 1 代大约需 45～54 天，第 1 代幼虫结束时，有半数以上进入滞育状态。当早春气温超过 9℃ 以后几天，越冬幼虫进入蛹期。越冬代蛹期为 22.3～30.6 天。第 1 代前蛹期 9 天，蛹期 13 天左右。第 2 代前蛹期约 11 天，蛹期约 16 天。越冬代化蛹达盛期时，成虫开始羽化，伊犁越冬代羽化初期为 5 月上旬，盛期在 5 月下旬，末期在 6 月上旬，第 1 代羽化高峰在 7 月中旬，卵前期 3～6 天，每雌产卵 40 余粒，最多可达 140 余粒。卵期：在库尔勒第 1 代为 4～13 天，平均 10 天左右，第 2 代为 3～11 天，平均 7 天左右。

（2）习性：成虫昼伏夜出，日落后活动最盛，至午夜停止活动，在日平均气温低于 12℃ 时不产卵，开始产卵后 2～3 日内即可产完卵，卵量随幼虫蛀食品种不同而异。卵散产于果实及叶片正、反面，第 1 代卵以果丛附近叶片上为多，第 2 代卵以果实上较多，卵粒在树上的分布以上层果实及叶片最多，中层次之，下层较少。果树种植稀疏，树冠四周空旷，以向阳面着卵多。就树种而言，以中熟和晚熟的苹果和沙果上着卵多，其次是梨树。

幼虫开始蛀果时不吞食果皮，质地较软的果多从胴部蛀入，较硬的多由萼洼处蛀入，杏多从梗洼处蛀入。幼虫共 5 龄，危害苹果时有转果危害的习性，幼虫偏食种子，一头幼虫常危害几个果，低龄时一果内有数头幼虫危害。危害严重时常出现纵横穿食果肉的情况。幼虫蛀食 30 天左右脱果，但不同品种有所差异，约相差一旬左右。随纬度的增加，分布地区往北移，幼虫越冬场所由树干中部转向下部乃至土壤中。

【防治方法】

（1）检疫防治：此虫是世界性的重要蛀果害虫，应严禁从疫区调运果品。从有此虫的国家输入果品时，必须经过严格的检疫，防止此虫传播蔓延。

（2）农业防治：

①清洁果园：随时清理果园中的杂物、杂草以及修剪下的树枝，形成一个不利于苹果蠹蛾幼虫藏匿的环境；及时清除落果并带出果园深埋或销毁，降低苹果蠹蛾越夏越冬基数。

②刮除老皮：冬春农闲时，全园刮除主干、主枝基部的老翘皮，并收集干净，带出果园集中烧毁，消灭越冬幼虫。

③果实套袋：在苹果蠹蛾卵孵化前，给果实套袋，阻止幼虫蛀果危害。

④树干束物：在7～8月，选用破麻袋、旧衣物或旧草帘在果树主干和主枝基部绑上40～50cm宽的诱集物，诱脱果幼虫，并及时解下消灭幼虫。

⑤清除弃管果园：在发生区及周边，全面清理弃管果园，彻底拔除所有果树，山坡地退耕还林，平地改种其他作物，并清除分布在房前屋后的零散老化果树，压缩发生面积和繁殖越冬场所。

（3）保护和利用天敌：

①此虫的卵常被广赤眼峰所寄生，1粒卵可寄生1～4头，多数2头，在7月下旬对第2代卵的自然寄生率可高达50％。其他天敌类群还有一些真菌和颗粒体病毒。

②老熟幼虫脱果前，采用粉尘器将白僵菌粉均匀喷洒在果树主干、主枝及树下，每次每亩用菌剂（100亿孢子/g）1～2kg。也可采用喷雾法，药：水比例1：100，防治幼虫，大量降低虫源，减轻危害。

（4）化学防治：

①树干抹药：老熟幼虫脱果始期，采用40%乐斯本乳油500倍液进行树干涂抹，消灭越夏越冬幼虫。

②喷药防治：在成虫羽化前，统一挂诱捕器，从连续诱到成虫开始第1次化学防治，此后每隔10～15天用一遍药，连续防3次，同时兼治幼虫；可采用40%乐斯本乳油1000倍液、25%灭幼脲3号悬浮剂1000倍液、1.8%阿维菌素乳油3000倍液、5%甲氨基阿维菌素苯甲酸盐水分散剂1000倍液、5%氟铃脲乳油1500倍液，交替用药，采用统一行动、统一时间、统一药剂、统一标准"四统一"方法实施防治。

142　栗子小卷蛾

【学名】*Laspeyresia splendana* Hübner

【别名】栗实蛾、栎实卷叶蛾。

【分布与寄主】此虫在我国分布于东北、华北、华东、西北等栗产区。寄主有栗、栎、核桃、核桃、山毛榉等。

【被害症状】以幼虫咬破栗蓬，蛀入果内取食危害，被害果外常见有白色和褐色颗粒的虫粪堆积，有时咬伤果梗切断维管束，导致栗蓬未熟便脱落。受害重的果园，造成大量减产，并降低品质。

【形态特征】（图135）

（1）成虫：体长7～8mm，翅展15～18mm。唇须圆柱形，略向上举，末节向前。前后翅灰褐色。前翅宽广，有白色钩状纹，近顶角的5组最明显，后缘中部有4条斜向顶角的波状白条纹，彼此界限不明显，外缘内侧肛上纹呈灰白色。后翅和腹部灰色。

（2）卵：椭圆形，黄白色。

（3）幼虫：老熟体长 8 ~ 13mm。初龄乳白色，以后体色转深。头部褐色。胸、腹部暗绿色或暗褐色。体节上的毛片较深而稍突起，体被有细毛。

（4）蛹：体长 6 ~ 8mm。腹节背面具有两排突刺，前排稍大于后排，赤褐色。茧长椭圆形扁平，褐色附以丝缀枯叶。

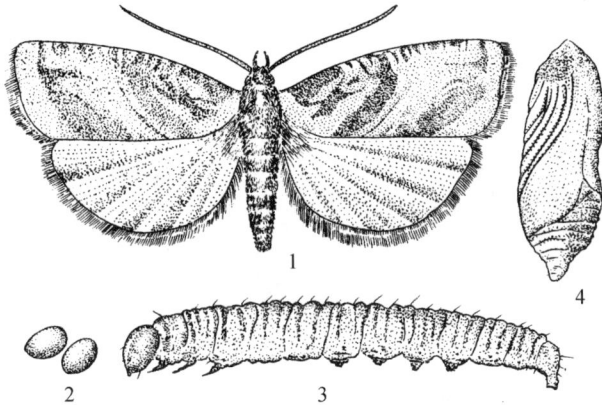

图 135　栗子小卷蛾
1. 成虫；2. 卵；3. 幼虫；4. 蛹

【生活史及习性】此虫东北地区 1 年发生 1 代，以老熟幼虫在栗蓬或落叶层内结茧越冬。翌年 5 月化蛹，6 月为化蛹盛期，成虫于 6 月中旬开始出现，7 月上旬进入盛期，7 月中旬大量产卵，卵多产于栗蓬刺上或果梗基部，7 月下旬幼虫孵化，先危害栗蓬，8 月下旬多由基部蛀入果实内食害种子，蛀孔外排有虫粪，果内也充满粪便。9 月上旬大量蛀入果实内。幼虫期 45 ~ 60 天，9 月下旬至 10 月上中旬栗实成熟落地，部分幼虫脱果，潜入落叶层内、浅土层、石块、残枝处作茧越冬。脱果迟者便随栗实采收而带到晒场等处脱果结茧越冬。

【防治方法】

（1）人工防治：在栗树落叶后或翌年早春树液未流动前，在栗园内彻底清理地被物，破坏越冬场所，消灭越冬幼虫；栗实贮藏场所宜用水泥地或地面铺以蓬布，便于收集幼虫集中消灭。

（2）化学防治：产卵盛期及幼虫孵化初、盛期为喷药防治最佳时期，喷药应细致、周密地喷于栗蓬上，常用农药有 80% 敌敌畏乳油 1000 ~ 1500 倍液，或 50% 杀螟松乳油 1500 倍液，2.5% 溴氰菊酯乳油 2000 倍液等均有良好的防效；堆蓬时可喷洒 80% 敌敌畏乳油 1000 倍液，然后用塑料布闷 24 小时，即可杀死其中幼虫。

（3）生物防治：在有条件的地区，可在产卵初期放赤眼蜂，每亩放蜂为 25 万 ~ 30 万头，能有效地控制该虫的危害。

143　新褐卷蛾

【学名】 *Pandemis chondrillana* H. S

【分布与寄主】此虫在我国主要分布于新疆。寄主有苹果、海棠、杨树、小蓟、施花草、滨藜等 10 多种植物。

【被害症状】以幼虫危害寄主植物的幼叶、嫩芽、叶片与果实。常吐丝纵卷一叶呈饺子状或以丝缠缀 2~3 叶片潜于夹层中取食危害；危害果实时，多沿果面啃食成不规则凹陷伤疤，严重影响果品的产量与质量。

【形态特征】

(1)成虫：雌蛾体长 7.6~10.2mm，翅展 19.3~24.6mm。雄蛾体长 7.1~9.2mm，翅展 18.0~23.0mm；雄蛾触角栉齿状，雌蛾触角丝状；前翅黄褐色，有明显或不明显的网状纹，基斑、中带、端纹深褐色，基斑向后缘区突出呈角状，中带前狭后宽，端纹似半月形。约在臀角处有一明显黑色小斑。

(2)卵：扁椭圆形，长径约 0.8mm，鲜黄绿色。

(3)幼虫：老熟体长 19~21mm，绿或深绿色，体被稀疏刚毛；头部两侧单眼区有黑色斑块；前胸背板绿色，具臀栉 4~6 根，腹足趾钩多行环式；腹末肛上板两侧各具长毛 4 根。

(4)蛹：体长 10~11mm，黄褐色，腹部背板第 2~8 节近前缘与近后缘各具一排短刺突，前排细而粗，后排密而小；腹末具 8 根臀棘。

【生活史及习性】此虫在我国新疆石河子地区 2 年发生 2 代，以幼龄幼虫于树皮、树杈裂缝、树洞、剪锯口等处吐丝结茧越冬。翌春寄主萌动露绿时开始出蛰活动危害，4 月下旬气温上升到 15℃左右时为越冬幼虫出蛰活动危害盛期，5 月初越冬幼虫出蛰基本结束。越冬幼虫出蛰后主要危害嫩芽，影响抽梢与开花。幼虫危害至 5 月中旬陆续老熟进入化蛹，5 月底至 6 月初为化蛹盛期，6 月中旬为末期。5 月下旬越冬代成虫始见，6 月上旬末进入羽化盛期，6 月下旬为末期，6 月上旬为产卵初期，6 月中旬为产卵盛期，6 月底为末期。第 1 代幼虫于 6 月中旬出现，7 月上中旬为第 1 代幼虫危害盛期，7 月下旬为末期。第 1 代幼虫主要卷叶危害，间或危害果实。幼虫危害到 7 月上旬开始陆续老熟化蛹，7 月底至 8 月初为化蛹盛期，8 月中旬为末期。第 1 代成虫于 7 月下旬发生，8 月上旬为盛期，8 月中旬为末期。第 2 代卵于 8 月上旬出现，8 月中旬为第 2 代卵盛期，8 月下旬为末期，8 月中旬出现第 2 代幼虫，此代幼虫对寄主所造成的损失较小。第 2 代幼虫危害至 9 月底以后开始寻找越冬场所蛰伏越冬。

成虫昼伏夜出，白天潜伏于叶背或杂草丛中，深夜以后开始取食、交尾与产卵活动，黎明前基本停止活动，成虫具较强的趋化性，趋光性弱。雌虫产卵前期为 2~4 天，产卵期为 5 天左右，卵单层成块产于叶片上，形似鱼鳞状，卵块外具一层胶状物。单雌产卵约 200~500 粒。卵经 4~5 天由鲜绿色出现褐色斑点，再经 3 天左右边出现褐色的头部，并很快即孵化。同一孵块大致同时孵化。初孵幼虫先于叶片上咬食叶肉，约经 2~3 天后即逐渐分散危害，幼虫极活泼，受惊后身体扭动，弹起体躯逃跑，或吐丝下垂逃避，幼虫喜隐蔽场所。幼虫共 7 龄，未越冬幼虫历期约 60 天。老熟后于隐蔽处化蛹。

【防治方法】参照 P$_{181}$ 棉褐带卷蛾防治方法。

144　桃褐卷蛾

【学名】*Pandemis dumetana* Treitschke

【别名】桃卷叶蛾。

【分布与寄主】此虫在我国分布于东北、华北、陕西、湖北、四川各地；国外分布于朝鲜、日本、俄罗斯、印度以及欧洲等地。寄主有苹果、梨、桃、李、梅、樱桃、鼠李等多种果树及林木植物。

【被害症状】似 P₁₇₉ 棉褐带卷蛾。

【形态特征】（图 136）

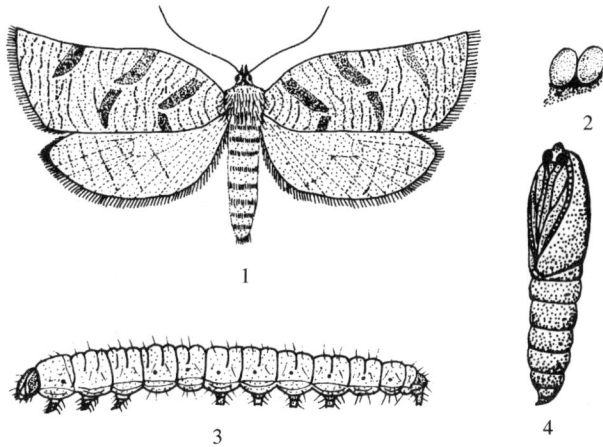

图 136　桃褐卷蛾
1. 成虫；2. 卵；3. 幼虫；4. 蛹

（1）成虫：体长 9～11mm，翅展 18～24mm。触角丝状无凹陷，头胸部黄褐色，腹部灰色。下唇须前伸，第 2 节特长，复眼球形褐色。前翅灰褐色，宽而短，近四方形。基斑、中横带、各斑间的网状纹均呈深灰褐色。后翅灰色，前缘及顶角淡黄色，中间夹杂不太明显的灰褐色网状纹。

（2）卵：扁椭圆形，初淡黄白，后变黄褐至褐色，常数十粒成鱼鳞状排列。

（3）幼虫：老熟体长约 21mm，头部浅黄色，体浅绿至绿色。

（4）蛹：体长约 9.5mm，细长。初浅黄褐色，后变暗褐色，头胸部、翅芽色深，尾端尖细，臀棘 8 根，钩状。

【生活史及习性】此虫 1 年发生 3～4 代，以幼龄幼虫于枝干皮缝中或卷叶内越冬。翌春寄主萌动露绿时出蛰危害嫩芽、花芽、幼叶，展叶后便卷缀叶片危害，老熟后于卷叶团内化蛹。成虫羽化后不久便交尾，产卵于叶上。幼虫孵化后多分散危害嫩叶叶肉，而后卷缀叶片危害，并可危害贴叶果和相贴果的果皮和浅层果肉，以末代幼龄幼虫越冬。各代成虫发生期大体为 6 月、7 月、8 月和 9 月。

【防治方法】参照 P₁₈₁ 棉褐带卷蛾防治方法。

145　苹褐卷蛾

【学名】*Pandemis heparana* Denis et Schiffermüller

【别名】褐卷叶蛾、褐带卷叶蛾、褐卷蛾、苹果褐卷叶蛾。

【分布与寄主】此虫在我国分布于东北、华北、西北、华中和华东等地，其中以东北、华北果区受害为重；国外分布于俄罗斯、日本、朝鲜、印度以及欧洲等地。寄主植物有苹果、梨、杏、桃、樱桃以及多种林木植物。

【被害症状】以幼虫取食新芽、嫩叶和花蕾，幼虫稍大后，将几片叶缠缀一起于内危害，除卷叶危害外，还危害贴叶果与相贴果的果皮与果内，被害部位常呈不规则的片状凹痕，其周常呈木质化，有时边缘紫红色，凹痕处褐色。果梗受害后遇雨腐烂、早落。

【形态特征】（图137）

（1）成虫：体长 8～11mm，翅展 16～25mm，前翅褐色，各斑及网状纹深褐色，网状纹不明显，中横带上窄下宽，内缘中部突出，外缘略弯曲，端纹呈半圆形或近三角形。后翅灰褐色。

（2）卵：扁椭圆形，淡黄绿色，近孵化时为褐色。数十粒排列成鱼鳞状卵块。

（3）幼虫：老熟体长 18～22mm，头部及前胸背板淡绿色，体深绿稍带白色，前胸背板后缘两侧各有一块黑斑，毛片色淡，臀栉黄褐色4～5棘。

（4）蛹：体长9～11mm，头、胸部背面深褐色，腹面稍带绿色。腹部背面每节有两横排刺突，第2节均较小，第3～7节第1排大而稀，靠近节间，第2排小而密，约在节的中部或稍偏下部。腹部淡褐色。

【生活史及习性】

（1）生活史：此虫我国北部地区1年发生2代，中部地区1年发生3代，均以幼龄幼虫

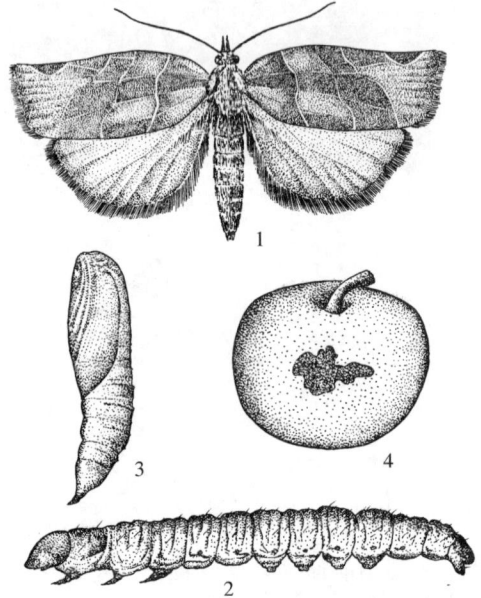

图 137　苹褐卷蛾
1. 成虫；2. 幼虫；3. 蛹；4. 被害状

于树干粗皮裂缝、剪锯口皮下、贴枝枯叶下以及潜皮蛾类幼虫危害的爆翘皮下结白色薄茧越冬。结果大树以3大主枝与主干上居多，幼树上则以剪锯口四周死皮或枯叶与枝条合粘处较多。翌年寄主萌动露绿时，越冬幼虫开始出蛰，转迁至幼嫩的芽、叶和花蕾处危害，受害重的果树不能展叶和开花。幼虫老熟后于卷叶团内或重叠叶间结茧化蛹，蛹期 8～10天，卵期7～9天，各地区发生情况为：2代区的越冬幼虫于5月上旬出蛰危害，6月中旬幼虫老熟进入化蛹，6月下旬至7月上旬为成虫盛发期；7月上中旬为产卵盛期，7月中旬出现第1代幼虫，8月上旬幼虫老熟化蛹，8月下旬至9月上旬为第1代成虫盛发期；8月下旬末至9月初为产卵盛期。第2代幼虫于9月上旬出现，危害不久便结茧越冬。3代区的越冬幼虫4月中旬出蛰，5月下旬化蛹，6月上中旬出现成虫并产卵，各代幼虫发生期为第1代在6月中旬至7月下旬，第2代在7月下旬至8月下旬，第3代在9月上旬至翌年5月。每雌产卵 120～150 粒，平均135粒。

（2）习性：成虫有较弱的趋光性，对糖醋液有趋性。昼伏夜出，即白天潜伏于叶背或草丛内，夜间进行交尾与产卵，卵多产于叶面上，少数产于果实上。初孵幼虫群栖叶上，食害叶肉，使叶片被害处呈纱网状，稍大后便开始分散危害，同株树的内膛枝与上部枝受害较重。幼虫极活泼，受惊即吐丝下垂。其习性与棉褐带卷蛾相似。

【防治方法】（1）人工防治：用小刀刮除翘裂树皮，集中清除消灭越冬虫源，另一方面摘除

卷虫，将虫体捏死。

（2）在越冬幼虫活动时喷药防治：用50%辛硫磷乳油1000倍液、40%毒死蜱乳油1000倍液喷雾防治。

（3）第1代幼虫发生期及时防治：结合刺蛾防治，尽量选用生物农药，以保护天敌。也可用90%敌百虫原药1000倍液喷雾防治。

（4）在成虫发生期，利用糖醋液诱杀：糖5份、酒5份、醋20份、水80份配成，然后将糖醋液装于瓶内，挂在树冠下。

146 桃白小卷蛾

【学名】*Spilonota albicana* Motschulsky

【别名】白小食心虫、苹果白蛀蛾、苹果白蠹蛾。

【分布与寄主】此虫在我国分布于东北、华北、华东、华中、西南等地；国外分布于朝鲜、日本、俄罗斯等地。寄主有苹果、梨、杏、桃、李、樱桃、山楂、楰梓等果树植物。

【被害症状】以幼虫蛀食果实时，多由果实的萼洼、梗洼处蛀入，或由两果相贴处和叶片与果实相贴处蛀入，常将虫粪堆积在蛀孔外，也有吐丝缀连幼果或叶片危害，并将虫粪缀连成较大的粪团。在果内危害时，仅在果皮下局部危害，很少深入果心，以致萼洼里堆满虫粪，并以丝缀连而不落。

【形态特征】（图138）

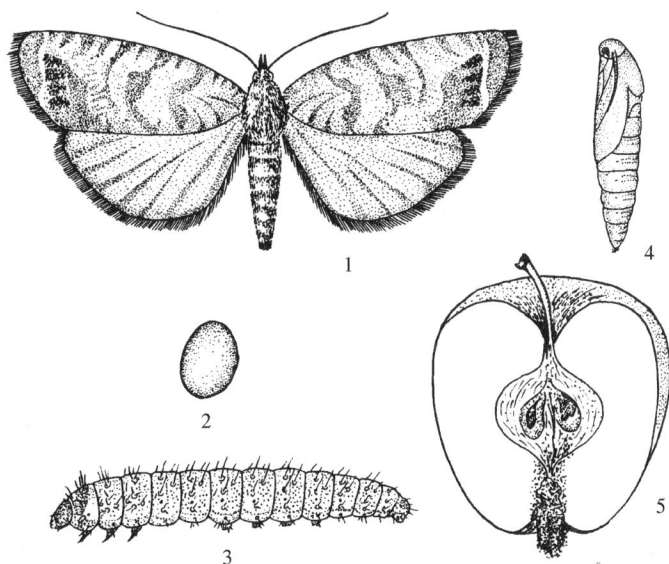

图138 桃白小卷蛾
1. 成虫；2. 卵；3. 幼虫；4. 蛹；5. 被害状

（1）成虫：体长约6.5mm，翅展约15mm，全体灰白色，复眼球形褐色，触角丝状，浅黄褐色，前翅外缘部分灰褐色，上有4~5条暗紫色短纹横列，前缘有8组不甚明显的白色短斜纹。翅基部向外缘有3条黑灰色断续的弧状宽带，由顶角斜向后缘1/3处成一条斜线，由斜线到外缘中间呈黑色，其间夹杂有2块银色条斑。缘毛褐色、后翅灰褐色。

(2)卵：长径约0.5mm，扁椭圆形，中部稍隆起且表面有细微皱纹，淡黄白色，近孵化时为黑褐色。

(3)幼虫：老熟体长10~13mm，赤褐至淡紫褐色，非骨化部分白色，头褐色，前胸背板、胸足、臀板均为黑色，胸、腹部赤褐或淡紫褐色，末端具有深褐色臀栉6~7根。腹足趾钩双序环，臀足趾钩为双序缺环，幼龄幼虫体污白色，稍带红色。

(4)蛹：体长约7mm，黄褐色，腹背第3~7节各有2排短刺，前排粗而稀，后排细而密，腹末具有8根钩状臀棘。

【生活史及习性】

(1)生活史：此虫1年发生2代，以幼虫于枝干粗皮缝隙内、地表面杂草、枯枝落叶中结茧越冬。翌年4月中旬，当旬平均气温在14℃左右，即果树萌动露绿时开始出蛰取食芽叶，老熟后(约5月上旬)于卷叶团内结茧化蛹，5月下旬为化蛹盛期，蛹期2周左右，越冬代成虫于5月下旬至6月出现。第一代落卵期在6月上旬至7月上旬，卵期约1周左右，6月中旬出现第1代幼虫。幼虫期45天左右共5龄，7月上旬至8月中旬老熟幼虫在果内化蛹，蛹期10天左右。7月中旬至8月下旬第1代成虫出现，第二代落卵期在7月中旬后至9月上旬，7月下旬出现第2代幼虫，8月下旬末至10月陆续脱果，寻找适当场所结茧越冬。

(2)习性：成虫羽化相当集中，多于早晨5~9时进行，遇雨或降温时，可延至当天下午羽化。成虫昼伏夜出，白天静伏枝叶背面，晚19~22时活动，桃白小卷蛾有弱的趋光性和趋化性，交尾时间多集中在20~22时，每次交尾历时23~81分钟，产卵前期1~5天，越冬代卵量14~67粒、平均32粒，第1代18~150粒、平均98粒。越冬代成虫卵多散产在叶背面，少数散产在叶正面或果面。幼虫孵化后爬至果实萼洼处、两果相贴处或贴叶果间，吐丝缀连叶果并蛀入果内危害，第1代幼虫有转果危害的习性，被害果常干枯脱落；第2代卵多产于果面，少数在叶背面，孵化的幼虫多由萼洼处蛀入果内，并将虫粪排出，用丝缀连堆放在萼洼处。

【防治方法】

(1)人工防治：越冬幼虫脱果前树干束草诱集幼虫潜入越冬，发芽前结合防治腐烂病，彻底刮树皮，连同果园内的杂草、枯枝落叶集中烧毁；春季翻树盘，可闷死地表即将羽化的成虫；结合疏果、摘除和捡拾虫果、卷叶团，集中处理。

(2)化学防治：各代卵盛期和幼虫孵化期喷施40%毒死蜱乳油，或50%辛硫磷乳油、50%杀螟松乳油1000倍液、80%敌敌畏乳油1000倍液、2.5%溴氰菊酯乳油2000倍液、20%灭扫利乳油2000倍液，防效均好。

147　芽白小卷蛾

【学名】 *Spilonota lechriaspis* Meyrick

【别名】 顶梢卷叶蛾、顶芽卷蛾、拟白卷叶蛾。

【分布与寄主】 此虫在我国分布于东北、华北、西北、华中和华东等地；国外分布于朝鲜、日本等地。寄主有苹果、梨、海棠、山荆子、花红、山楂、枇杷、榛子、奈子、桃等多种果树、林木植物。

【被害症状】 以幼虫危害枝梢嫩叶，把嫩叶紧缀一起成团，也能危害嫩梢或生长点，并能吐丝缠缀从叶背上啃下的绒毛做茧，取食时身体常探出茧外。由于新梢被害，阻碍和延缓了新梢的正常生长发育、树冠的形成与提早结果，对苗木的快速生长、提早出圃均有很大影响。

【形态特征】（图 139）

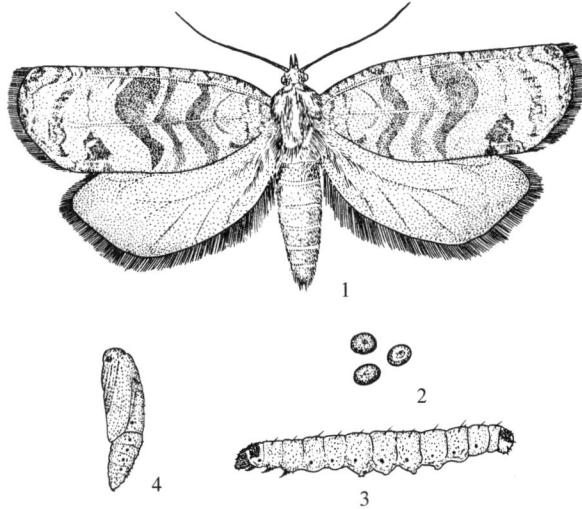

图 139　芽白小卷蛾
1. 成虫；2. 卵；3. 幼虫；4. 蛹

（1）成虫：体长 6～8mm，翅展 12～15mm。全体银灰褐色，前翅近长方形，前缘有数组褐色短斜纹，基部 1/3 处和中部各有一暗褐色弓形横带。后缘近臀角处有一近三角形暗褐色斑，两翅合拢时，此纹左右合并成为一菱形斑纹。近外缘处，由前缘至臀角间有 6～8 条黑褐色平行短纹。

（2）卵：扁椭圆形，半透明略有光泽，乳白至淡黄色，长径约 0.7mm，短径约 0.5mm，卵壳上有明显的多角形横纹。

（3）幼虫：老熟体长 8～11mm。身体粗短，淡黄色或污白色，各节有灰白色毛片，头部红褐色，前胸背板及胸足漆黑色，肛上板褐色。

（4）蛹：体长 5～8mm，短纺锤形，黄褐色，尾端有 8 根钩状刺毛和 6 个小齿。茧黄白色绒毛状，呈椭圆形。

【生活史及习性】

（1）生活史：此虫我国北部果区（如辽宁、河北、山东）1 年发生 2 代，中部地区（如河南、安徽、江苏）1 年发生 3 代，均以 2、3 龄幼虫于被害枝梢的卷叶团内结茧越冬，少数在侧芽两边和叶腋处越冬。在每个枝梢卷叶团中，一般只有 1 头越冬幼虫，少数有 2～3 头者。翌年苹果花芽开展时，即气温在 10℃以上，越冬幼虫开始出蛰并转移到附近枝梢顶部危害。出蛰早的幼虫主要危害顶芽，出蛰晚的则向下危害侧芽。幼虫老熟后，即在卷叶团内做茧化蛹，蛹期 8～15 天。各代成虫发生期分别为 2 代区：越冬代从 6 月中旬至 7 月上旬，盛期在 6 月下旬；第 1 代从 7 月下旬至 8 月中旬，盛期在 8 月上旬。3 代区：越冬代 6 月；第 1 代 7 月；第 2 代 8 月。成虫寿命 5～7 天，产卵前期 1～4 天，卵散产在枝梢中上部多毛的叶片上，每雌产卵 10～105 粒，卵期 1 周左右，幼虫危害至 10 月中下旬，即在顶梢卷叶团内做茧越冬。

（2）习性：成虫昼伏夜出，略有趋光性，但喜食糖蜜，交尾产卵多在夜间进行。幼虫孵化后爬至梢端，卷缀嫩叶危害，并吐丝缠缀从叶背上啃下来的绒毛做茧。越冬幼虫出蛰后主要转迁至寄主顶部 1~3 芽上危害，并且越是活动前期越接近顶芽危害，以后才向下分散危害，因此冬春结合修剪除去越冬被害枝梢，是减少虫源的有效防治方法。芽白小卷蛾的幼虫对果树不同品种、不同树势、不同树龄以及同树上的不同部位的危害均有差异。一般地说，苹果属受害重于梨属，国光、元帅品种受害重于红玉、倭锦，洋梨受害重于中国梨；同品种中，树龄小的受害重于树龄大的，树势强的受害重于树势弱的；同一棵树的外层和上部的顶梢受害重于内层和中、下部的顶梢。其原因是成虫盛发期是否与寄主的抽梢期相一致，一致时受害重，否则受害轻。

【防治方法】

（1）人工防治：结合冬春修剪，剪除被害梢，集中烧毁；越冬代成虫羽化前，人工摘除虫梢，以减少以后各代的虫口密度及其危害。

（2）化学防治：重点消灭越冬代和第 1 代幼龄幼虫，防治最佳时期为越冬代幼虫出蛰盛期和第 1 代卵盛期和卵孵盛期。药剂有 1% 甲氨基阿维菌素苯甲酸盐乳油 2000 倍液、20% 虫酰肼胶悬剂 1500 倍液、2.5% 高效氯氟氰菊酯乳油 2000 倍液、50% 辛硫磷乳油 1500 倍液、50% 敌百虫和 50% 杀螟松乳油 1000 倍液，均匀喷雾在果树上防效均好。

（3）生物防治：有条件的果园，可在卵盛期释放赤眼蜂。实践经验证明，实施以虫治虫的生物防治方法，可收到消灭害虫、保护天敌的良好效果。

148　苹白小卷蛾

【学名】 *Spilonota ocellana* Fabricius

【分布与寄主】 此虫在我国分布于东北、华北、华中、华东、华南等地；国外分布于朝鲜、日本、俄罗斯以及欧洲、北美等地。寄主有苹果、梨、李、杏、桃、樱桃、山楂、沙果、海棠、楸梓等果树及多数阔叶树植物。

【被害症状】 似 P_{206} 芽白小卷蛾。

【形态特征】（图 140）

（1）成虫：翅展约 15mm，头部及胸部暗褐色，前翅长而宽，中部灰白色，基斑、中横带、端纹暗褐色。基斑、端纹特别清淅，中横带前半截不明显，后半截在后缘上方呈三角形，端纹近圆形，中间具黑斑点 3 枚，三角形与圆斑间银灰色，前缘上具多对白色钩状纹。

（2）卵：扁椭圆形，初产水白色，后变彩白色，孵化前暗紫色。

（3）幼虫：老熟体长 12mm 左右，头部褐色，前胸背板和肛上板浅褐色，胸足暗黑色，体红褐色，毛片明显具光泽。

（4）蛹：长约 8mm，黄褐色，腹部背面各节前、后缘有小刺一横列，后列微小而不明显，臀

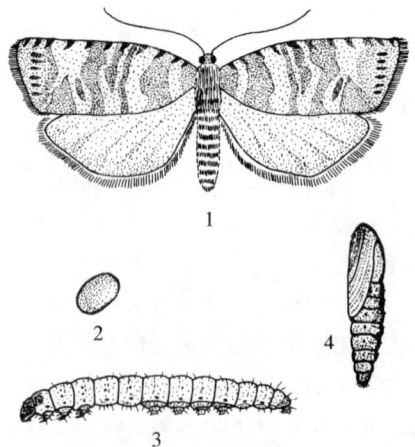

图 140　苹白小卷蛾
1. 成虫；2. 卵；3. 幼虫；4. 蛹

棘 6 根。

【生活史及习性】 此虫我国北方果区 1 年发生 1 代，以幼龄幼虫于芽内越冬。翌春寄主萌动露绿时，越冬幼虫出蛰危害嫩芽及花蕾，并吐丝将芽及鳞片缠缀。幼虫稍大后，则转至枝梢顶端的嫩叶上结集危害，并吐丝将碎屑叶片缠缀成虫巢囊。危害至 6 月中下旬老熟后，于被害卷叶内化蛹，蛹期 1 周左右，6 月下旬始见成虫，7 月上旬为羽化盛期。卵产于叶背叶脉附近，卵期 1 周左右，7 月上旬始见孵化幼虫，7 月中下旬新孵化幼虫先于叶背沿叶脉食害，8 月上旬则转入芽内危害，8 月中旬以后幼虫陆续转入越冬。特别于枝条顶端饱满的芽内越冬幼虫较多。

【防治方法】 参照 P$_{208}$ 芽白小卷蛾防治方法。

（三八）螟蛾科 Pyralidae

小至中型。有单眼，触角细长，下唇须伸出很长，如同鸟喙。足细长，前翅具翅脉 12 条，第 1 臀脉消失，无副室。后翅有翅脉 8 条，臀域宽阔，有 3 条臀脉，肘脉分支，后翅第 1 条翅脉和第 2 条在中室外平行或相并接。第 2、3 中脉由中室下角分出。前翅常呈狭窄三角形，后翅宽阔扇形。成虫多数飞翔力弱，静止时双翅收拢，仅少数展开，昼伏夜出，有趋光性。卵多数椭圆形且扁平，表面具网状纹，常散产或堆产或作鱼鳞状排列，或覆盖鳞毛。幼虫体细长，光滑、毛稀少，生于骨片或小形突起上。前胸侧毛组 2 根。该科为鳞翅目中的一个大科，幼虫为农林果树大害虫，全世界已记载约 1 万种，我国已知 1000 余种。

149　桃蛀野螟

【学名】 *Dichocrosis punctiferalis* Guenée

【别名】 桃蛀螟、桃蠹螟。

【分布与寄主】 此虫在我国分布于辽宁、河北、山西、山东、河南、陕西、江苏、浙江、江西、湖北、湖南、福建、广东、广西、云南、西藏、安徽、台湾、甘肃、四川、贵州等地。寄主有桃、梨、李、石榴、苹果、杏、板栗、山楂、枇杷、龙眼、荔枝、无花果、杧果、柿、樱桃等多种果树植物。

【被害症状】 以幼虫由桃果梗基部沿果核蛀入果心危害，蛀食幼嫩核仁和果肉。果外有蛀孔，常由孔中流出黄褐色的透明胶汁，周围堆积有大量红褐色虫粪，果内也有虫粪，两果相接处被害重，一个桃果内常有数条幼虫。

【形态特征】（图 141）

（1）成虫：体长约 10mm 左右，翅展 20 ~ 26mm。体黄色，前、后翅及胸、腹部背面均具有黑斑，前翅有 23 ~ 28 个，后翅有 10 ~ 16 个，个体间有变异。腹部第 1.3、4、5 各节背面有 3 块黑斑，腹部 2.7 节背面无斑，第 8 节末端黑色，雄虫甚为明显，雌虫则不易见到。

（2）卵：椭圆形，长 0.6 ~ 0.7mm，初产乳白色，以后变为橘黄至橘红色，孵化前变为红褐色。

（3）幼虫：老熟体长 18 ~ 25mm，头部暗褐色，胸腹部颜色多变化，有暗红、淡灰褐、浅灰蓝色，腹面多为淡绿色，前胸背板黄褐至深褐色。胴部各节毛片灰褐色，腹部各节背面有 4 个毛片，前两个较大，后两个较小。

（4）蛹：体长约 13mm 左右，黄褐色，腹部第 5~7 腹节各有一列小刺，腹末有卷曲细长的臀棘 6 根。

【生活史及习性】

（1）生活史：此虫 1 年发生代数因地而异。据报道，辽宁南部 1 年发生 2 代，陕西、山东 2~3 代，河南、南京 4 代，湖北、江西 5 代。均以老熟幼虫越冬，还有少部分以蛹越冬者。在长江流域各代成虫发生期大致如下：越冬代为 5 月上旬至 7 月上旬，第 1 代 6 月中下旬至 8 月上旬，第 2 代 7 月末至 8 月下旬，第 3 代 9 月上旬至 10 月下旬。华北地区越冬代成虫发生期为 5 月下旬至 6 月上旬，第 1 代 7 月下旬至 8 月上旬。桃蛀野螟各虫态平均历期为：卵期 5~6 天，幼虫

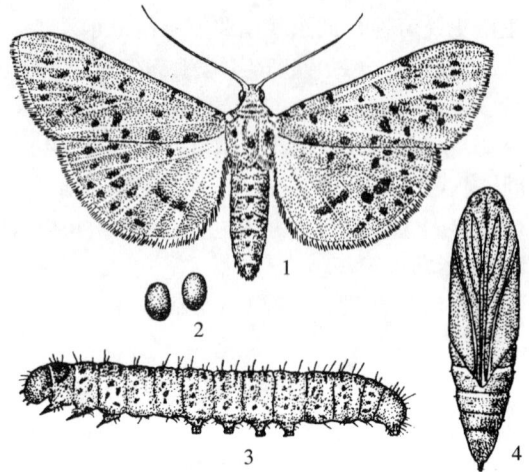

图 141 桃蛀野螟
1. 成虫；2. 卵；3. 幼虫；4. 蛹

期 13~19 天，越冬代幼虫期约 230 天，蛹期 8~10 天，越冬代为 19.6 天，成虫寿命 8~15 天。产卵前期 3 天。

（2）习性：老熟幼虫越冬场所在长江流域一带，多在向日葵遗株和落叶、玉米、高粱的遗株或蓖麻种子中越冬，但以向日葵花盘和玉米茎秆中越冬最多。在北方多在果树粗皮缝隙内、树洞、梯田边、堆果场、向日葵花盘、高粱穗、玉米秆等处过冬。

成虫羽化时间多在下午 19~22 时进行，昼伏夜出，对黑光灯和糖醋液趋性强、喜食花蜜和吸食成熟的葡萄、桃的果汁，产卵多在夜间 21~22 时进行，并喜产于枝叶茂盛处的果上或两果相贴的地方。一果 2~3 粒，多者 20~30 粒，果实胴部最多，果肩次之，缝合线处最少，且早熟品种着卵早，但晚熟桃比中熟桃上着卵多。每雌产卵 10 粒左右。幼虫多于清晨孵化，出壳后先在果梗、果蒂基部吐丝蛀食，脱皮后从果梗基部深入果心，食害嫩仁、果肉，且有转害习性，幼虫 5 龄。危害 20 余天后老熟，于果内、果间、果台等处结茧化蛹。

华北地区第 1 代幼虫主要危害桃，第 2 代幼虫多危害苹果、柿、板栗，长江流域第 1 代幼虫主害桃果，少数危害苹果、梨、李，第 2 代幼虫大多危害桃果。在 3 代区，第 1 代主害桃，第 2 代除危害桃外，还危害农作物，第 3 代危害大枣，少数危害晚熟桃。

【虫情测报】

（1）成虫发生期测报：可利用黑光灯或糖醋液诱集成虫（具体方法请参阅梨小食心虫成虫发生期测报法）。

（2）田间查卵，决定喷药适时：在第 1、2 代成虫发生期，各选早、中、晚熟易受该虫危害的代表品种各 5~10 株，每 2~3 天检查一次，每次每株查果 20~30 个，统计卵数，到 7 月底结束，当卵量不断增加时进行喷药。

【防治方法】

（1）消灭越冬幼虫：应在秋后或翌年春季越冬幼虫化蛹前进行，以压低虫口密度，减少虫源基数。

①幼虫越冬前树干束草诱集越冬幼虫,早春结合刮树皮连同束草集中处理。

②冬季或早春清理玉米、向日葵、高粱、蓖麻等遗株,生长期随时捡拾落果、摘除虫果,消灭其中幼虫。

(2)根据成虫的趋光性和趋化性等特性,在成虫发生期利用频振式杀虫灯、黑光灯、糖醋液(糖1份+酒0.5份+醋1.5份)、性诱捕器诱杀成虫,以减少产卵量和下一代幼虫的发生量。

(3)果实套袋:在有条件的地方,早熟品种在套袋前结合防治其他病虫害喷药一次,然后套袋。

(4)化学防治:搞好预测预报,各代成虫产卵期到初孵幼虫蛀果前是喷药防治的关键时期。非套袋果园和未用药物堵塞萼筒的石榴园,可喷药1~2次,间隔7~10天。常用药剂:30%杀铃脲悬浮剂2000倍液、1.8%阿维菌素乳油2000倍液、25%灭幼脲悬浮剂2000倍液、50%杀螟松乳油、50%辛硫磷乳油1000倍液,对卵、各龄幼虫和各代成虫防效均好,应在采果前20天使用。

150　缀叶丛螟

【学名】*Locastra muscosalis* Walker

【别名】核桃缀叶螟、核桃毛虫。

【分布与寄主】此虫在我国分布于河北、山东、山西、安徽、江苏、江西、湖北、广西、广东、云南、福建、台湾等地;国外分布于日本、印度、斯里兰卡等地。寄主有核桃、黄连木等多种植物。

【被害症状】以幼虫危害寄主叶片,初孵幼虫群集危害,有吐丝结网缀叶危害习性,被害叶片呈筒形,幼虫常于筒形卷叶内危害,并将粪便排于其中。随虫体长大后即开始能转移分散危害,最初卷食复叶,常将2~4个复叶缠缀一起,成团状。发生严重时,常将叶片吃光。

【形态特征】(图142)

(1)成虫:体长14~20mm,翅展30~50mm。全体黄褐色,触角丝状,复眼绿褐色。或头、胸、腹部红褐色。前翅色深略带浅红褐色,有明显的黑褐色内横线及曲折的外横线,横线两侧靠近前缘处各具一个黑褐色小斑点,外缘翅脉间各具黑褐色小斑点一个,前缘中部有1黄褐色斑点。后翅暗褐色,外横线不明显。

(2)卵:球形,常百余粒密集排列成鱼鳞状。

(3)幼虫:老熟体长20~45mm,头黑褐色有光泽。前胸背板黑色,前缘具6个黄白色斑点。背中线宽,杏黄色。亚背线气门上线黑色,体侧各节具黄白色斑点。

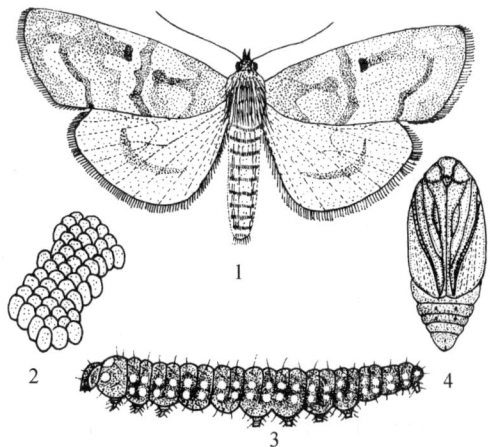

图142　缀叶丛螟
1.成虫;2.卵;3.幼虫;4.蛹

腹部腹面黄褐色。全体疏生短毛。

(4)蛹:体长约16mm,深褐至黑褐色。茧深褐色,扁椭圆形,质地坚硬,大小不一。

【生活史及习性】此虫1年发生1代,以老熟幼虫于根茎部及距树干100cm范围内的土中结茧越冬,入土深度约10cm。翌年6月中旬越冬幼虫开始化蛹,7月上中旬为化蛹盛期,8月上旬为末期,蛹期平均15天左右,6月下旬始见成虫,成虫羽化盛期为7月中旬,8月中下旬为末期。成虫昼伏夜出,羽化不久即行交尾产卵,卵堆产于叶面。7月上旬幼虫开始孵化,孵化盛期在7月底8月初。幼虫白天常静伏在被害叶筒内或卷缀叶内隐避,很少取食,夜间活动、取食危害。喜于树冠上部及外围枝上缀叶危害,接近老熟时,常一个叶筒内仅1头幼虫,危害至8月中旬陆续老熟入土结茧越冬。

【防治方法】

(1)成虫羽化前挖茧、扬土晒茧、培土压茧和深翻埋茧;越冬幼虫出蛰化蛹前农药处理土壤,杀死越冬老熟幼虫;摘除低龄群栖虫巢消灭幼虫。

(2)化学防治:幼虫危害初期或卵孵盛期可喷洒杀螟松乳油、马拉松乳油、辛硫磷乳油各1500倍液,均有良好的防治效果。另外也可喷洒各种菊酯类农药以常规浓度,对初孵及幼龄幼虫均有较好的防治效果。

151　网锥额野螟

【学名】 *Loxostege sticticalis* L.

【别名】草地螟、黄绿条螟、甜菜网螟。

【分布与寄主】此虫在我国分布于吉林、内蒙古、宁夏、甘肃、青海、河北、山西、陕西、江苏等地;国外分布于朝鲜、日本、印度、意大利、波兰、俄罗斯、美国、加拿大、奥地利、匈牙利、罗马尼亚、捷克、斯洛伐克、保加利亚、德国等地。寄主有苹果、枣、梨、杨、柳、榆以及豆科、茄科、菊科、麻类、玉米、高粱、蔬菜等多种植物。

【被害症状】以幼虫蚕食叶片,仅留叶脉,严重时将叶脉也可食光,削弱树势,影响产量。

【形态特征】(图143)

(1)成虫:体长10~12mm,翅展18~20mm,灰褐色。触角近黑色,丝状。下唇须伸出头前方,下面白色,上面及末节黑色。身体细长,腹末尖削,胸部背面呈深褐色,腹背前3节灰褐色,以后近黑色,但每节后端白色,前翅灰褐色,有暗褐色斑,翅外缘有淡黄色条纹,接近翅中央中室内有一较大的长方形黄白色斑,近顶角有一条形小白斑,缘毛褐色。后翅灰褐色,靠近翅基部色较淡,外缘有2条黑色平行的波纹,缘毛灰色。静止时双翅折合成三角形。

(2)卵:扁圆形,初产乳白色,表面光滑,有珍珠光泽。

(3)幼虫:共5龄,老熟体长19~21mm,

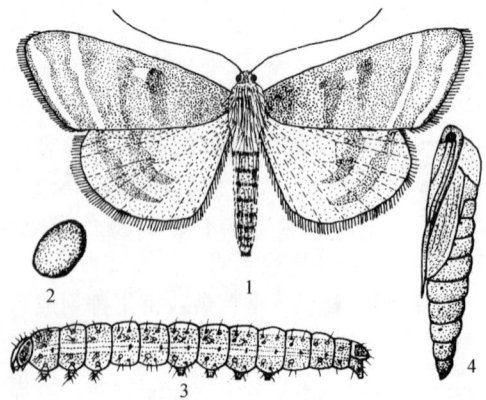

图143　网锥额野螟
1. 成虫;2. 卵;3. 幼虫;4. 蛹

头黑色,有明显的暗绿纵带,带间有黄绿色波状细线。

(4)蛹:体长约15mm,黄或黄褐色,蛹为口袋形的茧所包被。茧上端有孔,用丝封住,茧长约25mm,直立于土表上。

【生活史及习性】 此虫在山西1年发生2代,以老熟幼虫于土中结茧越冬。山西吕梁枣区翌年4月化蛹,5月初始见成虫,5月底6月初为成虫盛发期,6月底为末期。第1代卵孵化发生于6月上旬至8月上旬,卵期5天左右,第1代幼虫发生于6月中旬至8月中下旬,6月下旬至7月上旬为盛期,幼虫历期20天左右。第1代成虫始见于7月上旬至8月下旬。第2代幼虫于8月上旬至9月下旬发生,幼虫历期26天左右,9月底陆续开始老熟入土结茧越冬。

成虫昼伏夜出,有趋光性,活动适宜温度为25℃,随风可远距离飞行,性成熟期气温降至12℃仍可群体迁飞。雌、雄性比为1:1.5,成虫产卵前期为4~6天,产卵前需吸食花蜜和水分补充营养,卵多产于叶背,散产或成块状,作覆瓦状排列。单雌产卵与补充的营养及当时的温湿度有关,一般数十粒至数百粒,卵初孵后,幼虫喜群集叶背,吐丝结网或缠缀叶片危害,只吃叶肉,残留表皮,1~3龄群栖网内就近取食,3龄后即开始分散危害,遇惊扰后便作螺旋状后退或成波浪状跳动,吐丝下垂逃逸。幼虫危害至秋末老熟于土内深4~9cm处结茧越冬。

【防治方法】

(1)利用趋光性强,可在果园设置黑光灯诱杀成虫。

(2)在幼虫危害期喷洒每毫升20亿孢子的白僵菌液,或青虫菌粉,对幼虫均有良好的防治效果。

(3)利用化学农药把幼虫消灭在3龄之前。使用的药剂有马拉松乳油、辛硫磷乳油、敌敌畏乳油,对幼虫均有良好的防治效果,2.5%溴氰菊酯乳油、20%灭扫利乳油,20%灭铃灵乳油、20%杀灭菊酯乳油,使用其常规浓度,对此虫均有良好的防效。

152 梨卷叶斑螟

【学名】 *Militene bigidella* Leech

【别名】 梨卷叶虫。

【分布与寄主】 此虫在我国分布于辽宁、河北、河南、山东、江苏、浙江等地。此虫食性单一,除危害梨树外,尚未发现危害其他果树。

【被害症状】 以幼虫吐丝缀连叶片,啃食叶肉,将剩下的残叶用丝卷缀成窝穴并藏其中,若取食时,再用丝缀拉新叶于窝穴附近,致使被害叶都贴于穴上,如此边食边卷,终将一个叶丛卷成团块。发生严重时,全树叶片均被食害,致使树上挂满了窝穴状"疙瘩"。

【形态特征】 (图144)

(1)成虫:体长10~13mm,翅展约22mm,全体灰紫褐色。头部茶褐色,触角褐色有光泽,复眼球形黑色,下唇须较发达暗黑色,胸背鳞毛红褐色,前翅近外缘具一条深褐色条纹,翅中央色淡,上有2个小黑点,间或相连成一短的斑纹;翅基部及后缘有1红褐色斑纹。后翅灰褐色。此虫与梨云翅斑螟极似,根据胸背及前翅翅基部的红褐色鳞毛予以区别。

(2)卵:扁椭圆形,长径约1mm,初产白色,近孵化时为褐色。

（3）幼虫：老熟体长约 16mm，头部黑色，胴部黑褐色，上疏生黄白色细长毛。

（4）蛹：体长 10～12mm，黄褐色。腹部第 8 节前缘有一黑褐色线环，第 9 节背面近边缘处具一黑色横突，臀棘 6 根弯曲。

【生活史及习性】此虫 1 年发生 1 代，以幼龄幼虫于小枝上缀合残叶，在叶内各自结小茧，排列整齐，群集越冬。翌春梨树展叶开花时出蛰活动，爬至嫩叶或花丛间，用丝将叶缠缀一起，于内食害。至落花后幼虫稍大，即开始分散危害，几头或几十头将叶丛连成"疙瘩"状窝穴，并于其中各做成一管状进出孔道。幼虫白天静伏窝穴中，早、晚爬出取食危害，受惊立即缩回。危害至 6 月中下旬幼虫老熟于窝穴内化蛹，6 月下旬至 7 月上旬为化蛹盛期，7 月上旬至 8 月上旬为成虫出现期。成虫产卵于两叶相叠的缝隙内，卵粒紧密排列成块，以粘液将两叶粘合一起。7 月中旬开始孵化，初孵幼虫于叶间食害叶肉，不久即转至小枝上寻食新叶，并用丝把叶贴于枝上危害叶片，随后在被害叶卷内作茧越冬。

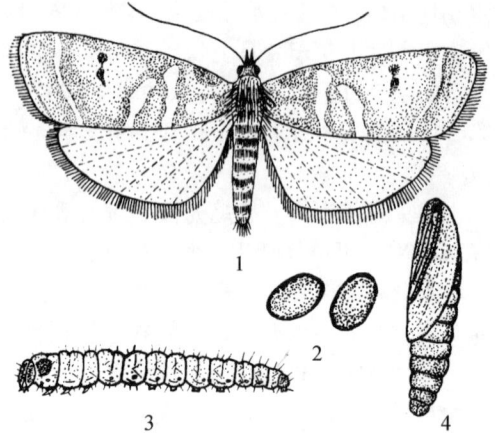

图 144　梨卷叶斑螟
1. 成虫；2. 卵；3. 幼虫；4. 蛹

【防治方法】

（1）结合修剪彻底剪除有枯叶的虫枝，集中烧毁，消灭越冬幼虫。

（2）幼虫出蛰危害期药剂防治，使用农药参照缀叶丛螟。

（3）人工摘除虫巢集中烧毁，消灭其中幼虫，注意保护和引放天敌。

153　梨云翅斑螟

【学名】_Nephopteryx pirivorella_ Matsumura

【别名】梨大食心虫、梨斑螟蛾。

【分布与寄主】此虫在我国分布于东北、华北、宁夏、甘肃、青海、华中、华东、四川、云南、广西等各地梨产区，其中以吉林、辽宁、河北、山西、山东、河南、安徽、福建等省受害较重；国外分布于日本、朝鲜、俄罗斯等地。主要危害梨，据报道有时也危害桃和苹果。

【被害症状】以幼虫危害梨芽、花芽、花序和幼果。越冬幼虫多数危害花芽，从芽的基部蛀入，直达花轴髓部，虫孔外有细小虫粪，有丝缀连，被害芽干瘪。越冬后的幼虫转害花芽，吐丝缠缀花芽鳞片，花丛被害严重时，常全部凋萎。梨果拇指大时，转果危害，幼果被害时，蛀孔处有虫粪堆积，果柄基部有大量缠丝，使被害幼果不易脱落，一头幼虫可转害 1～4 个幼果，至老熟时在最后一个果内结茧化蛹，被害果逐渐干枯变黑皱缩，悬于枝上，至冬不落，俗称"吊死鬼"。

梨食芽蛾幼虫也危害梨芽、花芽，其症状与梨云翅斑螟相似，其区别在于：①梨云翅斑螟危害芽时钻蛀芽心，使芽直立、变黑枯死，俗称"正嘴"。蛀孔较小，孔外有小粒状虫粪和芽屑，由丝缀连成团，孔内茸毛较多；梨食芽蛾多由芽侧蛀害，使芽弯曲，俗称"歪嘴"。蛀孔较大，蛀孔外有金黄色或淡褐色茸毛堆积，孔内茸毛较少。②梨云翅斑螟越冬茧较小，厚密，越冬幼虫细而小、紫褐色；梨食芽蛾越冬茧较大，薄而疏松，幼虫较肥大，鲜红或红褐色。③梨云翅斑螟危害花丛、叶丛时由果台蛀入髓部，被害后多枯死；梨食芽蛾则不深入髓部，被害后多不枯死。④座果后梨云翅斑螟危害果实；梨食芽蛾则不危害果实。

【形态特征】（图145）

(1)成虫：体长10~12mm，翅展22~26mm。初羽化为暗紫，后变为暗灰或暗紫褐色，前翅具紫色光泽，翅上有2条灰白色弯曲横线，外横线内侧及内横线外侧均有紫褐色宽边。翅中央近中室上方有一肾形白纹，外围黑边。后翅灰褐色，缘毛暗褐色。腹部淡灰褐色。

(2)卵：椭圆形，稍扁平，初产淡黄白色，近孵化时变为红色，长约1mm。

(3)幼虫：越冬幼虫体长约3mm，胴部紫褐色，老熟幼虫体长17~20mm，暗红褐色微绿，腹面色较浅；头、前胸盾、胸足、臀板及胴部第12节背面斑纹均为黑色；最后一对气门大。无臀栉。

(4)蛹：体长10~14mm，黄褐至黑褐色，腹末有6根弯曲的钩刺形成一横列。

【生活史及习性】

(1)生活史：此虫1年发生代数因地区而异。东北延边梨区1年发生1代，辽宁、河北、山西北部1~2代，山东、河北中南部、四川重庆、山西中南部梨区2代，陕西、河南、安徽、江苏2~3代。各地均以幼龄幼虫在花

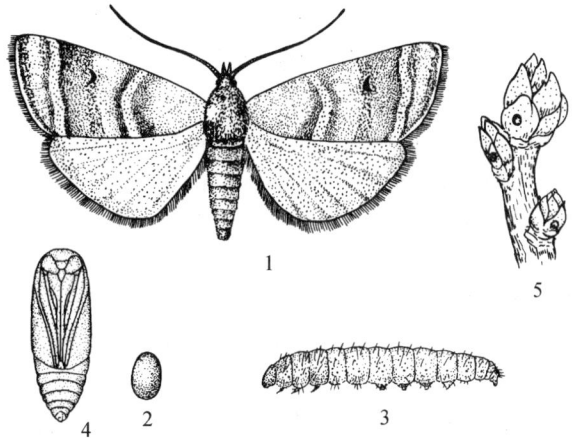

图145　梨云翅斑螟
1. 成虫；2. 卵；3. 幼虫；4. 蛹；5. 被害状

芽内做灰白色小茧越冬。1代区，越冬幼虫出蛰期为4月中旬至5月中旬，幼虫开始出蛰后5天即进入盛期；2代区在4月上旬至6月上旬，幼虫出蛰后7天即进入盛期；2~3代区为3月上旬至5月中旬，且越冬幼虫出蛰无明显集中的表现。越冬代幼虫多在6月上旬化蛹，蛹期8~15天，羽化期：1代区在7月，2代区在6月中下旬；7月上中旬。每雌成虫产卵64粒，最多可达213粒。卵期7~8天。1年发生1代者，到7月下旬开始在芽内作小茧越冬。1年发生2代者，一年危害可分为三个阶段：越冬代主害梨芽及幼果，发生在3月下旬至5月；第1代主害梨果，发生在6~7月；第2代于8~9月食入芽内，经短期危害后，即在芽内过冬。

(2)习性：梨云翅斑螟越冬幼虫出蛰与梨树物候期有密切关系，据研究报道，花芽萌动露绿时开始出蛰转芽危害，花芽开放期为出蛰盛期，花序分离时为出蛰终止。越冬幼虫转芽期：1~2代区较集中，约为5~15天；并有60%以上的个体在前6天即转芽危害，由于出蛰转芽期集中，尤其在转芽初盛期，故此时为药剂防治的关键期。2~3代区可持续约50天左右，但转果期较集中，一般一头越冬幼虫危害3~4个花芽或1~4个幼果。幼虫在果

内危害 20 天左右即行化蛹。幼虫化蛹前有吐丝缠绕果柄及作羽化道的习性,均在夜间进行。化蛹前 5～15 天开始缠柄,化蛹前 2～3 天吐丝作羽化道,此时被害果呈青皱状,是摘虫果的适宜时期,一旦被害果变干成"吊死鬼"时,成虫已羽化出果。

梨云翅斑螟成虫昼伏夜出,对黑光灯有趋性,交尾、产卵多在夜间进行,卵多产在果实的萼洼、梗洼、果台、叶柄、果面、芽旁、短果枝、叶痕等处,散产。

【发生与环境的关系】

(1)温度的影响:当日平均气温达 6℃ 时,越冬幼虫开始出蛰,当日均气温升达 9.5℃ 时便大量出蛰。转芽期的长短与气温有关,当日均气温为 13～14℃ 时,转芽比较整齐集中,如果早春气温回升较快,气温较高(21℃ 左右),转芽历期缩短,仅 5 天左右;反之,早春气温回升慢,气温偏低(10℃ 左右),则转芽历期可长达 12 天以上。

(2)湿度的影响:梨云翅斑螟发生的轻重除温度外,与当年的雨水有关,雨水多、湿度大,发生就重,高温干旱则不利于发生,故有"天旱梨果收"之说。

(3)天敌的影响:梨云翅斑螟的天敌种类较多,如寄生蜂和奇生蝇等均在幼虫期进行寄生,最主要的种类有:黄眶离缘姬蜂[*Trathala flavo-orbitalis* (Cameron)]、喜马拉雅聚瘤姬蜂[*Gregopimpla himalayensis* (Cameron)]、黑青小蜂(*Dibrachys cavus* Walker)、稻苞虫赛姬蝇(*Pseudoperichaeta insidiosa* Robineau-Desvoidy)、梨大长尾瘤姬蜂(*Gragopimpla* sp.)、梨大聚瘤姬蜂(*Gragopimpla annulilarsis* Ashmead)、黄足绒茧蜂[*Apanteles flavipes*(Cameron)]、食心虫扁股小蜂(*Elasmus* sp.)等。害果期幼虫寄生率一般都在 30% 以上,有些年份高达50%～70% 。

【虫情测报】

(1)越冬幼虫基数调查:早春越冬幼虫出蛰前,每园按不同品种用对角线取样法选取 5 点,每点 1～2 株,共调查 5～10 株,每株按不同方位随机调查 100～200 个花芽,记载健芽数、被害芽数和有虫芽数,求出有虫芽率。当梨园为大年时,虫芽率在 5% 以上时应加强防治,小年时,虫芽率在 1% 以下时可不喷药,但需人工防治,虫芽率达 3% 以上时应喷药防治。

(2)越冬幼虫转芽期调查:在上年发生重的地块,选择调查 3～5 株,按不同品种、地势,采用固定芽和随机取芽调查法,每 2 天查一次,每次查 30～100 个虫芽,记载越冬幼虫转出数量(虫芽内有虫粪,并有新鲜的白灰色空茧,为幼虫转出;虫芽内无虫粪,空茧色陈旧,为上年被害的旧芽,不应计算)。发现有转芽时,应每天查一次。当幼虫转芽率达到 5% 以上,同时气温明显回升时.应市即喷药防治。或随机抽查 50 个花芽,当虫芽率达 3%～5% 以上时应立即防治。

(3)转果期调查:梨果开始脱萼时,每隔 1～2 天随机检查上次受害重的树上的梨果 500～1000 个果,当发现被害果时立即开始用药。

【防治方法】

(1)人工防治法:结合冬季修剪,剪除越冬虫芽;春季越冬幼虫转芽前摘虫芽;开花至转果前检查并除掉已枯萎的花簇,同时振落未受害花簇基部的鳞片,鳞片不落者即有虫潜伏其中危害,应随即捏死;幼虫化蛹,成虫羽化前,组织人工摘除越冬代幼虫被害果并集中处理。

(2)保护和利用天敌,使用性诱剂捕杀成虫。寄生蜂对梨大食心虫的抑制作用很大,特别是控制后期的危害。因此,在进行药剂防治时,应尽可能保护这些天敌。

（3）化学防治法：在梨云翅斑螟生活周期中有几次转移暴露期：转芽期，转果期，第1、2代卵孵化盛期。应根据各个时期的防治指标进行用药防治。常用农药有：50%辛硫磷乳油 1000 倍液混加 20% 甲氰菊酯乳油 2000 倍液，或 50% 辛硫磷乳油 1000 倍液混加 50% 敌敌畏乳油 1000 倍液，或 40% 毒死蜱乳油 1000 倍液混加 2.5% 溴氰菊酯乳油 2000 倍液防效均好，并在越冬幼虫转芽初期防效远好于转芽盛期。转果期用药是弥补转芽期防治的不足，转芽期防治得好，转果期就不必防治。各代卵盛期喷药时要均匀周到，必要时应用 2 次，第 2 次喷药应在第 1 次用药后的半个月内进行效果佳。

154　印度谷螟

【学名】*Plodia interpunctella* Htibner

【别名】印度谷蛾。

【分布与寄主】此虫在我国分布于全国各地，但以东北、华北危害最重；国外分布于土耳其、希腊、突尼斯、摩洛哥、阿尔及利亚、加拿大、美国、巴西、乌拉圭、阿根廷等地。为世界性仓库害虫之一。此虫食性杂，以幼虫危害各种储粮及加工制品、糖果、奶粉、香料、药材、干菜以及昆虫标本等。据报道，此虫在北京地区危害田间鲜枣普遍。

【被害症状】以幼虫首先啃食果皮，然后向枣果内取食果肉。幼虫于果内生活 10 周左右，连同各龄脱皮也在果实内，1 龄幼虫由于食量有限，蛀孔附近的组织于幼虫钻入后不久就相互愈合，以致从外表看不出被蛀的痕迹。幼虫于果内不断地朝向果心活动危害，接近枣核附近后又逐渐向枣核四周食害。鲜枣受害后，皆不能继续在树上生长，造成落果。

【形态特征】（图 146）

（1）成虫：体长：雌 5~9mm，雄 5~6mm，翅展：雌 13~18mm，雄 13~15mm。头部灰褐色，腹部灰白色。头顶复眼间有 1 伸向前下方的黑褐色鳞片丛。下唇须发达，伸向前方。前翅狭长形，内半部约 2/5 为黄白色，外半部约 3/5 为亮棕色，并带铜色光泽。后翅灰白色，有闪光半透明。

（2）卵：椭圆形，长约 0.3mm，乳白色，一端尖形，一端稍凹，表面粗糙，有许多小粒状突起。

（3）幼虫：老熟体长 10~13mm，淡黄白色，腹部背面淡粉红色，头部黄褐色，前胸背板及臀板淡黄褐色。体呈圆筒形，但中部较粗，两端略细。气门圆形，气门片褐色。头部每侧有单眼 5~6 个，第 1 单眼与第 2 单眼间

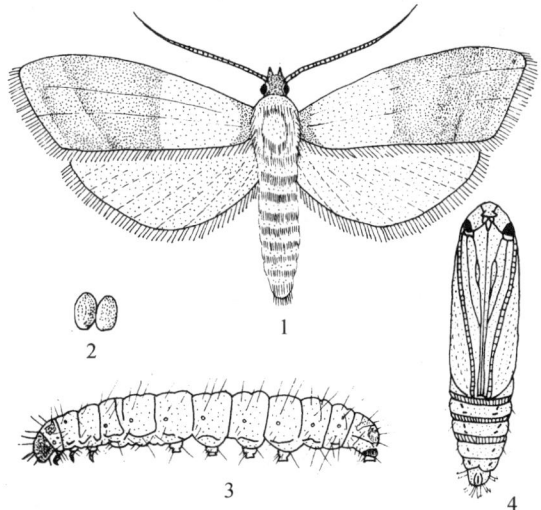

图 146　印度谷螟
1. 成虫；2. 卵；3. 幼虫；4. 蛹

或愈合。上颚具齿 3 个，中间一个最大。腹足趾钩双序环状。雄虫第 5 腹节背面可见一对淡紫色睾丸。

（4）蛹：体长5.7~7.3mm，细长形，腹部多略向背弯曲。体橙黄色，背部稍带淡褐色，前翅部分稍带黄绿色，复眼黑色，臀棘8根。

【生活史及习性】此虫北京地区田间1年发生1代，以幼虫于土中越冬。此虫在野外发生的世代数与室内不同，翌年5月下旬至6月上中旬成虫开始活动。雌蛾交尾后选择成果产卵，散产，卵经4天左右开始孵化，孵化幼虫爬至果实适当部位，先食果皮，然后向果内实害果肉，大部分幼虫危害至采收前老熟，并远离枣果寻找适当场所越冬。翌年5月中旬出土化蛹，蛹期15天左右。

土壤是幼虫越冬的主要环境，地面土质比较疏松及枣园向阳坡地越冬虫口密度较高。幼虫准备越冬前，先用上颚由地表向下挖掘深度2~6cm的土穴，幼虫于其中吐丝包裹身体，结小薄茧隐居，于8月上旬陆续进入越冬。野外越冬不同于室内，没有群集越冬现象。

成虫微具趋光性，白天不活动，潜伏植物上，受惊忧后则缓缓起飞，但飞翔力不强，黄昏以后交尾、产卵。有多次交尾习性，单雌卵量约150粒，最多可达320粒，成虫寿命约15天。幼虫危害期：田间40天左右，室内夏季25天左右，秋季30天左右。

【防治方法】

（1）清洁卫生密闭防治：清洁卫生密闭防治是综合防治工作的基础。其优点是简便易行，费用低，效果好，无污染，更符合无公害防虫治虫的原则。

①粮食入仓前清理：在粮食入仓前要彻底清理和清扫空仓，对仓房缝隙进行剔、刮、掏、扫、抹，清除遗虫、遗卵，墙壁地面做到面面光，以杜绝印度谷螟和其他害虫对粮食危害。

②做好仓房的密闭工作：每年的4~10月应做好仓房的密闭工作（此方法既能保持仓房内卫生洁净，又防止印度谷螟进入仓内），特别对门窗更要加强密闭。特殊情况需要开门窗通风，要安装纱门纱窗，防止印度谷螟成虫飞入仓内交尾产卵。

③做好环境卫生清理：做好环境卫生，改善仓储条件，对储粮区周围的杂草杂物进行彻底清理。清除加工厂、器材车间、道线仓等处的卫生死角，破坏印度谷螟的生存环境，切断感染源。

④清除越冬幼虫：进入初冬以后，老熟幼虫有爬出粮堆到房梁、天花板或仓内阴暗避风的壁角缝隙内越冬的习性。此时组织人力，对上述藏有幼虫的部位进行彻底清理，达到清洁卫生消灭印度谷螟幼虫的目的。

（2）习性防治：

①压盖密闭防治：压盖防治是选用适当的压盖材料，如异种粮、稻谷壳等，及时把粮面覆盖，防止粮堆内的印度谷螟成虫飞出交尾产卵，杜绝后代的产生，同时又具有一定的隔热保冷作用。压盖工作最好在每年第一代印度谷螟成虫羽化之前的低温季节进行。压盖时要做到平、紧、密、实，否则会影响防治效果。

②灯光诱杀：印度谷螟成虫有昼伏夜出的习性，成虫在傍晚飞出活动。利用印度谷螟成虫对灯光有正趋性的特点，可应用农用黑光灯，选择发射相应波长为340~360mm的灯光，做诱杀光源来杀灭印度谷螟成虫。

（3）化学防治：化学防治印度谷螟的方法多种多样，主要分为熏蒸、清消和防护三类。根据不同的储存条件，采用不同的化学防治方法，合理使用化学药剂，才能收到较好的防治效果。

①PH_3熏蒸：PH_3熏蒸技术应用多年，在密闭条件较好的情况下，不论采用何种熏蒸技

术，对印度谷螟都会起到较好的杀虫效果。露天囤垛熏蒸：对露天囤垛中印度谷螟的除治，采用常规熏蒸的方法，用塑料帐幕密封，磷化铝的剂量不少于 $6g/m^3$。当粮温在 20℃ 时，熏蒸密闭时间不少于 14 天，粮温在 25℃ 以上时，熏蒸密闭时间不少于 7 天。

②危害严重的枣园，于卵盛期或卵孵初盛期喷洒 50% 辛硫磷乳油，或杀螟松乳油、敌敌畏乳油等均为 1500 倍液。枣盛花期应避免使用敌敌畏乳油，可用 10% 除虫菊酯乳油、20% 敌杀死乳油、20% 功夫乳油、2.5% 灭扫利乳油 2000 倍液均有明显的防治效果。另外，2.5% 功夫乳油对卵有特效。

(三九)透翅蛾科 Aegeriidae

小至中型。多数成虫均于白天活动，尤其喜欢在阳光下飞翔。触角棍棒状，末端有毛。翅面狭窄，透明缺乏鳞片，外形极似膜翅目中的胡蜂。成虫喙明显，飞翔迅速，常取食花蜜。幼虫蛀食树干、树皮及树根，被害林木、果树多枯死，引起的损失很大。

155　苹果透翅蛾

【学名】*Conopia hector* Butler

【别名】苹果小透羽、苹果旋皮虫。

【分布与寄主】此虫在我国分布于东北、西北、华北、华东等地；国外分布于日本等地。寄主有苹果、樱桃、桃、梨、李、梅、杏、沙果等多种果树植物。

【被害症状】以幼虫蛀入树干枝干皮层下，食害韧皮部，造成不规则的虫道，深达木质部危害时，被害部常有似烟油状的红褐色粪屑及树脂粘液流出；被害伤口容易遭受苹果腐烂病菌侵染，引起溃烂。病虫并发的果树，树势极度衰弱，严重时出现枯死。

【形态特征】(图 147)

(1)成虫：体长约 15mm，翅展约 30mm，全体蓝黑色，有闪光，下唇须腹面黄色。胸足有黄纹。腹部背面第 4～5 节有黄色带，腹面黄色。翅透明，前翅边缘及翅脉黑色，中央透明，翅前缘至后缘有一条黑色粗纹。前翅前缘及后缘有黄色鳞毛，后翅透明，外缘有狭细黑纹。

(2)卵：扁椭圆形，长径约 0.5mm，淡黄色，表面不光滑，具白色刻纹，近孵化时为淡褐色。

(3)幼虫：老熟体长约 23mm 左右，头部黄褐色，胴部乳白色，微带黄褐色，背线淡红色，各体节背侧疏生细毛，头部及尾部毛较长，腹足趾钩单序双横带，臀足趾钩单横带。

(4)蛹：体长约 15mm，黄褐色，近羽化时黑褐色，头部稍尖，翅伸展至腹中央之后，腹部第 4～8 节背面前后缘各有一排刺状突起，尾端具 6 个小突起，并生有细毛。

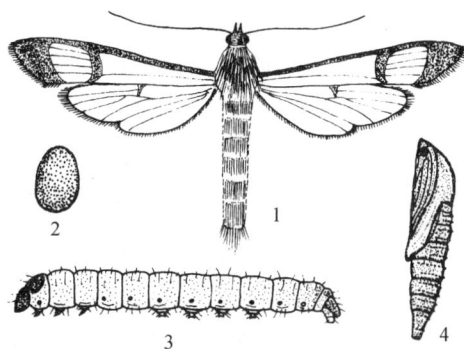

图 147　苹果透翅蛾
1. 成虫；2. 卵；3. 幼虫；4. 蛹

【生活史及习性】 此虫1年发生1代，以3龄或4龄幼虫于树干皮层下的虫道中结茧越冬。翌春寄主萌动露绿时开始活动危害，5月下旬至6月上旬越冬幼虫陆续开始老熟，化蛹前先在被害部内咬一圆形羽化孔，但不咬通表皮，然后吐丝缠缀虫粪与木屑，做长椭圆形茧化蛹，蛹期10~15天，成虫羽化时，将蛹壳带出一部分，露于羽化孔外。6月中旬至7月上旬为成虫羽化盛期，成虫羽化后经补充营养，边开始交尾产卵。

　　成虫白天活动，交尾后的2~3天产卵，卵产于生长衰弱的树干或大枝的粗皮、裂缝、伤疤等处。单雌卵量约20粒左右，卵期10余天。产卵前，成虫往返飞行于树行间，遇到适当场所即着落，并于产卵前先排出粘液，以便幼虫孵化后即蛀入皮层危害，6月下旬末始见孵化、蛀入皮层危害，11月开始做茧越冬。

【防治方法】

　　(1)农业防治：加强园内管理，保持树势健壮，做好苹果腐烂病的防治工作，避免产生伤疤，可减轻危害。

　　(2)结合防治其他果树害虫，可于秋季或早春刮治腐烂病和刮粗皮，细致检查主干和主枝，发现有红褐色虫粪和黏液时，捡挖其中越冬幼虫，然后涂消毒液予以保护。

　　(3)化学防治：

　　①幼虫出蛰危害期或幼虫孵化蛀入期涂50%敌敌畏乳油50~100倍液，用毛刷蘸药液，涂刷被害处消灭其中幼虫。

　　②成虫盛发期在主干、主枝上涂抹白涂剂，可防止成虫产卵；可于枝干上喷洒40%毒死蜱乳油或20%氰戊菊酯乳油1500倍液，50%辛硫磷乳油或杀螟松乳油等均为1000倍液，或20%敌杀死乳油2000倍液，对成虫、卵及初孵幼虫有特效。

156　葡萄透翅蛾

【学名】 *Parathrene regalis* Butler

【分布与寄主】 此虫在我国分布于辽宁、山东、江苏、浙江、河北、河南、陕西、内蒙古、吉林、四川、贵州等地；国外分布于朝鲜、日本等地。寄主有葡萄、野葡萄等植物。

【被害症状】 幼虫蛀食葡萄枝蔓。髓部被蛀害后，被害部肿大，致使叶片发黄，果实脱落，被蛀食的茎蔓容易折断枯死。

【形态特征】（图148）

　　(1)成虫：体长18~20mm，翅展32~36mm，全体黑褐色。头部、颈部、后胸两侧、下唇须第3节与腹部各环节橙黄色，前翅前缘、外缘及翅脉黑色，后翅半透明。雄蛾腹末端左右有长毛丛一束。

　　(2)卵：扁平椭圆形，长径约1.1mm。紫褐或红褐色。

　　(3)幼虫：共5龄，老熟体长约3.8mm左右，头部红褐色，胸腹部黄白色，老熟时紫红色，前胸背板有倒"八"字形纹，前方

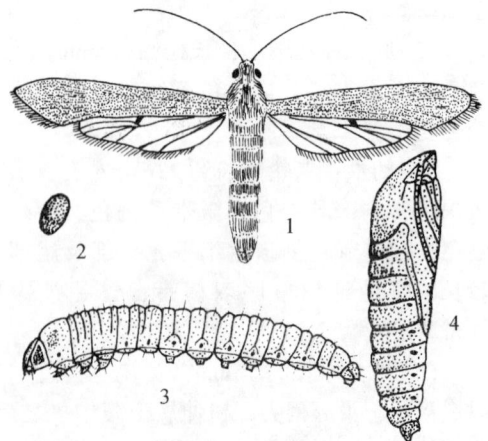

图148　葡萄透翅蛾
1. 成虫；2. 卵；3. 幼虫；4. 蛹

色淡。

(4)蛹:体长约18mm左右,红褐色,腹背第2~6节具刺2行,第7~8节背面具刺一行,末节腹面具刺一行。

【生活史及习性】此虫1年发生1代,以幼虫于葡萄枝蔓中越冬。翌春越冬幼虫于被害处的内侧咬一圆形羽化孔,然后作蛹室于内化蛹。蛹期25天左右,化蛹期与发蛾期常因地区和寄主不同而异,贵州的花溪等地区的始蛹期与始蛾期分别与葡萄抽芽、开花相吻合;河南、山东、辽宁、河北等地5月上旬为始蛹期,6月初为始蛾期。

成虫行动敏捷,飞翔力强,有趋光性,雌雄性比为1:1,雌蛾羽化当日即可交尾,次日开始产卵,产卵期1~2天,卵散产于葡萄嫩茎、叶柄及叶脉处,单雌平均卵量为45粒,卵期10天左右。初孵幼虫多由葡萄叶柄基部及叶节处蛀入嫩茎,然后向下蛀食,蛀孔外常堆有虫粪。较嫩枝受害后常肿胀膨大,老枝受害则多枯死,主枝受害后造成大量落果。幼虫可转害1~2次,以7~8月危害最厉害。危害至10月以后于被害枝内越冬。

【防治方法】

(1)人工防治:

①诱捕成虫:成虫期在园内安装佳多频振式杀虫灯,诱杀成虫。

②及时摘除被害叶片:当孵出的幼虫在叶柄内串食,烈日下叶片常现凋萎状或叶缘干枯时,应及时摘除被害叶片,此期正值葡萄套袋,可结合进行,这是人工防治该虫的最佳时期。这时害症最容易被发现,而且只需摘除1片被害叶,省工省时,可除去90%以上的幼虫。

③及时剪除被害嫩梢:生长季节常检查葡萄枝梢,当看到有虫孔堆积虫粪或有折梢干枯时,应及时剪除被害有虫部位。

④冬季修剪时认真剪除虫枝:结合冬季修剪认真检查,看是否还有未被发现的个别虫蛀枝蔓,当剪到有被蛀空的枝蔓时,应彻底消灭蛀入老蔓的幼虫。

⑤翌年春季葡萄萌芽后复查,若有未萌芽的虫枝,应彻底剪除,争取一虫不漏。

(2)化学防治:

①杀蛾灭卵:杀灭刚羽化尚未产卵的成虫以及尚未孵化的虫卵,是防治葡萄透翅蛾的关键环节。如果成虫大量产卵,卵孵化为幼虫后,很快即钻入茎蔓之内,再进行防治则费时费力,难以彻底杀绝,给下一年留下了虫源,且受害的茎蔓亦无法挽回。

②把握关键时期:成虫羽化期是杀灭成虫和卵的关键时期。河南省大约在5月上旬至中旬,其他地区由于纬度的变化可前后推移1周左右。

③施药方法:杀灭成虫和卵,最高效的方法就是喷洒药剂。药剂要选用内吸性有机磷杀虫剂或菊酯类高效杀虫剂,50%敌敌畏乳油1500倍液、2.5%敌杀死乳油2000倍液、20%速灭杀丁乳油2000倍液、5%来福灵乳油2000倍液等。进入羽化期开始喷药,每隔10天左右喷药一次(盛花期不喷),一般要喷3~4次。其中开花前的一次喷药是关键。

157 醋栗透翅蛾

【学名】_Synanthedon tipuliformis_(Clerck)

【分布与寄主】此虫为我国黑龙江黑穗醋栗的重要新害虫,还可危害红穗醋栗、醋栗及树莓枝条。

【被害症状】 以幼虫蛀食枝条髓部，上下串食危害，使叶片变黄，导致花果脱落，发生严重时可导致枝条干枯死亡。

【形态特征】

（1）成虫：体长9.0～12mm，翅展20～28mm。体被有蓝色鳞片。头与体连接处具有黄色环纹。下唇须腹面被黄色。体背具黑线2条，须端全黑色。触角黑色，腹面色淡。腹部具黄色环带，雌虫3条，雄虫4条，腹末具黑色毛丛。前足腿节与胫节黑色，跗节背面黑色，腹面黄白色。后足胫节中部及端部各具黄色距1对，中足胫节端部也具黄色距1对。前翅外缘深黄色，中央具蓝色横带，近外缘具蓝色边。后翅膜质透明，具银灰色缘毛。

（2）卵：椭圆形，淡黄色，近孵化时为黄褐色。

（3）幼虫：老熟体长20～30mm，乳白至黄白色，圆筒形。头及前胸背板淡褐色。中、后胸背面且毛片4枚，上各具刚毛1根，呈一字形排列。各腹节背面具毛片4枚，上各具刚毛1根。气门下方有刚毛2根，着生于一枚毛片上。腹足俱全，腹足趾钩单序2列横带，臀足趾钩1列。

（4）蛹：体长9.0～11mm，宽约2.5mm。3～5节背面后缘有1列，角形刺状刻纹。尾节钝圆锥形，其前节后缘有8个锥状突起，其中6个较大，2个较小。茧长圆形，丝质很薄，乳白色。

【生活史及习性】 此虫1年发生1代，以3龄以上幼虫于被害枝条髓部越冬。翌春5月上旬开始出蛰活动，5月中旬幼虫陆续老熟化蛹，蛹期10～15天。5月下旬到6月上旬始见成虫，6月中下旬至7月上旬为成虫盛发期。成虫羽化后2～3日开始交尾产卵，卵散产于腋芽、叶片、叶柄基部或嫩树皮，卵期9～15天，幼虫孵化后蛀入枝条髓部危害，秋末以3龄以上幼虫于被害枝条内越冬。

成虫白天活动，飞翔能力差，上午9～11时成虫活动最盛，交尾高峰为下午15～17时。6月中下旬为产卵最集中时期。幼虫取食的隧道长短不等，通常粗枝较短，细枝较长，隧道内幼虫通常1～2头，多者达4头，隧道彼此不相同，幼虫可往返取食蛀孔两侧的髓部。幼虫老熟后于枝干处咬一羽化孔，孔口留一很薄的枝条表皮覆盖。以此封闭洞孔。然后于孔口附近约2～3cm范围的隧道中吐丝结茧化蛹。6月中旬至7月上旬（黑穗醋栗果实着色期）为成虫羽化盛期。此虫发生与温湿度、品种关系密切。薄皮黑穗醋栗受害最重，亮叶皮厚、硬粒子的品种受害则轻。春季温度高，成虫羽化则早，温度低则较晚。湿度较大，有利于成虫羽化，在雨后湿度增大时，常出现羽化高峰。

【防治方法】

（1）选栽抗虫品种，加强果园水肥管理，以增强树势。春季结合修剪时剪除有虫枝条，并集中烧毁，引进苗木的，严格检疫措施。

（2）成虫盛发及幼虫产卵盛期喷布50%辛硫磷乳油1000倍液、2.5%功夫乳油或敌杀死乳油2000倍液均有良好防效；成虫盛发期也可人工捕杀成虫。

158　板栗透翅蛾

【学名】 *Aegeria molybdoceps* Hampson

【别名】 赤腰透翅蛾、俗称串皮虫。

【分布与寄主】 在我国山东省普遍发生。近年来在泰山、蒙山、费县、临沭、招远等县的栗园普遍严重。有的县调查，干径 20cm 以上的板栗受害株占 33.8%。该虫只危害板栗，是目前栗树上 1 种危险性很大的害虫。

【被害症状】 以幼虫在树干或枝干韧皮部内取食危害，主干下部受害重，主干嫁接口附近危害频繁。受害部位表皮粗糙皱缩、开裂，并呈环状肿瘤隆起。危害严重时，大量幼虫环绕韧皮部横向穿食，虫道内充满木屑与虫粪，一般不排出树外，取食韧皮组织一周后，致使主枝枯死或树体死亡，受害树干易脆断。

【形态特征】（图 149）

（1）成虫：体长 15～21mm，翅展 37～42mm。形似黄蜂。触角两端尖细，基半部橘黄色，端半部赤褐色，顶端具 1 毛束。头部、下唇须、中胸背板及腹部 1、4、5 节皆具橘黄色带；第 2、3 腹节赤褐色；腹部有橘黄色环带。翅透明，翅脉及缘毛茶褐色。足侧面黄褐色，中、后足胫节具黑褐色长毛。

（2）卵：长约 0.9mm，淡红褐色，扁卵圆形，一头较齐。

（3）幼虫：老熟幼虫体长 40～42mm，污白色。头部褐色，前胸背板淡褐色，具 1 褐色倒"八"字纹。臀板褐色，尖端稍向体前弯曲。

（4）蛹：体长 14～18mm，黄褐色。体型细长，两端略下弯。

【生活史及习性】 1 年发生 1 代，极少数 2 年完成 1 代。以 2 龄幼虫或少数 3 龄以上幼虫在枝干老皮缝内越冬。3 月中下旬出蛰，7 月中旬老熟幼虫开始作茧化蛹，8 月上中旬作茧化蛹盛期。8 月中旬成虫开始产卵，8 月底至 9 月中旬产卵盛期。8 月下旬卵开始孵化，9 月中下旬为孵化盛期，10 月上旬 2 龄幼虫开始越冬。

日平均气温为 3～5℃时，开始活动。虫龄大的幼虫出蛰早。幼虫化蛹前，停止取食，先向树干外皮咬一直径 5～6mm 圆形羽化孔，然后即在羽化孔下部吐丝连缀木屑和粪便结一长

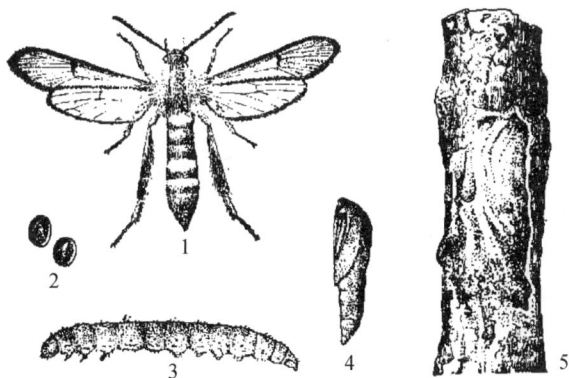

图 149　板栗透翅蛾
1. 成虫；2. 卵；3. 幼虫；4. 蛹；5. 被害状

椭圆形厚茧化蛹。幼虫危害的部位不同，化蛹早晚显著不同，向阳面比背阴面提早半月左右，树干中下部幼虫化蛹显著早于上部，下部较上部提前 15～20 天。成虫羽化时，顶开羽化孔，露出蛹壳的 1/2～2/3。羽化时间均在白天早 6 时至傍晚 6 时，上午 9～10 时羽化最多。成虫白天活动。低温和高湿情况下活动能力显著下降。成虫有趋光性，寿命 3～5 天。成虫白天产卵，上午 10 时左右产卵最多。卵散产，集中在主干的粗皮缝、翘皮下，少数产在树皮表面。雌成虫一般产卵 300～400 粒。卵的孵化全在夜间。

【防治方法】

（1）农业防治：

①刮除粗糙老树皮：7～9 月成虫羽化产卵盛期及幼虫孵化时，刮除主干上的老树皮，刮皮时不能过深，以免伤及木质部。刮下的树皮要集中烧毁。刮皮后及时用煤油 1kg 对 5% 敌敌畏乳油 50ml 涂抹已刮树皮干。

②挖杀幼虫：经常检查树体，发现枝干上有隆肿鼓疤时用利刀挖除受害组织，杀死幼虫，掏尽木屑与虫粪，并涂上保护剂保护伤口。保护剂配方如下：5%硫酸铜加90%乙磷铝可湿性粉剂100倍液加58%甲霜灵锰锌可湿性粉剂100倍液或石硫合剂原液。

③加强果园管理：合理追肥，增强树势，避免主干伤口形成。冬季做好树干涂白和培土工作，及时剪除和烧毁树冠内的受害枝。

（2）药剂防治：5月下旬至6月下旬，正值透翅蛾幼虫危害盛期，重点树干喷药，常用药剂有20%杀灭菊酯乳油1000倍液、30%桃小灵乳油1500倍液、2.5%溴氰菊酯乳油1500倍液。9～10月为越冬幼虫孵化期，此时要在树干及主枝上喷施50%辛硫磷乳油1000倍液，或2.5%敌杀死2500倍液，每隔15天喷1次，连喷3～4次。注意嫁接板栗尤其要加强透翅蛾的防治。

（四〇）斑蛾科 Zygaenidae

小至中型，狭长。多数种类颜色鲜艳，有的有金属光泽，多白天活动，作短距离缓慢飞翔，身体光滑，有单眼，喙发达。触角简单，丝状或棍棒状，雄虫多栉齿状，后翅亚前缘脉及胫脉于中室前缘中部连接，有肘脉。翅多数具金属光泽，少数暗淡，有些在后翅上具燕尾形突出，形似蝴蝶。我国已知140种以上。

159　梨叶斑蛾

【学名】*Illiberis pruni* Dyar

【别名】梨星毛虫。

【分布与寄主】此虫在我国分布于东北、甘肃、青海、河北、山西、陕西、山东、河南、江苏、江西、浙江、湖南、广西、四川、云南等地；国外分布于日本等地。寄主有苹果、梨、海棠、沙果、李、杏、桃、樱桃、山楂、楒梓、枇杷、山荆子等多种果树林木植物。

【被害症状】以幼虫食害芽、花蕾及嫩叶。发生严重时一个开放的花芽常有数十头幼头群集危害，被害花芽常变黑枯死。果叶伸展后，幼虫则转至叶片上吐丝缠缀叶缘连成饺子状，并潜于叶苞中蚕食叶肉，残留表皮与叶脉，被害叶渐变枯黄，凋落。树体营养不足，花芽分化不良，造成连年不能结果，损失甚大。

【形态特征】（图150）

（1）成虫：体长9～12mm，翅展21～30mm。全体黑褐色。复眼暗黑色，翅缘深黑色。翅半透明，翅脉明显，上生许多短毛。头胸部具黑褐色绒毛。

（2）卵：扁平椭圆形，长径约0.7mm，初产乳白色，以后渐变黄色，孵化前变为

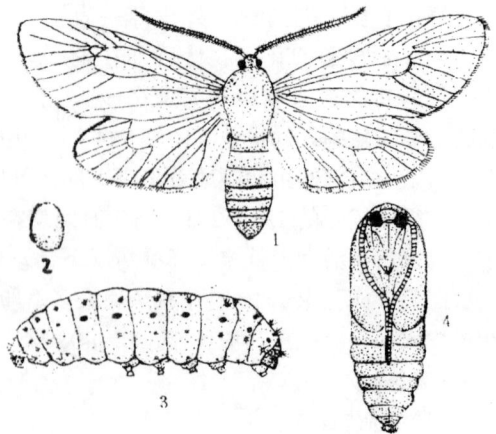

图150　梨叶斑蛾
1. 成虫；2. 卵；3. 幼虫；4. 蛹

淡紫色至黑色。卵块生，单或双层排列不规则成数十至百余粒。

（3）幼虫：老熟体长 17~22mm，肥胖近纺锤形，淡黄白色，头小黑色且缩入前胸，前胸背板上具褐色斑点和横纹。背线黑褐色，两侧各具一列近圆形黑斑，分布于胴部第 2~11 节亚背线与气门上线间，各节背面具横列毛丛 6 簇。上附白色细毛与短毛。胸足黑褐色外侧尤显；腹足趾钩单序中带，无臀栉。幼龄幼虫体淡紫褐色。

（4）蛹：体长约 13mm，近纺锤形，刚化蛹时体色黄白，后变黑褐色。腹背 3~9 节前缘具一列短刺突。茧长约 15mm，白色双层丝茧。

【生活史及习性】此虫我国东北及华北大部地区 1 年发生 1 代，河南西部及陕西关中地区 1 年发生 2 代，以幼龄幼虫于粗翘皮、枝杈、剪锯口等缝隙中结灰白色小茧越冬，或于树干基部附近土壤中结茧越冬。翌年寄主萌动露后开始出蛰活动，食害刚萌动发绿的花芽及幼叶。花谢后果树展叶时即转叶危害，一头幼虫约危害 7~8 片叶后老熟，于最后被害叶内结茧化蛹，蛹期约 10 天左右。华北地区 6 月上旬始见成虫，6 月中旬进入盛期，成虫羽化后不久即交尾产卵，卵盛期为 6 月中旬。卵期约 1 周，6 月下旬始见幼虫孵化，危害数日后即行越冬。

成虫飞翔力不强，昼伏夜出，羽化后当日上午 8~12 时和下午 4~6 时交尾，交配前期约 2~20 小时，交配持续时间约 6~18 小时，交配次数：雄虫平均 2.72 次，雌虫大多只一次。产卵前期 2~10 小时，单雌卵量平均 117.4 粒，卵多产于叶背，卵块成堆分层，一般 2~3 层。成虫寿命：雌虫平均 5 天左右，雄虫 4 天左右。

年生 2 代区，有部分幼虫于 6 月越冬，另一部分幼虫则可继续危害，至 8 月上中旬出现第 1 代成虫，再行产卵，卵孵化，后仍以幼龄幼虫越冬。

【防治方法】

（1）休眠期防：治早春刮树皮、堵树洞，重点以树杈部位以上为主，可消灭大部分越冬幼虫。

（2）生长期防治：越冬幼虫出蛰盛期或梨树花芽膨大时药剂防治，可喷洒 50% 辛硫磷乳油、80% 敌敌畏乳油、20% 灭扫利乳油、2.5% 功夫乳油或 2.5% 敌杀死乳油，以常规浓度，均可有效地控制此虫的危害。25% 灭幼脲 3 号悬浮剂 1500~2000 倍液、0.3% 苦楝素乳油 1000~1500 倍液等，亦要间隔 5~7 天，连续喷药 2~3 次。

（3）果实套袋。实行果实套袋技术，保护和阻止多种病虫害对果实的侵染，减轻果实病虫害的发生。在幼虫危害期，摘除虫苞，消灭在其中危害的幼虫和虫茧。

（4）保护天敌，注意园内管理，增强树势。

160　桃斑蛾

【学名】*Illliberis psychina* Oberthur

【别名】杏星毛虫。

【分布与寄主】此虫在我国分布于东北、华北、西北等地，其中山西、河北、河南、山东等地区危害甚重，寄主有桃、杏、李、梅、樱桃、山楂、梨、葡萄、柿等多种果树林木植物。

【被害症状】以幼虫食害芽、花及嫩叶。早春幼虫蛀入刚萌动的花芽内危害，使花芽迟迟不能开放。发芽后幼虫食害叶片成缺刻。发生严重年份，常将全树叶片吃光。

【形态特征】（图 151）

(1) 成虫：体长约 9mm，翅展约 23mm，全体黑色，具蓝黑色光泽，翅半透明，疏生黑色鳞毛，翅脉、翅缘黑色。与梨叶斑蛾相似，主要区别在于此虫前翅第 1 径分脉至第 2 径分脉的距离短于第 2 径分脉至第 3 径分脉的距离。

(2) 卵：扁平椭圆形，长约 0.7mm。初产乳白色无光泽，渐变黄褐至黑褐色。

(3) 幼虫：老熟体长约 16mm，体肥胖近纺锤形，头小黑褐色，大部缩入前胸。背面暗红褐色，腹面紫红色，腹部各节具横列毛瘤 6 个，各毛瘤中间生许多褐色短毛，周生黄白色长毛。前胸盾黑色，中央具一淡色纵纹。臀板黑褐色，臀栉黑褐色 10 余齿。

(4) 蛹：体长约 9mm，椭圆形，初淡黄褐色，羽化前变黑褐色。茧椭圆形，丝质较薄，淡黄色，茧外常附虫粪与泥土粒。

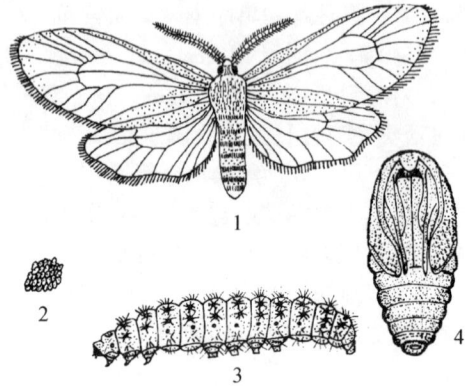

图 151　桃斑蛾
1. 成虫；2. 卵；3. 幼虫；4. 蛹

【生活史及习性】 此虫各地均 1 年发生 1 代，以幼龄幼虫于树皮缝隙、翘皮、剪锯口裂缝、枝杈及贴枝叶下结小白茧越冬。翌春寄主萌动露绿时越冬幼虫出蛰危害。首先蛀芽危害，芽旁有针尖大的蛀孔，被害芽不萌发而枯死。花期转害花及嫩叶，此时如遇不良环境气候即返回原越冬场所荫蔽。幼虫稍大后则白天下树于树干基部附近的土、石块、枯草、落叶下及树皮缝隙中潜伏，黄昏后开始陆续上树取食叶片，上树危害高峰期为下午 8 时至次日 4 时左右，5 时开始下树隐蔽。故有"夜猴子"之称。幼虫上树后先食害下部枝上叶片，然后逐渐向上转害，也有少数幼虫吐丝缀连叶片于内隐蔽或危害。幼虫危害至 5 月中旬后开始逐渐老熟，于叶背、枝干缝、树干周围土石砖块下、枯草、落叶等处结茧化蛹。蛹期约 18 天左右。6 月上中旬成虫开始羽化，成虫飞翔力弱，早晨受惊后易假死落地，极易捕捉。羽化后不久即可交尾产卵；羽化时间多于午夜，交尾常发生于午夜以后至次日上午。交尾后约 10 小时左右开始产卵。卵多产于树冠中、下部叶的背面及主脉处。单雌平均卵量为 170 粒左右。卵期平均 10 天左右，成虫寿命：雌蛾平均 13 天，雄蛾平均 10 天。6 月中旬出现第 1 代成虫，稍经取食后便转至越冬场所越冬。

【防治方法】 参照 P$_{225}$ 梨叶斑蛾防治方法。

(四一) 刺蛾科 Limacodidae

中等大小。体与前翅密生绒毛与厚鳞，大多黄褐或灰褐色，间有绿或红色，少数底色洁白具斑纹。口器退化，下唇须短小，雄虫触角双栉齿状，雌虫短小线状。翅短阔，有鳞和毛。前后翅中室内有中脉主干存在。前翅顶角区的翅脉 3 枝连在一起；后翅 Sc + R$_1$ 从中室中部分出，Rs 与 M$_1$ 基部极接近或同柄。

幼虫体扁，椭圆形，其上有刺枝与毒毛，或光滑无毛或具瘤。头小可收缩，无胸足，腹足小，化蛹时常吐丝结硬茧，有些种类茧上具花纹，形似雀蛋。羽化时茧的一端裂开圆盖飞出成虫，此科多数种类为林木、果树等食叶害虫。目前全世界已记录的刺蛾 1000 余种，我国有 90 种以上。

161　背刺蛾

【学名】*Belippa horrida* Walker

【分布与寄主】此虫在我国分布于四川、云南、浙江、福建、台湾、江西等地。寄主有苹果、梨、桃、葡萄、蔷薇等多种植物。

【被害症状】似 P_{228} 黄刺蛾。

【形态特征】

（1）成虫：体长 12～16mm，翅展 28～36mm，雄虫触角栉齿状，雌虫为丝状。体黑褐色，前翅内线不清晰，灰白色锯齿形，内线两侧较黑，横脉纹白色，新月形。外线不清晰，波浪状白色。顶角具黑斑，杂有白色，外缘翅脉及端线白色，端线细。后翅灰黑色，外缘色渐浅，后缘与端线白线。

（2）卵：球状，直径 0.8～1.2mm，乳白色，后渐变黄白至灰白色，表面光滑，具色泽，不透明。

（3）幼虫：椭圆形，体长 15～22mm，体宽 8～14mm。体背鲜绿、浓绿或淡绿色，腹面灰绿色。背面具许多小突起，体背还具一较宽纵斑，纵斑两侧各具波纹状的缺刻 8～9 枚。气门椭圆形，白色，纵斑与气门线间、体背每侧各具两条纵线，体背具纵向白点 7 行，中间 5 行各 10 个点，两侧每行各具 15～16 个点，正中一行最显，每小点由 3～5 个泡状白色小突组成。头小缩入前胸下，浅褐色，胸足小，3 对灰绿色。无腹足，每一腹节中部有一横椭圆形吸盘，明显可见 6～7 枚。幼虫全身无刺毛。

（4）蛹：体长 12～16mm，初化蛹乳黄色，近羽化时黑褐色。茧椭圆形，间或扁球形，长径 12.5～15.5mm，短径 9.0～12.5mm，褐、黑褐或棕色，表面具胶质物，附有碎叶片，茧壳薄而软，内壁光滑。

【生活史及习性】此虫四川 1 年发生 1 代，以老熟幼虫于茧内越冬。翌年 4 月下旬开始化蛹，5 月上中旬为蛹化高峰期，蛹期为 30～45 天。6 月上旬始见成虫，成虫羽化后 2～3 天进行交尾与产卵，卵散产于叶面，卵期 11～20 天。初孵幼虫食量小，4 龄后食量大增。幼虫共 5 龄，历期 39～58 天，8 月下旬起幼虫开始老熟，9 月上中旬为作茧盛期。幼虫于茧内潜藏近 6～7 个月。

成虫羽化时，蛹皮留于羽化孔上。成虫具趋光性，活动多于傍晚或夜间进行。1、2 龄幼虫常啃食上表皮与叶肉，被害叶表出现许多米粒大小的凹陷斑；3 龄幼虫将叶片咬成孔洞，并由孔洞向四周或由叶缘向内啃食叶片，仅留叶脉，4 龄后昼夜均可取食，7 月中下旬至 9 月上旬为幼虫危害严重期，老熟后取食活动减少，并逐渐由枝叶等处由树干下爬至树干周围的石缝、枯枝落叶、杂草等处作茧越冬。

【防治方法】

（1）冬季或早春结合防治其他越冬害虫，清理果园杂草，可消灭大部分越冬虫茧。

（2）幼虫于叶面取食期间，很少迁移，极易发现，因此可结合摘卷叶性害虫消灭之。

（3）成虫羽化期间，于园内设置黑光灯或其他灯光，可诱杀成虫及其他具趋光性害虫。

（4）于 1、2 龄幼虫期，结合防治其他害虫，进行喷药防治效果好。常用农药有 2.5% 功夫乳油、5% 氯氰菊酯乳油、2.5% 敌杀死乳油 2000 倍液，或 50% 辛硫磷 1500 倍液。

（5）保护和利用天敌。

162 黄刺蛾

【**学名**】*Cnidocampa flavescens* Walker

【**分布与寄主**】此虫分布广，我国除甘肃、宁夏、新疆、西藏、贵州目前尚无报道外，几乎遍布全国各地；国外分布于日本、朝鲜和俄罗斯等地。寄主有枣、苹果、桃、杏、李、樱桃、山楂、楤梓、柿、栗、枇杷、石榴、柑橘、核桃、醋栗、杨梅、杧果、杨、柳、榆、枫、桑、茶、榛、梧桐、桤木、乌桕、楝、油桐等林木果树。

【**被害症状**】以幼虫取食危害，幼龄幼虫喜群集于叶背啃食叶肉，幼虫长大后逐渐分散，且食量逐之增加，将叶片吃光，残留叶柄。影响树势和翌年结果。

【**形态特征**】（图152）

（1）成虫：体长：雌 15～17mm，雄 13～15mm。翅展：雌 35～39mm，雄 30～32mm。头与胸背黄色，腹背黄褐色。前翅内半部黄色，外半部黄褐色，有两条暗褐色斜线，于翅尖外汇合一点，呈倒"V"字形，内面一条伸达中室下角，几乎成为两部分颜色的分界线，外面一条稍外曲，伸达臀角前方，但不达后缘，横脉纹为一个黑褐色点，中室中央下方2A脉上有时也有一个模糊暗点；后翅黄色或赭褐色。

（2）卵：扁椭圆形，淡黄色，卵膜上具龟状刻纹，长径约 1.4mm左右。

（3）幼虫：老熟体长 19～25mm，头小黄褐色，隐藏于前胸下。胸部黄

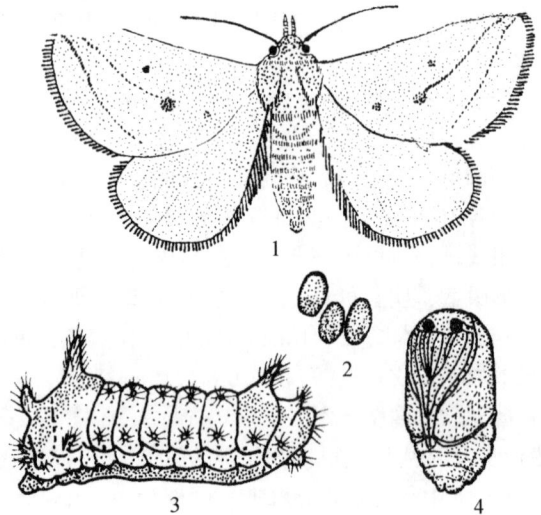

图152 黄刺蛾
1. 成虫；2. 卵；3. 幼虫；4. 蛹

褐色，体背具一紫褐色大斑纹，前后宽，中间细，似哑铃形，每体节上具4个枝刺，其中以胸部6个和臀节上的2个特别大，体腹面乳白色呈薄膜状，腹足退化，胸足极小。

（4）蛹：肥胖椭圆形，长 13～15mm，浅黄褐色，头胸部背面黄色，腹部各节背面具褐色背板。茧椭圆形，质坚硬，黑褐色，有长短不一的灰白色纵条纹，极似雀蛋。

【**生活史及习性**】此虫1年发生1～2代，均以老熟幼虫于小枝杈处，主侧枝以及树干粗皮处结茧越冬。1年发生1代区5月中旬开始化蛹，蛹期15天左右，6月中旬出现成虫，6月下旬始见幼虫，危害至8月中旬后开始陆续老熟，结茧越冬。1年发生2代区5月上旬开始化蛹，5月下旬始见成虫，6月中旬出现幼虫危害，7月中旬左右始见幼虫老熟结茧化蛹，7月下旬始见第1代成虫，第2代幼虫于7月底开始危害，8月上中旬危害最厉，8月下旬幼虫开始陆续老熟结茧越冬。

成虫昼伏夜出，羽化多于傍晚进行，趋光性不强，羽化后不久即可交尾产卵，卵散产或连片(数十粒)产于叶背，单雌卵量49～67粒，卵期约8天，成虫寿命4～7天，卵多于

白天孵化。

初孵幼虫先食卵壳，然后开始食叶危害，幼虫共7龄，第1代各龄幼虫的龄期分别为1～2天、2～3天、2～3天、2～3天、4～5天、5～7天、6～8天。幼虫枝刺毛有毒，触人皮肤后感觉疼痛奇痒。初结茧为灰白色，不久变棕褐色，并显露出白色纵纹。第1代幼虫结小而薄的茧，第2代茧则大而厚。黄刺蛾的天敌主要有上海青蜂和黑小蜂等。其寄生率高，控制效果显著。

【防治方法】

(1)冬春剪除树枝上的越冬茧，消灭越冬虫源。

(2)产卵高蜂期或卵孵初盛期喷施90%敌百虫1500倍液，或50%辛硫磷乳油、2.5%功夫乳油以常规浓度防效均好。

(3)注意保护和利用天敌。

163　褐边绿刺蛾

【学名】 *Latoia consocia*（Walker）

【异名】 *Parasa consocia* Walker

【别名】 绿刺蛾、曲纹绿刺蛾。

【分布与寄主】 此虫在我国除内蒙古、宁夏、甘肃、青海、新疆和西藏目前尚无报道外，几乎遍布全国各地；国外分布于朝鲜、日本、俄罗斯等地。寄主有苹果、梨、桃、杏、李、山楂、柿、柑橘、枣、樱桃、海棠、梅、核桃、枇杷、石榴、栗、杨、柳、榆、槐、枫、桐、桑等多种林木果树植物。

【被害症状】 似 P_{228} 黄刺蛾。

【形态特征】（图153）

(1)成虫：体长约16mm，翅展约39mm，头与胸背绿色，胸背中央有一条红褐色纵线。腹部与后翅浅黄色，后翅缘毛棕色，前翅绿色，基部有红褐色大斑，外缘灰黄色，散有暗褐色小点，其内侧有暗褐色波状条带和短横线纹。

(2)卵：扁平椭圆形，黄白色，长径约1.5mm。

(3)幼虫：老熟体长25～28mm，头小，体短粗。初龄黄色，稍大转为黄绿色。从中胸至第8腹节各有4个瘤状突起，瘤突上生有黄色刺毛丛，腹部末端有4部丛球状蓝黑刺毛，背线绿色，两侧有浓蓝色点线。

(4)蛹：长约13mm，椭圆形，黄褐色，蛹外包被丝茧，茧长约15mm，

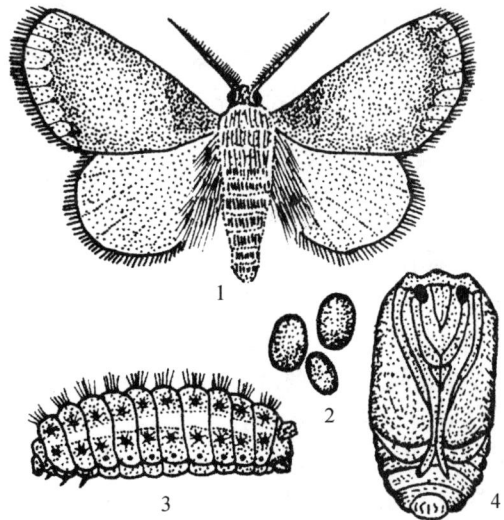

图153　褐边绿刺蛾
1. 成虫；2. 卵；3. 幼虫；4. 蛹

椭圆形暗褐色。

【生活史及习性】此虫华北、东北地区1年发生1代，河南以及长江下游1年发生2代，均以老熟幼虫结茧越冬。结茧场所在发生1代的地区，多在树冠下草丛、浅土层内，或于主干基部土下贴近树皮部位。发生2代区，除上述场所外还可在落叶下、主侧枝的树皮上等部位结茧。在1代区，越冬幼虫于5月中下旬化蛹，6月上旬始见成虫，成虫盛发期为6月中下旬，卵期1周左右，6月下旬始见幼虫，8月为幼虫发生危害最重期，危害至9月开始陆续老熟，入土结茧越冬。发生2代区，越冬幼虫于4月下旬开始化蛹，5月中旬出现越冬代成虫，6~7月发生第1代幼虫，8月中下旬出现第1代成虫，第2代幼虫发生于8月下旬至9月，危害至10月上旬陆续老熟下树寻找适当场所结茧越冬。

成虫有较强的趋光性，昼伏夜出，在夜间交尾、产卵，卵常数十粒集聚成块地产于叶片背面靠近主脉附近，呈鱼鳞状排列，单雌产卵约150粒左右。初孵幼虫常群集危害，吃完卵壳后常数十头密集于一片叶上取食叶肉，残留表皮，2~3龄后才逐渐分散危害，蚕食叶片。幼虫体上的刺毛丛含有毒腺，触人皮肤后有肿胀奇痛发痒之感。

【防治方法】

(1)清洁果园，消灭越冬茧：在冬春季节清除落叶、树干、主侧枝树皮上以及干基周围表土中的越冬茧。也可结合刨树盘，挖除越冬茧。

(2)捕杀初龄幼虫：利用初龄幼虫具群集危害习性，可摘除有虫叶片，集中处理。

(3)药剂防治：在卵盛期或幼虫初孵期进行喷药防治，使用农药参照黄刺蛾药剂防治。此外，0.5%苦参碱水剂600倍溶液、印楝素乳油2000倍溶液均能取得较好的防治效果。

(4)保护利用天敌：天敌主要有绒茧蜂和刺蛾广肩小蜂。使用生物农药进行防治，以保护天敌。

164　双齿绿刺蛾

【学名】　*Latoia hilarata*（Staudinger）

【别名】棕边青刺蛾、小青刺蛾、棕边绿刺蛾。

【分布与寄主】此虫在我国分布于东北、河北、北京、河南、山东、江苏、江西、湖南、四川、台湾等地；国外分布于朝鲜、日本等地。寄主有苹果、梨、桃、樱桃、杏、黑刺李、核桃、枣、柿、栎、槭等多种果树林木植物。

【被害症状】似P$_{228}$黄刺蛾。

【形态特征】

(1)成虫：体长7~12mm，翅展18~26mm。头顶与胸背绿色，腹部黄色，触角雌蛾丝状，雄蛾双栉齿状。前翅绿色，前缘具黄褐色细边，翅基有一块略成五角形的褐斑，顶角及外缘褐带较宽，带的内侧具深褐色细边。后翅浅黄色，外缘附近浅褐色，臀角处暗褐色。

(2)卵：扁椭圆形，初产浅黄白色，后渐变深。

(3)幼虫：老熟体长约17mm，背线天蓝色，头顶具2个黑色，除体侧和尾枝刺外，每一枝刺基部均有一簇黑毛。

(4)蛹：椭圆形，初黄色，后渐变褐色。茧椭圆形，浅灰褐色，稍扁平，长约11mm。

【生活史及习性】此虫在陕西、山东1年发生1代，以幼虫于树干基部、枝干伤疤、粗皮裂缝、枝杈剪锯口处结茧越冬。翌春5月化蛹，6月上旬始见成虫，7~8月为幼虫发生危害期。小幼虫先群集叶背食害叶肉，残留上表皮，3 龄以后则分散转移危害，常将叶片食成缺刻或孔洞，危害至 8 月幼虫陆续老熟，并寻找适当场所结茧越冬。成虫羽化后即可交尾、产卵，昼伏夜出，卵常数十粒成块状产于叶背靠近叶脉附近。

【防治方法】

(1) 冬季或早春结合修剪，摘除或剪除越冬茧，并集中烧毁，消灭越冬幼虫。

(2) 卵孵盛期或幼虫发生危害期，可喷布 90% 敌百虫乳油或 50% 辛硫磷乳油、杀螟松乳油、敌敌畏乳油等以常规浓度，有很好的防治效果，或各种菊酯类农药以常规浓度防效甚显。

165　漫绿刺蛾

【学名】 *Latoia ostia*（Swinhoe）

【分布与寄主】 此虫在我国分布于四川、云南等地；国外分布于印度等地。寄主有苹果、梨、桃、李、杏、柿、花红、核桃、海棠、板栗、樱桃、柑橘、山定子、棠梨以及杨、柳、刺槐、桤木、核枣等多种果树及林木植物。

【被害症状】 以幼虫咬食寄主叶片，轻者形成许多缺刻，严重时则仅剩主脉与叶柄，有时甚至全枝或全株叶片被吃光。

【形态特征】

(1) 成虫：雌蛾体长 14～20mm，翅展 38～56mm，触角丝状。雄蛾体长 12～18mm，翅展 32～48mm，触角基部栉齿状，末端稍细成丝状。头顶与胸背绿色，胸背中央有一淡黄色纵线，腹部背面黄绿色。前翅绿色，基部有一红褐色斑点伸达后缘，后翅乳黄或黄绿色，缘毛黄白或灰白，末端棕色。

(2) 卵：椭圆形，淡黄或淡黄绿色，表面光滑，略有光泽。

(3) 幼虫：老熟体长 23～32mm，头小，黄褐色，缩于前胸下。体黄绿或深绿色，背线蓝绿色。胸部亚背线与气门上线各具 10 对瘤状刺突，腹部 1～7 节的亚背线与气门上线间有 7 对瘤状刺突，其上均布满长度相等的刺，腹部第 8～9 两节气门上线的刺突上除生有刺外，还具球状绒毛丛，腹面淡绿色，胸足 3 对，较小，淡绿色。无腹足，每节腹节中部具一扁圆形吸盘。共 7 个吸盘。

(4) 蛹：体长 14～19mm，初化蛹乳黄色．近羽化时前翅变为暗绿色，触角、足、腹部黄褐色。茧椭圆形，长径 14～22mm 短径为 9～16mm。灰褐色，质地坚硬，表面附有幼虫脱下的绿毛。

【生活史及习性】 此虫 1 年发生 1 代，以老熟幼虫于茧内越冬。翌年 4 月下旬开始化蛹，5 月上旬到 6 月上旬为化蛹盛期，蛹期25～53 天。6 月上旬开始出现成虫，6 月下旬至 7 月中旬为成虫羽化盛期，8 月上旬仍见羽化成虫。第 1 代卵始见于 7 月上旬，7 月下旬前后为成虫产卵盛期，8 月下旬初为末期。幼虫始见于 7 月中旬，8 月中旬前后为卵孵化盛期。幼虫危害至 9 月底开始作茧，10 月底大部幼虫结茧越冬。

成虫具趋光性，羽化 2～5 天后开始交尾与产卵，卵多产于寄主植物外围枝条上的叶背主脉附近，间有产于叶面的卵，卵散产或块产，卵期10～16 天，幼虫历期40～65 天，脱皮5 次。初孵幼虫静止于卵壳上，1～2 天后开始活动取食，先食掉脱下的皮，然后吃掉卵壳，以后即取食叶肉，此时食量小，被害叶片呈半透明或纱网状。2 龄前具群栖习性，3 龄后逐渐分散危害，取食时由叶缘向内啃食。幼虫昼夜均可取食，迁移性较小，食完一叶再食一叶，或一枝一枝的把叶全部食光。4龄后食量大增，8~9月为幼虫危害的严重时期。幼虫老熟后，寻找适当场所结茧。结茧时先将树皮啃咬平滑或咬成一凹窝，然后吐丝作茧。作茧时虫体弯曲，头部吐丝向各方结网，体毛脱落粘于网外。茧壳外部呈绿色，间或灰褐或黑褐色，茧壳内壁黄白或灰白色，光滑略有光泽。茧壳顶部具一沟状痕迹，成虫羽化时由此而出。

【防治方法】参照 P₂₂₉ 黄刺蛾防治方法。

166   中国绿刺蛾

【学名】*Latoia sinica*（Moore）

【别名】中华青刺蛾、苹绿刺蛾。

【分布与寄主】此虫在我国分布于东北、河北、山西、陕西、河南、湖北、湖南、江苏、浙江、江西、云南、贵州、四川、台湾等地；国外分布于朝鲜、俄罗斯等地。寄主有苹果、梨、杏、桃、李、梅、柿、栗、核桃、樱桃、柑橘、枇杷、杨、柳、榆、槐、枫、油桐、乌桕、梧桐、喜树等多种果树林木植物。

【被害症状】似 P₂₂₈ 黄刺蛾。

【形态特征】（图154）

（1）成虫：体长约12mm，翅展21~28mm。头、胸背和前翅绿色，前翅基部具一褐斑，在中室下缘呈角形外曲，外缘有一褐带，窄而规则，仅 Cu₂ 脉向内突成钝齿状，缘毛褐色。后翅全部灰褐色，缘毛灰黄色。

（2）卵：扁平椭圆形，长约1.5mm，初产浅黄色，后变浅黄绿色。

（3）幼虫：老熟体长16~20mm，体黄绿色，前胸背板具一对黑点，背线红而粗，两侧具蓝边及黄白色宽边。中后胸及第8腹节各具一对黄色枝刺，上生黑刺，体侧也具一列黄色枝刺，上混生黄黑刺。

（4）蛹：长约15mm，复眼黑色，腹背各节前缘具浅暗黄褐色弧形斑。茧扁椭圆形，暗褐色。

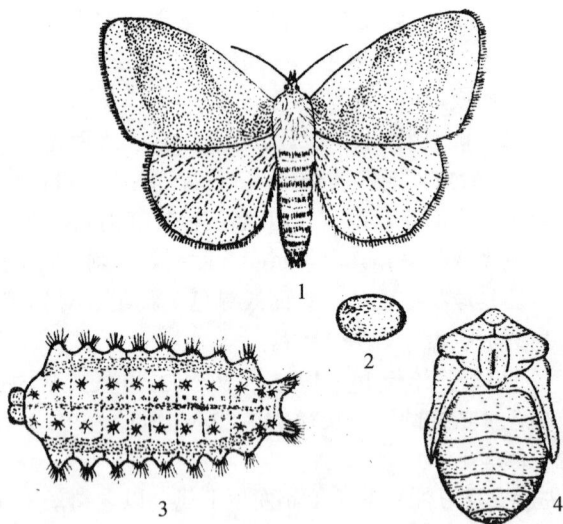

图154　中国绿刺蛾
1. 成虫；2. 卵；3. 幼虫；4. 蛹

【生活史及习性】此虫东北1年发生1代，山西、河南1年发生2代，以老熟幼虫于枝干上做茧越冬。在1年发生1代区，越冬幼虫于5月化蛹，6~7月为成虫发生期，7~8月为幼虫发生危害期，危害至秋末老熟结茧越冬。在年生2代区，翌年5月越冬幼虫化蛹，6月羽化为成虫，7~8月为第1代幼虫发生危害期，8~9月出现第1代成虫，10月以第2代幼虫老熟，在枝干上结茧越冬。

成虫昼伏夜出，有趋光性，羽化后即可交尾产卵，卵多产于叶背、呈块状。初孵幼虫群集于卵壳上不食不动，2龄后先食蜕皮，后食卵壳及叶肉，将叶片食成纱网状，然后分散危害，将叶片吃成缺刻与孔洞。

【防治方法】 参照P~229~黄刺蛾防治方法。

167　龟形小刺蛾

【学名】 *Narosa nigrisigna* Wileman

【别名】 黑纹白刺蛾、灰白小刺蛾、樱桃白刺蛾、小刺蛾、白眉刺蛾、杨梅刺蛾、红点龟形小刺蛾。

【分布与寄主】 此虫在我国分布于河北、北京、云南、贵州、广西、广东、湖北、湖南、安徽、江西、浙江、四川、台湾等地。寄主有梨、柿、枣、石榴、樱桃、杨梅、梅、李、板栗、茶、栎等多种植物。

【被害症状】 以幼虫取食寄主叶片，被害症状同黄刺蛾。

【形态特征】

(1)成虫：体长6~9mm，翅展18~25mm。体白色，头胸部被灰白色毛丛。触角丝状，黄褐色。复眼黑色或黑褐色，下唇须特别突出。前翅灰褐色，翅面散生有白色或深褐色云状斑纹，亚外缘线及中横线间具一"S"形黑斑，翅中央具一褐色宽带，宽带中间具一平行于外缘的白线，宽带内侧具9个小黑点；后翅淡黄褐或白色，外缘处白色，上具浅黄褐色横纹。前足较短，白色杂有褐色斑纹；中后足白色有长毛。

(2)卵：椭圆形，扁平，光滑，乳白色。

(3)幼虫：老熟体长8~10mm，宽5~7mm。近椭圆形，龟状，翠绿色，体表光滑，略角质化，无刺突与刺毛。有金黄色纹，亚背线黄色，背线与侧线处每节各具一暗色斑点，前胸红褐色，中胸背板深褐色，其上具淡黄色斑点6个，间或背腹中部数节亚背线处有红点2~4对。

(4)蛹：体长5~6mm。乳白色，头部略带褐色，复眼近黑色，前翅芽尖端突出于体外。

(5)茧：椭圆形，体长5~7mm，宽4~5mm。似腰鼓，茧壁坚硬光滑，灰褐、褐或白等色，其上具深褐色纵向条纹和白色横向条纹，中部褐色较深，两端各具一白色或灰白色圆斑，其边缘深褐色，中央亦具一深褐色圆点。

【生活史及习性】 此虫四川1年发生2代，以老熟幼虫于寄主枝干上结茧越冬，少数于叶背结茧越冬者。翌年4~5月陆续化蛹；5月中旬至6月初为成虫羽化盛期，5月中旬到6月中旬为产卵期。5月下旬到7月上旬为幼虫期。7月幼虫陆续老熟化蛹。7月中旬开始出现第1代成虫。10月发生的第2代幼虫老熟后，即陆续开始结茧，并进入越冬。

成虫昼伏夜出，有趋光性。雌成虫羽化后的1~2日即可开始交尾与产卵。卵多散产或3~5粒一起产于叶片背面，单雌产卵8~13粒。卵期7天左右。越冬代成虫羽化率高，但落卵量低。幼虫共6龄。1龄幼虫乳白色，常栖息于叶背。仅能食害下表皮与叶内，残留表面，被害部位出现黄绿至枯黄半透明斑点；2龄幼虫黄绿色，取食叶片时，常将叶片咬成孔洞；3龄幼虫浅绿色；4龄翠绿色，亚背线出现黄色；5龄幼虫体四周黄绿色，背面绿色，隐约可见菱形、椭圆形或三角形斑纹；亚背线黄色，亚背线与侧线处各节具暗色点一枚，间有个体中部数节亚背线处尚有 2~4 枚红点，中胸背板深褐色，其上具淡黄色斑；6 龄幼虫的斑点与线纹的色彩较 5 龄幼虫明显，以后即进入老熟幼虫接近化蛹。3 龄以后幼虫食量增加，常蚕食叶尖与叶缘成不规则的缺刻，严重发生时，可将叶片全部食光，仅留主脉。幼虫多取食成长叶片与老叶，间或也危害幼嫩叶片。幼虫危害至老熟后于枝条或叶背结茧化蛹，第 1 代茧有部分结在叶背，第 2 代则大多于寄主枝干上结茧。

【防治方法】

（1）结合园内冬季与早春的修剪管理，及时剪除越冬虫茧，并集中烧毁。

（2）利用成虫的趋光习性，结合测报，于各代成虫始发期设置黑光灯或其他灯光，可诱杀成虫。同时还可消灭园内其他有趋光性的有害成虫。

（3）成虫产卵高峰期或幼虫孵化初盛期用药防治，具有见效快、收效高的特点。常用农药有：50% 杀螟松乳油、50% 马拉松乳油、90% 敌百虫晶体、50% 辛硫磷乳油 1500 倍液；2.5% 功夫乳油、2.5% 敌杀死乳油、20% 灭扫利乳油、20% 速灭扫丁乳油 2000~2500 倍液。在气温 25℃，相对湿度为 80% 左右时喷洒 100 亿/g 的青虫菌、苏云金杆菌等微生物农药 350 倍液，对幼虫有明显的防治效果。

168　梨娜刺蛾

【学名】 *Narosoideus flavidorsalis*（Staudinger）

【别名】 梨刺蛾。

【分布与寄主】 此虫在我国分布于东北、河北、内蒙古、山西、江西、江苏、广东、浙江、四川、台湾等地；国外分布于日本、朝鲜、俄罗斯(西伯利亚东南)等地。寄主有苹果、梨、杏、栗、枣、柿、枫等多种果树植物。

【被害症状】 似 P_{228} 黄刺蛾。

【形态特征】（图 155）

（1）成虫：体长 13~16mm，翅展 29~36mm，头及胸背黄色，腹部黄色有黄褐色横纹。触角双栉形分枝达末端，前翅黄褐色，前翅外横线以内的前半部褐色较浓，后半部黄色较显，外缘较明亮，外横线清晰暗褐色，无银色缘线。后翅淡褐至棕褐色，缘毛黄褐色。

（2）卵：扁椭圆形，初淡黄白色，后渐变深色。

（3）幼虫：老熟体长约 24mm，绿色，有黑白相间的线条拼成的花纹，体各节具 4 个横列的小瘤突，其上丛生刺毛，其中的前、中胸与第 6、7 腹节背面的一对为黄色长枝列，刺为暗褐色，貌似体前、后各有 4 个枝刺。腹末具 4 个黑色毛瘤。

（4）蛹：体长约 12mm，黄褐色。茧长约

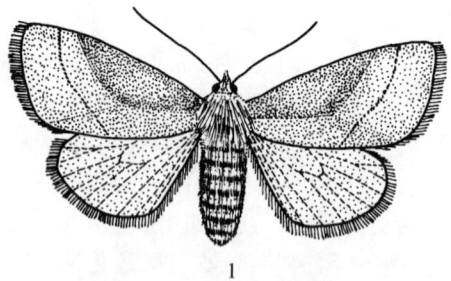

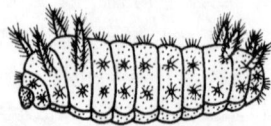

图 155　梨娜刺蛾

1. 成虫；2. 幼虫

13mm，椭圆形，暗褐色。

【生活史及习性】此虫1年发生1代，以老熟幼虫于土中结茧越冬，翌春5月化蛹，6月可见成虫，成虫昼伏夜出，有趋光性，卵产于叶片背面靠近主脉附近。幼龄幼虫具群集危害习性，食害叶肉残留表皮呈纱网状，成长至3龄后边分散危害，将叶吃成缺刻与孔洞，严重时食光叶片，仅留叶柄，老熟后入土结茧越冬。

【防治方法】参照 P$_{229}$ 黄刺蛾防治方法。成虫羽化前筛茧，消灭越冬虫源。

169　枣奕刺蛾

【学名】　*Phlossa conjuncta*（Walker）

【异名】　*Iragoides coniuncta* Walker

【别名】枣刺蛾。

【分布与寄主】此虫在我国分布于辽宁、河北、山东、安徽、江苏、江西、浙江、湖北、广西、广东、四川、贵州、云南、福建、台湾等地；国外分布于日本、朝鲜、越南、泰国、印度等地。寄主有苹果、梨、杏、桃、枣、柿、核桃、杧果、樱桃、茶等多种林木果树植物。

【被害症状】似 P$_{228}$ 黄刺蛾。

【形态特征】（图156）

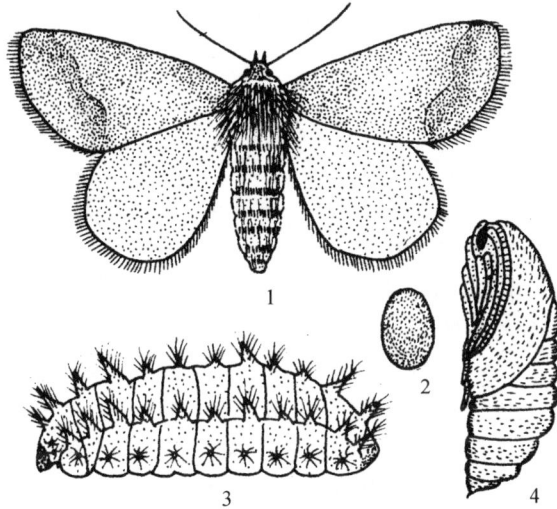

图156　枣奕刺蛾
1. 成虫；2. 卵；3. 幼虫；4. 蛹

（1）成虫：体长约14mm，翅展24～33mm，全体棕褐色，头与颈板浅褐色。雄虫触角短，双栉状，雌虫丝状。胸背鳞毛较长，中间略显棕红色，两边褐色。腹部背面各节有"人"字形的棕红色鳞片毛。前翅基部棕褐色，中部黄褐色，近外缘处有2块近菱形的斑纹彼此连接，靠前缘一块为褐色，靠后缘一块为红褐色，横脉上具一黑点。后翅为黄褐色。

（2）卵：扁平椭圆形，长径约1.8mm，短径约1.2mm，初产鲜黄色，质软半透明，孵化前色泽加深。

(3)幼虫：老熟体长 19～24mm，头小缩入前胸内，体浅黄绿色，体背具绿色云纹，各体节上具 4 个红色枝刺，胸部背面 4 个，中间 2 个，尾部两个较大。

(4)蛹：体长约 13mm，初蛹浅黄色，后渐变浅黑色，羽化前变为褐色。茧为土灰褐色，椭圆形，质地坚硬，长约 14mm 左右。

【生活史及习性】此虫在河北阜平县 1 年发生 1 代，以老熟幼虫于树干基部附近的土内结茧越冬。越冬幼虫于翌年 6 月上旬开始化蛹，蛹期 10 天，6 月下旬始见成虫，7 月为成虫盛发期，8 月上旬为末期。6 月下旬田间可见卵，卵期 8 天左右，7 月上旬可见幼虫发生危害，8 月为发生危害严重期，8 月下旬幼虫开始陆续老熟，下树做茧越冬。

成虫羽化多在下午 5 时至夜间 11 时进行，羽化后的成虫白天静伏于寄主背面，黄昏后陆续活动，有追逐交尾习性，交尾后次日即可产卵，卵成鱼鳞状产于叶片背面靠近叶脉附近，成虫寿命约 3 天左右，初孵幼虫爬行缓慢，聚集较短时间后边开始分散于寄主叶背面取食叶肉，残留表皮成纱网状，虫体稍大后即取食全叶，仅剩叶柄。

【防治方法】

(1)人工防治：结合平田整园除草，于冬春挖除越冬虫茧；幼虫发生危害期捕捉幼虫，摘掉虫叶，集中处理。

(2)化学防治：幼虫发生危害初盛期可喷布 90% 敌百虫乳油、或 50% 敌敌畏乳油、辛硫磷乳油、2.5% 功夫乳油等以常规浓度效果明显。

170　桑褐刺蛾

【学名】*Setora postornata*(Hampson)

【别名】褐刺蛾。

【分布与寄主】此虫在我国分布于河北、四川、江苏、浙江、江西、云南、湖北、湖南、广东等地；国外分布于印度等地。寄主有苹果、梨、桃、柿、板栗、枣、李、梅、柳、柑橘、葡萄、海棠、桑、茶、月季等多种植物。

【被害症状】初龄幼虫只啃食叶肉，残留表皮，长大后的幼虫常将叶片食成孔洞或缺刻，间或沿叶缘蚕食，仅留主脉与叶柄。

【形态特征】（图 157）

(1)成虫：体长：雄虫约 17mm，雌虫约 18mm。翅展：雄虫约 33mm，雌虫约 40mm。体褐至深褐色，雌虫体色较浅，触角丝状，雄虫体色较深，触角单栉齿状。前翅前缘距翅基 2/3 处向基角及臀角各引一条深色弧线，前翅臀角附近有一近三角形棕色斑。前足腿节基部有 1 横列白色毛丛。

(2)卵：扁平椭圆形，长径约 16mm，短径约 1.0mm，初产时黄色，后渐变深。

(3)幼虫：老熟体长 23～35mm，体黄绿色，背线蓝色，每节上有 4 个黑点，排列成近菱形，亚背线黄色或红色。枝刺黄或紫红色，中胸至第 9 腹节的每节于亚背线上着生一对枝刺，其中的中、后胸及第 1、5、8、9 腹节上的刺特别长。从后胸至第 8 腹节，每节在气门线上着生一对长短均匀的刺枝。每根枝刺上着生带棕褐色呈散射状的刺毛。

(4)蛹：体长 14～16mm，卵圆形，初为黄色，后渐转褐色。茧长约 15mm，椭圆形，灰白至灰褐色，表面具褐色点纹。

【生活史及习性】此虫我国南方各省 1 年发生 2 代，以老熟幼虫做茧越冬。翌年 5 月上旬越冬幼虫开始化蛹，5月底6月初开始羽化和产卵，6月中旬开始出现第1代幼虫，7月下旬幼虫老熟结茧化蛹，8月上旬第1代成虫羽化，8月中下旬出现第2代幼虫，大部分幼虫于9月底10月初老熟结茧越冬。夏季气温高，气候过于干燥，则有部分第1代老熟幼虫于茧内滞育，到翌年才行羽化，即出现1年1代的现象。

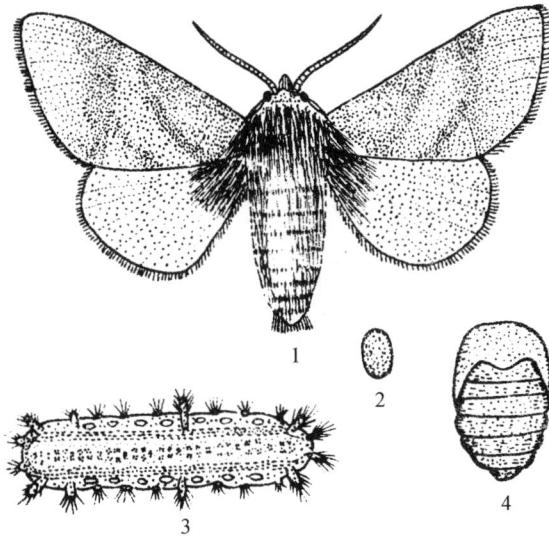

图157　桑褐刺蛾
1. 成虫；2. 卵；3. 幼虫；4. 蛹

　　成虫羽化多于下午4时以后进行，下午6~8时为羽化交尾高峰期，越冬代成虫的羽化率仅8.25%，第1代成虫的羽化率为62.1%，雌、雄性比：越冬代为1:1.3；第1代则力1.3:1。隔代羽化率为50%。成虫有趋光性，白天停息于树荫或草丛中，夜间活动、交尾与产卵。雌蛾交尾后的次日即可产卵，卵常产于叶片上，很少分布于中脉附近，当密度大时，可2~3粒产于一起，单雌产卵量：越冬代成虫平均为109粒，第1代为158粒，隔代羽化的雌蛾为268粒左右，成虫寿命约4天。

　　幼虫共8龄，初孵幼虫取食卵壳，4龄以前啃食叶肉，残留表皮，以后则将叶片咬成缺刻和孔洞，危害至老熟后沿树干爬下或直接坠落地面，寻找适宜场所化蛹或进入越冬。幼虫主要在疏松的表土层中结茧，入土深度多在1cm以内，约占总茧数的80%，幼虫还可在草丛间、落叶中及土石缝内结茧。

【防治方法】

　　(1)于老熟幼虫下树结茧期间，于清晨扑杀地下幼虫，以减少下1代虫口密度。

　　(2)成虫发生期可利用黑光灯诱杀。

　　(3)幼虫发生危害期可喷布90%敌百虫乳油1000倍液，或50%辛硫磷乳油1000倍液、20%灭扫利乳油2000倍液、2.5%功夫乳油2000倍液，均有明显的防治效果。

171　小黑刺蛾

【学名】 *Scopelodes ursina* Butler

【别名】 黑刺蛾。

【分布与寄主】 此虫在我国分布于河北、江苏、浙江、广东等地；国外分布于印度等地。寄主有核桃、柿、樱花等植物。

【被害症状】 似 P₂₂₈黄刺蛾。

【形态特征】 （图158）

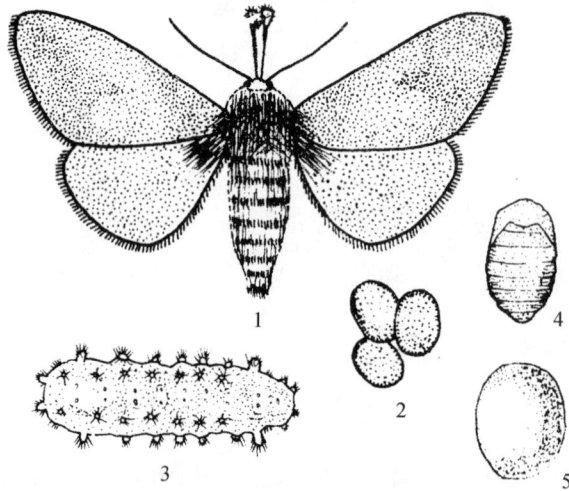

图158　小黑刺蛾
1. 成虫；2. 卵；3. 幼虫；4. 蛹；5. 茧

（1）成虫：体长：雌虫14～20mm，雄虫约15mm。翅展：雌虫34～44mm，雄虫26～33mm，头深褐色，触角浅褐色，复眼黑褐色。下唇须发达，呈莲蓬状，褐色，端部黑色，胸部黄褐色，雄虫胸部色较深。前翅似佩刀状，黄褐色，近前缘1/3处向顶角有一深色线条。后翅黄褐色。腹部黄褐色，每一腹节背面有黑色条纹直达尾部。

（2）卵：扁椭圆形黄绿色，长径约1.3mm，短径约1.0mm。

（3）幼虫：老熟体长约25mm左右，头青褐色，体灰绿色，中胸背板具枝刺1对，较长，后胸背、腹侧各具一对枝刺，背侧较发达，腹侧呈刺毛丛状；腹部第1～9节背侧各具一对枝刺，第8～9节枝刺基部变为黑色长绒球状；腹侧1～8节均具枝刺1对，第1节的最发达。腹部体侧各节间具红褐色似菱形斑一对，腹背各节间具一灰绿色斑，斑内有一对黑点，体背刺毛黑色，腹侧除腹部第1、7节刺毛呈黑色外，余多呈灰白色。

（4）蛹：卵形灰黄绿色，体长11.5～12.5mm，茧椭圆形黑褐色，长约12mm。

【生活史及习性】 此虫南方1年发生2代，以幼虫于茧内越冬，翌年4月中下旬化蛹，5月上中旬成虫开始羽化，羽化后不久即行交尾，次日产卵，成虫多于傍晚飞翔、交尾，具趋光性。卵期1周左右，幼虫于5月中旬出现，危害至6月底7月初便开始陆续老熟结茧化蛹，7月下旬第1代成虫开始羽化，8月初为第2代卵盛期，卵期5～6天，9月初幼虫陆续结茧越冬。

成虫多将卵数十粒或百余粒成鱼鳞状式产于叶背，卵多于早晨5点以后孵化，初孵幼虫不取食，次日脱皮为2龄，即开始群集叶背取食叶肉，幼虫共8龄，幼虫期为30天左右，5龄以前幼虫多于叶背啃食叶肉，6龄以后开始蚕食叶片，幼虫多群集取食、活动。幼虫老熟后可沿树干爬下或直接由树冠坠落地面，于树冠附近的浅土层、杂草丛中结茧化蛹或进入越冬。

【防治方法】

（1）消灭越冬虫茧：农闲季节可结合清园整地、翻地等农事操作，将收拾的草丛或翻出的茧深埋，可有效地减低翌年的虫源基数。

（2）消灭老熟幼虫：于老熟幼虫下地结茧时，于晚上或清晨扑杀下地老熟幼虫，以减少下一代的虫源基数。

（3）灯光诱杀：于成虫羽化期，每天19~21时设置黑光灯；诱杀成虫。

（4）消灭初龄幼虫：因初龄幼虫具群集危害习性，被害寄主叶片出现白膜状，可及时摘除，集中消灭，减轻危害。

（5）化学防治：于幼虫初孵期喷布化学农药，有明显的防治效果，杀虫率可达95%以上。或喷布以每克含孢子100亿以上的青虫菌粉1000倍液，感病率可达80%以上。试验证明50%辛硫磷乳油1500倍液防治3龄幼虫，效果达95%以上。

172　扁刺蛾

【学名】 *Thosea sinensis* (Walker)

【别名】 扁棘刺蛾、黑点刺蛾。

【分布与寄主】 此虫在我国分布于东北、河北、山东、河南、安徽、江苏、浙江、江西、台湾、湖北、湖南、四川、云南、广东、广西、福建等地；国外分布于印度及印度尼西亚等地。寄主有苹果、梨、桃、李、杏、樱桃、枇杷、柑橘、枣、柿、核桃等果树以及多种林木达59种树种之多。

【被害症状】 似 P_{228} 黄刺蛾。

【形态特征】 （图159）

（1）成虫：体长13~18mm，翅展26~39mm，体暗灰褐色。前翅灰褐至浅灰色，内半部及外横线以外带黄褐色并稍具褐色雾点；外横线暗褐色，从前缘近翅尖直向后斜伸至后缘中央前方，横脉纹为一黑色圆点。后翅暗灰至黄褐色。前足各关节处具一白斑。

（2）卵：扁长椭圆形，长径约1.3mm，短径约1.1mm，初产黄绿色，后变灰褐色。

（3）幼虫：老熟体长21~26mm，体扁椭圆形，背部稍隆起，全体绿或黄绿色，背线白色，在背线与体两侧各具一列红顶突起，其上生枝刺。背部各节枝刺不发达，腹部第1~9节腹侧枝刺发达，上生许多刺毛，中、后胸枝刺明显较腹部枝刺短。

（4）蛹：体长10~15mm，前钝后尖，近纺锤状，初化蛹为乳白色，后渐变黄色，近羽化时转为黄褐色，茧长12~16mm，椭圆或近圆球形，暗褐色，质硬似鸟卵。

【生活史及习性】 此虫北方虫区1年发生1代，在长江下游地区年生2代，间或3代，均以老熟幼虫于寄主树下周围土中结茧越冬。在浙江省越冬幼虫于5月初开始化蛹，蛹期15天左右，5月下旬开始羽化，6月中旬为羽化产卵盛期，卵期约1周，6月中下旬第1代幼虫孵化，7月下旬至8月中旬结茧化蛹，8月第1代成虫羽化产卵，1周后出现第2代幼虫，危害至9月底至10月初幼虫陆续结茧越冬。在河北省阜平县，越冬幼虫5月中旬化蛹，6月初羽化为成虫，6月上旬产卵，6月中旬孵化幼虫，危害至8月中旬幼虫开始陆续结茧越冬。

成虫羽化多于下午6~8时进行，羽化后不久即行交尾，至次日夜间产卵，卵散产于叶面，成虫具趋光性。幼虫刚孵时不取食，2龄幼虫啃食卵壳和叶肉，6龄起自叶缘蚕食叶片。幼虫老熟后于早晚沿树干爬下至树冠附近的浅土层、杂草丛、石缝中结茧。在土壤中结茧处的深度和距树干的远近与树干周围土质有关，黏土地结茧位置浅而距树干远，比较分散，砂壤腐植质多的土壤则深且距树干近，也比较密集。

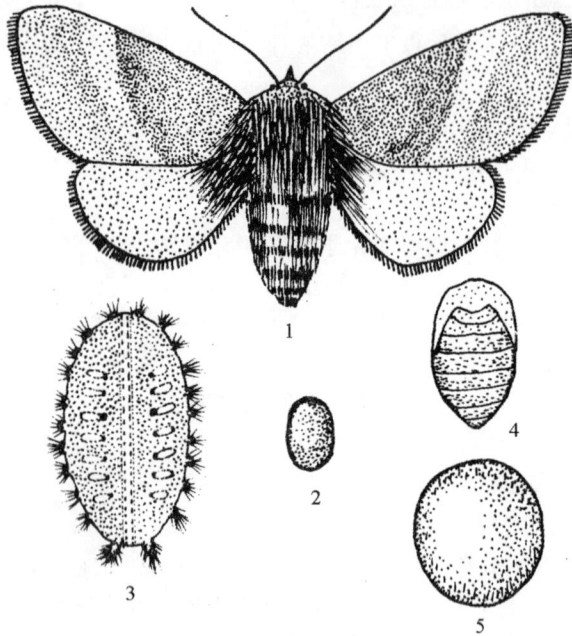

图 159　扁刺蛾
1. 成虫；2. 卵；3. 幼虫；4. 蛹；5. 茧

【防治方法】

(1)保护天敌：如果发现刺蛾初寄生茧的顶端有一被寄生蜂产卵留下的小孔，则可将茧采集回来放在有孔的竹篓等容器内，挂在果园中，让寄生蜂的茧羽化飞出再继续寄生繁殖。

(2)生物防治：用每克含100亿以上活孢子数的青虫菌或杀螟杆菌粉剂1kg兑水500~750kg，按稀释量的0.1%加入肥皂粉或茶枯粉等作为黏着剂，喷洒于叶片上，可防治刺蛾幼虫。

(3)消灭虫茧：结合冬耕翻犁，拾毁土中虫茧。结合修剪，敲碎或毁灭附在枝条上的虫茧，或连枝条剪除，杀灭幼虫。

(4)药剂防治：掌握在3龄期以前，对幼虫喷洒杀螟松与溴氰菊脂复配剂，50%杀螟松乳油800g加溴氰菊脂乳油200g，稀释1500倍液，或50%敌敌畏乳油1000倍液，或50%辛硫磷乳油1000倍液。

(四二)尺蛾科 Geometridae

成虫体形瘦狭，翅大而薄，静止时四翅平铺，口缘与翅缰一般均有，仅少数例外，少数种类雌蛾无翅。足细长，具毛或鳞片。少数种类的胫节扁宽，有毛刷，腹部细长，具一听器，位于腹基部下方。幼虫体表仅被少数次生刚毛。腹足 1 对位于第 6 腹节，另具一对臀足，行动时身体一屈一伸，休息时用腹足固定于树枝，身体前面部分直伸，与所附着的寄主植物形成一角度，拟态成植物的枝条。尺蛾科为一大科，世界已知种类达 10000 种。

173　醋栗尺蠖

【学名】*Abraxas grossulariata*(Linneaus)

【别名】栗斑尺蛾。

【分布与寄主】此虫在我国分布于东北、内蒙古、陕西、山西等地；国外分布于朝鲜、日本、俄罗斯以及欧洲、亚洲西部等地。寄主有醋栗、李、杏、桃、稠李、山榆、杜柳、栗、榛、乌荆子等多种林木果树植物。

【被害症状】以幼虫取食危害寄主花芽、嫩叶、叶片，幼龄幼虫只食叶肉、残留表皮呈纱网状，稍大后则将叶吃成缺刻与孔洞，严重时将叶片全部吃光，仅留叶柄。

【形态特征】(图 160)

(1)成虫：体长 10～14mm，翅展 28～43mm。体橙黄色，胸、腹部杏黄色，有灰褐色斑，触角丝状，翅底白色，上具许多栗色斑。前翅基部及外横线黄褐色，围以卵形栗色斑。后翅色浅，卵形斑点显著比前翅小。

(2)卵：椭圆形，初淡黄白微褐，后渐变深黄色。卵壳上具有网状纹。

(3)幼虫：老熟体长约 35mm，头部、前胸盾及胸足暗褐至黑色，胴部白色，各体节背面前后各有一横长方形黑褐至黑色斑纹；体侧具黄色纵带，带的两侧各节均各有 2 个黑斑。胸足 3 对，腹足、臀足各 1 对，分别着生于腹部第 6、第 10 腹节上。

(4)蛹：体长约 15mm，初黄褐色，后变暗褐色，各腹节后半部具黄褐色横带。

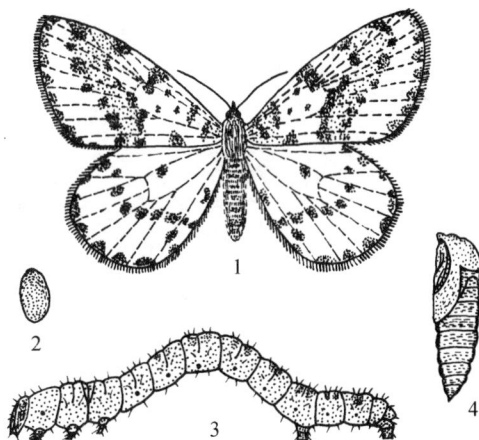

图 160　醋栗尺蠖
1. 成虫；2. 卵；3. 幼虫；4. 蛹

【生活史及习性】此虫 1 年发生 1 代，以低龄幼虫于枯枝落叶、树皮缝隙、杂草丛中等处越冬。翌年寄主萌动露绿后越冬幼虫开始出蛰活动上树，取食寄主花芽、嫩叶及叶片。危害至 7 月幼虫开始陆续老熟，并于叶间、枝叶间、枝杈或灌木丛基部等处吐少量黄白色丝结成网状薄茧于内化蛹。蛹期约 23 天左右。7 月上旬至 8 月下旬陆续羽化。成虫羽化后，白天静伏于枝叶间、草丛中、或灌木丛中，夜间开始活动、交尾、产卵。卵多产于中、下部叶片上，常数粒或数十粒堆产于一起。单雌卵量 300 粒左右。卵经 15 天左右开始孵化。孵化后的幼虫多于中、下部的叶片上取食危害，将寄主叶片食成孔洞或缺刻，经一段时间的取食后，便开始寻找适当的场所，潜伏其中越冬。

此虫主要以春季的越冬幼虫危害，虫口密度大时，常将寄主叶片吃光，导致寄主第 2 次发芽，对树势及产量均有较大不利的影响。秋季的虫小，因而食量不大，造成危害也不甚严重，因此，春季越冬幼虫出蛰危害期是此虫防治的关键期。

【防治方法】

(1)加强秋后至幼虫翌年出蛰前的防治工作。此间应彻底清除园内及其附近的枯枝落叶、杂草，并集中处理，消灭其中越冬幼虫。

(2)药剂防治：参照 P_{256} 枣步曲防治方法。

174　沙枣尺蠖

【学名】*Apocheima cinerarius* Erschoff

【别名】春尺蛾、沙枣尺蛾、杨尺蛾、柳尺蛾、桑尺蛾、榆尺蛾。

【分布与寄主】此虫在我国分布于山东、河南、山西、内蒙古、宁夏、陕西、甘肃、新疆、青海等地；国外分布于俄罗斯等地。寄主有苹果、梨、沙果、沙枣、杏、樱桃、葡萄、柳、杨、榆、槐、桑、桃、沙柳等多种林木果树植物。

【被害症状】此虫危害的特点是发生期早、危害期短、幼虫发育快、食量大，常暴食成灾，将刚发的芽、嫩叶、花全部食光。初孵幼虫取食幼芽及花蕾，较大龄幼虫取食叶片。被害叶轻者残缺不全，重者整枝叶片全部食光，如同秋后落叶一样。这时幼虫再吐丝借风力转移至附近树木上危害。

【形态特征】(图161)

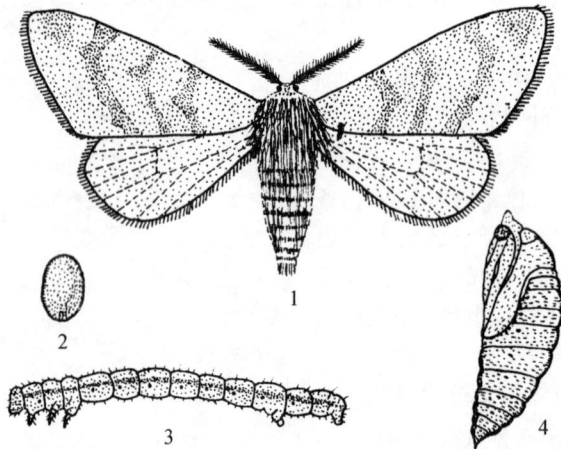

图161　沙枣尺蠖
1. 成虫；2. 卵；3. 幼虫；4. 蛹

(1)成虫：雌蛾体长约17mm，无翅，体灰褐色，复眼灰黑色，触角丝状，腹部背面各节有数目不等的成排黑刺，刺尖端圆钝，腹末端臀板有突起和黑刺列。雄蛾体长约13mm，翅展28～37mm，触角羽毛状，前翅浅灰褐色至黑褐色，从前缘至后缘有3条褐色波状横纹，中间一条不明显。

(2)卵：长圆形，长约0.9mm，有珍珠光泽，卵壳上具整齐刻纹，初产灰白色，孵化前暗紫色。

(3)幼虫：老熟体长22～40mm，初龄幼虫黑黄色，2龄以后体色变化大，有褐、绿、棕黄等色,老龄幼虫灰褐色,腹部第 2 节两侧各具一瘤状突起,腹线均为白色,气门线一般为浅黄色。

(4)蛹:体长 1.2～2.0mm,灰黄褐色,末端具臀刺,刺端分叉,雌蛹具翅的痕迹。

【生活史及习性】此虫 1 年发生 1 代,以蛹于树冠下土中越夏、越冬。翌年 2 月底、3 月初,当地表 5～10cm 处地温在 0℃以上时成虫开始羽化出土。3 月中旬左右成虫产卵,4 月上中旬幼虫孵化,5 月上旬幼虫老熟入土化蛹越夏、越冬。

成虫羽化多于下午 7 时左右进行,雄蛾具趋光性,多夜间活动,白天静伏于枯枝落叶和杂草内,已上树的成虫则藏于开裂的树皮下、断枝处、裂缝中。成虫寿命与温度成负相关,气温低时寿命则长,否则短。成虫有明显的假死性,交尾多在黄昏至夜间 11 时进行,交尾历期平均为 10.6 分钟,交尾后即寻找适当场所,分批将卵数十粒堆产成块状,单雌平均卵量 150 左右,产卵期 10 天左右,产卵多在午夜前后进行。卵期 13～30 天不等,卵孵化率达 80%。幼虫 5 龄,以 4～5 龄食量最大,耐饥力最强,对缺食环境适应性较强,抗药能力也强。老熟幼虫入土后分泌一种液体,使其四周硬化而形成土室于内化蛹。蛹以树冠下分布最多,占总蛹数的 74%,而以树冠下比较低洼地段的蛹量最多。蛹的垂直分布由入土深度 1～60cm,而以 16～30cm 的土深处最多,占 64.9%。蛹的自然死亡率为 6%～9%。

【防治方法】参照 $P_{255～256}$ 枣步曲防治方法。

175 油桐尺蠖

【学名】*Buzura suppressaria* Guenée

【别名】油桐尺蛾、大尺蛾。

【分布与寄主】此虫在我国分布于河南、浙江、江西、广东、广西、湖南、湖北、四川、贵州、安徽等地;国外分布于印度,缅甸、日本等地。寄主有桃、李、枣、花椒、山核桃、柿、杨梅、板栗、柑橘、茶以及松、柏、杉等多种果树林木植物。

【被害症状】似 P_{242} 沙枣尺蠖。

【形态特征】(图 162)

(1)成虫:雌蛾体长 2.2～25mm,翅展 60～65mm,灰白色,触角丝状,胸部密被灰色长毛。翅基片及胸部各节后缘具黄色鳞片。前翅外缘呈波状缺刻,缘毛黄色,翅灰白至黑褐色,翅反面灰白色,中央具一黑色斑点。后翅光泽及斑纹大体与前翅相同。腹部肥大,末端具成簇黄毛。产卵器黑褐色。雄蛾体长 19～21mm,翅展 52～55mm,触角双栉状,腹部瘦小,体、翅色纹大致与雌蛾相同。

(2)卵:卵椭圆形,长径约 0.7mm,淡绿至淡黄色,孵化时呈黑褐色,卵粒重叠成堆,卵块松散。

(3)幼虫:老熟体长 60～72mm,体色随环境而异,有灰褐、青绿等色,头部密布棕色颗粒状小点,头顶具弧形凹陷,两侧角突起,额区下陷,红褐色,前胸背板有 2 个颗粒状突起,第 8 腹节背面有黑褐色小颗粒,气门紫红色。

(4)蛹:圆锥形,黑褐色,体长 19～26mm。头顶具角状小突起 2 个,中胸背板前缘两侧各具一个耳状突。腹部末节具臀刺,末端具细小长分叉,臀刺基部两侧和背方突出物联成大半圆,突出物上具许多凸凹刻纹。

【生活史及习性】此虫河南 1 年发生 2 代,以蛹于距树干 10～50cm 范围内的松疏土中越冬。

翌年 4 月成虫开始羽化，4 月下旬至 5 月初为羽化盛期，整个羽化期可持续 1 个月左右，第 1 代幼虫于 5~6 月羽化，幼虫期约 40 天，6 月下旬化蛹，蛹期 15~20 天。7 月羽化和产卵，卵期 7~12 天。第 2 代幼虫于 7 月中旬至 9 月上旬发生，幼虫期 35 天左右，8 月下旬至 9 月上旬化蛹越冬。在湖南、浙江年生 3 代区，第 2 代成虫于 9 月上旬羽化，幼虫发生于 9 月中旬至 10 月下旬，11 月初化蛹越冬。

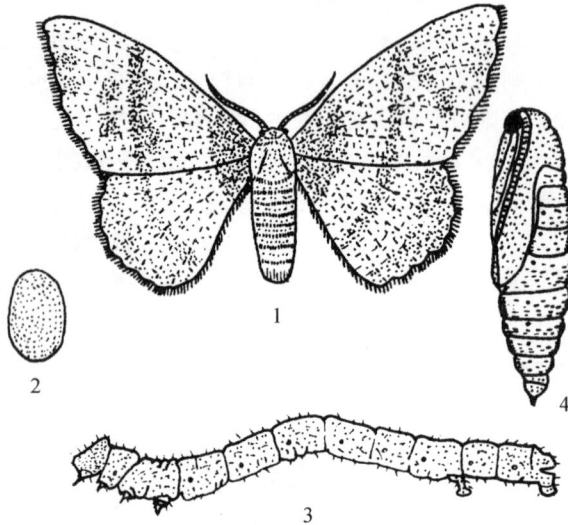

图 162　油桐尺蠖
1. 成虫；2. 卵；3. 幼虫；4. 蛹

成虫多在雨后土壤湿度较大的傍晚至凌晨羽化，以 22 时至凌晨 2 时为最多。成虫羽化后当夜即可交尾产卵，但以羽化后的第 2 夜交尾最多，交尾多于凌晨 1~3 时进行。卵成堆产于树皮裂缝、伤疤及枝杈下部。越冬代成虫产的卵，其卵块表面盖有绒毛。单雌卵量为 1000 粒左右。

幼虫共 6 龄，1~2 龄幼虫喜于树冠顶部叶尖直立，夜晚吐丝下垂悬吊于树冠外围，吐丝随风飘荡扩散及转株危害。3 龄后幼虫喜于树冠内。阴天，夜间食害最甚。1 龄只取食叶肉留下表皮，2、3 龄食叶成缺刻，4 龄以后食量增大，食叶仅留少量主脉。幼虫停食后，腹足紧抱树枝或树叶、虫体直立，状如枯枝。6 龄幼虫于炎热夏季沿树干爬下，有于树干基部避暑的习性。老熟幼虫化蛹前大量排粪，夜间沿树干爬下或吐丝坠入土中化蛹，3~7cm 深处化蛹最多。

【防治方法】

（1）挖蛹：秋末或早春可结合翻地，挖捡虫蛹。

（2）诱集虫蛹：老熟幼虫未入土前，用农膜铺设于主干周围，上面再铺湿度适中的松土厚 3~7cm，幼虫进入化蛹后，集中消灭之。

（3）拍蛾刮卵：根据雌蛾白天栖息于树干背风面下部的习性，可于每天早上或下午拍杀成虫。产卵盛期结合拍蛾，刮除树干上卵块，集中处理。

（4）药剂防治：幼虫孵化期或于 3 龄前进行药剂防治，使用农药参见枣步曲所用农药。

176　酸枣尺蠖

【学名】Chihuo sunzao Yang

【分布与寄主】此虫在我国分布于山西、河北等地。寄主有酸枣、枣、苹果、栗等植物。

【被害症状】似 P$_{252}$ 枣步曲。

【形态特征】（图163）

（1）成虫：雌、雄异型。雄虫体长 9～11mm，翅展 26～31mm，暗灰褐色。触角羽状暗褐色，体密被灰褐与黑褐色毛，翅基片有灰褐色长毛。前翅只一条黑色外线，与外缘近平行而末端弯向翅基；外线之前至中室为一灰白色大斑；前缘灰褐色；外缘为一条暗灰褐色宽带；外线至宽带间色微黄。后翅暗黄褐色，中线黑褐色较细，外缘为一条暗灰褐色宽带，后缘灰褐色基部生长毛，缘毛均灰褐色。腹背棕褐至暗灰褐色。雌虫体长 10～13mm，暗灰至暗灰褐色。翅极微小，后翅稍长于前翅，体密被灰褐和灰白色鳞片与毛；头胸背面杂有黑褐色鳞片和稀疏短刺，腹背密生暗灰褐色长刺。触角丝状。胫节与各跗节端部灰白色，产卵器细长褐色管状。

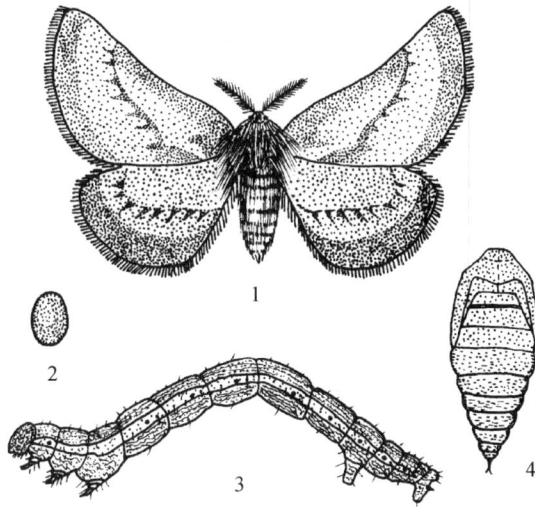

图163　酸枣尺蠖

1. 成虫；2. 卵；3. 幼虫；4. 蛹

（2）卵：扁椭圆形，长径约 0.8mm，初产浅黄白色，3～4 天后变浅粉红色，孵化前灰褐色。

（3）幼虫：老熟体长约 40mm，浅灰色微显黄绿。头部布有不规则的黑斑。亚背线桃红色较细；气门线为黄白色宽带，其两侧为黑色粗线，相当于气门上下线；亚腹线桃红色很细，上述各线间布有许多条黑色细纵线和断续不规则的黑纵线。气门近圆形黑色，前胸气门前和各腹气门后各有一深黄色点。前胸前缘桃红色。臀板上布有不规则的黑斑。腹足与臀足各 1 对，趾钩双序纵带各 40～44 个，臀足基部后侧有一锥状突起，端生一刚毛，肛门下方有一锥突，无刚毛。体疏生黄褐色短刚毛，光滑。

（4）蛹：椭圆形，长 12～15mm，头端钝圆，腹末尖，雄蛹较雌蛹细小，初蛹红褐色，后变黑褐色，体粗糙，头胸及跗肢密布皱褶，腹部密生刻点，第 4～6 腹节后缘光滑色深，臀刺尖端分 2 叉。

【生活史及习性】此虫山西 1 年发生 1 代，以蛹于 6～10cm 深的土中越冬。翌年 3 月下旬至 4 月上中旬陆续羽化出土，4 月下旬至 5 月中旬为卵孵化期。5 月下旬至 6 月上旬幼虫陆续开始老熟入土化蛹越夏、越冬。

成虫白天静伏于树干或杂草处，夜间活动，雄虫具趋光性，雌虫不甚活动，静伏于树干上等待雄虫飞来交尾。成虫羽化当日即可交尾、产卵，雌虫产卵器长，可伸达寄主各种缝隙中产卵，在大枣树上卵多产于枝干皮缝中与翘皮下，以树干上较多；在酸枣树上多产在主干基部粗糙皮缝和树体残附物的缝隙中，亦有产在主干基部上、土石缝中，卵堆产，单雌卵量一般为 700 粒左右。卵产出后，雌虫腹部逐渐缩小，静伏于原处，很少活动，经 6 天左右边干缩死亡。雄蛾寿命 5 天左右。卵期 15～20 天。卵孵化期正值枣树与酸枣树刚发芽吐绿期，孵化后的幼虫分散爬到枝上，取食刚发出的嫩芽，并有吐丝下垂随风传播的习性。低龄幼虫虽昼夜取食，但食量小，不易发现。4 龄后食量大增，白天栖息，夜间取食，常将芽叶食光而转移危害，有时将成片的枣树和酸枣吃成光杆。老龄幼虫在大枣树上栖息时，多在枝干及分杈处以腹足与臀足握持，身体挺直静栖；酸枣因树体小，多于干基部或附近杂草基部栖息，有的在表土层内潜伏，黄昏时陆续上树危害。受惊扰后幼虫多吐丝下垂，高龄幼虫有的直接坠地。幼虫有被寄生蝇和姬蜂寄生的现象。

【防治方法】参照 P$_{255～256}$枣步曲防治方法。

177　木橑尺蠖

【学名】*Culcula panterinaria*（Bremer et Grey）

【别名】木橑步曲、木橑尺蛾。

【分布与寄主】此虫在我国分布于河北、河南、山东、内蒙古、山西、陕西、四川、广西、云南、台湾等地；国外分布于朝鲜、日本等地。寄主有苹果、梨、山楂、李、桃、杏、柿、樱桃、酸枣、花椒、杨、柳、桑、桐、柞、榆、椿、槐及各种农作物，其寄主有 30 余科 170 多种植物。

【被害症状】似 P$_{252}$枣步曲。

【形态特征】（图 164）

（1）成虫：体长 18～22mm，翅展约 72mm。体及翅白色。头棕黄色，复眼深褐色。雌蛾触角为丝状，雄蛾为双栉齿状。胸背面的后缘、颈板、肩板的边缘、腹末均被有棕黄色鳞毛，胸背中央有一条浅灰色斑纹。前、后翅均布有不规则的灰或橙色斑点，中室端部的灰点呈不规则的块状。在前翅和后翅的外横线上各有一列橙或深褐色圆斑，但隐显，往往变异很大；前翅基部有一近圆形的黄棕色斑纹。足为灰白色，胫节、跗节具有浅灰色斑纹。雌蛾腹端粗大，腹末端具有黄棕色毛丛，褐色产卵管稍伸出体外。雄蛾腹部细长，末端鳞毛较稀少，腹部圆锥形。

（2）卵：扁圆形，长约 0.8mm，初产绿色，后渐变灰绿，孵化前变为黑色。

（3）幼虫：老熟体长约 70mm，幼虫体色因环境不同而异，老龄幼虫体色同树皮色。初孵幼虫头部暗褐色，背线与气门上线为浅草绿色，以后随虫体发育变为绿色、浅褐绿色或棕褐色。体上被有灰白色颗粒状小点。头布密布乳白、琥珀、褐色等泡沫状突起；头顶两侧呈圆锥状突起，额面有一深棕色的"∧"字型凹纹，每侧具有 5 个大小相近的圆形斑点，其中 4 个排成半圆形。前胸盾板前缘两侧各有一突起；气门椭圆形褐色，两侧各具一个白点。胴部 2～10 节各节前缘亚背线处有一灰白色圆斑。胸足 3 对，腹足 1 对，着生于腹部第 6 节上，臀足 1 对。趾钩双序，腹足趾钩约 40 个。臀足后侧有刺状突起。

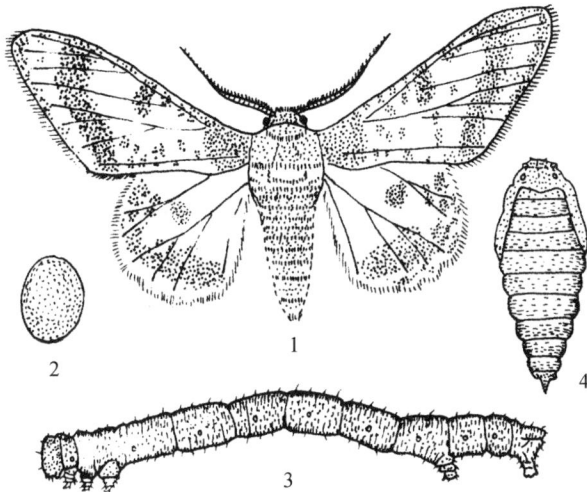

图 164　木橑尺蠖
1. 成虫；2. 卵；3. 幼虫；4. 蛹

(4) 蛹：长约 30mm，雌蛹较雄蛹大，初化蛹为翠绿色，以后变为黑褐色，体表布满小刻点，但光滑。头顶两侧具明显的齿状突起；臀刺与肛门两侧各具 3 块峰状突起。

【生活史及习性】 此虫在河北、山西、河南 1 年发生 1 代，以蛹于树冠下土中、堰根、梯田石缝内越冬。越冬代成虫于翌年 5 月上旬开始羽化，7 月中下旬为羽化盛期，8 月下旬为羽化末期。幼虫发生期为 5 月下旬在至 10 月下旬，7 月下旬至 8 月上旬为幼虫孵化盛期，老熟幼虫化蛹初期为 8 月中旬，9 月为化蛹盛期，10 月下旬为末期。

成虫昼伏夜出，不活泼。羽化最适温度为 24.5～25℃，以夜间 8～11 时羽化最多，羽化后不久便可交尾，羽化和交尾多于晚间 8～12 时进行。交尾后的 1～2 日内产卵，卵多呈块状且不规则地产于树皮缝内和石块下，单雌卵量 1000～1500 粒，多者达 3000 粒。成虫有较强的趋光性，白天静伏于树干、树叶、杂草、梯田壁、作物等处，极易发现。尤在早晨翅受潮后不易飞翔，容易捕捉，成虫寿命 8 天左右。卵期 10 天左右。

幼虫孵化最适温度为 26.7℃，相对湿度为 50%～70%，此时孵化率达 90% 以上。幼虫孵化后即迅速分散，活泼，爬行很快，受惊扰后即吐丝下垂，借风力转移危害，幼虫共 6 龄。初孵幼虫只食叶肉，残留叶脉与表皮，将叶食成纱网状。2 龄后则于叶缘危害，行动迟缓，尾足攀缘能力很强，静止时直立于小枝上或以尾足和胸足分别攀缘于分权处的两小枝上，不易发现。幼虫脱皮前 1～2 日即停止取食，头胸部肿大，静止于叶或枝条上，脱皮后将皮吃掉。幼虫期约 40 天。幼虫危害至老熟即坠地化蛹，少数有吐丝下垂或顺树干下爬于地面的习性。大发生年份可发现数头乃至数十头幼虫聚在一起化蛹，化蛹入土深度一般在 3cm 左右。蛹期 230～250 天。

【防治方法】

(1)虫蛹密度大的地方，晚秋或早春农闲季节进行人工挖蛹，集中处理挖出的越冬蛹。

(2)成虫羽化初、盛期于夜间堆火或黑光灯诱杀，或清晨、阴雨天捕杀成虫。

(3)于幼龄幼虫期(一般在3龄以前)喷药防治，使用药剂参照枣步曲所用农药。

178 小蜻蜓尺蛾

【学名】 *Cystidia couaggaria*（Guenée）

【别名】 苹豹尺蛾、梅尺蠖。

【分布与寄主】 此虫在我国分布于东北、华北、湖北、湖南、浙江、台湾等地；国外分布于日本、朝鲜、俄罗斯等地。寄主有苹果、梨、梅、杏、李、樱桃等多种植物。

【被害症状】 似 P_{252} 枣步曲。

【形态特征】（图165）

(1)成虫：体长18~20mm，翅展42~46mm，体橙黄色。触角丝状黑色，复眼黑紫色有金黄色闪光，颈片与胸背中央黑色。翅较狭长，黑色布有白斑。前翅近基部、中部偏内和臀角内侧各具一大白横斑，顶角内侧、臀角处及近外缘中部各有一较小的白斑。后翅基部、中部和近外缘各有一白色大横斑，中部者从翅的后缘伸达中部，基部和近外缘者横贯后翅。翅上斑纹在个体间有变异。腹部各节背面有一大黑斑，两侧有小黑斑。雌腹部中央肥大，末端较细，雄腹部细长。

(2)卵：略呈扁长筒形，初产暗绿色，以后渐变黑色。

(3)幼虫：老熟体长约50mm，全体黑色布有黄色花纹。胴部背线、亚背线黄色；气门上、下线为不规则的断续黄线，基线较宽，各节后缘为一黄色横带。胸足3对，基节黄色，腹足2对，第5腹节仍有较小的腹足，第6节发达。具发达臀足1对；腹足与臀足黄色，上有黑斑。各体节疏生细毛。

(4)蛹：长约20mm，黄褐色布有黑色斑纹。头部有小黑纹，头顶两侧各有一小突起；胸部和翅芽上具黑色纵纹；各腹节背面有大黑斑；气门处有小黑斑；尾端黑色，具钩状臀棘数根。

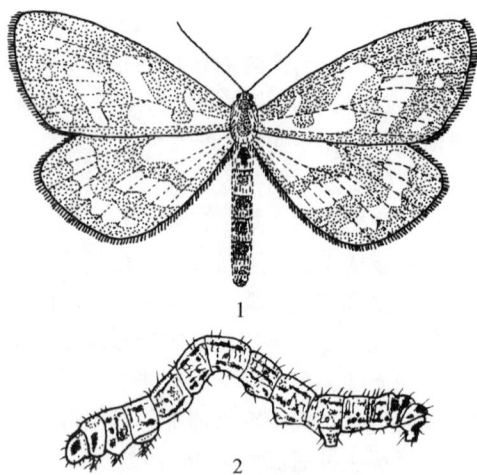

图165 小蜻蜓尺蛾
1.成虫；2.幼虫

【生活史及习性】 此虫1年发生1代，以幼虫越冬。翌年寄主发芽后开始出蛰活动危害，并有吐丝缀叶危害习性。初龄幼虫啃食叶肉，残留表皮及叶脉，稍大后则食叶成缺刻与孔洞。受振动可吐丝下垂或坠地。危害至5月下旬开始陆续老熟，吐丝缠缀数片叶于内结茧化蛹，蛹期约26天。6~7月发生成虫。

成虫昼伏夜出，飞翔力较强，羽化后不久即可交尾，产卵前期约4天，卵多成列产于枝干皮缝背阴面处。幼虫孵化后稍加取食便潜伏越冬。

【防治方法】

(1)秋后至幼虫出蛰前清除园内枯枝落叶和杂草,集中处理,消灭其中越冬幼虫。

(2)于越冬幼虫出蛰前或越冬前进行药剂防治,所用农药参照枣步曲。

(3)因幼虫有吐丝缠缀数片叶于内危害或化蛹习性,或受惊后吐丝下垂习性。可采取振落捕杀幼虫或摘除缀叶团,捏死其中幼虫或蛹。

179　刺槐尺蛾

【学名】 *Napocheima robiniae* Chu

【分布与寄主】 此虫在我国分布于陕西、河南、河北、山西、山东等地。寄主有苹果、梨、桃、杏、梅、枣、栗、核桃及银杏、杨、楸、槲、栎、刺槐、皂荚、白蜡树、漆树、杜仲、苦楝、香椿、臭椿、黄栌以及一些禾本科作物。是一种杂食性害虫。

【被害症状】 似 P_{252} 枣步曲。

【形态特征】 (图166)

(1)成虫:雌雄异型,雄蛾体长12~14mm,翅展33~42mm,触角双栉状,灰白色。体棕色,胸、腹部深棕色具长毛,尤其胸部腹面毛更长,掩盖足部胫节。前翅棕黄色,黑色弯曲的内横线和外横线间色更深,形成一弯曲的中带,外横线外缘间有灰黄线,中室上有一小黑点;前翅反面色较浅,斑纹与正面同。雌成虫无翅,全体黄褐色,体长13~17mm,触角丝状,体上密生绒毛,足与触角色较浅。雌、雄蛾后足胫节均各有两对距。

(2)卵:圆筒形,暗褐色,近孵化时黑褐色,卵长约0.9mm。卵壳质地坚硬,表面光滑。

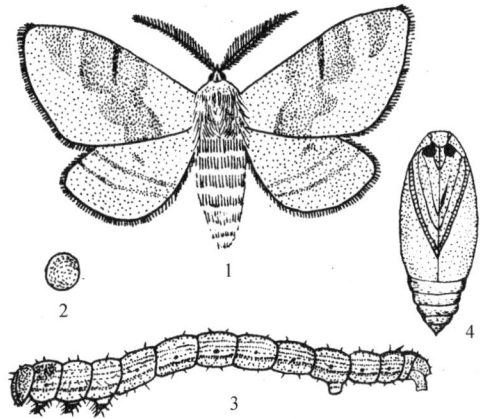

图166　刺槐尺蛾
1. 成虫;2. 卵;3. 幼虫;4. 蛹

(3)幼虫:初孵幼虫体长约3mm左右,头壳橙黄色,腹部暗绿色。老熟幼虫头侧区有大小不等、排列不规则的黑斑,体浅黄至灰绿色,背线与气门下线黑褐色;亚背线、气门上线和上腹线灰褐或紫褐色;气门线和腹线黄白色;前胸盾板黄棕色,胸足红棕色;第8腹节背面有一对红棕色短突起。腹足,臀足各1对。

(4)蛹:纺锤形,红褐至棕褐色。各腹节上半部密布刻点,下半部平滑。尾节棕黑色向背面突出,末端有2刺并列向腹面斜伸。雄蛹棕黑色,翅芽明显突出,长12~16mm;雌蛹翅芽平滑,色泽与蛹体近似,长13~18mm。茧椭圆形,长径15~22mm,短径10~15mm,丝质附土。

【生活史及习性】 此虫1年发生1代,以蛹在土中结茧越夏、越冬。翌春3月中旬成虫开始羽化,4月上旬为羽化盛期,4月下旬为羽化末期,4月上旬卵开始孵化,4月中旬进入孵化盛期,4月下旬孵化结束。4月上旬至6月下旬为幼虫期发生期,其中4月中旬至5月中旬是幼虫主要危害时期。6 月上中旬幼虫开始陆续老熟下树，寻找土缝和疏松土壤处钻入其中吐丝结茧，经 40 天左右的前蛹期后，即进入蛹期。

成虫多于傍晚活动。雌蛾羽化后沿树干爬至树梢，与雄蛾交尾后数小时即开始产卵，卵多产于 1~2 年生的枝条上，平均产卵量为 462 粒。雌雄性比为 2：1。雌蛾寿命 4~5 天，最长 9 天；雄蛾寿命 3~4 天，最长 6 天。雄成虫有趋光性。

幼虫 6 龄。初孵幼虫有吐丝下垂、随风扩散的习性。1~3 龄幼虫食量较小，抗药力弱；4 龄后食量猛增，抗药力增强。

卵期天敌有黑卵蜂；幼虫期天敌有广肩步甲、蚂蚁、寄生蝇、小茧蜂、白僵菌等。

【防治方法】

(1) 利用"五道防线"防治(其方法参照 $P_{255~256}$ 枣步曲防治方法)。

(2) 利用此雄虫有趋光性，可于林间设置黑光灯诱杀。

(3) 树上药剂防治方法参照枣步曲。

(4) 幼龄幼虫期可喷撒白僵菌或苏云金杆菌(每毫升含 1 亿孢子)，防效很好。

(5) 于成虫大量出土羽化之前，地面喷撒 2.5% 敌百虫粉，每亩 2.5kg，消灭羽化出土的成虫。

180   柿星尺蛾

【学名】 *Percnia giraffata*(Guenée)

【别名】 柿星尺蠖、大斑尺蠖。

【分布与寄主】 此虫在我国分布于河北、河南、山西、四川、安徽、台湾等地；国外分布于朝鲜、日本、越南、缅甸、印度、印度尼西亚、俄罗斯等地。寄主有柿、黑枣、苹果、梨、核桃、李、杏、山楂、酸枣、杨、柳、榆、桑等多种植物。

【被害症状】 似 P_{252} 枣步曲。

【形态特征】 (图 167)

(1) 成虫：体长约 25mm，翅展约 75mm，雄蛾较雌蛾体小，头部黄色，复眼及触角黑褐色。触角丝状。前胸背板黄色，有一近方形黑色斑纹。前、后翅均白色，上面分布许多黑褐色斑点，以外缘部分较密，前翅顶角几乎成黑色。腹部金黄色，背面两侧各有一个灰褐色斑纹。腹面各节均有不规则的黑色横纹；足基节黑色，其他各节为灰白色，中足胫节有距 1 对，后足有距 2 对。

(2) 卵：椭圆形，长径约 0.9mm，初产时翠绿色，孵化前变为黑褐色。

(3) 幼虫：老熟体长约 55mm，头黄褐色布有许多白色颗粒状突起；每侧单眼 5 个、黑色。背线宽大成带状，暗褐色；背线两侧各有一条黄色宽带，上有不规则的黑色曲线。

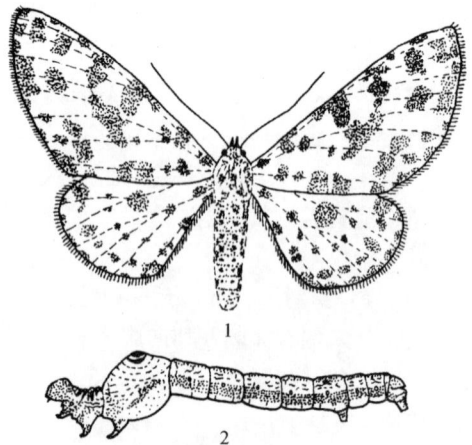

图 167   柿星尺蛾

1. 成虫；2. 幼虫

气门线下有由小黑点构成的纵带。胴部第 3~4 节特别膨大。在膨大部分两侧有椭圆形黑色眼形纹 1 对，纹外各有一月牙形黑纹，故有"大头虫"或"蛇头虫"之称。臀板黄色。胸足 3 对，腹足及臀足各 1 对。趾钩双序纵带。

（4）蛹：长 20~25mm，棕褐色至黑褐色。胸背前方两侧各有一耳状突起，其间有一横隆起线与胸背中央纵隆起线相交，构成一明显的十字纹。尾端有一刺状突起，其基部较宽，端部较尖。

【生活史及习性】此虫华北地区 1 年发生 2 代，以蛹于土中越冬。翌年 5 月下旬越冬蛹开始羽化，6 月下旬至 7 月上旬为羽化盛期，7 月下旬为羽化末期。成虫由 6 月上旬开始产卵，7 月上中旬为产卵盛期，7 月中下旬为幼虫发生危害盛期。幼虫危害至 7 月中旬开始陆续老熟化蛹，8 月上旬为化蛹盛期。第 1 代成虫于 7 月下旬开始羽化，8 月上中旬为羽化盛期，8 月底为末期。8 月上旬出现第 2 代幼虫，8 月中下旬为第 2 代幼虫发生危害盛期，9 月初开始陆续老熟化蛹越冬。

成虫具有趋光性和微弱的趋水性，白天静伏于树干、小枝或岩石上，双翅平放，极易发现。夜间 9~11 时为成虫羽化和活动最盛时期，成虫羽化后不久即可交尾，单雌产卵 200~600 粒，卵呈块状产于叶片背面，每块约 50 粒。卵块上无覆盖物，卵期约 8 天。成虫寿命：雄虫约 7 天，雌虫约 10 天。

初孵化幼虫为黑色，以后逐渐变为黑黄色。初孵幼虫于叶背啃食叶肉，稍大后分散危害，老熟前的幼虫食量大增，昼夜取食危害，受惊扰后则吐丝下垂，然后又攀丝引体上升，重返原处危害。幼虫期 28 天左右，老熟时胴部膨大部分收缩，吐丝下垂，入土化蛹。化蛹场所以树根附近潮湿疏松的土中、石块下或堰根及阴暗地方为多。

【防治方法】

（1）晚秋或早春结合翻地挖蛹，消灭土中越冬蛹。

（2）幼虫危害时振树捕杀幼虫。

（3）于 3 龄幼虫前喷布 50% 杀螟松乳油、50% 辛硫磷乳油 1000 倍液，或 90% 敌百虫 1000 倍液，或 2.5% 的敌杀死乳油、2.5% 功夫乳油 2000 倍液，均有明显的防治效果。

181　苹烟尺蛾

【学名】*Phthonosema tendinosaria*（Bremer）

【别名】烟色尺蠖、苹烟尺蠖、苹果枝尺蠖。

【分布与寄主】此虫在我国分布于东北、华北、河南、内蒙古、四川等地；国外分布于日本、朝鲜等地。寄主有苹果、梨、梅、桑、桃、黑枣、核桃、栗、香椿、杜鹃、杨栌等多种林木果树植物。

【被害症状】以幼虫食害寄主叶片，初龄幼虫喜食嫩叶叶肉，残留表皮，稍大后将叶片蚕食成缺刻，中龄后的幼虫将叶片吃光，仅残留叶柄。

【形态特征】（图 168）

（1）成虫：体长 25~30mm，翅展约 70mm，体翅灰黄至淡灰褐色，翅上密布小黑点，雄虫触角羽状，雌虫丝状。复眼球形黑褐色。前翅内、外线明显，为棕褐色双条曲线，内线外条与外线内条较细、色深，另一条较宽、色浅；中线与亚端线隐约可见，均为暗褐色单线，有的个体不甚显，中室端可见一肾纹，与中线相邻。后翅有 2 条暗褐色横线，相当

于中线和外线。中线为单线，外线为双条曲线，内条细且色深，外条宽且色淡。前后翅外缘各脉间均有一新月形棕褐色斑纹、

（2）卵：椭圆形，草绿色，孵化前色变暗。

（3）幼虫：老熟体长约58mm，全体淡灰褐至灰褐色，头顶两侧略突起，颊区有由黑点组成的不规则纵纹，个体间斑纹略有变异，多数个体颅中沟两侧各有一"∩"形黑纹；体被许多不规则、断续或弯曲的黑色细纵线和黄白色短纹，多数个体背线、亚背线较明显，为淡色宽线；腹线浅黄白色断续可见，两胸足间为桃红色，前、中足间和中、后足间各有一黑斑，后者长方形，腹足与臀足间灰白色微青，中央紫色。各节毛突顶端黑色，上生一根黑色短刚毛。气门椭圆形，围气门片黑褐色，前胸气门最大，第8腹气门次之，余均相似。胸足3对黑色；腹足趾钩双序纵带60余个。

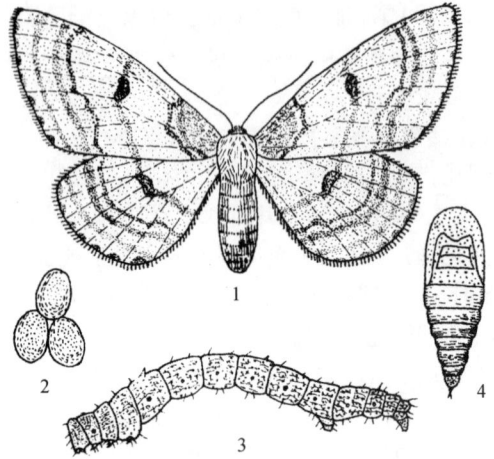

图168　苹烟尺蛾
1. 成虫；2. 卵；3. 幼虫；4. 蛹

（4）蛹：体长约28mm，黑褐色，疏生黑色粗刚毛。头、胸部、附肢和第10腹节密布皱褶，前、中胸前部的背面中央有一纵脊。腹部1~9节具粗刻点，第8节背面中部有一对横列的小瘤状突起；尾节两侧备有一齿突，有的齿基部稍上有1~2个小齿；臀棘光滑尖伸，端部分2叉。

【生活史及习性】此虫山西1年发生1代，以蛹于疏松土中越冬。翌年6月底开始羽化，7月上中旬为羽化盛期。成虫羽化后1~2日内开始交尾产卵，卵成块产于枝干皮缝、杈口、伤疤等缝隙中，单雌卵量约500粒左右，成虫产卵初期为7月上旬，7月中旬为盛期，卵期约8天，幼虫孵化后分散危害，幼虫共5龄，幼虫期约40天左右，危害至8月底前后开始老熟入土化蛹、越冬。

成虫昼伏夜出，有趋光性。幼虫受惊后吐丝下垂。栖息时多以腹足与臀足握持枝干，身体挺直如短枝。

【防治方法】

（1）羽化前深翻树盘，消灭土中越冬蛹。

（2）利用趋光习性设置黑光灯诱杀成虫。

（3）药剂防治3龄前幼虫，药剂参照枣步曲。

182　枣步曲

【学名】 *Sucra jujuba* Chu

【别名】枣尺蠖、枣尺蛾。

【分布与寄主】此虫普遍发生于我国枣产区，以北方枣区受害最重。该虫在大发生年份时，除危害枣外，还可危害酸枣、苹果、梨、桃、花椒、杏、李、葡萄、杨、柳、榆、刺槐、

花生、白薯、豆叶、刺儿菜、甜根草等，尤其近几年来在山西、河北、河南、江苏等地危害苹果十分严重。

【被害症状】 以幼虫危害枣芽、花蕾及叶片。当枣芽萌动露绿时，初孵幼虫即开始危害嫩芽，因此，群众称之为"顶门吃"，严重年份可将枣芽吃光，形成"干枝梅"，造成大量减产。枣树展叶开花时，幼虫长大，食量明显大增，能将全部树叶及花蕾吃光，不但当年造成绝产，而且影响来年座果。在苹果树上发生时，也危害嫩叶、花蕾及叶片，严重时也会将叶片蚕食，仅留叶脉，对苹果树当年及来年的产量影响很大。

【形态特征】 （图169）

（1）成虫：雄虫体长12～13mm，翅展约35mm。体翅灰褐色，深浅有差异。头具长毛，头顶混有鳞片。触角双栉状、棕色，背面覆有白鳞，栉齿上的微毛灰白色，密而长。喙极微弱，下唇须短而多长毛。胸部粗状，密生长毛及毛鳞，前胸领片后缘有黑边，肩片被灰色长毛。前翅灰褐色，外横线和内横线黑色，两者之间色较淡，中横线不太明显，中室端部有黑纹，外横线在 M_3 处折有角状，前翅 Sc 与 R 分离。后翅中部有一条明显的黑色波纹状横线，其内外还各有1条，但不明显，中室端有黑纹。中足和后足只有一对端距。腹部背面棕褐色，密被刺毛和鳞片。雌虫体长约15mm左右，灰褐色，触角丝状，背面覆灰鳞而呈锯状。喙退化，下唇须被短毛。前后翅均退化。腹部背面密被刺毛和毛鳞。产卵器细长，管状，可缩入体内。

（2）卵：椭圆形，有光泽。长径0.9～1mm，短径约0.8mm左右。数十粒或百粒卵产在一起呈块状。初产时淡绿色，后渐变为淡褐色，近孵化时为暗黑色。

（3）幼虫：共5龄，老熟体长37～40mm，灰绿色或灰褐色，具25条灰白色纵条纹，头部淡黄褐色密布黑褐色斑点，胸足3对，腹足、臀足各1对，胴部有6个白环。初孵幼虫全体褐色，具5条白色横环纹，龄期平均6天；2龄幼虫深绿色，体具7条白色纵纹，龄期平均7天；3龄灰绿色，体具13条白色纵纹，龄期平均5天；4龄灰褐色，体具13条黄色与灰白色相间的纵纹，龄期平均5天。

（4）蛹：体长14～18mm，纺锤形，紫褐色。腹末分2叉呈"Y"字形，基部两侧各有一小突起。雌、雄可由腹面触角纹痕加以区别。

【生活史及习性】

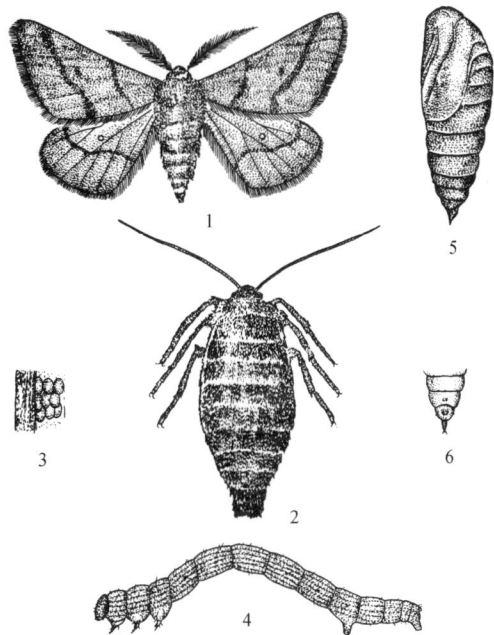

图169　枣步曲

1. 雄成虫；2. 雌成虫；3. 卵；
4. 幼虫；5. 蛹；6. 雌蛹腹末端

（1）生活史：枣步曲在我国各枣区均1年发生1代，极少数个体2年发生1代，均以蛹在树冠下0.7～1cm深的土层中过冬或越夏。在山西晋中、吕梁地区，翌年3月下旬至4月上旬，当柳树发芽、榆树开花时，成虫开始羽化出土。4月中旬至下旬，当苹果展叶、枣树萌芽之际，成虫羽化出土进入盛期。5月上中旬，当杏花落、榆钱散之际为羽化末期，羽化出土期长达50多天。田间落卵初期在4月上旬，盛期在4月中下旬，末期在5月上中旬。当枣芽萌动露绿时，卵开始孵化，当枣树展叶、苹果落花时，田间卵孵化进入盛期，当枣树初花、苹果座果时，卵的孵化进入末期，即4月下旬为初期，5月上中旬为盛期，5月下旬为末期。幼虫老熟后即入土化蛹越夏、越冬。

（2）习性：成虫羽化后，雄虫爬到树干阴面或地面杂草上静伏，雌蛾则先在土表潜伏，然后爬到地表。傍晚大批爬行上树。成虫羽化后不进行营养补充，当日即可交尾，次日产卵，交尾活动一般在傍晚开始，以20时至凌晨2时为最多。雌雄性比接近2:1。雌雄异型，雌蛾无翅靠爬行上树，雄蛾可飞到树上或在地面找雌蛾交尾，成虫一般交尾1~2次，每次交尾历时2~15分钟，多数在4~6分钟。成虫寿命最短5天，最长可达16天。

成虫交配后的第2~3天为产卵高峰期，卵成块产于枣树主干、主枝粗皮缝隙内，或产在树干基部石块、土缝下。每雌产卵1~13块不等，平均5.5块，每雌产卵量为245~1248粒不等，最多可达1800粒，一般产卵量为千余粒。卵块形状不规则，卵粒排列多为一层，亦有堆积2~3层者。田间每卵块最多有卵344粒，最少14粒，平均197粒。卵块的大小与卵粒的多少主要与产卵处的缝隙度有关，缝隙密度越大，卵块越小，卵粒越少。同一卵块从第1粒卵开始孵化到整个卵块孵化结束，约经4~8小时。同一成虫所产卵一般需经3~4天才能孵化完毕。卵期最长34天，最短14天，平均22天。卵孵化率最高达100%，最低为77.26%，平均96.25%。

初孵幼虫出壳后迅速爬行，具有明显向上、向高处爬行，遇惊扰吐丝下垂，随风飘荡的习性。这对于初孵幼虫极早觅食和群体扩散是十分有利的。1~2龄幼虫爬过的地方即留下虫丝，故嫩叶受丝缠绕难以生长。随着虫体和龄期的增加，食叶、食花量递增，抗药性增强。1龄幼虫食量最小，占幼虫期总食量的0.57%；以5龄幼虫食量最大，占幼虫期总量的87.08%，1头幼虫一生平均食叶150.46片，食枣花559.03个。1~3龄幼虫危害轻，4~5龄为暴食阶段，其食量占幼虫期总食量的90%以上。因此大田防治枣步曲时，一定要把幼虫消灭在3龄以前。幼虫有假死性，遇惊扰即吐丝下垂，幼虫期为32~39天。老熟幼虫沿树干下爬或吐丝下垂入土作土室经6~7天化蛹，并以滞育蛹越夏、越冬。即蛹在土中经历了夏季高温和冬季低温两个阶段。滞育蛹具有滞育的习性。田间滞育解除时间为1月下旬，完成冬季滞育需经历田间冬季低温3个月以上。

【发生与环境的关系】

（1）环境条件对越冬蛹分布的影响：枣步曲以蛹在枣树、苹果树等寄主的树冠下的土中越夏、越冬。据研究报道，在枣园以距主干1.65m以内，13cm以上的土壤中越冬蛹最多，占90%以上，特别是集中分布于距主干1m以内（占68.4%），土深7cm以上（占58.93%）的土层内。越冬蛹在苹果园的分布，主要集中在苹果树冠下的树盘内，且以距主干33~66cm内分布最多（占64.4%），树盘边缘土堰上次之（占21.6%），树盘以外最少（占14%）。其分布深度主要集中在13cm以上的表层土内（占总蛹数的90.72%），其中表层土内7cm左右处越冬蛹最多（占61.4%）。总之，不论枣树或苹果树，其分布都表现出越接近树干基部越冬蛹所占比例越大的趋势。

越冬蛹的分布深度还因其他环境条件不同而有差异。一般平川地区大于山丘地区，秋地大于麦田，阳坡地大于阴坡地，草荒地大于耕作地，沙土地大于黏土地。

越冬蛹的自然死亡率很高,据在山西太谷、交城调查,1976 年为 65.2%,1977 年为 60.8%,1978 年为 61.4%,1979 年为 42%,平均为 59.85%。据调查研究,越冬蛹死亡率的大小,除与气候特别是温度和降雨有关外,主要与越冬蛹的分布深度有关,即越近地面的蛹,其死亡率越高,3～13cm 深的死亡率占总死亡率的 88.8%。

(2)温、湿度对成虫羽化出土及卵期的影响:成虫羽化出土迟早与高峰主要决定 3～5 月份的气温、土温和降雨情况。当春季候平均气温高于 7℃,5cm 土温高于 9℃时,成虫开始羽化出土。平均候气温达 11～15℃,土温达到 12～16℃时,成虫羽化出土率达高峰。候均气温超过 17℃,土温超过 19℃时,成虫停止羽化出土。所留滞育蛹可隔年羽化,据统计,隔年羽化率占总越冬蛹数的 1.4%～1.6%,造成少数个体 2 年发生 1 代。3～5 月特别干旱的年份,可抑制成虫羽化出土,当年发生危害轻。如此时遇到多的降雨,由于降雨而推迟了羽化出土的时间和高峰期,但由于土壤湿度大,质地疏松,有利于成虫羽化出土,且羽化出土整齐,数量大,发生危害也特别严重。

卵期的长短与气温的高低有密切关系,卵期平均气温越高,卵期越短。据测定,平均温度为 15℃时,卵期为 17 天,13℃时为 20 天,12℃时为 25 天。

(3)寄主植物对幼虫发育的影响:试验表明,取食枣叶的幼虫发育最快,幼虫期平均为 32 天,取食苹果叶的幼虫发育次之,幼虫期为 33.5 天,取食桃叶的发育最慢,幼虫期为 34.4 天。

(4)天敌的影响:枣步曲的天敌种类很多,对控制枣步曲的发生起着一定的作用。主要的天敌种类有枣步曲寄蝇(*Frontina laeta* Meigen)寄生率可达 40% 左右,家蚕追寄蝇(*Exorista sorbillans* Wiedemann),枣步曲肿跗姬蜂(*Barylypa* sp.),后两种在山西混合,寄生率高达 59%。此外,还有枣步曲核型多角体病毒(*Sucra jujuba* NPV),对枣步曲幼虫有很强的致病力,是一种很有利用价值的生物防治病原。

【虫情测报】

(1)发生区测报:在土壤封冬前或解冬后,在有枣步曲发生的枣林区的枣树树冠下,调查距主干 1.65m 以内,深 13cm 以上的土壤中越冬蛹。当每株有蛹小于 1 头时可不防;在 2～4 头/株时为一般防治区;5 头/株以上时为重点防治区。

(2)发生期测报:枣步曲发生区确定后,可根据温度与物候期确定枣步曲发生的时间。具体方法有:

①温度预测法:3 月下旬至 5 月上旬,当候均气温高于 7℃,5cm 土温高于 9℃时,即可预报成虫开始羽化出土;当候均气温达到 11～15℃,5cm 土温达到 12～16℃时,即可预报成虫发生高峰期;当候均气温超过 17℃,5cm 土温超过 19℃时,即为成虫发生末期。然后根据成虫出现日期,加上产卵前期和卵期,即为幼虫孵化期和喷药防治最佳日期。

②物候预测法:根据多年来防治枣步曲的经验得出:柳树发芽、榆树开花时,枣步曲成虫开始羽化;苹果展叶、枣树萌芽时,枣步曲成虫大量羽化;枣树展叶、苹果落花时,枣步曲卵孵化达盛期;枣树初花、苹果座果时卵孵化已经完毕。

(3)发生量测报:可依据前一年的越冬蛹量和当年 5 月降雨量预测当年枣步曲的发生量。如果上年越冬蛹基数小,当年 5 月雨量大,则当年枣步曲幼虫发生轻;如果上年越冬蛹基数大,当年 5 月雨量小,则当年幼虫发生重。

【防治方法】枣步曲的特点是雌蛾无翅,发生不集中,产卵量大,幼虫危害时间长,食量大,因而难予集中消灭,因此防治枣步曲应以树下防治为重点,集中消灭雌蛾或阻止雌蛾和其幼虫上树产卵或危害。在做好树下防治的基础上，消灭树上部分漏网幼虫。

（1）阻止雌蛾及初孵幼虫上树：在枣步曲成虫羽化出土前，在树干基部距地面 10cm 处绑一条 10cm 宽的塑料薄膜 1 圈，要求与树干紧贴，接头处用订书钉或塑料胶布粘合或钉牢。塑料带下缘用土压实，并用细土做成圆锥状小土堆，土堆基底开小沟，沟内撒 1：10 的敌百虫毒土，或辛硫磷粉剂，可消灭绝大部分上树雌蛾。

（2）绑草绳诱卵法：在塑料薄膜带下绑一圈草绳，可诱集雌蛾在草绳缝隙内产卵，至卵接近孵化期时，将草绳解下烧掉或深埋。

（3）树上喷药防治法：在卵孵化高峰期或成虫羽化高峰后约 25 天左右进行用药，保证将幼虫消灭在 3 龄前。虫口密度大、发生重的枣园，结合调查，应在第 1 次用药后约半个月用第 2 次药。使用的药剂有 50% 辛硫磷乳油 1500 倍液，90% 敌百虫乳油 1000 倍液或 50% 敌敌畏乳油 1000 倍液（这两种药剂在苹果树生理落果前禁用，有药害），或 2.5% 溴氰菊酯乳油、20% 杀灭菊酯乳油、20% 来福灵乳油、2.5% 功夫乳油 2000 倍液。另外幼虫期也可使用苏云金杆菌、杀螟杆菌、青虫菌、7216（100 亿孢子/g）以每克稀释液含孢子量为 0.5 亿个左右为宜。防效也很好。

（4）其他防治办法：如秋季或初春挖蛹，成虫羽化期捕捉成虫，刮树皮杀卵，利用枣步曲幼虫具有假死性振虫捕杀，山区水源缺乏的地区可利用 741 敌敌畏插管烟雾剂放烟 40 分钟左右，幼虫死亡率可达 87.3%。

（5）保护和利用天敌。

183　梨步曲

【学名】*Yala pyricola* Chu

【别名】梨尺蠖。

【分布与寄主】此虫在我国分布于辽宁、河北、山西、山东、河南、安徽等地。寄主有苹果、梨、山楂、杜梨、海棠、杏、枣、柳、杨等多种林木果树植物。

【被害症状】似枣步曲。

【形态特征】（图 170）

（1）成虫：雌、雄异型。雄虫有翅，体长 9～16mm，翅展 24～36mm。触角羽状黄色。复眼球状灰黑色。喙退化，下唇须短，密被长毛。体灰色至灰褐色。头胸部密生柔毛，翅基片的毛黑褐色，伸达第 2 腹节。前翅灰黄至灰褐色，密布小黑点，内、中、外横线黑褐色明显。后翅灰白色密布小褐点，具 2 条暗色横线不甚明显。雌蛾无翅，体长 10～14mm，触角丝状深灰色。全体灰至灰褐色。头小，复眼灰色球形。头、胸部密被粗鳞，无长毛。胸部短宽。腹部密被鳞毛，背面的刺和齿与雄蛾相似，但腹部第 1 节也有一列长刺，

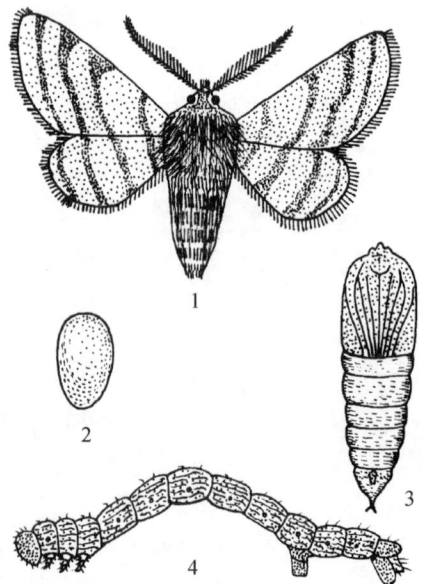

图 170　梨步曲
1. 成虫；2. 卵；3. 幼虫；4. 蛹

腹背可见两条黑色纵纹。

(2)卵：椭圆或卵圆形。长径1.0~1.3mm，短径0.7~0.8mm。表面光滑，初产乳白色，后变黄褐色。

(3)幼虫：老熟体长28~31mm，头黑褐色。全身黑灰色。胴部具有较规则的暗色纵线与花纹。胸足3对褐至红褐色；腹足、臀足深褐色各1对。体色随龄期和取食的食物不同略有变化，一般低龄不如高龄体上花纹显著。初孵幼虫体黑色。

(4)蛹：体长12~15mm。全体红褐色，腹端尖细，端末分叉。

【生活史及习性】此虫1年发生1代，以蛹于土中越冬。越冬代成虫翌年2~3月羽化，羽化时间多在傍晚或夜间，羽化后不久即可交尾、产卵。雄蛾飞翔力不强，白天潜伏于杂草间或树上；雌蛾无翅不能飞翔，只能爬行上树，雄蛾寻找雌蛾交尾，交尾后随即产卵，卵多成堆产在树干向阳面的粗皮裂缝中，或树干及主侧枝的交叉处，不能上树的雌蛾常将卵产于土块上或土缝里，每次产卵百余粒。单雌卵量300~900粒不等，卵期约15天左右，卵的自然孵化率为62%。幼虫孵化后，分散危害花器、幼果及叶片。昼伏夜出，受振动后可吐丝下垂或坠入地面。5月上旬幼虫老熟多沿树干爬下入土化蛹，有少数可吐丝下垂落地入土化蛹。入土深度多在10~13cm，以树干周围土壤疏松处密度较大。

【防治方法】

(1)人工挖蛹：秋冬或早春结合园内耕翻土地拾蛹，或树盘下刨蛹。

(2)树下挖坑：树干周围堆土堆、树干绑塑料布阻止雌蛾上树产卵。

(3)药剂防治：要防治幼虫于3龄前，常用药剂有50%辛硫磷乳油、40%毒死蜱乳油1000倍液、2.5%敌杀死乳油或2.5%功夫乳油2000倍液，防效很好。

184　枣灰银尺蠖

【学名】*Yinchie zaohui* Yang

【别名】枣小尺蛾、小步曲。

【分布与寄主】此虫在我国分布于河北、山西、河南等地。寄主有枣、酸枣。

【被害症状】以幼虫食害枣与酸枣的芽、叶、花，喜食芽和嫩叶，低龄食叶肉，残留表皮，幼虫稍大后常将叶片食害成缺刻或孔洞，严重时将叶片吃光，仅留枣吊枝。

【形态特征】（图171）

(1)成虫：雌蛾：体长8~13mm，翅展18~24mm；雄蛾：体长7~8mm，翅展18~22mm。全体银灰色。头部较小，喙发达，额光滑，复眼大，黑褐色。触角均为丝状，黑色。基半部略扁粗，端部渐细。胸背被长鳞毛，红褐色。中足胫节有距1对，后足胫节有距2对。腹背灰色有红鳞，第2~4节各有一簇毛刷状长毛，呈棕红色，腹端红褐色。

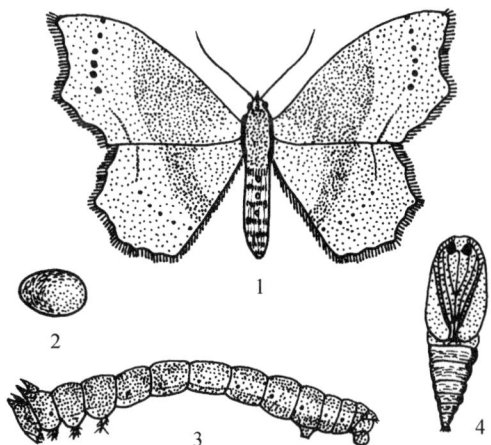

图171　枣灰银尺蠖
1. 成虫；2. 卵；3. 幼虫；4. 蛹

翅外缘波状，前翅外缘 Cu_1 处最突出，后翅以 M_1、M_2 端最突出，翅银灰色，翅面上杂生褐、红色鳞片，以中部红晕较明显，前翅前缘和后翅内缘有较明显的 1 列黑色短横线，静止时，前、后翅的黑线相接呈倒"八"字形。缘毛基部灰白色，端部灰褐色。雄蛾翅缰发达，位于肩角内侧。

(2)卵：橘黄或黄绿色，扁椭圆形，长径 0.7～0.8mm，短径 0.4～0.5mm，表面具微细皱纹。

(3)幼虫：初孵幼虫浅黄绿色，体长 1.4～1.8mm。前胸背板前缘两侧锥形突起，背线不明显，亚背线淡黄色，与各腹节后缘黄色横纹组成梯形斑纹。气门上线细，呈淡黄色。气门下线呈棱状，棕褐色，臀板三角形。2 龄幼虫体长 2.8～4.0mm，黄白色，背线、亚背线、气门上线均不明显，气门下线第 2～6 节棱状突起，呈棕红色。3 龄幼虫体长 6.5～7mm，第 1 代黄绿色，第 2 代灰枣红色，头顶和胸部各有一对锥形突起，胸部锥形突起较头顶的细而长。亚背线、气门上、下线灰白色，臀板三角形向后伸出。腹中线与第 1～5 腹节腹面两侧有斜条纹，中间灰白色，两边镶褐色边。4 龄幼虫体长 9.0～15mm，黄绿色。前胸背板淡绿褐色，锥状突基部深绿色，端部紫色。腹背黄褐色并有许多白色小点。亚背线和气门上线白点排列紧密，似一条细白线；两侧棱状突起紫色，第 2～6 节似大小半圆相连，圆斑中央深凹，大圆斑深凹中有球形黄色气门。腹面色略淡，有许多白色小点，腹中线与每一腹节两侧白点排列紧密，似白线。臀板黄绿色，尾端略带红色。5 龄幼虫体长 14～17mm，深绿色，头部、胸部锥状突向前伸出。背线暗绿色，亚背线深淡而细。气门上线黄绿色，气门下线第 2～6 节紫红色。臀板近正三角形。腹中线黄白色，镶深绿色边，第 1～5 腹节两侧各具 1 斜行黄色条纹，镶深绿色边。气门椭圆形，橙色。整个虫体头细尾粗，胸足 3 对，腹足及臀足各 1 对。

(4)蛹：浅黄绿色，纺锤形，体长 9～11mm，复眼黑褐色，触角从基部至端部，由黑绿色渐变为黄绿色。背线、亚背线深绿色，尾突黄褐色，臀棘钩状 8 根，端部 4 根较粗，深红褐色，两侧各 3 根，较细，黄褐色，翅芽伸达第 4 腹节近下缘。

【生活史及习性】此虫在山西、河北阜平县、河南等地 1 年发生 2 代，以 3、4 龄幼虫在枝条上过冬。山西太谷翌年枣树萌动、露绿时，越冬幼虫开始出蛰活动危害，5 月中旬越冬幼虫陆续老熟化蛹，蛹期 10 天左右，5 月下旬越冬成虫开始羽化，6 月上旬为羽化盛期，6 月下旬为羽化末期。6 月上旬始见第 1 代幼虫，6 月中下旬为第 1 代幼虫危害盛期，7 月上旬为末期，并开始逐渐老熟化蛹。第 1 代成虫发生期为 7 月中旬至 8 月下旬。第 2 代卵发生于 7 月中旬至 9 月上旬，第 2 代幼虫始见于 8 月上旬，危害至 9 月下旬后，陆续转至枝条上越冬。

成虫有较强的趋光性，白天静伏于隐蔽处不甚活动，偶有惊扰飞往他处，飞翔时两翅平展，傍晚活动、交尾、产卵。成虫交尾后第 2 天开始产卵，1～3 次产完，产卵期 3 天左右，卵散产于叶缘锯齿上或针刺尖端，间或叶背、叶面、叶柄上均有。单雌卵量 110 粒左右。卵期：第 1 代平均 5.8 天，第 2 代平均 8.3 天。初孵幼虫不甚活泼，慢慢爬至嫩叶处，取食叶片的叶肉。越冬幼虫越冬时，体稍萎缩弯曲，体色同枣树皮。老熟幼虫化蛹前，选择枣枝分叉处或枣吊丛生处，吐丝结成大眼网状兜，如漏斗状，幼虫潜于网内，头部朝向网兜上口，进入化蛹状态。蛹外无茧作保护，蛹以尾端臀棘与网兜底的丝钩连，固着于附物上，比较坚固。第 1 代幼虫吐丝结网至化蛹需 1 天时间，第 2 代需 2～3 天，幼虫蜕皮很快，约需 2～3 分钟，蛹期最短 5 天，最长为 12 天，平均 10 天左右。成虫羽化后，蛹壳大部分留于网兜内，间或全部带出。

【防治方法】

(1)幼虫化蛹时人工捕杀幼虫。

(2)利用灯光诱杀成虫。

(3)药剂防治：于幼虫3龄前使用农药喷雾，常用农药有50%敌敌畏乳油、50%辛硫磷乳油、20%灭扫利乳油、2.5%敌杀死乳油或功夫乳油以常规浓度，均有良好的防治效果。

185　桑褶翅尺蛾

【学名】*Zamacra excavata*（Dyar）

【别名】桑刺尺蛾、核桃尺蛾。

【分布与寄主】此虫在我国分布于北京、河北、陕西、宁夏、山西、河南等地；国外分布于日本、朝鲜等地。寄主有苹果、梨、桃、海棠、核桃、枣、槐、榆、毛白杨、桑、柳、枫、栾树、白蜡、太平花等多种果树林木植物。

【被害症状】似 P_{257} 枣灰银尺蠖。

【形态特征】（图172）

(1)成虫：雌蛾体长14～16mm，翅展40～50mm，全体灰褐色、触角丝状，头胸部多毛，胸部腹面毛较长。翅面有赤色和白色斑纹。内、外横线黑色且粗而曲折，内、外横线外侧各有一条不太明显的褐色横线。后翅前缘向内弯，基部及端部灰褐色，近基部灰白色，中部有一明显的灰褐色横线。后足胫节有距2对。尾部有2簇毛。雄蛾体长12～14mm，翅展38～42mm，体色略暗，触角羽状。腹部末端有成撮毛丛。其他特征与雌蛾相似。成虫静止时，四翅皱叠竖起，颇为引人注目。

(2)卵：扁椭圆形。长约0.6mm，初产光滑深灰色，以后卵体中央凹陷，颜色在孵化前由深红色变为灰褐色。

(3)幼虫：老熟体长约40mm。绿色，头黄褐色，两侧色稍淡。前胸盾绿色，前缘淡黄白色，前胸侧面黄色。胸足3对，腹足1对，着生于第6腹节，臀足1对，腹足外侧与臀足均为红褐色。腹部第1～8节背部有赭黄色刺突，第2～4节上的刺突比较长，第8腹节背部有褐绿色刺1对；腹部第2～5节两侧各有淡绿色刺1个，背面各有2条黄色斜短线呈"八"字形。气门黄色，围气门片黑色。

(4)蛹：长13～15mm，红褐色，纺锤形，腹部2～3节各具气门1对，末端有2个坚硬的刺。

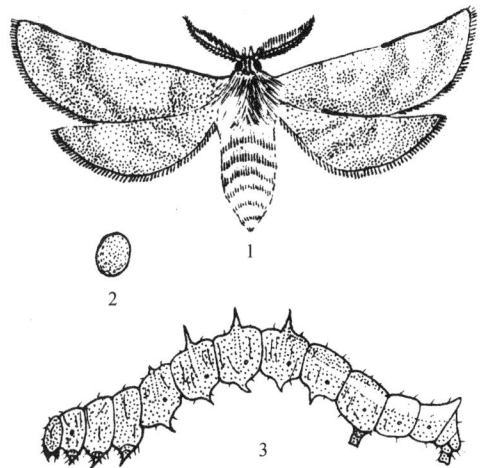

图172　桑褶翅尺蛾
1. 成虫；2. 卵；3. 幼虫

【生活史及习性】此虫1年发生1代，以蛹于树干基部表土下越冬。翌年3月中旬开始羽化，3月下旬为羽化盛期。成虫羽化出土后的当晚即可交尾，交尾后于夜间在枝梢光滑部位产卵，卵排列成长块状，单雌平均卵量900粒左右，雌成虫经2昼夜，分10次左右产完所有体内卵粒。每次产卵平均90粒左右，卵于4月初开始孵化，危害至5月上旬开始老熟，吐丝下垂或爬行下树于干基部地表疏松的土壤下数厘米处化蛹，6月上中旬为化蛹盛期。以蛹越夏越冬。

成虫有假死性，受惊后即坠落地上，雄蛾尤为明显。飞翔力不强，寿命1周左右。卵经3周左右孵化，卵的平均孵化率为89.4%。前期产的卵，其孵化率明显高于后期产的卵。

幼虫共4龄。幼虫孵化后数小时即开始爬行觅食，危害幼芽及嫩叶。1~2龄幼虫一般夜间活动，取食危害寄主幼芽与嫩叶，白天静伏于叶缘。3~4龄幼虫昼夜均可取食危害，既取食叶片，又危害花蕾，幼虫食量也逐渐增大，4龄幼虫一个中午的食量相当于自身体重。各龄幼虫均有吐丝下垂的习性，当受惊扰或食料不足时则吐丝下垂，随风飘至新的寄主上危害。幼虫下树入土化蛹前一天即停止取食。幼虫喜阴雨天或夜间下树，夜间8~12时入土。入土深度为3~15cm，入土后4~8小时内吐丝作一黄白色椭圆形茧于内化蛹，化蛹前期约30天左右。

【防治方法】

（1）人工挖蛹，于老熟幼虫下树结茧化蛹后或越冬蛹羽化前人工挖蛹，减少越冬虫源的基数。

（2）结合修剪，剪除1年生萌芽枝上的卵，或成虫羽化盛期捕杀成虫。

（3）低龄幼虫于树上喷洒苏云金杆菌粉或白僵菌粉，每亩1kg。

（4）药剂防治低龄幼虫有明显效果。使用药剂参照枣步曲。

（四三）舟蛾科 Notodontidae

中等大小，间或有较大或较小种类。大多褐至灰暗色，少数洁白或其他鲜艳颜色，夜间活动，具趋光性。外表似夜蛾，但口器不发达，喙柔弱或退化。无下颚须，下唇须中等大小，少数较大或微弱；复眼大多光滑无毛，多数无单眼，触角雄蛾常为双栉状，部分栉齿状或具毛簇的锯齿状，间或线状或毛丛状。雌蛾常与雄蛾异型，一般为线形，间或有同形者。胸部被厚的毛和鳞，有些种类背面中央有竖立纵行脊形的毛簇，少数在后胸背上有较短的竖立横行毛簇。后足胫节有1~2对距。翅形大都与夜蛾相似，少数则似天蛾或钩翅蛾，前翅后缘中央有一齿形毛簇或月牙形缺刻，缺刻两侧具齿形毛簇或梳形毛簇，静止时两翅后褶成屋脊状。毛簇竖立如角。与夜蛾科的主要区别在于：成虫前翅 M_3 与中室横脉的中部分出，似中室后缘翅脉3分支，后翅前面第1条翅脉（$Sc + R_1$）不与中室相接触。腹部粗状，常伸过后翅臀角，有些种类基部背面具毛簇或末端具毛簇。

186　黄二星舟蛾

【学名】 *Lampronadata cristata*（Butler）

【异名】 *Nadata cristata*（Butler）

【别名】 黄二星天社蛾。

【分布与寄主】 此虫在我国分布于东北、河北、陕西、山东、山西、河南、安徽、江苏、浙江、湖北、江西、四川、浙江等地；国外分布于日本、朝鲜、俄罗斯的沿海地区、缅甸等地。寄主有栗、栎等。

【被害症状】以幼虫食害寄主叶片成缺刻与孔洞，大发生时整株的叶片会被吃光，不仅影响树势，而且影响当年与翌年的产量。

【形态特征】(图 173)

(1)成虫：体长约 29mm，翅展 67～87mm，头与颈板灰白色，胸背灰黄带赭色，腹背褐黄色，触角双栉状，复眼黑色。前翅黄褐色，中部横线间较灰白，有 3 条暗褐色横线，内、外线较清渐，内横线稍曲，外横线近直，中横线呈松散带状，横脉纹由两个同大的黄白色小圆点组成。后翅褐黄色。

(2)卵：圆形褐色，常 3～4 粒卵产于一起。

(3)幼虫：老熟体长约 70mm 左右，头大球形，黄褐色。体肥大光滑，体背浅绿色，有光泽，体侧绿色。两端较细，中间较粗，背面隆起，略呈纺锤形；前胸盾与臀板黄褐

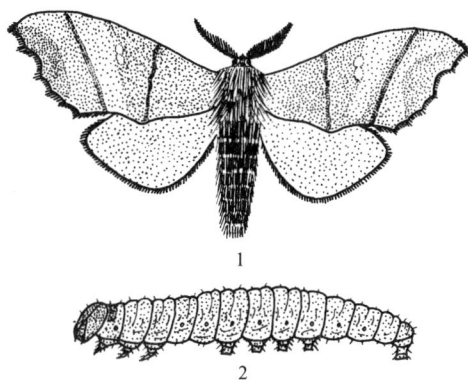

图 173　黄二星舟蛾
1. 成虫；2. 幼虫

色。胸足 3 对发达；腹足 4 对，分布于第 3～6 腹节；臀足一对发达。第 1～7 腹节两侧每节有一对白色斜纹。每一斜纹均跨越两个体节，老熟后白斜纹消失。

(4)蛹：体长约 30mm，褐色。

【生活史及习性】此虫东北 1 年发生 1 代，以蛹于土内越冬。翌年越冬蛹于 7 月左右羽化。成虫昼伏夜出，有趋光性，羽化后不久即可交尾、产卵。卵常 3～4 粒一起产于叶片背面，或单粒产下。卵期 1 周左右，幼虫孵化后多于夜间取食危害，8～9 月为幼虫发生危害盛期。9 月下旬以后幼虫陆续老熟入土化蛹，以蛹越冬。河南部分地区 1 年发生 2 代，以蛹于土中越冬。翌年 6 月上旬开始羽化，6 月中下旬出现第 1 代幼虫，危害至老熟便入土化蛹。8 月初开始发生第 1 代成虫，第 2 代幼虫危害至 10 月底老熟，并入土化蛹进入越冬。

【防治方法】

(1)秋末或初春耕翻树盘，捡拾或压死越冬蛹。

(2)因成虫具趋光性，可利用灯光诱杀成虫。

(3)化学防治应以 3 龄前的幼虫防治为主，使用农药有 50% 杀螟松乳油或 80% 敌敌畏乳油等均为 1500 倍液，或用各种菊酯类农药以常规浓度，均有明显的防治效果。

187　圆掌舟蛾

【学名】*Phalera bucephala*（Linnaeus）

【别名】圆黄掌舟蛾、银色天社蛾。

【分布与寄主】此虫在我国分布于东北、新疆；国外分布于欧洲、非洲东部、亚洲东部与俄罗斯的西伯利亚等地。寄主有苹果、梨、樱桃、杨、柳、榆、核桃、花楸、槭、椴、桤、栎、榛、桦、山毛榉等多种果树林木植物。

【被害症状】以幼虫食害寄主叶片，初龄幼虫取食上表皮与叶肉，仅残留下表皮，叶片被害后发黑，略透明。大龄幼虫则暴食叶片，常将部分枝条上的叶片吃成光秃，地下洒满虫粪。

【形态特征】（图174）

（1）成虫：体长 22~24mm，翅展 50~64mm。触角栉齿状，头顶毛棕褐色，颈板毛及前胸背板橘黄色，其两侧和后缘有由棕褐色鳞毛所组成的带2条。前翅银灰色稍具光泽，基部和后缘较灰白，顶角处有一金黄色大圆斑，圆斑内有两条较宽的横断线。亚基线黑褐色，微波浪形，内、外横线双道，前者内面一条红褐色，外面一条褐色，后者则正相反。前翅中央具一淡黄色小斑。后翅黄白色，具不清晰暗褐色、波浪形中横线。腹部密被淡黄色绒毛。

（2）卵：馒头形，长约 1mm，初产时浅绿色，上部大半为白色，仅中央留一绿色圆点，近孵化时变为褐色。

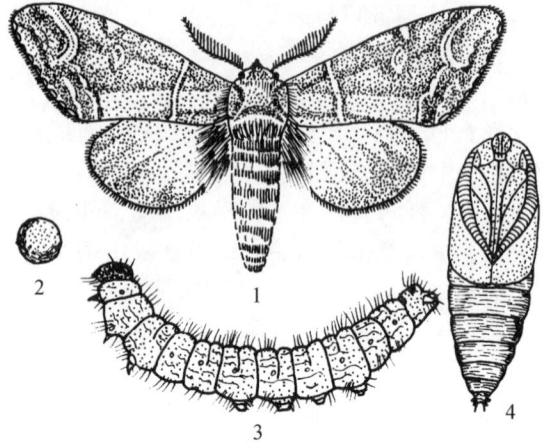

图 174　圆掌舟蛾
1. 成虫；2. 卵；3. 幼虫；4. 蛹

（3）幼虫：初孵幼虫除头部外，体均黄色，后变为污黄至金黄色。老熟体长 48~50mm，头部黑色，头部中央沿颅中沟和额区黄色，形成一明显的"八"字形纹，前胸背板、胸足、臀足黑色，腹足外侧黑色，内侧黄色。前胸背板两侧、前缘、后缘各有2个较大的毛瘤，胸、腹部各节背面均有3对褐色毛瘤，而以中央一对最大。胴部有10条断续的黑色纵线。

（4）蛹：长 24~29mm，蛹体肥胖，深褐色，前胸背面有一细的隆起纵线，蛹体末端较钝，有臀棘1对，每一臀棘又分叉为2钩刺，臀棘基部两侧各有1~3根小短刺。

【生活史及习性】此虫新疆年生2代，以蛹于枯枝落叶下或疏松的土层内越冬。翌年5月中旬越冬代成虫羽化，5月下旬为羽化高峰期。7月上中旬为第1代成虫羽化盛期。第1代幼虫危害期在6月，第2代幼虫危害期在8~9月。10月上旬幼虫陆续开始老熟化蛹进入越冬。

成虫产卵于寄主叶片上，初龄幼虫的臀足不发达，静止时末端上翘。老熟幼虫于树下落叶层、浅土层(1~3cm)处化蛹。

【防治方法】

（1）成虫具趋光性，因此可设置灯光进行诱杀，消灭成虫。

（2）老熟幼虫具假死性，早晚进行人工振树，捕杀老熟幼虫。

（3）药剂防治3龄前幼虫，使用农药参见黄二星舟蛾。

188　苹掌舟蛾

【学名】 *Phalera flavescens*（Bremer et Grey）

【别名】 苹果天社蛾、舟形毛虫、黄天社蛾、黑纹天社蛾。

【分布与寄主】此虫在我国除新疆、青海、宁夏、甘肃、西藏和贵州目前尚无记录外，全国各地均有分布；国外主要分布于朝鲜、日本、俄罗斯的沿海地区。寄主有苹果、梨、桃、杏、李、梅、山楂、樱桃、榅桲、枇杷、海棠、沙果、榆叶梅、栗、榆等多种果树林木。

【被害症状】 以幼虫取食危害寄主叶片。初龄幼虫只食上表皮与叶肉，残留下表皮，被害处呈黄白色纱网状。稍大后则蚕食全部叶片，仅留主脉或叶柄。常造成 2 次开花，对树势和产量均有较大影响。

【形态特征】（图 175）

（1）成虫：体长 22 ~ 26mm，翅展 40 ~ 66mm。头胸部淡黄白色，腹部背面：雌虫土黄色，雄虫浅黄褐色，末端均为淡黄色。触角丝状黄褐色，雌虫触角背面白色，雄虫触角各节两侧具淡色绒毛，复眼圆形黑色。前翅淡黄白色，顶角有 2 个醒目的暗灰褐色斑，一个在中室下近基部，圆形，外侧衬黑褐色半月形斑，中间有一条红褐色纹相隔，另一个在外缘区呈 1 列，斑的内侧有红褐色线及黑色新月斑。外侧有白线及较小的黑斑。两斑间有 3 ~ 4 条不太清晰的黄褐色波浪形线。后翅浅黄白色，外缘杂有黑褐色斑。

（2）卵：球形，直径约 1.0mm，初产浅绿色，近孵化时变为灰色，卵粒常整齐排列成块状。

（3）幼虫：老熟体长约 50mm 左右。体被灰黄色长毛。头黑色有光泽，前胸背板、臀板、气门均为黑色，胴部背面紫褐色，腹面紫红色，体侧有稍带黄色的纵线纹，腹足趾钩单序纵带。

（4）蛹：长约 23mm，全体密布刻点，深褐至黑紫色。中胸背板后缘有 9 个刻点，末节背板平滑，其前缘具 7 个点刻。臀棘 4 或 6 根，中央两根粗大。

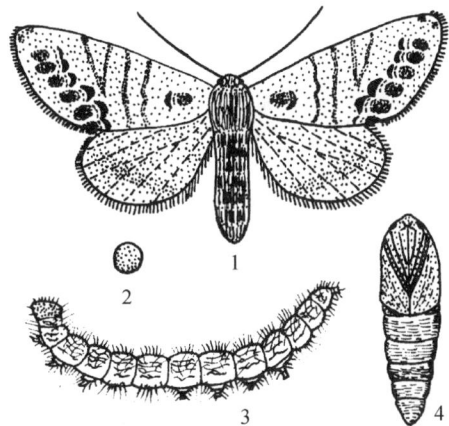

图 175　苹掌舟蛾
1. 成虫；2. 卵；3. 幼虫；4. 蛹

【生活史及习性】 此虫 1 年发生 1 代。以蛹于根际部附近约 7cm 左右的土层内越冬。翌年 7 月中旬至 8 月下旬陆续羽化，7 月下旬至 8 月上旬为羽化盛期，7 月中旬始见卵，7 月下旬至 8 月上旬为产卵盛期，9 月上旬为末期，卵期 1 周左右，7 月下旬始见幼虫孵化，8 月上中旬为幼虫孵化盛期。幼虫期 40 天共 5 龄，危害至 9 月中下旬幼虫开始陆续老熟化蛹进入越冬。

成虫昼伏夜出，趋光性较强。成虫羽化多于夜间进行，雨后的清晨羽化出土较高。羽化后的数小时或数日才行交尾，交尾后约 2 日才行产卵，卵常数十粒地成块产于叶背，单雌平均卵量约 350 粒。

初孵幼虫多群集叶背，早晚取食危害，白天不活动，低龄幼虫如受惊扰或振动便成群吐丝下垂。3 龄后的幼虫便开始逐渐分散危害，受惊后假死落地。白天多静伏栖息于枝条或叶柄上，同时头尾上翘状似泊港小舟，故名"舟形毛虫"。幼虫危害至老熟后，便沿树干陆续爬下于干基部或吐丝下垂落地入土化蛹越冬。

【防治方法】 注意多种措施配合使用，同时注意药剂的合理交替使用及混用，以有效控制苹果舟蛾的危害。

（1）农业防治：冬、春季结合果园翻耕，把蛹翻到土表或人工挖蛹，集中处理，减少虫源。在幼虫入土越冬时，可通过浇水使土壤含水量达饱和状态，从而使老熟幼虫吸水过量而胀死，不能正常化蛹，从而达到消灭虫源的目的。利用低龄幼虫的群集性，在幼虫分散以前，及时剪除有幼虫群居的枝叶，集中杀死，防治效果高，比喷药快又省钱省工。利用幼虫受惊吐丝下垂的习性，振动树冠杀死落地幼虫。

（2）物理防治：利用成虫的趋光性，可在成虫发生期设置黑光灯、电网杀虫灯诱杀成虫，效果很好。

（3）生物防治：幼虫老熟入土期，在树冠下撒施白僵菌，并耙松土层以消灭土壤内的幼虫或蛹。卵孵化期喷25%灭幼脲3号悬浮剂1000～1500倍液。低龄幼虫期用BT乳剂500倍液喷雾。喷洒白僵菌100倍液防治幼虫，时间宜在日落前2～3小时或阴天全天进行。卵发生盛期释放赤眼蜂灭卵，每公顷释放30万～60万头。

（4）药剂防治：使用高效低毒的新型农药，并注意药剂的交替使用及混用。在幼虫发生期树上施药，防治关键时期在幼虫3龄以前。30%阿维灭幼脲乳油3000倍喷雾效果好，20%灭扫利乳油、20%速灭杀丁乳油2000倍液喷雾，2.5%溴氰菊酯乳油2000倍液喷雾，90%晶体敌百虫1500倍液喷雾，50%辛硫磷乳油1000倍液喷雾，50%杀螟松乳油1000倍液喷雾，2.5%功夫乳油40ml加1.8%阿维菌素30ml兑水12～15kg均匀喷雾，4.5%高效氯氰菊酯乳油60ml加1.8%的阿维菌素乳油30ml兑水12～15kg均匀喷雾。

189　榆掌舟蛾

【学名】*Phalera takasagoensis* Matsumura
【别名】榆黄斑舟蛾、黄掌舟蛾。
【分布与寄主】此虫在我国分布于东北、河南、陕西、内蒙古、江苏、安徽、浙江、江西、湖南、福建、山东、河北、云南等地；国外分布于朝鲜、日本等地。寄主有梨、樱桃、板栗、榆、糙叶树等多种果树林木植物。
【被害症状】似P263苹掌舟蛾。
【形态特征】（图176）

（1）成虫：体长18～22mm，翅展48～58mm。黄褐色，头顶淡黄色，胸背前半部黄色，后半部灰白色，有两条暗红褐色横线，腹背黄褐色。前翅灰褐色带银色光泽，前半部较暗；后半部较亮，顶角斑淡黄色，似掌形，边缘黑色，中室内与横脉上各有一条淡黄色环纹，亚基线、内横线和外横线黑褐色，较显著，外横线沿顶角斑内缘弯曲伸至后缘，波浪形，外线外侧近臀角处有一暗褐色斑，亚外缘线由脉间黑褐色点组成，外缘线细黑褐色。

（2）卵：椭圆形，灰绿色，近孵化

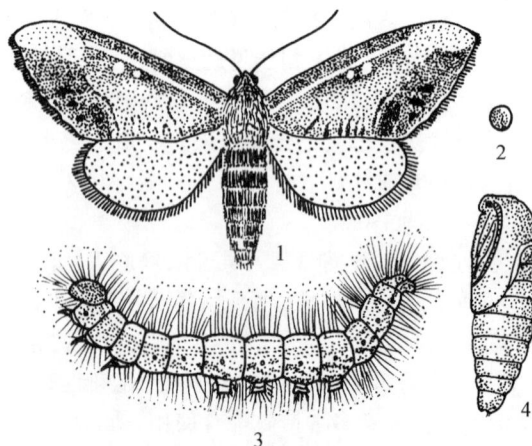

图176　榆掌舟蛾
1. 成虫；2. 卵；3. 幼虫；4. 蛹

时暗褐色。

(3) 幼虫：老熟体长约 50mm。头部黑褐色，体被白色细长毛，底色青白色，背面纵贯青黑色条纹，体侧具青黑色短斜条纹。臀足退化，尾部向体后上方翘起，体每节中央有一条红色环带。

(4) 蛹：长约 30mm 左右，纺锤形，暗红色。

【生活史及习性】此虫北方 1 年发生 1 代，以蛹于土中越冬。据河南郑州地区观察，越冬成虫于翌年 5、6 月羽化、交尾、产卵。卵呈单层块状排列，产于叶背，成虫具趋光性。幼虫孵化后群集叶片背面啃食表皮与叶肉，被害部位呈箩网状。幼虫停止取食时，头的方向一致，排列整齐，尾部上翘，遇惊扰后常吐丝下垂，随后再攀返叶面，叶片吃光后再成群迁往他叶或另株继续危害，8~9 月份是幼虫危害盛期。长大的幼虫有假死性，遇惊扰后随即坠地，然后再沿树干重返树上危害。9 月中下旬以后幼虫开始陆续老熟，并沿寄主植物下行或坠落至根部周围入土化蛹，以蛹越冬。

【防治方法】

(1) 结合园内耕翻或刨树盘将蛹翻于土表，或人工挖蛹，可兼治其他以蛹越冬的害虫。

(2) 幼虫分散前，及时剪摘群集幼虫的枝条或叶片，集中消灭危害虫源。

(3) 幼虫长大后，可结合其他具有假死性害虫，进行人工振树，捕杀幼虫。

(4) 幼龄幼虫发生危害期可喷布 20% 速灭杀丁乳油 2000 倍液，或 50% 敌敌畏乳油 1000 倍液。另外，菊酯类、有机磷农药，以常规浓度均有明显的防治效果。

190　苹蚁舟蛾

【学名】Stauropus persimilis Butler
【别名】苹果天社蛾、天社蛾。
【分布与寄主】此虫在我国分布于东北、甘肃、河北、山西、山东、浙江、安徽、四川、广西等地；国外分布于日本、朝鲜等地。寄主有苹果、李、梨、樱桃、梅、栎、槭、赤杨、连香树、胡枝子、菝葜等多种林木果树植物。

【被害症状】似 P263 苹掌舟蛾。

【形态特征】(图 177)

(1) 成虫：雌蛾：体长约 31mm，翅展约 73mm，触角丝状；雄蛾：体长约 22mm，翅展约 58mm，触角羽状。头与胸背灰红褐色，腹背灰褐色，第 1~5 节腹背中央具棕黑色毛簇。前翅灰红褐色，内半部较暗，翅基部有一红褐色点，内、外横线灰白色，内横线波状不清晰，外横线锯齿形，亚缘线由 6 个暗红褐色圆点组

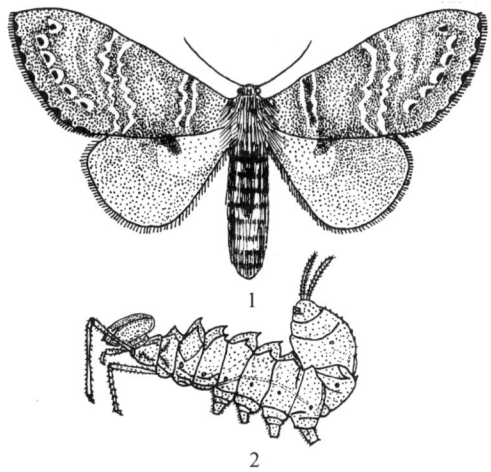

图 177　苹蚁舟蛾
1. 成虫；2. 幼虫

成，每点内侧衬影状灰白色，缘线模糊，由脉间暗红褐色锯齿形线组成，横脉纹暗红褐色。反翅灰红褐色，前缘中央有一块灰白斑。

（2）卵：卵圆形，暗绿色。

（3）幼虫：老熟体长约60mm，赤褐或黄褐色，头大略扁，两边具深色纵纹，口器褐色。胸部三节细小，前胸显著小于头部，中、后胸依次稍大。中、后胸足十分瘦长。腹部第1～5节背面各具二峰突，第7节上呈一大片状突起，臀足变为两个长尖的尾角。腹背第1～2节突起，侧面暗褐色，气门周围具暗色细斜线，腹面各节具黑纹，第3～6腹节具暗色气门上线。气门黄褐色近圆形、围气门片黑色，前胸气门特别扁平。

（4）蛹：体长约28mm，黑褐色，茧椭圆形，白色丝质较薄。

【生活史及习性】此虫1年发生2代，以蛹于土中越冬。翌年春季羽化。5月上旬至6月上旬出现幼虫，7～8月幼虫老熟结茧化蛹。9月出现第1代成虫，第2代幼虫危害至秋末老熟入土结茧化蛹越冬。

【防治方法】参照P₂₆₄苹掌舟蛾防治方法。

（四四）毒蛾科 Lymantriidae

此科种类多为中等大小，罕有鲜明的色泽。雄蛾触角为双栉齿状，无单眼。雌蛾尾端常具一大簇毛。复眼发达，口器退化，下唇须短小，3节，向前平伸，向上翻或微下垂，后足胫节具1～2对距。前、后翅通常发达，翅面多数种类具鳞片与细毛。卵大而坚硬，常为扁圆形、馒头形、鼓形或球形，卵表面光滑或有刻纹，卵孔四周具花瓣状纹。幼虫为扁筒或圆筒形，胸部3节，腹部10节，胸足3对，腹足5对，趾钩单列半环状，体有毛瘤，其位置与原生刚毛位置相同，毛瘤上的毒毛与翻缩腺是此科幼虫的两个重要特征。蛹长纺锤形、短圆锥形或背腹扁平的锥形，体背、腹面有毛束，毛束位置与幼虫期原生刚毛位置相同。毒蛾科在全世界有2500余种，我国已知约360种，许多种类为园林果树植物的主要害虫。

191　霜茸毒蛾

【学名】*Dasychira flascelina*（Linnaeus）

【分布与寄主】此虫在我国分布于东北、内蒙古、青海、西藏、新疆等地；国外分布于欧洲、俄罗斯等地。寄主有苹果、梨、桃、栎、石楠、稠李、山毛榉、枸杞、桦、柳、杨、松、山杨、豆类和多种草本植物。

【被害症状】以幼虫食害寄主花芽、嫩叶、叶片，发生严重年份，常将叶片吃光，影响树势和产量。

【形态特征】

（1）成虫：雌虫体长约16mm，翅展40～50mm；雄虫体长约13mm，翅展34～42mm。头部、胸部、腹部灰褐色，后胸背面有赭色斑。触角干灰白色，栉齿灰褐色，下唇须与足灰黑色，带褐色，足跗节有黑斑。前翅灰褐色，稀布黑色鳞片，内区前半白灰色，稀布黑色鳞片，基线黑色，中止于中褶，内横线黑色，布红褐色和白色鳞片，从前缘外伸至中室后缘，再微折角内斜达后缘。横脉白色，中央灰黑色，外横线黑色，稀布红褐色与白色鳞片，微波浪形。从前缘到 Cu₁ 脉外弓，后内弯达后缘，亚缘线白色，微波浪形，其内缘有一列黑色斑点，缘线由一条黑色间断的细线组成，缘毛灰、黑相间。后翅暗灰色，横脉纹与外横线色深，缘毛白灰色。前后翅反面暗灰色，横脉纹灰黑色。

（2）卵：扁圆形，长约1mm，灰白色，无光泽。

（3）幼虫：头部黑色，有红褐色斑，体黑白色，毛束黄绿色，黑白色，前胸背板两侧各有一束向前伸的黑灰色长毛，第1~5腹节背面有黑色短毛刷，第8腹节背面有一束黑色毛，气门下线不宽，红褐色。体腹面亦红褐色，足间黑灰色。

（4）蛹：黑褐色；背面有毛、腹面无毛、臀棘圆锥形，末端有小钩。

【生活史及习性】此虫我国东北1年发生1代，以3~4龄幼虫于枯枝落叶层内越冬，翌年寄主萌动露绿时出蛰活动危害，危害至6月中旬开始结茧化蛹，蛹期15天左右，6月底7月初出现成虫。成虫羽化后不久即可交尾、产卵。卵通常成小堆产于枝干上，卵堆上常被黑色毛。7月底卵开始孵化，并于寄主上取食危害，进入3~4龄时又逐渐寻找适当场所开始转入越冬。

【防治方法】

（1）冬季或早春于越冬幼虫出蛰活动前刮除或清除园内杂草、枯枝落叶、消灭越冬虫源。

（2）于成虫产卵初盛期或幼虫孵化初盛期进行人工采摘卵块或群集危害的初孵幼虫，有一定的防治效果。

（3）于幼虫出蛰危害初盛期进行喷药防治，常用药剂有50%敌敌畏乳油1000倍液、50%辛硫磷乳油1000倍液，或20%敌杀死乳油、20%来福灵乳油、2.5%功夫乳油均使用2000倍液，有明显的防治效果，杀虫率均达90%以上。

（4）成虫具趋光性，可于成虫盛发期在园内设置黑光灯或其他灯光，诱杀成虫，有明显的控制效果。

192　茸毒蛾

【学名】*Dasychira pudibunda*(Linnaeus)

【别名】苹果毒蛾、苹纵纹毒蛾。

【分布与寄主】此虫在我国分布于东北、河北、山西、山东、河南、陕西、台湾等地；国外分布于欧洲、俄罗斯、日本等地。寄主有苹果、梨、山楂、李、樱桃、栗、栎、蔷薇、桦、橡、榛、槭、椴、悬钩子、杨、柳、山毛榉、杏、沙针、鹅耳枥、枫及其多种草本植物。

【被害症状】以幼虫取食危害寄主芽、嫩叶及叶片，初龄幼虫只食叶肉，残留表皮，稍大后常将叶食成缺刻或孔洞，或将整个叶片吃光，仅留叶柄，削弱树势，影响产量。

【形态特征】（图178）

（1）成虫：雄蛾：体长14~16mm，翅展35~45mm，雌蛾：体长15~22mm，翅展45~60mm。头胸部灰褐色，触角干灰白色，栉齿黄棕色；下唇须白灰色，外侧黑褐色，复眼周围黑色，体下面白黄色。足黄白色，胫节具黑斑。腹部灰白色。雄蛾前翅灰白色，并布有黑和褐色鳞片，内区灰白色明显，中区色较暗，亚基线黑色微波浪形，内横线为黑色宽带，横脉纹灰褐色带黑边，外横线双线黑色，外一线色浅，大波浪形，亚缘线不完整，黑褐色，缘线为一列黑褐色点，缘毛灰白色，有黑褐色斑。后翅白色带黑褐色鳞毛和毛，横脉纹与外横线黑褐色，缘毛灰白色。前翅反面浅黑褐色，外缘与后缘浅褐色，横脉纹浅褐色，带褐色边，后翅反面浅褐色，横脉纹及外横线黑褐色。雌蛾色浅，内、外横线清晰，亚缘线、缘线模糊。

（2）卵：淡褐色，扁圆形，中央有一凹陷。

（3）幼虫：老熟体长约 52mm。体绿黄或黄褐色，第 1～5 腹节间绒黑色，每节前缘红褐色，第 5～7 腹节间微黑色，亚背线于第 5～8 腹节为间断的黑带，体腹面黑灰色，中央有一条绿黄色带，带上具斑点，体被黄色长毛，前胸背板两侧各具一束向前伸的黄色毛束，第 1～4 腹节背面各有一红褐色带黄的毛刷，周围有白毛，第 8 腹节背面有一束向后斜的紫红色或棕黄色毛。头部、胸足黄色，跗节有长毛，腹足黄色，基部黑色，外侧具长毛，气门灰白色。

（4）蛹：浅褐色，背面有长毛束，腹面光滑，臀棘短圆锥形，末端有许多小钩。

【生活史及习性】此虫东北年生 1～2 代，河南年生 2 代，以幼虫于枝干缝隙或落叶中越冬。翌春寄主萌动露绿时开始出蛰活动危害嫩叶、花

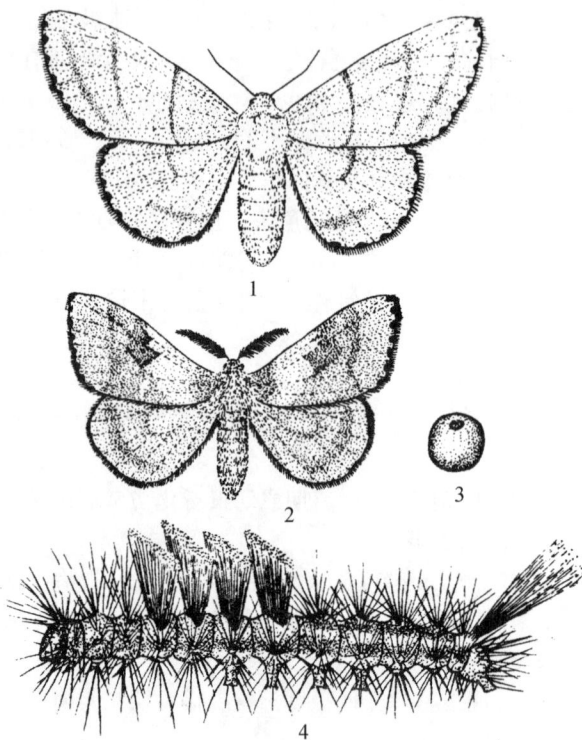

图 178　茸毒蛾
1. 雌成虫；2. 雄成虫；3. 卵；4. 幼虫

芽及叶片。5 月中下旬幼虫开始陆续老熟于卷叶内结茧化蛹，6 月上旬开始羽化，6 月中旬发生第 1 代幼虫，并继续危害、化蛹、羽化。第 2 代幼虫于 8～10 月发生，并以此代幼虫越冬。

成虫昼伏夜出，有趋光性，羽化后不久即可交尾、产卵。卵多成块状产于树干、枝条上，每块卵约 300 粒左右。幼虫危害一段时间后便寻找适当场所潜伏越冬。

【防治方法】

（1）冬季或早春结合防治其他害虫，清理园内落叶、刮粗翘皮、堵树洞消灭越冬虫源。

（2）设置黑光灯诱杀成虫。

（3）幼虫危害期喷药防治，使用药剂参照霜茸毒蛾。3 龄前喷药效果尤佳。

193　乌桕黄毒蛾

【学名】*Euproctis bipunctapex*（Hampson）

【别名】乌桕毛虫、乌桕毒蛾。

【分布与寄主】 此虫在我国分布于河南、西藏、江苏、浙江、福建、湖北、湖南、四川、广西、台湾等地；国外分布于新加坡、缅甸、印度等地。寄主有苹果、乌桕、枇杷、柑橘、桃、李、柿、杨梅、油桐、油茶、桑、茶、栎、樟、杨、枫、刺槐、女贞、重阳木及其各种蔬菜及农作物等。

【被害症状】 以幼虫啃食幼芽、嫩枝外皮、果皮，轻者削弱树势，重者影响产量，甚至整株枯死。此外，幼虫毒毛触及皮肤后引起红肿疼痛。

【形态特征】（图 179）

（1）成虫：雄虫：体长 9～11mm，翅展 26～28mm，雌蛾：体长 13～15mm，翅展 36～42mm。体黄棕色，触角干浅黄色，栉齿浅棕色，下唇须、足棕黄色。前翅底色黄色，除顶角、臀角外，密布红棕色鳞和黑褐色鳞，形成一块棕色大斑，斑外缘中部外突，成一尖角，顶角有 2 个黑棕色圆点。后翅黄色，基半部棕色。

（2）卵：扁圆形，直径约 0.9mm，淡绿或黄绿色，卵块馒头状或长圆形，外覆深黄色绒毛。

（3）幼虫：老熟体长 25～30mm，头部橘红或黑褐色，体黄褐色，被灰白色长毛。胸部稍细，第 1～3 腹节粗大，体背部及两侧毛瘤黑色带白点，中、后胸背面

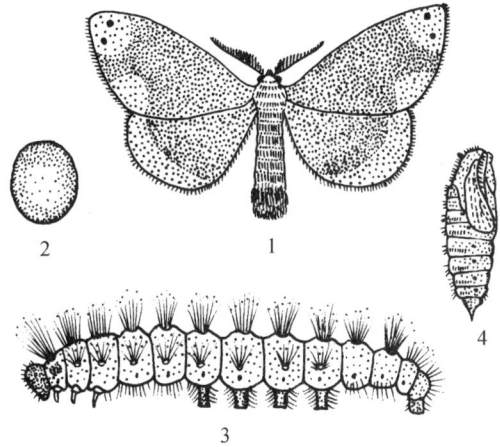

图 179　马柏黄毒蛾
1. 成虫；2. 卵；3. 幼虫；4. 蛹

每节两个，腹部每节 4 个，第 1、2 与 8 腹节背面的一对特别显著，左右相连，其上杂生杂黄色与白色长毛。后胸背毛瘤与翻缩腺橘红色。体色、毛瘤颜色随虫龄和代别而有变化。

（4）蛹：体长 10～15mm，纺锤形，黄褐至棕褐色，密被短绒毛，臀棘有钩刺一丛。茧长 15～20mm，茧灰黄色，较薄。附有幼虫白色毒毛。

【生活史及习性】 此虫在我国南方 1 年发生 2 代，以 3～5 龄幼虫越冬。翌年 3 月下旬至 4 月上旬出蛰活动危害嫩枝和幼芽，5 月中旬至下旬幼虫陆续老熟化蛹，6 月上中旬成虫羽化、产卵。6 月下旬至 7 月上旬第 1 代幼虫孵化，幼虫危害至 8 月中下旬陆续老熟化蛹，9 月上中旬第 1 代成虫羽化产卵，9 月中下旬孵化出第 2 代幼虫，危害至秋末，幼虫进入越冬。

成虫昼伏夜出，羽化多于下午 5～8 时进行，以 6 时最盛。成虫活动以 6～10 时最盛。成虫有趋光性，飞翔力强，交尾后即产卵，交尾多在午夜前进行，产卵多于午夜后进行，卵常重叠排列整齐地产于寄主叶背。单雌平均卵量 250 粒左右，卵期：第 1 代 13.5 天左右，第 2 代 14.5 天左右。幼虫共 10 龄，第 1 代幼虫期约 8 周，第 2 代（越冬代）约 13 周。幼虫孵化以上午 8 时最多。初孵幼虫群集卵块周围，取食卵壳，而后转害叶片。幼虫自孵化至老熟均具群集性，常若干头幼虫群集成团。3 龄前幼虫只食叶肉，残留表皮与叶脉，被害叶变色脱落，3 龄后食害叶片。4 龄幼虫有吐丝将数枝小枝缠缀一团，隐于其中食害，5 龄幼虫多群集叶的两面蚕食叶片，温高时有隐蔽习性，常于上午 8～9 时下至树干阴面一侧缀以薄丝幕群集，下午 4～5 时又上树取食。越冬幼虫常若干头呈 7 层左右于枝杈、树枝下部向

阳裂缝、凹处或干基背风面生活，外被0.5~2.0mm厚的丝幕。

此虫高温高湿年份易发生，而干旱年份较少发生。生长健壮，枝叶茂盛的树受害重，幼树次之，老树极少。

【防治方法】

(1)结合冬季整形修剪，消灭聚集的越冬幼虫。

(2)成虫羽化期灯光诱杀。

(3)天热季节于早晨6时左右，于干基周围束草，待幼虫躲进草中，解草消灭之，此法连续数次可基本消灭此虫。

(4)药剂防治参照 P$_{266}$霜茸毒蛾。

194 折带黄毒蛾

【学名】 *Euproctis flava*（Bremer）

【别名】 柿黄毒蛾、杉皮毒蛾。

【分布与寄主】 此虫在我国分布于东北、内蒙古、河北、山东、河南、安徽、江苏、浙江、江西、陕西、湖北、湖南、福建、广西、广东、四川、山西、贵州等地；国外分布于日本、朝鲜、俄罗斯等地。寄主有苹果、梨、樱桃、梅、李、桃、海棠、山楂、柿、蔷薇、栎、枇杷、石榴、栗、茶、槭、刺槐、洋槐、杨、柳、麻、杉、柏、松、榛、山荆子、桦、金丝桃、酸浆等多种木、草本植物。

【被害症状】 以幼虫食害芽、叶，将叶片食成缺刻与孔洞，严重时常将叶片吃光，并可啃食枝条的皮。初龄幼虫有群聚叶背取食危害和吐丝结网于枝叶上群居的习性。

【形态特征】（图180）

(1)成虫：雌蛾：体长约16.5mm，翅展35~42mm 雄蛾：体长约13mm，翅展25~33mm。体浅澄黄色，触角干淡黄色，栉齿棕黄色；复眼黑色，下唇须橙黄色。足浅黄色，前足腿节、胫节浅澄黄色。前翅黄色，内横线和外横线浅黄色，从前缘外斜至中室后缘，折角后内斜，两线间布棕褐色鳞，形成折带，翅顶角有两个棕褐色圆点，缘毛淡黄色。后翅无斑纹，黄色，基部色淡，缘毛浅黄色，雌蛾腹部肥大，末端膨大，簇生橙黄色长毛。

(2)卵：扁圆或半圆形，浅黄或黄白色，直径0.5~0.6mm，卵块长椭圆形，排列成层，卵块外被黄色茸毛，每块卵约300粒左右。

(3)幼虫：老熟体长30~40mm，头黑褐至黑色，上生细毛。体黄至橙黄色，疏生黄白色长毛，背线细、棕黄或橙黄色，于第1~3、8、10腹节中断，中、后胸、第9腹节较宽，气门下线澄黄色，瘤黄褐色；第1、2和第8腹节背面有黑色大瘤，瘤上着生黄褐或浅黑褐色长毛，气门、足褐色，具光泽，腹足浅黑褐色，有浅褐色长毛，腹中线褐色，腹足与臀足趾钩均为单纵行，趾钩约为

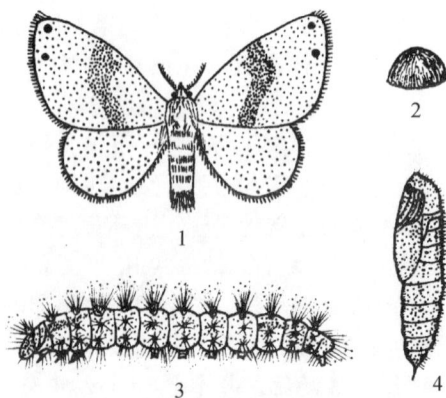

图180 折带黄毒蛾
1. 成虫；2. 卵；3. 幼虫；4. 蛹

40 个。

（4）蛹：长约 13 ~ 18mm，黄褐至棕褐色，各节均有稀疏的黄色短毛，体背较密，臀棘长，黑褐色，末端有向腹面弯曲的钩。茧长椭圆形，褐灰色，丝质软薄，长约 27mm。

【生活史及习性】此虫东北 1 年发生 1 代，华北 1 年发生 2 代，个别地区 3 代，均以 3 ~ 4 龄幼虫于枯枝落叶下、粗皮缝隙内、树洞中、剪锯口处吐丝结网群集一起越冬。翌年寄主萌幼露绿时出蛰活动危害嫩叶、幼芽。年生 1 代区的幼虫危害至 6 月中下旬陆续老熟于落叶下结茧化蛹，7 月上中旬开始羽化，卵期约 14 天左右，7 月下旬孵化为幼虫，危害至 9 月下旬以 4 龄幼虫越冬。幼虫共 12 龄。年生 2 代区：越冬代成虫 6 月下旬发生，第 1 代成虫 8 月底发生，以第 2 代幼虫越冬。年生 3 代区：越冬代成虫于 6 月发生，第 1 代成虫于 7 月底发生，9 月发生第 2 代成虫，以第 3 代幼虫越冬。

成虫昼伏夜出，有趋光性，羽化后不久即可交尾、产卵。卵多成块地 3 ~ 4 层地排列于叶背，单雌产卵约 700 粒左右。幼虫孵化后群集叶背危害，各龄幼虫危害至老熟后，爬至树干各种缝隙、树干基部等隐蔽处群集，并吐丝结网于内静止脱皮，脱皮后白天多成小群地群集枝上栖息，下午 5 时以后分散于附近枝叶取食危害，老熟时幼虫爬至枯枝落叶下吐丝结茧化蛹，蛹期：越冬代 14 天左右，第 1 代 10 天左右，第 2 代 1 周左右。幼虫体毛有毒，人触后常引起红肿、痛痒等过敏反应。

【防治方法】

（1）人工防治：秋末至早春寄主发芽前，结合园内管理，清除杂草、枯枝落叶，刮树皮、堵树洞，消灭越冬虫源。成虫产卵盛期，幼虫孵化初期，结合防治其他害虫进行人工摘除卵块，捕杀群集幼虫。成虫发生期可进行灯光诱杀。

（2）化学防治：越冬幼虫出蛰初盛期药剂防治，常用农药有 20% 敌杀死乳油、20% 来福灵乳油、2.5% 功夫乳油均以常规浓度，防治效果显著。或用 50% 辛硫磷乳油、敌敌畏乳油、毒死蜱乳油、杀螟松乳油等均以常规浓度，有明显的防效。

195　缀黄毒蛾

【学名】*Euproctis karghalica* Moore

【别名】斑翅棕尾毒蛾。

【分布与寄主】此虫在我国分布于东北、新疆。国外分布于俄罗斯等地。寄主有苹果、梨、杏、桃、沙枣、杨、柳、桑等多种果树林木植物。

【被害症状】似 P_{270} 折带黄毒蛾。

【形态特征】（图 181）

（1）成虫：体长 15 ~ 20mm，翅展 33 ~ 40mm，全体白色，复眼球形黑色，触角干白色，栉齿棕黄色。下唇须棕色，末端白色，前足腿节、胫节棕色，腹部红褐色，肛毛簇橙黄色。前翅中室末端有一棕黄色圆斑，间或环状，靠近前翅外缘有一排 7 ~ 8 个不规则的棕黄色小斑点。其斑中均杂有少数黑色鳞片，一般雌蛾斑多于雄蛾。后翅白色微带黄色。前、后翅反面白色，而前缘基部黑褐色。

（2）卵：扁圆形，长约 0.5mm，橘黄色有光泽。

（3）幼虫：老熟体长 30 ~ 35mm，头扁圆形，棕黄色，胸部 3 节黄褐色，腹部背面各节各有一对棕褐色毛瘤，由黑斑相连，形成两条明显的黑色纵带；各瘤与气门周围均密被黄色毛丛。腹部背面第 1～8 节黑色，第 3～7 节中央红色，且红色中显出断续的黑色背线，6～7 节中央各有一红色翻缩腺。胸部瘤黄褐色。

（4）蛹：深褐色，长圆锥形，长 15～20mm。茧灰色，质地疏松，由丝作成。

【生活史及习性】此虫 1 年发生 1 代，为专性滞育害虫，以 2～3 龄幼虫于寄主树干基部群集吐丝结网成巢于内越冬。翌年 3 月中下旬，当寄主萌动露绿时，越冬幼虫开始出蛰活动危害，首先取食膨大发绿的芽苞，展叶后即暴食嫩叶。4 月危害最烈。取食危害、活动多于下午 8 时，气温骤降时，便群聚一起不食不动。幼虫耐饥能力强，能忍饥 20 多天。春季幼虫蜕皮 3 次，3～4 龄历时 30 天左右，4～5 龄历时 10 天左右。幼虫老熟后最早于 4 月下旬开始爬至树干裂缝处结茧化蛹。前蛹期 12.5 天左右，蛹期 6 天左右。

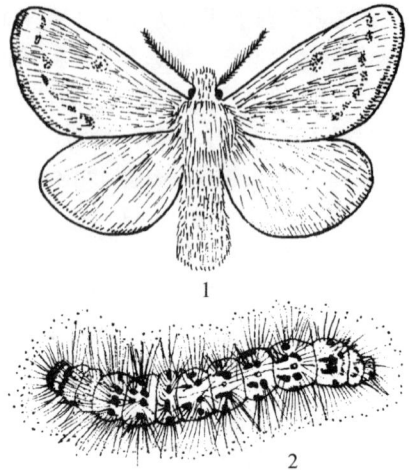

图 181　缀黄毒蛾
1. 成虫；2. 幼虫

成虫于 5 月上旬开始羽化，5 月中下旬为羽化盛期。成虫口器退化，无需补充营养，多于夜间交尾，交尾持续约 2 小时之久，交尾后一天即行产卵于叶片背面，产一个卵块需 1～3 天，产卵后用腹末的棕色绒毛层层覆盖卵粒。成虫具趋光性。

卵期约 19 天，5 月下旬可见初孵幼虫，幼虫孵化盛期在 6 月上中旬。初龄幼虫仅食叶肉，食量小，发育极其缓慢，危害轻，蜕 1～2 次皮后，于 9 月中下旬进入越冬。幼虫期有两种寄生蝇，自然寄生率达 40%。

【防治方法】

（1）成虫发生期设置黑光灯诱杀。

（2）药剂防治参照折带黄毒蛾。

（3）早春清理寄主上的网巢，将摘除的网巢内的幼虫置于养虫笼内，使寄生蝇飞出。

196　茶黄毒蛾

【学名】*Euproctis pseudoconspersa* Strand

【别名】油茶毒蛾、茶毛虫、茶毒蛾。

【分布与寄主】此虫在我国分布于陕西、四川、江苏、浙江、安徽、江西、广东、广西、福建、台湾、湖北、湖南、云南、贵州等地；国外分布于日本等地。寄主有柑橘、樱桃、柿、枇杷、梨、油茶、茶、乌桕、油桐、玉米等多种林木果树植物。

【被害症状】以幼虫食害寄主嫩梢、叶片、嫩枝皮、果皮，影响树木生长，严重时甚至使树木整株死亡。

【形态特征】（图 182）

（1）成虫：雄蛾：体长 8～10mm，翅展 20～26mm。前、后翅棕褐色，稀布黑色鳞片；前翅前缘橙黄色，顶角、臀角各有一块橙黄色斑，顶角黄斑内有两个黑色圆点，内横线橙黄色，微波浪形，外弯；外横线橙黄色，从前缘外伸至 M_3 后折角内斜至后缘；缘毛橙黄色。第 2 代以后的雄蛾翅黄色与雌蛾相似。雌蛾：体长 10～12mm，翅展 30～35mm。体黄褐色，前翅橙黄至黄褐色，除前翅前缘，顶角和臀角外，余均布稀疏的黑褐色鳞片，顶角黄斑内有 2 个黑色圆点；前胸中部有 2 条黄白色横带。后翅浅橙黄，或浅黄褐色，外缘与缘毛横黄色。

（2）卵：扁圆形，淡黄色，直径约 0.7mm。卵块椭圆形，中央 2～3 层重叠排列，边缘为单层排列，表面覆盖黄色绒毛。

（3）幼虫：老熟体长 20～25mm，圆筒形，头部黄棕色，胸、腹部浅黄色，气门上线褐色，上有白线 1 条，伸达第 8 腹节，胴部各节均具毛瘤 8 个，毛瘤上有白色细毛。

（4）蛹：长 8～12mm，圆锥形，黄褐色，有光泽。体被黄褐色细毛，臀棘末端有 20 余根小钩。茧薄，土黄色，长 10～14mm。

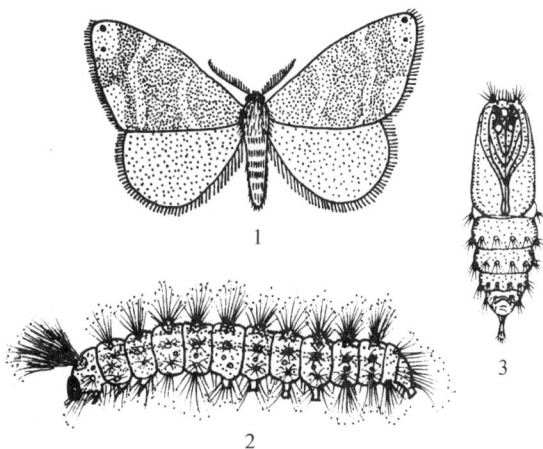

图 182　茶黄毒蛾
1. 成虫；2. 幼虫；3. 蛹

【生活史及习性】此虫各地发生代数不同，陕西、四川、安徽、江苏、浙江等地区 1 年发生 2 代，湖南年生 3 代，台湾 5 代；福建：高山地带 2～3 代，以 3 代为主，半高山地带 3～4 代，以 4 代为主，各地均以卵块于树冠中、下层 1m 以下萌芽枝条上或茶叶反面越冬。翌年 3 月中下旬越冬卵开始孵化。年生 2 代区：第 1 代幼虫发生期为 4 月中旬至 6 月中旬，第 2 代幼虫为 7 月上旬到 8 月底；第 1 代成虫于 6 月中旬至 7 月中旬发生，第 2 代为 10 月上旬至 11 月中旬；第 2 代卵于 6 月中旬至 7 月中旬发生，越冬代于 10 月至翌年 3 月。年生 3 代区：第 1 代幼虫发生期为 3 月中旬至 5 月下旬，第 2 代幼虫为 6 月下旬至 7 月下旬，第 3 代幼虫为 8 月下旬至 10 月中旬；第 1 代成虫发生期为 6 月上旬至 6 月中旬，第 2 代成虫为 8 月上旬至 8 月中旬，第 3 代成虫为 10 月中旬至 11 月中旬；第 1 代卵发生期为 6 月中旬至 6 且下旬，第 2 代卵为 8 月中旬至 9 月上旬，越冬代卵为 10 月下旬至翌年 3 月。

成虫羽化以夜间为多。交尾多于黄昏至次日清晨，高峰期于 6～8 时，交尾后当日或次日产卵，卵多产于生长较矮或茂盛及树基有萌芽条的寄主上产卵。卵历期第 1 代约 13 天，第 2 代约 10 天，越冬代约 115 天。孵化幼虫多于上午进行，孵化盛期集中在始孵后 5 天。1～2 龄幼虫群集于叶片背面取食下表皮与叶肉，被害叶呈网状，数日后变枯黄，这是初孵幼虫危害的明显标志。初孵幼虫受惊扰即吐丝坠地。3 龄开始蚕食全叶，常群聚于树冠上部危害，并吐丝结网，若受惊则吐丝坠地。4 龄后食量猛增，幼虫怕高温，中午迁至树冠中、下部或树干上栖息，傍晚又迁返危害。5、6 龄食量大增，食完一株就迁于他株。幼虫老熟后爬至地面枯枝落叶下或土缝中结茧越冬。

茶黄毒蛾天敌很多，如幼虫期有绒茧蜂、黄茧蜂，捕食性天敌有蜻蜓、螳螂等。

【防治方法】

(1)结合翻耕进行埋蛹、杀蛹、深埋枯枝落叶层中的蛹。

(2)化学防治参照折带黄毒蛾。

(3)利用灯光诱杀成虫。

(4)幼虫化蛹时于树干基部堆草诱此虫于内化蛹，然后解草。

197　桑毒蛾

【学名】 *Euproctis similis xanthocampa* Dyar

【别名】 黄尾白毒蛾、桑毛虫、金毛虫。

【分布与寄主】 此虫在我国分布于东北、内蒙古、陕西、四川、贵州、云南、广西、广东、台湾及东部沿海各地，其中分布于东北的是黄尾毒蛾 *Euproctis similis* Dyar，幼虫主害蔷薇科植物。分布于长江流域的是桑毒蛾 *E. similis xanthocampa* Dyar，是两个生态亚种，两者成虫几乎无区别，但幼虫色彩有异。国外分布于欧洲、亚洲各地。寄主有桑、栗、桃、李、苹果、梨、梅、杏、枣、樱桃、杨、柳等多种果树林木植物。

【被害症状】 以幼虫取食寄主芽、叶，以越冬幼虫剥食寄主嫩芽最为严重，可将整株嫩芽食光，以后各代幼虫危害叶片，将叶片吃成大缺刻，仅剩叶脉，严重时将全园寄主叶片吃光。幼虫体长毒毛，当人的皮肤接触此毒毛时，常引起红肿疼痛。

【形态特征】 (图183)

(1)成虫：雌蛾：体长约18mm，翅展约36mm，雄蛾：体长约12mm，翅展约30mm；全体白色，触角干白色，双栉齿土黄色。雌蛾前翅内缘近臀角处有黑褐色斑纹；雄蛾除此斑外，在内缘近基部处尚有一黑褐色斑。雌蛾腹末具较长的黄色毛丛；雄蛾自第3腹节以后即生黄毛，末短毛丛短小。

(2)卵：扁圆形，长约0.7mm，灰色，中央略凹入。卵块带状或不规则形，上覆黄毛。

(3)幼虫：老熟体长26～35mm，头黑色，胸、腹部黄色，背线红色，亚背线、气门上线与气门线黑褐色，均断续不连；前胸背板有2对黑褐色纵纹，气门前各具1红色大毛瘤，常生黑色长毛；气门上、下方还各具一毛瘤，上方者黑色，生黑毛、黄褐色长毛及松枝状白毛，下方毛瘤红色；中、后胸及第1～8腹节均有黑色，亚背线毛瘤，气门上线毛瘤各1对，红色气门下线毛瘤1对，其上均生灰白色长毛。中、后胸的毛瘤均小，腹部1、2、8节亚背线毛瘤较大且明显隆突，两个相连。6、7腹节背中央翻缩线红色。胸、腹足外侧黑褐色。

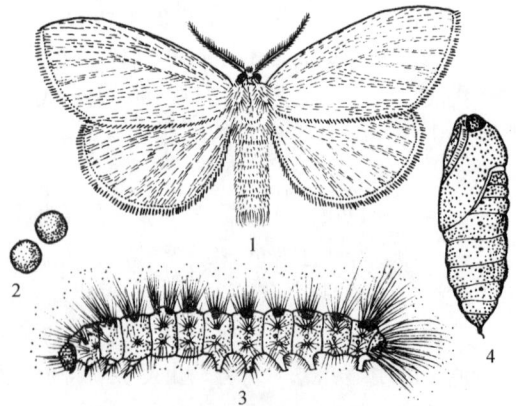

图183　桑毒蛾
1. 成虫；2. 卵；3. 幼虫；4. 蛹

(4)蛹：体长9～12mm，黄褐色，胸、腹各节具毛瘤痕迹，上生黄色刚毛。翅芽达第4腹节，雄蛹触角宽而长，其末端约与中足末端平齐；雌蛹触角窄而短，约与前足基节平齐。

臀棘较长，末端生一撮细刺。茧薄土黄色，长约 14～17mm，上附幼虫期毒毛。

【生活史及习性】此虫每年发生代数因地而异，内蒙古大兴安岭 1 年发生 1 代，辽宁、山东年生 3 代，江苏、浙江、四川以 3 代为主，间有不完整的 4 代，江西南昌年生 4 代，广东 6 代，均以 3 龄左右的幼虫越冬。翌年早春气温上升至 16℃以上时，越冬幼虫破茧而出开始危害萌动的幼芽。内蒙古大兴安岭于 5 月中下旬危害，江苏、浙江于 4 月初，江西于 3 月中下旬，广东于 3 月上旬，各地各代幼虫危害盛期也因地而异。如河北唐山第 1 代在 5～6 月，第 2 代 7 月上旬至 8 月上旬；辽宁第 1 代在 7～8 月，第 2 代 10 月；江苏、浙江第 1 代于 6 月中旬，第 2 代于 8 月上旬，第 3 代于 9 月上中旬，第 4 代于 10 月上、中旬；江西第 1 代于 5 月中旬至 6 月中旬，第 2 代于 6 月下旬至 7 月下旬，第 3 代于 8 月上旬至 9 月上旬，第 4 代于 9 月下旬至 10 月下旬；广东第 1 代于 4 月中下旬，第 2 代于 6 月上旬，第 3 代于 7 月中旬，第 4 代于 8 月中下旬，第 5 代于 9 月下旬至 10 月上旬，第 6 代于 11 月上旬。

　　成虫昼伏夜出，有趋光性，卵多于夜间产在叶背，卵成块状，单雌平均卵量 1～2 代为 425 粒，3 代为 282 粒，雌虫寿命 12 天左右，雄虫寿命约 9 天。卵期：北方 8 天左右，南方 6 天左右。幼虫蜕皮 5～7 次，经 20～37 天老熟化蛹，蛹期 15 天左右。

　　初孵幼虫喜群集危害，只吃叶背表皮与叶肉，蜕皮 3 次后分散取食，蚕食叶片仅留叶脉。幼虫具假死性，受惊即吐丝下垂，老熟后于卷叶内、叶背面、树皮缝隙内或寄主附近土面、杂草等处结茧化蛹。

　　此虫天敌有寄生于卵的桑毒蛾黑卵蜂、寄生于幼虫的桑毒蛾绒茧蜂和桑毒蛾寄蝇以及寄生于蛹的大角齿小蜂。

【防治方法】参照 P₁₉₇茶黄毒蛾防治方法。

198　舞毒蛾

【学名】_Lymantria dispar_ (Linnaeus)

【分布与寄主】此虫在我国分布于东北、内蒙古、陕西、宁夏、甘肃、青海、新疆、山西、山东、河北、河南、江苏、四川、贵州、湖南、台湾、安徽、湖北、云南等地；国外分布于俄罗斯、日本、朝鲜以及欧洲、美洲各地。寄主有苹果、山楂、柿、杏、李、樱桃、栎、梨、核桃、栗、稠李、杨、柳、榆、椴、槭、桑、松、山毛榉、柞、云杉、水稻、麦类等 500 余种植物。

【被害症状】以幼虫取食寄主幼芽、嫩叶、叶片，轻者树势衰弱，影响产量，重者全树叶片全被吃光。

【形态特征】（图 184）

　　（1）成虫：雄蛾：体长 18～20mm，翅展 45～47mm，全体茶褐色，头部黄褐色，复眼黑色；下唇须前伸，后足胫节有 2 对距。前翅暗褐或褐色，有深色锯齿状横线，中室中央有一个黑褐色点，横脉上有一弯曲形黑褐色纹。前、后翅反面黄褐色。雌蛾：体长 25～28mm，翅展 70～75mm。前翅黄白色，翅脉明显有"＜"形黑褐色斑纹 1 个，其他斑纹与雄蛾近似，前、后翅外缘每两脉间有一个黑褐色斑点。雌蛾腹部肥大，末端着生黄褐色毛丛。

　　（2）卵：圆形，直径约 1mm 左右，初期杏黄色，后渐变灰褐色，有光泽。卵块不规则，上被黄褐色绒毛。

（3）幼虫：老熟体长58～72mm，头宽约6mm，黄褐色，具"八"字形灰黑色条纹；背线灰黄色，亚背线、气门上线及气门下线部位各体节部位均有毛瘤，共排成6纵列，背面两列毛瘤上的刚毛短，黑褐色，气门下线一列毛瘤上的刚毛最长，灰褐色，背上两列毛瘤色泽鲜艳，前5对为蓝色，后7对为红色。各龄幼虫头壳宽分别为：1龄0.5mm，2龄1.0mm，3龄1.8mm，4龄2.9mm，5龄4.4mm，老熟幼虫为6mm。

（4）蛹：体长19～34mm，红褐或黑褐色，被锈黄色毛丛。

【生活史及习性】此虫1年发生1代，以完成胚胎发育的幼虫在卵内越冬。翌年4月下旬至5月初幼虫孵化。幼虫孵化后先群集于原来的卵块上，气温回升时边由树皮上、梯田堰缝、石缝中陆续爬至寄主幼芽上食害，以后蚕食叶片。第2龄以后则白天潜伏于落叶及树上的枯叶内或树皮缝里，黄昏后爬出危害，以夜间取食为主，将叶片吃成缺刻与孔洞，天亮后又潜伏隐蔽。幼龄幼虫有吐丝下垂的习性，此虫迁移性很强，可借风吹动传播，亦可靠爬行而转移危害。幼虫蜕皮常于夜间群集于树上进行，老熟后大多爬至树下于白天潜伏隐蔽的场所或于枝叶间、树干裂缝处、树洞里吐少量

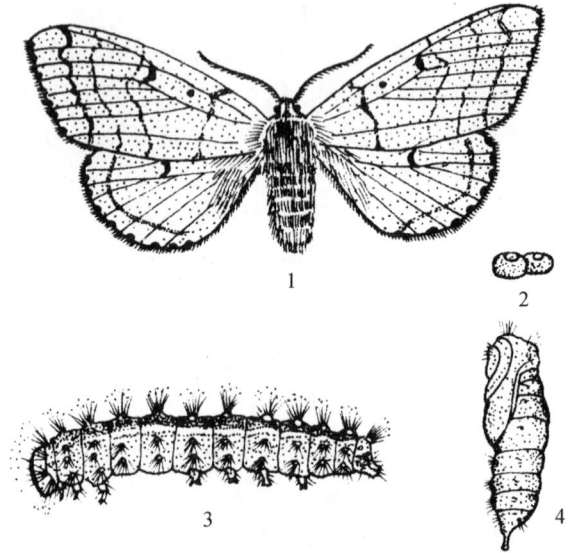

图184　舞毒蛾
1. 成虫；2. 卵；3. 幼虫；4. 蛹

丝缠缀自身化蛹。幼虫历期为45天左右，6月中旬开始陆续老熟化蛹，6月下旬至7月上旬为化蛹盛期，蛹期约12天左右，成虫自6月底开始羽化，羽化盛期为7月中下旬。成虫有较强的趋光性。

雌蛾羽化后，在交尾前能分泌较强的性信息素，其结构式为顺7，8-环氧-2-甲基十八烷。雌蛾体肥大笨重，不尚飞舞，而雄蛾较活泼，尚飞舞，白天常于园内成群飞舞，故称"舞毒蛾"。卵常成块状产于树干或主枝的粗皮缝隙内、树洞中、石块下，单雌卵量为400～1200粒。

舞毒蛾是否大发生与环境条件有一定关系。据报道，郁闭度小的园林其发生危害程度大于郁闭度大的园林，天气干旱，可使增殖缩短猖獗期延长。每平方米有500粒卵以上，会给园林造成破坏性危害，若每一卵块的卵粒超过500粒，预示猖獗期即将到来。

【防治方法】

（1）秋、冬季节或早春清理卵块越冬场所，消灭其中越冬卵块。

（2）成虫羽化期，即于6月底开始设置黑光灯或其他灯光诱杀成虫，大面积使用时效果更好。

（3）幼虫3龄前进行药剂防治，常用农药参照折带黄毒蛾。

（4）越冬幼虫上树期间于树干上涂刷药带，毒杀上、下树幼虫。

199　栎毒蛾

【学名】*Lymantria mathura* Moore

【别名】栗毒蛾、苹果大毒蛾、栎舞毒蛾。

【分布与寄主】此虫在我国分布于黑龙江、吉林、辽宁、河北、山西、陕西、山东、河南、安徽、江苏、浙江、湖北、湖南、江苏、福建、广东、广西、四川、云南、台湾等地；国外分布于日本、朝鲜、印度。寄主有苹果、梨、李、杏、栗、栎、槠、泡桐、榉、野漆等多种果树林木植物。

【被害症状】似 P$_{274}$桑毒蛾。

【形态特征】（图185）

（1）成虫：雌蛾：体长30～35mm，翅展85～95mm 雄蛾：体长20～24mm，翅展45～52mm。头部黑褐色，触角干白褐色，栉齿褐色，下唇须浅橙黄色，外侧褐色。胸部橙黄带黑褐色斑，腹部暗橙黄色，两侧微带红色，腹背及侧面于节间有黑斑，肛毛簇黄白色。前翅灰白色，斑纹黑褐色，翅脉白色，基线黑褐色，内横线于中部外弓，中室中央有一个圆斑，横脉纹黑褐色，新月形，中横线为锯齿形宽带，外横线由一列新月形斑组成，从前缘微外斜至 Cu$_2$脉后，内弯抵后缘，亚缘线为一列新月形斑，止于1A脉，

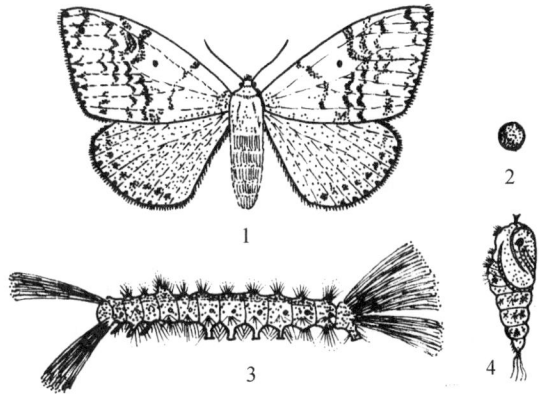

图185　栎毒蛾
1. 成虫；2. 卵；3. 幼虫；4. 蛹

缘线为一列嵌在脉间的小点组成，缘毛灰白色，脉间褐色。后翅暗橙黄色，横脉纹褐色，亚缘线为一条褐色斑带，缘线为一列黑褐色小点，缘毛黄白色。雌蛾灰白色，前翅亚基线黑色，前方内缘有粉红色和黑色斑，内横线棕褐色，锯齿形，后缘微外斜，中横线棕褐色，波浪形，于前缘形成一个棕褐色半圆形环，在2A脉后内弯，与内横线接近，横脉纹棕褐色，外横线棕褐色，锯齿形。前缘与后缘清晰，亚缘线棕褐色，锯齿形，止于1A脉，缘线由一列嵌在脉间的棕褐色点组成，缘毛粉红色，脉间棕褐色，前缘与外缘边粉红色。后翅浅粉红色，横脉纹灰褐色，亚缘线由一列灰褐色斑组成，缘线由一列灰褐色点组成，缘毛粉红色。下唇须粉红色，外侧黑褐色；颈板基部粉红色，其中央有一个黑点。胸部中央有一个黑点和两个粉红色点，腹部前半粉红色，后半白色，两侧有黑斑，足粉红色，有黑斑。

（2）卵：球形，初产乳白色，后变灰白色，孵化前灰黄至褐色。

（3）幼虫：老熟体长50～55mm，体黑褐色带黄白色斑，头部黄褐色带黑褐色圆点，体腹面黄褐色；背线于前胸白色，在其余各节黑色，气门线黑色，气门下线灰白色。前胸背面两侧各有一个黑色大瘤，上生黑褐色毛束。中、后胸中央有黄褐色纵纹，其余各节上的瘤黄褐色，上生黑褐色和灰褐色毛丛。体腹面黄褐色，胸足赭色有光，腹足赭色，外侧有黑斑。翻缩腺位于第6、7腹节，红色。

（4）蛹：长 27～32mm，黄褐至灰褐色，头部有一对黑色短毛束，腹部背面有短毛束，腹末端丛生钩刺和数根长毛。茧薄，并杂有幼虫体毛。

【生活史及习性】 此虫东北、华北 1 年发生 1 代，以卵于树皮缝隙、剪锯口、枝杈裂缝、伤疤等处越冬，翌年 5 月幼虫孵化。初孵幼虫群集于卵块附近，稍大后便分散危害，取食叶片常呈孔洞与缺刻。幼虫期约 55 天，7 月幼虫陆续老熟，于杂草、枝叶间、缀叶处结茧化蛹，8 月初出现成虫。成虫有趋光性，雌蛾白天不活动，雄蛾白天于园林间的树荫下活动飞翔。雌蛾产卵于树干阴影或荫蔽处，单雌产卵 500～1000 粒，每块卵约 170 粒，卵块外被雌蛾腹末端灰白色体毛。以卵越冬。6～7 月为幼虫发生危害最烈期。

【防治方法】 参照 P_{271} 折带黄毒蛾防治方法。

200　木毒蛾

【学名】 *Lymantria xylina* Swinhoe

【别名】 木麻黄毒蛾、相思叶毒蛾。

【分布与寄主】 此虫在我国分布于福建、广东、台湾等地；国外分布于印度、日本等地。寄主有梨、枇杷、石榴、无花果、柿、杧果、板栗、木波罗、龙眼、荔枝、梓树、黄金树、番石榴、茶、油茶、梧桐、蓖麻、木麻黄、相思树、紫穗槐、刺槐、南岭黄檀、臭椿、栓皮栎、黑荆树、山核桃、黄槿、香椿、枫香、枫杨、柳、柠檬桉、白千层、细叶桉、重阳木、泡桐、千年洞等 21 科约 40 种园林果树林木植物。

【被害症状】 以幼虫取食寄主幼芽、嫩枝及叶片，常将叶片食成缺刻与孔洞，严重时吃成光秃，影响果林生长。

【形态特征】 （图 186）

（1）成虫：雌蛾体长 22～33mm，翅展 30～53mm，体黄白色。头顶被红及白色鳞毛，后缘中央有一块三角形黑斑，触角栉齿状，黑色，复眼球形黑色，胸背被白色长鳞毛。翅黄白色，前翅亚基线存在，内横线仅在翅前缘处明显，外横线宽，灰棕色，外缘毛灰棕色与灰白色相间，列成 7～8 个近方形的灰棕斑。后翅的外缘毛亦列成 7～8 个近方形斑。足被黑色鳞毛，仅基节端部及腿节外侧被红色鳞毛，中、后足胫节各有两距。腹部密被黑灰色鳞毛，仅 1～4 节背板的后半部及侧面被红色鳞毛。雄蛾体长 16～27mm，翅展 28～40mm，灰白色，触角羽毛状，

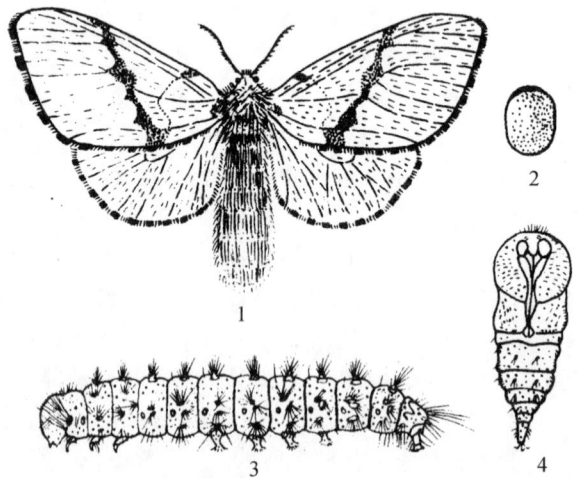

图 186　木毒蛾
1. 成虫；2. 卵；3. 幼虫；4. 蛹

黑色。前翅前缘近顶角处有 3 个黑点，中线、外横线明显，内横线明显或部分消失。前、中足胫节密被白色长鳞毛。腹部背面被白色鳞毛。

（2）卵：扁圆形，灰白至微黄色，卵块长牡蛎形，灰褐至黄褐色。

（3）幼虫：老熟体长 38~62mm，头宽 5.2~6.5mm，体色有 2 种：一种为黑灰色（灰白色底，密布大量黑斑）；另一种为黄褐色（黄色底，密布大量黑斑），头部黄色具褐色斑，冠缝两侧有一"八"字形黑斑，单眼区有"C"字形黑斑。前、中胸毛瘤蓝黑色，后胸毛瘤黑色，顶端白色，1~8 腹节毛瘤紫红色，第 9 腹节毛瘤牡蛎形，红褐至黑褐色，胸足黄褐至红褐色；腹足黄褐至红褐色，外侧有红褐色椭圆形毛片，趾钩单序中带；气门黄褐色，缘片黑褐色，翻缩腺红褐色，圆筒形，顶端凹入，于 1~4 腹节背线两侧各有一个粉红色圆形腺体，背线白或黄色，体腹面黑色。

（4）蛹：雌蛹长 22~26mm，雄蛹长 17~25mm。棕褐至深褐色。前胸背板有 1 大撮黑毛及数小撮黄毛，中胸两侧各有一黑色绒毛状圆斑，腹部各节均有数小撮白毛，腹末延伸，两侧有臀棘 12~13 个，端部有臀棘 9~27 个。

【生活史及习性】此虫 1 年发生 1 代，以胚胎发育完成后的幼虫于卵内越冬。翌年 3~4 月幼虫出壳并群集于卵块表面，初孵幼虫淡黄色，数分钟后变为金黄或灰褐色，不取食或取少量食物。经 3 天左右便开始爬离卵块或吐丝下垂随风飘至它枝，幼虫一般 7 龄，历期 60 天左右，于 5 月中下旬虫老熟后，于寄主枝条上、树干或枝干分权处吐丝固定虫体，但不结茧，依靠臀棘勾刺勾住丝上使蛹固定，蛹期 10 天左右。

成虫 5 月底开始羽化，6 月上旬为盛期，6 月下旬为羽化末期。雌蛾多于 12~18 时羽化，活动力差，常静伏于枝干或缓慢爬行，有时可作短距离飞行，雄蛾多于夜间 6~12 时羽化，傍晚后很活跃，能长时间飞舞寻偶，趋光性强。成虫羽化后 1 天左右开始交尾，交尾多于 20 时至凌晨 2 时进行，交尾后 20 分钟至数小时开始产卵，卵多于夜间产在枝条、枝干上，单雌平均卵量为千余粒。成虫寿命 2~9 天。

此虫的天敌有卵跳小蜂、松毛虫黑点瘤姬蜂、红尾追寄蝇、七星瓢虫、澳洲瓢虫等。

【防治方法】参照 P₂₇₁ 折带黄毒蛾防治方法。

201　古毒蛾

【学名】*Orgyia antique*（Linnaeus）

【分布与寄主】此虫在我国分布于东北、河北、山西、内蒙古、山东、河南、甘肃、宁夏、青海、西藏等地；国外分布于欧洲、俄罗斯、朝鲜、日本、蒙古等地。寄主有苹果、梨、山楂、李、栗、栎、欧石楠、杨、柳、桦、榛、桤木、云杉、落叶松、山毛榉、木麻黄、大麻、花生、大豆等多种植物。

【被害症状】似 P₂₇₈ 木毒蛾。

【形态特征】（图 187）

（1）成虫：雌蛾体长 18~21mm，纺锤形。头、胸部小，腹部肥大；触角短栉齿状，长约 2mm，复眼黑色。翅退化或留有小长方形的痕迹，被黄白色鳞毛；足粗短、黑色，稀被灰白色短毛。体壁黑色，疏被灰白色细毛。雄蛾体长 9~14mm，翅展 26~35mm，触角羽状，长 4.5~6.5mm 复眼黑色。前翅棕黄色，内横线隐见 2 条，亚外缘线较宽，均栗褐色，亚外缘线后部外侧有一弯月形白斑。后翅色泽与前翅相同，无清晰花纹。

（2）卵：黄白、灰白或浅褐色，坛子形，卵顶中央有一个棕黑色圆形凹陷，其周围具隆起的多角形刻纹，其余部分光滑。

(3)幼虫：老熟体长29～37mm。，体黑灰色，头黑褐色，触角黄褐色，腹面浅黄色，足黄白色，瘤红色和浅黄色，瘤上生黄毛与黑色毛。前胸背面两侧各具一束由羽状毛组成的长毛，黑色。伸向前方，第1～4腹节背面中央各具一短毛刷，浅黄色，第2腹节两侧各有一束由黑色羽状毛组成的长毛，第8腹节背面中央有一束由黑色羽状毛组成的长毛，伸向后方，翻缩腺红色。胸部各节有红、黄、褐、灰等色的毛瘤。

(4)蛹：雄蛹长10～12mm，雌蛹长15～21mm。雄蛹圆锥形，雌蛹纺锤形，黑褐色有灰白色茸毛。胸部及腹部具毛瘤，此上具长毛。

【生活史及习性】 此虫东北1年发生1代，以卵越冬。翌年6月中旬幼虫孵化，雌幼虫6龄，历期65天左右，雄幼虫5龄，历期约60天，8月上旬，幼虫老熟化蛹，雌蛹历期约19天，雄蛹历期约13天，于8月下旬成虫羽化。

成虫多于白天羽化，以上午9～12时羽化最多。羽化期长达20余天，雄蛾羽化盛期在先，羽化期短；雌蛾羽化期长，羽化盛期在后。成虫交尾产卵多于白天进行，单雌平均卵量为348粒左右。

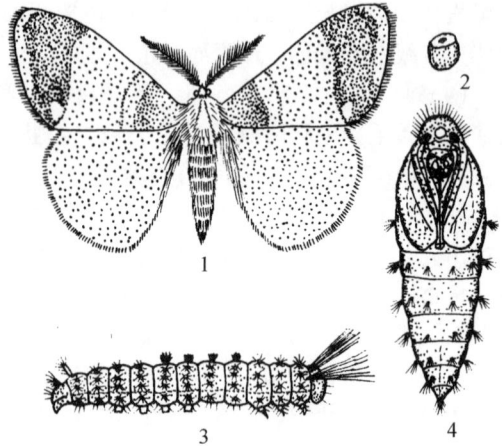

图187　古毒蛾
1. 成虫；2. 卵；3. 幼虫；4. 蛹

幼虫于早晨孵化，初孵幼虫有食卵壳习性，并长时间群集于卵壳上，孵化后5天才开始分散。幼虫能吐丝借风力传播，多于夜间群集取食。老熟后于枝条上结茧化蛹。

【防治方法】

(1)冬、春季节人工摘除卵块，集中烧毁。

(2)化学防治参照 P_{271} 折带黄毒蛾防治方法。

202　灰斑古毒蛾

【学名】 *Orgyia ericae* Germar

【分布与寄主】 此虫在我国分布于陕西、宁夏、吉林等地。寄主有苹果、山楂、梨、李、沙枣、花棒、栎、杨、柳、松、榆、桦、沙拐枣、柠条、踏朗、沙米等多种园林植物。

【被害症状】 以幼虫取食幼芽、嫩枝叶及花朵，被害寄主树势衰弱，严重时减产。

【形态特征】（图188）

(1)成虫：雌虫体大肥胖无翅，体长14.0～16.3mm，黄褐色，被环状白绒毛，雄虫体瘦小，翅发达，体长8～10mm，翅展25～28mm，体黑褐色，触角长，双栉齿。翅黄褐或咖啡色，前翅具深色"S"形纹3条。最内一条有深褐色圆斑1个，近臀角处有一半月形白斑，前缘中间还具2个较大的白斑。

(2)卵：扁圆形，白色，长约0.9mm，中央具一棕色小点。

(3)幼虫：老熟体长约24.4mm，前胸背板两侧和第8腹节背面中央各有一束黑色瓶刷状毛，第1～4腹节背面各有一撮浅黄或棕色刷状短毛，腹侧具橘黄底色浅黄色花斑瘤数列或不明显。

(4) 蛹：雌蛹黄褐色，雄蛹纺锤形、黑褐色，蛹背被 3 撮白色短绒毛，位于第 1~4 腹节背面，第 4 腹节略有痕迹，雌蛹无翅芽外露。初化蛹黄白色，后期色深，体密被黄白色毛。体长：雌蛹约 14mm，雄蛹约 11mm。茧灰白色或灰黄色，质疏松。

【生活史及习性】 此虫在陕西、宁夏、吉林、1 年发生 2 代，以卵于茧内越冬。在陕西榆林地区，越冬卵于 5 月中下旬开始孵化，5 月下旬或 6 月上旬为孵化盛期，6 月下旬为末期；第 1 代幼虫于 6 月上中旬开始陆续老熟化蛹，6 月下旬至 7 月上旬为化蛹盛期，7 月中下旬为末期；蛹期约 10 天，第 1 代成虫始见于 6 月中旬，7 月上中旬为羽化盛期，8 月仍见成虫羽化。第 2 代幼虫于 7 月上旬开始孵化，7 月中下旬为孵化盛期，8 月上旬为末期，两代幼虫危害历期约 5 个月左右。第 2 代幼虫于 8 月上中旬陆续老熟化蛹，化蛹盛期在 9 月上中旬，结束于 10 月上旬；第 2 代成虫始见于 8 月，9 月中下旬为羽化盛期，10 月为末期。

成虫羽化后，雌蛾翅退化，不能迁飞，只能靠爬行活动。交配前能分泌较强的性

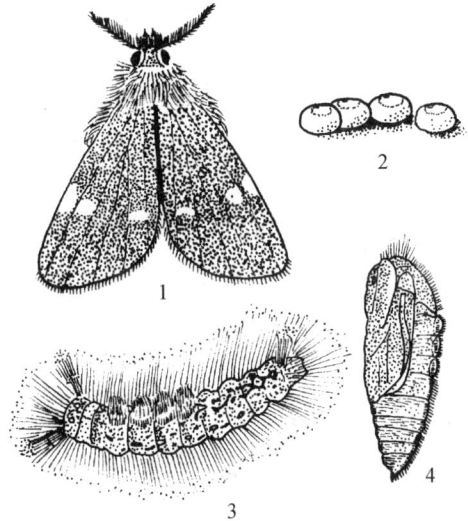

图 188　灰斑古毒蛾
1. 成虫；2. 卵；3. 幼虫；4. 蛹

信息素，以利招引雄虫飞来与其交配，交配时间多集中于上午 6~9 时和下午 21~23 时，交配持续时期为 5 小时左右，交配后当日或次日即可产卵，卵产于茧内，单雌平均卵量约 183.2 粒，最多 500 粒。雌虫寿命 4~11 天；雄虫寿命 3 天左右，有明显的趋光性。卵期：非越冬代为 7~15 天，越冬代约 300 天左右。幼虫共 6 龄，各龄历期为 4~5 天，可依靠风力扩散，传播危害。幼虫常集中于梢顶危害。

天敌有追寄蝇，其寄生于幼虫的寄生率高达 69.5%；啮小蜂，主要寄生于卵，寄生率高达 64.5%。

【防治方法】

(1) 利用趋光性，于成虫羽化期，设置灯光，诱杀雄成虫。

(2) 利用雄虫有极强的趋性信息素能力，人工粗提雌性信息激素，设置碗、盆诱捕雄成虫。

(3) 人工捕捉雌蛾及摘除茧内卵块或初孵幼虫，集中烧毁。

(4) 药剂防治低龄幼虫，使用农药有 50% 杀螟松乳油或 50% 辛硫磷乳油、80% 敌敌畏乳油各 1500 倍液，可兼治园内其他果树害虫，或 2.5% 功夫乳油、20% 灭扫利乳油(能兼治叶螨)、2.5% 敌杀死乳油 2000 倍液均有明显的防治效果。

203 角斑古毒蛾

【学名】 *Orgyia gonostigma* (Linnaeus)

【分布与寄主】 此虫在我国分布于东北、河南、河北、甘肃等地；国外分布于欧洲以及日本、朝鲜等地。寄主有苹果、梨、桃、李、杏、山楂、梅、樱桃、栎、榛、花楸、蔷薇、杨、柳、桦、鹅耳枥、桤木、山毛榉、悬钩子、松、唐棣、落叶松等多种园林植物。

【被害症状】 初孵幼虫常群集于卵附近的叶背面取食叶肉，2龄幼虫以后开始分散危害花芽、叶及果实，被害的花芽从芽基部钻成小洞，造成不能发芽与开花，嫩叶全部被食光，仅留叶柄，老叶仅留叶脉，果实常被啃成大小不等的小洞，甚至造成落果。由于此虫危害，常直接影响果树的生长和果品的产量和质量。

【形态特征】

(1)成虫：雄蛾体长约16mm，翅展25~36mm，雌蛾体长12~22mm。头、胸、腹部灰褐色。触角干锈褐色、栉齿褐色；下唇须橙黄色。前翅黄褐色，内区前半有白鳞，后半赭黄色，基线白色较细，波浪形，内横线黑色，较直，前半部宽。前缘中部布白鳞，横脉纹黑色白边，中央有一条白色细线，外横线黑色，双线，细锯齿形，亚缘线前缘白色，其余部分黑褐色，微波浪形，外横线与亚缘线间前缘有一块赭黄色斑，后缘有一块新月形白斑，缘线细而黑，在翅脉处间断，缘毛暗褐色有赭黄色斑；后翅栗褐色，缘毛黄灰色。雌蛾长卵圆形，触角纤细，节上有短毛。足灰色有白毛，爪腹面有齿。体密被深灰色短毛、黄色和白色茸毛。翅十分短缩，只留下痕迹。

(2)卵：长0.8~0.9mm，倒立的馒头形，卵孔处凹陷，花瓣状，外有1条黄纹。乳白色，微带光泽。

(3)幼虫：老熟体长33~40mm，头部灰黑色，体黑灰色，被黄色与黑色毛，亚背线上有白色短毛，体两侧有黄褐色纹，前胸背面两侧各有一束前伸的由黑色羽状毛组成的长毛，第1~4腹节背面中央各有一黄灰色短毛刷，第8腹节背面有一束向后斜的黑色长毛。

(4)蛹：黑褐色，背面黄白色毛。

【生活史及习性】 此虫东北1年发生1代，西北1年发生2代，以2龄幼虫于树干基部、枯枝落叶、树皮缝隙内越冬。翌年寄主萌动露绿时开始活动，4月中旬为幼虫发生危害盛期，5月中旬开始化蛹，蛹期15天，6月上旬成虫出现，雄蛾白天飞翔，交尾多于下午16~18时，雌蛾产卵于茧内或茧附近，每块卵有200~450粒，卵期约11天，6月下旬幼虫开始孵化，7月上旬为第1代幼虫发生危害盛期，7月中旬可见第1代蛹，第1代成虫于8月初羽化，8月中旬孵化出第2代幼虫，取食至9月上旬开始陆续进入越冬。

【防治方法】

(1)秋末、初春结合整形修剪，清除园内枯枝落叶，刮除粗皮、翘皮中的越冬幼虫。

(2)于成虫产卵期，结合捕杀其他害虫，捕杀卵块及初孵幼虫。

(3)成虫羽化期设置灯光诱杀雄成虫。

(4)药剂防治3龄前幼虫，使用农药有50%辛硫磷乳油1500倍液，或2.5%功夫乳油(有杀卵作用)、20%灭扫利2000倍液(可兼治叶螨类害虫)，均有明显的防治效果。

204　旋古毒蛾

【学名】*Orgyia thyellina* Butler

【别名】白纹毒蛾。

【分布与寄主】此虫在我国分布于东北、山东、山西、浙江、广东等地；国外分布于日本等地。寄主有苹果、李、梅、梨、樱桃、柿、栎、桑、柳、桐、悬铃木等多种果树、林木植物。

【被害症状】似 P_{204} 角斑古毒蛾。

【形态特征】（图 189）

(1)成虫：雄虫体长 9~12mm，翅展 22~32mm，体暗褐色。前翅黄褐色，略带灰色，斑纹黑褐色，后翅黑褐色，触角羽状较发达。雌虫体长 11~13mm，翅展 30~42mm，雌蛾翅退化型体长约 14mm。雌蛾翅完整型：头、胸部浅黄褐色，腹部灰黄白色，前翅黄白色，微带黄褐色，内区有一块黑褐色纵椭圆形斑，内横线黄褐色，脉纹新月形，黄褐色边，外横线与亚缘线黄褐色，波浪形，近臀角区有一块白斑，斑内缘浅黑褐色，缘线黄褐色。后翅浅黄白色，略带黄褐色，触角短羽状，触角干灰白色。栉齿黄褐色，复眼球形黑色，下唇须浅黄褐色。

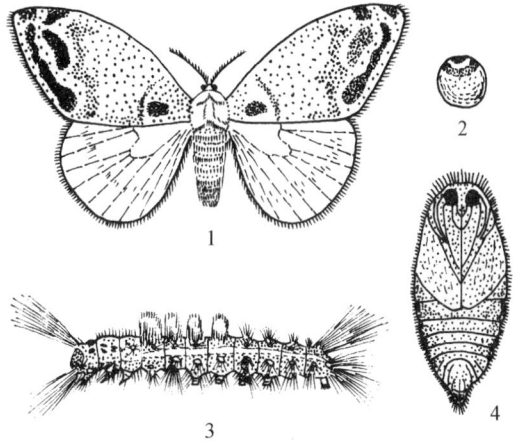

图 189　旋古毒蛾
1. 成虫；2. 卵；3. 幼虫；4. 蛹

雌蛾翅退化型：体肥大，体色同雌蛾翅完整型，头部鳞毛较密。胸背与腹背第 2 节各具一黑色小毛斑，腹末略带黄褐色。

(2)卵：长约 0.7mm，淡灰黄色，扁圆形，略似圆坛，背面中央凹陷，周围有浅褐色带。

(3)幼虫：老熟体长 30~40mm，淡灰黄色，体黑褐色，腹面黄褐色，背线黑色，亚背线鲜黄色，气门线(除前胸外)黄白色，前胸背面两侧各有一个赤色瘤，其上有由羽状毛组成的黑色长毛束，向前伸。第 1~4 腹节背面有一浅黄色刷，第 8 腹节背面中央有一束黑褐色长毛，向后斜伸，第 2 腹节两侧各有一束黑色侧毛。第 9 腹节亚背线与气门上线处的毛瘤亦生黑色长毛，向后伸。

(4)蛹：长 10~14mm，圆锥形，浅黄褐色，头、胸部与翅芽色暗，密生短细毛。第 1~3 腹节背部中央密布褐色小突起，臀棘圆钝，端生许多钩刺。茧长约 30mm，椭圆形灰白色，杂附幼虫体毛。

【生活史及习性】此虫北方年生 2 代，南方年生 3 代，均以卵越冬。翌年春季寄主萌动露绿时开始孵化出壳，先于卵壳附近群集，经 1~3 天后开始分散啃食寄主叶肉，稍大后常将叶片吃成缺刻与孔洞。幼虫多于叶背活动，危害至 6 月底开始陆续老熟，并于卷叶内或枝干缝隙中及枝干分权处结茧化蛹，蛹期约 10 天，7 月可见成虫羽化。成虫羽化后不久即可交尾产卵，卵多成块状产于叶背面，每块卵平均有卵约 500 粒，卵期 1 周左右，孵化后的幼虫危害至 9 月上旬陆续化蛹。第 1 代成虫于 9 月下旬开始发生，此代雌虫翅多为退化型，不活动，常由雄虫飞来交尾，卵多产于茧上及其附近的树皮缝隙处，以卵越冬。雄虫有趋光性。年生 3 代区最末一代雌蛾亦为翅退化型。

【防治方法】

(1)成虫羽化期于园林内设置黑光灯或其他灯光，诱杀雄成虫。

(2)人工捕杀雌蛾所产的卵块及初孵的群聚幼虫，集中处置。

(3)药剂防治低龄幼虫，常用农药参照灰斑古毒蛾。

205 盗毒蛾

【学名】*Porthesia similia*（Fueszly）

【别名】黄尾毒蛾、白毒蛾、桑毛虫、桑叶毒蛾。

【分布与寄主】此虫在我国分布于东北、河北、内蒙古、山西、山东、陕西、河南、安徽、江苏、浙江、湖北、湖南、江西、福建、广西、广东、四川、甘肃、青海、贵州、云南、上海、台湾等地；国外分布于欧洲、俄罗斯、日本、朝鲜等地。寄主有苹果、梨、山楂、李、桃、梅、樱桃、枣、核桃、杏、石楠、栎、柿、桑、柳、杨、榆、桦、山毛榉、桤木、刺槐、泡桐、梧桐、枫、忍冬、马甲子、黄檗、榛子等多种园林植物。

【被害症状】以幼虫食害寄主叶片、幼芽与嫩叶，初龄幼虫仅食叶肉、残留表皮，稍大后边蚕食叶片呈缺刻与孔洞，严重时将叶片吃成光秃，仅剩叶柄。

【形态特征】（图 190）

(1)成虫：雌蛾体长 18～20mm，翅展 35～45mm，雄蛾体长 14～16mm，翅展 30～40mm。头、胸、腹基部白色微带黄色，腹部其余部分和肛毛簇黄色。触角干白色，栉齿棕黄色。下唇须白色，外侧黑褐色，前、后翅均为白色，前翅后缘有 2 个褐色斑，有的个体内侧的褐色斑不明显。前、后翅反面白色，前翅前缘黑褐色。

(2)卵：直径为 0.6～0.7mm，截锥形，中央凹陷，淡黄或橘黄色，后色渐变深，孵化前为黑色。

(3)幼虫：老熟体长 25～40mm，体棕褐色，体背面有一条橙黄色带，带于第 1、2 和 8 腹节中断，带中央贯穿一条

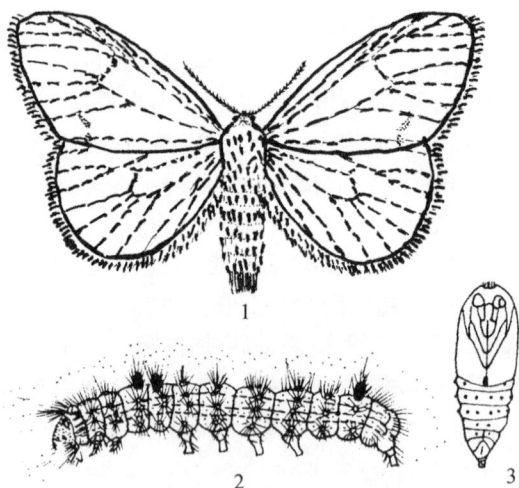

图 190 盗毒蛾
1. 成虫；2. 幼虫；3. 蛹

红褐色间断的线，亚背线白色，气门下线红黄色。头部黑褐色，有光泽，前胸背面两侧各有一向前突出的红色毛瘤，上生黑色长毛束和白色羽状毛，第 5～6 腹节瘤橙红色，上生黑褐色长毛。腹部 1、2 节背面各具 1 对愈合的黑色瘤，生有白色羽状毛及黑褐色长毛；第 9 腹节瘤橙色，上生黑褐色长毛；第 6、7 腹节背中央有红色盘状翻缩腺。

(4)蛹：体长 12～16mm，长圆筒形，黄褐色，被黄褐色绒毛，前翅芽达第 4 腹节，胸、腹部各节有幼虫期毛瘤痕迹，上生黄色刚毛。茧椭圆形，淡褐色，茧外附少量黑色长毛。

【生活史及习性】此虫华北1年发生2代，以幼虫结灰白色薄茧于树皮缝或枯枝落叶层下越冬。翌年4月越冬幼虫出蛰活动，危害幼芽嫩叶，危害至5月下旬至6月上旬幼虫开始陆续老熟作茧化蛹，蛹期10天左右，6月上中旬出现越冬代成虫。第1代卵于6月上旬出现，卵期1周左右，6月中旬出现第1代幼虫，危害至7月中旬幼虫老熟化蛹。7月下旬出现第1代成虫，第2代幼虫危害至10月初达3龄左右时，便爬至树皮缝隙、枯枝落叶内结白色薄茧越冬。

成虫昼伏夜出，有趋光性。羽化后不久即行产卵，卵成块状产于叶背或枝干上，每块卵约有300粒。卵块表面被黄色绒毛。幼虫孵化后先群聚卵块附近不食不动，稍后便开始取食下表皮与叶肉；2龄后开始陆续分散危害，幼虫遇到惊扰后，使吐丝下垂假死坠地。幼虫一般脱6次皮后即进入老熟，10月以幼虫陆续进入越冬状态。越冬幼虫有结网群聚的习性。年生2代区，5~6月为幼虫危害盛期，此虫天敌有30余种，主要有小蜂、小茧蜂、姬蜂等。

【防治方法】参照 P_{282} 角斑古毒蛾防治方法。

（四五）蓑蛾科 Psychidae

小至中型，一般为雌、雄异性。雌蛾常特化为幼虫型，翅退化或无翅，有足或足十分退化，头胸部退化，腹部第7节有一圆毛束。雌蛾一生栖息于蓑囊中。雄蛾复眼小，口器退化，触角双栉齿状，翅发达，翅面上有鳞片或毛，斑纹简单，中脉在中室可见，前翅1A脉退化，2A脉与3A脉与基部分离，端部合并，或2A脉与3A脉仅端部合并，两端分离，后翅臀脉3条，翅僵发达。幼虫吐丝造成各种蓑囊，囊表面黏附断枝、残叶、土粒等，栖息其中，行动时，将头、胸伸出，负囊移动。老熟幼虫将囊用丝悬挂于寄主植物上于内化蛹。雄蛾羽化后由囊下端飞出，雌蛾羽化后仍栖息于囊内，伸出头、胸等雄蛾飞来交尾，并产卵于囊内。蓑蛾是果树，林木、农作物的重要害虫，除危害寄主的叶片、嫩枝芽、嫩梢、树皮外，还危害花蕾、花及果实，该科目前世界已知约800种。

206　黑肩蓑蛾

【学名】*Acanthopsyche nigraplaga* Wileman

【分布与寄主】此虫在我国分布于辽宁、北京、河北、山东等地；国外分布于印度等地。寄主有苹果、桃、梨、杏、葡萄、柿、黑枣、栗、蔷薇、刺槐、黄刺梅、榆、杨、丁香、枸杞、云杉、松、侧柏等多种园林植物。

【被害症状】幼虫危害植物的叶、嫩芽、嫩枝梢、树皮、花蕾、花、果实，严重时可将树叶吃光，残留叶脉、叶柄与枝条，树上挂满蓑囊，幼虫可长时间不取食仍能生存，等树第2次发芽，又继续危害，导致树木枯死。因耐饥力强，常给农药防治带来一定困难。

【形态特征】

（1）成虫：雄蛾体长约11mm，翅展20~25mm。头、前胸灰白色，后胸、腹部烟黑色，有白色毛，腹部腹面浅褐色。前翅基部约1/3和后翅基部约2/3烟黑色，其余部分透明，翅脉与翅缘烟黑色，M_2 与 M_3、R_3 和 R_4 共柄，R_5 起于中室，1A与2A基部分离，端部合并，2A与3A中间有一段合并，3A止于后缘中央。后翅 M_2 和 M_3 共柄。雌蛾体长10~15mm，无翅蛆形，浅黄色。

(2) 卵：略呈椭圆形，长约0.9mm，浅黄色，卵内充满液体，卵壳软。

(3) 幼虫：老熟体长约19mm。头部白色，有黑褐色斑纹；胸部白色，有6条黑褐色纵带；胸足白色，有黑褐色斑纹；腹部白色，气门黑褐色。

(4) 蛹：褐色或深褐色，雄蛹长8~15mm，雌蛹长12~20mm。

(5) 蓑囊：长25~30mm，囊表面黏附寄主植物的小断枝，质地致密，细长。

【生活史及习性】 此虫北方1年发生1代，以卵于雄蛾腹内越冬。翌春4月底5月初卵开始孵化，卵孵化时，透过卵壳可见卷曲的幼虫于卵壳内蠕动，同时卵内幼虫用上颚和前足多次穿破卵壳，经1~3小时后即破卵而出。裸露的幼虫倒立爬行，迅速由雌蛾腹内和蓑囊下端开口爬出，群聚于蓑囊表面或吐丝下垂，随风扩散至树叶、树枝上吐丝作囊，将自裹于其中，初孵幼虫经1~2小时即可做好蓑囊，幼虫一生不停地修补和扩建蓑囊，使之适应龄期及虫体的增大。幼虫孵化后先作囊，后取食，危害至8月中下旬幼虫老熟，将蓑囊固定于枝条上，在囊内吐丝做成疏松丝絮，然后将虫体倒转，头向下，以臀足挂于囊上端化蛹，9月上旬始见成虫，9月中旬为羽化盛期。雌蛾终生不离开蓑囊。雄蛾在羽化前将头、胸部露出囊外，以蛹壳的胸部背中央及触角与翅的交界处裂开，从此口羽化。雌蛾将头部，胸部伸出囊外，招引雄蛾交尾。每雌蛾腹内含卵量约200粒。

【防治方法】 若在发生轻的年份，可进行人工捕捉，大发生时，可于卵孵化盛期进行药剂防治。

(1) 人工防治：于幼虫发生危害初期，虫口比较集中，被害症状显著，可组织劳力进行人工摘除蓑囊，尤以冬季与早春，树叶脱落，采摘蓑囊目标明显，易于消灭，也可结合园内管理摘除蓑囊。

(2) 化学防治：于幼虫孵化盛期或初龄幼虫危害阶段进行喷药防治有极为明显的防效。常用农药有50%辛硫磷乳油、杀螟松乳油、敌敌畏乳油等均为1500倍液，2.5%敌杀死乳油、20%灭扫利乳油、2.5%功夫乳油等均为2000倍液。喷药时间以下午5时以后最好，清晨次之，因幼虫活动多于傍晚以后，其间用药时，幼虫接触药剂机会多，因而防效明显。虫龄大时，用药浓度必须加大，喷药量要增多，以便保证防效。

防治此虫应以人工防治为主，化学防治为辅，在果树上防治此虫的同时，还要注意防治果园周围其他树木上的此虫，杜绝传播。避免盲目喷药，以免杀伤园内及其周围的天敌。

207 白囊蓑蛾

【学名】 *Chalioides kondonis* Matsumura

【别名】 橘白蓑蛾、白袋蛾。

【分布与寄主】 此虫在我国分布于河北、山西、河南、江苏、浙江、安徽、江西、福建、湖北、湖南、广东、四川、贵州、云南等地；国外分布于日本等地。寄主有苹果、梨、桃、李、杏、枣、柿、核桃、石榴、茶、梧桐、刺槐、白杨等多种园林植物。

【被害症状】 似 P_{285} 黑肩蓑蛾。

【形态特征】 (图191)

(1) 成虫：雌成虫体长9~14mm，蛆形，黄白色。无足、无翅、触角很小。前胸至第7腹节各节腹面中央均有一紫色圆点，腹末急剧变细成锥状。雄成虫体长8~11mm，翅展18~20mm，体淡褐色，密布白色长毛，尾端褐色。触角双栉齿状，暗褐色。前、后翅均白色透明，后翅基部被白色长毛。

（2）卵：椭圆形，长径约0.8mm，短径约0.5mm，浅黄或黄色。

（3）幼虫：老熟体长约28mm。头褐色，有黑色点纹，中、后胸背板各分为2块，每块上均有黑色点纹，第8、9腹节背面具褐色大斑，臀板褐色。

（4）蛹：雌蛹长约14mm，黄褐色，背面色暗，头、胸部附属各器官退化，头小色淡，各体节背面后缘有细刺列。雄蛹长约9mm，色泽同雌蛹。头、胸部附属各器官发达，6、7腹节背面前缘具黑色刺列，尾端生刺状臀棘1对。蓑囊长圆锥形，灰白色，质地坚硬，上具9条纵隆线，状似多棱体，表面无枝叶附着。

【生活史及习性】 此虫1年发生1代，以低龄幼虫越冬。翌春寄主萌动露绿时开始出蛰活动，展叶后将寄主咬成缺刻与孔洞，并可食害枝皮及嫩枝，5~6月为发生危害盛期，6月部分幼

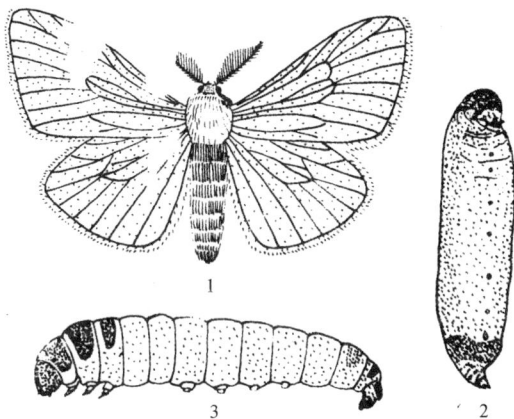

图191　白囊蓑蛾
1. 雄成虫；2. 雌成虫；3. 幼虫

虫开始陆续老熟，于蓑囊内化蛹。蛹期2~3周，7月成虫陆续羽化，成虫羽化多于下午15~17时，羽化次日清晨或傍晚即交尾，交尾历时约10分钟，雄虫找到雌虫后，雄虫将腹末伸入雌虫蓑囊内交尾。雌成虫产卵于蛹壳内。卵聚集成堆，将卵堆用雌虫腹末尾端绒毛覆盖。产毕卵，雌蛾逐渐萎缩，仍留蛹壳内，直到卵孵化为幼虫时才干瘪死去，因而雌虫寿命与卵期相同。间或有些雌虫产毕卵即脱出袋外，其寿命只2~3天。雄虫寿命一般为2~3天。单雌卵量约为500粒，卵期10天左右。7月下旬幼虫孵化。孵化多于下午14~15时进行，孵化后暂停留卵壳内吃掉卵壳，而后爬出蓑囊，吐丝下垂，接触枝叶后爬行异常迅速，找到适当场所即吐丝缠缀自身，并咬取枝叶表皮及碎片，粘于丝上造成蓑囊，虫体隐居其中。随幼虫取食、蜕皮、长大，囊逐渐加宽、加长。初龄幼虫咬食叶片、表皮与叶肉，留下另一层表皮，且迁移能力不强，多集中于雌蛾蓑囊下方树冠外围几个枝条上取食，被害症状明显，是人工防治的好机会。取食多于夜间进行，早晨、傍晚、阴雨天也可取食。危害至秋末，幼虫陆续向枝梢端部转移，将蓑囊固于小枝上，囊口用丝封闭，进入越冬。

【防治方法】 参照P286黑肩蓑蛾防治方法。

208　小窠蓑蛾

【学名】 *Clania minuscula* Butler

【别名】 茶袋蛾、茶蓑蛾、小袋蛾。

【分布与寄主】 此虫在我国分布于河南、湖北、湖南、安徽、江苏、浙江、江西、福建、四川、贵州、广西、广东、台湾等地；国外分布于日本等地。寄主有苹果、梨、桃、李、杏、梨、梅、樱桃、柿、枇杷、石榴、葡萄、枣、海棠、山樱桃、榲桲、栗、木莓、圆醋栗、栀子、木瓜、洋桃、山楂、豆梨、棕、橄榄、蔷薇、番石榴、山茶、茶、柑橘、杨、柳、朴、樟、榉、相思树、垂柏、黄槐、刺槐、银桦、木麻黄、月季、枫杨、冬青、榆、悬铃

木、蓖麻、桧、棉花、向日葵、芦苇等多种园林植物和各种农作物。

【被害症状】幼龄幼虫食害寄主叶片表面与叶肉，留下另一层表皮，形成许多不规则的白色斑块，被害处表皮不久破裂，白斑变成孔洞。稍大后便背负袋于树冠外围的叶背危害，蚕食叶片呈孔洞与缺刻或仅余主脉，叶片吃光后，转害剥食树干皮层，影响树木生长，甚至使树木干枯。害果后，常啃食果皮，严重时造成大量落果，影响品质与产量。

【形态特征】（图192）

(1)成虫：雄蛾体长10~15mm，翅展22~30mm，体与翅褐色，触角双栉齿状。前翅翅脉颜色略深，外缘有长方形透明斑2个，M_3与Cu_1间较透明。胸部背面有两个白色纵纹。雌蛾无翅，黄色蛆形，体长10~16mm。无足，胸部有显著的黄褐色斑，腹部肥大，末端尖削，第4~7腹节周围具黄色绒毛。

(2)卵：椭圆形，黄色或米黄色，长约0.5mm。

(3)幼虫：老熟体长25~35mm，头部淡褐或深褐色，散布黑褐色网状纹，背面中央色较深，略带紫褐色。胸背有褐色纵纹2条，每节纵纹两侧各具一个褐斑。腹部各节背面有黑褐色毛片4个，排列成"八"字形，各生刚毛1根。

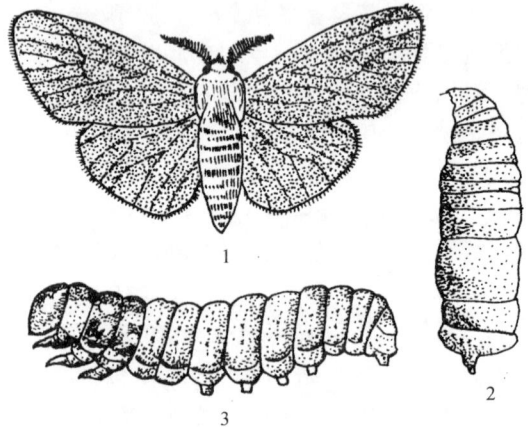

图192　小窠蓑蛾
1. 雄成虫；2. 雌成虫；3. 幼虫

(4)蛹：雌蛹长约20mm，黄褐色，椭圆形，无触角、口器、翅与足。腹部背面第3节后缘、第4~6节的前缘与后缘、第7~8节的前缘各具一列小刺。前缘的较粗，后缘的较细。雄蛹长约18mm，黑褐色，纺锤形，腹部第4~7节背面的前缘与后缘，第8~9节前缘均具一列小刺。

(5)蓑囊：雄囊长20~30mm，雌囊长30~50mm，囊外均黏附有长短不一的小短枝，灰褐色。

【生活史及习性】此虫河南、浙江、贵州1年发生1代，湖南、江苏、安徽1年发生1代为主，部分可进入2代，江苏1年发生2代，广西年生3代。在1年发生1代区，以老熟幼虫越冬，翌年幼虫不再取食，4月下旬化蛹，5月上旬成虫羽化，5月中旬为产卵盛期，6月上旬幼虫开始危害，6月下旬至7月上旬为幼虫严重危害时期，取食至10月中下旬老熟，陆续进入越冬；在年生2代区，以3~4龄幼虫越冬。翌年气温升达10℃左右时开始活动取食，5月上旬幼虫陆续老熟化蛹，5月中旬出现成虫并随即产卵。6月上旬第1代幼虫开始孵化危害，6月下旬至7月上旬为第1次危害高峰期。7月中旬幼虫陆续老熟化蛹，7月下旬至8月上旬出现第1代成虫并随即产卵，8月中旬始见孵化幼虫，8月下旬为第2代幼虫孵化盛期。9月上旬为末期，9月中下旬出现第2次危害高峰期，危害至11月下旬进入越冬；在年生3代区，3月上旬为越冬代成虫羽化盛期，3月中旬为产卵盛期。3月下旬第1代卵开始孵化，4月中旬为卵孵盛期。4~5月出现第1次危害高峰。6月上旬为化蛹盛期，6月中旬为第1代成虫羽化盛期，亦为第2代卵盛期。第2代卵于6月下旬进入孵化盛期，

7~8月出现第2次危害高峰，8月下旬为第2代蛹化盛期，9月上旬为第2代成虫羽化产卵盛期。9月中旬第3代幼虫大量孵化危害。11月中下旬第3代幼虫陆续老熟进入越冬。

成虫羽化多于下午与晚上进行，雌虫羽化时，从头部至胴部第5节背面纵裂，雌成虫头部伸出蛹壳外，虫体仍留蛹壳中，也不从袋中脱出，羽化过程常有许多黄色绒状物散出于排泄口外，这是识别雌成虫羽化的主要标志。雌虫羽化后次日凌晨或傍晚交尾。卵堆产于蛹壳内，卵期：1年发生1代者为2~3周，1年发生2代以上者，第1代为2~3周，第2、3代各约1周。幼虫孵化多以下午15时左右进行。幼虫传播方式有2种，一种为自身爬行，但扩散范围不远，另一种为靠风吹拂，幼虫初孵化时或因食料或温度不适而迁移时，均吐丝下垂，借风扩散。

【防治方法】 参照 P_{286} 黑肩蓑蛾防治方法。

209　大窠蓑蛾

【学名】 *Clania variegata* Snellen

【别名】 大袋蛾、大蓑蛾。

【分布与寄主】 此虫在我国分布于山东、河南、河北、江苏、浙江、福建、安徽、湖北、湖南、江西、山西、广东、广西、云南、贵州、四川、台湾等地；国外分布于日本、印度、马来西亚、斯里兰卡等地。寄主有苹果、梨、桃、李、杏、梅、枇杷、柑橘、葡萄、板栗、核桃、柿、龙眼、栎、茶、杨、柳、桐、椿、松、榆、桉树、重阳木、咖啡、皂角树、相思树、刺槐、枫杨、樟、桑、泡桐、法桐、油茶、棉花等多种园林植物和农作物。

【被害症状】 似小窠蓑蛾。

【形态特征】（图193）

（1）成虫：雄成虫体长 15~20mm，翅展 35~44mm，体黑褐色，有淡色纵纹，前翅红褐色，有黑色与棕色斑纹，前翅2A和1A脉于端部1/3处合并，2A脉于后缘有数条分支。在 R_4 和 R_5 间基半部、R_5 与 M_1 脉间外缘、M_2 与 M_3 间各有一透明斑。R_3 与 R_4、M_2 和 M_3 共柄。后翅黑褐色，略带红褐色，$Sc+R_1$ 脉在前缘有几条分支，这些分支和前翅2A脉在后缘的分支一样，在各个体中数目有差异，后翅 $Sc+R_1$ 与 Rs 脉间有一横脉；雌成虫体长 28~36mm，体肥大，淡黄或乳白色，足与翅均退化，蛆状，头部小，浅红褐色，胸部背中央有一条褐色隆脊，胸部与第1腹节有黄色毛，第7腹节后缘有黄色短毛带，第8腹节以下急骤收缩。

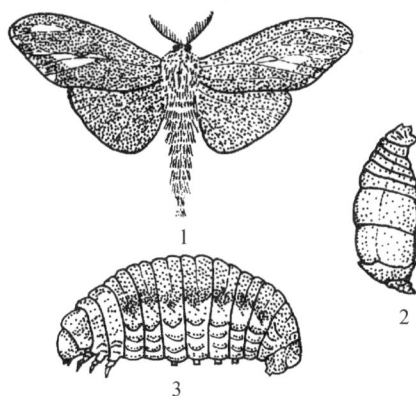

图193　大窠蓑蛾
1. 雄成虫；2. 雌成虫；3. 幼虫

（2）卵：椭圆形，浅黄色，有光泽，直径约0.9mm。

（3）幼虫：老熟体长：雄虫 18~25mm，雌虫 28~38mm。雌虫体棕褐色，头部赤褐色，头顶具环状斑。胸部背板骨化强，亚缘线、气门上线附近有大形赤褐色斑，呈深褐淡黄相间的斑纹。腹部背面黑褐色，各节表面有皱纹。胸足发达，黑褐色，腹足退化呈盘状，趾钩 15 ~ 24 个。雄虫体黄褐色,头部蜕裂线及额缝白色。

(4)蛹:雌蛹长 25 ~ 30mm,纺锤形,枣红色。头、胸的附属器均消失。雌蓑囊长 70 ~ 90mm,长纺锤形,质地疏松,外附大量枝叶。雄蛹长 18 ~ 24mm,赤褐色,有光泽,纺锤形,第 3 ~ 8 腹节背板前缘各有一横列刺突,腹末具臀棘 1 对,小而弯曲。雄蓑囊长 50 ~ 60mm,形状质地同雌蓑囊。

【生活史及习性】此虫华北、华东、华中 1 年发生 1 代,华南 1 年发生 2 代,以老熟幼虫于蓑囊内越冬。年生 2 代区,翌年 3 月下旬开始化蛹,4 月上中旬为化蛹盛期,蛹期平均 21 天,越冬成虫于 4 月下旬出现,4 月底至 5 月初为羽化盛期,羽化期可持续 20 ~ 26 天。雄蛾寿命为 2 ~ 8 天,雌蛾寿命为 20 ~ 26 天,雌雄性比为 1.4∶1。羽化后雌蛾招引雄蛾交尾,雄蛾羽化多于中午 12 时左右,雌蛾多于下午 14 时左右,交尾时间多于下午 13 ~ 20 时,雌蛾将卵产于蓑囊内,单雌平均卵量 3000 ~ 6000 粒。卵期第 1 代约 15 天。第 1 代幼虫于 6 月中旬孵化,危害至 8 月中旬以后化蛹、羽化,并进行交尾产卵,至 9 月中旬发生第 2 代幼虫,危害至秋末老熟于蓑囊内越冬。年生 1 代区,翌年 5 月上中旬化蛹,蛹期约 24 ~ 33 天。6 月初开始羽化、交尾、产卵,卵期 17 ~ 21 天,6 月中旬后期幼虫孵化,以后幼虫一直取食危害至 11 月陆续老熟于蓑囊内越冬。初龄幼虫有群居习性。幼虫可耐饥生存 15 天。据河北报道,此虫以小幼虫于蓑囊内越冬。翌春寄主展叶后继续危害,天敌有小蜂与姬蜂。

【防治方法】参照 P286 黑肩蓑蛾防治方法。

(四六)灯蛾科 Arctiidae

小至中型,少数为大型。翅展最小为 10 ~ 12mm,最大则可达 128mm。体较粗状。体色多为灰色、褐色、红色或黄色,有些种类色鲜艳丽,甚至具金属光泽,前翅多具条纹或斑点。前翅 M_2 从中室下角或接近下角伸出,与 M_3 与 Cu_1 接近,后翅 $Sc + R_1$ 在中室中部或以外有一长段并接。雌、雄两性在色泽上或花纹上存在差异。本科昆虫许多种类于夜间活动,有趋光性,目前已知 3500 种以上,几乎分布于所有动物地理区,但以热带为主,此科种类单眼有或无,有些种类可发音,但其机理目前尚未充分研究。

210 褐点粉灯蛾

【学名】*Alphaea phasma*(Leech)
【别名】粉白灯蛾。
【分布与寄主】此虫在我国分布于湖南、四川、云南、贵州等地。寄主有苹果、梨、柿、梅、桃、桑、梓及其他许多果树、经济林木、药用植物、粮食作物、蔬菜、观赏植物等。据初步记载,其寄主植物分属 55 科 94 属 111 种之多。
【被害症状】以幼虫食害寄主叶片。初龄幼虫,常在寄主植物上用白色细丝织成半透明的网,幼虫群聚于网下食害,将叶片的表皮、叶肉全部食光,有的叶缘被食成缺刻。叶片受害后卷曲枯黄,继而变为棕褐色,有时幼虫将几个叶片用丝纠缠在一起,隐居其中危害,3 龄以后幼虫食量大增,常使被害寄主树势削弱,严重时整株树体干枯死亡。
【形态特征】(图 194)
(1)成虫:雌蛾体长约 20mm,翅展约 56mm,雄蛾体长约 16mm,翅展约 30mm。体白色，头部腹面橘黄色，两边及触角黑色，触角干上方白色。下唇须黑色，基部黄色，颈板边缘橘黄色。翅基片基部具黑点，胸足黄白色，前足基节橙黄色，其余各节上方黑色，腹部背面橙黄色，基部有白毛，背面、侧面及亚侧面各具一列黑点，腹面白色。前翅前缘脉上有4个黑点，内横线、中线、外横线、亚外缘线为一系列灰褐色点；后翅亚外缘线为一系列褐点。

（2）卵：圆形，直径为 0.35 ~ 4.0mm，浅红或浅黄色，常堆集并排列成数层。卵块表面覆盖细密的浅红色绒毛。

（3）幼虫：老熟体长 23 ~ 40mm，头淡玫瑰红色，体深灰色，稍有金属光泽。体具毛瘤，为浅茶色，其上密生黑色与白色的长刺毛，前胸背板黑色，胸足黑色，腹足与臀足红色，腹足趾钩单序弦月形。

（4）蛹：红褐色，圆锥形，于后胸与第1腹节处缢缩，第4腹节背腹面后缘、第5~6腹节背腹面前、后缘，第7腹节背腹面前缘均具突边板，各节前缘突边板上疏生刻点，后缘突边板则光滑。臀棘着生红褐色长短不等

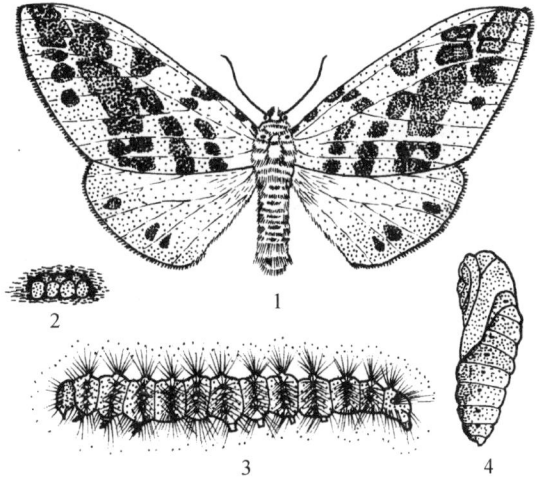

图194　褐点粉灯蛾
1. 成虫；2. 卵；3. 幼虫；4. 蛹

的细刺。末端呈圆盘状。茧白色，椭圆形，丝质薄而呈半透明状，长约为 26mm，茧外混杂有幼虫脱落的长毛。少数幼虫不吐丝结茧。

【生活史及习性】此虫南方1年发生1代，以蛹越冬。翌年5月上中旬开始羽化产卵，6月上中旬幼虫孵化，幼虫共7龄，自3龄后食量大增，扩散加强，蔓延危害其他植物，老熟后从枝叶上沿树干爬下，于地面枯枝落叶处或其他角落或洞穴缝隙中结茧化蛹。成虫昼伏夜出，交尾多于野外寄主植物叶片上，卵产于寄主叶背面，单雌卵量为 500 粒左右，卵期约 10 ~ 23 天。幼虫危害至秋末陆续老熟结茧化蛹，以蛹越冬。

【防治方法】

（1）初孵幼虫具群居习性，可结合防治其他果树害虫进行人工摘除卵块或初孵群居幼虫，集中烧毁。3龄后的幼虫开始分散，可振落枝上幼虫，集中处死。

（2）清扫地面枯枝落叶及其周围被害植株附近的隐蔽场所，消灭越冬蛹。

（3）成虫盛发期设置灯光诱杀成虫。

（4）于3龄幼虫前进行喷药防治，使用药剂参照美国白蛾。

211　花布灯蛾

【学名】*Camptoloma interiorata*（Walker）
【别名】黑头栎毛虫。
【分布与寄主】此虫在我国分布于东北、河北、山东、江苏、安徽、浙江、湖北、江西、湖

南、福建、广西、广东、四川、云南等地；国外分布于朝鲜、日本等地。寄主有板栗、栓皮栎、槲栎等植物。

【被害症状】 以幼虫取食寄主叶片，能将叶片吃光，严重影响栗树生长，早春能取食芽苞，使栗树不能开花抽叶，引起果实减产，甚至颗粒无收。

【形态特征】（图195）

(1)成虫：体长10~15mm，翅展28~38mm。体橙黄色，前翅黄色，翅上具6条黑线，自后角区域略成放射状向前缘伸出，近翅基的两条呈"V"形，其外侧的一条位于中室，较短；在外缘的后半部，有朱红色斑纹两组，每组分出两支伸出翅基；靠后角沿外缘有方形小黑斑3个。后翅橙黄色。雌蛾腹端有密厚的粉红色绒毛。

(2)卵：扁圆形，淡黄色，卵排列整齐成块状，卵块表面覆盖有粉红色绒毛。

(3)幼虫：老熟体长30~35mm，头部黑色，前胸背板黑褐色，被黄白色细线分成4片。胸、腹部灰黄色，有茶褐色纵线13条，各节生有白色长毛数根，臀板及腹足基部均为黑色。

(4)蛹：长约13mm，体纺锤形，茶褐色，腹部最后一节有一圈齿状突起，茧深黄色。

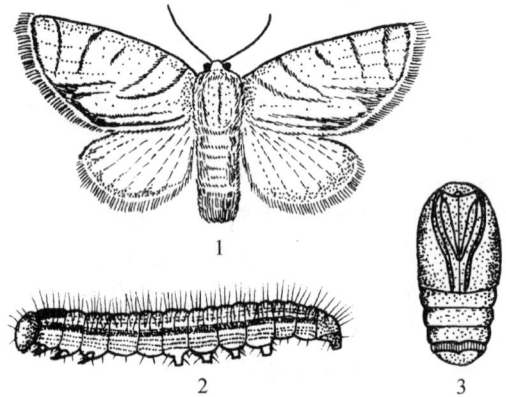

图195 花布灯蛾
1.成虫；2.幼虫；3.蛹

【生活史及习性】 此虫南方1年发生1代，以3龄幼虫群集于树干或枝杈处结虫苞潜伏苞内越冬。翌年当温度升至9℃左右时，越冬幼虫出蛰活动，将虫苞逐渐向树干上部或枝条上迁移，于黄昏后爬出虫苞，大量啃食萌芽的芽苞。4月中旬，当栎树嫩叶盛发时即昼夜出苞取食嫩叶。5月上中旬幼虫老熟，沿树干下迁至地面的枯枝落叶或土石块下作茧化蛹。6月中旬出现成虫，羽化多于上午进行。成虫昼伏夜出，黄昏交尾，次日产卵于树冠中部的叶背面，卵块圆形，每块卵含200粒左右的卵，成虫寿命平均13天。

幼虫孵化后先群集于卵块周围，然后于卵块下吐丝结成灰白色虫茧，并吐丝将叶柄缠于小枝上，幼虫潜伏虫苞内，每虫苞有幼虫数百头，危害至秋末，但气温降至10℃以下时，虫群离开叶背迁至树干或大枝杈处做新虫苞，群集其中越冬。翌年结虫茧处的树皮易开裂，容易导致蛀干性害虫危害。

【防治方法】

(1)秋末早春结合刮树皮、堵树洞、摘除越冬虫苞，集中烧毁。成虫产卵期摘除叶背面粉红色卵块。蛹期清除树干周围的枯枝落叶，消灭其中蛹茧。

(2)翌春越冬幼虫出蛰活动，转苞危害期喷药防治，使用药剂参照美国白蛾。

212 美国白蛾

【学名】 *Hyphantria cunea*（Drury）

【别名】 秋幕毛虫。

【分布与寄主】我国于1979年在辽宁首次发现，现山东、陕西都有分布；国外分布于美国、加拿大、墨西哥、匈亚利、捷克、斯洛伐克、罗马尼亚、奥地利、俄罗斯、波兰、保加利亚、日本、朝鲜等地。美国白蛾食性杂，据国外有关研究资料报道，在美国危害植物88种，在欧洲230种，日本317种。在我国辽宁省东、南部发生区，已查出有近60种植物被害。主要寄主有苹果、山楂、桃、李、海棠、梨、樱桃、杏、板栗、糖槭、桑树、白蜡、樱花、柳、杨、榆、栎、桦、刺槐、悬铃木、丁香、臭椿、连翘、雪柳、山桃、小桃红、五叶枫、南蛇藤、接骨木、爬山虎、绣球珍珠、落叶松以及树木附近的玉米、大豆、蔬菜、花卉和许多种杂草。是举世瞩目的世界性检疫害虫。据记载，匈牙利在1946年有1万 km² 面积的果树，林木的叶被吃光，1947年危害面积上升为4.5万 km²，1948年扩展到匈牙利的全部国土，造成很大损失。

【被害症状】以幼虫食害叶片，被害叶只留叶脉，严重时吃成光杆。使树木生长不良、树势衰弱，甚至死亡。

【形态特征】（图196）

（1）成虫：体长9～12mm，翅展28～38mm，为纯白色的中型蛾子。头白色，复眼黑褐色，下唇须的上方黑褐色，口器短而纤细。胸部背面密布白毛，多数个体腹部白色，无斑点，少数个体腹部黄色，上布黑点。雄成虫触角黑色，双栉齿状，长5mm，由45个小节组成，内侧枝齿较长，约为外侧枝齿的2/3。下唇须外侧黑色，内侧白色。雌成虫触角褐色，锯齿状，由50个小节组成。前翅

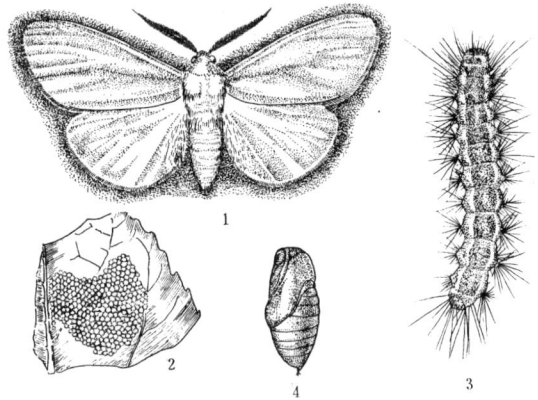

图196　美国白蛾
1. 成虫；2. 卵；3. 幼虫；4. 蛹

白色或乳白色，斑纹多变，雄蛾由纯白色无斑点到具有浓密的黑色斑点或散生浅褐色，具有浓密黑斑点的个体其内横线、中横线、外横线及亚缘线在中脉处向外折角，再斜向后缘，中室端具黑点。后翅一般无斑点或中室端有一个黑点，亚缘处若干斑点位于 M_2 与 Cu_2 处。前翅 R_2、R_3、R_4 与 R_5 脉共柄，R_1 出自中室而游离；后翅 M_2、M_3 从中室后角突出具一短的共柄，Sc 与中室愈合。雌蛾前、后翅白色，通常无斑点。前足基节橘黄色有黑斑，腿节上方橘黄色，胫节、跗节内侧白色，外侧黑色，胫节端具一距，中后足腿节白色或黄色，胫节、跗节上常有黑斑，胫节端部有较长的距1对。雄蛾外生殖器爪形突端部尖锐，向腹面呈勾状弯曲，两侧的抱握瓣对称，抱握瓣的内侧具一齿状突起，突起端部较尖。阳茎端部较粗大，长于抱握瓣之长度，其端部有一列小刺。阳茎端基环梯形，板状。雌性生殖器的肛突发达，大而扁平，上有刚毛。美国白蛾外形与星白雪灯蛾、稀点雪灯蛾相似，极易混淆，主要区别特征为本种后足胫节无中距。

（2）卵：圆球形，直径约0.5mm，初产卵浅黄绿色或浅绿色，后变灰绿色，孵化前变为灰褐色，有较强的闪光，卵表面具有规则的凹陷刻纹。

（3）幼虫：老熟幼虫体长28～35mm，头宽2.5～2.7mm。幼虫体色变化很大，根据幼虫头部的色泽分为红头型和黑头型两类：红头型头部橘红色，额和傍额区有时染褐色或暗褐色，体由浅色至深色，几条纵线乳白色，毛疣着生稀疏的褐色或黑色刚毛，气门白色；围

气门片黑色，腹足外侧深褐色，其端部黄色。按其色泽斑纹变化，还可分为四个类群。黑头型幼虫头亮黑色，无斑纹，傍额片，冠缝色淡而明显，体色多变，由浅到深，一般具黑色宽背带，据其色泽变化亦可再分为几个类群。我国目前发现的幼虫多为"黑头型"只在辽宁省凤城县凤凰山发现"红头型"幼虫。另外，美国白蛾胸足黑色，臀足发达，腹足外侧黑色，腹足趾钩异形单序，作中带排列，中央的长趾钩等长，10～14 根，两端有小趾钩 20～24 根。

(4)蛹：体长 8～15mm，宽 3～5mm，暗红褐色。腹部各节除节间外，布满凹陷刻点，气门椭圆形突出。臀棘 8～17 根，每根钩刺的末端呈喇叭口状，中间凹陷。茧椭圆形黄褐或暗灰色，由稀疏的丝混杂幼虫体毛组成网状。

【生活史及习性】

(1)生活史：美国白蛾发生代数因地区和头色型而异，日本和俄罗斯南部为"黑头型"，1 年发生 2 代，而美国北部和加拿大每年发生 1 代，美国中、南部 2～4 代("红头型"1～2代)。我国辽宁丹东为"黑头型"，1 年 2 代，以蛹结茧在老树皮下，地面枯枝落叶和表土内越冬。翌年 5 月中旬开始羽化，两代成虫发生期分别在 5 月中旬至 6 月下旬，7 月下旬至 8月中旬。幼虫发生期分别在 5 月下旬至 7 月下旬，8 月上旬至 11 月上旬，幼虫危害盛期分别为 6 月中旬至 7 月下旬，8 月下旬至 9 月下旬。9 月初开始陆续化蛹越冬。据饲养观察，平均气温 18～28℃时的成虫寿命为 3～11 天，平均 5 天。第 1 代卵期 9～11 天，第 2 代为6～7天。幼虫期 34～47 天，平均 40 天，共 7 龄；第 1 代蛹期 9～11 天，第 2 代 7 个月左右。

(2)习性：成虫昼伏夜出，飞翔力不强，有趋光性，成虫喜欢夜间交尾，只交尾一次，翌日产卵，产卵期 3～4 天。卵多产于叶背，"红头型"幼虫的卵多为双层排列，"黑头型"为单层排列，块状，一般单雌产卵 700～800 粒，最多达 1940 粒，卵块上覆盖白色的鳞毛。幼虫孵出数小时后即吐丝结网营群集生活，5 龄后开始分散取食，但"红头型"不离网巢，后期白天群栖大枝基部的网上，夜间到枝上取食。一头幼虫一生可取食 15 片左右的叶子，但耐饥力强，1～4 龄幼虫可耐饥 5～9 天，5～7 龄可耐饥 9～15 天。据国外报道，此虫对外界环境适应性强，在俄罗斯的外喀尔巴阡地区，越冬蛹可忍受零下 25～30℃的严寒。美国白蛾可借风力传播，认为交通工具可传播各虫态。

美国白蛾的天敌资源丰富，在辽宁发现有核型多角体病毒、白僵菌、颗粒体病毒、日本追寄蝇和寄生蜂。据记载，该虫寄生天敌有寄蝇科的 *Clemelis pullata*、金小蜂科的 *Conomotu patulum*，*psychophagus omnivorus* 寄生于蛹，*Pleistophora schubergi* 寄生于幼虫。捕食性天敌有草蛉、胡蜂、蜘蛛、鸟类捕食卵、幼虫及成虫。

【防治方法】

(1)加强对内、对外检疫，疫区苗木不经处理严禁外运，疫区内积极防治。

(2)采卵块、剪除网巢，集中烧毁。5 龄后，在离地面 1m 处的树干上，围草诱集幼虫化蛹，然后集中烧毁。

(3)药剂防治时应在幼虫 3 龄以前喷布 80％敌百虫乳油 1500 倍液、80％敌敌畏乳油1500 倍液、2.5％溴氰菊酯乳油 2000 倍液、50％辛硫磷乳油 1500 倍液、40％毒死蜱乳油1500 倍液及多种触杀剂农药，均有良好的防效。

(4)保护和利用天敌。对核型多角体病毒应早加利用。

(5)于成虫盛发期，进行捕杀，或用黑光灯诱杀。

213 黄腹斑灯蛾

【学名】 *Spilosoma lubricipeda* Linnaeus

【别名】 黄腹灯蛾、黄腹星灯蛾。

【分布与寄主】 此虫在我国分布于河南、山西、江苏、浙江、安徽、湖北、台湾等地。寄主有苹果、梨、桑、樱桃、棉花、大豆、玉米、麦类、蔬菜等多种植物。

【被害症状】 以幼虫取食寄主叶片。将叶片表皮，叶肉啃食殆尽，或将叶缘吃成缺刻，叶面吃成孔洞，叶面受伤后，卷曲枯黄，早期脱落，影响树势。

【形态特征】 (图197)

(1)成虫：体长14～18mm，翅展35～45mm，头、胸、翅白色，腹基部与末端白色，中间黄至橙黄色，各节腹背中央、两侧及腹面两侧各具一黑斑。复眼球形黑褐色。前翅基部、内横线处前缘、中室后方、中室近上角、外横线前缘和中室后各具一小黑点。亚端线为一列断续的黑点，与外缘近平行，后缘中部沿臀脉处有两个黑点。后翅中室端有一黑点，外缘中部有一或几个黑点。各足跗节为黑白相间的花纹。

(2)卵：呈半球形，直径约0.8mm，块生，初孵卵乳白色，后变浅黄至灰黄色。

(3)幼虫：老熟体长约40mm，头部黑褐色有光泽，布浅褐色纹。体色有各种色泽，各体节毛瘤上丛生棕黄至黑褐色长毛。前胸盾黑褐色，胸足黄褐至黑褐色，臀板浅褐色。腹足4对，臀足1对。

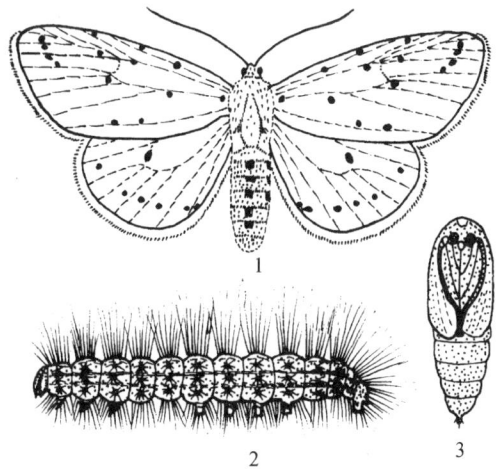

图197 黄腹斑灯蛾
1. 成虫；2. 幼虫；3. 蛹

(4)蛹：长约20mm，暗棕褐或暗紫褐色。腹部稍扁平，背面隆起，腹末有10余根毛刺。茧土黄色，杂有幼虫脱落的体毛。

【生活史及习性】 此虫1年发生2代，以蛹于地面枯枝落叶、土石块下及其被覆物下越冬。翌春4、5月成虫羽化、交尾、产卵，6月发生第1代幼虫，危害至7月底至8月初老熟化蛹，第1代成虫于8、9月发生，并交配、产卵，第2代幼虫危害至秋末老熟做茧化蛹越冬。各代发生期不整齐。

成虫昼伏夜出，有趋光性，羽化后不久即可交尾、产卵，卵多成块产于叶背面，叶正面也偶尔可见卵块。卵期7天左右。初孵幼虫群集于卵块附近不食不动，稍后边群聚取食附近叶片上的表皮与叶肉，稍大后才分散危害，将叶片吃成缺刻与孔洞。幼虫极活泼，受惊扰便假死落地。

【防治方法】 参照 P_{291} 褐点粉灯蛾防治方法。

(四七)夜蛾科 Noctuidae

中至大型蛾类，体粗状多毛，体色深暗。前翅具斑纹。多昼伏夜出。喙多数发达，静止时卷曲。普遍具下唇须。复眼大，多具单眼。额骨化强，形状多样。触角有线状、锯齿状、栉齿状。胸部常具毛或鳞片，中足胫节具 1 对距，后足胫节有 2 对距，有些种类胫节具刺。后翅多为白色或灰色。

幼虫体形粗状，多数光滑少毛，颜色较深，臀足发达，腹足通常 4 对，少数为 2~3对，趾钩单序中带式，如成缺环，则缺口很大，前胸腹面具翻缩腺。幼虫危害可分为三大类：夜盗性种类，体色暗，夜间取食活动，白天卷曲潜伏于土中；暴露性种类，体绿色或鲜艳，日夜活动于植株上；钻蛀性种类，主害根、茎、叶、花等器官，本科我国已知 1500余种。

214　桃剑纹夜蛾

【学名】*Acronicta incretata* Hampson

【别名】苹果剑纹夜蛾。

【分布与寄主】此虫在我国分布于东北、华北、华东、华中、四川、广西、云南等地；国外分布于朝鲜、日本等地。寄主有苹果、桃、李、樱桃、杏、梨、梅、核桃、柳、杨等多种园林植物。

【被害症状】以幼虫取食危害寄主幼芽、嫩叶、果实。初龄幼虫多啃食叶肉，被害处呈纱网状，日久出现枯斑，形成孔洞，早期脱落，稍大后的幼虫则沿叶缘取食成缺刻或于叶面食害呈孔洞。啃食果实的果皮，被害部位极易感染病害，因而常导致早期落果。

【形态特征】(图198)

(1)成虫：体长约 19mm，翅展约 45mm，头顶灰棕色，下唇须、颈板及翅基片外缘均有黑纹，腹部褐色。前翅灰色，基线仅在前缘处出现两黑条，基剑纹黑色，树枝形，内横线双线暗褐色，波浪形外斜，环纹灰色，黑褐色边，斜圆形，肾纹灰色，黑边，两纹间具一条黑线，中横线褐色，外横线双线，外一线明显，锯齿形，在 M_2 与亚中褶处各有一条黑纵纹穿过，亚缘线白色。后翅白色，外横线微黑，端区带有灰褐色，翅脉浅褐色。

(2)卵：半球形，乳白色，近孵化时变为红褐色。

(3)幼虫：老熟体长 38~40mm，

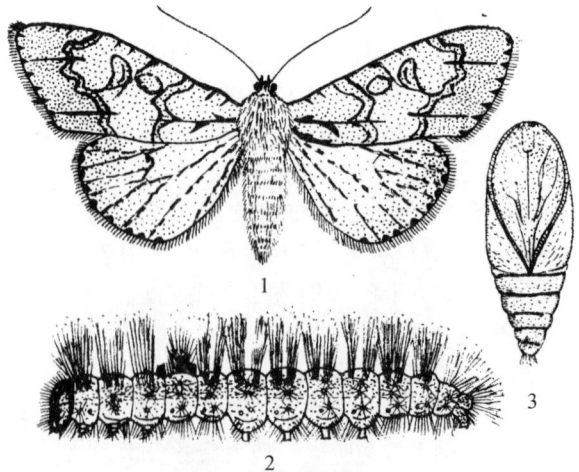

图 198　桃剑纹夜蛾
1. 成虫；2. 幼虫；3. 蛹

灰色略带粉红色。体疏生黑色细长毛，毛端黄白稍弯。头红棕色布黑色斑纹。背线宽，淡黄至橙黄色，气门下线灰白色。前胸盾中央为黄白色细纵线，两侧为黑纵线。胸背背线两侧各有一黑毛瘤。腹节背面两侧各具一中间白色、周缘黑色的毛瘤，第 2~6 腹节毛瘤更为明显，第 1~6 节毛瘤下侧各具一白点，其前、后各具一棕色斑，第 7~8 节毛瘤下无白点，但有两棕色斑，第 9 节毛瘤下为一棕色大斑。第 1 腹节背面中央有一黑色突起，上生黑色短毛和零星长毛，基部两侧各一个黑点，突起上具黄白色短毛丛，第 8 腹节背面较隆起，具 4 个黑毛瘤呈倒梯形，后两个较大。臀板上具"8"字形灰黑色纹。各节气门线处有一粉红色毛瘤。胸足黑色，腹足暗灰褐色。气门椭圆形褐色。

（4）蛹：长约 20mm，初黄褐色，后变棕褐色有光泽。前翅端达第 4 腹节近下缘，后翅端达第 3 腹节下缘，第 1~7 腹节前半部有刻点。臀板有纵皱褶，腹末有 8 根刺，背面 2 根较大，腹面 6 根由两侧向内逐小。背线黑褐色，两侧有不规则的圆形暗纹。

【生活史及习性】此虫东北、华北 1 年发生 2 代，以蛹于土中或树皮缝隙内越冬。翌年 5~6 月羽化、交尾、产卵，第 1 代幼虫于 5 月中下旬开始发生，危害至 6 月下旬开始陆续老熟，并吐丝缀叶于卷叶内结白色薄茧化蛹。7 月下旬可见第 1 代成虫，并随即交尾、产卵，8 月上旬出现第 2 代幼虫，危害至 9 月开始陆续老熟，并寻找适当场所结茧化蛹，以蛹越冬。

成虫昼伏夜出，有较强的趋光性，卵多产于叶片正面或背面，成虫寿命约 13 天，卵期第 1 代约 12 天左右，第 2 代约 7 天左右，幼龄幼虫只食表皮与叶肉，被害部位呈纱网状，长大后的幼虫将叶片吃成孔洞与缺刻，严重时将叶吃光，同时也可啃食果皮。被害部易受病害感染，常引起被害果早期脱落、幼虫老熟后结茧化蛹，蛹期：越冬代约 225 天，第 1 代约为 10 天。

【防治方法】

（1）冬季或早春结合刮树皮、堵树洞及其修剪，清理园内及附近的枯枝落叶和被覆物；深翻树盘，消灭越冬蛹。

（2）成虫羽化盛期设置黑光灯或其他灯光诱杀成虫。

（3）幼虫孵化初盛期或低龄幼虫期树上喷药防治，常用药剂有 50% 辛硫磷乳油、50% 杀螟松乳油、80% 敌敌畏乳油等均为 1500 倍液，或 20% 灭扫利乳油、2.5% 敌杀死乳油、2.5% 功夫乳油均为 2000 倍液，防治效果均好，杀虫率达 95% 以上。

215　桑剑纹夜蛾

【学名】*Acronicta major* Bremer

【别名】大剑纹夜蛾、桑夜蛾。

【分布与寄主】此虫在我国分布于东北、河北、山西、山东、河南、江苏、浙江、湖北、四川、云南等地；国外分布于日本、俄罗斯等地。寄主有桃、李、杏、梅、柑橘、山楂、桑、香椿等多种园林植物。

【被害症状】以幼虫食害寄主叶片，初孵幼虫啃食叶肉残留表皮，稍大后的幼虫将叶片蚕食成缺刻与孔洞，严重时仅剩叶柄，削弱树势。

【形态特征】（图 199）

（1）成虫：体长 27~29mm，翅展 62~69mm。头胸部灰白色略带褐色；下唇须第 2 节有黑环，额两侧黑色；触角丝状，柄节后侧黑色，各足胫节侧面有黑纹。前翅灰白略带褐色，基剑纹黑色，端部分枝，内横线双线黑色，环纹灰色黑边，不完整，肾纹色同环纹，斜长圆形，中央具一黑条，前方有一条斜黑纹伸至前缘脉；中横线外斜至肾纹，外横线双线锯齿形，外一线黑色，于 M_2、M_1 间有一条黑纵纹穿过，端剑纹黑色，缘线为一列黑点。后翅浅褐色，翅脉色深，外横线褐色，横脉纹暗褐色，翅外缘色较暗。

（2）卵：扁圆球形，初乳白色，后色渐变深，卵壳上具横纹。

（3）幼虫：老熟体长 50 ~ 55mm，体较粗大，密布小刺与长短刚毛，头部红褐色，有不明显的黑褐色斑，体灰白色，散布淡褐圆斑，每体节背面各具一块褐斑。前胸盾与臀板棕褐色；气门椭圆形黑色；胸足 3 对棕褐色；腹足灰白色外侧有褐斑，趾钩单序中带。各体节刚毛成毛簇状，刚毛粗而长，短羽状，并具次生刚毛；腹部各节 2 毛簇为黑色，其余为白色。

（4）蛹：体长 18 ~ 27mm，红褐色，第 1 ~ 3 腹节背面有不规则的横皱纹，第 4 ~ 7 腹节具大小不等的刻点及半圆形凹纹。腹末臀棘末端生红色钩刺 4 丛，背、腹面各两丛。

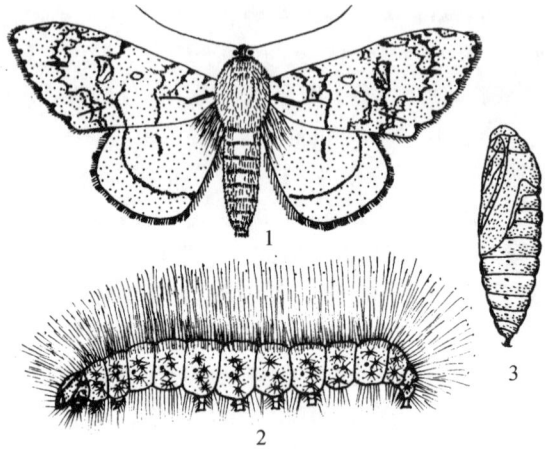

图 199　桑剑纹夜蛾
1. 成虫；2. 幼虫；3. 蛹

【生活史及习性】此虫华北 1 年发生 1 代，以蛹于树下土中，地被物、梯田隙缝中越冬，翌年 7 月上旬开始羽化，7 月下旬为羽化盛期，8 月上旬为末期。7 月中旬成虫产卵，7 月下旬始见幼虫，8 月上中旬为孵化盛期。幼虫期 30 ~ 40 天，危害至 9 月上旬开始陆续老熟结茧化蛹进入越冬。9 月中下旬为化蛹盛期，10 月上旬仍有老熟幼虫化蛹。

成虫昼伏夜出，有趋光性，喜食糖蜜以补充营养。羽化后的成虫经 5 天左右的取食后即开始交尾产卵，卵常数十粒或数百粒产于寄主叶面，卵互不重叠，排列无规则，单雌平均卵量 500 ~ 700 粒，卵期 1 周左右，幼虫初孵时只食叶肉，残留表皮，长大后便蚕食叶片仅留叶脉或叶柄，且昼夜均可取食，有群集性，逐叶逐株食害。老熟后陆续爬下树，寻找适当场所，常数头或数十头群集一起，于 10cm 左右深的土中越冬。

【防治方法】

（1）幼虫下树前于干基周围铺草或塑料布，并于塑料布上覆以 10cm 左右的疏土，诱集幼虫于内结茧化蛹，等至冬前清除铺草或挖除土中茧，消灭其中蛹。

（2）成虫羽化期设置灯光诱杀成虫。

（3）成虫产卵期进行人工捕杀卵块及初孵群集幼虫。

（4）于初龄幼虫期喷施农药，效果很好，常用农药参照桃剑纹夜蛾。

216　梨剑纹夜蛾

【学名】*Acronicta rumicis* Linnaeus

【分布与寄主】此虫在我国分布于东北、华北、华东、华中、西北,台湾等地;国外分布于欧洲、亚洲西部以及俄罗斯、日本等地。寄主有桃、梨、苹果、山楂、梅、桑、杨、柳、蔬菜、大豆等多种园林植物及农作物。

【被害症状】似 P$_{297}$桑剑纹夜蛾。

【形态特征】(图200)

(1)成虫:体长 14~17mm,翅展 32~46mm,头胸部棕灰色杂黑白色,额棕灰色,有一黑条,足跗节褐色,有浅褐色环。腹背浅灰色带棕褐色,基部毛簇微黑。前翅暗棕色间有白色,基线为一黑且短的粗条,后端弯向内横线,内横线双线黑色波曲,环纹灰褐色具黑边,肾纹半月形,浅褐色,前缘脉至肾纹有一黑条;外横线双线黑色,锯齿形,在中脉处有一条白色新月形纹,亚背线白色,缘线白色,外侧具一列三角形黑斑。后翅棕黄色,边缘较暗,缘毛白褐色。翅反面黄褐色。

(2)卵:半球形,初乳白色,后变红褐色。

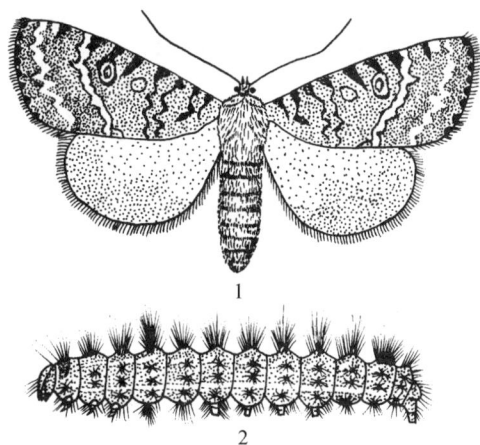

图200　梨剑纹夜蛾
1. 成虫;2. 幼虫

(3)幼虫:老熟体长约30mm,头部褐色,体褐至暗褐色,有大理石纹,背面一列黑斑,斑中央有橘红色点,气门下线黄色,各节中央稍红。毛片较大,橘黄色,簇生黑色长毛。第1腹节背面的毛长而黑。第8腹节背面微隆起。

(4)蛹:长约16mm,初化红褐色,羽化前变为黑褐色。

【生活史及习性】此虫北方1年发生2代,以蛹于树干基部周围的土中越冬。翌年5月陆续羽化、交尾、产卵。卵期10天左右,6月为幼虫发生危害期,危害至7月幼虫陆续老熟化蛹,蛹期8天左右,8月发生第1代成虫,并陆续交尾、产卵,卵期1周左右,第2代幼虫危害至秋末陆续老熟结茧化蛹,入土越冬。

成虫昼伏夜出,有趋光性,羽化后的成虫喜食果汁等糖蜜物质,经数日补充营养后开始交尾、产卵。卵常数粒或数十粒产于叶片上,幼虫孵化后常数头群聚叶背取食危害。幼虫老熟后下树于树干周围地被物或土中结茧化蛹。

【防治方法】参照 P$_{298}$桑剑纹夜蛾防治方法。

217　果剑纹夜蛾

【学名】*Acronicta strigosa* Schiffermüller

【分布与寄主】此虫在我国分布于东北、河北、山西、新疆、四川等地;国外分布于欧洲、日本、朝鲜、俄罗斯等地。寄主有苹果、桃、山楂、沙果、李、杏、梨等多种园林植物。

【被害症状】以幼虫食害寄主叶片，初龄幼虫取食叶片表皮和叶肉，留一层表皮，被害处呈纱网状，纱网处以后出现枯黄，稍大后的幼虫则蚕食叶片的叶缘成缺刻，或将叶片吃成孔洞，残留叶脉，严重发生时可将叶片吃光，仅剩叶柄。削弱树势，影响果品质量。

【形态特征】（图201）

（1）成虫：体长 12～22mm，翅展 34～41mm，头、胸部暗灰色，头顶两侧及触角基部灰白色，下唇须第2节有白斑，第3节黑色杂白色，足黄灰带黑色，跗足具黑斑，腹部背面灰色带褐色。前翅灰色微黑，后缘区较黑，有明显的基剑纹、中剑纹及端剑纹，基线双线黑色。内横线双线黑色，波浪形外斜，环纹灰色黑边，肾状纹灰白，内侧黑色，前缘脉中部至肾脉有一条黑斜纹；外横线双线黑色，线间灰白，锯齿形，在亚中褶成内凸角，端剑纹端部有两个白点，缘线为一列黑点。后翅淡褐色，隐约可见横脉纹及外横线。

（2）卵：馒头状或半球形，白色透明，卵壳上具放射性伞状刻纹，直径约 1.0mm，近孵化时，卵顶呈灰褐色，其周围可见数个赭色斑纹。

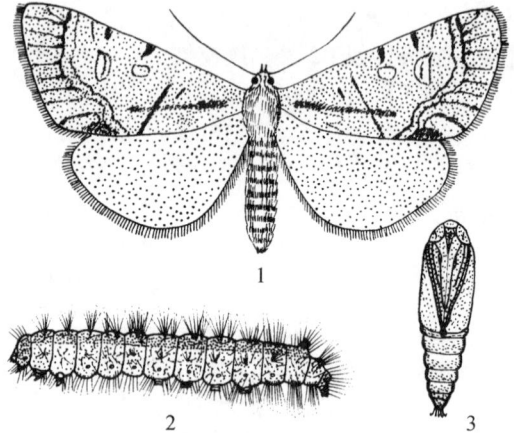

图 201　果剑纹夜蛾
1. 成虫；2. 幼虫；3. 蛹

（3）幼虫：老熟体长 25～30mm，绿或赭色。头部褐色有深色斑纹，傍额片白色，额区黑色，中部具一白色纵条，触角与唇基大部分白色，上唇与上颚黑褐色。前胸盾黑褐色呈倒梯形。背线红色，亚背线紫褐色，气门上线黄色；中、后胸与腹部2、3、9节背中央各具一对黑色毛瘤，腹部第1、4～8节各有2对黑色毛瘤，着生黑色长毛。头部与腹面有白色毛，气门筛白色，周围气门片黑色。胸足黄褐色，腹足绿色，端部有橙红色带。

（4）蛹：体长 11～16mm，纺锤形，深红褐色有光泽。胸部背面和第1～3腹节背板中央有细横皱纹，第4～7节腹背有细小刻点，第8～10腹节光滑。尾突黑色有纵皱纹，臀棘6根弯向腹面。由外侧向内侧变细。额突，色深，复眼圆形；上唇长约下颚的1/4，下颚伸达第4腹节的1/3处；前足胫节为中足胫的2/3；中足胫节较下颚稍短；触角略短于中足胫节；翅芽伸达第4腹节近端部。茧长约18mm，纺缍形，质地疏松，外附碎屑与土粒。

【生活史及习性】此虫山西1年发生3代，以蛹于地表被物下或土中越冬，间或有树体各种缝隙中越冬者。翌年当旬均气温升达17℃左右时开始羽化，4月下旬为羽化初期，5月中旬进入盛期，6月上旬为末期。5月上旬可见第1代卵，5月中下旬为第1代卵盛期，6月上旬为末期。第1代卵期1周左右，第1代幼虫盛发期为5月下旬至6月上旬。危害至6月中旬，幼虫开始陆续老熟化蛹，化蛹盛期为7月上中旬，第1代预蛹期5天左右，蛹期15天左右，第1代成虫盛发期为7月中旬，成虫寿命10天左右。第2代卵始见于7月初，7月中下旬为第2代卵盛期，第2代卵期5天左右，第2代幼虫盛发期为7月下旬左右，危害室8月初陆续老熟化蛹。化蛹盛期为8月上旬，第2代预蛹期4天左右，蛹期13天左右；8月下旬为第2代成虫盛发期，成虫寿命为1周左右。第3代卵盛期发生于9月初。第3代卵期

1 周左右，第 3 代幼虫盛发期为 9 月上中旬，危害至 9 月底开始陆续老熟，并寻找适当场所结茧于内化蛹，进入越冬。

成虫昼伏夜出，有趋光性，羽化多于下午至夜间进行。成虫喜食糖蜜，有明显的趋化性，羽化后经数日的补充营养盾始开始交尾、产卵，卵主要散产于树冠中上部与树枝的枝条中上部叶片的背面靠近主脉附近，单雌平均卵量为 150 粒左右，各代卵的平均孵化率均在 70% 左右。刚孵幼虫较活泼，于卵壳附近取食叶肉与表皮，残留另一面表皮。稍大后行动迟缓，蚕食叶片呈缺刻与孔洞，各代幼虫期分别平均为：第 1 代 26 天左右，第 2 代 25 天左右，第 3 代 30 天左右，危害至老熟后于树干爬下至地面、土中或树皮缝隙内、树洞中结茧或不结茧(各占 50%)化蛹。天敌有夜蛾绒茧蜂，自然寄生率为 10% 左右。

【防治方法】参照 P₂₉₈ 桑剑纹夜蛾防治方法。

218　枯叶夜蛾

【学名】*Adris tyrannus* Guenée

【别名】通草木夜蛾。

【分布与寄主】此虫在我国分布于东北、河北、山西、山东、河南、陕西、湖北、四川、广西、江苏、浙江、台湾等地；国外分布于日本等地。寄主有苹果、梨、桃、柑橘、杏、柿、葡萄、枇杷、无花果、杧果等多种果园植物及其经济林树种。

【被害症状】以成虫吸食寄主近成熟或已成熟的果实汁液，危害时以虹吸式口器刺破果皮，果皮常可见到针头大小的孔洞，被刺吸部分呈海绵状，稍后被害部色凹陷，手触此处有松软感觉，并常招引胡蜂危害，随后被害果出现萎缩或易感病，造成腐烂。

【形态特征】(图 202)

(1)成虫：体长 35～38mm，翅展 96～105mm，头、胸部棕褐色，腹部背面橘黄色，触角丝状，前翅枯叶褐色，顶角很尖，外缘弧形内斜，后缘中部内凹，翅脉有一列黑点，内横线黑褐色，内斜，在 A 脉后稍弯曲，顶角至后缘凹陷处有一条黑褐色斜线，环纹为一个黑点，肾纹黄绿色，翅脉上有许多黑褐色小点。后翅橘黄色，亚端区有一条牛角形黑带，中后部有一块肾形黑斑，其前端伸达 M₂ 脉。

(2)卵：扁球形，直径约为 1.0mm 左右，乳白色，上、下面较扁平。

(3)幼虫：老熟体长 57～71mm，前端较尖，第 1、2 腹节常弯曲，第 8 腹节背面有后倾的隆突，把 7～10 腹节形成一个峰状。头赭色无花纹，体黄褐至灰褐色，背线、亚背线、气门线、亚腹线及腹线均暗褐色，第 2～3 腹节亚背面各具一个眼形斑，中间黑色并具有月牙形白纹，其外围黄白色绕有黑色圈。各体节布有许多不规则白纹，第 6 腹节亚背线与亚腹线间有一块不规则的环形白斑，上有许多黄褐色圆圈和斑点。胸足外侧黑褐色，基部较淡内侧有白斑，腹足黄褐色，趾钩单序中带，第 1 对腹足小，第 2～4 对腹足及臀足趾钩均为 40 个左右。气门长卵形黑

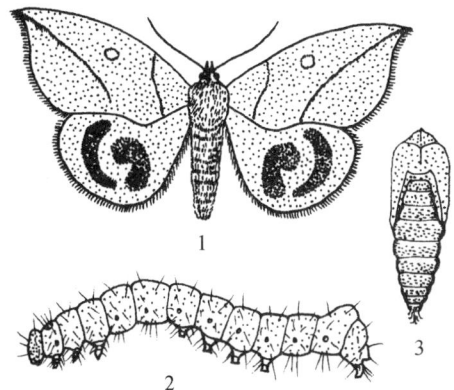

图 202　枯叶夜蛾
1. 成虫；2. 幼虫；3. 蛹

色，第8腹气门比第7腹气门稍大。

（4）蛹：体长约32mm，红褐至黑褐色，头顶中央略呈小尖突，头、胸部背、腹面有许多较粗而不规则的皱褶；腹部背面较光滑，刻点浅而稀。

【生活史及习性】 此虫1年发生2~3代，以成虫、卵及幼虫均可越冬。世代重叠明显，发生期不整齐，植物生长季节均有成虫发生，但以7~8月发生较多，成虫卵多产于通草、十大功劳或伏牛花等寄主的茎与叶背。幼虫孵化后则吐丝缀叶潜伏叶内危害，6~7月为幼虫发生盛期，危害至老熟后于缀叶内结茧化蛹，秋末羽化为成虫，以成虫于附近避风岗地或阳面杂草丛中潜伏越冬。

成虫昼伏夜出，有明显的趋光性与趋化性，喜食香甜味浓、适口性好的果实，7月以前主害杏及早熟桃等果实，7月后则转害苹果，苹果中以金冠、红玉、红星、元帅、印度等品种受害较重，国光较轻，成虫寿命长，温暖地带除以成虫越冬外，间或有以卵或幼虫于被害的寄主上越冬。

【防治方法】

（1）于成虫发生危害盛期于果园内设置黑光灯或其他灯光诱杀成虫。

（2）果实接近成熟期进行套袋防治。

（3）于果园内设置糖醋液盆，或烂果汁诱杀成虫。

（4）清理园内及其附近的枯枝落叶、杂草及其幼虫期的寄主，防治卵、幼虫及其成虫潜伏其中危害。

（5）新植果园应避免混栽多种果树，避免成虫交替危害。

（6）成虫产卵盛期或幼虫孵化初盛期药剂防治或释放赤眼蜂防治，使用农药参照果红裙扁身夜蛾所用农药。

219　小地老虎

【学名】 *Agrotis ypsilon* Rottemberg

【别名】 土蚕、切根虫、夜盗虫。

【分布与寄主】 此虫在世界各地均有分布。寄主有各种农作物、蔬菜、杂草、果树及其林木幼苗。

【被害症状】 以幼虫危害地下部组织，主茎硬化后便可爬至上部咬食生长点，轻则造成缺苗断垄，重则毁种重播。

【形态特征】 （图203）

（1）成虫：体长21~23mm，翅展48~52mm，头部与胸部褐色至灰褐色，腹部黑灰色，复眼灰绿色，触角雄虫为双栉齿状，雌虫丝状。额上缘有黑条，头顶有黑斑，颈板基部及中部各有一条黑横纹。前翅棕褐色，前缘区色较黑，基线双线黑色，波浪形。内横线双线黑色，波浪形，剑纹小，暗褐色，黑边，环纹小，扁圆形，黑边，肾纹黑边，外侧中部有一条楔形黑纹伸至外横线；中横线黑褐色，波浪形；外横线双线黑色，锯齿形，齿尖在各翅脉上为黑点。亚缘线微白，锯齿形，内侧 M_3 至 M_1 间有两条楔形黑纹，内伸至外横线，外侧为两个黑点，缘线由一列黑点组成。后翅白色，翅脉褐色，前缘、顶角及缘线褐色，缘毛白色。腹部背面灰色。

（2）卵：馒头形，直径约0.5mm，高约0.3mm，表面有纵横隆线。初产卵为乳白色，后渐变为黄色，孵化前卵顶上呈现黑点。

（3）幼虫：圆筒形，体长 37～50mm，黄褐至黑褐色，背线、亚背线及气门线均黑褐色；但不甚明显，前胸背板暗褐色，臀板黄褐色，其上具有两条明显的深褐色纵带，胸足与腹足黄褐色，头部褐色，具有黑褐色不规则网状纹，额中央亦有黑褐色绞，体表粗糙，满布大小不均匀而彼此分离的颗粒，这些颗粒稍微隆起。

（4）蛹：体长 18～24mm，赭色有光泽，口器末端约与翅芽末端相齐，均伸达第 4 腹节后缘。腹部前 5 节呈圆筒形，几与胸部同粗，第 4～7 腹节各节背面前缘中央深褐色，且有粗大刻点，两侧尚有细小刻点，延伸至气门附近，第 1～7 腹节腹面前缘也有细小刻点，腹部末端臀棘短，具短刺 1 对。

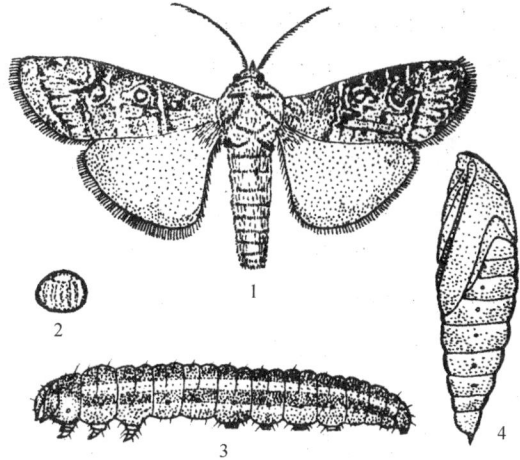

图 203　小地老虎
1. 成虫；2. 卵；3. 幼虫；4. 蛹

【生活史及习性】此虫 1 年发生代数，随各地气候不同而异，从地理区域来看，大致长城以北年生 2～3 代，长城以南黄河以北年生 3 代，黄河以南至长江沿岸年生 4 代，长江以南年生 4～5 代，南部亚热带地区年生 6～7 代。据各地发生情况表明，无论年生代数多少，在生产上造成严重危害的均为第 1 代幼虫。长江以南以蛹及幼虫越冬，南部亚热带地区冬季无休眠现象，各虫态均能正常活动，此虫在北方的越冬问题，至今仍不清楚，尚待研究，在海南研究黏虫的迁飞时，发现小地老虎可能也有迁飞危害的习性。了解此虫的越冬场所及虫态对于作好第 1 代幼虫发生数量的预测预报，搞好防治工作有重要的意义，值得继续深入研究。

成虫白天潜伏于土隙缝、枯叶、杂草等隐蔽物下，黄昏后开始飞翔、觅食、交尾、产卵等活动，春季气温回升至 8℃时即有成虫出现，10℃以上温度愈高，出现数量及活动范围也愈大。成虫对黑光灯极为敏感，有很强的趋光性，也有明显的趋化性，尤喜酸甜酒味。成虫羽化后 3～5 日开始产卵，卵散产于低矮叶密的杂草上，少数产于枯叶及土隙缝下，尤以靠近土面的叶上产卵最多，因此，清除杂草对防治地老虎危害有一定作用。成虫各代平均产卵量为 800～1253 粒，卵期随分布地区及世代不同而异，一般为 3～7 天。

幼虫共 6 龄，少数 7～8 龄，2 龄前昼夜均可取食，群集危害，3 龄以后分散活动危害，4 龄时于夜间出土危害，白天潜伏于表土的干湿层之间，成虫、幼虫有假死习性，受惊扰即卷缩成团，幼虫期长短，各地间差异很大，第 1 代幼虫期一般为 30～40 天。

此虫的越冬代成虫在南方最早在 2 月份就可发现，全国大部地区发蛾盛期在 3 月下旬至 4 月上中旬，宁夏、内蒙古是 4 月下旬，华南一些地区从 10 月至翌年 4 月均有发生危害。

【防治方法】

（1）诱杀成虫：成虫盛发期设置黑光灯或糖醋酒液诱杀成虫。或用 1.5kg 红薯，煮熟捣烂加少量发酵粉发酵至带酸味，加等量水调成糊状，再加醋 0.5kg 和 1% 辛硫磷粉剂 5g，以此取代糖醋液。

(2)除草灭虫：田间杂草是小地老虎产卵的重要场所及幼龄幼虫的食料。在幼虫1~2龄时要及时清理田间杂草。在秋收后及时进行深耕土地、修渠补堰；春播前，及时耕地、合理施肥灌水、推广农田化学除草，均能有效地减少田间杂草，从而减少小地老虎成虫产卵。

(3)幼虫捕杀：幼虫捕杀的方法大体有三种：一是人工捕杀，当发现田间出现断苗后，在接近土表的位置刨开土层进行捕杀，可连续捕杀几次。二是糖醋诱捕，因为小地老虎对糖醋有趋向性。在田间放置配好的糖醋液诱杀剂。配方为糖3份、醋4份、水2份、酒1份，并加入总量0.2%的90%晶体敌百虫，分成多份，隔段距离摆放一份，此法可大量诱杀幼虫。三是灯光诱杀，利用小地老虎成虫对光的趋向性，在田间每40~50亩安装频振式杀虫灯或黑光灯诱杀成虫。于每年3月开灯，安装杀虫灯区域小地老虎危害明显减轻。

(4)据河南偃师县经验，桐叶诱杀幼虫效果好。方法是将刚从泡桐树上摘下的老桐叶于傍晚放于苗圃地上，每亩70片叶左右，放前将桐叶浸以90%敌敌畏乳油100倍液，连续3~4天防治效果可达95%。

(5)药剂防治：小地老虎1~3龄幼虫期抗药性差，且暴露在寄主植物或地面上，是药剂防治的最佳时期。选用40%辛硫磷乳油1000倍液或4.5%高效氯氰菊酯乳油、2.5%敌杀死乳油1500倍液、90%晶体敌百虫1000倍液，每亩用药液60~70kg，于傍晚卸掉喷头，围绕作物根际进行点滴防治，以药液渗入土中为宜。也可用1%辛硫磷粉剂0.5~1kg加干土30kg混配成毒土撒于幼苗四周土面上，或用幼嫩多汁的鲜草25~40kg加1%辛硫磷粉剂1kg均匀混合，或90%敌百虫0.5kg加水5kg左右拌匀，于傍晚撒于苗床上防治4龄以上幼虫，杀虫效果均好，或直接喷雾各种胃毒农药，均有良好的防效。

220　黄地老虎

【学名】*Agrotis segetum* Schiffermüller

【别名】土蚕、切根虫、夜盗虫。

【分布与寄主】此虫在我国分布于西北、西南、东北、华北、中南等地；国外分布于欧洲、非洲、亚洲。寄主同小地老虎。

【被害症状】同P302小地老虎。

【形态特征】（图204）

(1)成虫：体长15~18mm，翅展32~43mm，全体淡灰褐色或黄褐色，雄蛾触角双栉形。前翅灰褐色，基线与内横线均双线褐色，后者波浪形，剑纹小，黑褐边；环纹中央有一个黑褐点，黑边，肾纹棕褐色、黑边；中横线褐色，前半明显，后半细弱，波浪形；外横线褐色，锯齿形，亚缘线褐色，外线衬灰色，翅外缘有一列三角形黑点。后翅白色半透明，前、后缘及端区微褐，翅脉褐色，雌蛾色较暗，前翅斑纹不显著。

(2)卵：高0.44~0.49mm，宽约0.70mm左右，扁圆形，顶端较隆起，底部较平，黄褐色。

(3)幼虫：体长35~45mm，黄色，腹部末端硬皮板中央有黄色纵纹，两侧各具一黄褐色大斑。前胸盾淡褐色，背线、亚背线和气门线淡褐色。

(4)蛹：体长15~20mm，黄褐色，第5~7腹节背面前缘中央至侧面被密而细的刻点9~10排，端部刻点较大，半圆形，腹面亦有数排刻点。腹末臀棘稍长，生粗刺1对。

【生活史及习性】 此虫新疆北部 1 年发生 2 代，东北、河北、内蒙古、陕西、甘肃河西 2~3 代，新疆南部、黄淮地区 3 代，山东 3~4 代，以蛹及老熟幼虫于 10cm 左右的土中越冬。在内蒙古、山东危害盛期为 5~6 月，其余地区则在春季和秋季严重危害。

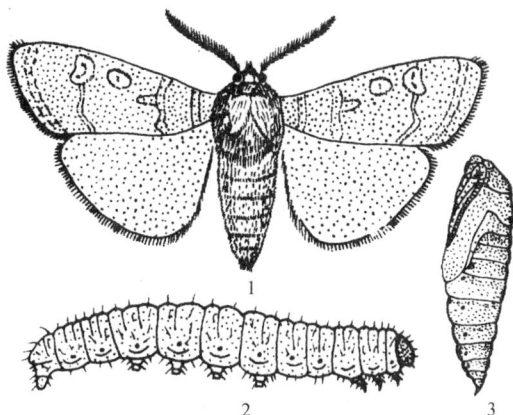

图 204　黄地老虎

1. 成虫；2. 幼虫；3. 蛹

此虫生活习性与小地老虎相似，单雌卵量 300~600 粒，产卵量与补充营养有关，产卵期约 3~4 天，喜于土质疏松、植株稀少处产卵，一般单叶 3~4 粒，多达十几粒不等。卵多产于叶背。成虫具较强的趋光性与趋化性。初孵幼虫有食卵习性，常食去一半以上的卵壳。1 龄幼虫一般咬食叶肉，留下表皮，也可聚于嫩尖咬食。2 龄咬食叶肉与嫩尖，造成断头，3 龄幼虫咬断嫩茎，4 龄以上幼虫于近地面处将幼茎咬断，6 龄幼虫食量剧增，一般一夜可危害 1~3 株幼苗，多时可达 4~5 株，茎干较硬化时，仍可于近地面处将茎干啃食成环状，使整株萎蔫而死。春播期，早灌水、早播种和晚灌水、晚播种的危害较轻。灌水期与成虫盛发期一致的危害重。

【防治方法】 参照 $P_{303~304}$ 小地老虎。

221　果红裙扁身夜蛾

【学名】 *Amphipyra pyramidea* Linnaeus

【别名】 黑带夜蛾。

【分布与寄主】 此虫在我国分布于东北、华北、华中、华南等各地；国外分布于俄罗斯、日本、印度、伊朗以及欧洲各地。寄主有苹果、梨、桃、樱桃、葡萄、栎、核桃、枫、杨、柳、榆、榛、桦等多种园林植物。

【被害症状】 以幼虫取食寄主的叶片与果皮，初龄幼虫啃食叶肉残留表皮，被害叶呈纱网状，稍大后则蚕食叶片呈缺刻与孔洞，同时取食果皮，使果面呈现许多坑凹不平伤痕。被害寄主树势受到影响，果品质量下降。

【形态特征】 （图 205）

（1）成虫：体长 20~27mm，翅展 50~63mm，头、胸部棕褐色；下唇须外侧色较黑。腹部黑褐色。触角丝状。前翅暗赭色带紫色，基线双线黑色，内一线粗，色浓，内横线双线黑色，锯齿形，外一线粗，环纹白色扁圆，有一黑条伸至外横线，中横线模糊，黑棕色，外横线双线黑色，后半锯齿形，线间灰黄色。前缘外侧有一条灰黄纹，亚缘线灰黄色，内侧黑棕色，缘线为一列灰黄点。后翅红赭色，顶角处带棕色，前缘暗褐色，翅反面暗褐带黄色，横脉纹及外线暗褐色。

（2）卵：半球形，淡黄色，近孵化时为深红色。

（3）幼虫：老熟体长 39~42mm，青绿色，头部黄绿色，头顶、前头和上颚青白色。背线白色，亚背线黄白色，中胸之后各节呈斜细纹，其左右具小黑点；气门线青白色，有黄白色小点，中胸与第 1 腹节常消失，气门椭圆形白色，围气门片黑色，第 8 腹节背面有一锥形大突起，状似尾角，向后斜倾，尖端硬化红褐色，胸足 3 对发达，腹足 4 对，臀足 1 对。

(4)蛹：长约 26mm，赭色。茧椭圆形，质地疏松。

【生活史及习性】此虫 1 年发生 1 代，以幼龄幼虫于树皮缝隙处、剪锯口、枝杈皱缝处、伤疤等处越冬。翌年春季寄主萌动露绿后开始陆续出蛰危害，取食寄主幼芽、嫩叶、花蕾及花，长大后的幼虫常将叶片的叶缘食成缺刻与孔洞，并可啃食果皮，危害至 5 月下旬幼虫开始陆续老熟，吐丝缀叶于卷叶内结薄茧化蛹，蛹期 10 天左右，6 月陆续出现成虫。

成虫昼伏夜出，有趋光性和趋化性，交尾多于下午至夜间进行，交尾前需经数日补充营养，交尾后不久即行产卵，卵多散产于叶背面靠近主脉附近，叶面也有卵粒，卵经 7 天左右孵化，孵化后的幼虫稍加取食后便寻找适当场所潜伏越冬。

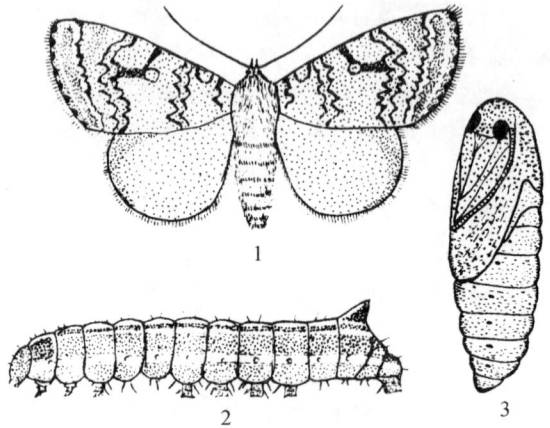

图 205　果红裙扁身夜蛾
1. 成虫；2. 幼虫；3. 蛹

【防治方法】

(1)冬季或早春，结合防治其他病虫害，进行刮树皮、堵树河、封闭剪锯口等伤疤处，将所刮的树皮集中处理，消灭其中各种越冬虫源。

(2)翌年 4 ~ 5 月幼虫出蛰盛期或 7 月幼虫孵化高峰期树上喷药防治有明显的效果。常用药剂有 50% 辛硫磷乳油、50% 杀螟松乳油、80% 敌敌畏乳油均使用 1500 倍液，或 20% 灭扫利乳油(可兼治叶螨)、2.5% 敌杀死乳油、2.5% 功夫乳油、20% 速灭杀丁乳油均以常规浓度对此幼虫均有明显的毒杀能力。另外，50% 辛硫磷乳油及 2.5% 功夫乳油对卵有特效。

222　旋皮夜蛾

【学名】*Eligma narcissus* Cramer

【别名】臭椿皮蛾。

【分布与寄主】此虫在我国分布于东北、河北、山西、山东、福建、浙江、湖北、四川、云南等地；国外分布于印度、日本、马来西亚、菲律宾、印度尼西亚等地。寄主有臭椿、桃等植物。

【被害症状】以幼虫食害寄主叶片，初龄幼虫仅食叶肉残留表皮，被害处呈纱网状，稍大后食害叶片成缺刻与孔洞，严重时仅剩主脉或叶柄。

【形态特征】(图 206)

(1)成虫：体长 23 ~ 28mm，翅展 67 ~ 80mm。头胸部淡灰褐色，微带紫色；下唇须外侧有黑条，端部黄褐色，触角丝状，复眼蓝黑色；额黄色，有黑点，上部具一黑条，颈部有2对黑色；翅基片基部与端部各有一黑点；胸背有3对黑点。腹部橘黄色，毛簇端部黑色，各节背面中央具一块黑斑。前翅前缘区黑色，其后缘呈弧形，并衬以白色，翅其余部分呈赭灰色，翅基部4个黑点，其外方另有3个黑点，后缘近基部有一个黑点，中室端部至后缘中部有一条波浪形黑线，外横线双线白色，自顶角至臀角，交织成网状，亚缘区为一列黑点，缘毛赭灰色。后翅大部橘黄色，端区有一条蓝黑色宽带，向后渐窄，其上有一列粉蓝色晕斑，缘毛白色。亚中褶后的外缘毛黄色。腹部橘黄色，腹背中央和两侧各具一列黑点。足橘黄色，前、中足跗节淡灰褐色，胫节前端有2个黑点，后足胫节前端有一个黑点。

（2）卵：半球形，淡黄白色，直径约1.0mm。

（3）幼虫：老熟体长39～48mm，头部暗黄褐至黑色，中央具一灰白色人字形宽带，头顶稀疏黑色刺突。体橘黄色，体背各节均具一褐色大横斑。背线与亚背线由不连续的褐点组成，前胸盾与臀板褐色，各体节毛瘤上生白色长毛。气门椭圆形黄色，围气门片褐色。胸足3对发达，腹足趾钩单序中带，趾钩各为54个左右。

（4）蛹：长约25mm，扁平纺锤形，红褐色，无臀棘。第9～10腹节交接处有一排齿形纹；第4～7腹节的各节间的两侧腹面有凹陷的花纹。茧长约60mm，由丝织而成，外附树叶与体毛。

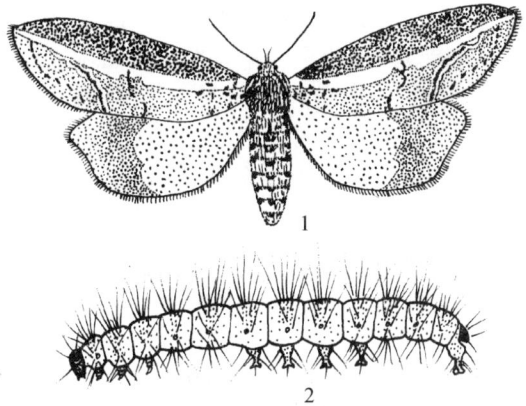

图206　旋皮夜蛾
1. 成虫；2. 幼虫

【生活史及习性】此虫1年发生2代，以茧蛹于枝干皮缝、树杈缝隙、剪锯口、伤疤等缝隙处越冬。翌春寄主萌动露时陆续羽化，第1代幼虫于5～6月发生，危害至6月下旬陆续化蛹，7月上旬出现第1代成虫。第2代幼虫于8～9月发生，危害至秋末老熟，寻找适当场所结茧化蛹，以蛹越冬。

成虫昼伏夜出，有趋光性，羽化后不久即可交尾、产卵，卵多散产于叶上，第1代卵期10天左右，第2代卵期6天左右，幼虫孵化后多于叶背取食危害，幼虫受惊扰后急剧扭曲身体，间或可蹦起。老熟后爬至树干的各种缝隙处结茧化蛹，第1代蛹期约13天左右，第2代蛹期约200天左右。

【防治方法】参照P₂₉₇桃剑纹夜蛾防治方法。

223　棉铃实夜蛾

【学名】*Heliothis armigera* Hübner

【别名】棉铃虫。

【分布与寄主】此虫分布于世界各地。寄主有棉花、亦危害苹果、柑橘、李、桃、葡萄、梨、无花果、草莓、番茄、向日葵、玉米、辣椒、小麦、泡桐，其中以棉花、玉米、小麦、番茄受害较重。

【被害症状】 以幼虫取食寄主嫩梢与幼叶，蛀害果实时被害处为一不规则的大孔洞，粪便排于其中，间或也有虫粪推出被害孔外，果实受害后常引起腐烂脱落。

【形态特征】（图207）

（1）成虫：体长14～18mm，翅展30～38mm。头、胸部及腹部淡灰褐或青灰色。前翅浅赭色或浅青灰色，基线双线，内横线双线褐色，锯齿形，环纹褐边，中央有一个黑点，肾纹褐色，中央有一块深褐色肾形斑，肾纹前方的前缘脉上有两条褐纹，中横线褐色，微波浪形，外横线双线褐色，锯齿形，齿尖在翅脉上为白点，亚缘线褐色，锯齿形，与外横线间为一条褐色宽带，端区各翅脉间有黑点。后翅黄白色或淡黄褐色，端区褐或黑色，翅脉色暗，在中部 Cu_1 脉的两侧具一相并的灰白色斑，间或斑不明显，全为褐色，触角丝状，复眼绿色。

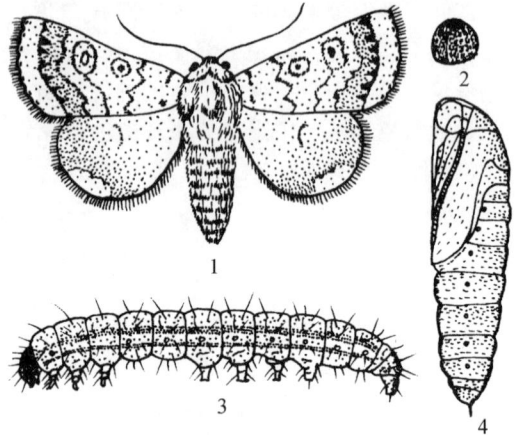

图207　棉铃实夜蛾
1. 成虫；2. 卵；3. 幼虫；4. 蛹

（2）卵：半球形，直径约0.6mm，初产卵为淡黄白色，孵化前深紫色。

（3）幼虫：老熟体长32～45mm，头黄色具不规则黄褐色网状纹。体色变化，有4种，即：①黄白色，背线与亚背线绿色，气门线白色，毛突黄白色；②绿色，背线与亚背线深绿色，气门线淡黄色；③淡绿色，背线与亚背线淡绿色不明显，气门线白色，毛突绿色；④淡红色，背线与亚背线浅褐色，气门线白色，毛突黑色，体表满布褐色和灰色小刺，第1、8腹节背线处最多，背线由两条或4条组成，气门上线由不连续的3～4条线组成。气门椭圆形，围气门片褐色，第8腹节气门较大。腹足趾钩双序中带，第1～2对各约15个，第3对约16个，第4对约19个，臀足趾钩17～23个。

（4）蛹：体长17～20mm，黄褐至赭色，腹末圆形，臀棘2个，尖端微弯。

【生活史及习性】此虫每年发生代数由北至南逐渐增加，辽河流域和新疆大部1年发生3代，黄河流域及部分长江流域1年发生4代，长江流域以南1年发生5～7代，一般均以蛹于土中越冬。云南部分地区1年发生7代，且冬季蛹不滞育。以蛹越冬者于翌年气温上升15℃以上时开始羽化，羽化以夜间9～12时最多，越冬代成虫羽化期长达40天左右，第2代以后则世代明显重叠。年生4代区：第1代成虫盛发期为6月中下旬，6月底至7月上中旬为第2代幼虫危害盛期，第2代化蛹盛期为7月中下旬；7月下旬至8月上旬为第2代成虫盛发期；第3代幼虫危害盛期在8月上中旬，第3代成虫盛发期在8月下旬至9月上旬，越冬代成虫（第4代）盛发期为4月下旬至5月中旬。各代卵期分别平均为7天、3天、3天、5天。幼虫共6龄，间或有5龄者，当平均气温为21℃时，幼虫历期约22天，蛹期平均10天，第1代幼虫主要危害麦类、苜蓿等早春作物，第2代开始危害果树。

成虫昼伏夜出，具趋光性和趋化性，喜食糖蜜。成虫羽化多于下午19时至次日凌晨2时进行，羽化后当晚即行交尾，2～3天后开始产卵，产卵历期6～8天，卵散产于寄主嫩芽、幼叶上，初孵幼虫先取食卵壳，次日危害嫩芽、幼叶，3～6龄幼虫食量大增，且有转移危害习性，转移时间多于夜间和清晨发生。幼虫老熟后停止取食，沿树干爬下或直接坠落地面，寻找疏松干燥的土壤，钻入其中化蛹，或进入越冬。

【防治方法】

(1)果园内及其附近不种玉米、棉花等棉铃实夜蛾的寄主植物，以减少虫源基数。

(2)利用黑光灯或其他灯光，以及杨、柳枝把诱杀成虫。使用杨、柳枝把前，应将其堆沤2天左右，以便产生对该虫有引诱作用的单糖和邻位氢氧基苯醇。或用刚羽化的雌虫所分泌的性信息素诱杀雄成虫，利用有机溶剂提取此类性信息素的物质。

(3)利用和保护自然天敌：于此虫产卵初盛期释放赤眼蜂2~3次，每次1.5万头．卵寄生率可达60%~80%。

(4)化学防治：于各代卵孵化盛期喷药防治，常用药剂参照桃剑纹夜蛾药剂防治法。

224　苹梢鹰夜蛾

【学名】*Hypocala subsatura* Guenée

【别名】苹果梢夜蛾。

【分布与寄主】此虫在我国分布于东北、河北、山东、河南、山西、陕西、云南、贵州、广东、江苏、福建、台湾等地；国外分布于日本、印度等地。寄主有梨、柿、栎、苹果等园林植物。

【被害症状】以幼龄幼虫吐丝卷梢顶几片嫩叶于其中危害，稍大后则将伸展的叶片向上纵卷，叶缘对合成饺子状，于其中取食叶肉；高龄时常将叶片食成缺刻与孔洞。少数可钻食幼果。

【形态特征】(图208)

(1)成虫：体长14~21mm，翅展34~42mm，棕褐色，下唇须斜向下伸，状似鹰嘴，复眼黑色，触角丝状。头、胸背面与前翅正面个体间颜色、花纹变化较大，一般为紫褐色。腹部黄色，背面有黑棕色横条。前翅红棕色带灰，密布黑棕细点，内横线棕色，波浪形外弯，肾纹黑边，外横线黑棕色，波曲外弯，在肾纹后端折向后，亚缘线棕色，前端不清晰，中段外突。后翅黄色，中室端部有一块大黑斑，亚中褶有一条黑纵条，端部有一条黑宽带，在 Cu_2 至 Cu_1 端部有一块黄色圆斑，亚中褶端部有一个黄点，后缘黑色。本种亦有前翅斑纹显著与前翅有一块大扭角形大黑棕斑的两种变异。

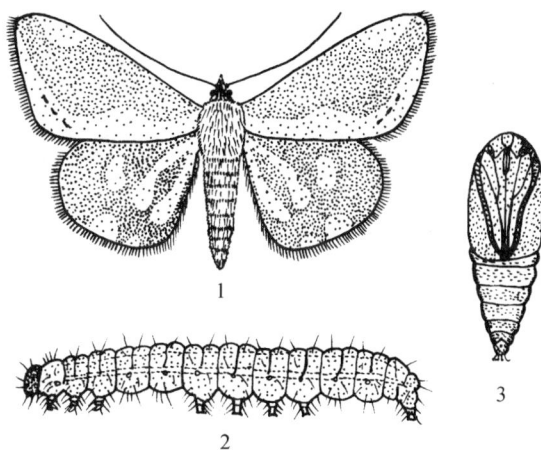

图208　苹梢鹰夜蛾
1. 成虫；2. 幼虫；3. 蛹

(2)卵：半圆形，淡黄色，直径约1.0mm。

(3)幼虫：老熟体长30~36mm，头部黄褐色，上有不明显的暗褐斑，额与上唇黑褐色。

体黑褐至黑色。前胸盾黑色，上有黄色斑；中胸背斑有 4 个不规则的小黄斑。第 1～9 腹节背面各有一对略呈三角形的黄斑；前胸至第 8 腹节的气门腺由断续不规则的黄色圆斑组成；臀足黑色，胸足外侧黑褐色；腹足黄色，外侧基部有黑斑。有的个体淡黄绿色，两侧各有一条逐渐减淡的黑色纵带。有些个体头黑色，体褐色，两侧黑带明显。气门黄色，椭圆形，围气门片黑色，腹足趾钩单序中带。

（4）蛹：体长 15～20mm，赭色，纺锤形，近羽化时为栗褐色。中胸后缘有一横凹陷，中间为一孔；后胸背面与腹面有刻点，腹末较圆，生 2 对刺。

【生活史及习性】此虫陕西 1 年发生 1 代，一般幼虫危害期为 6～8 月，老熟后入土化蛹，蛹期约 10 天，7 月中下旬至 8 月陆续羽化。发生早的可能出现第 2 代。据广西贺县报道，此虫在该地区年生 6 代，世代明显重叠，以第 6 代老熟幼虫于土中结茧化蛹越冬。各代成虫发生期分别为：越冬代 4 月，第 1～5 代各为 5 月，6 月上旬至 7 月上旬，7 月中旬至 8 月上旬，8 月中旬至 9 月上旬，9 月中旬至 10 月上旬。幼虫发生期为：4 月中旬至 5 月上旬，5 月下旬至 6 月下旬，6 月下旬至 7 月下旬，8 月，9 月，10 月。各代历期约 35 天，越冬代约 185～190 天。第 3、4 代各虫态平均历期为：卵期 2.5 天，幼虫期 14.4 天，蛹期 13.1 天，成虫寿命 5～10 天。

成虫具趋光性，昼伏夜出。羽化多于夜间 20～22 时进行。卵散产于梢顶叶背或叶缘。幼虫孵化多于凌晨 4～5 时进行。初龄幼虫蛀入芽苞中食害，脱皮后转至附近下部叶片危害，3～5 龄幼虫食量大，昼夜取食，以 2～3 代危害严重。幼虫活泼，受惊后吐丝坠地弹跳，老熟后入土约 10cm 深土结茧化蛹。

【防治方法】

（1）设置黑光灯或其他灯光诱杀成虫。

（2）幼虫发生期树上喷药防治，使用药剂参照桃剑纹夜蛾所用药剂。

（3）人工摘被害卷叶，消灭其中幼虫。

（4）结合防治其他地下害虫可进行秋冬耕翻，消灭越冬蛹。

（5）七星瓢虫、蚂蚁及胡蜂均可取食此虫的卵与低龄幼虫，应加以保护与利用。

225　桃夜蛾

【学名】_Mesogona devergena_ Butler

【别名】桃花蛾。

【分布与寄主】此虫在我国分布于东北、华北等地。寄主有桃、李、苹果、草莓、梨、椿等多种园林植物。

【被害症状】以幼虫蛀食寄主花芽、花蕾、花瓣、雌、雄蕊或嫩叶、幼芽，发生严重时，一只花蕾内常有数头幼虫食害，对产量影响很大。

【形态特征】（图 209）

（1）成虫：体长 15～18mm，翅展 36～43mm，体灰褐色，下唇须黄褐色，触角丝状，基部微黄，复眼黄绿色，有紫黑色斑纹。前翅长形略带浅红色；内、外横线较直，赭色，内横线由前缘基部 1/5 处斜伸至后缘环纹下；外横线由前端部 1/5 处斜伸至后缘肾纹下，外线外侧衬淡色边，环纹与肾纹为赭色圈、外缘线略呈锯齿形不明显。后翅淡灰色，外缘略呈黄褐色；翅中部隐约可见 1 条暗色横线，腹部黄褐色。

(2) 卵：直径约 0.6mm，半球形，卵壳表面具放射状脊纹，初产卵为乳白色，后暗紫色。

(3) 幼虫：老熟体长 36～40mm，灰褐色微带绿色，头部与前胸盾暗褐色；背线与亚背线灰白色，较细；气门上线略呈暗色带。气门椭圆形，褐色，围气门片黑色，胸足 3 对发达，腹足 4 对、臀足 1 对。

(4) 蛹：体长约 15mm，翅芽色浓，气门和臀棘黑褐色。茧椭圆形，黄褐色，长18～24mm，茧外附有土粒。

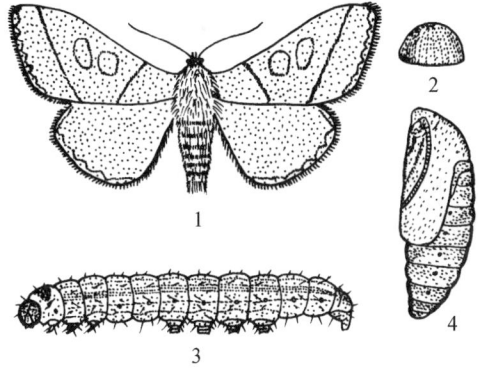

图 209　桃夜蛾
1. 成虫；2. 卵；3. 幼虫；4. 蛹

【生活史及习性】此虫 1 年发生 1 代，以卵于枝干皮缝处、剪锯口、伤疤下越冬。翌春寄主萌动露绿时开始孵化，幼虫孵化后边爬至寄主花芽、花蕾等处蛀食危害，花期则食害寄主花瓣和雌、雄蕊，稍大后则可食害幼芽及嫩叶，并能吐丝下垂，借风扩散、传播，转枝危害。幼虫历期约 35 天，老熟后沿树干爬下或直接坠地入土结茧越夏。秋季于茧内化蛹，10 月羽化。成虫羽化后不久即行交尾、产卵。卵常数粒至数十粒产于寄主树干皮缝中、翘皮下和伤疤等处，以卵越冬。间或少数个体则以蛹越冬，翌年才行羽化、交尾、产卵。成虫昼伏夜出，有趋光性，喜食糖蜜，对糖醋液趋性极强。

【防治方法】

(1) 成虫发生期设置黑光灯或其他灯光诱杀，或设置糖醋盆诱杀，糖醋液配方很多，常用的配方有：红糖 2 份，酒、醋、水各 1 份。

(2) 结合防治果树腐烂病和其他病虫害，于冬季刮粗皮、老翘皮，堵树洞，消灭其中越冬卵，成虫羽化前深耕，消灭土中部分老熟幼虫及蛹。

(3) 幼虫孵化盛期树上用药防治，使用农药参照桃剑纹夜蛾药剂防治幼虫法。或于早春喷洒 5 度的石硫合剂，对越冬卵有一定的杀伤作用。

226　刻梦尼夜蛾

【学名】*Orthosia cruda* Schiffermüller

【别名】梦尼夜蛾。

【分布与寄主】此虫在我国分布于吉林、山西、青海等地；国外分布于欧洲、土耳其。寄主有栗、山荆子、槲、柳等多种果树林木植物。

【被害症状】似 P$_{297}$ 桑剑纹夜蛾。

【形态特征】（图 210）

(1) 成虫：体长 11～13mm，翅展 31～36mm。头胸部灰褐色，腹部背面棕色，触角丝状，复眼黑色。前翅灰褐色，基线仅在前缘脉、中室及中室后各显一个黑点，内横线仅在前缘、翅脉及后缘显黑点，环纹黑色，圆形，肾纹褐色，淡褐边，外横线由翅脉上的黑点组成，亚缘线不明显，前缘及中部内侧各具一块黑斑，外缘有一列黑点。后翅淡灰褐色，横脉纹为一黑点，外线隐约可见，由 1 列黑点组成，后翅反面黑点明显。

　　（2）卵：半球形较扁，卵壳表面具纵脊纹，粉红色。

　　（3）幼虫：老熟体长 35～42mm，绿色或棕色有淡黄色点。头部红褐色，布有黑色和白色斑纹。背线白色微黄，亚背线淡黄色；气门上线为一条黑色细线，气门线黄白色，常带红色，臀节后缘微白或微黄，胸足 3 对发达，腹足 4 对，臀足 1 对。

　　（4）蛹：体长 15～17mm，初化蛹为红褐色，以后变为暗棕色。

【生活史及习性】此虫 1 年发生 1 代，以蛹于地表枯枝落叶或疏松的表土层内越冬。翌春 4 月中旬开始羽化，4 月下旬为羽化盛期，成虫羽化后不久边开始交尾，产卵。卵

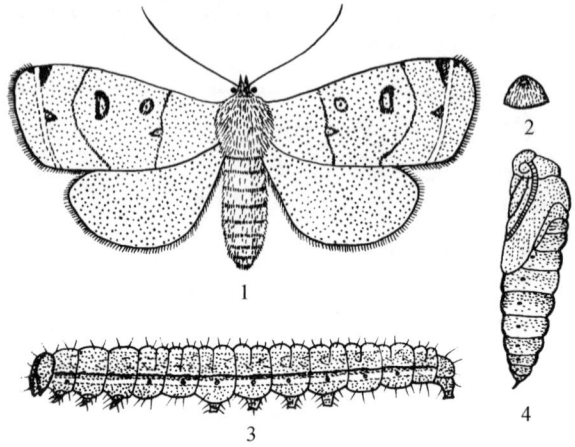

图 210　刻梦尼夜蛾
1. 成虫；2. 卵；3. 幼虫；4. 蛹

多成堆或成块状产于寄主树干粗皮缝隙内、剪锯口或伤疤处，卵期 10 天左右。5 月幼虫开始孵化，5 月下旬为幼虫孵化盛期。幼虫多于夜间取食寄主芽叶，危害至 6 月底陆续开始老熟，沿寄主树干爬下或直接坠入地表枯枝落叶、地被物下，疏松的表土层下化蛹、越冬。

　　成虫具趋光性，昼伏夜出，常群集于寄主伤流处，或其他流有树液处吸食汁液，羽化多于下午至次日凌晨进行，交尾多于夜间进行，间或有白天交尾者。

【防治方法】参照 P$_{298}$ 桑剑纹夜蛾防治方法。

227　嘴壶夜蛾

【学名】*Oraesia emarginata* Fabricius

【别名】桃黄褐夜蛾、凹缘裳夜蛾。

【分布与寄主】此虫在我国分布于东北、华北、华东、华南等地。寄主有柑橘、苹果、李、杏、枇杷、柿、桃、梨等多种园林植物。幼虫的寄主有十大功劳、青木香、木防已、汉防已、通草等。

【被害症状】似 P$_{301}$ 枯叶夜蛾。

【形态特征】（图 211）

　　（1）成虫：体长 16～19mm；翅展 34～40mm。头部红褐色，胸、腹部褐色。前翅：雌蛾紫红褐色，雄虫褐色；触角：雌蛾丝状，雄蛾羽状。前翅顶角突出，外缘中部外突成一角，角的内侧有一三角形红褐色纹，后缘中部内凹，顶角至后缘中部 1 深色斜线，线的内侧浅褐色，肾状纹明显；周围褐色；翅面上有杂色不规则花纹。后翅黄褐色，前缘色淡，后缘色深。

　　（2）卵：扁圆形，直径约 0.8mm，卵刻表面具放射性刻纹，初黄白色，后渐显暗红色花纹，孵化前灰黑色。

（3）幼虫：老熟体长约38mm，尺蠖型，第1~3腹节常弯曲，第8节稍隆起，体黑色，头两侧各具4个黄斑。前唇基乳白色。亚背线为不连续的黄或白斑组成，即各节背面在白色斑纹处杂有大黄斑1个，小黄斑数个及小红斑1个。亚腹线也由不连续的黄斑组成，胸足外侧黑色；腹足乳黄色，外侧有黑斑，第1对退化，第2对很小，趾钩25个左右，第3、4对和臀足趾钩约各为35个左右。气门椭圆形，前胸与第1腹节全为黑色，其余者气门筛红色，围气门片黑色。第1龄头部黄色，体淡灰褐色。

（4）蛹：体长约17mm左右，赭色，体表密被小刻点，腹部第5~7节前缘有一横列深刻纹。腹末方形上有极细而不规则的网状皱褶，着生较尖的角突4个。

【生活史及习性】此虫为我国南方优势种。浙江1年发生4代，广东5~6代，东北、华北1年发生2~3代，各地均以幼虫越冬。各代幼虫发生期：1年发生4代区，第1代5月中旬至7月下旬，第2代7月上旬至9月上旬，第3代8月中旬至10月上旬，第4代于9月下旬至翌年5月。田间5月下旬至10月均可见到成虫。成虫先危害枇杷，再危害葡萄、

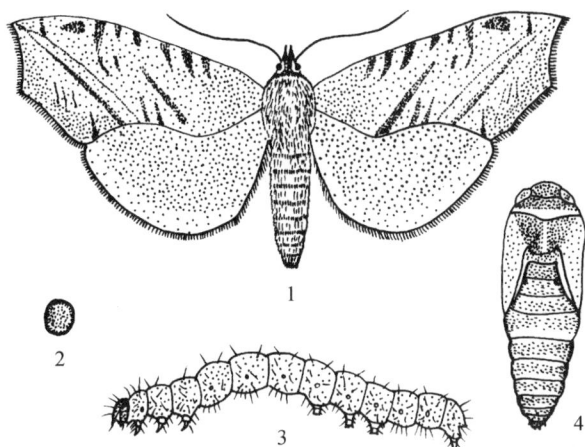

图211　嘴壶夜蛾
1. 成虫；2. 卵；3. 幼虫；4. 蛹

桃、李，8月下旬转害苹果、柑橘，武汉地区危害苹果较重，北方主害杏、李、桃、葡萄、苹果、梨等。9~10月为危害盛期，11月下旬以后虫口密度逐渐下降。

成虫昼伏夜出，对黑光灯有趋性，喜食糖蜜，略有假死性。成熟果实受害较重。成虫吸食果汁时间很长，数10分钟乃至1小时以上，被害果初期刺孔变色，后伤口逐渐腐烂，最后果实脱落。卵产于幼虫寄主茎叶上，幼虫孵化后于茎叶上危害至老熟，于地表草丛落叶中结茧越冬。

【防治方法】参照P$_{302}$枯叶夜蛾防治方法。

228　苹眉夜蛾

【学名】*Pangrapta obscurata* Butler

【别名】苹粗尖夜蛾。

【分布与寄主】此虫在我国分布于东北、河北、山东、山西、河南、安徽、江苏、云南等地；国外分布于日本、朝鲜等地。寄主有苹果、梨、樱桃等果林植物。

【被害症状】此幼虫取食寄主叶片，被害叶呈缺刻与孔洞，危害时常吐少量丝将叶两缘卷缀，幼虫于其中危害。

【形态特征】（图212）

（1）成虫：体长10~12mm，翅展25~26mm。体褐色，腹部微灰，前翅灰褐色，微带紫色，内横线褐色，外弯，外侧衬灰白色，外横线褐色，自前缘外斜至M$_1$，折角内斜，微衬

灰白色，前缘区有一块三角形斑，亚缘线波浪形，衬灰白色，缘毛黑褐色。后翅外缘略呈锯齿形，翅上具3条暗色横线，外线外有灰色细点，亚端线波状，两侧有灰点。后翅反面褐色杂有灰白色点。前翅反面前、后缘密布灰白色点，形成不清晰的带。

（2）卵：扁圆形，顶端具一红褐色点，其周缘具一红晕圈。

（3）幼虫：老熟体长约25mm，头部略扁平，黄绿色、正面有八字形暗色纹，胴部翠绿色，背线暗绿色，有的个体微红；亚背线与气门线较明显暗绿色；气门上线为断续的暗色线，胸足3对，端部淡黄线，腹足4对，臀足细长后伸。

（4）蛹：长约12mm，赭色，胸部与翅芽微带绿色。茧长椭圆形，质地疏松。

【生活史及习性】此虫1年发生2代，以蛹于寄主枝干缝隙、根际附近的疏松土壤中、地表枯枝落叶、地被物等处越冬。翌年5～6月陆续羽化，8月发生第1代成虫。成虫羽化后不久即可交尾、产卵，卵主要产于叶片上。第1代幼虫于6～7月发生，第2代幼虫于8～9月发生。幼虫危害至老熟，沿树枝爬至树皮缝隙、树洞、地表土中结茧化蛹，以蛹越冬。

【防治方法】参照P~297~桃剑纹夜蛾防治方法。

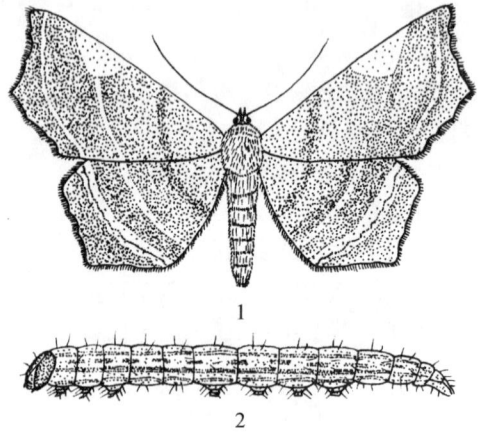

图212　苹眉夜蛾
1. 成虫；2. 幼虫

229　枣绮夜蛾

【学名】*Porphyrinia parva*（Hübner）

【分布与寄主】此虫在我国分布于山西、山东、甘肃等地。寄主有酸枣、枣。

【被害症状】以幼虫危害寄主花蕾、叶片及果实，被害后出现大量落花、落果。是红枣产区的重要害虫之一。

【形态特征】（图213）

（1）成虫：体长5～6mm，翅展14～16mm。体淡褐色，触角丝状。前翅淡褐色，中横线弧形，中横线与基横线之间为棕褐色，亚端线为弧形，弯曲程度与中横线相近。两线之间形成一个弯曲的淡褐色带，亚端线与端线之间棕褐色，两线间近前缘处有一个明显的三角形浅褐色斑纹，斑纹外侧黑紫色，端线浅紫红色，缘毛紫红色。后翅灰褐色。

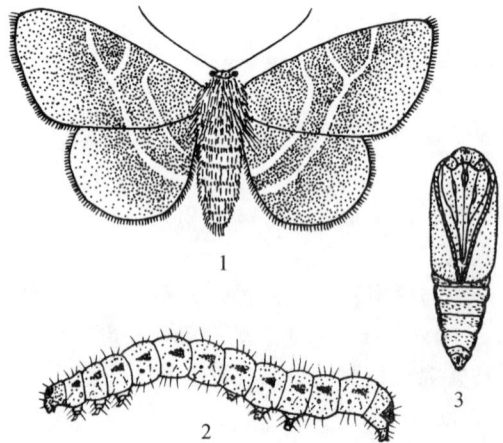

图213　枣绮夜蛾
1. 成虫；2. 幼虫；3. 蛹

(2)卵：馒头形，有放射状花纹，直径约 0.4mm，高约 0.5mm。初产浅黄绿色，卵孵化前变为棕红色。

(3)幼虫：老熟体长 10～15mm，头宽 1.1～1.3mm。初孵幼虫体淡黄色，以后逐渐呈黄绿色，化蛹前变为紫红色，有的个体背面有 2 条明显的深红色纵斑线。第 1～2 对腹足退化，爬行活动时形似步曲。各体节疏生长短不同的刚毛。

(4)蛹：体长 5～7mm，头、胸部腹面呈鲜绿色，头部背面及腹部暗黄绿色，羽化前全体变为黄褐色。茧纺锤形，长 8～9mm，质地疏松柔软，灰白色。

【生活史及习性】此虫 1 年发生 1～2 代，以蛹于树干粗皮缝隙及树洞等处越冬。山西晋中、吕梁枣区越冬蛹于翌年 5 月上旬开始羽化，5 月下旬为羽化盛期，7 月上旬为末期。第 1 代卵于 5 月中旬出现，6 月上旬为盛期，7 月上旬为末期。第 1 代幼虫于 5 月下旬开始孵化，6 月上中旬为发生危害盛期，7 月中旬为末期。第 1 代蛹始见于 6 月中旬，6 月下旬为化蛹盛期，8 月上旬为末期。第 1 代成虫于 7 月上旬开始发生，7 月中旬为发生盛期，8 月中旬为末期，第 2 代卵始见于 7 月中旬，7 月下旬为卵盛期，8 月中旬为末期。第 2 代幼虫 7 月中旬开始孵化，7 月下旬为发生危害盛期，8 月下旬为末期。从 7 月下旬开始，幼虫逐渐老熟，转移到枝干粗皮裂缝等处越冬。9 月上旬全部进入越冬。

成虫羽化多于上午 7～9 时和下午 13～15 时进行，刚羽化的成虫多静止不动，受惊后可作短距离飞行。成虫昼伏夜出，羽化后经数天补充营养方可交尾产卵。成虫交尾多于夜间进行，交尾后不久即可产卵。卵散产于枣吊、叶柄及花蕾柄的基部，卵期 7 天左右，成虫寿命 6～13 天。成虫具趋光性，对糖醋液有较强的趋性。

幼虫多于清晨孵化。前期幼虫主要危害枣花，可将大半花盘吃掉，或将整个子房全部吃光，间或只将花丝咬断，造成折雄。危害花蕾时，将其咬成缺刻与孔洞，或将花蕾食尽，造成大量落花现象。后期幼虫则以害果为主，造成果实大量脱落。幼虫食量较大，据室内饲养观察，一头幼虫一生平均可危害 60～70 个花、蕾、果，昼夜均可取食。幼虫不活泼，行动迟缓。共 4 龄，各龄历期平均为 5.5 天、2.5 天、2.5 天、4.5 天，幼虫老熟后，大部分于树干的粗皮缝隙及树洞中结茧化蛹，这部分蛹当年不再羽化发生第 2 代，并以此场所直接进入越冬，还有一部分第 1 代幼虫老熟后则于枣吊上结茧化蛹，这部分蛹当年仍可羽化发生第 2 代，第 2 代幼虫老熟后全部转至粗皮裂缝及树洞中越冬。越冬代蛹历期 280 天左右，第 1 代蛹历期 18 天左右。

【防治方法】

(1)结合枣黏虫的防治，于冬季或早春彻底刮树皮，堵树洞，消灭越冬蛹。

(2)于幼虫化蛹越冬之前(山西晋中、吕梁为 7 月中下旬以前)，在树干上束一圈长约 20cm 的草圈，诱集幼虫于其内化蛹，秋末或冬前将草圈取下集中烧毁。可消灭大量枣绮夜蛾及枣黏虫的越冬蛹。

(3)幼虫发生危害初期树上喷药防治，常用药剂参照桃剑纹夜蛾所用的药。

(四八)虎蛾科 Agaristidae

为鳞翅目中较小的科，色彩较鲜艳，成虫白天活动，触角通常向端部渐粗，喙发达，额有突起，有单眼，复眼大，少数种类复眼具毛，中足胫节有 1 对距，后足胫节有 2 对距，前翅属于四叉型，后翅多为三叉型。

230　葡萄修虎蛾

【学名】*Seudyra subflava* Moore

【别名】葡萄虎蛾。

【分布与寄主】此虫在我国分布于东北、河北、山东、山西、广东、江西、湖北、贵州、河南等地；国外分布于日本、朝鲜等地。寄主有葡萄、爬山虎、长春藤等多种植物。

【被害症状】以幼虫食害寄主幼芽、嫩枝与叶片，常将叶片食成缺刻与孔洞，严重时将叶片吃光，仅残留叶柄与粗脉，为葡萄上的一大害虫。

【形态特征】（图214）

（1）成虫：体长18～20mm，翅展44～49mm。头、胸部紫棕色，颈板与后胸端部暗蓝色，足与腹部黄色，腹背中央有一列紫棕色毛簇达第7腹节后缘，前翅灰黄色，密布紫棕色细点，后缘区及端区大部紫棕色，内横线灰黄色，自前缘外斜至中室，折角内斜成双线，环纹与肾纹紫棕色黄边，外横线双线，灰黄色，中部外弯，后部明显内斜，亚缘线灰白色，锯齿形，翅脉灰黄色。缘线为一列黑点，内侧衬黄色。后翅杏黄色，端区有一条紫棕色宽带，其内缘中部凹，近臀角有一块褐黄斑，中室有一块暗灰斑。

（2）幼虫：体长32～42mm，体粗状，前端较后端粗，第7～9节腹背略隆突，似峰状。头部橘黄色，有黑色毛片形成的黑斑，体黄色，散生不规

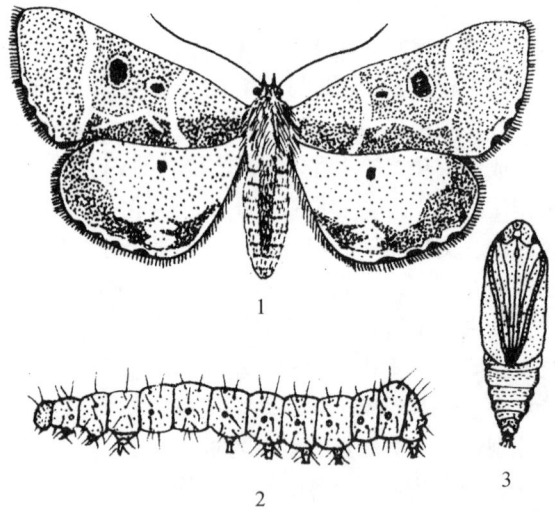

图214　葡萄修虎蛾
1. 成虫；2. 幼虫；3. 蛹

则的褐斑，毛突褐色。前胸盾与臀板橘黄色，上有黑褐色毛突，臀板上的褐斑连成一横斑；背线黄色较显；胸足外侧黑褐色，腹足黄色，基部外侧具有黑褐色斑块，趾钩单序中带。气门椭圆形黑色。

（3）蛹：体长16～18mm，暗红褐色，体背、腹面满布微刺。头部额较突出，下唇须细长，不与上唇相连，下颚末端达前翅末端稍前方，中足不与复眼相接，其末端达下颚。触角末端长于中足末端与前翅平齐，达第4腹节后缘附近，后足在下颚末端及触角末端之间微露出一部分。腹气门前缘较隆起，第2、3腹气门眼状，围有黄色毛，第5～7腹节有腹足疤，但第3对不显；第7节背面具有黑色突起2对，第8～9腹节背面各具一对黑色突起。腹面末两侧具有角状突，其背、腹具纵纹及不规则皱纹，着生较短的钩刺3对，腹面着生有2对，背面着生1对。

【生活史及习性】此虫华北1年发生2代，以蛹于寄主附近地被物下、根际土周围、土石块下越冬。翌年5月越冬蛹开始羽化，成虫羽化后不久即可交尾、产卵，卵产于叶片上。6月

中下旬出现幼虫。幼虫常群集取食寄主叶片成缺刻与孔洞，发生严重时将叶片吃光，仅留叶柄。危害至 7 月幼虫陆续开始老熟，并寻找适当场所结茧化蛹，蛹期 7 天左右，7 月下旬至 8 月上中旬出现第 1 代成虫，第 2 代幼虫始见于 8 月下旬，并危害至秋末开始陆续老熟化蛹，以蛹越冬。

【防治方法】

(1)结合园内管理，于幼虫发生危害期，可进行人工捕捉幼虫，将其消灭。

(2)结合冬季葡萄培土和春季开土，进行人工挖越冬蛹。清理葡萄架下面的枯枝落叶及地被物，消灭其中越冬蛹。

(3)初龄幼虫期药剂防治，常用农药有 50% 辛硫磷乳油 1500 倍液，或 50% 杀螟松乳油、80% 敌敌畏乳油均为 1000 倍液，2.5% 敌杀死乳油、20% 灭扫利乳油、杀灭菊酯乳油、2.5% 功夫乳油均为 2000 倍液均有明显的防治效果。

(四九)天蛾科 Sphingidae

体粗状，大型，四翅狭长，飞翔迅速，极似小鸟。尤其白天活动的种类，于花间飞翔，用长喙吸食花蜜时，更似蜂鸟。

成虫体长 12～18mm，翅展 10～90mm。体色、花纹怪异。喙长短不一，有些种类很长，有些种类则退化或仅留突起。唇基侧片上有鳞或鬃，颊突无毛，常呈三角形，长达唇基侧片前端。上唇中部微隆起，下唇须第 1 节基部内侧有或无感觉毛，顶端外侧有鳞片，有时形成一凹坑，第 2 节内侧有鳞片或部分无鳞片；第 3 节比第 2 节短而宽，光滑，有时呈锥状。复眼无毛，形状大小因种类而异，无单眼。

触角丝状，刚毛形或棒状，端部尖细，大部弯曲成钩，间或有些种类触角为栉齿状，触角背面具鳞或鳞簇，自端部伸出，间或有无鳞或具少数粗鳞，触角背面每节有鳞 2 行，腹面具细毛，另有若干感觉毛分布于亚背面与侧面，每触角节上有一个感觉器，位于前方或亚前方。雄蛾触角侧面有沟，并具一行纵毛。

胸部侧腹板大，前腹板与下腹板愈合，腹板与中胸腹部分开。雄蛾前足基节具臭腺，雌蛾无臭腺。前足胫节端突出，中足胫节有 2 对端距，间或 1 对，跗节腹面有 4 行刺，其外侧另有许多刺，间或无刺或具钩状刺。前翅 2A 脉基部分叉，R_4 与 R_5 共柄，后翅 R_5 与 M_1 共柄，$Sc + R_1$ 与 Rs 间有一横脉。

幼虫体粗大，上具许多颗粒，体节又分许多小节，体侧大多具斜纹一列或具眼形纹。第 8 腹节背面有一尖突，称尾角。体色多为绿色，间或有其他颜色。休息时常将体前端上举头缩起向下，长时间不动，趾钩中列式 2 序。蛹红褐色，光滑发亮，触角长度不及翅的 3/4，喙贴于体上或伸出似壶柄。腹末有臀棘。

231　葡萄天蛾

【学名】 *Ampelophaga rubiginosa* Bremer et Grey

【别名】 葡萄虎斑蛾。

【分布与寄主】 此虫在我国分布于东北、河北、山西、山东、河南、湖北、江苏、贵州、浙江、江西、安徽、四川、陕西、宁夏、广东等地；国外分布于朝鲜、日本等地。寄主有葡萄、黄荆、乌蔹莓等多种植物。

【被害症状】以幼虫食害寄主叶片，初龄幼虫常将叶片食成缺刻与孔洞，稍大后则危害叶片成光秃，或仅留叶柄或部分粗叶脉，严重影响产量与树势。

【形态特征】（图215）

（1）成虫：体长 45～90mm，翅展 85～100mm。体翅茶褐色。触角短粗栉齿状，背面黄色，腹面棕色，复眼球形暗褐色，复眼后至前翅基部有一条灰白色纵带，体背中央自前胸至腹部末端有灰白色纵线1条。腹面色淡呈赭色。前翅顶角突出，各横线均为暗茶褐色，中线较粗而弯曲，外横线较细，波浪纹状，近外缘有不明显的棕褐色带，顶角前缘有一暗色三角形斑，斑下角亚端线，亚端线波浪状较外线宽，外缘有一不明显的横带。后翅黑褐色，周缘棕褐色，外缘及后角附近各有茶褐色横带1条。缘毛色稍红，前、后翅反面赭色，各横线黄褐色，前翅基半部黑灰色，外缘红褐色。

（2）卵：球形，淡褐色，直径约为1.5mm。

（3）幼虫：老熟体长约80mm，绿色，体表被横条纹及黄色颗粒状小点。头部有2对略平行的黄白色纵线。胸足

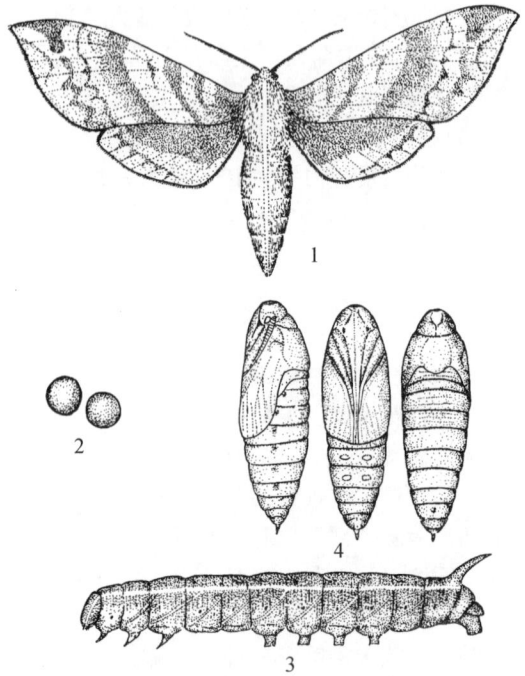

图215　葡萄天蛾
1. 成虫；2. 卵；3. 幼虫；4. 蛹

赭色，基部外侧黑色，其上方有一黄斑，第8腹节背面有尾角，亚背线止于尾角两侧，第2腹节前黄白色，之后白色，前端与头部颊区纵线相接。中胸至第7腹节两侧各有一条黄白色斜线，与亚背线相接，第1～7腹节背面前缘中央各有一深绿色点，其两侧各具一黄白色斜短线。气门9对，围气门片赭色。臀板边缘浅黄色。

（4）蛹：长45～55mm，长纺锤形，初灰绿色，后背面渐变为棕褐色，腹面暗绿色，足与翅芽上有黑色点线，头顶有一卵圆形黑斑，气门处有黑褐色斑，翅芽与后足端齐，达第4腹节后缘。触角稍短于前足，第8腹节背面有尾角圆痕，气门椭圆形，黑褐色，臀刺较尖。

【生活史及习性】此虫北京1年发生1代，山西1年发生2代，江苏1年发生3代，各地均以蛹于土深3～7cm的土室内过冬。1代区6～7月出现成虫，7月为幼虫发生危害期，危害至老熟后入土化蛹进入越冬；2代区5月底始见成虫，成虫盛发期为6月，6月中下旬田间始见幼虫，危害至7月底8月初陆续老熟入土化蛹，8月上旬始见第1代成虫，8月中下旬为第1代成虫盛发期，8月中旬第2代幼虫开始危害，至秋末老熟化蛹越冬。3代区4～6月出现越冬代成虫，6～7月出现第1代成虫，8～9月出现第2代成虫。各代幼虫发生危害期分别为6月、7月和8月。

成虫昼伏夜出，有趋光性，羽化后不久即可交尾、产卵。成虫卵散产于叶面与嫩枝上，

单雌卵量平均500粒左右，成虫寿命8天左右，卵期5~10天不等，一般第1代卵期10天左右，第2代卵期7天左右，第3代则5天左右。幼虫活动迟缓，夜间取食，白天潜伏，幼虫历期40~50天，老熟后即行化蛹。蛹期：越冬代240天左右，第1代13天左右，第2代10天左右。

【防治方法】

(1)成虫发生期设置黑光灯或其他灯光诱杀成虫。结合其他管理，捕杀园内幼虫。

(2)结合冬季葡萄培土与春季开沟培土挖除越冬蛹。或深翻园内土地，深埋越冬蛹。

(3)幼虫孵化初期或低龄幼虫期间喷药防治，所用药剂有50%辛硫磷乳油或杀螟松乳油均为1000~1200倍液，或用40%地亚农乳油、40%毒死蜱等乳油或50%杀螟丹水溶剂均为1000倍液，20%灭扫利乳油、2.5%敌杀死乳油或功夫乳油均为2000倍液，或20%氰戊菊酯乳油、氯氰菊酯乳油或10%联苯菊酯乳油均为2000倍液防效均好，残效期均在10天以上。

232　沙枣白眉天蛾

【学名】 *Celerio hippophaés*（Esper）

【别名】 沙枣天蛾、沙棘天蛾。

【分布与寄主】 此虫在我国分布于辽宁、宁夏、新疆、内蒙古、陕西、山西、甘肃等地；国外分布于法国、俄罗斯、西班牙等地。寄主有沙棘、葡萄、杨、柳等多种植物。

【被害症状】 似 P_{318} 葡萄天蛾。

【形态特征】（图216）

(1)成虫：体长30~35mm，翅展60~78mm。体翅黄褐色，触角背面白色，腹面黄褐色；头顶与颜面间至肩板两侧有白色鳞毛，腹部较胸部色淡，腹部第1~3节两侧有黑、白色斑。前翅外缘部分深褐色呈三角形带，中室外缘有一黑点，翅基黑色，后缘及外缘白色，后翅基部黑色，中部红色，其外又为黑色，外缘淡褐色，后角处有一大白斑。前、后翅反面灰黄色，前翅中室端部的黑条状斑可见。

(2)卵：近圆球形，直径约1.0mm，绿色，孵化前变深绿色。

(3)幼虫：老熟体长约70mm，体背绿色，密布白点，胴部两侧有白纹纵贯前后，腹面浅绿色，尾角较细，其背面为黑色，上有小刺，腹面为淡黄色，各体节有8条左右由颗粒组成的白色环状横纹，胸足3对，腹足俱全。

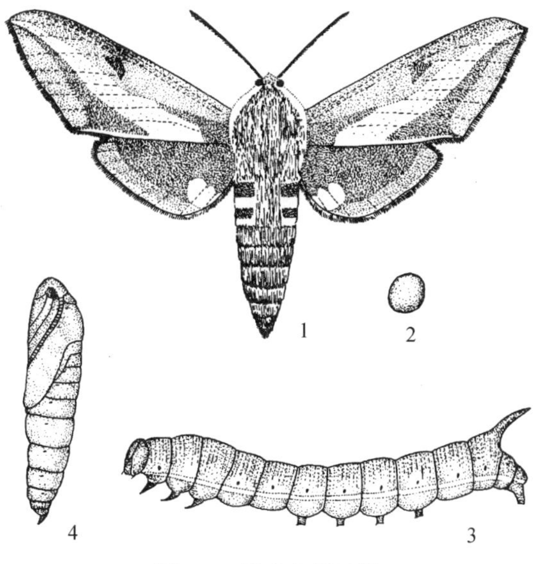

图216　沙枣白眉天蛾
1. 成虫；2. 卵；3. 幼虫；4. 蛹

（4）蛹：长约43mm，淡褐至红褐色，头、胸部微绿，腹部后端色渐深，末端尖锐。

【生活史及习性】此虫1年发生2代，以蛹于3~8cm的深土内越冬。翌年5月中下旬越冬代成虫羽化，幼虫5月底6月初开始发生危害，6月下旬至7月上旬开始陆续老熟下树或直接坠落地面，于树冠下入土化蛹，或于枯枝落叶层下、杂草丛中、地被物下等处化蛹，7月中下旬出现第1代成虫，8月为第2代幼虫发生危害盛期，危害至8月底9月初开始陆续老熟入土化蛹，进入越冬，9月中下旬为入土化蛹盛期。

成虫昼伏夜出，有较强的趋光性，喜食花蜜，卵散产于寄主叶片上，单雌卵量平均500粒，卵期9~16天，即第1代16天左右，第2代9天左右。幼虫孵化后，初龄幼虫喜食幼芽、嫩叶、稍大后则逐叶逐枝取食危害，可将叶片全部吃光，仅留叶柄与主脉。幼虫历期约35天左右，老熟后入土化蛹，蛹期：越冬代为240天左右，第1代10~15天。

【防治方法】

（1）成虫发生期可于园内设置黑光灯或其他灯光进行诱杀成虫。

（2）幼虫入土化蛹前，于树冠下铺塑料薄膜，上覆10~15cm厚的沙土，诱集幼虫潜入化蛹，秋末、冬前或翌春越冬成虫羽化前，将其中蛹捡出，集中深埋或杀死。

（3）幼虫危害期，结合果园其他管理，人工捕杀幼虫。

（4）低龄幼虫期树上喷药防治，使用药剂参照葡萄天蛾所用农药。

233 枣桃六点天蛾

【学名】*Marumba gaschkewitschi gaschkewitschi*（Bremer et Grey）

【别名】桃天蛾、桃雀蛾、枣天蛾。

【分布与寄主】此虫在我国分布于东北、华北、西北、山西、山东、河南等地。寄主有桃、李、枣、苹果、樱桃、梨、杏、枇杷、葡萄、豆类等多种植物。

【被害症状】以幼虫取食寄主叶片，将叶片吃成缺刻与孔洞，幼虫稍大后将叶片吃光，残留叶柄。被害寄主树势受到影响，产量、品质均有所降低。

【形态特征】（图217）

（1）成虫：体长36~46mm，翅展82~120mm，体灰褐色至深褐色，略带紫色，前翅狭长，外缘波浪状，翅面上具4条深色波状横带，相当于内横线、外横线、亚基线至翅基部、亚端线至外缘，外缘横带黑褐色，各横带间色略浅；后缘近臀角处有一黑褐至黑色纵纹，其前方有一黑斑，近中室端有一不甚明显的暗色斑纹，前翅反面具紫红色长鳞毛。后翅小，近三角形，紫红色，外缘略呈褐色，近臀角处有两个黑斑。后翅反面灰褐色，有3条深褐色条纹。复眼黑褐色；触角短，栉齿状，浅灰褐至黄褐色，头、胸背面有一条深色纵纹，后方较粗。

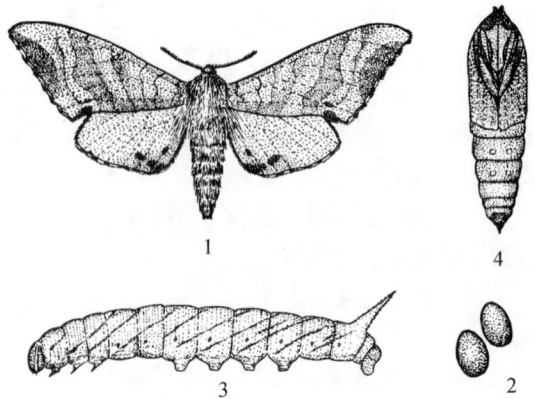

图217 枣桃六点天蛾
1. 成虫；2. 卵；3. 幼虫；4. 蛹

（2）卵：卵圆形、长径约 1.6mm。短径约 1.1mm，光亮，绿色，近半透明。

（3）幼虫：老熟体长 80~84mm。黄绿至绿色。头部顶端尖，呈三角形，青绿色，两侧各有一条白色纵纹。体表密布黄白色颗粒；胸部两侧有颗粒组成的侧线；第 1~7 腹节两侧各有一条黄白至黄色斜条纹，自各节前缘下侧向后上方斜伸、止于下一体节背侧近后缘，第 7 腹节者止于尾角。胸足黄色，足端部红色，气门椭圆形，围气门片黑色，尾角很长，生于第 8 腹节背面。

（4）蛹：体长约 45mm，黑褐色，臀棘锥状。

【生活史及习性】 此虫东北 1 年发生 1 代，河北、山东、河南 1 年发生 2 代，均以蛹于 3~7cm 深的土室内越冬。1 年发生 1 代区，成虫于 6 月孵化，7 月上旬出现幼虫，危害至 9 月幼虫陆续老熟沿树干爬下或直接坠入地面入土化蛹，进入越冬。1 年发生 2 代区，越冬代成虫于 5 月中旬至 6 月中旬发生，第 1 代幼虫于 5 月下旬至 7 月发生危害，6 月下旬开始陆续老熟化蛹。7 月发生第 1 代成虫，7 月下旬出现第 2 代幼虫，危害至 9 月开始陆续老熟入土化蛹，以蛹越冬。

成虫昼伏夜出，有趋光性，卵多散产于枝干皮缝、剪锯口、树洞等处，间或也产于叶片上。单雌产卵 170~500 粒，卵期：越冬代 6~10 天，第 1 代 10 天左右，第 2 代 7 天左右，初龄幼虫常将叶片食成缺刻与孔洞，稍大后则将全叶吃光，仅留叶柄，老熟后于树冠下根际附近或疏松土内化蛹，化蛹深度为 3~7cm，也有 10cm 处化蛹者，间或也有于树冠下及其附近地被物内化蛹者。成虫寿命 5 天左右，幼虫期有绒茧蜂寄生。

【防治方法】 参照 P₃₁₉葡萄天蛾防治方法。

234　白肩天蛾

【学名】 *Rhagastis mongoliana mongoliana*（Butler）

【别名】 绒天蛾。

【分布与寄主】 此虫在我国分布于东北、华北、台湾等地；国外分布于日本、朝鲜、俄罗斯等地。寄主有葡萄、乌蔹莓，旋花科等多种植物。

【被害症状】 似 P₃₁₈葡萄天蛾。

【形态特征】（图 218）

（1）成虫：体长 25~32mm，翅展 50~66mm。体翅褐色，头部及肩板两侧白色，胸部后缘两侧有橙黄色毛丛，腹背各节有一对褐点。触角短粗，栉齿状；复眼球形黑色，下唇须第 1 节有一坑被鳞片盖满，翅呈天鹅绒状。前翅中部有不甚明显的茶褐色横带，近外缘呈灰暗色，中室端具一黑点。中部横带至亚端线间灰黄并有不规则暗色斑；近翅其部有暗色横线，后缘近基部灰白色，前缘顶角处具一黑斑，

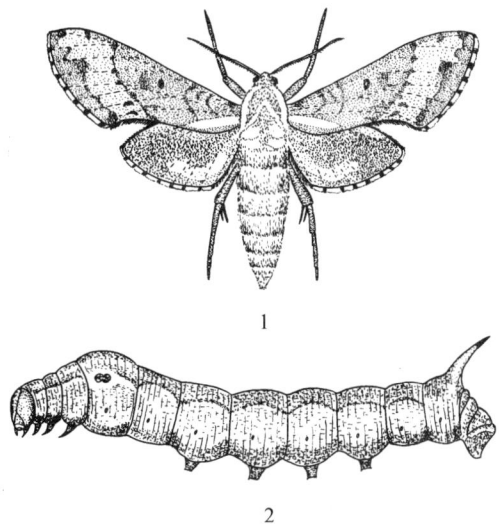

图 218　白肩天蛾

1. 成虫；2. 幼虫

缘毛呈黑白相间的斑纹。后翅灰黑色，近后缘有黄褐色斑，缘毛亦呈黑白相间的斑纹，腹部较粗，末端尖细，略呈锥状。翅反面茶褐色，有灰色散点及横纹。

（2）幼虫：老熟体长75～85mm，浅褐色略带浅黑色，各体节具数条横纹与黑色纵横细线所拼的网状花纹。第1腹节亚背线处有一眼状斑纹，各体节背面有暗色斑纹，第8腹节背面中央具一锥状后弯的尾角，淡黄褐色，端部黑色。

（3）蛹：体长30～42mm，黄褐色微绿，被黑褐色细点，臀棘尖分2叉。

【生活史及习性】此虫1年发生2代，以蛹于寄主树冠下3～8cm的土中做土室化蛹，间或也有于地被物下、杂草丛中越冬者。翌年5月和8月发生越冬代和第1代成虫，6月和9月为幼虫发生危害期，10月以第2代幼虫老熟入土化蛹越冬。

成虫昼伏夜出，多于黄昏以后开始活动，喜食糖蜜，有趋光性，羽化后不久即可交尾、产卵，卵单产于寄主叶片与嫩梢上，卵期10～15天，初孵幼虫常将幼芽与嫩叶食成缺刻与孔洞，稍大后将叶片食光，仅留叶柄。幼虫不甚活动，喜于叶背主脉、叶柄及嫩枝梢上栖息，取食时，常将一枝条上的所有叶片吃光，再转食附近枝叶。

【防治方法】参照P₃₂₀沙枣白眉天蛾防治方法。

235　蓝目天蛾

【学名】　*Smerithus planus* Walker

【别名】　柳天蛾蓝目灰天蛾、柳目天蛾、柳蓝目天蛾。

【分布与寄主】此虫在分布于我国东北、河北、山西、内蒙古、河南、山东、宁夏、甘肃、云南及长江流域各地；国外分布于日本、朝鲜、俄罗斯等地。寄主有苹果、海棠、沙果、樱桃、梅、李、桃、杨、柳等园林多种植物。

【被害症状】以幼虫取食寄主叶片，初龄幼虫喜食幼芽、嫩叶，将叶片吃成缺刻与孔洞，4～5龄幼虫食量骤增，常将叶片吃光，仅留叶脉，或仅留叶柄，影响树势，降低产量与品质。

【形态特征】（图219）

（1）成虫：体长32～36mm，翅展85～92mm，体翅灰褐色。触角淡黄色，复眼大，暗绿色。胸部背线中央褐色，腹部粉褐色，背线较细，褐色，各节间有棕褐色环纹，前翅外缘翅脉间内陷成浅锯齿状，缘毛极短。前翅基部灰黄色，中横线与外横线间成前、后两块深褐色斑，中室端有一个"T"字形浅纹，外横线成2条深褐色波状纹，外缘自顶角以下色较深，肾形纹清晰，灰白色。后翅淡黄褐色，中央有一大蓝目斑，斑外围以灰白色圈，最外周围以蓝黑色，蓝目斑上方为粉红色。后翅反面蓝目不显。

（2）卵：长径约1.8mm，椭圆形，初

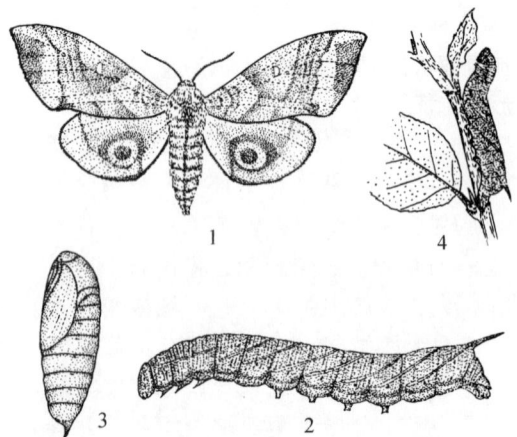

图219　蓝目天蛾
1. 成虫；2. 幼虫；3. 蛹；4. 幼虫及被害状

产鲜绿色，有光泽，后渐变黄绿色。

(3)幼虫：老熟体长 70~80mm，头较小，绿色，近三角形，两侧各具一条黄色纵纹，口器褐色。胸部青绿色，各节有较细横皱褶。前缘有 6 个横排的颗粒状突起，中胸具 4 小环，每环上左右各有一大颗粒状突起。后胸有 6 个小环，每环也各有一大颗粒状突起。腹部黄绿色，第 1~8 腹节两侧有淡黄色斜纹，最后 1 条伸至尾突，尾突斜达后方。气门筛浅黄色，围气门片黑色。前方常有紫色斑 1 块。腹部腹面色稍浓，胸足褐色，腹足绿色，端部褐色。

(4)蛹：体长 28~35mm，初化蛹暗红色，后翅暗褐色。翅芽尖端仅达腹部第 3 节的1/2处。臀棘锥状。

【生活史及习性】此虫发生代数随分布地区不同而异，东北、华北 1 年发生 2 代，陕西、河南 1 年发生 3 代，江苏 1 年发生 4 代，各地均以蛹于土中越冬。成虫发生期：2 代区，越冬代为 5 月中下旬，第 1 代为 6 月中下旬；3 代区，越冬代为 4 月中下旬，第 1 代为 7 月，第 2 代为 8 月；4 代区，越冬代为 4 月中旬，第 1 代为 6 月下旬，第 2 代为 8 月上旬，第 3 代为 9 月中旬。

成虫昼伏夜出，羽化多于夜间进行，成虫从破壳而出至展翅结束，需时 50 分钟，有较强的飞翔力和趋光性，成虫于羽化后的次日交尾，交尾多于夜间进行，交尾历时长达 5 小时之久，交尾后次日夜间产卵，卵多单产于叶、枝、干、土石块上，但以叶背与枝条上较多，卵偶有成一串产的，均以胶牢牢贴于寄主上，单雌卵量 200~400 粒。卵期为 7~14 天。孵化多于下午 3~7 时进行，初孵幼虫大多先食卵壳，然后爬于叶背主脉上停息，能吐少量丝，偶尔跌落时，能悬于树上。幼虫共 5 龄，幼龄幼虫体色与寄主叶色相似，4 龄后雌幼虫体色较黄，雄幼虫体色较绿。老熟幼虫化蛹前的 2~3 天，体背呈暗红色，此时即由树上爬下至地面，然后钻入深为 6~12cm 的土内，钻成一椭圆形土室，在土室内待 1~2 天后即脱皮化蛹。以蛹越冬。

【防治方法】参照 P₃₁₉葡萄天蛾防治方法。

236　雀纹天蛾

【学名】 *Theretra japonica* Orwa

【别名】日斜天蛾、爬山虎天蛾、葡萄斜条天蛾。

【分布与寄主】此虫在我国分布广，北起黑龙江、南至广东、广西、西至陕西、四川，东抵沿海各地及台湾均有发生；国外分布于日本、朝鲜等地。寄主有葡萄、野葡萄、爬山虎、常春藤等多种植物。

【被害症状】似 P₃₁₈葡萄天蛾。

【形态特征】（图 220）

(1)成虫：体长 27~38mm，翅展 59~80mm，体绿褐色。头部及胸部两侧有白色鳞毛，背部中央有白色绒毛，背线两侧有橙黄色纵条，触角背面灰色，腹面棕黄色，腹部背线棕褐色，两侧有数条不太明显的暗褐色条纹，各腹间节有培褐色横纹，两侧橘黄色，腹面粉褐色。复眼赭色，前翅黄褐色，后缘中部白色，顶角达后缘方向有 6 条暗褐色斜条纹，上面一条最明显，第 3 条与第 4 条之间色较浅，中室端有一个小黑点，外缘有微紫色的带。后翅黑褐色，后角附近有橙灰色三角斑，外缘灰褐色，有不明显的黑色横线，缘毛暗黄色。

（2）卵：卵圆形，长径约 1.0mm，短径约 0.7mm，淡绿色。

（3）幼虫：老熟体长 67~73mm，体色有两种类型。褐色型其体褐色，背线浅褐色，第 2 腹节以后不甚显，亚背线色浓，后部色较深，于尾角两侧合并，后胸亚背线上有一黄色小点，第 1~2 腹节亚背线上各具一较大的眼状纹，中心为赭色圆点，外围黄色，外廓黑褐色，第 1 腹节者较大；第 3~4 腹节亚背线上各具一稍大的黄色斑纹，其外廓略呈紫褐色。第 1~7 腹节两侧各具 1 条暗色向后上方伸的斜带，尾角赭色略带黑色，胸足赭色。绿色型其体为绿色，背线明显，亚背线白色，其上方浓绿色，其他斑纹同褐色型。

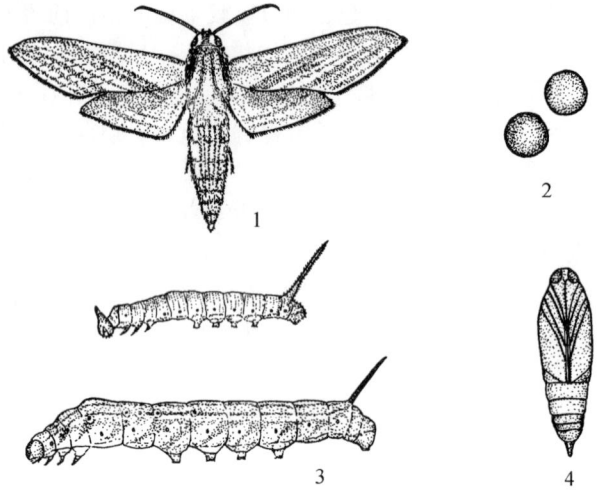

图 220 雀纹天蛾
1. 成虫；2. 卵；3. 初龄幼虫与成长幼虫；4. 蛹

（4）蛹：体长 35~40mm，茶褐色、被细刻点。第 1、2 腹节背面和第 4 腹节以下的节间黑褐色；臀棘较大与气门均黑褐色。

【生活史及习性】此虫 1 年发生 1 代至 4 代，各地均以蛹于 6~10cm 深处的土室内越冬。北京越冬蛹于翌年 6~7 月羽化，发生 4 代区（如江西南昌）各代成虫发生期分别为 4 月下旬至 5 月中旬，6 月中旬至 7 月上旬，7 月下旬至 8 月中旬，9 月上旬至 9 月下旬。

成虫昼伏夜出，有趋光性，喜食糖蜜，成虫卵散产于叶背，幼虫孵化后取食叶肉成孔洞，稍大蚕食成缺刻，随幼虫生长而常将叶片吃光，仅留叶柄，幼虫多夜间活动取食，白天静栖于枝条或叶柄上。1 代区幼虫危害期为 7~8 月，4 代区由于世代重叠，因而从 5~10 月均有发生危害。幼虫危害至老熟后则由寄主树上爬下或直接坠地面后于地被物内或潜入土中做土室化蛹，发生下一代或越冬。

【防治方法】 参照 P319 葡萄天蛾防治方法。

（五〇）大蚕蛾科 Saturniidae

体型粗大、翅展 150~210mm，是蛾类中最大的种类。色泽绚丽，五彩缤纷，或粉翠缟素，有些种类两条尾带可长达 70~85mm，有凤凰蛾之称。成虫翅上有透明的眼斑，喙不发达，无翅僵，但后翅的肩角发达，间或后翅上有飘带形燕尾。雄蛾一般小于雌蛾，昼伏夜出。

幼虫体型粗大，色泽鲜浓，体上多枝刺，幼龄时有吐丝下垂，随风飘荡转换寄主习性，老熟幼虫能吐丝作茧。有些种类为林业、果树害虫，我国目前已知种类约 28 种。

237　绿尾大蚕蛾

【学名】*Actias selene ningpoana* Felder

【别名】燕尾水青蛾、大水青蛾、水青蛾、长尾月蛾。

【分布与寄主】此虫在我国分布于东北、河北、北京、山西、河南、陕西、江苏、浙江、湖北、湖南、广西、广东、福建、台湾等地；国外分布于马来西亚、印度、斯里兰卡、缅甸、日本等地。寄主有苹果、梨、枣、核桃、沙果、海棠、杏、樱桃、葡萄、粟、杨、柳、枫、乌桕、喜树、榆等多种园林植物。

【被害症状】以幼虫蚕食寄主叶片、将叶片吃成缺刻，严重时将叶片吃光，仅留叶柄。严重影响树势、降低产量与品质。

【形态特征】（图221）

（1）成虫：体长32～38mm，翅展90～150mm。体白色，间或豆绿色，触角羽状，黄褐色，触角间具一紫色横带。复眼球形黑色。胸部及肩板基部前缘有暗紫色横切带，翅粉绿或豆绿色，基部有白色绒毛。前翅前缘暗紫色，混杂有白色鳞毛，翅外缘黄褐色，外横线黄褐

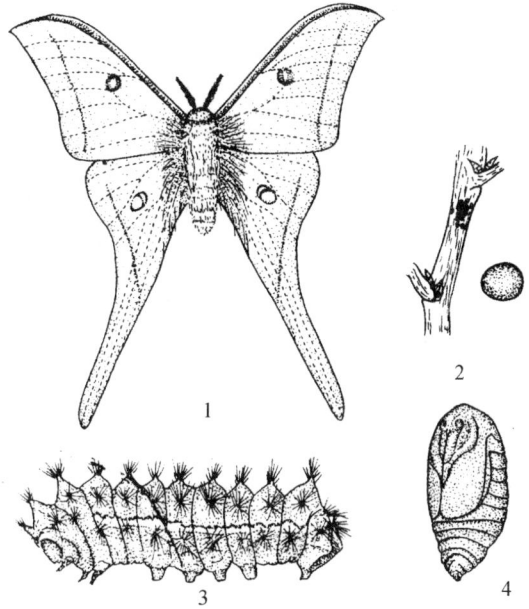

图221　绿尾大蚕蛾
1. 成虫；2. 树枝上卵及卵粒；3. 幼虫；4. 蛹

不甚明显，中室末端有一块眼斑，中间有一长条透明带，外侧黄褐色，内侧内方橘黄色，外侧黑色，翅脉较明显，灰黄色。后翅于中室端有一块眼斑，形状颜色与前翅中室末端眼斑相同，后翅臀角特化为长约40mm左右的尾状突。后翅尾角生有浅黄色鳞片，间或个体略带紫色。足紫红色，腹面稍浅，间或近褐色。

（2）卵：近球形，稍扁，直径约2mm，初产绿色，后变褐色。

（3）幼虫：老熟体长80～100mm，淡红色或黄绿色，体粗状近六角形，各体节上生有5～8个毛瘤，前胸5个，中、后胸各8个，腹部各节均为6个。每一毛瘤上生有数根褐色短刺和白色刚毛；中、后胸与第8腹节背面毛瘤稍大于其他部位毛瘤，且顶端黄色，基部黑色，其他部位毛瘤基部棕黑色，端部蓝色。第1～8腹节的气门腺上方赭色，下方黄色。体腹面褐色，臀板中央及后缘有紫褐色斑，胸足棕褐色，尖端黑色；腹足端棕褐色，上部有黑色横带。

（4）蛹：体长40～50mm，卵形、初赭色，后渐变紫黑色，额区具一块浅色斑，茧椭圆形，长45～55mm，质地疏松，灰色至黄褐色，间或白色。

【生活史及习性】此虫年生代数各地不一，东北1年发生1代，河北、山西、山东、河南1年发生2代，江苏个别1年发生3代，广西、广东、云南分别有不完全的4代，各地均以蛹在茧内越冬，茧蛹分布于树皮裂缝及寄主附近的地被物下。各地各代成虫发生期分别为5

月、7 月、9 月和 10 月。

成虫羽化后不久即开始交尾与产卵，卵常数粒成堆状或平排地产于枝干上、枝杈上和叶背，间或树下土块、草丛等处也有卵被发现，单雌平均卵量为 250 粒。卵期 7～15 天不等，第 1 代卵为 15 天左右，第 2 代卵 10 天左右，第 3、4 代卵均为 7 天左右，成虫寿命约 10 天左右。

幼虫发生危害期从 5 月下旬至 10 月均可见到。初龄幼虫常群集取食，2 龄后边分散危害。1、2 龄幼虫较活泼，3 龄以后食量增大，行动迟缓，取食完一片叶后再转害相邻叶片，逐叶逐枝取食，仅残留叶柄，极易发现，幼虫共 5 龄，历期 35～45 天，可取食苹果叶片近 100 余片，幼虫危害至老熟后于枝上贴叶吐丝结茧化蛹，蛹历期：非越冬蛹为 15～20 天，越冬代蛹 180 天左右。

成虫于中午前后至黄昏羽化，羽化前分泌棕色液体溶解茧丝，然后于顶端钻出。成虫昼伏夜出，有趋光性，交尾历时 2 小时左右。越冬茧与非越冬茧部位有所不同，前者多于树干下部分杈处、地面枯枝落叶、杂草等被物下，后者则于树枝条上贴叶处。茧处均有寄主叶包裹。

【防治方法】

(1) 果树休眠期防治：果树落叶后与发芽前清理园内枯枝落叶，同时结合修剪摘除树体上茧蛹，集中烧毁或深埋，消灭其中越冬蛹。

(2) 成虫发生期防治：结合防治其他有趋光性的害虫，于园内设置黑光灯或其他灯光，诱杀成虫。或人工捕杀成虫及其所产卵块。

(3) 幼虫发生期防治：结合园内管理进行人工捕杀幼虫，由于此幼虫初龄具群集危害习性，稍大后有逐枝取食习性，因而极易发现。

(4) 药剂防治：结合防治园内其他食叶卷叶性害虫进行树上喷药防治，使用常规触杀、胃毒等药剂防效均好。

(5) 保护和利用天敌：此虫卵期天敌有赤眼蜂，其寄生率可达 50% 以上，有条件的地方可于卵期释放赤眼蜂，每次 5 万头左右。

238　柞　蚕

【学名】*Antheraea pernyi* Guérin-Meneville

【分布与寄主】此虫我国分布于东北、华北、华东、华中等地。寄主有栎类、苹果、山荆子、粟、山楂、核桃、柞树、樟树、蒿柳、桦、枫、法桐等多种园林植物。

【被害症状】似 P$_{325}$ 绿尾大蚕蛾。

【形态特征】(图 222)

(1) 成虫：体长 30～45mm，翅展 110～130mm。体翅黄褐色，复眼球形黑褐色，触角短羽状，各节上具暗色环，肩板及前胸前缘紫褐色。前翅前缘紫褐色，间杂有白色鳞毛。顶角突出较尖，稍向下弯。前、后翅内横线白色，外侧褐或紫褐色，以中室后缘为界分为不相联的两段，外横线黄褐色，通过眼状斑，亚缘线紫褐色，外侧白色，于顶角处明显模糊，顶角部位白色极显。中室末端有较大的透明眼斑，眼圈外围白、黑、紫红色轮廓。后翅中室末端亦具相同透明眼斑，但四周黑色轮廓明显，翅反面亚端线细，其外侧具一列灰褐色半月形斑。

（2）卵：扁卵形，长径约 2.9mm，短径约 2.4mm，卵壳乳白至灰白色，外被浅至深褐色胶质物。

（3）幼虫：老熟体长 80~97mm，浅黄绿至绿色，头褐色密布小黑点，上唇缺刻深。各体节均具 3 对瘤状突，各瘤末端膨大，生有数根刚毛，腹气门上线为褐或紫红纵线，间或也有白色纵线，腹线紫红色，气门圆形，气门筛浓褐色。

（4）蛹：体长 35~45mm，椭圆形，初化蛹浅绿色，后渐变褐或黑褐色，头小，顶端乳白色，复眼被触角覆盖，前翅芽伸达第 4 腹节近后缘。茧黄褐色，长 40~50mm。

【生活史及习性】此虫 2 年发生 2 代，以茧蛹于树干粗皮裂缝、枝杈、枯枝落叶及地被物、杂草丛内越冬。翌年 4 月与 7 月发生成虫，5、6 月和 8、9 月为幼虫发生危害期。危害至秋末以老熟幼虫于适当的越冬场所越冬。

成虫昼伏夜出，飞行力差，羽化后次日即行交尾、产卵，卵常数粒或几十粒且排列无规则地产于枝干与叶片上，成虫寿命：雄虫 6~7 天，雌虫 10~12 天。卵期：第 1 代为 12 天左右，第 2 代 8 天左右，初孵幼虫有食卵壳习性。幼虫喜光，1 龄尤为明显，多于枝干或树顶食害嫩叶，然后逐渐由上向下取食危害，且有食蜕壳习性，即刚蜕皮的幼虫先食掉蜕皮后再取食叶片，幼虫共 5 龄，间或 6 龄，幼虫历期 50~60 天。蛹期约 15 天左右。此虫卵孵化率高，但不整齐，同日产的卵，此孵化期可相差 2 天左右。

【防治方法】参照 P_{326} 绿尾大蚕蛾防治方法。

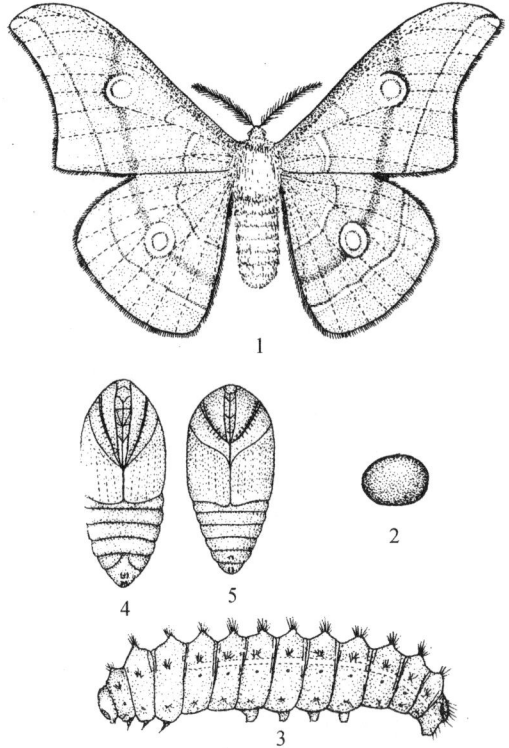

图 222　柞蚕
1. 成虫；2. 卵；3. 幼虫；4. 雌蛹；5. 雄蛹

239　银杏大蚕蛾

【学名】*Dictyoploca japortica* Butler

【别名】核桃楸大蚕蛾、白毛虫。

【分布与寄主】此虫在我国分布于东北、广西、四川、云南等地。寄主有银杏、核桃楸、核桃、栗、苹果、梨、李、栎、柳、樟、楸、榛、枪栗、杨、榆、瑞木、枫等多种园林植物。

【被害症状】似 P_{325} 绿尾大蚕蛾。

【形态特征】（图 223）

（1）成虫：雌蛾体长 26 ~ 69mm，翅展 95 ~ 150mm，雄蛾体长 25 ~ 40mm，翅展 90 ~ 125mm。雄虫触角羽毛状，雌虫栉齿状。体色有灰褐色、黄褐或紫褐色，前翅内横线紫褐色，外横线暗褐色，两线近后缘相连接，中间形成较宽的银灰色区，中室端部有月牙形透明斑，翅反面可见眼球形纹，周围有白色较暗褐色轮纹，顶角向前缘处有褐色斑，后角有白色月牙形纹。后翅从基部到外横线间有较宽的红色区，亚缘线区橘黄色，缘线灰黄色，中室端有一大圆形眼斑，眼球黑色(翅反面球形不见)，外有一个灰橙色圆圈及银白色线两条。后角有一半月形白斑，其外侧暗褐色。前、后翅的亚缘线由两条赭色的波状纹组成。

（2）卵：卵圆形，长径约2.3mm，短径约1.5mm，灰褐色，卵壳上具褐色花纹，卵一端有圆形黑斑，孵化时，幼虫由此而出。

（3）幼虫：共 6 龄。初孵体长约7mm，体背黑色，胸、腹部各节有 3 对

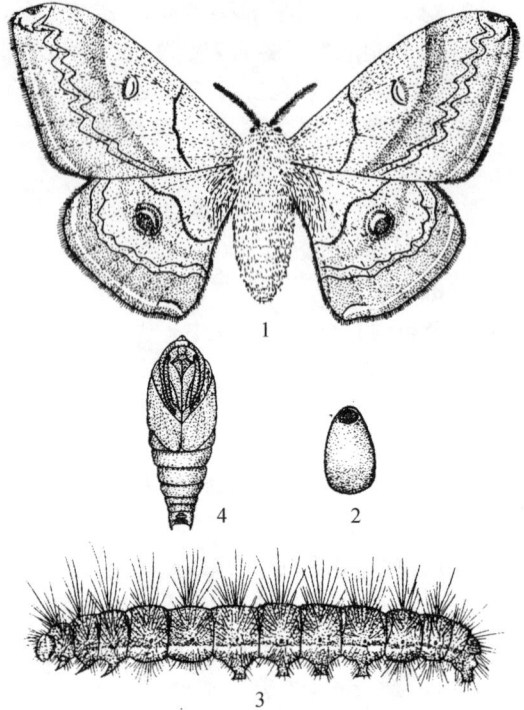

图 223　银蚕大蚕蛾
1. 成虫；2. 卵；3. 幼虫；4. 蛹

毛瘤，位于亚背线、气门上、下线，毛瘤上具数根黑色刺状刚毛，气门线灰白色；2 龄体长约15mm，体背黑色，胸、腹各节毛瘤黑色，上生黑色短刺状毛，间有 1、2 根白色长毛，气门线浅绿色；3 龄体长 20 ~ 32mm，体上出现散生的白色长毛，其特征同2 龄；4 龄体长35 ~ 45mm，多数体背黑色，间或个体体背出现白色或全白，毛瘤变为白色，体上白色长毛明显，气门线绿色，气门下线黄色；5 龄体长 55 ~ 75mm，体背全为白色，气门下线以下至腹面黄绿色，间有黑斑，体毛多为白色长毛；毛瘤间的白色长毛间有 1、2 根黑色长毛及数根黑色短刺状刚毛；6 龄体长 80 ~ 110mm，头黄褐色，体背灰白色，腹面绿色，间有不规则的黄褐斑，腹面白色，体毛多为白色长毛。毛瘤上的长毛与刚毛同 5 龄幼虫。气门下线的毛、气门下线的毛瘤周围呈深黄色。

（4）蛹：体长 30 ~ 55mm，雌蛹较雄蛹大，第 4 ~ 6 腹节后缘有黑褐色环带三条相间隔。茧长 60 ~ 80mm，网状椭圆形，黄褐色。茧外附寄主枝叶。

【生活史及习性】 此虫 1 年发生 1 ~ 2 代，以卵越冬。翌年寄主萌动露绿时越冬卵开始孵化，5 ~ 6 月为幼虫发生危害期，6 月中旬至 7 月上旬幼虫老熟结茧化蛹，7 月中下旬出现第 1 代成虫，10 月发生第 2 代成虫。

成虫羽化多于下午 5 ~ 8 时进行，少数于清晨 5 ~ 6 时。展翅后当晚或次日夜间开始交尾，交尾历时 24 小时左右，交尾后的 15 小时左右开始产卵，卵产于茧内、老树皮下或缝隙处，卵常聚集成堆，单雌产卵约250 粒左右，卵期10 ~ 15 天。成虫有趋光性，飞翔力强，

寿命：雌蛾 10 天左右。雄蛾 7 天左右。

初孵幼虫多栖息于茧内外或枝干皮缝间，常数十头或十余头群集于一叶片上取食，取食多白天温暖时进行，但温高时停止取食。1、2 龄取食叶缘，使叶片成缺刻状，但食量小，3、4 龄时则分散取食，且食量渐增，5、6 龄时食量大增，被害状明显可见，中午常到荫凉处避热，幼虫历期 30 ~ 50 天，老熟后于枝叶间或下树于杂草间和灌木上缀叶结茧化蛹。卵与蛹期有多种寄蜂与寄蝇寄生。

【防治方法】 参照 P₃₂₆绿尾大蚕蛾防治方法。

240 樟 蚕

【学名】 *Eriogyna pyretorum* Westwood

【别名】 枫蚕。

【分布与寄主】 此虫在我国分布于东北、华北、华东、广东、广西、四川、江苏、江西、福建等地；国外分布于俄罗斯、印度、越南等地。寄主有板栗、喜树、核桃、沙梨、番石榴、银杏、枇杷、麻栎、樟、枫杨、枫香、野蔷薇、乌桕、槭、漆树、冬青等多种园林植物。

【被害症状】 似 P₃₂₅绿尾大蚕蛾。

【形态特征】 （图 224）

（1）成虫：体长 29 ~ 34mm，翅展 95 ~ 105mm。体翅灰褐色，前翅基部暗褐色，三角形，前后翅上各有一纹，外层为蓝黑色，内层外侧有浅蓝色半圆纹，最内层为土黄色圈，其内侧棕褐色，中间为新月形透明斑，前翅顶角外侧有紫红色纹 2 条，内侧有黑褐色短纹 2 条，内横线棕褐色，外横线棕色双锯齿形，亚缘线呈断续的黑褐色斑，缘线灰褐色，两线间为白色横条，后翅与前翅略相同，但色稍浅，眼纹较小，胸部的背面及腹面和末端密被黑褐色绒毛，腹部各节间有白色环状纹。

（2）卵：乳白色，圆筒形，长径约 2mm，短径约 1mm，数粒或数十粒紧密排列成块，卵面上覆盖一层厚厚的灰黑色雌蛾腹末端毛片。

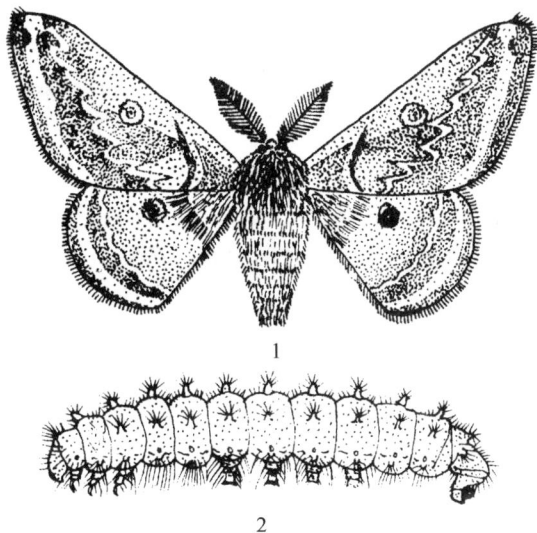

图 224 樟蚕
1. 成虫；2. 幼虫

（3）幼虫：幼虫共 8 龄，老熟体长 85 ~ 100mm，头绿色，身体黄绿色，背线、亚背线、气门线色较浅，腹部暗绿色，背线及亚背线，气门上、下线及侧腹线部位每体节上有枝刺，顶端平，中央下凹，四周有褐色小刺数根，各体节间色较深，胸足橘黄色，腹足略黄，气门黄褐色，围气门片黑色。

（4）蛹：体长 27 ~ 34mm，深棕褐色，稍带褐色，纺锤形，全体坚硬，额区具一不明显近方形浅色斑，臀棘 16 根。茧灰褐色，长椭圆形。

【生活史及习性】 此虫 1 年发生 1 代，以蛹于茧内越冬。翌年 2 月底开始羽化，3 月中旬为羽化盛期，3 月底为末期，3 月上旬开始产卵，卵期 10 天，最长可达 30 天，3 月中旬至 7 月为幼虫危害期。在广西各龄幼虫历期分别为 6 ~ 11、3 ~ 9、5 ~ 10、8 ~ 13、9 ~ 15、10 ~ 14、11 ~ 14、10 ~ 18 天，共历期 52 ~ 78 天。6 月幼虫老熟开始结茧化蛹。

　　成虫羽化多于黄昏或清晨，羽化期可持续 30 天左右。成虫昼伏夜出，有较强的趋光性，但飞翔力弱，羽化后不久即可交尾，交尾多于夜间进行，交尾历时 5 ~ 6 小时，交尾后 1 ~ 2 天产卵，卵大多成堆产于树干及树枝上，间有散产。每堆卵约 50 余粒，单雌卵量 250 ~ 420 粒。

　　幼虫多于上午 8 时至下午 16 时孵化，孵化后稍作休息边爬至叶片上，栖息于叶背主脉两侧，经数小时或十几小时后边取食危害，1 ~ 3 龄幼虫有群居性，4 龄后则分散危害。1 ~ 2 龄幼虫取食时，用腹足、臀足抱握叶片，胸足抱住叶缘，将叶片食成缺刻，最后剩下主脉与叶柄，3、4 龄幼虫则用腹足、臀足固着于叶柄上取食，5 龄以后幼虫一般固着小枝上，伸长体躯以胸足抓住叶片取食，叶片吃光后，还取食叶柄与嫩茎。幼虫蜕皮前停止取食，并于固着处吐少量丝再行蜕皮。幼虫身体长大，叶片不能支持，常爬到叶柄与枝条上，受惊时虫体紧缩。幼虫经常于中午前后在树干上爬行活动或转移取食。老熟幼虫先在树干或分权处作茧，结茧一般于下午开始，经 1 ~ 2 天完成作茧，经 8 ~ 12 天的预蛹期即化蛹。

　　此虫卵期天敌有赤眼蜂，幼虫期天敌有两种姬蜂。另外还有寄蝇及白僵菌等。

【防治方法】 参照 P$_{326}$ 绿尾大蚕蛾防治方法。

241　樗　蚕

【学名】 *Philosamia cynthia* Walker et Felder

【别名】 乌桕樗蚕蛾。

【分布与寄主】 此虫在我国分布于东北、河北、北京、山东、山西、江西、浙江、江苏、四川、福建、台湾、华南等地；国外分布于日本、朝鲜等地。寄主有核桃、柑橘、乌桕、臭椿、梧桐、槐、花椒、泡桐、悬铃木、含笑、香樟、冬青、盐肤木、枫杨、蓖麻等多种园林植物及农作物。

【被害症状】 似 P$_{325}$ 绿尾大蚕蛾。

【形态特征】 （图 225）

　　（1）成虫：体长 20 ~ 30mm，翅展 115 ~ 125mm，头部四周、颈板前端、前胸后缘、腹部背线、侧线及末端均为白色。前翅褐色，顶角圆而突，粉紫色，具一黑色眼状斑，斑的上边白色弧形，前后翅中央各有一个新月形斑，新月形

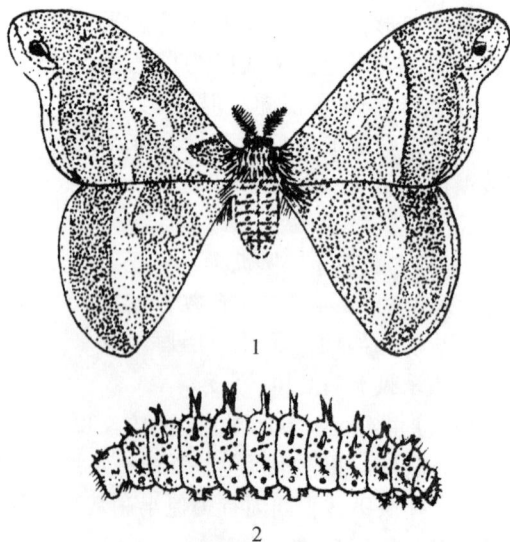

图 225　樗蚕
1. 成虫；2. 幼虫

斑上缘深褐色,中间半透明,下缘土黄色,外侧具一纵贯前、后翅的宽带,宽带中间粉红色,外侧白色,内侧深褐色,基角褐色,其边缘有一条白色曲纹。

(2)卵:扁椭圆形,长径约1.5mm,短径约1.1mm。灰白色,卵壳上具褐色斑。

(3)幼虫:老熟体长55~60mm,体粗状青绿色,被有白粉,头部,前胸与中胸及尾端较细,各体节亚背线、气门上、下线部位各有一排显著的枝刺,亚背线上的枝刺较其余部位均大,在亚背线与气门上线间、气门后方、气门下线、胸足及腹足的基部有黑色斑点;气门筛浅黄色、围气门片黑色,胸足黄色,腹足青绿色,端部黄色。

(4)蛹:棕褐色,体长26~30mm,头顶与腹背黑褐色。茧灰白色,橄榄形,长50mm左右,上端开孔,茧柄长30~120mm,常以一寄主叶包着半边茧。

【生活史及习性】此虫1年发生2代,以蛹于树上(发生代为主)或树下灌木丛上(越冬代或发生代)结茧于内越冬。翌年5月上中旬成虫羽化,第1代幼虫发生危害期为5月中旬至6月中旬,6月下旬于寄主树干结茧化蛹。幼虫历期35天左右。8月发生第1代成虫,第2代成虫发生危害期为9~11月,以后陆续老熟化蛹越冬。第1代蛹期40天左右,第2代160天左右。

成虫有趋光性,飞翔力强,单雌卵量350粒左右。成虫寿命:雄5~7天,雌10~12天,雌蛾交配前能分泌较强的性信息素,以诱引雄蛾与其交配。据研究,将雌蛾双翅剪除后能促进交配。卵成堆(数粒乃至数十粒)产于寄主叶背,但排列不规则。初龄幼虫有群集危害习性,3~4龄后分散危害,昼夜均可取食,由下而上逐叶逐枝危害,并可转移危害,幼虫蜕皮后常将所蜕壳食掉少许或全食掉。幼虫老熟后于树上缀叶结茧于内化蛹,发生下一代,或由树上爬下于杂灌木丛内越冬。幼虫天敌有绒茧蜂及三种姬蜂:喜马拉雅聚瘤姬蜂、樗蚕黑点瘤姬蜂、稻苞虫黑瘤姬蜂。

【防治方法】参照P$_{326}$绿尾大蚕蛾防治方法。

(五一)枯叶蛾科 Lasiocampidae

中到大型蛾类,体躯粗状,被厚鳞毛,大多种类后翅肩角发达,静止时形似枯叶。雌蛾体粗笨,雄蛾体略小而活泼,飞翔力强,大多昼伏夜出,触角双栉齿形,雄较粗,眼有毛,单眼退化或消失,喙不发达,下唇须前突如喙。足多毛,胫节短,中足缺胫距,翅很大或一般无翅疆,前翅R$_4$分离很长,或与R$_{2+3}$同柄,R$_5$与M有时柄短,M$_2$出自中室下角,缺Cu$_2$和副室,后翅2A达外缘角。幼虫中至大型,多毛,俗称毛虫,胸部第2~3背板具有深色闪光的毒毛,幼虫体色及花斑与蛾子翅面斑纹变化均较大。幼虫腹足5对,趾钩2序、多列,化蛹前幼虫吐丝结成坚固的茧于内化蛹。蛹光滑,卵球形,平滑,常成块状产于寄主枝梢或叶上,卵常排成带状,间或种类的卵上盖以胶质或鳞毛。大多雌雄异型,本科种类分布广,大多为果树与森林等多种园林植物的重要食叶性害虫,本科已知约2000种。

242 白杨毛虫

【学名】*Bhima idiota* Graeser

【别名】杨枯叶蛾、白杨枯叶蛾。

【分布与寄主】此虫在我国分布于东北、内蒙古、陕西、山西、河南、河北等地；国外分布于朝鲜等地。寄主有苹果、梨、沙果、海棠、山荆子、杏、文冠果、李、稠李、杨、柳、榆、柞、唐棣等多种园林植物。

【被害症状】以幼虫食害寄主叶片，将叶片蚕食成缺刻与孔洞，大发生年份可将树叶全部吃光，使大片树木干枯死亡。

【形态特征】（图 226）

（1）成虫：雌蛾体长 27～33mm，翅展 63～72mm。体灰黄色略带褐色，触角栉齿状、灰褐色，体密被灰黄色鳞毛，腹部末端密生长的黄色肛毛。前翅中室末端白斑明显，近圆形；内、外横线灰白色，双重波浪状，外横线弧形，亚缘斑列黑褐色。外侧衬以灰白色线纹，顶角 3 斑相连，大而明显。后翅中间呈灰白色横带，外半部具深色斑纹。雄蛾体长 22～28mm，翅展 47～51mm。触角羽状，体翅黑褐色，头与前胸黄色，后翅中部有一灰黄色或浅黄色大斑纹。

（2）卵：椭圆形，土黄色，长径约 2.0mm，短径约 1.3mm，浅黄褐色，60～70 粒堆产，外覆浅黄色绒毛。

（3）幼虫：老熟体长 60～75mm，体

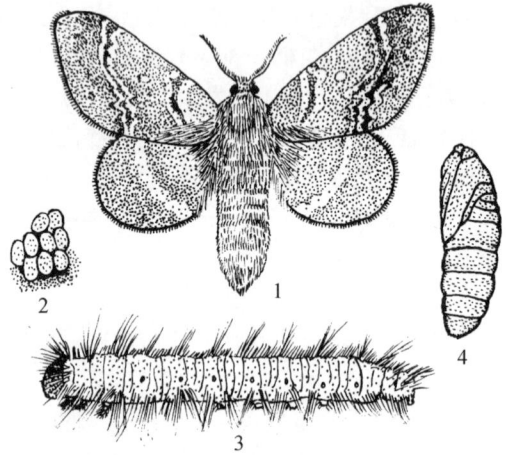

图 226　白杨毛虫
1. 成虫；2. 卵；3. 幼虫；4. 蛹

粗状，黄褐色，密被灰白色毛。头褐色，具浅黄色斑纹；中、后胸背面各具一大形黑斑，其上丛生黑色或棕黄色刚毛。亚背线暗棕色较宽，杂有黑色。前胸前缘有两个瘤突，胸部 2～3 节和腹部 1～8 节两侧下缘中部各具 1 瘤突，上均生黄白色长毛和数根黑毛，胸瘤上黑毛较多，第 8 腹节背面中部有一簇黑毛。气门椭圆形，围气门片黑色，腹足趾钩双序中带，趾钩约 67 个。

（4）蛹：雄蛹体长 28～30mm，雌蛹体长 34～36mm。纺锤形，棕褐色，羽化前暗褐色，腹末有一小圆突，上生短刺。第 8 腹气门缝状，余均为椭圆形凹孔。茧长卵形，长 40～50mm，茧色随结茧场所不同而异，土墙缝内为灰白色，老树皮裂缝内为灰褐色，茧上附以幼虫体毛。

【生活史及习性】此虫北方 1 年发生 1 代，以老熟幼虫于树皮裂缝、树洞及树下各种地被物缝隙中、土墙缝或园附近土堰缝隙内群集结茧于内以前蛹期虫态越冬。翌年 3 月下旬或 4 月上旬，当旬均温为 6℃左右时开始化蛹，4 月下旬至 5 月上旬为化蛹盛期，蛹历期：雄蛹平均为 38 天，雌蛹平均为 40 天。5 月上中旬成虫羽化、交尾与产卵，5 月下旬为产卵盛期，卵期 16～22 天，6 月初开始孵化幼虫。幼虫危害至秋末，当旬均气温降至 13℃以下时，老熟幼虫开始于夜间下树，寻找适当场所结茧，以前蛹期虫态越冬。

成虫昼伏夜出，趋光性很强，羽化多于上午 11 时至下午 19 时进行，但以下午 16～18 时为最多。羽化后的 5 小时左右开始飞行求偶，进行交配，交尾时间长达 1.5 小时左右，交尾结束后于当晚即行产卵，单雌卵量约 200 余粒，分批产卵，每次产卵 1 块，每块卵量

平均 50 粒左右，每雌可产 2 ~ 4 块卵。雌蛾寿命 2.5 ~ 5 天，雄蛾为 5 ~ 7 天。

卵多产于树干皮缝、树洞或裸露于树干上。卵孵化多于上午进行，幼虫共 8 龄，初龄幼虫常群集卵块附近或叶柄与嫩枝条上栖息，经十几小时左右后开始取食，并群集取食，3 龄后开始分散危害，幼虫常于早晨和黄昏期间取食，4 龄后开始食害老叶，5 龄以后多于黄昏 7 时以后开始取食至午夜，才爬回大枝杈附近的树干上群集静伏不动。老熟幼虫食量渐减，当旬均气温降至 8℃ 左右时，开始进入越冬。

【防治方法】

（1）成虫发生期园林地内设置黑光灯或其他灯光诱杀成虫。

（2）越冬虫茧及覆以黄色绒毛的卵块极易发现，可结合防治其他害虫进行人工采摘，集中消灭。冬季可结合刮树皮、堵树洞，消灭越冬茧；危害期可结合摘虫果，摘除卵块及初孵幼虫。

（3）药剂防治 3 龄前幼虫，使用农药有 50% 辛硫磷乳油、50% 杀螟松乳油、80% 敌敌畏乳油均为 1500 倍液于树上喷药防治效果很好。或使用地亚农乳油 1000 倍液、40% 毒死蜱乳油 1000 倍液，2.5% 敌杀死乳油、20% 杀灭菊酯乳油、2.5% 功夫乳油、20% 灭扫利乳油，10% 联苯菊酯乳油各使用 2000 倍液，防效均为显著，残效期均在 1 周以上。另外 50% 辛硫磷乳油、杀螟松乳油、2.5% 功夫乳油、敌杀死乳油对卵均有特效。

243　黄斑波纹杂毛虫

【学名】 *Cyclophragma undans fasciatella* Menetyies

【别名】 黄波纹杂毛虫、华山松杂毛虫。

【分布与寄主】 此虫在我国分布于东北、河北、山西、陕西、河南、甘肃等地。寄主有苹果、山楂、枣、栎类、松等多种园林植物。

【被害症状】 以幼虫取食危害寄主叶片，严重发生时，常将树叶吃光，削弱树势，降低产量与品质。

【形态特征】（图 227）

（1）成虫：体长 28 ~ 30mm，翅展 54 ~ 92mm。体翅淡黄褐色，间或个体为褐或灰黄色。触角黄褐色。雌蛾前翅中室端白点明显，白点至翅基间有明显的黄色圆斑，亚缘斑列不甚明显，至外线间一般呈浅色黄带，外线明显波浪状，中、外线间形成深色带。后翅斑纹不明显，近外缘处色泽较浅。雄蛾前翅中、外横线间形成明显的黄褐色宽带，间有个体隐现 4 条波浪状纹，宽带不明显。

（2）卵：扁卵圆形，长径约 0.3mm，短径约 0.2mm，初产枣红色，后渐变为淡红与紫红色相间。

（3）幼虫：老熟体长 25 ~ 28mm，黄褐至褐色，第 1、2 腹节背面各有一眼圈形状蓝色斑，外围白色毛丛。各节均散生不规则黄色与褐色斑，各节背面均有对称的白或黑毛瘤，第 10 节毛瘤明显隆起。

（4）蛹：椭圆形，棕褐色，长 30 ~ 37mm。茧长 35 ~ 50mm，纺锤形，质地疏松。

【生活史及习性】 此虫山西吕梁地区 1 年发生 1 代，

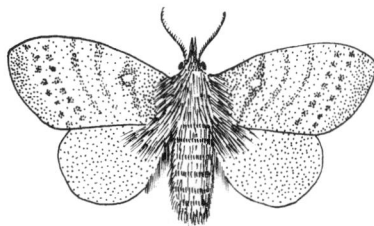

图 227　黄斑波纹杂毛虫成虫

以卵于枯枝落叶层等处越冬。5 月中旬出现孵化幼虫。5 月下旬至 6 月中旬为孵化盛期，7 月中旬为末期，幼虫自孵化后开始危害至 8 月底或 9 月初。7 月中旬开始化蛹，7 月下旬为化蛹盛期，直至 9 月上旬仍可见到化蛹幼虫。幼虫危害历期 50 ~ 60 天，蛹期 25 天左右。成虫于 8 月中旬出现，9 月中旬羽化结束。8 月中旬为产卵初期，9 月中旬末产卵结束。

　　成虫昼伏夜出，有趋光性，羽化多于夜间 20 ~ 23 时进行，羽化当日即可交尾，隔数小时即可产卵，卵散产于枯枝落叶或土表，无覆盖物。成虫一生交尾 1 ~ 2 次，每次交尾历时 2 ~ 3 小时。成虫寿命 4 ~ 7 天，单雌卵量 75 粒左右，初孵幼虫食量很小，3 龄以后食量增大，7 月底幼虫开始上树，转移至灌木杂草丛中，吐丝缠绕灌木和杂草进行结茧化蛹，8 月中旬成虫产卵于枯枝落叶及表土内，以卵越冬。

【防治方法】冬季或早春清理园内及附近地面枯枝落叶、杂草，集中烧毁，消灭其中越冬卵。结合秋耕深翻果园，不仅可消灭此虫于土中的越冬卵，同时可兼治其他土中越冬虫态。其余参照白杨毛虫。

244　杨枯叶蛾

【学名】*Gastropacha populifolia* Esper

【分布与寄主】此虫在我国分布于东北、华北、华东、西北、西南等地；国外分布于欧洲、俄罗斯、朝鲜、日本等地。寄主有苹果、梨、杏、桃、樱桃、杨等多种园林植物。

【被害症状】以幼虫食害寄主叶片，将树叶咬成缺刻与孔洞，严重时将叶片吃光，仅剩叶柄与主脉，大发生年份，常将整个树枝的叶片吃光，导致树势衰弱，甚至枯死。

【形态特征】（图 228）

　　（1）成虫：雌蛾体长 30 ~ 40mm，翅长 54 ~ 96mm，雄蛾体长 25 ~ 35mm，翅长 38 ~ 65mm。前翅狭长，被有稀疏黑色鳞毛，外缘与内缘呈波浪状弧形；前翅有 5 条黑色波浪状斑纹，中室黑色斑纹小，前缘长，后缘短。后翅具 3 条明显的黑色斑纹，前缘橙黄色，后缘浅黄色，前、后翅均被少量的黑色鳞毛。体色及前翅斑纹变化较大，呈深黄褐或黄色，翅面斑纹模糊或消失，静止时似枯叶。

　　（2）卵：椭圆形，长径约 3mm，短径约 1.7mm。灰白色，有褐色花纹，卵块上覆盖灰黄色绒毛。

　　（3）幼虫：老熟体长 80 ~ 85mm，头棕褐色较扁平，体灰褐色，中、后胸背面有蓝黑色斑 1 块，斑后有赤黄色横带，第 8 腹节腹部有一较大的瘤，四周黑色，顶部灰白色，第 11 节背上有圆形瘤状突起；背中线褐色，侧线成倒"八"字形黑褐色纹，体侧每节各有大小不同的褐色毛瘤 1 对，边缘呈黑色，上具土黄色毛簇，各瘤上方为黑色"V"形斑，气门黑色，围气门片黄褐色；胸足、腹足灰褐色；体腹面赭色，腹足间有棕色横带。

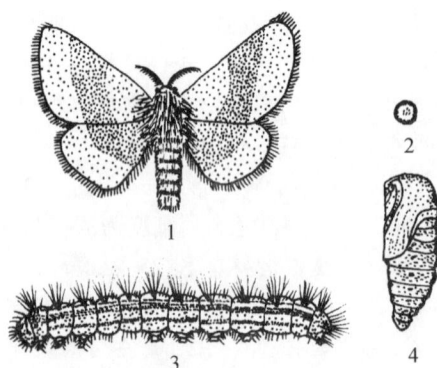

图 228　杨枯叶蛾
1. 雌成虫；2. 雄成虫；3. 蛹

　　（4）蛹：椭圆形，长 35 ~ 40mm，初淡黄色，后变黄褐色，羽化前棕褐至暗褐色，被白色粉末。翅芽伸达第 4 腹节近后缘，触角伸达中足胫节端部。茧长椭圆形，长 40 ~ 55mm，丝质疏松，灰白色，略显黄色。

【生活史及习性】 此虫东北 1 年发生 1 代，华北 1 年发生 1 ~ 2 代，华东、华中 2 ~ 3 代，各地均以低龄幼虫于树皮缝隙、枯枝落叶、剪锯口、树洞等处越冬，翌年 3 月中下旬，当日均温为 5℃以上时开始出蛰活动，取食寄主幼芽、嫩叶，4 月中旬至 5 月中旬幼虫老熟后，吐丝缠缀叶片或于枝干缝隙内结茧化蛹，蛹期 10 天左右。1 年发生 1 代区成虫于 6 ~ 7 月发生；1 年发生 2 代区成虫于 5 ~ 6 月和 8 ~ 9 月发生；1 年发生 3 代区成虫发生期分别为 5 月上旬至 6 月上旬，6 月下旬至 7 月下旬，9 月上旬。

成虫羽化后不久即可交尾、产卵，卵常成堆且不规则以数粒或数十粒产于寄主枝干或叶片上，间有单产卵粒。单雌产卵量为 400 ~ 700 粒，卵期 10 天左右。1 代区幼虫发生危害期为 7 ~ 8 月；2 代区分别为 6 ~ 7 月和 8 ~ 10 月；3 代区为 5 月中旬至 6 月中旬，7 月上中旬和 9 月中旬至秋末。各地幼虫危害至秋末以 3 ~ 6 龄幼虫于适当场所越冬。

成虫昼伏夜出，有趋光性，静止时似枯叶，成虫寿命 8 天左右，初孵幼虫停息于卵壳附近不食不动，2 ~ 3 小时后边为群集取食，将树叶食成缺刻与孔洞，3 龄以后开始分散危害，幼虫共 8 龄，历期 30 ~ 40 天，老熟后于适当场所结茧化蛹，蛹期 12 天左右。越冬幼虫体色与越冬部位体色相近，体扁平，因之潜伏于越冬场所不易发现。

【防治方法】

(1)结合冬季修剪进行刮树皮、堵树洞，消灭越冬幼虫。

(2)成虫发生期园内设置黑光灯或其他灯光诱杀成虫，产卵盛期与卵孵化期结合人工防治园内其他害虫进行摘卵块与初孵群集幼虫。

(3)药剂防治参照白杨毛虫药剂防治法。

245 李枯叶蛾

【学名】 *Gastropacha quercifolia* Linnaeus
【别名】 苹果大枯叶蛾。
【分布与寄主】 此虫在我国分布于东北、华北、华东、华中、西北、中南、台湾等地；国外分布于欧洲、日本、朝鲜、蒙古、俄罗斯等地。寄主有李、梨、苹果、沙果、梅、桃、樱桃、杏、核桃、杨、柳等多种园林植物。

【被害症状】 似 P334 杨枯叶蛾。
【形态特征】 (图 229)

(1)成虫：雌蛾体长 40 ~ 45mm，翅展 60 ~ 84mm 雄蛾体长 30 ~ 35mm，翅展 40 ~ 68mm。体翅色泽多样，有茶褐、赭色、褐、黄褐等多种颜色。头部色略淡，中央具一条黑色纵纹；复眼球形褐色；触角双

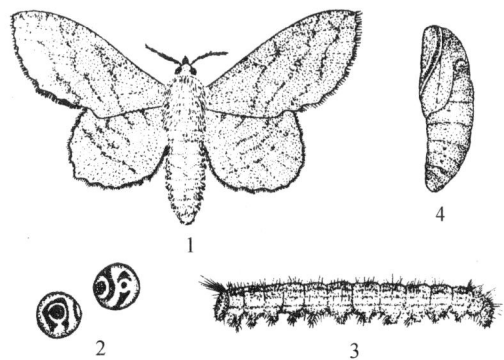

图 229 李枯叶蛾
1. 成虫；2. 卵；3. 幼虫；4. 蛹

栉齿状，带蓝褐色，下唇须向前伸出，蓝黑色。前翅外缘波浪状较长，后缘较短，缘毛蓝

褐色。前翅中部有波浪状横线纹 3 条，外横线色浅，内横线黑褐色，中室黑褐色斑点明显。后翅有 2 条蓝褐色斑纹，前缘处橘黄色。静止时后翅肩角与前缘部分突出，前翅屋脊状合拢，形似枯叶状。雄蛾腹部较细。

(2)卵：近圆形，直径约 1.5mm，绿至绿褐色，卵壳上具白色花纹。

(3)幼虫：老熟体长 90～105mm，暗灰至暗褐色，疏生长、短毛，头部黑色，生有黄白色短毛。各体节背面有 2 个红褐色斑纹；胸部第 2～3 节背面各具一簇明显的黑蓝色横毛，第 8 腹节背面有一角状小突起，上生许多毛丛，各体节生有毛瘤，头体两侧毛瘤较大，毛瘤上簇生有黄和黑色长、短毛。

(4)蛹：长 35～45mm，初化蛹为黄褐色，后变暗褐至黑褐色。茧长 50～60mm，长椭圆形，丝质疏松，暗褐至暗灰色，茧上附有幼虫体毛。

【生活史及习性】此虫东北 1 年发生 1 代，华北 1 年发生 1～2 代，各地均以幼龄幼虫潜伏于枝干皮缝及树洞、剪锯口内越冬。翌年寄主萌动露绿时，越冬幼虫开始出蛰活动，食害幼芽嫩叶与叶片，常将叶片吃成孔洞与缺刻，严重时将叶全部吃光，仅残留主脉与叶柄。幼虫白天栖息于寄主枝叶上，夜间取食活动危害，老熟后于枝条下侧结茧化蛹。1 代区成虫于 6 月下旬至 7 月上中旬发生，幼虫危害期为 7～8 月；2 代区成虫于 5 月下旬至 6 月和 8 月中旬至 9 月出现，幼虫发生危害期为 6～7 月和 8～10 月。

成虫昼伏夜出，有趋光性，成虫羽化后不久即可交尾与产卵，卵多成堆不规则地产于枝条上，间有散产或产于叶片上的卵，卵期 10 天左右，幼虫历期 35～50 天左右，越冬代幼虫历期 200 天左右，蛹期 15 天左右，成虫寿命 6～8 天，幼虫危害至老熟后于适当场所结茧化蛹发生下一代或以幼龄幼虫于适当场所越冬。

【防治方法】

(1)于春季越冬幼虫出蛰危害期或 3 龄前幼虫于树上喷药防治，效果很好，使用药剂参照白杨毛虫。

(2)成虫发生期设置黑光灯或其他灯光诱杀成虫。幼虫盛发期人工捕杀。

(3)结合防治腐烂病进行刮树皮，可消灭多种于树干皮缝中越冬的虫态。刮树皮还可增强树势。

246　黄褐天幕毛虫

【学名】*Malacosoma neustria testacea* Motschulsky

【别名】天幕毛虫、带枯叶蛾、天幕枯叶蛾。

【分布与寄主】此虫在我国分布于东北、内蒙古、河北、山西、陕西、甘肃、山东、河南、江苏、安徽、湖北、湖南、浙江、江西、四川等地。寄主有山楂、苹果、梨、李、杏、桃、海棠、樱桃、沙果、核桃、黄波罗、栎、杨、榆、松、山杏等多种园林植物。

【被害症状】以幼虫取食危害寄主叶片，将叶片吃成缺刻与孔洞，大发生年份常将整株树上叶片吃光，仅留主脉与叶柄。影响树的正常生长发育及降低果实的产量与品质。

【形态特征】（图 230）

(1)成虫：雌蛾体长 18～22mm，翅展 37～43mm，棕黄褐色。复眼黑褐色，触角栉齿状，前翅中部具 2 条深褐色横线，两线间形成深褐色宽带，宽带外侧有黄褐色镶边，翅外缘色略浅，后翅基部 1/2 为赭色，端部色浅，足除跗节外均密生细长鳞毛，腹部较肥大。

雄蛾体长 14～16mm，翅展 24～33mm，体翅黄褐色，复眼黑褐色；触角羽状褐色，前翅中部具 2 条深褐色横线，两横线间色稍深，形成上宽下窄的横带，外缘毛黑白色相间，呈明显的花斑状。后翅亚端线褐色，不甚明显，翅展时与前翅外线近相拼，腹部细而瘦。

（2）卵：圆筒形，直径 0.7～0.9mm，高 1.2～1.4mm。越冬后深褐色。顶部中央略凹入，杂有暗褐色小点。卵产于小枝上，呈指环状，似顶针。

（3）幼虫：老熟体长 50～55mm。头部暗蓝色，布有小黑点及黄白色细毛；体侧有鲜艳的蓝灰色、黄色或黑色带。体背面有明显的白色带，两边有橙黄色横线，气门黑色，气门线较宽，浅灰色，各腹节背面有数个黑色毛瘤，其上生有许多黄白色长毛与 4～6 根黑色长毛。体腹面暗灰色。胸足、腹足外侧和臀板均为黑褐色，腹足趾钩双序缺环。

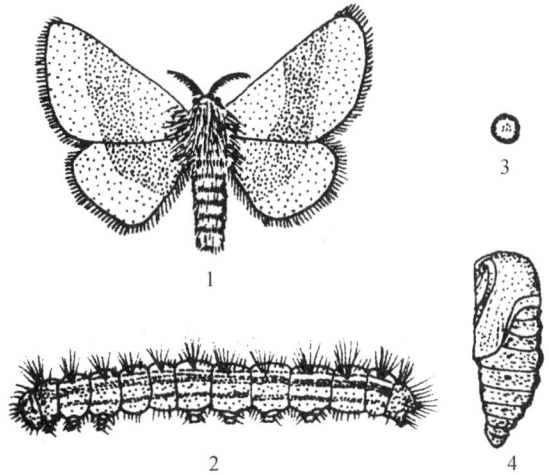

图 230　黄褐天幕毛虫
1. 成虫；2. 卵；3. 幼虫；4. 蛹

（4）蛹：体长 17～20mm。雌较雄略大，体被淡褐色短毛，初化时黄褐色，后变黑褐色。

【生活史及习性】此虫 1 年发生 1 代，以胚胎发育完成后的幼虫在卵壳内越冬，翌年 4 月中旬。梨花前后时卵孵化出的幼虫先于卵壳附近取食，4 月中旬为卵孵化盛期，幼虫危害至 5 月下旬陆续开始化蛹，6 月上旬为化蛹盛期，6 月上旬始见羽化成虫，6 月中旬为羽化盛期。

成虫昼伏夜出，有趋光性，羽化后不久即可交尾、产卵，卵常产于寄主小枝四周呈环状排列，似顶针，故有"顶针虫"之称，单雌卵量 450 粒左右，卵期 10 天左右。幼龄幼虫群集于卵块附近小枝上食害嫩叶，以后向树权移动，吐丝张网，夜间取食，白天群集潜伏于网巢内，呈天幕状，故称天幕毛虫。幼虫脱皮于丝网上，近老熟时开始分散危害，受惊扰假死落地，白天群栖于巢内，夜间分散于树冠上取食，食量大增，易暴发成灾。幼虫历期 40～50 天，幼虫老熟后，多爬至树干缝隙处或用丝缠缀一至数张叶片，于内吐丝结茧化蛹，蛹期 13 天左右。此虫天敌种类有：卵期有松毛虫赤眼蜂、大蛾卵跳小蜂；幼虫期的寄生性天敌有背颈姬蜂、双色瘦姬蜂、喜马拉雅聚瘤姬蜂；寄生于蛹的天敌有黄足黑瘤姬蜂。

【防治方法】

（1）结合冬季管理、修剪，彻底检查和剪除有卵枝梢，并集中烧毁或深埋，效果很好。

（2）春季幼虫出蛰危害期，结合园内其他害虫的防治，进行人工摘除群集于网幕中尚未分散的幼虫。

（3）成虫发生期于园内设置黑光灯或其他灯光诱杀成虫，还可兼治诱杀其他有趋光性的害虫，效果很好。

（4）幼虫孵化出蛰期，树上喷药防治，常用药剂参见白杨毛虫。

（5）保护和利用天敌。

247　山地天幕毛虫

【学名】*Malacosoma parallela* Staudinger

【分布与寄主】 此虫在我国新疆天山南北均有分布，但内地尚无报道，寄主有苹果、李、杏、沙果、刺梅、沙枣、柳、榆等多种果林植物。

【被害症状】 似 P_{336} 黄褐天幕毛虫。

【形态特征】

（1）成虫：雌蛾体长 15～19mm，翅展 33～43mm，体黄褐色，头棕褐色，触角栉齿状，黄褐色，羽枝较短，复眼暗色。前翅黄褐，中部具两淡黄色横线纹，两线间呈一明显的斜宽带纹。后翅棕褐；雄蛾体长 11～12mm，翅展 26～33mm，体棕褐，触角较雌蛾长而宽。前翅棕褐色，翅面斑纹同雌蛾前翅斑纹。后翅与雌同。

（2）卵：筒状，直径 0.8～0.9mm，高 1.3～1.6mm，初产乳白，后渐变灰白至灰褐色。卵粒成排环绕枝条似顶针，表面常被灰褐泡沫状胶囊。

（3）幼虫：共 5 龄。老熟体长 41～56mm，棕褐色，头灰蓝，前胸背板具黑色毛瘤斑，背线棕褐色，间杂黄白色条纹。亚背线灰蓝色，杂有淡黄或黑色条纹。气门筛黑色，气门黄白或灰蓝色，气门下线白色。臀板上毛瘤斑为点状黑斑，上生数根褐色长毛。腹足浅黄色，其下侧具一斜三角状黑斑，趾钩单序棕褐色，中列式排列。

（4）蛹：体长 15～21mm，腹节表面具短小的细毛。茧长 17～30mm，长椭圆形，双层灰白色丝织物。

【生活史及习性】 此虫新疆 1 年发生 1 代，以卵越夏，夏末卵胚胎发育为成熟的幼虫，但不钻出卵壳而于其内越冬。翌年 3 月下旬至 4 月初，幼虫开始出蛰危害，取食幼芽与嫩叶，危害至 5 月上旬开始陆续老熟化蛹，5 月中旬羽化为成虫，并开始交配与产卵，以卵越夏及过冬。

成虫具趋光性，昼伏夜出。羽化多于傍晚进行，羽化后不久即可交尾，当晚即可产卵，卵多产于枝叶茂盛的细枝上，成虫寿命 5 天左右。单雌产卵量为 120～320 粒。卵孵幼虫当年不出壳，翌年平均气温上升至 10℃ 左右，幼虫开始钻出卵壳，此时正值花芽萌动露绿，出壳幼虫先啃食卵囊及附近的嫩树皮，尔后迁至花蕾及嫩叶处食害，1～2 龄幼虫活动范围小，食量少，3 龄以后食量增大，危害加重，幼虫历期近 55 天，各龄幼虫历期分别为：1 龄约 8 天，2 龄约 13 天，3 龄 11 天，4 龄 11 天，5 龄 13 天。幼虫活动危害期间常吐丝筑巢，幼虫在 4 龄前均群居危害，一处花蕾与嫩叶吃光后，边迁至他处危害，遇大风或阴雨天气，幼虫则躲于巢内。幼虫进入 4 龄后边分散危害，昼夜取食，老熟后停止取食，于叶背等荫蔽处吐丝结茧于内化蛹。蛹期 6～16 天，平均为 11.5 天。此虫天敌较多。蛹期有姬蜂、茧蜂与小蜂种类。

【防治方法】

（1）冬季或早春结合修剪，将有卵枝条剪掉，并予深埋，可兼治其他害虫。

（2）于成虫发生期设置黑光灯或其他灯光诱集成虫，此法可兼治其他趋光性害虫。

（3）幼虫发生期，可利用群集危害及假死习性，可用木棒触动幼虫或振树法，消灭幼虫。

（4）幼虫出蛰危害期喷洒 2.5% 功夫乳油、2.5% 敌杀死乳油 2000 倍液，或 50% 辛硫磷乳油 1500 倍液、80% 敌敌畏乳油 1000 倍液，效果均好。

（5）保护和利用天敌。

248 桦树天幕毛虫

【学名】*Malacosoma rectifascia* Lajonquiére

【别名】绵山天幕毛虫。

【分布与寄主】此虫在我国分布于山西、河北等地。寄主有蔷薇科果树，以及杨柳科、桦木科、胡颓子科、壳斗科等树木。

【被害症状】似 P_{336} 黄褐天幕毛虫。

【形态特征】

（1）成虫：雄蛾翅展 21～31mm，雌蛾翅展 33～41mm。雄蛾触角梗节黄褐色，羽枝褐色，雌蛾体密生黄褐色长毛，复眼黑色球形，翅黄褐色，雄蛾体翅赭色。前翅中间呈 2 条深茶褐色横纹，略呈平行状，其间形成不太明显的宽带，宽带内、外侧呈浅黄褐色横纹，雄蛾较为明显，外缘区有褐色长斑，外缘在 M_1 至 M_5 间明显外突，外突处缘毛褐色，凹陷处呈灰白色。雌蛾后翅中间呈现褐色横斑纹，翅反面中间有一条明显的褐色横带。

（2）卵：长椭圆形，长径 1.0～1.4mm，短径 0.5～0.7mm，卵上部平截并向下凹陷，产于小枝上，卵块似顶针，外层被白色海绵状分泌物，后渐变为褐色。

（3）幼虫：初龄幼虫头部黑色，背部灰黑色，腹部黄褐色。老熟体长 33～45mm，体由红褐色变为褐或黑褐色，气门上线呈白色，背部有两条细黑线，体背各节具棕黄色刚毛，并具黑色斑点。

（4）蛹：棕黄色，体长 13～17mm，全体具棕黄色短毛，以头部、腹部末端较密。茧黄白色，长 15～20mm，长椭圆形，外被黄白色粉末。

【生活史及习性】此虫山西 1 年发生 1 代，以卵越冬。翌年 4 月幼虫开始孵化，刚孵化的幼虫群集一团，并吐丝结网，1～2 日后才开始取食，但食量小，2 龄后食量逐渐增加，幼虫多于夜间取食，白天栖息于枝叶间，接近老熟时才开始分散取食。幼虫老熟后于枯枝落叶下、树根、石缝土块下等处结茧化蛹，结茧前几天停止取食，结茧多于夜间进行，茧常单个或数个结于一处，结茧后 2～3 日开始化蛹，7 月为化蛹期，蛹期 15～20 天，7 月下旬成虫羽化。羽化时间雄虫多于 12～14 时，雌虫多于 15～18 时进行，羽化后不久即可交尾，交尾历时 30～40 分钟，交尾后 1～2 日内开始产卵，卵多产于寄主当年小枝上，呈顶针状。卵期 10 天左右，同一块卵经 4 天才全部孵化完毕。雄蛾平均寿命 4 天左右，雌蛾 6.8 天，卵孵化率为 76%～91.6%。成虫具趋光性，蛹期有 20% 被白僵菌致死。

【防治方法】参照 P_{337} 黄褐天幕毛虫防治方法。

249 苹毛虫

【学名】*Odonestis pruni* Linnaeus

【别名】杏枯叶蛾、苹果枯叶蛾。

【分布与寄主】此虫在我国分布于东北、华北、华东、中南等地；国外分布于欧洲及日本、朝鲜等地。寄主有苹果、山楂、梨、杏、李、樱桃、梅、栎等多种园林植物。

【被害症状】 似 P$_{336}$黄褐天幕毛虫。

【形态特征】（图 231）

（1）成虫：雌蛾体长 25～30mm，翅展 52～70mm，雄蛾体长 23～28mm，翅展 45～56mm。全体赭或橘褐色，下唇须发达前伸，复眼球形棕褐或黑褐色，触角黑褐色，双栉齿状，雄虫触角发达，栉齿长。前翅内、外横线黑褐色，呈弧形，亚缘斑列隐约可见深色线纹，外缘呈缺波形，外缘毛深褐色，中室端白斑大而明显，呈月牙形。后翅色较浅，短阔，具两条不甚明显的深色斑纹。

（2）卵：近球形，直径 1.4～1.6mm，初产时略显绿色，后变白色无光泽。

（3）幼虫：老熟体长约 55mm，体扁茶褐色，疏生长、短毛。头部灰色，密被暗灰色小点与细毛。胸部第 1 节两侧瘤突上生有黑色长毛束，第 2 节背部具黑蓝色横列的短毛簇；第 8 腹节背面具瘤突 1 个，上生细长毛，各腹节后部亚背线处有一灰白色纹，各节两侧气门下线处毛瘤被有较长的灰褐色毛；气门黄白色，围气门片黑色。

（4）蛹：体长 23～32mm，初化

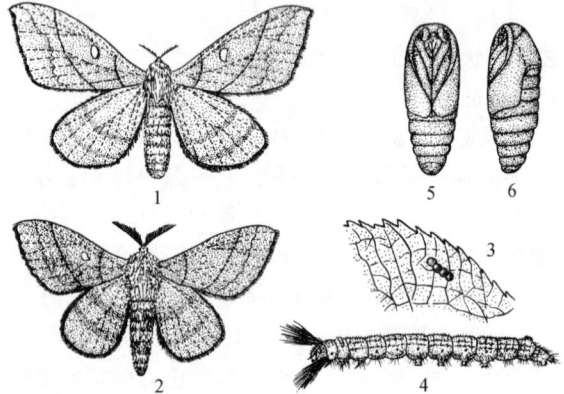

图 231　苹毛虫
1. 雌成虫；2. 雄成虫；3. 卵；4. 幼虫；5～6. 蛹

蛹为黄褐色，后渐变紫褐色，第 4 腹节以下色较淡。茧长 25～35mm，椭圆形，黄白至灰黄色，茧上附有幼虫体毛，质地疏松。

【生活史及习性】 此虫东北 1 年发生 1 代，华北 1 年发生 1～2 代，南方 1 年发生 2 代，各地均以幼龄幼虫于树皮缝隙、枯枝落叶层下、石块下越冬。翌年寄主萌动露绿时开始出蛰活动，4 月下旬为出蛰盛期，并开始食害幼芽及嫩叶，危害至 5 月中旬左右开始陆续老熟化蛹。成虫始见于 5 月底（发生 1 代区始见于 7 月初），成虫羽化盛期为 6 月上旬。成虫羽化后不久即可交尾、产卵，卵产于寄主枝干与叶片上，并以叶缘卵占多数，第 1 代卵盛期为 6 月中旬左右，6 月下旬为孵化盛期，危害至 8 月上旬，第 1 代幼虫陆续老熟化蛹，化蛹盛期为 8 月中旬，此间陆续可见第 1 代成虫，8 月底为第 1 代成虫羽化盛期。第 2 代卵初见于 8 月中旬，8 月底 9 月初为产卵盛期，9 月上旬为第 2 代卵孵盛期，幼虫危害至秋末便以 2 龄幼虫越冬。

成虫昼伏夜出，有趋光性，交尾历时 2～5 小时，交尾后不久即可产卵，常 3～4 列呈直线排列，卵期 8 天左右，幼虫孵化后数小时便开始取食，幼虫常白天静伏于枝干或叶背，夜间活动取食，初龄幼虫将叶片食成孔洞或缺刻，稍大后常将叶片吃光，仅残留叶柄，幼虫危害历期 55 天左右，老熟后吐丝将单叶向上纵卷，于卷叶内结茧化蛹，蛹期 12 天左右，成虫寿命 7 天左右。

【防治方法】

（1）冬季或早春结合果园修剪与刮树皮等，捕杀越冬幼虫。

（2）成虫发生期于园内设置黑光灯或其他灯光捕杀成虫及园内其他有趋光性害虫。

（3）保护和利用天敌，此虫的寄生蜂天敌有枯叶蛾绒茧蜂和喜马拉雅聚瘤姬蜂。

（4）早春幼虫出蛰盛期或第1代幼虫孵化盛期，于树上喷药防治效果很好，常用农药参照白杨毛虫。

250　栎黄枯叶蛾

【学名】*Trabala vishnou gigantina* Yang

【分布与寄主】此虫在我国分布于陕西、河北、山西、河南等地。寄主有苹果、山荆子、海棠、核桃、栎、栗、石榴、蔷薇、槭、沙棘、胡颓子、杨、榆、柳、篦麻等多种园林植物。

【被害症状】以幼虫食害寄主幼芽、嫩叶与叶片，初龄时常将叶片食成缺刻与孔洞，稍大后的幼虫常蚕食叶片，仅留主脉与叶柄，严重发生时常将全树叶片吃光。

【形态特征】（图232）

（1）成虫雌蛾体长25～38mm，翅展70～95mm，头部黄褐色，触角短，双栉齿状，深黄色；复眼球形黑褐色，胸部背面黄色，翅黄绿色微带褐色；外缘线黄色，波浪状；缘毛黑褐色。前翅内横线黑褐色，外横线绿色波浪状，仅达第2条肘脉处，内、外横线之间为鲜黄色，中室处有一个近三角形的黑褐色小斑。第2中脉以下直到后缘与基线到亚外缘间，有一近方形的黑褐色大斑。后翅靠后缘基部处为黄白色，内横线为深绿色，外横线黑褐色，波浪状。亚外缘线处有8～9个黑褐色小斑构成的断续波状横纹一条，后翅后缘基部为灰黄色。内横线与外横线均为黑褐色，波浪状。体黄色，腹背略显褐色，腹端有明显的黑色长毛束。雄虫体长22～27mm，翅展54～62mm，头部绿色，触角长，双栉齿状，胸背绿色，略带黄白色。翅绿色，外缘线与缘毛黄白色，其毛端略带褐色。前翅内、外横线均深绿色，其内侧各嵌有白色条纹，中室有黑褐色小点一个，点周围色浅，亚外缘线呈黑褐色波状。

（2）卵：椭圆形，灰白色，长径约0.35mm，短径约0.25mm，聚产成2行排列，卵壳上具浅点刻，构成细的网状花纹，卵上粘覆有灰白色细长毛与黄褐色片状长毛。

（3）幼虫：老熟体长65～84mm，头部黄褐色，两颊下端各有单眼6个，触角3节甚小；上唇基片长方形，黄褐色。前胸背板中央有黑褐色斑纹，其前缘两侧各具一较大的黑色瘤状突起，上生一簇黑色长毛，常向前伸达头前方，其他各节于亚背线、气门上、下线及基线处各具一黑色瘤状小突，其上生有刚毛一簇，上两者上的毛为黑色，下两者

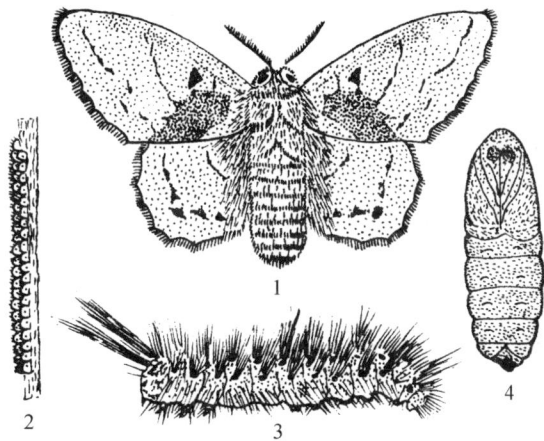

图232　栎黄枯叶蛾
1.成虫；2.卵；3.幼虫；4.蛹

上的毛为黄白色。第3～9腹节背面的前缘各具一条中间断裂的黑褐色横带纹，其两侧各有一斜行的黑纹，背观如"八"字形，均黄褐色，趾钩双序横带。腹面黄褐色，腹中线为褐色。雌幼虫体密生深黄色长毛，雄幼虫密生灰白色长毛。

（4）蛹：体长 28 ~ 32mm，纺锤形，赤褐或黑褐色，翅痕伸达第 3 腹节中部以下，自背面可见 9 节，两侧可见气孔 7 对，末端圆钝，中央处有一纵行凹沟，靠近沟上方则密生沟状刺毛，茧长 40 ~ 70mm，状似驼背，黄或灰黄色，表面附有稀疏的黑色短毛。

【生活史及习性】 此虫北方果区 1 年发生 1 代，以卵于枝干与树皮缝内越冬。翌年 4 月下旬开始孵化，5 月中旬为孵化盛期，幼虫危害至 8 月上旬老熟，并开始结茧化蛹，8 月中旬出现成虫，9 月上旬为羽化盛期。

成虫多于晚上羽化，白天很少活动，交尾多于夜间进行，交尾后当晚或次日晚上开始产卵。卵多产于树干、枝条或茧上，单雌卵量 300 至 380 粒。成虫有趋光性，寿命 3 ~ 7 天，初产卵为暗灰色，孵化前呈浅灰白色，卵多于晚上孵化，孵化率可达 98.7%。初孵幼虫群聚于卵壳周围，取食卵壳，经 1 天后取食叶肉；1 ~ 3 龄幼虫有群集习性，食量较小，受惊即吐丝下垂；3 龄后开始分散危害，5 ~ 7 龄时食量最大，危害最重，受惊即迅速昂头左右摇动，每日早 5 ~ 8 时及晚上 8 时以后爬上树冠取食，中午高温时离开树冠，爬至树干背荫处休息，幼虫历期 80 天左右。幼虫老熟后于树干侧枝、灌木枝条、杂草上以及岩石上吐丝结茧化蛹。蛹期 15 天左右。此虫天敌有：寄生于蛹的寄生蝇，其寄生率可达 24%。幼虫期有食虫蝽，食虫率可达 2% 左右。

【防治方法】 参照 P$_{337}$ 黄褐天幕毛虫防治方法。

（五二）带蛾科 Eupterotidae

中到大形个体，雄蛾触角双栉齿状，雌蛾为丝状，翅宽大，前翅由顶角至后缘中央有一斜行直带，后翅亦有斜行带。前翅 R 分枝与 M$_1$ 同柄，有时减少 1 分枝，后翅具发达的翅僵，Sc 分离，间或中央部分与 R 相接近，M$_1$ 形成 R 的分枝。口吻短或消失。幼虫具束状长毛及次生性小刺，但缺少明显的毛瘤，作茧化蛹。

251　中华金带蛾

【学名】 *Eupterote chinensis* Leech

【分布与寄主】 此虫在我国分布于四川、云南、贵州、湖北、广西等地。寄主有苹果、梨、桃、石榴、泡桐等多种林木果树植物。

【被害症状】 以幼虫食害寄主叶片，轻者把叶片危害成许多缺刻或孔洞，重者可将叶片吃光，并可啃食树皮，严重影响果树的生长与结果。此虫为近年新发现的果树害虫。

【形态特征】

（1）成虫：雌成虫体长 22 ~ 28mm，翅展 68 ~ 88mm，雄虫体长 20 ~ 24mm，翅展 64 ~ 72mm。全体金黄色。触角丝状，雌蛾触角深黄色，胸部、翅基部均生长密鳞毛。翅宽阔，前翅顶角具不规则的赤色长斑，长斑表面被灰白色鳞粉。长斑下具 2 枚圆斑，后角一枚圆斑较小，翅面具 5 ~ 6 条断续的赤色波状纹，前缘区斑纹粗而明显；后翅中间呈 5 ~ 6 枚斑点，整齐排列，斑列外侧有 3 枚大的斑，顶角区大小各一枚，相距较近，后缘区呈 4 条波状纹，粗而明显。雄虫触角黄褐色，羽状枝较长，胸部具长的金黄色鳞毛，腹部黄褐色，翅金黄色，前翅前缘脉黄褐色，顶角区具三角形赤色大斑，大斑下部具不明显的银灰色小点，亚缘斑为 7 ~ 8 枚长形小点，内侧后角有一枚较大的斑点，整个翅面有 5 条断续的波状纹，前缘区粗而明显；后翅亚缘呈波状纹，内侧具 2 行小斑点，翅内半部有 4 条断续的波状纵带。

（2）卵：圆球形，直径为 1.2 ~ 1.3mm。淡黄色，具光泽，接近孵化时卵顶具一黑点。

（3）幼虫：老熟体长 35 ~ 71mm，体圆筒状，腹面略扁平。全体暗褐色，每一腹节背面中央具"凸"字形黑斑，腹部背面具 8 枚黑斑。头壳黑褐色。体背与两侧具许多次生性小刺及长短不一的束状长毛，胸部与尾节上的毛略长，分别向前、后伸出。束状长毛呈棕色、褐色或灰白色，常混生。腹足俱全，趾钩双序半环，由 80 ~ 90 个组成。

（4）蛹：纺锤形，头端圆钝，尾端尖削，尾端具细小臀刺。全体黑褐色具光泽，体长 21 ~ 28mm。茧棕灰或棕褐色，质地软，纱网状，茧长约 33mm。

【生活史及习性】 此虫四川 1 年发生 1 代，以蛹于树体的翘皮下、落叶中、草丛内、枯枝上、卷叶团内、土石缝隙、树洞等处越冬。翌年 6 月下旬至 7 月初始见成虫，7 月下旬至 8 月上旬为成虫羽化盛期，8 月中下旬为末期。成虫羽化后，先栖息于越冬化蛹附近的杂草或树冠下部，黄昏后活动飞翔，昼伏夜出，具趋光性。羽化次日交尾，交尾当晚或次日夜晚产卵，卵成片状产于寄主的叶片或嫩枝上，单雌产卵 115 ~ 187 粒。雄虫可多次交尾。成虫寿命 7 ~ 10 天。卵期 8 ~ 12 天。初孵幼虫具食卵壳习性，刚孵出幼虫为青褐色，体长 2 ~ 3mm 取食寄主叶片后变为淡绿色，3 ~ 5 日后变为黑绿色。5 ~ 7 天后脱皮进入 2 龄幼虫，此间体色与体形似老熟幼虫，呈灰白色。进入 4 龄幼虫食量大增，白天常潜伏于寄主枝干背阴或其他荫蔽处，黄昏后成群迁向枝叶间食害叶片，黎明前又成群潜伏，白天不食不动。幼虫具转株危害习性。5 龄幼虫体色似寄主老树皮，具很强的保护色。幼虫 6 龄，历期 80 ~ 95 天。幼虫一般于果收后取食危害，10 月下旬至 11 月上旬，老熟幼虫寻找适当场所结茧化蛹。以蛹越冬，越冬蛹期长达 230 天左右。

【防治方法】

（1）冬季或早春，结合防治园内其他越冬害虫进行清理枯枝落叶、杂草，剪除枝上卷叶团，刮树皮、堵树洞，消灭越冬蛹。减少翌年虫源。

（2）结合防治其他害虫；于 7 ~ 8 月园内设置黑光灯诱杀成虫，成虫产卵初盛期，组织人工摘除有虫卵块的叶片。均有明显的防治效果。

（3）幼虫孵化初盛期喷布 90% 敌百虫晶体 1000 ~ 1200 倍液，或 2.5% 敌杀死乳油、2.5% 功夫乳油 2000 倍液，或 50% 辛硫磷乳油 1500 倍液，效果均好。

（五三）粉蝶科 Pierididae

体中等大小，少数几种体型颇大。头小，下唇须发达，形状不一，触角锤状乃至棍棒状，长短不一。前翅一般呈三角形，后翅近卵圆形，间有种类前翅前角尖突出，有些种类则极圆钝。两翅中室皆闭，后翅具有第 16 翅脉，臀缘正常。翅色以白地而缀以黑斑者最为常见，间有鲜黄乃至橘红色者，个别种类饰以深红色斑，间有种类于翅里缀有绿色波状纹，颇为美丽。3 对足发达，雌、雄足相似，爪二分叉或具齿。本科种类常具雌、雄二型及季节二型。幼虫相当长，体节分成小环节，体上具许多大小不一的后生刚毛。趾钩二序或三序中行。幼虫无翻缩腺、内丝与头角或臀角。蛹垂直悬挂，借臀端和一根丝中带固定，蛹头中部有一突起或刺。后翅在腹面不明显。

252 山楂粉蝶

【学名】*Aporia crataegi* Linnaeus

【别名】山楂绢粉蝶、苹果白蝶、苹粉蝶、树粉蝶、梅白蝶。

【分布与寄主】此虫在我国分布于东北、河北、内蒙古、河南、山西、甘肃、新疆、陕西、宁夏、青海、山东、四川等地。寄主有山楂、苹果、沙果、梨、杏、桃、李、樱桃、山荆子、花楸、春榆、鼠李、山杨、山柳、毛榛子等多种园林植物。

【被害症状】以幼虫取食危害芽、花蕾、叶片，发生严重时，常将寄主食成秃枝，削弱树势，不仅当年减产，而且影响翌年果品产量。

【形态特征】（图233）

（1）成虫：体长22~25mm，翅展64~76mm。体黑色，触角末端淡黄白色。头、胸部及各足的腿节均杂有黄白至灰白色鳞毛。翅白色，但雌虫翅带灰白色，翅脉黑色，前翅外缘除臀脉外各翅脉末端均有一烟黑色三角形斑纹。前翅鳞片分布不匀，部分区域极稀疏，呈半透明状。后翅翅脉黑色明显，鳞片分布较前翅为厚，呈灰白色。

（2）卵：柱状，顶端稍尖，卵顶周缘具突起，卵壳表面有十几条纵隆起脊纹。初产卵为金黄色，以后渐变为淡黄色；近孵化时卵顶变为黑灰色。卵高约1.2mm。直径约0.6mm。

（3）幼虫：老熟体长38~43mm，略呈圆筒形。全体疏生白色长毛和较多的黑色短毛，并被许多小黑点，头部、前胸盾、胸足与臀板均为黑色，唇基淡黄色，胴部腹面紫灰色，两侧灰白色、背面紫灰黑色，亚背线上有由每节的黄斑串连而成的纵纹。气门近椭圆形，围气门片黑色，腹足外侧具一黑斑，趾钩单序中带。

（4）蛹：长24~26mm。有两型：黑型体黄白色，具许多黑色斑点，头、口器、足、触角、复眼、胸背纵脊、翅缘及腹部腹面均为黑色，头顶部具黄色瘤状物一个，复眼上缘有一黄斑；黄型体黄色，黄色斑点较少而小，体亦较黑型蛹为小。其他形态特征两者相似。

【生活史及习性】此虫1年发生1代，以2~3龄幼虫群集于树冠上的虫巢中越冬。翌年早春当气温升至10~12℃时开始出蛰活动，最初群集危害芽叶，而后取食花蕾、叶片及花瓣，严重影响当年结果。气温下降、阴雨天及夜间幼虫又躲入巢中。幼虫发育至5龄时则离巢分散取食，夜间或阴雨天也

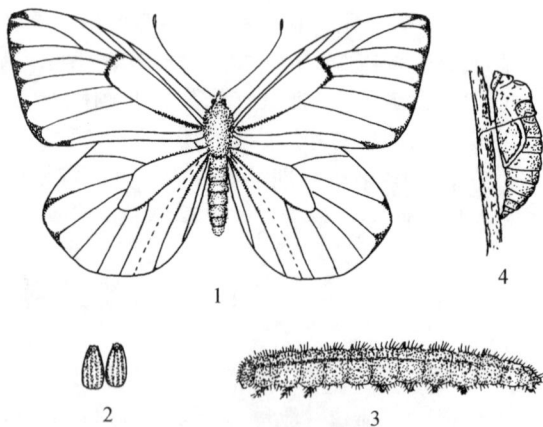

图233 山楂粉蝶
1. 成虫；2. 卵；3. 幼虫；4. 蛹

不回巢。此时食量骤增，每头幼虫日食3~4个山楂叶片。4~5龄幼虫不活泼，无吐丝下垂习性，但具假死性，如受惊扰时则会掉落于地面，并卷缩于一团。幼虫多于白天取食，以下午16~20时取食最多，老熟后即寻找适宜场所准备化蛹。化蛹场所如寄主树上、寄主附近灌木、杂草或农作物秸秆等处，从越冬幼虫开始至化蛹历经40天左右。化蛹日期东北为

5月中旬，山西为5月上中旬，蛹期约16天左右。

成虫羽化多于白天进行，在晴朗无风的日间飞舞于林间、花丛、杂草间，取食多种植物花蜜。成虫有吸水习性，羽化当日即可交尾。交配后3日即可产卵，以日中产卵最盛。卵多成堆产于叶背，每堆有卵约30粒左右，排列整齐，单雌卵量200～500粒。雄蛾寿命3～6天，雌蛾寿命6～7天。卵经11～17天孵化，同1卵块孵化时间相当整齐，数小时内即可孵化完毕。初孵幼虫群集啃食叶片，吃叶片吃成纱网状，7月中旬左右，幼虫发育至2～3龄时，即开始吐丝将叶片连缀成巢，群集其中越冬。一巢中常有数十头至百头幼虫。

【防治方法】

（1）结合冬季修剪、刮树皮与清理果园，剪除越冬幼虫虫巢，集中烧毁或深埋。

（2）早春越冬幼虫出蛰危害期或卵孵化盛期药剂防治，常用药剂有2.5%敌杀死乳油、2.5%功夫乳油、20%灭扫利乳油均为2000倍液，或50%辛硫磷乳油、杀螟松乳油1000～1500倍液，有良好的防效。

（3）利用老熟幼虫具假死性，人工击落捕杀幼虫，有明显效果。

（4）保护和利用天敌：幼虫期天敌有黄、白绒茧蜂，蛹期天敌有小蜂类及寄生蝇等。

（五四）凤蝶科 Papilionidae

体小至大型。翅甚宽阔，色彩鲜艳，翅表有红、白、黄、黑、青、蓝诸色构成的各种斑纹，并常显示有各种金属光泽。此虫触角锤状。前、后翅中室闭式；前翅径脉5分支，后翅第16脉缺，臀缘常凹缩，第4脉通常延伸成燕尾状；间或种类翅缘圆弯，有全无尾突的，或有些种类雌性具2个以上的尾状突。雌、雄虫的前足均很发达，前足胫节上具有前胫突1个，爪大，内缘光滑，并不分叉。成虫的色彩与斑纹，在雌、雄间明显不同，并常因季节而产生变异。许多雌虫为多型性。幼虫光滑或具有一系列背肉瘤，有时于第4节上有竖立的隆起物，体无刚毛，前胸具1翻缩腺，当腺缩入时，外表留有一条背沟。蛹形状不一，头两侧各有一头突，腹面观后翅明显可见。蛹可借尾末垂直地悬挂着，体中间有一丝环支持，间或种类的蛹头尾有固定物。

幼虫啃食伞形科、芸香科及马兜铃科等植物，为果树、药用植物及蔬菜等的重要害虫。

253 凤 蝶

【学名】*Papilio xuthus* Linnaeus

【别名】春凤蝶、花椒凤蝶、橘黑黄凤蝶、燕尾蝶、凤子蝶、柑橘黄凤蝶、柑橘凤蝶。

【分布与寄主】此虫在我国分布于东北、陕西、河北、河南、山东、山西、内蒙古、江苏、浙江、福建、湖北、湖南、广东、广西、四川、云南、台湾等地；国外分布于朝鲜、日本、俄罗斯、缅甸、菲律宾等地。寄主有柑橘、花椒、黄波罗、山椒等多种植物。

【被害症状】幼虫取食幼芽、嫩叶，先危害枝梢上部，然后危害树冠下部，轻者可将寄主叶片吃成许多缺刻，严重发生时把全部叶片吃光，只剩主脉与叶柄，幼虫先食幼芽嫩叶，然后取食老叶。

【形态特征】（图234）

（1）成虫：体长16～32mm，翅展53～110mm。体绿黄色，背面有黑色直条纹，翅黄绿色或黄色，沿翅脉两侧黑色，外缘有黑色宽带，带的中间前翅有 8 个，后翅有 6 个黄绿色新月斑，前翅中室端部有 2 黑斑，基部有几条黑色纵线，后翅黑带中有散生的蓝色鳞粉，臀角有橙色圆斑，中央具一小黑点。雌体型远大于雄体型，翅面纹饰相同，但黑色褪淡而黄色略浓。

（2）卵：圆球形，直径约 1.0mm。初产时淡黄白色，近孵化时变成黑灰色，略有光泽，但不透明。

（3）幼虫：老熟体长 35～45mm，绿色。胸、腹相接处略膨大。第 1 胸节背面具一对橙黄色翻缩腺，长约 6mm，下端连于一起，顶端分成两枝，第 3 胸节前缘有一齿状蛇眼线纹，中间有黑紫色的斑点，两侧为黑色，形似眼球，左右两纹相连成马蹄形。胸、腹背各具一弯形带状纹。第 1 腹节后缘有一条黑带，第 4～6 腹节两侧有不完整的黑色斜带，腹部两侧气门之下，各具一白色斑带。体表光滑。

（4）蛹：长 28～32mm，有淡绿、黄白、暗褐等多种颜色，常因化蛹的环境不同而变化，头顶两侧和胸背各有一突起，体呈纺锤形。

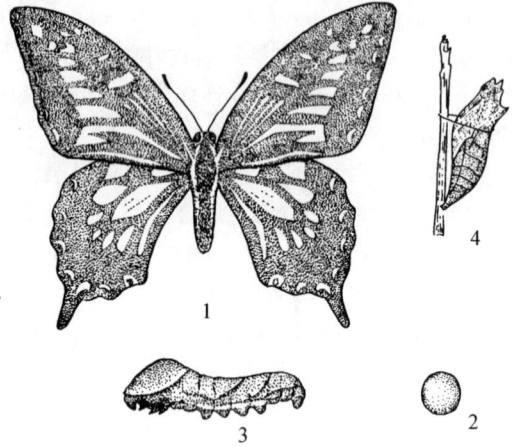

图 234　凤蝶
1. 成虫；2. 卵；3. 幼虫；4. 蛹

【生活史及习性】此虫东北 1 年发生 1～2 代，黄河流域年生 2～3 代，长江流域及其以南地区年生 3～4 代，但于横断山脉的高寒地带年生 1 代，各地均以蛹于枝干，叶背等隐蔽处越冬。由于各地发生代数不同，因而各地各虫态出现的时期也先后不一，4～10 月均可见到成虫、卵、幼虫及其蛹，各代之间有明显的重叠现象。

成虫白天活动，喜于花间采蜜、交尾。交尾后当日或次日开始产卵，卵散产于寄主幼芽、嫩叶以及枝梢上，卵期 5～13 天。幼虫孵出后先食卵壳，然后取食芽、嫩叶，稍大后则取食老叶，各龄幼虫均昼伏夜出地活动取食危害，受惊扰后伸出翻缩腺，同时放出一种恶臭味。幼虫共 5 龄，老熟后，于寄主枝干、叶柄上化蛹，化蛹前，幼虫尾部先固定，吐一丝状物将自身缠缀于寄主上，经 2～4 天脱皮化蛹，夏季与初秋化蛹时，蛹期 15 天左右即羽化为成虫，成虫分春、夏二型，夏型成虫体型稍大，喜于晴天的上午 10 时至下午 5 时飞翔与交配。此虫蛹期有二种寄生蜂寄生：黄金小蜂与大腿蜂。

【防治方法】

（1）结合冬季修剪与刮树皮、清理果园，剪除枝条、枯叶上的越冬蛹，集中烧毁。

（2）春、夏季于幼虫与蛹出现期，尤以早期幼虫不多时进行人工捕杀。

（3）保护和利用天敌：在捕捉幼虫与蛹时，应将蛹放于纱笼内，使寄生蜂羽化后释放于果园内继续起作用。

（4）幼虫期间于树上喷施每克含活孢子 100 亿以上的青虫菌或苏云金杆菌，兑水稀释 1000 倍，每隔 15 天喷 1 次，连喷 2～3 次。

（5）结合防治园内其他害虫，于此虫 3 龄前树上喷药防治，常用农药有 50% 敌敌畏乳油、50% 辛硫磷乳油、50% 杀螟松乳油均为 1000～1500 倍液有显著效果，或用各种菊酯类农药以常规浓度防效均好。

五、双翅目 DIPTERA

体微小至中型，极少数大型。头部常垂直，下口式，可自由活动，颈片细小。触角形状变化极大，或线性，或仅具 3 节，第 3 节具芒或端刺。复眼发达，通常雄虫合生或亚合生，雌虫远离；单眼 3 个或缺，如为前者常排列成三角形，即称单眼三角。口器吸收型，适于刺吸或舐吸。中胸特别发达，前后胸均退化。前翅发达，位于中胸，膜质，极善飞翔，后翅退化为平衡棒。足 3 对，或短或很长；跗节 5 节；爪及爪垫各 1 对，爪间突 1 个，通常存在，腹部分节明显。全世界已知种类约 85000 种，分布遍及全球，生活习性极复杂，适应力强，水生或陆生，多数白天活动，少数于黄昏或夜间活动。此目有许多植食性种类。

（五五）瘿蚊科 Cecidomyiidae

微小纤细昆虫。触角丝状，具有明显的毛轮。单眼有或无，翅具少数几条纵脉，大多不分枝，无明显横脉。足基节不伸长，胫节无距。幼虫气门大多开放，头退化，通常具一胸足。幼虫通常比较短，身体两端比较狭，其颜色有白、黄、橘红或淡红色，间有褐色，头小，分化不完全，有色素斑点，但无眼，体躯 13 节，明显，此类幼虫最特殊的构造为胸叉，或称胸骨，位于胸部腹面中央的一长形骨片，某些属无胸叉，蛹被包于 1 层或 2 层的茧中。

254　枣瘿蚊

【学名】 *Contarinia* sp.

【分布与寄主】此虫在我国分布于河北、陕西、山东、山西、河南等各地枣产区。寄主有枣树、酸枣树。

【被害症状】以幼虫吸食枣或酸枣嫩叶的汁液，并刺激叶肉组织，使受害叶沿叶缘向叶面纵卷呈筒状卷曲，被害部位色泽紫红，质硬而脆，不久就变黑枯萎，一卷叶内常有数头乃至十几头幼虫危害。

【形态特征】（图 235）

（1）成虫：雌虫体长 1.4~2.0mm，复眼黑色肾形，触角念珠状 14 节，黑色细长，各节近两端轮生刚毛。头部较小，头、胸灰黑色。腹背隆起黑褐色。胸背与腹部有 3 块黑褐色斑，全身密被灰黄色细毛，翅椭圆形，上生黄褐色羽毛，边缘有同色缘毛，前缘毛细密而色暗。足细长 3 对，黄白色，腿节外侧的毛呈灰黑色，前足与中足等长，后足较长。腹面黄白、橙黄或橙红色，共 8 节，第 1~5 节背面有红褐色带，第 9 节延伸成一细长的伪产卵管，第 8 与 9 节间可以套缩。雄虫体型较小于雌虫，体长 1.0~1.3mm，腹节狭长 9 节。

（2）卵：白色微带黄色，长椭圆形，长径约 0.3mm，短径约 0.1mm，一端削尖，外被一层胶质，琥珀色有光泽。

(3)幼虫：老熟体长 1.5～2.9mm，蛆状，乳白至淡黄色，体节明显，头小褐色，胸部具琥珀色胸叉 1 个。

(4)蛹：长 1.0～1.9mm，体略呈纺锤形，初化蛹乳白色，后渐变黄褐色。头顶具一对明显的刺；触角、足、翅芽均清晰；腹部 8 节，雌足短，伸达第 6 腹节，雄足长，达腹末。茧长 1.5～2.0mm，椭圆形，灰白色或灰黄色丝质，外附土粒。

【生活史及习性】此虫山东 1 年发生 5 代，河北、河南 1 年发生 5～6 代，各地均以幼虫于树冠下的土壤内做椭圆形茧越冬，翌年枣树萌动后开始上升于近地面的表土中另做茧化蛹。山东烟台一带 5 月中下旬羽化为成虫，然后交尾产卵。第 1～4 代幼虫盛发期分别在 6 月上旬、6 月下旬、7 月中下旬、8 月上中旬，8 月中旬出现第 5 代幼虫，9 月上旬枣树新梢停止生长时，即以第 5 代幼虫开始入土越冬，卵期 3～6 天，幼虫历期 8～13 天，蛹期 6～12 天，成虫寿命 1～3 天。

幼虫越冬茧入土深度因土壤种类不同而异，黄土地多在离地面 20～30mm 处，沙土地则在

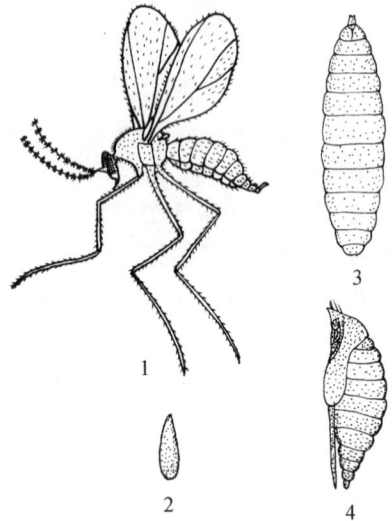

图 235　枣瘿蚊
1. 成虫；2. 卵；3. 幼虫；4. 蛹

30～50mm 处，化蛹茧则因土壤种类及水分多少而不同，黄土地多在离地面 10～20mm 处，沙土地则在 20～40mm 处。夏季雨水多时幼虫入土做茧化蛹的深度比春秋干旱时浅。

成虫羽化多于上午 6～9 时进行，少数则退至 11 时，下午羽化的极少。成虫羽化后不久即飞翔，但飞翔力不强，多于离地面 20cm 以内。成虫喜阴暗，惧光，产卵多于夜间进行，卵产于枝端尚未开展的嫩叶上，嫩叶长达 10mm 左右即可被寄生，单雌卵量 40～100 粒不等。幼虫危害至老熟时，常借露水或雨水湿润时爬出，落入土中化蛹。如天气干旱，被害叶枯干较早，幼虫不易爬出时，则滞留于叶中，以后再爬出。枣瘿蚊喜欢于树冠低矮、枝叶茂密的枣枝或丛生的酸枣上危害，树冠高大、零星种植或通风透光良好的枣树受害轻。

【防治方法】

(1)越冬幼虫出土前于地面撒毒土或 2% 辛硫磷粉剂，每株 200g 左右，然后用耙轻耙地面，将药剂埋入土中，毒杀出土幼虫。

(2)幼虫发生危害期喷 50% 辛硫磷乳油或 80% 敌敌畏乳油 1000 倍液，或于枣树开花前期喷用 40% 毒死蜱乳油 1000 倍液均有良好的防治效果。

六、膜翅目 HYMENOPTERA

　　成虫体躯微小至中等大，体长由 1.0mm 以下至 40~50mm。体色通常深暗，但亦有体色鲜艳、具金属光泽或具虹彩者。体壁从柔软至比较硬化。体表光滑，具刻纹或皱纹或多毛。翅 2 对，膜质，不被鳞片，有些类群的翅脉显著退化；后翅小于前翅，后翅前缘中央具 1 列小钩与前翅后缘连接。口器咀嚼式或嚼吸式。复眼大，单眼 3 个；触角节数变化较大，雌、雄异形，雌虫 12 节，雄虫 13 节，间有更多或更少者，触角形状有线状、锤状或膝状，间或念珠状或栉状。腹部宽阔与胸部相连或腹部第 1 节并入后胸组成并胸腹节，与腹部第 2 节间形成细腰状。雌虫腹部末端常具锯齿状或针状产卵器，间有种类产卵器特化为螯针。卵多数为卵圆形或香蕉形。幼虫在食叶性的种类为伪蠋型。与鳞翅目幼虫相似，但腹足无趾钩，头部额区不呈"人"字形。头每侧仅具一个单眼，这一特征可与食叶的鞘翅目幼虫相区别。蛹为离蛹，通常具茧。本科目前世界已知种类达 12 万种。

（五六）茎蜂科 Cephidae

　　体细长，圆筒或侧扁形，飞行缓慢。体黑或暗色，或具黄色斑纹，触角长丝状。前胸背板后缘平直，前翅翅痣狭长。前足胫节具一变形的端距，中、后足胫节具端前刺。腹部第 1 节尖端稍收缩，产卵器短，能收缩。幼虫无足，白色，表皮有皱纹。头每侧具单眼 1 个，触角 4~5 节。腹部末端具尾状突起。蛹为裸蛹，被有透明薄茧，卵产于植物组织中，卵为圆形。本科已知 100 余种。

255　梨茎蜂

【学名】*Janus piri* Okamoto et Muramatsu
【别名】梨梢茎蜂、梨茎锯蜂。
【分布与寄主】此虫在我国分布于北京、河北、四川、山西、武汉、江西、浙江等地梨产区；国外分布于日本、朝鲜、俄罗斯以及西欧等地，寄主有梨、沙果、棠梨等。
【被害症状】成虫产卵危害春梢。以产卵器将嫩茎锯断一边，而另一边不断，锯梢留于上面，然后将产卵器插入断口下方 2~6mm 处的韧皮部与木质部之间产卵 1 粒，在产卵处的嫩茎表皮上不久可见一黑色小铲状产卵痕，产卵后成虫再将断口下部的叶柄也切断，数日后上部断梢凋萎下垂，变黑枯死，遇风吹落，成为光秃断枝。
【形态特征】（图 236）
　　（1）成虫：体长 9~10mm，翅展 15~18mm。头部黑色，唇基、上颚及上颚须、下颚须、胸部（除前胸后缘两侧）、翅基部、中胸，侧板为黄色外，其余各区部位均黑色。除后足腿节末端及胫节前端褐色外，其余各足均黄色。第 1 腹节背面黄色，其余各节黑色。雌虫腹部可见 9 节，第 7 节至第 9 节腹面中央具一纵沟，内具一锯齿状产卵器。

（2）卵：长椭圆形，略弯曲，长约 0.9～1.0mm。初产卵为乳白色透明，表面光滑，后色稍深。

（3）幼虫：老熟体长 10～11mm，头部淡褐色，胸、腹面黄白色。体稍扁，头、胸部向下垂，尾端上翘。胸足短小，腹足退化，各体节侧板突出形成扁平侧缘。沿腹部末节背面后缘具一列褐色刚毛，中央部有一褐色硬化突起，上生硬刺，在突起的中央又有一小圆柱状黑褐色突起。

（4）蛹：预蛹圆筒形，乳白色，头胸部向下弯，腹部末端不上翘。蛹体长约 10mm，全体乳白色。复眼红色，近羽化的变为黑色，后足长达腹部腹面第 6 节。茧长椭圆形，棕褐色，膜状。

【生活史及习性】此虫北京 2 年发生 1 代，南方 1 年发生 1 代。1 年发生 1 代区以前蛹或蛹过冬，翌年 3 月底至 4 月初成虫开始羽化飞出被害枝，4 月上旬产卵，5 月上旬开始孵化，6 月下

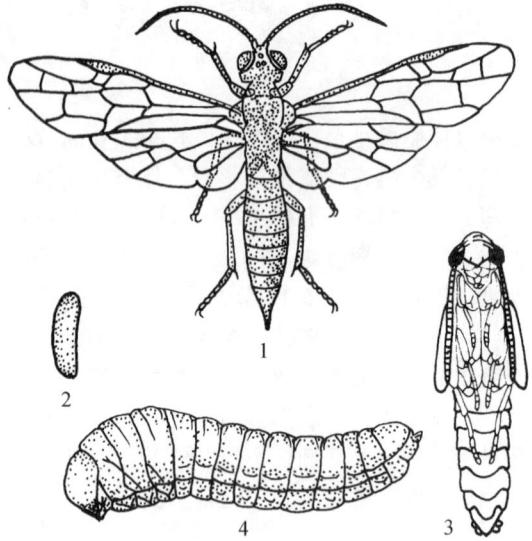

图 236　梨茎蜂
1. 成虫；2. 卵；3. 幼虫；4. 蛹

旬幼虫已蛀入老枝，8 月上旬全部进入休眠，10 月中旬开始变为预蛹，当年 12 月下旬或翌年 1 月上旬开始化蛹，2 月下旬结束。2 年发生 1 代区以老熟幼虫于 2 年生被害枝内做茧越冬。翌年 9～10 月于枝内化蛹再次越冬，第 3 年的 4 月上中旬羽化为成虫。

成虫羽化后于枝内停留 3～6 天才于被害枝近基部咬 1 圆形羽化孔，于天气晴朗的中午前后从羽化孔飞出。成虫白天活跃，飞翔于寄主枝梢间，早晚及夜间停息于梨叶反面，阴雨天活动甚差。寄主尚未抽梢时，成虫大都栖息于附近作物及果树上。成虫取食花蜜与露水，对糖醋液、糖蜜、酒无趋，也无趋光性。出枝当日即可交尾产卵，产卵多于中午前后进行，单雌卵量为 54 粒左右。

孵化幼虫蛀食嫩茎髓部，并排粪便于其中，被害嫩茎日久变黑褐，脆而易断，然后向下蛀食老枝，并于老枝内蛀食成弯曲的长椭圆形空穴。穴壁光滑，幼虫危害至老熟后于穴内调头向上，作一褐色膜状薄茧，不食不动，进入休眠。每一被害梢内仅有 1 头幼虫，或以幼虫越冬或隔几月后变为预蛹，然后于原处化蛹，据江西南昌观察，卵期 28～56 天，幼虫取食期 50～60 天，老熟后进入化蛹，蛹期 42～65 天，雌成虫寿命 6～14 天，雄成虫寿命 3～9 天。

【防治方法】

（1）冬季结合修剪，剪除有虫枝条，并集中烧毁或深埋。4 月，于成虫产卵结束后，及时剪除被害梢，剪除部位应在断口下方 1.0～1.5cm 处。

（2）成虫羽化时，可利用群栖与背光习性，于早晚或阴天捕捉成虫或用黄板粘杀成虫。

（3）于成虫发生高峰期喷布 90% 敌百虫 1000 倍液或 2.5% 敌杀死乳油 2000 倍液效果均好。

（4）保护和利用天敌。

(五七)叶蜂科 Tenthredinidae

此科种类为食叶性。成虫身体粗短,腹部没特化为细腰,触角线状9节,第3节较长,前胸背板后缘深深凹入,前翅翅室的数目常作为分类依据。前翅横脉2r有或无。后颊在口窝后不相遇,小盾片有明显的后小盾片。前翅有短粗的翅痣,前足胫节具端距2枚,通常此前端为开裂式,产卵器扁,锯状。孤雌生殖较普遍,产卵于植物组织中,间或叶反面小裂缝内也有卵。卵扁平。幼虫似鳞翅目幼虫,胸足3对,腹足多于5对,大多为6~8对,无趾钩,体表光滑,多皱纹,伪蠋式,头的每侧具单眼1个。幼虫植食性,习性不一,有的夜间取食,大多生活于寄主植物外表,取食叶片或嫩茎。许多种类的幼虫可模拟其外界环境,具保护色,另一些则具鲜明颜色,多数幼虫体被一层白粉状分泌物,或具暗色粘状分泌物,也有体表具分叉刺的。幼虫体表通常由横皱再分成许多小环节,化蛹于长卵形丝茧中,茧混有土粒或无。本科已知约4000种,分布于除澳大利亚以外的世界各地。

256 梨实蜂

【学名】*Hoplocampa pyricola* Rohwer

【别名】梨实叶蜂、梨实锯蜂。

【分布与寄主】此虫在我国分布于辽宁、河北、山西、河南、山东、陕西、北京、甘肃、安徽、四川、浙江、江苏、湖北等地;国外分布于日本等地。寄主有梨。

【被害症状】成虫将卵产于花萼上,产卵部位常见一稍膨大的小黑点,极似苍蝇粪便。孵化的幼虫于花萼筒内具一黑色虫道,小果被害后,蛀孔较大,果内蛀空,致使被害果不能正常发育,早期脱果落地。

【形态特征】

(1)成虫:雌虫体长约4.1mm,翅展约9.6mm,雄虫体长约3.5mm,翅展约7.7mm。体浅黑褐或黑色,具金属光泽。触角丝状,9节,第1、2节黑色,其余7节,雌虫为褐色,雄虫为黄色。口器淡褐色。足细长,淡褐色,仅基节与转节颜色较深。翅为膜质,浅黄色透明,翅脉淡褐色。雌虫腹部腹面后端中央呈钩状;雄虫腹部腹面后端为大形的腹板遮盖。

(2)卵:长椭圆形,长0.8~1.0mm,表面光滑,初产乳白色或微黄色,近孵化时变为灰色。

(3)幼虫:初孵化时为乳白色,头部淡褐色,老熟体长8~10mm,体淡黄色,头部橙黄色,胸足3对,腹部腹足7对,前胸、腹部1~8节两侧及腹端背面具一黄褐色斑纹,上生小褐点。

(4)蛹:体长3.4~4.5mm,初化蛹为白色,仅复眼为暗色,以后逐渐变为黑色。茧椭圆形,黄褐色,表面具细的小土粒一层。

【生活史及习性】此虫1年发生1代,以老熟幼虫于树冠下的土内结茧越冬。翌年3~4月开始化蛹,蛹期约7天左右。3月下旬末至4月上旬初,即杏树盛花期开始羽化为成虫。成虫羽化期比较整齐,前后约10天。陕西4月中旬化蛹,4月下旬成虫出现。

成虫出现初期,梨花尚未开放,此间为杏、李、樱桃开花期,成虫先群集李花、杏花、樱桃花上吸食花蜜，但不产卵，梨花含苞待放时迁至梨花上危害。成虫羽化出土日期与杏、梨花物候期的相关性，各地基本一致。成虫迁至梨花后即行产卵危害，2~3 天内达产卵盛期，1 周内产卵完毕。晴朗无风天气，成虫极为活跃，上午 10 时至下午 2 时左右多于花间飞舞与交配产卵。早晚或阴雨天则栖息于花丛或花托下，具假死性，遇惊扰坠地。

产于花萼组织中的卵经 5~6 天孵化。初孵幼虫先于萼筒内取食，被害萼筒颜色变深，极易发现，萼筒脱落前，幼虫则蛀入果内危害。有转果危害的习性，一头幼虫可危害 1~4 个幼果，幼虫在果内危害 18~25 天后，即进入老熟，脱果落土吐丝作一椭圆形茧于内越夏、越冬。幼虫入土深度因土壤湿度不同而异，潮湿时入土则浅，干燥时入土则深，一般入土深度为 3~10cm，深者达 15cm，以 9cm 左右处为最多，约占总入土茧的 50% 以上。

【防治方法】

(1) 利用成虫具假死习性，于清晨在树冠下铺一张塑料布，然后振动枝干，将落于塑料布上的成虫集中处死。此项工作应在杏、李、樱桃盛花期开始，梨花含苞待放时应集中于梨树上振动。

(2) 摘除卵花：因幼虫待谢花后，花萼脱落前才蛀入果内，因此在幼虫危害萼片时把萼筒摘掉，梨果仍能正常发育，但不能太晚，否则此法无效。

(3) 于成虫出土前，结合防治其他于土中越冬害虫进行地面撒毒土或喷药防治。所用农药参照桃蛀果蛾地下防治法。

(4) 根据成虫羽化出土比较集中的特点，在梨花含苞待放时，是此成虫由杏花、李花转移至梨花上危害的高峰期，应抓紧时间进行喷药，如成虫密度大，应在梨花刚谢后再喷 1 次。也可根据各品种物候期，分别于初花期用药防治，所用农药有 50% 辛硫磷乳油 1500 倍液、20% 灭扫利乳油 2000 倍液、2.5% 功夫乳油或 25% 敌杀死乳油 2000 倍液，均具良好的防治效果，同时可兼治梨云翅斑螟幼虫及其他一些食叶性害虫。

(五八) 广肩小蛾科

257　杏仁蜂

【学名】*Eurytoma samaonovi* Wass

【别名】杏核蜂。

【分布与寄主】分布很广，在我国辽宁、河北、河南、山西、陕西及新疆等地均有报道，但是否均为 1 种，尚有待进一步确定。寄主单纯，几乎仅寄生杏仁。在新疆尚能寄生扁桃(巴旦杏)，据文献记载，尚危害桃，是否与桃仁蜂混淆，有待澄清。

【被害症状】以幼虫危害杏果，致果沟缝合线处呈黑褐色，严重时把杏仁吃光，造成大量落果，或使杏仁被蛀一空，严重地减少鲜杏和杏仁的产量。

【形态特征】(图 237)

(1) 成虫：雌虫体长 4~7mm，一般在 6mm 左右，翅展 10mm 左右。头大，黑色，复眼暗赤色。触角 9 节，第一节特长，第二节最短小，均为橙黄色，其他各节均为黑色。胸部及胸足的基节黑色，其他各节则为橙色。腹部橘红色，有光泽，产卵管深棕色，出自腹部腹面的中前方，平时纳入纵裂的腹鞘内。雄虫较小，一般体长5mm左右。与雌虫不同之处表现在触角的3～9节上，有成环状排列的长毛，腿节或胫节上有时杂有黑色，腹部为黑色。

图237　杏仁蜂
1. 成虫（雌）；2. 雌虫腹部侧面，
示产卵器：（1）产卵管（2）外鞘（3）腹鞘；
3. 雄虫触角；4. 幼虫；5. 幼虫的上颚；6. 产卵部

（2）卵：白色微小，即使剖开杏实，亦不易见。

（3）幼虫：乳白色，长6～10mm。体弯曲，两头尖而中部肥大。头部藏有很发达的黄褐色上颚1对，其内缘有一很尖的小齿，无足。

（4）蛹：长5.5～7mm，腹部占蛹体的大部分。初化蛹时为奶油色，其后显出红色的复眼，如为雌虫随后腹部显出橘红色，如为雄虫则显出黑色。

【生活史及习性】1年发生1代，主要以幼虫在果园地面落杏、园内所弃杏核以及枯干在树上的杏核内越夏越冬，其次在留种及敲取杏仁的杏核内越冬者亦不少。此外，在市售的杏干内也有越冬幼虫。据在南疆库尔勒的调查，越冬幼虫于3月中旬开始进入蛹期，延至4月中旬全部化蛹，蛹期约1个月。成虫于4月上旬开始羽化，就杏树物候而论，时值当地最有名的白杏已开始落花。羽化后在杏核内停留一段时间，待体躯坚硬后，用强大的上颚将杏核咬穿一圆形小孔，孔径约1.6～1.8mm。成虫早晚不活动，栖息树上，日间在树间飞翔，交尾并产卵，尤以日中为甚。成虫选择幼嫩的杏实产卵，产卵前先在杏实四周爬行，以头部靠近果柄的一端，腹部朝向果实尖端，并弯曲之，待产卵管通过产卵器的外鞘刺入杏内，刺入部位均在杏果上部靠近果柄的一端。既刺入之后，外鞘随同腹部恢复平直状态，此时仅留下产卵管于杏实内。剖视刚产卵的鲜杏，在杏仁种皮上即可发现一棕黄的伤痕，表明产卵管一直通过杏的外、中、内果皮，而将卵产于近种皮的表面。1杏内一般仅产卵1粒，极个别的杏仁内有2头幼虫。1雌能产卵120粒，卵期约30余天。5月中旬开始出现新一世代的幼虫，幼虫期长达10个月之久，均在杏核之内，这给人工防治造成了一个极为有利的条件。

影响羽化期、羽化率及被害率的因素。幼虫越冬的环境条件影响成虫羽化的迟早和羽化率的高低。幼虫在地面杏核内越冬者，进入蛹期并羽化，均较树上干杏内者为早，这显然是长期受到地面和空气温湿度不同所造成的结果。从果园和杏树生长的环境条件来看，凡果园隐蔽、漫灌水量较多、地温降低或杏核被其它残枝落叶所覆盖者，都会延迟成虫的羽化；但在山谷窝风地区，冬季较暖，早春日夜温差小，成虫羽化就早。

杏树品种甚多，被害情况也各不相同。例如在新疆库尔勒，一般在3月底始花者，如大黄接杏，寄生率最高，3月底以前或以后始黄者，如白杏和李光杏，受害就轻。在北京地区则以白梅杏、山黄杏受害较重，而以山杏受害最轻。另外，阳坡上杏树物候期常比阴坡上的早3~4天，所以阳坡杏果的被害率也较阴坡的高。一般说来，有早熟品种较晚熟品种受害重的表现。

据检查3000多个杏核得知，雌雄性比为5:1。但早期羽化者(羽化率达10%)，雌雄百分比为1.7%：98.3%；后期羽化者(羽化率达76.5%)，雌雄百分比为83.8%：16.3%，羽化晚的雌虫，因杏核已老，不能造成危害。杏核内越冬幼虫，愈到后期死亡率也愈大。羽化后因不能咬穿杏核而困死于核内者达20%，这些因素有助于说明晚熟品种一般受害较轻。

卵和幼虫发育与杏实生长发育的关系：杏仁蜂的卵期长达30余天，迟迟不能孵化，与外界环境条件，亦即与杏仁(子叶)的形成有关。幼虫有很发达的上颚，必须咀嚼固体食物。从杏实生长发育所需时间和过程来看，4月上旬开始落花，到6月上旬成熟，需时两个月。而子叶的形成，约自5月初才开始。子叶生长发育的过程，又是从子叶尖端的胚开始，逐渐向果柄一端发展。卵着生的部位刚好在靠近果柄的一端。这就是说，卵的孵化，有待于子叶的形成，卵的孵化期，是与子叶的形成期相适应的。

【防治方法】

(1)农业防治：

①清除落杏、干杏。杏仁蜂危害所造成最大的损失是使杏实早落，而又以幼虫在杏核内越夏越冬，针对这些特点，只要能全面而彻底地收拾园内落杏、杏核；并敲落树上干杏，予以适当处理，就能基本上消灭杏仁蜂的危害，而无需应用药剂防治。

②结合冬季果园翻耕，将杏核埋于土中，即可防止成虫羽化出土。

(2)应用水选，淘除被害杏核。被害杏核中，杏仁被蛀食一空，比杏仁饱满者轻得多，所以在进行干果加工时(剥制杏干或包杏仁干)，用水选法，淘除漂浮于水面的空杏核，予以销毁。

258　桃仁蜂

【学名】 *Eurytoma maslovskii*

【别名】 太谷桃仁蜂。

【分布与寄主】 初步了解在我国山西、辽宁有发生。寄主为桃。

【被害症状】 成虫产卵于幼果胚珠(桃仁)内，幼虫终生于桃仁内蛀食，以致桃果成为灰黑色的僵果而脱落，也有少数被害果残留枝上，直至来年桃树开花结果后仍不落地。被害果常被误认为是褐腐病果，统被称为"僵桃"。两者区别：桃褐腐病引起的僵桃，果肉常较肥厚，果实干缩后果肉皱缩，僵果表面显著凹凸不平。桃仁蜂危害所造成的僵桃，果瘦少肉，果面无显著凹凸不平现象。

【形态特征】 (图238)

(1)成虫：雌雄异型。雌虫体长7~8mm，黑色，各足腿节端部、胫节两端和跗节为黄至黄褐色，前翅透明略带褐色，后翅无色透明。头、胸部密布刻点和白色细毛。触角膝状，周生白色细毛，鞭节7亚节近于丝状。复眼较大，椭圆形；单眼3个，淡黄色，位于头顶呈三角形排列。前翅疏生褐色短毛，翅脉简单，近前缘有1条褐色粗脉，伸至中部弯向前缘而后分2短支，翅面有明显褶痕，后翅生白色短毛，近前缘仅有1条黄褐色粗脉。各足基节粗大，布有不规则的刻点；腿节近端部略膨大；跗节 5 节，端生 2 爪，中垫近椭圆形，略与爪等长。腹部肥大，近纺锤形，侧扁较光滑，除并胸腹节外可见 8 节；产卵器从第 4 节腹面一部分露出，直至超出腹末，端部黄褐色。

雄虫体长 6mm 左右，除触角和腹部外，其他特征同雌虫。触角膝状，鞭节 7 亚节，各节向背侧显著隆起，似念珠状，各节上下部环生刚毛，有的个体隆起不甚显著。腹部较雌虫小，第一节细长、柄状，以下各节略呈圆形似锤状。

（2）卵：长椭圆形略弯曲，长径 0.35mm，短径 0.15mm，乳白色，近透明；前端有 1 短柄向后弯曲，后端有 1 细长而多曲屈的卵柄，为卵长的 4~5 倍。

（3）幼虫：老熟时体长 6~7mm，乳白色，纺锤形略扁．两端向腹面弯曲。无足；头小，淡黄色，大部缩入前胸内，上颚褐色坚硬；胴部 13 节，末节较小常缩在前节内；气门圆形，黄褐色，9 对，着生于 2~10 节。

（4）蛹：体长与成虫相似，略呈纺锤形。初乳白色，渐变黄褐色，羽化前黑色。

【生活史及习性】 每年发生 1 代，以老熟幼虫于被害果核内越冬。山西省晋中地区越冬幼虫 4 月中旬开始化蛹，4 月下旬至 5 月初为化蛹盛期，5 月上旬为末期，蛹期 15 天左右。田间 5 月中旬始见成虫，盛发期在 5 月下旬，此时桃果多已如成熟的山杏大小；产卵于幼果内，卵期 7 天左右。幼虫孵化后即在桃仁内蛀食，至 7 月中下旬老熟，即在果核内越冬。

成虫羽化后经 2~3 天才能咬破果核，成一圆形羽化孔爬出，飞到树上，白天活动，产卵时先在果面爬行，寻找适当部位，将产卵管刺入桃仁（胚珠）内产 1 粒卵，卵柄扭曲，末端留在桃仁皮（珠皮）部；多产于桃果胴部，一般一果只产 1 粒卵。每雌可产卵百余粒。成虫发生期比较整齐。雌虫多于雄虫，近于 2:1。

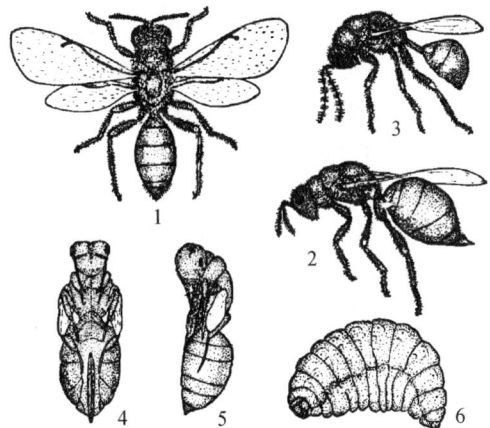

图 238　桃仁蜂

1. 2. 雌成虫；3. 雄成虫；

4. 雌蛹；5. 雄蛹（放大）；6. 幼虫

幼虫终生蛀食正在发育的桃仁，7 月中下旬桃仁蜡熟时陆续老熟，此时桃仁多被食尽，仅残留部分仁皮，被害果即逐渐干缩陆续脱落，成灰黑色僵果，仅少数残留技上。幼虫危害期约 40 天左右。

栽培管理较细致，且前期进行药剂防治其他害虫的桃园，受害较轻。管理粗放，前期未进行过药剂治虫的桃园发生较重，特别是零星桃树受害较重。栽培品种受害较轻，毛桃受害较重。

【防治方法】

（1）人工防治：秋季至春季桃树萌芽前后，彻底清理桃园，认真消除地面和树上被害果，集中深埋或烧毁，是经济有效的措施。

（2）化学防治：结合防治其他病虫，于成虫发生期喷洒敌敌畏、敌百虫常用浓度均有较好的防治效果。

（五九）瘿蜂科

259　栗瘿蜂

【学名】*Dryocosmus kuriphilus* Yasumatsu

【别名】栗瘤蜂。

【分布与寄主】分布极广，我国河北、山东、江苏、湖北和云南均有发现，此外 1977 年在重庆北碚初见分布危害，1978 年受害植株有所扩展。主要危害栗树新梢。

【被害症状】以幼虫危害芽和叶片，形成各种各样的虫瘿。当春季寄主芽萌发时，被害芽不能长出枝条，就逐渐膨大而形成虫瘿称为枝瘿。虫瘿呈球形或不规则形，在虫瘿上有时长出畸形小叶。在叶片主脉上形成的虫瘿称为叶瘿，瘿形较扁平。虫瘿呈绿色或紫红色，到秋季变成枯黄色，每个虫瘿上留下一个或数个圆形出蜂孔。自然干枯的虫瘿在一两年内不脱落。对栗树开花发叶有严重影响，栗树受害严重时，虫瘿比比皆是，很少长出新梢，不能结实，树势衰弱，枝条枯死。

【形态特征】（图 239）

（1）成虫：体长 2.5 ~ 3mm。头和腹部黑褐色。胸部膨大，漆黑色有光泽。前后翅均透明，翅脉黑色。足黄色，后足较发达。

（2）卵：椭圆形，乳白色，表面光滑，一端具细柄。

（3）幼虫：体长约 2.5mm。纺锤形，粗壮无足，体两端略尖细。乳白色，口器茶褐色。

（4）蛹：体长 2.5 ~ 3mm，黑色，粗壮，复眼赤色。

【生活史及习性】每年发生 1 代，以初龄幼虫在寄主芽内越冬。当春季（4 月下旬）栗树抽梢时，在新梢枝叶上出现小型瘿瘤，5 月下旬至 6 月下旬幼虫老熟在瘿瘤内化蛹。6 月中旬至 7 月上旬成虫大量羽化。成虫咬破瘿瘤外出活动，9 月上旬产卵于健壮的芽内。幼虫孵化后在芽内危害一段时间，至 9 月下旬开始越冬。

成虫出瘤活动时间比较集中，绝大多数个体集中在 10 ~ 15 天内。成虫出瘿后，一般在树干上爬行，夜间栖息在叶片背面，飞翔力弱。

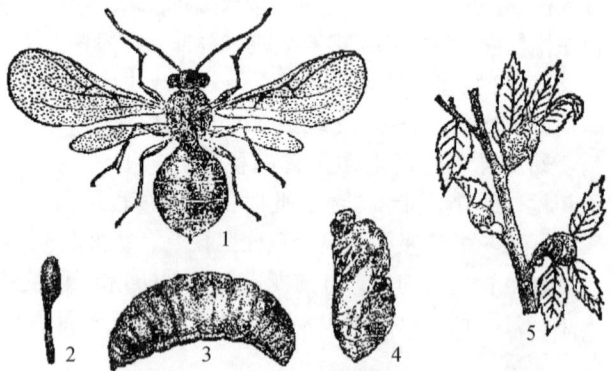

图 239　栗瘿蜂
1. 成虫；2. 卵；3. 幼虫；4. 蛹；5. 被害状

当晴朗无风天气可在树冠附近飞翔。成虫羽化后经 10 多天开始产卵。田间罕见雄成虫和交配情况。卵产于当年生的芽内，每芽产卵 1 ~ 10 粒不等，而以 2 ~ 3 粒居多。幼虫孵化后在芽内危害一段时间，并在被害处形成椭圆小室，即于其内越冬。翌年春季继续危害。

【防治方法】

(1)人工防治：成虫羽化前结合修剪清除有瘿瘤枝条，从而改善树冠内通风透光状况，同时也必须加强栽培管理，以增强树势，促进新梢生长。

(2)生物防治：根据对栗瘿蜂瘿瘤的检查，发现 1 种跳小蜂(*Eupeimus spongiportus* Foerter)同时生活于瘿瘤内，它是栗瘿蜂幼虫的 1 种体外寄生蜂。其幼虫和蛹的形态与瘿蜂有些相象，主要区别在于跳小蜂幼虫和蛹体较细瘦，而且色泽较深。幼虫为黄白色，性较活泼；蛹为黑色，并现绿色金属光泽。田间自然寄生率可达 40%~70%。跳小蜂成虫羽化期比瘿蜂为早(3 月即羽化)。因此，可于早春大量采集瘿瘤，装于纱笼内，挂在瘿蜂危害严重的栗园中，对栗瘿蜂的发生危害可以起到一定的抑制作用。一般瘿瘤剪下后瘿蜂成虫不能正常羽化，但这种寄生蜂仍能羽化。

(3)化学防治：在栗瘿蜂出瘤活动盛期(约在 6 月中旬至 7 月上旬，各地应作野外观察加以确定)可用 80% 敌敌畏乳剂油 2000 倍液喷洒树冠，可以大量消灭成虫。此外，在树冠茂密的板栗林内，于成虫盛发期也可用敌敌畏插管烟剂熏杀。

蛛形纲 ARACHNIDA

七、蜱螨目 ACARINA

蜱螨目为节肢动物门（Arthopoda）蛛形纲（Arachnida）中的一个目，外形似蜘蛛，但体型小，体分段不显，头、胸、腹愈为一体；口器退化，着生在颚体前段。一生经卵、幼螨、若螨和成螨等阶段。幼螨足3对，若螨4对；多数种类为卵生，部分为卵胎生，世界已记录3万余种，分布广，生活方式多样，好多种类为林木果树害螨。

（六〇）叶螨科 Tetranychidae

体小至中型，圆或椭圆。体色呈红、橙、褐或黄等色，体侧常具黑色斑点。螯肢呈弯曲针状，位于口针鞘中，须肢5节，其胫节具一粗状爪，跗节具6~7根刚毛。气门沟发达，位于颚体基部。体壁柔软，表面具线状或网状褶纹，体背具刚毛状、扇状或棒状等不同形状的毛。体腹具刚毛。生殖孔横列，雌螨生殖区具明显的表皮皱纹。跗节爪具粘毛，爪间突有或无粘毛。足Ⅰ、Ⅱ跗节具双毛。一生经卵、幼螨、前期和后期若螨、成螨5个阶段。行两性和单性生殖。世界已知800种以上，我国目前已记载130余种，其中有数种为果树重要害虫。

260 果苔螨

【学名】*Bryobia rubrioculus*（Schenten）
【分布与寄主】此螨在我国分布于北京、辽宁、河北、山东、内蒙古、山西、河南、宁夏、陕西、甘肃、新疆、江苏等地；国外分布于日本以及欧洲、美洲、大洋洲、南非。寄主有苹果、梨、桃、樱桃、杏、李、沙果等蔷薇科果树。
【被害症状】果苔螨前期主害嫩芽，轻者使芽变黄，重者枯死。幼果被害后变干硬，不能正常生长。后期活动螨主害叶面、叶缘或叶柄、被害叶片常出现均匀分散的黄绿小点。
【形态特征】（图240）
（1）成螨 雌成螨体长0.5~0.6mm，宽0.37~0.45mm，扁平椭圆形，褐红色、绿褐色或黑褐色。前、后半体之间界限明显，身体周缘有明显的浅沟。体背面有粗糙横褶皱，并满布圆形小颗粒。体前端具4个叶突，上有扇形刚毛。体背中央纵列两排扁平、叶状刚毛16对，白色。第1对足常超过体长。

（2）卵：圆球形，表面光滑，直径约 0.186mm。冬卵深红色，夏卵红色，近孵化时呈污白色。

（3）幼螨　体椭圆形，体长约 0.24mm，冬卵孵化后呈暗红色，夏卵孵化后为深绿色，足 3 对，背毛棒状，上有锯齿。

（4）若螨　体长 0.3～0.4mm，足 4 对，初褐色，取食后绿色，体呈椭圆形，略扁平，体后端背面两侧有黑褐色斑。

【生活史及习性】 此螨在北方果区 1 年发生 3～5 代，在江苏等南方地区生 7～10 代，以鲜红色越冬卵于主侧枝阴面的粗皮缝隙中、枝条下面和短果枝叶痕等处过冬。当春季气温平均为 7℃ 以上，苹果发芽时开始孵化，初花期为孵花盛期。当日平均温度在 23～25℃ 时，卵期 9～14 天，幼螨期 4～6 天，若螨期 6～9 天，发生 1 代需 19～28 天。日均温度为 10～31℃ 时，发生 1 代需 41～48 天。一般在 6 月中下旬至 7 月上中旬为全年危害盛期，以后随气温升高，虫口密度逐渐减小，成螨寿命 25 天左右。在 5 代区，各代成螨盛发期大体为 5 月下旬，6 月中下旬，7 月中旬，8 月中旬和 9 月上旬。大发生年或受害重的树，7 月中旬前后开始出现越冬卵，发生轻的年份或受害轻的树，于 8～9 月份产越冬卵。果苔螨性极活泼，常往返于叶与果枝间，主要于叶面、果

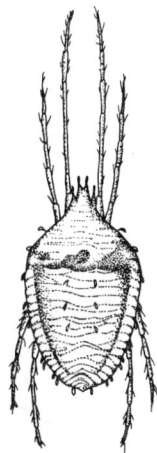

图 240　果苔螨

面危害。无吐丝结网习性。行孤雌生殖。夏卵多产在果枝、果苔、萼洼和叶柄等处，幼螨孵化后多集中于叶面基部危害，并在叶柄、主脉凹陷处静止脱皮。若螨喜在叶柄和枝条等处静止或脱皮。

【防治方法】 参阅 P$_{364\sim365}$山楂叶螨和 P$_{361}$苹果全爪螨防治方法。

261　李始叶螨

【学名】 *Eotetranychus pruni* Oudemans

【分布与寄主】 此螨在我国分布于甘肃、陕西、新疆等地；国外分布于日本、俄罗斯、美国以及欧洲各地。寄主有苹果、梨、榛子、山楂、海棠、酸梅、李、杏、桃、核桃、葡萄、枣等多种果林植物。

【被害症状】 李始叶螨早春危害花芽，严重时花芽不能开绽而萎缩脱落；危害叶片时，多沿叶中脉两侧吸食汁液，使全叶变为黄绿色，卷曲焦黄干枯，早期脱落，果实瘦小皱缩，影响树势。

【形态特征】

（1）雌成螨体长约 0.34mm，宽约 0.15mm，椭圆形淡黄绿色，沿体侧有细小黑斑点。须肢端感器柱形，长约为宽的 2 倍，背感器短于端感器。气门沟末端弯曲，呈短钩形。背毛 26 根，其长超过背毛横列之间的距离。生殖盖及其前区表皮纹均为横向。

（2）雄成螨体长约 0.26mm 左右，体宽约 0.13mm 左右。须肢端感器细长，长约为宽的 4 倍，背感器约为端感器长的 1/2，其余同雌成螨。

（3）卵圆形，初产白色透明，后渐变橙黄色。

（4）幼螨近圆形，黄白至淡黄色。

（5）若螨长椭圆形，黄绿色。

【生活史及习性】李始叶螨在甘肃、新疆等地1年发生9代至11代。以橙黄色越冬雌成螨在苹果树的主干、侧枝及枝条的粗皮、老翘皮、根际周围的土缝、石块或枯枝落叶、杂草中群集潜伏越冬。翌年当气温达10.4℃时即开始出蛰危害。全年以6月下旬到8月中旬，即第5~7代螨的种群数量最大，也是危害最为严重的时候。李始叶螨行孤雌和两性生殖。各代的卵期，幼、若螨期，产卵前期分别为4.5~8.5天，5~14天，2~3.5天。完成一个世代最长需1个月，最短只需9.5天，其发育速度与温、湿度有关，在一定范围内，高温低湿对李始叶螨的发育有利。成螨随气温变化，有早春向树上、晚秋向树下爬行的习性。9月上中旬越冬雌螨开始迁至越冬场所越冬。

【防治方法】参阅P$_{364~365}$山楂叶螨。

262　苹果全爪螨

【学名】*Ranonychus ulmi*(Koch)

【别名】苹果红蜘蛛、榆全爪螨。

【分布与寄主】此螨在我国分布于北京、辽宁、内蒙古、宁夏、甘肃、河北、山西、陕西、山东、河南、江苏等地；国外分布于印度、日本、加拿大、俄罗斯、美国、阿根廷、新西兰、欧洲等地。主要危害苹果、梨、沙果、桃、杏、李、山楂、海棠、樱桃以及一些观赏植物。

【被害症状】苹果全爪螨以成螨、幼螨、若螨吸食芽、叶、果实的汁液，叶被害初期出现许多灰白色失绿斑点，严重时叶片黄褐色或苍灰与淡绿相间的花斑，甚至焦枯，但很少有早期落叶现象，幼果被害后常萎缩。

【形态特征】（图241）

（1）雌成螨：体长0.34~0.45mm，体宽约0.29mm。体圆形，背部隆起，体色深红，体表有横皱纹。体背有粗而长的13对刚毛着生在黄白色瘤状突起上。足黄白色，各足爪间突具坚爪。气门器端部呈球形。

（2）雄成螨：体长约0.28mm，近卵圆形，初脱皮时浅橘黄色，取食后为深橘红色，眼红色、腹末较尖削，其他特征同雌成螨。

（3）卵：葱头形，圆形稍扁，顶端生有一短毛，卵面密布纵纹。越冬卵深红色，夏卵橘黄色。

（4）幼螨：近圆形，初孵足3对，体毛明显。冬卵孵化淡橘红色，取食后变暗红色，夏卵孵化呈浅黄色，后渐变为橘红以至暗绿色。

（5）若螨：足4对，前期体色比幼螨

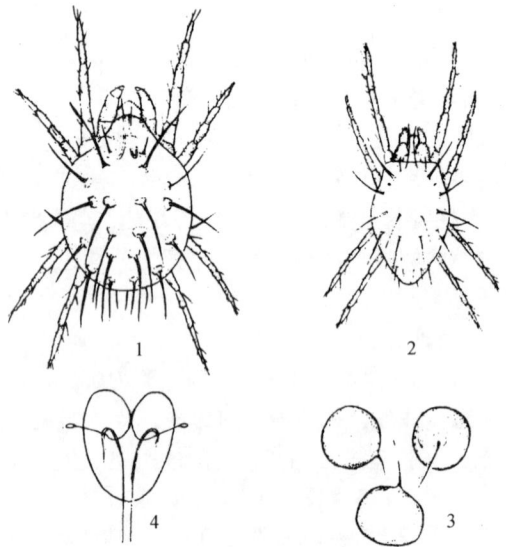

图241　苹果全爪螨
1. 雌成螨；2. 雄成螨；3. 卵；4. 气门器

深，后期可辩别雌、雄，雄螨体末尖削。

【生活史及习性】

（1）生活史：苹果全爪螨在北方果区 1 年发生 6~7 代，以卵在短果枝、果苔和多年生枝条的分杈、叶痕、芽轮及粗皮等处越冬。发生严重时，主枝、侧枝的背面、果实萼洼处均可见到冬卵。越冬卵于苹果花蕾膨大时开始孵化，晚熟品种盛花期为孵化盛期，终花期为孵化末期，5 月上中旬出现第 1 次成虫，5 月中旬末至下旬为盛期，并交尾产卵繁殖，卵期：夏季 6~7 天，春秋季 9~10 天。第 2 次成虫出现盛期在 6 月上旬左右，第 3 次在 6 月下旬末和 7 月上旬初，第 4 次在 7 月中旬，第 5 次在 8 月上旬末，第 6 次在 8 月下旬末，第 7 次在 9 月下旬初。苹果全爪螨完成 1 代的历期为 9~21 天，一般为 10~14 天，以第 1 代历期最长，第 5 代历期最短。幼、若螨历期：夏季 3~4 天，春、秋季 7~8 天。静止期：夏季 3~4 天，春、秋季 7 天左右。雌成螨寿命 6~20 天，卵量：第 1 代平均 67 粒，最多 146 粒，日产卵 4.5 粒；第 5 代平均 11 粒，最多 49 粒，日产卵 1.9 粒。

（2）习性：苹果全爪螨的幼螨、若螨和雄成螨喜在叶片背面活动、取食，静止期喜在叶背基部主脉两侧，以口器固着叶上，不食不动，而雌成螨则多在叶片上到处爬动。一般无吐丝结网习性，在虫口密度过高、营养条件不利时，雌成螨常吐丝下降，借风扩散。苹果全爪螨行孤雌和两性生殖，受精卵发育为雌螨，未受精卵则为雄螨。雌螨一生只交配一次，雄螨则交配多次。雌雄性比平均为 6.73∶1。

苹果全爪螨越冬卵的孵化高峰相当集中，此时正值金冠品种花序伸出时或国光初花至盛花期，是第 1 次用药关键期（即"花前药"）；第 1 代卵于落花后 7 天达到高峰，落花后 15 天左右是第 1 代夏卵的盛孵期，是第 2 次用药关键期（即"花后药"）；全年发生数量最多，危害最重的时期是在 6 月下旬至 8 月，因此，大发生前降低害螨密度是第 3 次用药关键期（即"关键药"）；苹果全爪螨冬卵于 8 月中旬开始出现，9 月底达到最高峰，以后便趋于稳定，因此 9 月底是第 4 次用药关键期（即"秋防药"），此时主要杀越冬卵。夏卵也在 10 月上旬基本绝迹。

苹果全爪螨的天敌种类很多，除包括山楂叶螨的天敌外，还有异色瓢虫［*Leis axyridis*（Pallas）］、有益钝绥螨（*Amblyseius utilis* Liang et Ke）、六点蓟马［*Scolotrips sexmaculatus*（Perganda）］等，它们在控制害螨种群数量的消长上作用较大，但抗药能力均差，尤其在经常使用剧毒的广谱性杀虫剂的果园，虽然消灭了大量的螨害，同时天敌也受到严重伤害，剩余的叶螨在失去天敌控制的情况下，一旦气候适宜，很容易导致猖獗危害，因此在防治苹果全爪螨时，注意保护天敌十分重要。

【防治方法】

（1）保护和利用天敌。

（2）人工防治：参照 P$_{364}$ 山楂叶螨防治方法。

（3）化学防治：参照 P$_{364~365}$ 山楂叶螨防治方法。另外，5% 尼索朗乳油 1000~1500 倍液，对螨卵有特效。

263　山楂叶螨

【学名】 *Tettranychus viennensis* Zacher

【别名】 山楂红蜘蛛。山楂红叶螨、樱桃红蜘蛛。

【分布与寄主】　此虫在我国分布于北京、黑龙江、吉林、辽宁、内蒙古、宁夏、甘肃、河北、山西、山东、陕西、河南、江苏、江西等地；国外分布于亚洲、欧洲和大洋洲。主要寄主有苹果、梨、桃、樱桃、杏、李、山楂、樱花、核桃、山桃、榛子、橡树。其中以苹果、梨、桃受害最重。

【被害症状】　山楂叶螨在早春危害芽、花蕾，以后危害叶片，猖獗年份也可危害幼果。芽严重被害后，不能继续萌发而死亡；危害叶片时，常以小群体在叶片背面主脉两侧吐丝结网，多在网下栖息、产卵和危害，受寄叶片常从叶背面近叶柄的主脉两侧出现黄白色至灰白色小斑点，继而叶片变成苍灰色，严重时全叶焦枯而脱落。大发生年份，7～8月树叶大部分落光，甚至造成二次开花。受害严重的树，不仅当年减产70%～80%，而且大大影响了当年的花芽形成和翌年的产量。

【形态特征】　（图242）

（1）雌成螨：体长约0.54mm，体宽0.28～0.32mm。椭圆形，尾端钝圆，全体深红色。前半体背面隆起，后半体背面有纤细横纹。背毛细长，长短均一，白色，26根，排成6横行，基部无瘤。腹毛32根。足4对，黄白色。雌成螨分为冬型和夏型。其区别在夏型体大，紫红或暗红，体躯背面两侧各有一黑色斑块；冬型体小鲜红或朱红色，有光泽，体背两则无黑色斑块。

（2）雄成螨：体长约0.43mm，宽约0.2mm，初呈黄绿色，取食后变为绿色，老熟时为橙黄色，体背两侧有黑色斑块。体呈菱形，自第3对足后方收缩，尾端较尖。

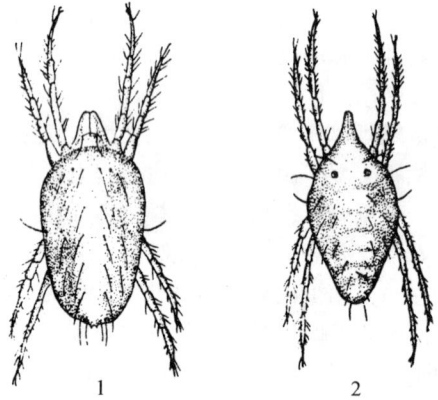

图242　山楂叶螨
1. 雌螨；2. 雄螨

（3）卵：很小，圆球形，橙红色（前期产的），橙黄色至黄白色（后期产的）。近孵化时出现两个红色眼点。

（4）幼螨：足3对，体圆形，乳白色，取食后变为淡绿色卵圆形，体背面两侧出现绿色斑块。

（5）若螨：前期若螨足4对，卵圆形，背毛开始出现，淡橙黄色至淡翠绿色，体两侧有明显的黑绿色斑纹，并开始吐丝，后期若螨体形与成螨相似，可辩别雌雄，翠绿色，雌者身体呈卵圆形，雄者身体未端尖削。

【生活史及习性】

（1）生活史：山楂叶螨在我国北方1年发生3～10代，如辽宁3～6代，河北3～7代，山西6～9代，陕西关中6～10代。均以受精雌成螨于枝干的各种缝隙中及树干基部的土缝内越冬，大发生年份，落叶下、杂草根际、土石缝中、果实萼注、梗注等处均有越冬雌成螨隐藏。翌年花芽膨大时开始出蛰活动，国光品种花芽初展到开花初盛期为出蛰盛期，时间约持续15天左右，整个出蛰期达40天左右，出蛰后集中危害露绿嫩芽，展叶后转至叶背危害，盛花期前后是产卵高峰期，当年第1代成螨于5月中下旬出现，第2代6月中旬左右，第3代6月下旬，第4代7月上旬，第5代7月中下旬，第6代8月上中旬，第7代8月下旬，第8代9月上中旬，第9代为9月下旬至10月中旬，第10代10月下旬，并开始越冬。卵期：春季 10 天左右，夏季 4~5 天。幼螨期 1~2 天，静止期 0.5~1 天，前期若螨和后期若螨各为 1~3 天。雌成螨产卵量与其寿命长短有关：越冬代和春、秋代寿命最长，平均达 24 天，故产卵平均为 70 粒，夏季代寿命短，产卵量仅达 30 粒左右。日产卵量为 1~9 粒，平均 3.8 粒。

（2）习性：山楂叶螨不十分活泼，常成小群在叶背面危害，并吐丝结网（雄成螨无此习性），卵多产于叶背主脉两边及丝网上。雌螨除进行两性生殖外，还可行孤雌生殖。受精卵孵化为雌性螨，非受精卵孵化为雄性螨。当田间山楂叶螨密度大时，雌成螨多于雄成螨。交配过程多在雌螨刚脱完最后一次皮进行，多数只交配一次，也有多次的。交配后 1~3 天即产卵，整个发育期的 1/2 是具有抗药性。

凡果树位于向阳、背风、干燥的地方，出蛰常较早，反之则较晚。在同株树上，树干基部及其周围土中的最先出蛰，主干、主枝和侧枝背阳面翘皮，树杈处出蛰较晚。越冬雌螨出蛰上树后，先潜伏在芽鳞上，芽一开绽，便爬至芽的绿色部位危害，继而危害花丛、叶丛。取食 1 周后，便开始产卵；因此，冬型雌成螨绝大多数出蛰上树，即苹果开花前至初花期是药剂防治的第一个关键期，即"花前药"；第 1 代卵发生相当整齐（盛期在苹果盛花期前后）第 1 代幼螨和若螨发生也较整齐，在其盛发期间，没有夏型雌螨出现，即国光落花后 7~10 天是药剂防治的第 2 个关键期，即"花后药"；以后各代重叠发生，各虫态同时存在，7~8 月份为发生数量最高峰期，应及时防治，这个时期是全年药剂防治的最关键期，即"关键药"；越冬雌成螨出现的早晚与果树被害程度有关，被害重则 7~8 月出现，否则 9~10 月出现，因此，越冬雌成螨越冬前也是药剂防治的一个关键期，即"秋防药"；这次用药可降低当年越冬数量和翌年早春发生数量。

山楂叶螨近距离传播主要依靠吐丝拉网，随风扩散。远距离传播主要随苗木运送和人为活动。

【发生与环境的关系】

（1）温、湿度的影响：高温、干旱是影响山楂叶螨数量消长的主要生态因子。据报道，当日均气温在 16.0~25.3℃ 时，完成 1 代需 23.3 天，如果日均气温在 24~29.5℃ 时，只需 10.4 天，在恒温 27℃ 时，完成 1 代只需 6.8 天。当 5 月份的平均气温为 18℃ 左右时，每月只能完成 1 代，7 月份的平均气温为 24~26℃ 时，则可完成 2~3 代。又据测定在 15.7℃ 时，1 个月左右可完成 1 代，一头雌螨可繁殖 74 个后代，26℃ 时 1 个月左右可完成 3 代。由此可见，在一定的温度范围内，随着温度上升，发育与繁殖速度加快。山楂叶螨适宜的相对湿度为 72%~90%，因此长期阴雨高湿则不利于山楂叶螨的发育，夏季的急风暴雨会迅速降低种群数量。但遇到高温、干燥的天气，便有猖獗发生危害的危险。

（2）药剂防治的影响：药剂对山楂叶螨的直接影响是使其产生抗药性，间接影响是杀伤大量的天敌，使自然平衡受到破坏。

①使山楂叶螨产生抗药性：已经证明，山楂叶螨对内吸磷、对硫磷、三氯杀螨砜等农药均有不同程度的抗性，对类似农药也有不同程度的交互抗性。据试验报道，连续施用对硫磷、内吸磷 10 次的，其抗药性增加 1~4 倍，仍为感性种群。如连续用药在 30 次左右，其抗药性增加 15 倍，连续用药 40 次以上的则增加 60 倍，连用 50 次以上则增加 80 倍左右。西北农业大学果园自 1956 年开始使用对硫磷，到 1980 年累计用过 70 次，山楂叶螨抗药性增加了 75.69 倍，对用过 4 次的敌敌畏增加了 51.41 倍，对从未用过的氧化乐果的也有 29.93 倍的抗药性。因此，盲目增加用药次数，提高药剂浓度，其结果是适得其反。

②杀伤大量天敌：农药对山楂叶螨的间接作用表现在杀伤叶螨的天敌，破坏了自然平衡。山楂叶螨的自然天敌种类繁多，数量不少，常将其控制在不致明显危害的水平之下。据报深点食螨瓢虫(*Stethorus punctilium* Weise)的成、幼虫日捕食量均在30头左右的成螨，束管食螨瓢虫(*Stethorus chengi* Sasaji)在20头左右，陕西食螨瓢虫(*Stethorus shaanxiensis* Pang et Mao)、小黑花蝽(*Orius minutus* L)的成、若虫日捕食量均在18~40头。中华草蛉(*Chrysopa sinica* Tjeder)的幼虫日捕食量为132~249头。另外，塔六点蓟马(*Scolothrips takahashii* Priesner)、晋草蛉(*Chyrsopa shansiensis* Kuwaya)、东方钝绥螨(*Amblyseius orientalis* Ehara)、普通盲走螨(*Typhlodromus vulgaris* Ehara)、西方盲走螨[*Typhlodromus occidentalis*(Nesbitt)]、拟长毛钝绥螨(*Amblyseius pseudolongispinosus* Xin et Liang)等均有比较大的控制作用。由此可见，在防治山楂叶螨时应特别注意保护天敌，同时还应采用其他防治措施进行综合防治。

③食料条件的影响：其主要表现在品种、树势和叶片含氮量的差异上，元帅受害重于金冠，树势弱的重于强的，叶片含氮量高的，其发生叶螨量多于低的。另外光照是引起滞育的主导因子，但食料的缺乏明显地加速了冬型雌成螨的产生，由此看来，食料对山楂叶螨的发生也是很重要的。

【螨情测报】

(1)冬型雌成螨出蛰期测报在果园棋盘式固定5株代表性树种，当果树萌动露绿时，每3天调查一次，每株树分别在内膛、主枝中段各随机抽查10个生长芽，5株共查100个芽，当发现有冬型雌螨上芽时，应每天观察一次，同时发出出蛰预报，当每芽累计有1~2头时，发出出蛰盛期预报，即需立刻防治。

(2)花后田间发生量测报从苹果开花期至冬型雌成螨产生期间，仍按5点取样法每周检查一次，调查内膛和主枝中段各10个叶丛枝上取近中部一张叶片，5株共100张叶片，统计其上卵上其活动螨和天敌数量，随山楂叶螨外移，取样部位应移至主枝中段和冠外围叶丛枝中部的叶片。从落花后到7月中旬，当活动螨平均每叶达到4头时或叶有螨率达到30%以上，结合天敌与山楂叶螨之比如果达到1:40时，则不需防治，如果比例较大时，必须予以防治。

【防治方法】

防治山楂叶螨应从果园生态系统做全面考虑，做好果树花前、花后及关键时期的防治，严格控制猖獗期的危害，同时要合理用药，保护和利用天敌。

(1)人工防治法：结合诱集其他害虫，秋末在寄主树干束草诱集其冬型雌螨，山楂叶螨出蛰前妥善处理；冬闲时结合防治腐烂病，刮除老翘皮下的冬型雌螨；翻晒根颈周围土层，喷布0.5~1波美度石硫合剂或用无冬型雌螨的新土埋压树干周围地下叶螨，防止其出土上树；清理果园枯枝落叶、土石块，消灭其中冬型雌成螨。

(2)化学防治法：抓住药剂防治关键期，彻底消灭早期危害，控制后期猖獗危害。

①果树休眠期防治：在果树发芽前，结合防治白粉病喷布3~5波美度石硫合剂，其中兑0.2%~0.3%洗衣粉，随兑随用，可兼治苹果白粉病和冬型雌成螨，效果很好。或喷5%蒽油乳剂、0.04%氯杀乳剂均有良好的防效。

②果树花前、花后防治：苹果花序分离期至初花期(即"花前期")和苹果落花后1周(即"花后期")喷布0.5波美度(花前)和0.3波美度(花后)石硫合剂各1~2次。为增加展着性能，石硫合剂中可加1%~2%生石灰水。此时主要消灭冬型雌成螨和第1代活动螨。

③果树生长期防治：高温来临前(华北地区在麦收前)和山楂叶螨产冬卵前是果树生长

期的两个药剂防治关键期。主要杀螨剂有 1.8% 阿维菌素乳油 1500 倍液、15% 哒螨灵乳油 1500 倍液、20% 四螨嗪可湿性粉剂 2000 倍液、24% 螺螨酯悬浮剂 4000 倍液、5% 唑螨酯悬浮剂 2000 倍液、73% 克螨特乳油混配 20% 灭扫利乳油 2000 倍液，对山楂叶螨的卵及活动螨均有特效。另外，防治山楂叶螨时应使用选择性杀螨剂，并注意轮换用药，重点挑治，保护天敌，准确测报，不随意提高浓度和增加打药次数，以减慢抗药性的产生。

264　二斑叶螨

【学名】*Tetranychus urticae* Koch

【别名】棉叶螨、普通红蜘蛛、黄蜘蛛。

【分布与寄主】该虫在我国各地均有分布。主要寄主：蔬菜、大豆、花生、玉米、高粱、苹、梨、桃、杏、李、樱桃、葡萄、棉、豆等多种作物和近百种杂草。

【被害症状】主要危害叶片。被害叶初期仅在叶脉附近出现失绿斑点，以后逐渐扩大，叶片大面积失绿，变为褐色。螨口密度大时，被害叶布满丝网，提前脱落。

【形态特征】

（1）雌成螨：体长 0.42 ~ 0.59 mm，椭圆形，体背有刚毛 26 根，排成 6 横排。生长季节为白色、黄白色，体背两侧各具 1 块黑色长斑，取食后呈浓绿、褐绿色；当密度大，或种群迁移前体色变为橙黄色。在生长季节绝无红色个体出现。滞育型体呈淡红色，体侧无斑。与朱砂叶螨的最大区别为在生长季节无红色个体，其他均相同。

（2）雄成螨：体长 0.26 mm，近卵圆形，前端近圆形，腹末较尖，多呈绿色。与朱砂叶螨难以区分。

（3）卵：球形，长 0.13 mm，光滑，初产为乳白色，渐变橙黄色，将孵化时现出红色眼点。

（4）幼螨：初孵时近圆形，体长 0.15 mm，白色，取食后变暗绿色，眼红色，足 3 对。

（5）若螨：前若螨体长 0.21 mm，近卵圆形，足 4 对，色变深，体背出现色斑。后若螨体长 0.36 mm，与成螨相似。

【生活史及习性】在南方发生 20 代以上，在北方 12 ~ 15 代。在北方以受精的雌成虫在土缝、枯枝落叶下或小旋花、夏至草等宿根性杂草的根际等处吐丝结网潜伏越冬。在树木上则在树皮下，裂缝中或在根颈处的土中越冬。当 3 月候平均温度达 10℃ 左右时，越冬雌虫开始出蛰活动并产卵。越冬雌虫出蛰后多集中在早春寄主如小旋花、藜草、菊科、十字花科等杂草和草莓上危害，第一代卵也多产这些杂草上，卵期 10 余天。成虫开始产卵至第 1 代幼虫孵化盛期需 20 ~ 30 天，以后世代重叠。在早春寄主上一般发生一代，于 5 月上旬后陆续迁移到蔬菜上危害。由于温度较低，5 月份一般不会造成大的危害。随着气温的升高，其繁殖也加快，在 6 月上中旬进入全年的猖獗危害期，于 7 月上中旬进入年中高峰期。据作者研究，二斑叶螨猖獗发生期持续的时间较长，一般年份可持续到 8 月中旬前后。10 月后陆续出现滞育个体，但如此时温度超出 25℃，滞育个体仍然可以恢复取食，体色由滞育型的红色再变回到黄绿色，进入 11 月后均滞育越冬。二斑叶螨营两性生殖，受精卵发育为雌虫，不受精卵发育为雄虫。每雌可产卵 50 ~ 110 粒，最多可产卵 216 粒。喜群集叶背主脉附近并吐丝结网于网下危害，大发生或食料不足时常千余头群集于叶端成一虫团。危害寄主不同，其发育历期亦不相同，如取食花生叶片，在 25℃ 和 30℃ 下发生一代需 11.04 天和

7.96 天；而取食苹果叶片则相应的天数为 11.48 天与 8.63 天。寄主的差别对雌成螨的生殖力影响最大，据作者研究，在 30℃ 花生叶饲养条件下，单雌平均产卵 56 粒，而在相同条件下，饲喂苹果叶片，产卵量仅为 29 粒。

【防治方法】

（1）人工防治：早春越冬螨出蛰前，刮除树干上的翘皮、老皮，清除果园里的枯枝落叶和杂草，集中深埋或烧毁，消灭越冬雌成螨；春季及时中耕除草，特别要清除阔叶杂草，及时剪除树根上的萌蘖，消灭其上的二斑叶螨。

（2）生物防治：①以虫治螨：应注意保护天敌，发挥天敌自然控制作用。此螨天敌有 30 多种，如深点食螨瓢虫幼虫期每头可捕食二斑叶螨 200～800 头，其他还有食螨瓢虫、暗小花蝽、草蛉、塔六点蓟马、小黑隐翅虫、盲蝽等天敌。②以螨治螨：保护和利用与二斑叶螨几乎同时出蛰的小枕绒螨、拟长毛纯绥螨、东方纯绥螨、芬兰纯绥螨等捕食螨，以控制二斑叶螨危害。③以菌治螨：藻菌能使二斑叶螨致死率达 80%～85%，白僵菌能使二斑叶螨致死率达 85.9%～100%，与农药混用，可显著提高杀螨率。

（3）化学防治：在越冬雌成螨出蛰期，树上喷 1 波美度石硫合剂，消灭在树上活动的越冬成螨。在夏季，要抓住害螨从树冠内膛向外围扩散初期的防治。注意选用选择性杀螨剂。可选用仿生农药 1.8% 农克螨乳油 2000 倍液喷雾，或 20% 灭扫利乳油 2000 倍液、1.8% 齐螨素乳油 2000 倍液、1.8% 爱福丁乳油 1500～2000 倍液、20% 复方浏阳霉素 1500 倍液、15% 哒螨灵乳油 2000～3000 倍液、5% 尼索朗乳油 2000 倍液、50% 阿波罗悬浮剂 2000～2500 倍液喷雾。

265　针叶小爪螨

【学名】 *Oligonychus ununguis*（Jacobi）

【别名】 栗红蜘蛛、板栗小爪螨。

【分布与寄主】 在我国分布于山西、陕西、湖南、安徽、宁夏、河北、山东、江苏、浙江各地，可以危害杉木、云杉、雪松、黑松、落叶松、侧柏等多种针叶树以及栗、栎等多种阔叶树。

【被害症状】 针叶小爪螨以幼、若螨及成螨刺吸叶片。栗树叶片受害后呈现苍白色小斑点，斑点尤其集中在叶脉两侧，严重时叶色苍黄，焦枯死亡，树势衰弱，栗实瘦小，严重影响栗树生长与栗实产量。

【形态特征】（图243）

（1）雌成螨：雌成螨长 0.38～0.45mm，宽约 0.30～0.32 mm，椭圆形，深红色或暗红色，背表皮纹前足体间的纵向，后半体第 1、2 对背中毛之间的横向，第三对背中毛之间的基本呈横向，但不甚规则。须肢端感器顶端略呈方形，背感器小枝状，较细，气门均末端膨大。第一对足跗节前双毛的对面有刚毛一根。被毛共 26 根，末端尖细，不着生在突起上，其长度超过横列间距，足 4 对。

图 243　针叶小爪螨

1. 雌成螨背面；2. 须肢跗节；
3. 气门沟；4. 足 1 胫节与跗节
（引自：李成德. 森林昆虫学.
北京：中国林业出版社, 2004：227）

(2)雄成螨：体长 0.27～0.35mm，宽 0.18～0.24mm，深红色，体两端尖细，似菱形。前后足显著的长于第 2、3 对足，须肢端感器短锥状。

(3)卵：有夏卵和冬卵两种，顶端均有一条细丝。夏卵较小，直径 0.15mm，初产时白色，半透明，渐变成浅绿色，孵化前变为淡黄色。冬卵较夏卵大，直径 0.16mm，深红色，略扁平，中央部细丝着生部较凹陷。

(4)幼螨：体近圆形，初孵出时淡黄色，吸食后渐变为浅绿色，3 对足。

(5)若螨：体浅绿色至暗红色，逐渐变为椭圆形，4 对足。

【生活史及习性】针叶小爪螨在湖南的桃源县 1 年可发生 20～22 代，而在河北则发生 4～9 代。以紫红色越冬卵在寄主的针叶、叶柄、叶痕、小枝条，以及粗皮缝隙等处越冬，极少数以雌螨在树缝或土块内越冬。翌年，当气温上升到 10℃ 以上时或栗芽萌发时，越冬卵就开始孵化。幼螨爬上嫩叶取食危害，至成螨产卵繁殖。少数越冬雌螨出蛰，爬往新叶取食产卵。南方杉木林危害区的防治适时是春末季节，而在北方板栗林的防治适期则在 6～7 月，这时是针叶小爪螨每年发生的高峰期，是防治的关键时刻。一般情况针叶小爪螨喜欢在叶面取食、繁殖，螨量大时，也能在叶背危害和产卵。每头雌螨的产卵量为 19～72 粒，平均 43.6 粒。繁殖方式主要是两性生殖，其次为孤雌生殖。刚调化的雄螨就行交尾，经 1～2 天开始产卵。若螨和成螨均具吐丝习性。温暖、干燥是针叶小爪螨生长发育和繁殖的有利环境条件。适宜温度为 25～30℃；久雨或暴雨能使螨量下降。

【防治方法】

(1)农业防治：加强林区抚育，增强树势，减少发病；及时剪除有虫枝，春季剥除树木老皮，集中烧毁，减少虫源。

(2)药剂防治

①药剂涂干。当树木开始展叶抽梢时，越冬卵即开始孵化。此期可使用 40% 毒死蜱乳油 5 倍液涂干。方法为在树干基部选择较平整部位，用刮皮刀把树皮刮去，环带宽 15～20cm，刮除老皮略见青皮为止。刮好后即可涂药，涂药后用塑料膜包扎。

②喷药防治。在 5 月下旬至 6 月上旬，往树上喷洒选择性杀螨剂 20% 螨死净悬浮剂 2000 倍液，5% 尼索朗乳油 2000 倍液，全年喷药 1 次，就可控制危害。

(3)保护与利用天敌：天敌种类较多，应注意保护利用。有条件的地区可以人工释放西方盲走螨及草蛉卵，开展生物防治。

（六一）细须螨科 Tenuipalpidae

266　葡萄短须螨

【学名】 *Brevipoalpus lewisi* McGregor

【别名】 葡萄红蜘蛛。

【分布与寄主】该虫在我国北方分布较普遍，南方葡萄产区也有发生，寄主是葡萄。

【被害症状】以若虫、成虫危害嫩梢、叶片、幼果等。叶片。嫩梢受害后，呈现黑色斑块，严重时焦枯脱落。果穗受害呈黑色，变脆易折断。果粒被害，果皮变成铁锈色，粗糙易裂，影响产量和品质。

【形态特征】（图 244）

（1）雌成螨：体长 0.3mm，宽 0.1mm，粽褐色。眼点红色，腹背中央红色，背面有网纹。4 对足短粗有皱纹，各足胫节末端有 1 条长的刚毛。

（2）雄成螨。

（3）卵：椭圆形，长约 0.04mm，宽约 0.03mm，鲜红色、有光泽。

（4）幼螨：长约 0.14mm，足 3 对，白色。体两侧各有 4 条叶片状刚毛，其中第 3 对为针状长刚毛，其余 3 对为叶片状。

（5）若螨：淡红色或灰白色，长约 0.26mm，足 4 对，腹部末端有 4 对叶片状刚毛。

【生活史及习性】一年发生 6 代以上。以雌成虫在老皮裂缝内、叶腋及松散的芽鳞绒毛内群集越冬。第二年 3 月中下旬出蛰，危害刚展叶的嫩芽，半月左右开始产卵。卵散产。

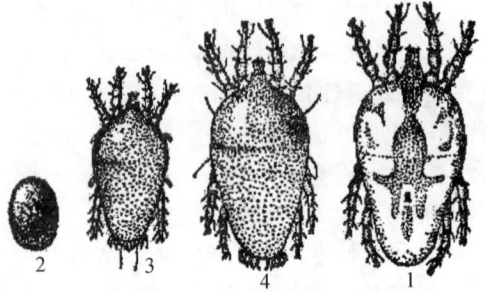

图 244　葡萄短须螨
1. 成虫；2. 卵；3. 幼虫；4. 若虫

全年以若虫和成虫危害嫩芽基部、叶柄、叶片、穗柄、果梗、果实和副梢。10 月下旬逐渐转移到叶柄基部和叶腋间，11 月下旬进入隐蔽场所越冬。在葡萄不同品种上，发生的密度不同，一般喜欢在绒毛较短的品种上危害、如玫瑰香、佳利酿等品种。而叶绒毛密而长或绒毛少，很光滑的品种上数量很少，如龙眼、红富士等品种。葡萄短须螨的发生与温湿度有密切关系，平均温度在 29℃，相对湿度在 80% ~85% 的条件下，最适于其生长发育。因此，7~8 月的温湿度最适合其繁殖，发生数量最多。

【防治方法】

（1）冬季清园，剥除枝蔓上的老粗皮烧毁，以消灭在粗皮内越冬的雌成虫。

（2）春季葡萄发芽时，用 3 波美度石流合剂混加 0.3% 洗衣粉进行喷雾。

（3）葡萄生长季节喷 0.2~0.3 波美度石硫合剂，或40% 毒死蜱乳油 1500 倍液、50% 敌敌畏乳油 1500 倍液、1.8% 阿维菌素乳油 1000~1500 倍液。

267　柿细须螨

【学名】 *Tenuipalpus zhizhilashviliae* Reck

【分布与寄主】在我国分布于山东、北京、河北、陕西、安徽、江西、广东，主要危害柿子、君迁子和梨，其次危害核桃和黑枣。

【被害症状】以成螨和若螨刺吸叶片而造成危害，在叶面和叶背都能危害，6~7 月份危害较重，可导致叶片苍黄，大量幼果脱落。5 月下旬以后，靠叶片的主脉附近，叶片变色发黄，并有大量的落果现象。

【形态特征】（图 245）

（1）雌成螨：体长 0.30mm，宽 0.16mm。体倒梨形，足宽阔，末体收窄，体后缘圆形。体红色。喙板中央深凹，两侧成尖形突起。须肢 3 节，端节具 1 根刚毛，第 2 节具 1 根羽状刚毛。前足体背毛 3 对，后半体具 3 对背中毛、1 对肩毛和 6 对背侧毛，第 5 对背侧毛细长如鞭。背表皮纹在躯体中央呈不规则网状，前足体及后半体两侧有若干纵纹。后半体两侧有 1 对孔状器。后足体腹面具 1 对前腹中毛。1 对后腹中毛细长，末端达生殖毛端部。腹板具刚毛 1 对，生殖毛、肛毛各 2 对。足Ⅰ、Ⅱ跗节端部均有 1 枝状感毛。

（2）雄成螨：体长 0.30mm，宽 0.13mm。末体两侧近于平行。前足体背面两侧表皮纹纵向；后足体中央呈不规则网状，末体两侧表皮纹向外侧方纵向。

【生活史及习性】该螨是柿属树种的重要害螨，以橘红色雌螨在枝杈缝隙、粗皮下、芽鳞痕处越冬。翌年 5 月上中旬出蛰危害新梢基部小叶。后沿新梢向上转移。在叶片反面，沿叶脉两侧危害，使叶片呈苍白色，幼果大量脱落，可以危害到 10 月中下旬。6～7 月为发生盛期，9 月下旬陆续越冬。

【防治方法】

（1）及时清除落叶、落果而集中销毁。

（2）1.8% 阿维菌素乳油 2000 倍液喷雾。

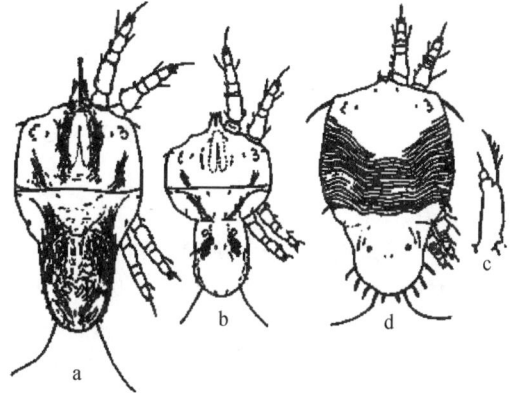

图 245　柿细须螨

a. 雌螨背面；b. 雄螨背面；c. 雌螨须肢；d. 若螨

（引自：王源岷，赵魁杰，徐筠，等.
中国落叶果树害虫. 北京：知识出版社，1999）

（六二）瘿螨科 Eriophyidae

268　梨锈瘿螨

【学名】*Epitremerus pyri* Nal

【别名】梨锈壁虱。

【分布与寄主】该虫在我国分布于河北、山东、河南、浙江、甘肃、陕西等地。危害梨、杜梨及巴梨。

【被害症状】受害叶叶背呈铁锈状，叶面失绿，叶片硬脆，叶片边缘向背面反卷，严重时全叶卷成筒形，叶面肿起，色变白或变成红褐色。果实受害，表面呈轮状锈斑。

【形态特征】

（1）雌成螨：体长不超过 0.2mm，黄乳白色，圆锥形。尾端有一吸盘，可以固着在叶面上，体直立左右摇摆，体节很多，体侧似锯齿状。

（2）雄成螨：体长不超过 0.2mm，黄乳白色，圆锥形。尾端有一吸盘，可以固着在叶面上，体直立左右摇摆，体节很多，体侧似锯齿状。

（3）卵：圆球形，乳白色，透明。

（4）幼螨。

（5）若螨：乳白色略带黄，半透明，形似胡萝卜状。

【生活史及习性】1 年可发生多代，以成虫在芽鳞下或芽腋处越冬。梨树发芽后即钻入芽内危害，幼嫩叶片受害严重，花受害后幼果上出现疱疹状斑。随着气温升高，叶片组织变老而危害逐渐变轻。秋季危害时，害螨从叶组织内爬出，附着在叶面吸食汁液，尔后潜入芽内越冬。

【防治方法】化学防治：花芽膨大时喷洒 5 波美度石灰硫磺合剂，或含油量 3% 的柴油乳剂，有较好的效果。

269　枣丁冠瘿螨

【学名】*Tegolophus zizyphagus*（Keifer）

【别名】枣叶锈螨、枣叶锈壁虱、四脚螨。

【分布与寄主】河北、山东、山西、陕西枣区都有不同程度的发生，被害株率常达 76% 以上。该螨以成、若虫危害枣树叶、花和幼果

【被害症状】叶片受害后，基部和沿叶脉部分先呈现灰白色，发亮，后扩散至全叶。叶片加厚变脆，沿叶脉向叶面卷曲，后期叶缘焦枯。蕾、花受害后渐变褐色，干枯脱落。果实受害后出现褐色锈斑，甚至引起落果。受害严重的树早期大量落叶、落果，枣头顶端、芽、叶、枝枯死，树冠不能扩大，树势削弱。

【形态特征】

(1) 成螨：体圆锥形，似胡萝状，宽 0.10mm。越冬代体型前后端都较宽，非越冬代前端宽而尾部细，身体初为白色，渐变为淡黄色。头胸部两侧有分节的足 2 对，第一对较长。各足前端有爪 4 个，其中 1 个呈羽状。口器钳状枣吸式凸出头胸部前端，向下弯曲，与体略呈直角。头胸部背板呈盾状，其上网纹带有颗粒。腹部延长，向后渐细，有明显突起的环纹 40 多个，全身 3 对刚毛指向后方。体末有 1 个吸盘，尾端两侧各有 1 个刺状尾须。

(2) 卵：圆球形，直径 0.079～0.097mm。表面光滑透明，上有网状花纹，渐变淡黄色。

(3) 幼螨：体形与成螨相似，略小。

(4) 若螨：白色半透明。

【生活史及习性】枣叶锈螨在山西枣产区 1 年发生 3～4 代，以成螨在枣股缝隙内越夏越冬。第二年 4 月下旬枣树开始发芽时出蛰活动，危害嫩芽。枣树展叶后多群集于叶片基部叶脉两侧的正反面刺吸汁液，随即很快布满叶片、枣果及枣头危害。5 月中旬开始产卵。卵散产于叶片正、反面及枣头上。5 月下旬为产卵盛期，部分若螨已孵化。6 月上旬当平均气温达 20℃时虫口密度急剧上升，为全年危害盛期。受害严重者 1 张叶片上可有数百头之多，枣头顶端生长点完全被螨体布满。6 月下旬又有螨卵和若螨发生，幼果多在梗洼、果肩部受害。7 月中旬气温达 24℃以上时卵、螨同时发生，为第三个危害高峰期。3 月上中旬成虫陆续迁向枣股，至 9 月中旬全部到达枣股缝隙，转入休眠状态。

【防治方法】于 4 月上旬枣树发芽前用 5 波美度石硫合剂喷淋枣树，以消灭枣股上的越冬成螨。5 月上中旬喷 0.9% 齐螨素 2000 倍液，消灭大量若螨。虫害严重的枣园于 7 月上旬再喷 1 次。同时，地面灌溉，对减轻螨害作用很大。

中文名索引

二画

二斑叶螨 …………………… 365
十星瓢萤叶甲 …………… 114
八点广翅蜡蝉 …………… 13

三画

大灰象 …………………… 135
大青叶蝉 …………………… 9
大蚕蛾科 ………………… 324
大球胸象 ………………… 132
大窠蓑蛾 ………………… 289
山地天幕毛虫 …………… 338
山楂叶螨 ………………… 361
山楂粉蝶 ………………… 344
山楂黄卷蛾 ……………… 186
山楂斑叶甲 ……………… 117
广肩小蛾科 ……………… 352
广蜡蝉科 ………………… 13
小云鳃金龟 ……………… 79
小木蠹蛾 ………………… 141
小地老虎 ………………… 302
小青花金龟 ……………… 88
小板网蝽 ………………… 65
小黄鳃金龟 ……………… 78
小绿叶蝉 …………………… 3
小黑刺蛾 ………………… 238
小窠蓑蛾 ………………… 287
小蜻蜓尺蛾 ……………… 248
小蠹科 …………………… 137

四画

天牛科 …………………… 93
天蛾科 …………………… 317

云斑天牛 ………………… 101
木虱科 …………………… 15
木毒蛾 …………………… 278
木蛾科 …………………… 176
木橑尺蠖 ………………… 246
木蠹蛾科 ………………… 141
日本筒天牛 ……………… 107
日本蜡蚧 ………………… 42
中华拟菱纹叶蝉 …………… 5
中华金带蛾 ……………… 342
中华弧丽金龟 …………… 85
中华薄翅天牛 …………… 105
中国梨木虱 ……………… 15
中国绿刺蛾 ……………… 232
毛喙丽金龟 ……………… 81
乌桕黄毒蛾 ……………… 268
凤　蝶 …………………… 345
凤蝶科 …………………… 345
六星铜吉丁 ……………… 70
尺蛾科 …………………… 240
双齿绿刺蛾 ……………… 230
双翅目 …………………… 347

五画

古毒蛾 …………………… 279
东北大黑鳃金龟 ………… 73
叶甲科 …………………… 111
叶蜂科 …………………… 351
叶蝉科 …………………… 3
叶螨科 …………………… 358
叩头虫科 ………………… 90
凹缘菱纹叶蝉 ……………… 7
四点象天牛 ……………… 106

白杨毛虫 …………………………… 331
白肩天蛾 …………………………… 321
白星花金龟 ………………………… 89
白囊蓑蛾 …………………………… 286
印度谷螟 …………………………… 217
半翅目 ……………………………… 60

六画

吉丁虫科 …………………………… 68
西府球蜡蚧 ………………………… 51
灰斑古毒蛾 ………………………… 280
光肩星天牛 ………………………… 95
同翅目 ……………………………… 1
网锥额野螟 ………………………… 212
网蝽科 ……………………………… 65
华北大黑鳃金龟 …………………… 75
华蛾科 ……………………………… 150
舟蛾科 ……………………………… 260
多毛小蠹 …………………………… 139
灯蛾科 ……………………………… 290
红缘亚天牛 ………………………… 100

七画

麦蛾科 ……………………………… 172
芽白小卷蛾 ………………………… 206
花布灯蛾 …………………………… 291
花金龟科 …………………………… 88
芳香木蠹蛾 ………………………… 142
杏仁蜂 ……………………………… 352
杏白带麦蛾 ………………………… 173
杏虎象 ……………………………… 120
杨枯叶蛾 …………………………… 334
李小食心虫 ………………………… 189
李始叶螨 …………………………… 359
李枯叶蛾 …………………………… 335
丽金龟科 …………………………… 81
折带黄毒蛾 ………………………… 270
针叶小爪螨 ………………………… 366
龟形小刺蛾 ………………………… 233
角斑古毒蛾 ………………………… 282
沙枣尺蠖 …………………………… 242

沙枣白眉天蛾 ……………………… 319
沟叩头虫 …………………………… 92

八画

苹小食心虫 ………………………… 190
苹毛虫 ……………………………… 339
苹毛丽金龟 ………………………… 86
苹白小卷蛾 ………………………… 208
苹异银蛾 …………………………… 156
苹果小吉丁 ………………………… 69
苹果小卷蛾 ………………………… 198
苹果全爪螨 ………………………… 360
苹果金象 …………………………… 120
苹果根绵蚜 ………………………… 23
苹果透翅蛾 ………………………… 219
苹果绵蚜 …………………………… 21
苹果巢蛾 …………………………… 159
苹果塔叶蝉 ………………………… 8
苹果瘤蚜 …………………………… 29
苹果雕蛾 …………………………… 152
苹蚁舟蛾 …………………………… 265
苹眉夜蛾 …………………………… 313
苹烟尺蛾 …………………………… 251
苹梢鹰夜蛾 ………………………… 309
苹掌舟蛾 …………………………… 262
苹褐卷蛾 …………………………… 203
茎蜂科 ……………………………… 349
板栗大蚜 …………………………… 28
板栗透翅蛾 ………………………… 222
板栗雪片象 ………………………… 128
刺槐尺蛾 …………………………… 249
刺蛾科 ……………………………… 226
枣丁冠瘿螨 ………………………… 370
枣飞象 ……………………………… 133
枣灰银尺蠖 ………………………… 257
枣步曲 ……………………………… 252
枣奕刺蛾 …………………………… 235
枣桃六点天蛾 ……………………… 320
枣球蜡蚧 …………………………… 48
枣绮夜蛾 …………………………… 314
枣瘿蚊 ……………………………… 347

枣镰翅小卷蛾 …… 181
顶斑瘤筒天牛 …… 104
虎蛾科 …… 315
果红裙扁身夜蛾 …… 305
果苔螨 …… 358
果剑纹夜蛾 …… 299
金纹细蛾 …… 147
夜蛾科 …… 296
刻梦尼夜蛾 …… 311
卷象科 …… 118
卷蛾科 …… 177
油桐尺蠖 …… 243
细须螨科 …… 367
细胸叩头虫 …… 91
细蛾科 …… 147

九画

毒蛾科 …… 266
茸毒蛾 …… 267
茸喙丽金龟 …… 82
带蛾科 …… 342
草履硕蚧 …… 36
茶翅蝽 …… 63
茶黄毒蛾 …… 272
柑橘长卷蛾 …… 197
枯叶夜蛾 …… 301
枯叶蛾科 …… 331
柞蚕 …… 326
柳蝙蛾 …… 153
栎毒蛾 …… 277
栎黄枯叶蛾 …… 341
柿广翅蜡蝉 …… 14
柿血斑叶蝉 …… 10
柿细须螨 …… 368
柿星尺蛾 …… 250
柿举肢蛾 …… 170
柿绒粉蚧 …… 37
柿粉蚧 …… 39
背刺蛾 …… 227
星天牛 …… 93
盾蚧科 …… 52

美国白蛾 …… 292
举肢蛾科 …… 168
扁刺蛾 …… 239
桲黄卷蛾 …… 187
桦树天幕毛虫 …… 339
桃一点斑叶蝉 …… 5
桃仁蜂 …… 354
桃白小卷蛾 …… 205
桃红颈天牛 …… 98
桃条麦蛾 …… 172
桃夜蛾 …… 310
桃剑纹夜蛾 …… 296
桃蚜 …… 30
桃粉大尾蚜 …… 26
桃球蜡蚧 …… 49
桃蛀果蛾 …… 161
桃蛀野螟 …… 209
桃斑蛾 …… 225
桃褐卷蛾 …… 202
桃瘤头蚜 …… 33
桃潜蛾 …… 145
核桃小吉丁 …… 68
核桃长足象 …… 123
核桃举肢蛾 …… 168
核桃扁叶甲 …… 114
核桃根象甲 …… 124

十画

根瘤蚜科 …… 16
栗子小卷蛾 …… 200
栗花翅蚜 …… 35
栗象 …… 126
栗瘿蜂 …… 356
蚜科 …… 24
圆掌舟蛾 …… 261
透翅蛾科 …… 219
皱小囊 …… 138
粉蚧科 …… 37
粉蝶科 …… 343
家茸天牛 …… 108
桑毒蛾 …… 274

桑盾蚧 …………………………………… 58
桑剑纹夜蛾 ……………………………… 297
桑脊虎天牛 ……………………………… 109
桑褐刺蛾 ………………………………… 236
桑褶翅尺蛾 ……………………………… 259
绣线菊蚜 …………………………………… 24

十一画

黄二星舟蛾 ……………………………… 260
黄地老虎 ………………………………… 304
黄色卷蛾 ………………………………… 188
黄守瓜 …………………………………… 111
黄刺蛾 …………………………………… 228
黄须球小蠹 ……………………………… 140
黄斑长翅卷蛾 …………………………… 178
黄斑波纹杂毛虫 ………………………… 333
黄腹斑灯蛾 ……………………………… 295
黄褐天幕毛虫 …………………………… 336
梅木蛾 …………………………………… 176
硕蚧科 …………………………………… 36
雀纹天蛾 ………………………………… 323
蚱蝉 ……………………………………… 1
蛀果蛾科 ………………………………… 161
铜绿丽金龟 ……………………………… 84
银杏大蚕蛾 ……………………………… 327
银纹潜蛾 ………………………………… 146
银蛾科 …………………………………… 155
梨二叉蚜 ………………………………… 32
梨小食心虫 ……………………………… 193
梨云翅斑螟 ……………………………… 214
梨叶斑蛾 ………………………………… 224
梨白片盾蚧 ……………………………… 57
梨步曲 …………………………………… 256
梨茎蜂 …………………………………… 349
梨枝圆盾蚧 ……………………………… 52
梨虎象 …………………………………… 121
梨金象 …………………………………… 118
梨金缘吉丁 ……………………………… 71
梨卷叶斑螟 ……………………………… 213
梨实蜂 …………………………………… 351
梨剑纹夜蛾 ……………………………… 299

梨冠网蝽 ………………………………… 66
梨娜刺蛾 ………………………………… 234
梨黄卷蛾 ………………………………… 185
梨黄粉蚜 ………………………………… 17
梨眼天牛 ………………………………… 102
梨蛎盾蚧 ………………………………… 54
梨锈瘿螨 ………………………………… 369
梨蝽 ……………………………………… 64
梨潜皮蛾 ………………………………… 149
梨瘿华蛾 ………………………………… 150
象虫科 …………………………………… 123
麻皮蝽 …………………………………… 61
康氏粉蚧 ………………………………… 40
旋古毒蛾 ………………………………… 283
旋皮夜蛾 ………………………………… 306
旋纹潜蛾 ………………………………… 144
粒肩天牛 ………………………………… 97
剪枝象 …………………………………… 129
盗毒蛾 …………………………………… 284
淡褐巢蛾 ………………………………… 158
绵蚜科 …………………………………… 20
绿尾大蚕蛾 ……………………………… 325

十二画

缀叶丛螟 ………………………………… 211
缀黄毒蛾 ………………………………… 271
巢蛾科 …………………………………… 158
斑衣蜡蝉 ………………………………… 12
斑须蝽 …………………………………… 60
斑喙丽金龟 ……………………………… 83
斑蛾科 …………………………………… 224
葡萄天蛾 ………………………………… 317
葡萄丽叶甲 ……………………………… 113
葡萄虎天牛 ……………………………… 110
葡萄修虎蛾 ……………………………… 316
葡萄根瘤蚜 ……………………………… 18
葡萄透翅蛾 ……………………………… 220
葡萄斑叶蝉 ……………………………… 4
葡萄短须螨 ……………………………… 367
朝鲜球坚蜡蚧 …………………………… 46
棉铃实夜蛾 ……………………………… 307

棉褐带卷蛾 …………………………… 179
棕色鳃金龟 …………………………… 77
紫薇绒蚧 ……………………………… 38
黑肩襄蛾 ……………………………… 285
黑星麦蛾 ……………………………… 175
黑绒金龟 ……………………………… 80
黑跗瓢萤叶甲 ………………………… 116
阔胫绒金龟 …………………………… 78

十三画

窗耳叶蝉 ……………………………… 8
蓝目天蛾 ……………………………… 322
蓝绿象 ………………………………… 130
襄蛾科 ………………………………… 285
蒙古土象 ……………………………… 136
榆蛎盾蚧 ……………………………… 56
榆掌舟蛾 ……………………………… 264
暗黑鳃金龟 …………………………… 76
新褐卷蛾 ……………………………… 201

十四画

酸枣尺蠖 ……………………………… 245
蜡蚧科 ………………………………… 42
蜡蝉科 ………………………………… 11
蜱螨目 ………………………………… 358
蝉科 …………………………………… 1
舞毒蛾 ………………………………… 275
膜翅目 ………………………………… 349

漫绿刺蛾 ……………………………… 231
褐边绿刺蛾 …………………………… 229
褐点粉灯蛾 …………………………… 290
褐盔蜡蚧 ……………………………… 50

十五画

鞍象 …………………………………… 131
樗蚕 …………………………………… 330
樱桃瘤蚜 ……………………………… 34
樟蚕 …………………………………… 329
醋栗尺蠖 ……………………………… 241
醋栗透翅蛾 …………………………… 221
蝽科 …………………………………… 60
蝙蝠蛾科 ……………………………… 153
潜蛾科 ………………………………… 144
鞘翅目 ………………………………… 68
嘴壶夜蛾 ……………………………… 312
螟蛾科 ………………………………… 209

十六画

雕蛾科 ………………………………… 151
瘿蚊科 ………………………………… 347
瘿蜂科 ………………………………… 356
瘿螨科 ………………………………… 369
霜茸毒蛾 ……………………………… 266
鳃金龟科 ……………………………… 73
鳞翅目 ………………………………… 141

学名索引

A

Abraxas grossulariata (Linneaus) ········ 241

Acanthopsyche nigraplaga Wileman ······ 285

ACARINA ···························· 358

Acleris fimbriana Thnuberg ·············· 178

Acrocercops astanrola Meyrack ·········· 149

Acronicta incretata Hampson ············ 296

Acronicta major Bremer ················ 297

Acronicta rumicis Linnaeus ············· 299

Acronicta strigosa Schiffermüller ········ 299

Acrothinum gaschkevitschii (Motschulsky)

························· 113

Actias selene ningpoana Felder ·········· 325

Adoretus hirsutus Ohaus ··············· 81

Adoretus puberulus Motschulsky ········· 82

Adoretus tenuimaculatus Waterhouse ······ 83

Adoxophyes orana Fisher von Roslerstamm

························· 179

Adris tyrannus Guenée ················ 301

Aegeria molybdoceps Hampson ··········· 222

Aegeriidae ···························· 219

Agaristidae ···························· 315

Agrilus lewisiellus Kere ··············· 68

Agrilus mali Matsumara ··············· 69

Agriotes fuscicollis Miwa ·············· 91

Agrotis segetum Schiffermüller ·········· 304

Agrotis ypsilon Rottemberg ············· 302

Alcidodes juglans Chao ··············· 123

Alphaea phasma (Leech) ··············· 290

Ampelophaga rubiginosa Bremer et Grey ··· 317

Amphipyra pyramidea Linnaeus ··········· 305

Anarsia lineatella Zeller ·············· 172

Ancylis sativa Liu ··················· 181

Anomala corpulenta Motschulsky ········· 84

Anoplophora chinensis (Forster) ············ 93

Anoplophora glabripennis (Motschulsky) ··· 95

Antheraea pernyi Guérin-Meneville ········ 326

Anthophila pariana Clerck ·············· 152

Aonidia fusca Maskell ················ 52

Aphanostigma jakusuiense (Kishida) ······ 17

Aphididae ···························· 24

Aphis citricola Van der Goot ············ 24

Apocheima cinerarius Erschoff ·········· 242

Aporia crataegi Linnaeus ·············· 344

Apriona germari (Hope) ··············· 97

Archips breviplicana Walsingham ········· 185

Archips crataegana Hübner ············· 186

Archips xylosteana L. ················ 187

Arctiidae ···························· 290

Argyresthia assimilia Moriuti ··········· 156

Argyresthiidae ························· 155

Aromia bungii (Faldermann) ············· 98

Asias halodendri (Pallas) ·············· 100

Aspidiotus pernicious Comstock ·········· 52

Atrijuglans hetaohai Yang ············· 168

Attelabidae ·························· 118

Aulacophora femoralis (Motschulsky) ······ 111

B

Bacchisa fortunei (Thomson) ············ 102

Batocera horsfieldi (Hope) ············· 101

Belippa horrida Walker ··············· 227

Bhima idiota Graeser ················ 331

Brevipoalpus lewisi McGregor ··········· 367

Bryobia rubrioculus (Schenten) ·········· 358

Buprestidae ·························· 68

Buzura suppressaria Guenée ············ 243

Byctiscus betulae L. ················· 118

Byctiscus princeps (Solsky) ············· 120

C

Camptoloma interiorata（Walker） ········ 291

Carposina niponensis Walsingham ········ 161

Carposinidae ···················· 161

Cecidomyiidae ···················· 347

Celerio hippophaés（Esper） ··············· 319

Cephidae ························· 349

Cerambycidae ···················· 93

Ceroplastes japonicus Green ············· 42

Cerostegia japonicus De Lotto ··········· 42

Cerostoma sasakii Matsumura ············ 181

Cetoniidae ······················· 88

Chalioides kondonis Matsumura ·········· 286

Chihuo sunzao Yang ················· 245

Choristoneura longicellana Walsingham ····· 188

Chrysobothris affinis Fabr. ············ 70

Chrysomelidae ···················· 111

Cicadellidae ····················· 3

Cicadidae ························ 1

Clania minuscula Butler ··············· 287

Clania variegata Snellen ·············· 289

CLEOPTERA ····················· 68

Cnidocampa flavescens Walker ··········· 228

Coccidae ························· 42

Conopia hector Butler ················ 219

Contarinia sp. ···················· 347

Cossidae ························· 141

Cryllorhynobites ursulus Roelofs ········· 129

Cryptotympana atrata（Fabricius） ········· 1

Culcula panterinaria（Bremer et Grey）····· 246

Curculio davidi Fairmaire ············· 126

Curculio dentipes Roelofs ·············· 126

Curculionidae ···················· 123

Cyclophragma undans fasciatella Menetyies ···
··························· 333

Cystidia couaggaria（Guenée） ··········· 248

D

Dasychira flascelina（Linnaeus） ········· 266

Dasychira pudibunda（Linnaeus） ········ 267

Diaspidiae ······················· 52

Diaspidiotus perniciosus（Comstok） ········ 52

Dichocrosis punctiferalis Guenée ·········· 209

Dictyoploca japortica Butler ··········· 327

Didesmococcus koreanus Borchs. ········· 46

DIPTERA ······················ 347

Dolycoris baccarium（L.） ·············· 60

Drosicha corpulenta（Kuwana） ·········· 36

Dryocosmus kuriphilus Yasumatsu ········ 356

Dyscerus juglans Chao. ·············· 124

E

Elateridae ······················ 90

Eligma narcissus Cramer ············· 306

Empoasca flavescens（Fabricius） ········· 3

Eotetranychus pruni Oudemans ·········· 359

Epitremerus pyri Nal ················ 369

Eriococcus kaki Kuwana ·············· 37

Eriococcus legerstroemiae Kuwana ·········· 38

Eriogyna pyretorum Westwood ·········· 329

Eriophyidae ····················· 369

Eriosoma lanigrum（Hausmann） ········· 21

Erthesina full（Thunberg） ············· 61

Erythroneura apticalis（Nawa） ·········· 4

Erythroneura sp. ·················· 10

Erythroneura sudra（Distant） ··········· 5

Eulecanium gigantea（Shinji） ··········· 48

Eulecanium kuwanai（Kanda） ·········· 49

Euproctis bipunctapex（Hampson） ········ 268

Euproctis flava（Bremer） ············· 270

Euproctis karghalica Moore ············ 271

Euproctis pseudoconspersa Strand ········ 272

Euproctis similis xanthocampa Dyar ····· 274

Eupterote chinensis Leech ············· 342

Eupterotidae ····················· 342

Eurytoma maslovskii ················ 354

Eurytoma samaonovi Wass ············ 352

F

Fulgoridae ······················ 11

G

Gastrolina depressa Baly ·············· 114

Gastropacha populifolia Esper ··········· 334

Gastropacha quercifolia Linnaeus ········· 335

Gelechiidae ···························· 172

Geometridae ···························· 240

Glyphipterygidae ······················ 151

Gracilariidae ·························· 147

Grapholitha funebrana Treitscheke ········· 189

Grapholitha inopinata Heinrich ··········· 190

Grapholitha molesta Busck ·············· 193

H

Halyomorpha halys(Staal) ············· 63

Heliodinidae ·························· 168

Heliothis armigera Hübner ·············· 307

Hemiberlesiana perniciosa Lindinger ········ 52

HEMIPTERA ·························· 60

Hepialidae ···························· 153

Hishimonoides chinensis Aufriev ··········· 5

Hishimonus sellatus (Uhler) ············· 7

Holcocerus insularis S. ··············· 141

Holotrichia diomphalia(Bates) ··········· 73

Holotrichia morosa Waterhouse ·········· 76

Holotrichia oblita(Faldermann) ········· 75

Holotrichia parallela Motschulsky ········ 76

Holotrichia titanis Reitter ············· 77

Homona coffearia Meyrick ············· 197

HOMOPTERA ························ 1

Hoplocampa pyricola Rohwer ············ 351

Hyalopterus amygdali Blanchard ·········· 26

HYMENOPTERA ···················· 349

Hyphantria cunea (Drury) ············· 292

Hypocala subsatura Guenée ············ 309

Hypomeces squamosus Fabricius ·········· 130

Hyponomeuta malinella Zeller ··········· 159

I

Illiberis pruni Dyar ·················· 224

Illliberis psychina Oberthur ············ 225

Iragoides coniuncta Walker ············· 235

J

Janus piri Okamoto et Muramatsu ········· 349

K

Kakuvoria flavofasciata Nagano ·········· 170

L

Lachnus tropicalis (Van der Goot) ········ 28

Lampra limbata Gebler ················ 71

Lampronadata cristata (Butler) ·········· 260

Lasiocampidae ························ 331

Laspeyresia pomonella L. ·············· 198

Laspeyresia splendana Hübner ··········· 200

Latoia consocia (Walker) ·············· 229

Latoia hilarata (Staudinger) ············ 230

Latoia ostia (Swinhoe) ··············· 231

Latoia sinica (Moore) ················ 232

Ledra auditura Walker ················ 8

LEPIDOPTERA ······················ 141

Lepidosaphes pyrorum Tang ············· 54

Lepidosaphes ulmi L. ················· 56

Leucoptera scitella Zeller ·············· 144

Limacodidae ························· 226

Linda fraterna (Chevrolat) ············· 104

Lithocolletis ringoniella Mattsumura ······ 147

Locastra muscosalis Walker ············· 211

Lopholeucaspis japonica(Cock.) ········· 57

Loxostege sticticalis L. ··············· 212

Lycorma delicatula White ·············· 12

Lymantria dispar (Linnaeus) ············ 275

Lymantria mathura Moore ·············· 277

Lymantria xylina Swinhoe ·············· 278

Lymantriidae ························· 266

Lyonetia clerkella Linnaeus ············· 145

Lyonetia prunifoliella Hübner ··········· 146

Lyonetiidae ·························· 144

M

Malacosoma neustria testacea Motschulsky
···································· 336

Malacosoma parallela Staudinger ········· 338

Malacosoma rectifascia Lajonquiére ······· 339

Maladera orientalis Motschulskt ·········· 80

Maladera verticalis Fairmaire ··········· 78

Margarodidae ························ 36

Marumba gaschkewitschi gaschkewitschi(Bremer
et Grey) ·························· 320

Megopis sinica (White) ·············· 105

Melolonthidae ················· 73

Mesogona devergena Butler ·············· 310

Mesos myops (Dalman) ············· 106

Metabolus flavescens Brenske ··········· 78

Militene bigidella Leech ············· 213

Monophlebus corpulentus Kuwan ·········· 36

Monosteira unicostata (Mulsant et Rey) ··· 65

Myzus malisuctus Matsumura ·········· 29

Myzus momonis Matsumura ·········· 33

Myzus persice (Sulzer) ············· 30

Myzus prunisuctus ·············· 34

N

Nadata cristata (Butler) ·············· 260

Napocheima robiniae Chu ············ 249

Narosa nigrisigna Wileman ·········· 233

Narosoideus flavidorsalis (Staudinger) ··· 234

Neomyllocerus hedini (Marshall) ··········· 131

Nephopteryx pirivorella Matsumura ········· 214

Niphades castanea Chao ············· 128

Nippocallis kuricola Mats ············ 35

Noctuidae ··············· 296

Notodontidae ··············· 260

O

Oberea japonica (Thunberg) ············ 107

Odites issikii Takahashi ············· 176

Odonestis pruni Linnaeus ············· 339

Oides decempunctata (Billberg) ·········· 114

Oides tarsta (Baly) ·············· 116

Oligonychus ununguis (Jacobi) ··········· 366

Oraesia emarginata Fabricius ··········· 312

Orgyia antique (Linnaeus) ············· 279

Orgyia ericae Germar ··············· 280

Orgyia gonostigma (Linnaeus) ·········· 282

Orgyia thyellina Butler ············· 283

Orthosia cruda Schiffermüller ············ 311

Oxycetonia jucunda Faldermann ··········· 88

P

Pandemis chondrillana H. S ············ 201

Pandemis dumetana Treitschke ·········· 202

Pandemis heparana Denis et Schiffermüller
················· 203

Pangrapta obscurata Butler ············· 313

Papilio xuthus Linnaeus ············· 345

Papilionidae ·············· 345

Parasa consocia Walker ············· 229

Parathrene regalis Butler ············· 220

Paropsodes soriculata Swartz ············ 117

Parthenolecanium corni (Bouché) ··········· 50

Pemphigidae ·············· 20

Pentatomidae ·············· 60

Percnia giraffata (Guenée) ·············· 250

Phalera bucephala (Linnaeus) ············ 261

Phalera flavescens (Bremer et Grey) ······ 262

Phalera takasagoensis Matsumura ········· 264

Phassus excrescens Butler ············ 153

Phenacoccus pergandei Cockerell ··········· 39

Philosamia cynthia Walker et Felder ······ 330

Phlossa conjuncta (Walker) ············ 235

Phthonosema tendinosaria (Bremer) ······ 251

Phylloxera vitifolii Fitch ············· 18

Phylloxeridae ·············· 16

Piazomias validus Motschulsky ··········· 132

Pierididae ··············· 343

Pleonomus canaliculatus Faldemann ········· 92

Plodia interpunctella Htibner ············ 217

Polyphylla gracilicornis Blanchard ········· 79

Popillia quadriguttata Fabricius ··········· 85

Porphyrinia parva (Hübner) ············ 314

Porthesia similia (Fueszly) ············ 284

Potosia (*Liocola*) *brevitarsis* (Lewis) ········· 89

Proagopertha lucidula Faldermann ········· 86

Prociphilus crataegicola (Shinji) ··········· 23

Pseudaulacaspis pentagona (Targioni-Tozzetti)
················· 58

Pseudococcidae ·············· 37

Pseudococcus comstocki (Kuwana) ········· 40

Psychidae ··············· 285

Psylla chinensis Yang et Li ············· 15

Psyllidae ··············· 15

Pterochlorus tropicalis Van der Goot ········ 28

Pyralidae ································· 209

Pyramidotettix mali Yang ············· 8

Q

Quadraspidiotus perniciosus(Comstock) ··· 52

R

Ranonychus ulmi(Koch) ··············· 360

Recurvaria syrictis Meyrick ··············· 173

Rhagastis mongoliana mongoliana (Butler)
··· 321

Rhodococcus sariuoni Borchs. ··············· 51

Rhynchites faldermanni Schoenherr ······ 120

Rhynchites foveipennis Fairmaire ············· 121

Ricania speculum Walker ··················· 13

Ricania sublimbata Jacobi ··············· 14

Ricanidae ································· 13

Rutelidae ································· 81

S

Saturniidae ································· 324

Schizaphis piricola (Matsumura) ············· 32

Scolytidae ································· 137

Scolytus rugulosus Ratzeburg ············· 138

Scolytus seulensis Murayama ··············· 139

Scopelodes ursina Butler ··················· 238

Scythropus yasumatsui Kono et Morimoto ··· 133

Serica orientalis Motschulsky ··············· 80

Setora postornata(Hampson) ··············· 236

Seudyra subflava Moore ··················· 316

Sinitinea pyrigalla Yang ··················· 150

Smerithus planus Walker ··················· 322

Sphaerotrypes coimbatorensis Stebbing ··· 140

Sphingidae ································· 317

Spilonota albicana Motschulsky ············· 205

Spilonota lechriaspis Meyrick ··············· 206

Spilonota ocellana Fabricius ··············· 208

Spilosoma lubricipeda Linnaeus ············· 295

Stathmopoda massinissa Meyrick ········· 170

Stauropus persimilis Butler ··················· 265

Stephanitis nashi Esaki et Takeya ········· 66

Sucra jujuba Chu ························· 252

Swammerdamia pyrella de Villers ········· 158

Sympiezomias velatus(Chevrolat) ········· 135

Synanthedon tipuliformis (Clerck) ········· 221

T

Tegolophus zizyphagus (Keifer) ············· 370

Telphusa chloroderces Meyrich ············· 175

Tenthredinidae ····························· 351

Tenuipalpidae ····························· 367

Tenuipalpus zhizhilashviliae Reck ········· 368

Tetranychidae ····························· 358

Tetranychus urticae Koch ··············· 365

Tettigella viridis (Linné) ··················· 9

Tettranychus viennensis Zacher ············· 361

Theretra japonica Orwa ··················· 323

Thosea sinensis(Walker) ··················· 239

Tingidae ································· 65

Tortricidae ································· 177

Trabala vishnou gigantina Yang ········· 341

Trichoferus campestris (Faldermann) ······ 108

Tuberocephalus momonis (Matsumura) ······ 33

U

Urochela luteovaria Distant ··············· 64

V

Viteus vitifolii(Fitch) ··················· 18

W

Warajicoccus corpulentus (Kuwana) ········· 36

Whalleyanidae ····························· 150

X

Xylinophorus mongolicus Faust ············· 136

Xyloryctidae ····························· 176

Xylotrechus chinensis Chevrolat ············· 109

Xylotrechus pyrrhoderus Bates ··············· 110

Y

Yala pyricola Chu ························· 256

Yinchie zaohui Yang ··················· 257

Yponomeuta padella L. ··················· 159

Yponomeutidae ····························· 158

Z

Zamacra excavata (Dyar) ··············· 259

Zygaenidae ································· 224

主要参考文献

[1]蔡乐，董民，杜相革．京郊有机苹果园茶翅蝽发生规律及控制策略．北方园艺，2008
（11）：166～168．

[2]柴立英，杜开书，刘国勇，等．桃树桑白蚧发生规律及生物学特性的研究．湖北农业科
学，2010，49（2）：342～345．

[3]晁向英．黄斑卷叶蛾的发生规律和综合防治技术．山西果树，2007（3）：49～50．

[4]陈吉慧．苹果瘤蚜的发生规律与综合防治技术．农技服务，2010，27（1）：52，72．

[5]陈军，湛玉荣．苹果小吉丁虫的预防措施及防治方法．新疆农业科学，2007，44（S2）：
186～187．

[6]陈新锋，杜素苗，胡作栋．梨网蝽在苹果园的发生与防治．西北园艺，2008：25～26．

[7]程恩明，程慧，申国香，等．山西省苹果绵蚜发生趋势与防控策略．山西农业科学，
2011，39（1）：73～75．

[8]澄城．朝鲜球坚蚧高效防治技术．西北园艺，2006（2）：26．

[9]仇贵生，张怀江，闫文涛，等．8种杀虫剂对苹果树绣线菊蚜的田间防效评价．植物保
护，2010，36（2）：165～166．

[10]仇贵生，张怀江，闫文涛，等．阿维菌素对苹果绣线菊蚜的防治作用及对果园天敌的
影响．环境昆虫学报，2008，30（2）：141～146．

[11]崔士英．凹缘菱纹叶蝉的迁飞规律及防治研究．林业科学研究，1991，4（2）：
197～200．

[12]崔士英．凹缘菱纹叶蝉越冬场所及春季迁飞规律调查初报．河北师范大学学报，1991
（2）：109～110．

[13]党亚梅，张春玲，张敏，等．苹小食心虫发生规律与综合防治技术．病虫研究，2009：
22～23．

[14]董慈祥，房巨才，杨青蕊，等．斑须蝽生活习性及防治技术．华东昆虫学报，2003，
12（2）：110～112．

[15]杜相革，张友廷．樱桃园苹毛丽金龟发生规律及防治．中国果树，2003（3）：26～28．

[16]段玮，王芳，刘亚娟，等．果园桃蛀螟危害特点与防治技术．西北园艺，2012
（4）：33．

[17]樊利青．柿蒂虫综合防治技术应用．技术速递，2010：25．

[18]冯明祥，姜瑞德，王继青，等．青岛地区桃潜蛾发生规律研究初报．中国果树，2003
（3）：25～26．

[19]高鹏,王春红,刘晓华,等.果园桑天牛发生规律与防治技术.西北园艺,2011 (6):25.

[20]耿洪亮,杨合廷,李洁茹,等.黄斑蟛象对金叶白蜡的危害及综合防治技术.吉林农业,2010(12):127.

[21]郭建,肖婷,陈宏州,等.六种药剂对大青叶蝉防治效果的试验分析.农业科技通讯,2009:64~66.

[22]哈米提,魏建荣.野苹果林重要虫害"苹果巢蛾"的防治技术.北方果树,2010(2):27~28.

[23]海涛.白星花金龟的综合防治技术.植物保护,2008(9):25.

[24]韩文璞,杨秀光,邵巧红,等.红颈天牛对甜樱桃的危害与防治.烟台果树,2007(2):46.

[25]郝敬喆,范咏梅,张新,等.几种杀虫剂对葡萄斑叶蝉的毒力和田间药效试验.新疆农业科学,2011,48(1):75~78.

[26]何树海.苹果树黑星麦蛾的发生及防治.中国果树,2003(6):37,41.

[27]衡雪梅,袁水霞,范军涛.舟形毛虫的发生危害及防治措施.农业科学,2010(4):55.

[28]侯慧锋,王海荣.25%噻虫嗪水分散性粒剂防治桃蚜田间药效试验简报.现代农药,2010,9(3):55~56.

[29]胡启山.黄守瓜及其高效防治技术.农化新世纪,2007(12):40.

[30]黄广泰,杨波.葡萄虎天牛的发生规律及防治.植保技术,2002(9).

[31]贾胜利,刘树伦,张金伟,等.印度谷螟的危害与综合防治.害虫防治,2005(1):24~25.

[32]李宝明,刘权叨,龚鹏博,等.苹果绵蚜及其防治研究进展.植物检疫,2010,24(3):36~40.

[33]李殿锋,刘伟杰,李红霞,等.芳香木蠹蛾生物学特性及防治技术.吉林农业,2010(10):73.

[34]李国平.桃树红颈天牛综合防治技术.植物保护,2008(13):166.

[35]李红霞.桃蚜药剂防治筛选试验与防效评价.植保土肥,2011(6):25.

[36]李建庆,杨忠岐,梅增霞,等.云斑天牛的风险分析及其防控对策.林业科学研究,2009,22(1):148~153.

[37]李莉.草履蚧的发生与防治.现代农业科技,2010(16):186.

[38]李小宁,刘婷,雷军芳,等.朝鲜球坚蚧发生原因与防治措施.西北园艺,2009(12):30.

[39]李鑫,尹翔宇,马丽,等.茶翅蝽的行为与控制利用.西北农林科技大学学报,2007,35(10):139~145.

[40] 李秀君，姜秀华，张秀红，等．桑天牛综合治理技术．河北林业科技，2010（1）：100～101.

[41] 李怡萍，张亚素，郑峰，等．桑白蚧在杏树上的发生规律与空间分布研究．西北农林科技大学学报，2010，38（7）：175～181.

[42] 刘海清，徐关印．阿维菌素与蚜虫净混配防治中国梨木虱药效试验．北方园艺，2011（12）：125～126.

[43] 刘启侠．果园白星花金龟的发生规律与综合防治技术．现代农业科技，2009（4）：117～118.

[44] 刘向娜，崔苗壮．光肩星天牛的习性观察及综合防治．中国果菜，2011（11）：31.

[45] 刘向阳，党志明，王娜娜，等．应用性诱芯防治苹果金纹细蛾的试验．落叶果树，2012，44（2）：14～16.

[46] 刘颖超，庞民好，张利辉，等．四种药剂不同温度下对梨黄粉蚜的室内毒力测定．华北农学报，2006（21）：144～146.

[47] 刘永刚．梨小食心虫的发生规律及综合防治技术．山西果树，2011（3）：24～25.

[48] 刘志群，刘满光．桃小食心虫的发生与综合防治措施．河北林业科技，2010（4）：105.

[49] 吕建坤，吕备战，陈新锋，等．果园梨星毛虫的发生与防治．西北园艺，2010（12）：26.

[50] 吕军，王忠跃，王振营，等．葡萄根瘤蚜生物学特性及防治研究进展．江西植保，2008，31（2）：51～57.

[51] 栾丰刚，郑伟华，李芳，等．吐鲁番地区葡萄斑叶蝉发生规律及种群空间分布型研究．昆虫学报，2006，49（3）：416～420.

[52] 罗晓明，罗天相，刘莎．柿广翅蜡蝉的发生与防治．河南农业科学，2004（3）：41～42.

[53] 马丽，袁水霞，马恒，等．几种引诱剂对桃园白星花金龟诱捕效果试验．北方园艺，2010（12）：176～177.

[54] 马麟．中国梨木虱发生规律与防治技术．北方果树，2012（4）：24～25.

[55] 马卫燕．金纹细蛾发生规律及防治方法．河北果树，2010（6）：54～55.

[56] 明广增，徐建国，季长兴，等．斑须蝽在梨树上的发生与防治．植保技术与推广，2003，23（6）：23～34.

[57] 倪同良，李志勇，王曼，等．小青花金龟的发生与防治．河北林业科技，2003（3）：43.

[58] 潘涛，马惠萍．细胸金针虫的发生规律及防治技术研究．甘肃农业科技，2006（8）：29～30.

[59] 任艳艳．核桃云斑天牛的综合防治．农家科技，2007（6）：13.

[60] 茹克亚，陈卫民，阿吉古丽．苹果小吉丁虫的发生规律及防治措施．农村科技，2008

（10）：38.

[61]沙月霞，樊仲庆，王国珍，等．葡萄斑叶蝉种群消长动态及防治药剂的筛选．植物保护，2011，37（3）：152～156.

[62]闪辉，丁世荣．吡虫啉微胶囊剂防治桑天牛成虫．中国森林病虫，2010，29（4）：36～37.

[63]孙庆华，杜远鹏，王兆顺，等．葡萄根瘤蚜生物型和遗传多样性研究进展．果树学报，2012，29（1）：125～129.

[64]孙世伟，苟亚峰，桑利伟，等．胡椒丽绿刺蛾的发生及防治．热带农业科学，2009，29（4）：11～12.

[65]孙学海．梨冠网蝽在樱桃上的危害特征与综合防治措施．中国植保导刊，2007（9）：22～23.

[66]孙永生，张中兰，周恩泉，等．黑绒金龟在大樱桃园的发生与防治．落叶果树，2000（5）：48～49.

[67]孙元友，李颖，薛俊华．铜绿丽金龟的生活习性及其防治技术．吉林林业科技，2009，38（5）：54～55.

[68]谭树人．梨圆蚧的危害及综合防治．北方果树，2010（4）：30～31.

[69]汪社层，高九思，薛敏生．柿蒂虫的发生规律及综合防治．现代农业科技，2008（9）：81～83.

[70]王彩明．梨潜皮蛾的发生与防治．山西果树，1998（3）：41～42.

[71]王红，薛皎亮，谢映平．柿树受日本龟蜡蚧危害后体内化学物质变化的研究．农业与技术，2008，28（3）：35～40.

[72]王继灿，凌正轩，杨仁伟．梨网蝽的发生规律及综合防治技术．浙江柑橘，2009，26（2）：37～38.

[73]王金荣，巫冬江，吕爱华，等．褐边绿刺蛾幼虫生物农药防治试验．浙江林业科技，2008，28（3）：66～68.

[74]王念平，于江南，陈卫民，等．苹果小吉丁虫发生规律及防治技术研究．林业实用技术，2007（9）：30～31.

[75]王西存，周洪旭，于毅．苹果绵蚜的抗性寄主选育及无公害防治．山东农业科学，2012，44（1）：84～86.

[76]王晓梅，崔坤，宋丽润，等．保护地有机葡萄病虫害综合防治技术．北方园艺，2007（3）：99～100.

[77]王新海，常亚周，张会龙．桃小食心虫性诱剂测报与综合防治．病虫防治，2011（3）：29～30.

[78]王言和，刘惠萍．葡萄透翅蛾防治技术要点．绿色植保，2009（2）：49.

[79]王勇．核桃举肢蛾的综合防治技术．现代园艺，2012（1）：51.

[80] 魏治钢，赵莉，杨森．桑白蚧的研究进展．新疆农业科学，2010，47（2）：334～339.

[81] 吴家全，陈垦，徐宗跃．苹果顶梢卷叶蛾的发生与防治．林果花卉，17.

[82] 吴陆山．苹褐卷蛾的防治．湖北植保，1996（5）：9.

[83] 习宜元，周威君，葛春华．梨冠网蝽生物学特性及防治的研究．南京农业大学学报，1989，12（2）：125～126.

[84] 夏永刚，张玉荣，钟武洪，等．云斑天牛防控措施研究进展．湖南林业科技，2009，36（5）：54～56.

[85] 辛志梅．桃园中桃一点斑叶蝉种群的空间格局．安徽农业科学，2008，36（9）：3749～3751.

[86] 邢作山，孔德生，刘秀才．斑衣蜡蝉的发生规律与防治技术．2000，20（5）：19.

[87] 阎创志．小地老虎的发生与综合防治措施．科学之友，2011（5）：154.

[88] 阎雄飞，刘永华，李善才．不同诱捕器诱芯和诱捕器对桃小食心虫引诱效果研究．山西农业科学，2011（3）：56～58.

[89] 杨春香．芳香木蠹蛾的发生特点与防治措施．中国植保导刊，2008，28（6）：46.

[90] 杨国华．石榴扁刺蛾的危害及防治．农村实用技术，2005（5）.

[91] 杨建强，赵晓，严勇敢，等．7种药剂对苹果蠹蛾的防治效果．西北农业学报，2011，20（9）：194～196.

[92] 药剂防控效果研究．浙江农业科学，2009（4）：750～751.

[93] 伊伯仁，康芝仙，李广平，等．苹果雕蛾发生与防治的初步研究．植物保护，1987（6）：24～25.

[94] 苑国．朝鲜球坚蚧生物学特性及防治初探．山西林业科技，2010，39（1）：36～37.

[95] 连福惠，吕宏珍，于月芹．小绿叶蝉在大樱桃上的发生与防治．北方果树，2010（5）：39.

[96] 张安盛，冯建国，于毅，等．桃园中桃一点斑叶蝉的空间分布特征和取样技术研究．山东农业科学，2003（2）：32～34.

[97] 张和．金纹细蛾发生规律与综合防治措施．西北园艺，2009：26～27.

[98] 张君明，王合，赵连祥，等．茶翅蝽在生态苹果园的危害和防治策略．昆虫知识，2007，44（6）：898～901.

[99] 张莉．梨金缘吉丁虫的发生与防治．西北园艺，2004：27.

[100] 张锐，王冬毅，杨素英，等．黄斑蝽、茶翅蝽的综合防治新技术．中国林业，2006（3）：41.

[101] 张同志．苹果透翅蛾的发生与防治．4.

[102] 张新浩，毛尼牙孜·依麻木，艾麦尔，等．苹果蠹蛾发生规律及防治技术研究．新疆农业科技，2010（5）：36.

[103] 张玉花，梁廷康，张润蓉，等．梨黄粉蚜发生规律及防治技术初探．山西农业科学，

2010，38(10)：48~50.

[104]张玉梅，李树森.苹果蠹蛾的生物学特性及综合防控措施.甘肃农业科技，2010(1)：51~52.

[105]赵竞超.光肩星天牛的发生和综合防治.河北林业，2011(3)：36.

[106]赵玲，李慧娟.梨小食心虫发生规律与防治技术.河北果树，2012(2)：21~22.

[107]赵敏，吴传伟，李荣，等.中国梨木虱发生危害特点及主害代

[108]赵彦杰.板栗栗大蚜的发生规律与综合防治.安徽农业科学，2005，33(6)：1038.

[109]周应彪.金秋梨梨大食心虫发生规律及防治技术.云南农业科技，2009(5)：50~51.

[110]朱广凯.板栗透翅蛾的综合防治.果农之友，2008(11)：56.

[111]祝钧，周磊，肖阳.桃潜蛾性信息素合成技术研究进展.河南农业大学学报，2006，40(3)：261~265.

[112]邹文权，徐武，刘小明，等.大青叶蝉生物学特性及其防治技术.吉林林业科技，2009，38(5)：52~53.